装备科技译著出版基金

天线技术手册

（第6册）

Handbook of Antenna Technologies

[新加坡]陈志宁 主编

[美　国]刘兑现　[日本]中野久松
[新加坡]卿显明　[德国]托马斯·兹维克 编

崔万照　张生俊　董士伟　总主译

刘佳琪　万国宾　崔逸纯　王伟东　等译

国防工業出版社

·北京·

著作权合同登记　图字：军-2019-036号

图书在版编目(CIP)数据

天线技术手册.6/(新加坡)陈志宁主编;刘佳琪等译.—北京:国防工业出版社,2023.11

书名原文:Handbook of Antenna Technologies

ISBN 978-7-118-12889-5

Ⅰ.①天…　Ⅱ.①陈…　②刘…　Ⅲ.①天线—手册

Ⅳ.①TN82-62

中国国家版本馆CIP数据核字(2023)第225361号

※

国防工业出版社出版发行

(北京市海淀区紫竹院南路23号　邮政编码100048)

北京龙世杰印刷有限公司印刷

新华书店经售

*

开本 710×1000　1/16　**插页** 13　**印张** 29½　**字数** 512千字

2023年11月第1版第1次印刷　**印数** 1—1500册　**定价** 288.00元

(本书如有印装错误,我社负责调换)

国防书店:(010)88540777　　书店传真:(010)88540776

发行业务:(010)88540717　　发行传真:(010)88540762

《天线技术手册》
编审指导委员会

《天线技术手册》
翻译工作委员会

主　任：崔万照

副主任：张生俊　董士伟

委　员：（按姓氏笔画排序）

于晓乐　万国宾　马　鑫　马文敏
王　栋　王　瑞　王伟东　王明亮
王建晓　王彩霞　艾　夏　白　鹤
朱忠博　刘　英　刘　硕　刘　鑫
刘军虎　孙　渊　李　升　李　韵
李霄枭　杨　晶　杨士成　张　宁
张　凯　陈有荣　林先其　郑　颖
胡伟东　莫锦军　倪大宁　崔逸纯
董亚洲　曾庆生　谢拥军　薛　晖

中 文 版 序

天线不仅是所有无线系统不可或缺的单元,更是扮演着增强系统性能、扩展系统功能角色的部件甚至子系统。自 1887 年,德国物理学家海因里希·赫兹(Heinrich Hertz)首次使用我们现在所熟知的电容端加载偶极子天线来证明无线电波的存在,天线理论与技术已经得到巨大的发展。特别是自 21 世纪起,借助计算机科学和大规模集成电路的巨大发展,各种无线系统已经广泛地渗透到各个行业及我们的日常生活中,风斯在下,天线技术也有了长足的进步。

在我 2012 年加入新加坡国立大学后不久, 施普林格亚洲分部的 Yeung Siu Wai Stephen 博士就来到我的办公室,热情地邀请我编撰一部天线方面的手册。当时,我是非常犹豫的。因为作为一门历史悠久的技术,行业里已经有了许多优秀的经典手册,而且一直都有新的手册问世。如何能够呈现出一本另具特色的手册是一个挑战。另外,我没有编辑手册的经验,想象中那一定是一个浩大的工程,耗时费力。在足足犹豫和思考了半年之后,我才答应试着准备一个写作计划,准备全面、深入地介绍天线理论、技术与应用方面的最新进展。特别是,我提出了所有章节中要包括该类技术的原创介绍,让学生们和年轻的研究员通过此手册更好地掌握天线技术发展的来龙去脉,既学到创新的思路也可以避免"再发明""再创造"。同时,我也要求出版社能够让读者按章节下载,减轻读者的经济负担,更大程度地普及天线技术。出版社非常配合,完全同意我的想法。于是,我决定开始这项工程,挑战自己。

我的出版计划得到了天线界三位专家(Tatsuo Itoh、Ahmed Kishk、Wong Kin-Lu)的一致认可和鼓励。记得 Itoh 教授在他的评估反馈中说:这对谁都将是一个前所未有的挑战。但是,我对它非常有信心。面对着自己草拟出的 100 个章节专题,既有兴奋,更有压力。于是,我决定邀请学界中的几位朋友,一起努力。不奇怪,一些同仁看到这个宏大计划后婉拒了。在我的力邀之下,刘兑现(美国),中野久松(日本),卿显明(新加坡)及托马斯·兹维克(德国)4 位好友加入了编辑团队。在我们的共同努力下，140 余位专家和学者直接贡献了本手册的 76 个章节共计 3500 页。多年的老师老友周永祖教授欣然为书作序，欣慰、褒奖与鼓励溢于文字之间。

《天线技术手册》于 2016 年 9 月由施普林格出版社出版发行了。看着厚厚的 4 卷手册，回想着编辑过程中的各种经历，感慨万分。4 位编辑朋友，都非常专业及时地审读了所负责的书稿，对整个手册的编辑工作出谋划策，为手册的按时出版付出了巨大的努力。Nakano 教授作为蜚声天线界的学者，婉拒了我邀请他作为共同主编的邀请。他说一个主编正好，并对我的主编工作给予了极大的支持。在工作即将大功告成之际，我主动和出版社力争，打破常规，坚持将所有编辑的姓名印在手册的封面上。期间，所有作者也都辛勤地工作，把自己最新的成果奉献给读者。一些作者克服了各种各样的困难，按时交稿。也有几个章节的作者们，在我协调章节内容时，积极配合，大篇幅地调整了自己的原书稿。特别遗憾的是，好友 Hui Hon Tat 博士在他提交第一稿后两个月内就辞世了。从时间上推测，他是在入院后完成的初稿。为了告慰他，我接手了那篇手稿后续的全部工作，完成了他的遗愿。

《天线技术手册》英文版共分为 4 卷，涵盖了天线理论、设计和应用。天线形式从基本的偶极子天线延伸至近来的超材料天线；工作频段从很低的 VHF 频段向上达至太赫兹频段；加工工艺包括了从简单的印制电路板到先进的 LTCC 和 MEMS 等。应用包括了通信、雷达、遥感、探测、成像等；应用平台包含了陆基平台、飞机、舰船和卫星等。全套手册实现了理论、技术与应用的立体全覆盖。我坚信这部汇聚当今天线技术发展的最新成果与大量的当代天线界专家智慧的巨作（至少从重量和页数上看），一定会惠及天线教育、技术与研究。期待《天线技术手册》成为当前天线理论和技术发展历程的重要记录。

《天线技术手册》英文版出版后，已经获得了令人鼓舞的反响。截止于 2019 年底，施普林格出版社的下载量已超 45 万次，在线读者达 2000 多人。陆续收到的积极反馈，令我和其他作者备感欣慰。尤其是中国空间技术研究院西安分院、空间微波技术重点实验室、试验物理与计算数学重点实验室等单位的同仁们，他们在研究工作中已充分利用了《天线技术手册》，并称多受启迪。所以，当崔万照博士代表分院提出希望能有机会将这部书翻译为中文版，以便更多更好地服务中文读者时，我完全没有犹豫，尽管这对我完全没有任何经济利益。能够有机会把手册更好地推广到中国这个巨大的天线技术群体中，从而更大地体现此书的价值，为国内天线技术发展贡献绵薄之力，也是我们编辑及作者的荣耀。我本人也从事过翻译工作，深知这项工作的巨大挑战。“信达雅”是翻译工作的“三难”（严复语），尤其是翻译一本技术专著。在几个学术单位的大力支持下，一个朝气蓬勃的翻译团队很快就成军了！在过去两年里，我一直与团队的各位学者交流互动。我非常欣赏他们认真的工作态度与热情无私的投入，我为中国天线界的未来感到无比欣慰。终于，这部二次创作的《天线技术手册》以新的光彩面世了。

我也要特别感谢国防工业出版社，在这部译著策划过程中，国防工业出版社迅速和施普林格出版社确定了版权转让，装备科技译著出版基金给予了全额资助。

最后，我要再次感谢所有原著的作者们和编辑们，感谢他们的奉献与分享。我坚信他们的聪明才智，经过中文这一桥梁，必将使更多的人受惠。

“天真线实”，这是我向东南大学赠送原著时的留言。“天真”，保持着孩子似的对未知好奇的科学素养；“线实”，坚持着工匠般的对挑战执着的工程精神。

陳志寧

于新加坡国立大学

2020 年 2 月 6 日

译 者 序

《天线技术手册》是新加坡国立大学陈志宁教授联合上百位知名学者，集多年心血而成的重要学术成果，2016 年由施普林格出版社出版，并在国际天线理论与工程界引起巨大反响。中国空间技术研究院西安分院和空间微波技术重点实验室的研究人员较早接触到这部书，并在工作中加以应用，产生了显著的促进作用。为便于使这套手册更好地为国内天线界学者和工程师所用，在手册编审指导委员会的领导下，翻译工作委员会经过 2 年的努力完成了译校工作。

《天线技术手册》英文版共分 4 卷，为使这套书的利用更有针对性，我们将中文版分为 8 册。在内容上《天线技术手册》中文版保持了原版的风貌，充分表现原作者的思想。这套中文版的《天线技术手册》必将成为天线技术研究者重要的案头参考。

《天线技术手册》(第 6 册) 共由 11 章构成，是英文原著第 3 卷的后半部分，内容主要涉及新型小天线的测量、各类新型天线的应用等，包括小天线的辐射效率测量、毫米波及亚毫米波天线测量、可穿戴可植入天线评估、移动通信基站天线系统、终端 MIMO 系统与天线、无线充电系统天线、局部放电检测系统天线、汽车雷达天线、车载卫星天线、卫星通信智能天线、WALN/WIFI 接入天线等内容。

第 49 章“小天线的辐射效率测量”的作者为英国利物浦大学的黄漪 (Yi Huang)，由刘佳琪翻译，艾夏互校。介绍了一系列天线辐射效率测量方法和技术，详细讨论了最广泛使用的方法，以及它们的背景和科学基础，给出了相应的测量设置、过程和数据处理技术。

第 50 章“毫米波及亚毫米波天线测量”的作者为德国卡尔斯鲁厄理工学院

的海克·古兰(Heiko Gulan),法国尼斯大学索菲亚—安提波利斯校区的西里尔·卢克西(Cyril Luxey),以及法国朱尔斯·费里高中的黛安·蒂茨(Diane Titz),由胡伟东翻译,万国宾互校。讨论了毫米波、亚毫米波探针馈电天线的测量问题,介绍了世界上测量手段的现状,以及一种大家都感兴趣的实现毫米波探针馈电测量装置 RF 与机械部分的解决方案。并重点关注了反射系数的测量,增益测量及相关校准技术,为表征圆极化天线发展而来的新的无相技术等,并讨论了 110GHz 以上频段的测量。

第 51 章“可穿戴及可植入天线评估”的作者为日本千叶大学的伊藤公一(Koichi Ito),林家贤(Chia-Heisn Lin)和林合祐(Ho-Yu Lin),由张宁翻译,郑颖互校。介绍了基于人体模型的可穿戴式和植入式人造卫星天线的评估问题,以两个紧凑的可穿戴式双模(在 10 GHz 和 2.45 GHz 的离体模式)天线和两个 UHF 频段植入式天线,作为实例进行了详细介绍。

第 52 章“移动通信基站天线系统”的作者为德国凯瑟琳工业联合公司的罗兰·加布里埃尔(Roland Gabriel)和德国 IMST 有限公司的马蒂亚斯·盖斯勒(Matthias Geissler),由郑颖翻译,张宁互校。介绍了将基站天线系统作为一个整体来考虑的设计工作,包括天线辐射器、收发器系统和数据预处理,从基本的天线开始研究,然后描述不同的系统拓扑,包括其功能和多年来的发展,最后给出未来挑战和设计方面的展望。

第 53 章“终端 MIMO 系统与天线”的作者为大连理工大学的李慧(Hui Li)和瑞典隆德大学的刘本建(Buon Kiong Lau),由马鑫翻译,胡伟东互校。介绍了 MIMO 终端天线的历史和求解方法,将为研究者和从业者就如何设计高效的 MIMO 终端天线提供有价值的指导,以及解耦合和去相关性技术,包括射频电路的解耦、天线结构的解耦和基于解耦的特征模式。

第 54 章“无线充电系统天线”一章的作者为日本东北大学的陈强(Qiang Chen)和日本国家技术研究所的袁巧微(Qiaowei Yuan),由王岩冰翻译,张生俊互校。介绍了提高功率传输效率的天线建模与分析技术,无线电能传输系统天线面临的挑战和新近研究情况,以及该领域的标准。

第 55 章"局部放电检测系统天线"的作者为马德里卡洛斯三世大学的吉列尔莫·罗伯斯(Guillermo Robles),西班牙波斯兰股份公司的里卡多·阿尔巴拉辛(Ricardo Albarracín)和西班牙马德里卡洛斯三世大学的何塞·路易斯·巴斯克斯(José Luis Vázquez),由万国宾翻译,胡伟东互校。介绍了电力系统绝缘材料局部放电检测方法,包括采用高频、甚高频、超高频波段的射频测量等方法,还探讨了局部放电检测中最常见的天线形式,以及天线在不同电气设备中的安装和使用方法。

第 56 章"汽车雷达天线"的作者为德国乌尔姆大学的沃尔夫冈·门泽尔(Wolfgang Menzel),由王伟东翻译,马鑫互校。介绍了主要汽车雷达天线的发展和类型,提出了 MIMO 雷达的概念,提出汽车雷达的天线不再是独立的设备,但将成为包括多个发射/接收单元和数字信号处理"成像"系统的一部分。

第 57 章"车载卫星天线"的作者为德国慕尼黑联邦国防军大学的斯特藩·林登迈尔(Stefan Lindenmeier)和西蒙·塞内加(Simon Senega),由崔逸纯翻译,万国宾互校。综述了车辆移动接收天线,应用的主要领域是全球定位系统和卫星广播服务。

第 58 章"卫星通信智能天线"的作者为英国肯特大学的罗琦(Qi Luo)和高式昌(Steven Gao),由崔逸纯翻译,刘军虎互校。结合实例介绍了智能阵列天线设计技术,并介绍了智能天线在卫星地面站和卫星直播系统的应用。

第 59 章"WALN/WIFI 接入天线"的作者为日本国立横滨大学的新井宏之(Hiroyuki Arai),由马鑫翻译,胡伟东互校。介绍了 WLAN/WIFI 系统接入点处使用的天线,包括基于统一标准的频段划分,解释了天线的参数。

本册由刘佳琪、张生俊统校。

本册的编译工作得到国家自然科学基金项目(资助号 61172019,61571031,

61671044)的支持。感谢各位译者的辛勤工作，感谢本套译著翻译指导委员会崔万照研究员、孟刚研究员、刘佳琪研究员以及原著主编陈志宁教授在百忙之中的指导与帮助。

翻译之初，陈教授提出力争"信，达，雅"的要求，于我们组织翻译而言，压力甚大，因为原书本来就是组织全球多家单位的专家学者撰写，行文风格各异；又限于译者的学识及精力，实不敢海口达到全部"信，达，雅"，然教授之要求既在，译者自然倍加努力，做到"信"，实现"达"，争取"雅"，翻译过程中采用翻译—互校—自校—统校的方式，多重把关，以确保质量，但仍难免存在疏漏或翻译不当之处，敬请各位读者批评指正并提出建议。

本册翻译组

英 文 版 序

非常高兴为这部重要的天线手册作序。正值 1865 年麦克斯韦方程提出 150 周年之际,出版这套天线手册是很有意义的。尽管天线技术已经发展约一百年了,其重要性至今仍然存在。1886 年,海因里希·赫兹(Heinrich Hertz)所做的关键实验证明了无线信号传输的可能性。而 1895 年,古格列尔莫·马可尼(Guglielmo Marconi)的工作则强调了无线通信的重要性。他随后利用简单的天线在地表上传输无线电信号,所用天线是安装在大地表面的四分之一波长偶极子,接收机很长,是靠风力升起的一串电线,也就是风筝。另一方面,尼古拉·特斯拉(Nicola Tesla)早在 1891 年就在研究利用感应线圈进行无线能量传输。

通信、遥感和雷达技术已经推动了天线技术的突飞猛进。一些最著名的例子包括 1926 年发明的八木宇田天线、喇叭天线、天线阵列、反射天线和贴片天线。贴片或微带天线是由 George Deschamps 于 1953 年提出的,后来经由许多科研人员发展,包括 Yuen Tse Lo。此外,Paul Mayes 从事宽带天线的研究,例如从八木宇田天线变形而来的对数周期阵列天线。Deschamps、Lo 和 Mayes 都是我之前的亲密同事。最近,天线技术的重要性因手机行业的需求而愈加显著,要求天线的体积越来越小,且要持续小型化。

计算机技术的出现为用于天线结构建模的数值方法注入了发展活力。稳健、高效和快速的数值方法可以处理一些问题,其发展催生了诸多商业化软件来仿真天线性能。天线可以先在计算机上虚拟地建立原型,并在实际制造之前对其性能进行优化。这样的流程大大降低了成本,也为在不产生过高成本的情况下进行工程设计提供了机会。

目前已有许多商业化仿真软件套件可用,这极大简化了天线设计。此外,这些软件套件还可以释放天线工程师的创造力,扩大他们的设计空间。数值方法在商业软件套件中找到用武之地,这些方法为有限元法、矩量法和快速多极算法。更多算法还将出现在商业软件中:概念研究到商业应用之间的滞后时间一般需要10年到20年。除了计算机硬件性能的提高外，快速求解器的出现也推动着天线设计中计算电磁学的发展，这些快速求解器包括快速多极求解器、分层矩阵求解器和减秩矩阵求解器等。

天线设计也是波物理和电路物理的交叉产生的一个有趣领域。通过匹配网络的设计可将能量馈入天线，这需要利用电路设计方面的丰富知识。但是，能量在天线之间传输的方式是基于波物理的，因此天线孔径、增益、辐射方向图和极化等概念对天线至关重要。因此，低频电磁波和高频电磁波同样重要。实际上，对于许多反射面天线，波是准光学范畴，那么可以使用高频近似方法进行分析。另一方面，与电路物理的接口需要开展多尺度分析，这是计算电磁学研究的一个热门领域。

由于纳米制造技术的迅速发展，现在可以光波长的尺度实现纳米结构，这在光学领域刺激了纳米天线的发展。到了光学范畴，往往需要再次回顾或重新使用微波领域中的许多天线概念，这种模式已经用于自发和受激发射，以及Purcell因子增强。同样，光学也是一个需要新思想的领域。

我也很高兴看到，在新加坡国立大学陈志宁教授的领导下组织了本书这些章节。自从1994年我第一次访问中国，就认识了陈教授，那时他还是个年轻的中国人。我出生在海外，第一次中国之行充满了幻想与现实之间的冲突，但是陈教授作为一个直率的年轻人，以其强烈的好奇心给我留下了深刻的印象。自从我在马来西亚长大以来，包括新加坡在内的环太平洋地区的经济增长也触动了我的心弦，当初马来西亚和新加坡还属于一个国家。我多次访问新加坡，其间很高兴地了解到陈教授在新加坡国立大学（NUS）和资信与通信研究院（I^2R）开展的创新研究。这套手册正值新加坡建国50周年（SG50）之际出版，也有着特殊的意义。

周永祖
伊利诺伊大学香槟分校
2015年10月10日

英文版前言

距离詹姆斯·克拉克·麦克斯韦(1831–1879)发表以最初形式的麦克斯韦方程组为重点内容的《电磁场的动力学理论》[①]已经过去了一个半世纪。麦克斯韦方程组在数学上描述了光和电磁波以光速在空间中的传播。毋庸置疑,麦克斯韦方程组是继艾萨克·牛顿的运动定律和万有引力定律之后最重要的物理学突破。麦克斯韦的贡献已经影响且仍在继续影响物理学世界和我们的日常生活。麦克斯韦被认为是电磁场理论领域的创始人。谨以《天线技术手册》一书的出版,向麦克斯韦方程组诞生150周年致敬。

随着VLSI(超大规模集成电路)和计算机科学的进步,无线技术已经快速渗透到我们日常生活的各个方面;在日常活动中几乎每个人都拥有不止一部无线设备,如手机、笔记本电脑、非接触智能卡、智能手表等。天线作为辐射和感应电磁波或电磁场的关键部件,无疑已经在所有的无线系统中都扮演了不可替代的独特角色。因此,这些新兴的无线应用也聚焦在天线技术上,尤其是最近30年间,推动天线技术向着高性能、小型化、可嵌入集成发展。

当前国际上天线技术的最新特点是电性能可调控,或者说天线已经从无源部件发展成为集成有信号处理单元的智能化的子系统。波束形成、MIMO、大规模(Massive)MIMO、多波束天线系统等技术已经广泛应用在先进移动通信、雷达及成像系统中。天线技术和功能越来越复杂,对于天线的设计和优化必须系统地考虑。为了达到所期望的系统性能,天线需要紧密地联合射频通道、射频前端甚至信号处理单元进行综合设计,MIMO系统就是一个天线综合设计的典范。同样,天线技术的突破性发展也强烈地依赖于新材料和新制造工艺的进步。如同现存的PCB和LTCC工艺,最近兴起的基于增材工艺的3D打印技术掀起了天线设计和制造的新纪元。遗憾的是在材料方面天线可用的材料种类并不

① "A Dynamical Theory of the Electromagnetic Field",原文Electrodynamic有误。——译者注

多,但是最近电磁超材料(基于常规材料的人工电磁结构)这一新奇物理概念的提出为新型天线设计技术打开了一扇新窗口。

我清晰地记得,在我的硕士学位答辩中,一位评审老师问我是否准备好在天线工程这个困难与枯燥的领域内开展学术研究。30 年过去了,我很赞同他当时的观点,一个优秀的天线工程师不仅要精通工程方面的知识,同样需要关注其他领域的知识,例如数学、物理、机械甚至材料学。然而,对于他所提到的呆板的工程法则,我却认为天线设计可以是一种有趣且具有活力的工作。当你将天线设计看作是一门艺术工作时,其中就包含了对于特定的天线性能、形状、尺寸以及方向的变化。尤其是当天线与无线通信系统的其他部分相融合时(这里的融合并不是传统的集成),天线技术将进入一个全新且充满启迪的新时代。对于天线技术而言,应借助不落窠臼的思维方式来激励技术上的挑战。

为了忠实地反映天线技术的最新进展和正在出现的技术挑战,我们邀请了享誉全球的 140 位专家合著《天线技术手册》,该手册包含 76 个章节共 3500 页。然而,最初只是因为不知道如何在许多其他有关天线(一个非常经典的领域)的手册之外制作一本独特的手册,因此当来自施普林格亚洲分部的 Yeung Siu Wai Stephen 博士找到我时,我对启动这个巨大项目犹豫不决。为了让读者充分认识和获益于《天线技术手册》,我围绕三个主要目标构建了本手册。首先,作为教学指导工具书,较适合的目标读者将是初级研究人员、工程师、研究生。为了帮助读者避免可能的迷惑,所有的章节都将为读者提供有关具体主题足够的历史背景信息。其次,除了基础和经典天线技术,与电磁主题相关的最先进技术也将被纳入手册,进一步加强读者对于现代天线技术的认识。最后,除了传统的纸质印刷品,读者也可逐章下载电子文件。我希望本手册将为天线技术的从业者(新手或专家)提供翔实且更新的参考指南。

如果没有这个强大的编写团队的帮助,其中包来自括美国 IBM 沃森研究中心的刘兑现博士,来自日本 Hosei 大学的中野久松教授,来自新加坡信息通信研究中心的卿显明博士与来自德国 Karlsruhe 技术中心的托马斯・兹维克教授,我们不可能在一年内完成这个巨大的编撰工作。通过艰苦的工作,我们选择并决定了 90 个标题,并且联系了相关的作者,复审了初稿,并与作者们商讨了每一章的修改等,这是一个非常花费时间的任务。我们要衷心地感谢 Barbara Wolf 女士,尤其也要感谢 Saskia Ellis 女士,她对该书在施普林格出版社成功出版提供了大力支持与专业指导。我们对所有作者致以最诚挚的感谢,他们花费宝贵的时间通过竭诚合作,为本手册做出了优秀贡献。

所有编委包括刘兑现博士、中野久松教授、卿显明博士和托马斯·兹维克教授,都要对各自家庭的巨大支持和理解表示感谢,具体来说,刘兑现博士向其妻子黄霜女士致谢,卿显明博士向其妻子杨晓勤女士致谢,中野久松教授分别向来自日本 Hosei 大学的 Junji Yamauchi 教授和 Hiroaki Mimaki 讲师致谢,感谢他们对该项工作的热情帮助。

这套手册涵盖了与天线工程相关的很宽范围的主题。

第1部分　理论:综述和介绍简要论述了天线相关的电磁学基础和非传统天线领域的最新主题,比如纳米天线和超材料。

第2部分　设计:单元和阵列更新了传统天线技术的最新进展,先进的技术因其高性能而适用于特定的应用,为保持完整性,也论及重要的天线测量装置和方法。

第3部分　应用:系统及天线相关问题,作为天线技术的重要部分,阐述了特殊无线系统中天线的原创设计理念。

陈志宁

新加坡国立大学

2015年10月10日

总 目 录

第1册

第1部分 理论:概述与基本原理——引论和基本原理

第2册

第2部分 理论:概述与基本原理——天线领域新主题及重点问题

第3册

第3部分　设计:单元与阵列——介绍及天线基本形式

第4册

第4部分　设计:单元与阵列——高性能天线

本 册 目 录

第 49 章

小天线辐射效率测量

Yi Huang

摘要

本章从传统到最先进技术,介绍了一系列天线辐射效率测量方法,详细讨论了广泛使用的各种方法及其背景和科学基础。给出了相应的测量设置、过程和数据处理技术。随后对这些方法进行了比较并给出了相应的测量设置、过程和数据处理技术。在本章的末尾对这些方法的优点和局限性进行了说明。

关键词

天线效率测量;辐射效率测量;天线测量;小天线

49.1 引言

天线辐射效率(η)是非常重要的参数,因为它是描述在所需频率上天线辐

Y. Huang(✉)
利物浦大学电气与电子工程系,英国
e-mail:Yi. Huang@ IEEE. org

射或者接收效率最重要和信息最丰富的测量参数,定义为天线辐射的总功率(P_r)与输入到天线的总功率(P_a)之比,即

$$\eta = \frac{P_r}{P_a} \tag{49.1}$$

该变量通常用百分比表示,但是一些研究人员也偏爱用 dB 表示。一个优异且高效的天线应当具有非常高的辐射效率,理想情况下为 100%(即 0dB)。需要指出,辐射效率是频率的函数,而非辐射方向的函数。它由天线损耗确定,但是不包括天线的阻抗失配。馈线/连接器与天线之间的失配计入到天线的总辐射效率(η_T)中,定义为天线的总辐射功率(P_r)与加载到天线的总功率(P_s)之比,可表示为

$$\eta_{\mathrm{T}} = \frac{P_r}{P_s} = \frac{P_a}{P_s}\frac{P_r}{P_a} = (1 - |\Gamma|^2) \cdot \eta \tag{49.2}$$

式中:Γ 为反射系数(类似于 S 参数中的 S_{11} 或者 S_{22}),是一个复数(注意:某些公开文献中不使用该公式中的幅度是不正确的),并且可以很容易地利用矢量网络分析仪进行测量。当反射系数为零时(理想匹配情况),天线获得的功率与加载到天线的功率相等,并且没有阻抗适配。因此,总效率等于辐射效率是一种理想情况。实际上,天线的辐射效率通常大于总效率。

“天线效率”这一名词在实际中容易引起混淆,可以认为它是辐射效率或者总效率。由式(49.2)可以看出,它们具有紧密的联系,但也有非常大的差异:天线可能具有 90%的辐射效率,但是总效率可能只有 9%。因此,当提及某一值时,应当明确定义。在本章中将使用辐射效率,主要是因为总效率已经在式(49.2)中明确定义。

辐射效率是一个非常重要的特征,并且需要在已知输入功率时计算辐射或者接收功率。在某些应用中,天线效率是比辐射方向图更重要的参数。以移动电话为例;电池动力消耗是一个很大的瓶颈问题,受到天线效率的显著影响,然而天线辐射方向图(在很多应用中非常重要)在该情况下并不是非常重要,主要是由于移动电话周围的场相对随机(尤其是在城市环境),并且使用电话也相对随意。因此,有效的天线可以看作功率放大器,而不需要电源供应商——它是形成高效无线电系统的最佳解决方案。在这个例子中,高效的天线可以改善移动系统的性能,延长电池寿命。因此,天线效率在很多应用中是受关注的参数。但

是,该参数实际上并不容易获得,由于天线材料电磁参数可能不是很理想或者已知,同时涉及复杂支撑以及/或者房屋结构问题,因此理论或者数值通常不精确或者不可靠。与天线增益类似,实际中更倾向于测量的天线效率,人们对如何精确测量天线效率有很大的兴趣。多年来,已经提出并研究了许多测量方法和技术(Wheeler, 1959; Newman et al., 1975; Pozar and Kaufman, 1988; Johnson and McRory, 1998; Schantz, 2002; Huang et al., 2003, 2010, 2011; Huynh, 2004; Rosengren and Kildal, 2005; Schroeder and Gapski, 2006; Fur et al., 2009; Holloway et al., 2012)。其中一些已经获得了广泛的认可,并已在实践中获得应用,但仍有一些在实际应用中还需进一步研究和改进。本章主要介绍了已经开发和成熟的方法和技术。一些新开发并且具有前景的方法也在本章中介绍和讨论。

49.2　测量方法

研究人员开发了许多辐射测量的方法,并且由于每种方法都有其优点和缺点,因此很难说哪种方法最好,这与特定的天线有关。一些方法非常适用于某些类型的天线。本节将介绍不同辐射效率测量方法相对综合的比较。

49.2.1　模式积分法

1. 背景和理论

这可能是测量天线辐射效率最古老的传统方法,它是基于定义见式(49.1),即需要天线接收的功率和天线辐射的功率。接收功率可以通过下式计算,即

$$P_a = (1 - |\Gamma|^2) \cdot P_s \tag{49.3}$$

加载到天线的功率(P_s)可以通过功率计(或者接收机)测量,反射系数可以通过矢量网络分析仪测量。难点在于如何测量总辐射功率。理论上有

$$P_r = \oint U \cdot \mathrm{d}\Omega = \int_0^{2\pi}\int_0^{\pi} U(\theta,\phi) \cdot \sin\theta \mathrm{d}\theta \mathrm{d}\phi \tag{49.4}$$

式中:U 为立体角内的辐射密度(W/unit),远场与辐射电场 E 的关系为

$$U = r^2 \cdot |E \cdot H| = r^2 \cdot \frac{|E^2|}{120\pi} \tag{49.5}$$

式中：r 为天线到观察/测量点的距离。因此,必须在固定距离 r（应当足够大以满足天线远场条件)上在三维空间测量电场。积分必须在天线场(模式)的整个球面空间进行,这就是为什么这种方法被称为模式积分法的原因。实际上,电场 E 能够分解为两个正交的分量（E_θ 和 E_ϕ）,在离散点（i,j）进行测量,因此,总辐射功率为

$$P_r = \frac{r^2}{120\pi}\sum_{i,j}\left(|E_\theta(i,j)|^2 + |E_\phi(i,j)|^2\right)\sin\theta_i\Delta\theta_i\Delta\phi_i \tag{49.6}$$

在三维空间精确测量这些场是非常耗时和困难的。

2. 设施和设备

典型地,测量应当在微波暗室中进行,它是侧墙、天花板和地板铺满射频吸波材料(RAMs)的大型暗室。它是模拟自由空间的室内设施。此外,其他设施,如开域测试场(OATS)和近场探测系统同样很好。需要功率计或者接收机测量加载到天线和采样点上的电场 E,电场 E 的测量还需要标定的场探针或天线。测量天线的反射系数需要利用矢量网络分析仪(VNA)。由于仅需要反射系数的幅度,所以其他设备(如网络分析仪)或者其他方法也可以代替 VNA 确定反射系数幅度(图 49.1)。

3. 测量设置和步骤

对于电场 E 的测量,图 49.2 给出了典型微波暗室的设置。

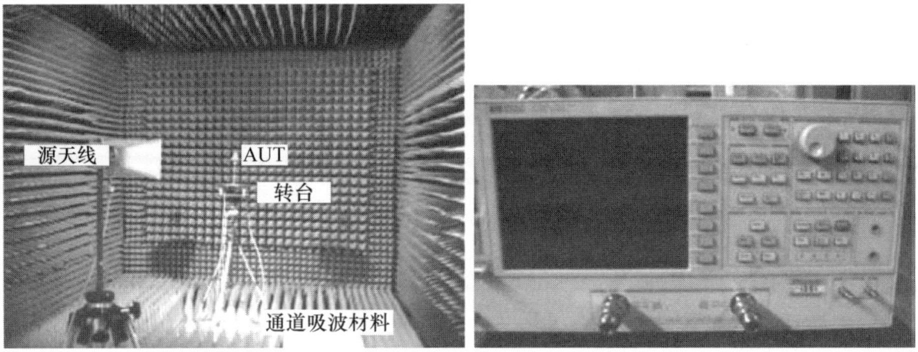

图 49.1　微波暗室和矢量网络分析仪

获得辐射效率的步骤可以归纳为以下几步。

(1) 利用功率计或者接收机测量加载到天线的功率。

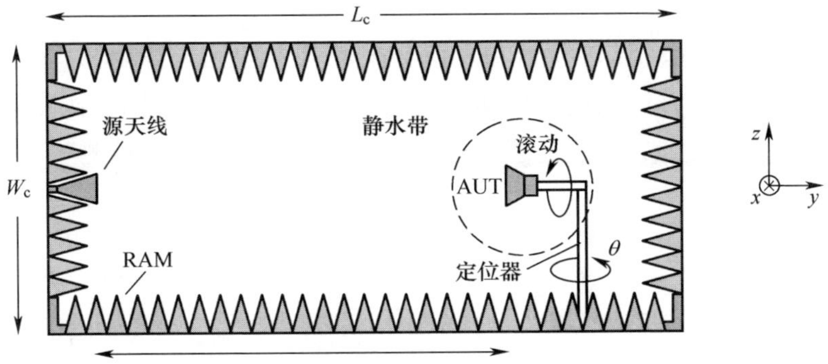

图 49.2　微波暗室内天线辐射测量

(2) 利用 VNA 测量天线的反射系数。

(3) 利用式(49.3)计算天线接收功率。

(4) 在固定距离测量三维空间中电场 E。

(5) 利用式(49.6)计算总辐射功率。

(6) 利用式(49.1)计算天线辐射效率。

4. 讨论和结论

这种测量方法的好处在于,它与其他天线特性测量密切相关,如天线阻抗(通过反射系数测量)和辐射方向图测量可使用相同的设施和设备。但是,需要对实测辐射场进行积分/求和,才能得到总辐射功率。这可能是一个非常耗时的过程,因为天线场/模式测量应该在三维空间完成;结果具有很高的不确定性(大于 10%)(Pozar and Kaufman,1988)。此外,当工作频率相对较低时,可能无法在标准实验室中获得其辐射场方向图(要么需要一个大的试验场来满足远场条件,要么需要一个近场设施)。

49.2.2　方向性/增益法

1. 背景和理论

通过天线理论,可以知道天线辐射效率是增益 G 和方向性 D 的比值,即

$$\eta = \frac{G}{D} \tag{49.7}$$

方向性没有考虑天线损耗,但是增益考虑了。因此,增益通常小于方向性,

并且可以通过众所周知的测量方法进行测量。最直接的方法就是引入已知天线增益的比较法;增益通过比较被测天线(AUT)和参考天线接收功率比值确定。另一个比较流行的方法是利用相同的接收和发射天线。通过 Friis 传输方程,可以得到天线的增益,即

$$G=\left(\frac{4\pi r}{\lambda}\right)\sqrt{\frac{P_R}{P_a}} \tag{49.8}$$

式中:λ 为波长;P_R 为接收功率(W);P_a 为加载到发射天线的功率(W)。该方法假设收、发天线之间极化匹配,并且峰值与测量线对齐。同时,测量必须满足远场条件。

天线的方向性无法直接测量,但是可以通过下式计算,即

$$D=\frac{4\pi U}{\int_0^{2\pi}\int_0^{\pi}U(\theta,\phi)\cdot\sin\theta\mathrm{d}\theta\mathrm{d}\phi} \tag{49.9}$$

类似于模式积分法,电场 E 的测量必须在三维空间进行离散采样。因此,该方法非常耗时和昂贵。但是,可以采用归一场或者功率辐射方向图,无需距离信息,并且不需要获得场的绝对值。因此,计算获得的方向性更加精确,进而使得到的辐射效率相对于前边的方法更加可靠。

如果天线是定向的,并且在主瓣辐射,方向性与 E 和 H 平面的波束宽度紧密相关。因此,方向性可以通过下式(Huang and Boyle,2008)估计,即

$$D\approx\frac{4\pi}{\theta_{\mathrm{HP}}\phi_{\mathrm{HP}}} \tag{49.10}$$

该方法比利用式(49.9)的模式积分法更快且更简单,但是其精度很大程度上取决于利用式(49.10)得到的方向性的精度。

由于计算电磁学(CEM)具有显著的优势,现在利用 CST 微波工作室或者 HFSS 等数值仿真工具能够相对容易地得到天线方向性。由于方向性不包括天线的损耗,因此仿真得到的方向性与测量的方向性非常接近。所以,通常利用仿真的方向性代替测量的方向性(需要格外小心以确保仿真设置的合适性。利用很好的仿真工具也很容易得到不准确的结果)。该方法同样也具有简单、精确和快速的特点。

2. 设施和设备

测量需要在微波暗室中进行。其他设施，如开域测试场（OATS）和近场测量系统也可以用来进行测量。

与模式积分法不同，这里仅需测量和比较相对增益和电场 E 的值，因此不需要使用功率计或者接收机获得绝对值。使用 VNA 就能满足需求，因为它能测量两个天线场（功率）的差异、反射系数以及天线的辐射方向图。如果天线增益通过计算机仿真得到，就需要相关的仿真软件和详细的天线结构。如果通过比较法获得天线的增益，就需要天线增益已知的标准增益天线。

3. 测量设置和步骤

对于天线增益和定向性/方向图测量，微波暗室中典型的设置与图 49.2 所示的模式积分法基本相同。

获得辐射效率可以归结为以下 3 个主要步骤。

(1) 利用建议的方法（如比较法）中的任一方法测量天线增益。

(2) 利用建议的方法（利用式(49.9)、式(49.10)或者通过计算机仿真）中的任一方法得到天线的定向性。

(3) 利用式(49.7)计算辐射效率。

4. 讨论和结论

与模式积分法类似，需要标准天线测量的设备和设施。但是仅需要进行比较测量，无需校准。该测量方法比模式积分法获得的结果更加精确。

49.2.3　惠勒罩法

1. 背景和理论

已经看出，确定天线参数中非常重要的辐射效率并不容易，需要更加有效和方便的方法。1959 年，Wheeler 提出了关于弧度球面的理论，其半径为 $\lambda/2\pi$，并将该距离定义为感应场和辐射近场的边界。弧度球面内的场主要涉及损耗功率和存储能量，而弧度球面外的场由辐射功率确定，并且电场和磁场的比值等于固有阻抗（自由空间中约为 377Ω）。“出于测量目的，可能需要移除一个小天线的辐射阻抗，但是保留其他特性（如损耗电阻、电容、电感）。这可以通过将天线包裹在理想导电球形的辐射屏蔽中近似实现”（Wheeler，1959）。该方法目前变成众所周知的惠勒罩法，由于其具有简单、快速、可重复及精确等优点，在小天线辐射效率测量中是最流行的方法。

基本上,当天线被导体罩罩住时,这种情况下天线消耗的功率可以看作天线损失功率 P_{cap}。当天线位于自由空间(或者微波暗室),加载到天线的功率 P_{free} 可以看作损耗和辐射功率的和(即 $P_{\mathrm{free}}=P_{\mathrm{cap}}+P_r$)。通过天线功率和阻抗的关系,可以得到

$$\eta=\frac{P_r}{P_a}=\frac{P_{\mathrm{free}}-P_{\mathrm{cap}}}{P_{\mathrm{free}}}=\frac{I^2R_{\mathrm{free}}-I^2R_{\mathrm{cap}}}{I^2R_{\mathrm{free}}}=\frac{R_{\mathrm{free}}-R_{\mathrm{cap}}}{R_{\mathrm{free}}} \tag{49.11}$$

因此,需要分别测量天线在自由空间的阻抗(R_{free} = 天线电阻 + 损耗电阻)以及在罩中的阻抗(R_{cap} = 损耗电阻),然后利用式(49.11)计算天线辐射效率。该方法也可以通过图49.3所示的等效电路理论进行解释,由于我们仅关心天线电阻,所以忽略了天线阻抗的电抗。当天线位于自由空间时,电阻是辐射电阻和损耗电阻之和,在开路中并行(阻抗是无限大)。当天线在罩中时,表现为短路(阻抗为零),与辐射电阻平行。因此,天线电阻就是损耗电阻。

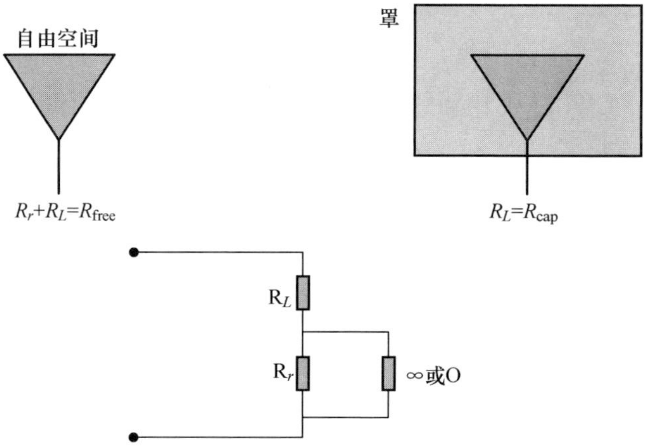

图49.3 惠勒罩法的等效电路

此处的条件如下:

(1) 天线是电小天线。

(2) 罩必须是非常好的导体(相对于天线损耗其损耗可忽略)。

(3) 罩的直径较小,典型值为 $\lambda/2\pi$,小天线感应场和辐射近场的边界。

无论在罩内还是罩外,假设测量过程中天线的电流不发生变化。这是合理

的,是因为电小天线上的电流分布随着环境并不敏感(类似于偶极子天线的正弦函数)。

2. 设施和设备

惠勒罩法非常直接,为了得到辐射效率,需要分别测量在导体罩内、外的天线阻抗(电阻更贴切)。因此,基本的设备和设施需求如下。

(1) 合适尺寸的导体罩。

(2) 用于阻抗测量的 VNA。

理想情况下,阻抗测量应当在微波暗室中进行。如果天线定向性并不是非常强(所有小天线定向性都不是很强),测量就能够在 OATS 或者大暗室内进行。

需要指出,实际中罩并不是非呈球形或者半球形。其他形状(如矩形)也能够很好地满足测试条件。

3. 测量设置和步骤

图 49.4 给出了典型的测量设置。测量前必须校准,并且罩的尺寸必须足够大以覆盖天线。

获得辐射效率的步骤如下。

(1) 在自由空间(微波暗室)中测量天线阻抗(电阻)。

(2) 在惠勒罩下测量天线阻抗(电阻)。

(3) 利用式(49.11)计算天线辐射效率。

4. 讨论和结论

惠勒罩法仅需要一个 VNA 和导体罩以及最小的数据处理即可获得天线辐射效率。该方法简单、快速、有效且精确。但是,它同样具有一些缺点和挑战。

(1) 该方法仅适用于电小天线。这就意味着该方法无法用于尺寸与波长相当或者大于波长的天线;因此,很多天线无法从该方法中获得益处,包括宽带天线(它们不满足电小条件)。

(2) 罩不能太小或者太大;尽管 $\lambda/2\pi$ 是标准,但是实际上能够大于或者小于该尺寸。真实条件是罩中不能存在谐振模式,可以随后看到,这意味着不同的天线尺寸需要不同的罩。

(3) 对于某些天线,如短偶极子或者单极子,反射系数非常接近 1,因此阻抗解不是唯一的。因为输入阻抗 Z_a 存在时,天线反射系数为

$$\Gamma = \frac{Z_a - 50}{Z_a + 50} = \frac{R_a - 50 + jX_a}{R_a + 50 + jX_a} \tag{49.12}$$

当反射系数接近 1 时,解应当为:①任意阻抗 R_a ,但是大的电抗 X_a;②大的阻抗和任意电抗。因此,实际中很难得到精确的阻抗。反射系数测量中的任意小的误差都能导致阻抗中大的误差。事实上,如何精确测量电小天线的阻抗是一个挑战。

(4) 天线阻抗可以用串联或并联的 RLC 电路来建模的假设可能不适用于某些天线(如圆极化天线或者复杂天线)并且导致误差(McKinzie,1997;Cho et al. ,2014)。

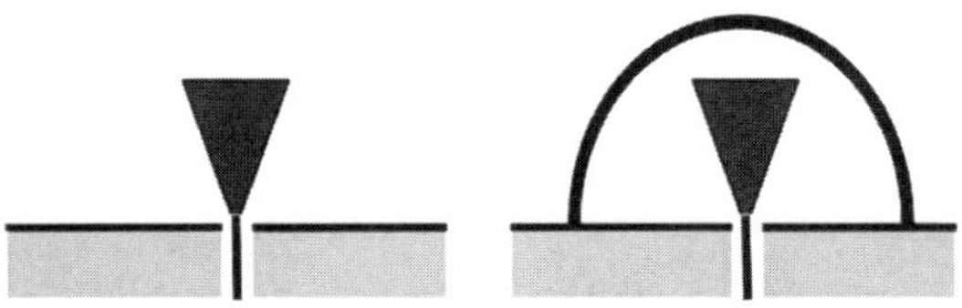

图 49.4 天线测量

(a)自由空间中和(b)惠勒罩中。

49.2.4 改进的惠勒罩法

1. 背景

与其他天线辐射效率测试方法相比,惠勒罩法很具有吸引力,但是仅限于电小天线。因此,研究人员为了使惠勒罩法的应用不仅限于电小天线而做出了很多尝试。

当非电小天线放置于惠勒罩中时,罩就不再是电小的(相对于波长),这意味着罩中可能出现谐振现象。在这种情况下,天线阻抗的实部不仅包括天线的损耗电阻,还包括罩的损耗。在谐振频率,罩的损耗非常明显,导致小的反射系数。以谐振频率为 2GHz 的损耗偶极子天线为例,图 49.5 所示的点画线给出了自由空间下典型的反射系数。当该天线位于大于该线的导体罩中,该罩的反射系数如图 49.5 中实线所示,由于罩的谐振,曲线具有很多的凹陷/零深,并且对应的“天线阻抗”不再由天线确定。因此,式(49.11)不再适用于计算天线效率,无法使用惠勒罩法。为解决该问题,人们研究并提出了许多改进的方法。

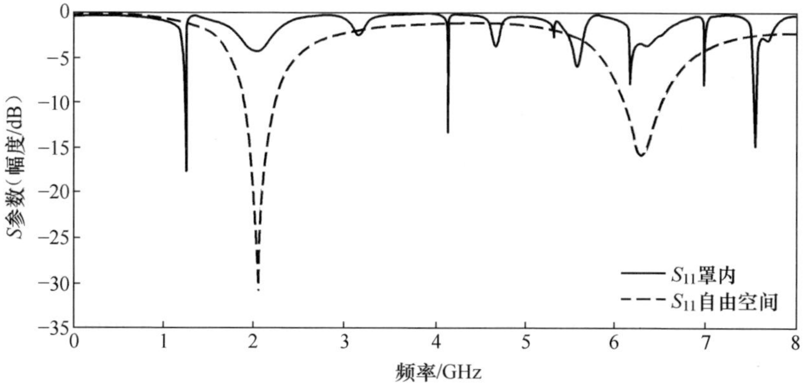

图 49.5　当罩尺寸与波长相当或者大于波长时惠勒罩内、外(自由空间)典型单极子天线的反射系数

2. 滑动墙罩/空腔法

为了消除谐振,Johnson 和 McRory (1998)以及 Huang 等(2003)提出了在测量中采用滑动墙罩/空腔法。图 49.6 给出了典型的测量设置和测量结果。罩/空腔用良导体制造,但是尺寸可以远大于 $\lambda/2\pi$ 。AUT 置于罩/空腔内外的输入阻抗按照标准惠勒罩法测量。如果测量中腔体模式发生在工作频率附近,通过移动滑动壁调整腔体谐振,直到谐振峰远离工作频率。因此,必须进行在不同滑动壁位置下一系列测量。利用式(49.11)计算天线效率。Johnson 和 McRory (1998)描述了一种获得 S 参数的方法,是利用一个滑动壁测量不同尺寸的一些天线得到。这些测量结果在 Smith 圆图上形成圆圈。如果得到 S_{11} 的最大值 ($\Delta_{S,\max}$) 和最小值 ($\Delta_{S,\min}$) 与自由空间反射系数 S_{11} 的差异,天线辐射效率可以通过下式得到,即

$$\eta = \frac{2}{(\Delta_{S,\max})^{-1} + (\Delta_{S,\min})^{-1}} \cdot \frac{1}{1 - |S_{11}|^2} \tag{49.13}$$

该方法的数据处理过程远比惠勒罩法复杂。

滑动墙罩/空腔法是移除谐振的一个有效方法,并且保持了初始惠勒罩法的大部分优点。对大多数天线而言,结果是比较准确的。该方法的主要缺陷是需要导体滑动壁,并且壁和空腔的连接性是主要误差源——罩与滑动墙之间的间隙可以看作缝隙天线,从而引入额外的损耗。此外,由于功率损耗是由谐振和天

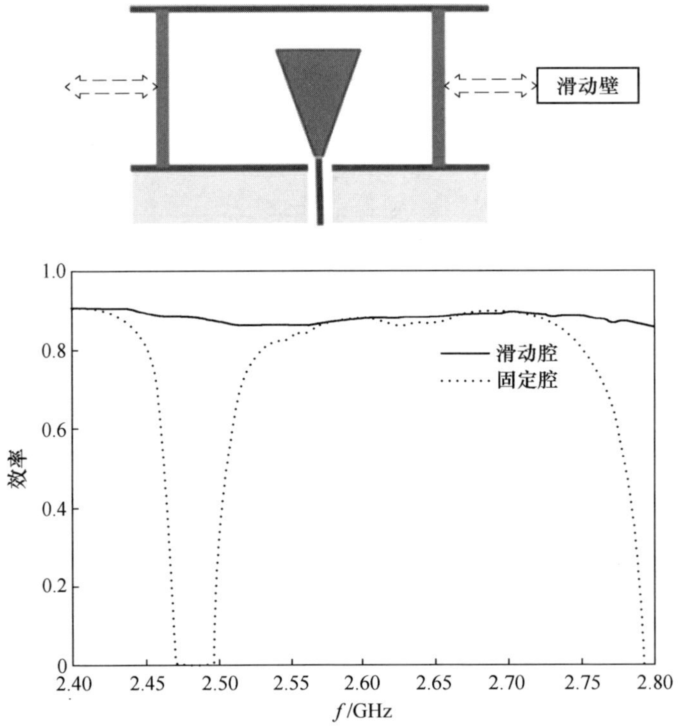

图 49.6　典型滑动墙罩/空腔法配置和测量结果(Huang et al. ,2003)

线两种因素导致,所以在某些情况下消除所需频率处的谐振模式可能比较困难。

3. 超宽带惠勒罩法

宽带天线通常与波长可比拟甚至大于波长。为了使惠勒罩法适用于宽带天线测量,人们做出了很大的努力。由于人们对 UWB 天线的极大兴趣,Schantz 在 2002 年提出了 UWB 惠勒罩法。该方法最基本的思想就是罩必须远大于 $\lambda/2\pi$,并且 AUT 发出的辐射波能够处理为射线(远场),如图 49.7 所示。因此,罩中的 AUT 总功率反射系数为

$$|S_{11\mathrm{cap}}|^2 = q + (1-q)^2\eta^2 + (1-q)^2(\eta^2)^2 q + \cdots = q + (1-q)^2\eta^2\sum_{n=0}^{\infty}(\eta^2 q)^n \tag{49.14}$$

式中:$q = |S_{11\mathrm{free}}|^2$ 为自由空间(罩外)的天线功率反射系数,假设罩的功率反射系数为 1。$S_{11\mathrm{cap}}$ 和 $S_{11\mathrm{free}}$ 分别是在罩中的天线(电压)反射系数和自由空间的天

线(电压)反射系数。该方程的辐射效率解为

$$\eta = \sqrt{\frac{(|S_{11\mathrm{cap}}|^2 - |S_{11\mathrm{free}}|^2)}{(1 - 2 \times |S_{11\mathrm{cap}}|^2 + |S_{11\mathrm{cap}}|^2 \times |S_{11\mathrm{free}}|^2)}} \tag{49.15}$$

该方程与式(49.11)类似,不同的是 Schantz's 原始方程具有误差。

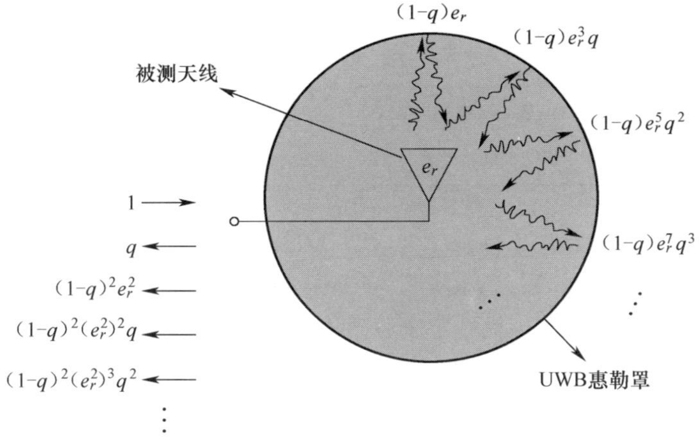

图 49.7　UWB 惠勒罩中的被测天线 ($e_r = \eta$ 为天线辐射效率)(Huynh,2004)

再次,为了得到天线的辐射效率,需要测量罩内和罩外的天线反射系数。测量是直接和迅速的。该方法具有惠勒罩法不具备的诸多优点。与滑动壁空腔法相比,在感兴趣的频率处 UWB 惠勒罩内会激励起多种谐振模式。S_{11} 曲线上反映的谐振模式就是图 49.5 所示的尖的窄带凹陷,需要在数据处理中移除。通常的处理方法是对 S_{11}进行平滑,利用原始数据在频率窗口内(如 100MHz)的最大值,然后利用式(49.15)对 S_{11}进行处理,进而得到辐射效率。图 49.8 给出了利用测量和仿真方法得到的单极子天线的总辐射效率的例子。更多的例子可以在 Schantz (2002)和 Huynh (2004)的文献中找到。

但是,实际中测量罩不能太大,因此射线方法可能不够精确。同样,没有考虑罩的损耗会导致很大的误差(Lu et al.,2008)。因此,式(49.15)仅仅是一个近似解,真实的值需要进一步优化。但是,在更高的频率,模式密度非常高,平滑方法可能会导致对天线损耗的过估计,从而导致更小的天线辐射效率。

4. 源搅拌罩/暗室方法

“源搅拌暗室”的概念最初是在 1992 年电磁兼容测量中被提出来的(Huang

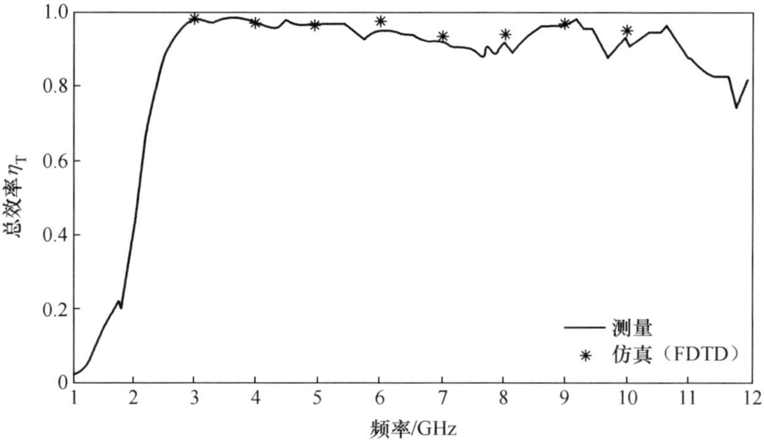

图 49.8 UWB 单极子天线测量和仿真辐射效率结果对比(Huynh,2004)

and Edwards,1992),其工作原理与混响室类似(将在下文讨论)。利用这一思想进行天线测量时,被测天线(AUT)应该放置在源搅拌暗室(SSC)并且方向不同(最好正交)(Huang et al.,2010,2011),如图 49.9 所示。导体罩或者暗室应当足够大以适应场和模式明显的变化。在自由空间和 SSC 中测量到天线的反射系数 S_{11} 后,就能够利用式(49.15)或者式(49.11)(它们在过模情况下基本相同)计算辐射效率,同时可以在一张图上画出每个位置处得到的结果,如图 49.10 所示,给出了 3 个测量结果(3 种不同颜色分别表示了 3 个不同的正交方向)。人们可以利用一条平滑曲线连接峰值,得到最终的天线辐射效率,谐振模式不会显著影响峰值,主要是考虑 SSC 具有由天线(损耗电阻)决定的最小效应。在非谐振频率处,可以将罩看作具有辐射电阻的并联电路中的短路,类似于传统的惠勒罩方法。

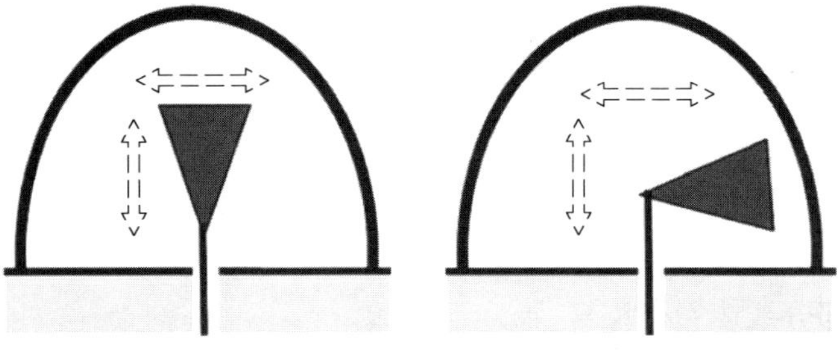

图 49.9 罩中不同位置和方向放置的 AUT 的例子说明

很明显，该方法相对更加容易实施，并且仅需有限的数据处理（类似于传统的惠勒罩方法）：人们只需要在罩内不同位置激发源（AUT），并且测量其阻抗。与滑动墙罩/空腔法相比，该方法使用固定的罩，通过移动 AUT，而不是通过滑动墙罩的方式改变谐振模式。与宽带惠勒罩法相比，该方法具有类似的数据处理过程，但是不需要窗口对数据进行平滑。该方法的另一个非常重要的特点是可以通过改变罩内天线位置或者方向来消除谐振模式效应，如彩图 49.10 所示。采用宽带惠勒罩法，天线效率通过连接红色点的峰值得到，而这些峰值在高频时非常小（在 6.5~7GHz 之间几乎为 0%）。这一结果存在很大的误差，是因为罩内天线处于特定指向在高频时具有很大的损耗。但是，如果利用 3 个方向上的数据，综合结果就能够给出更加精确的结果，这是因为没有产生某些谐振模式。

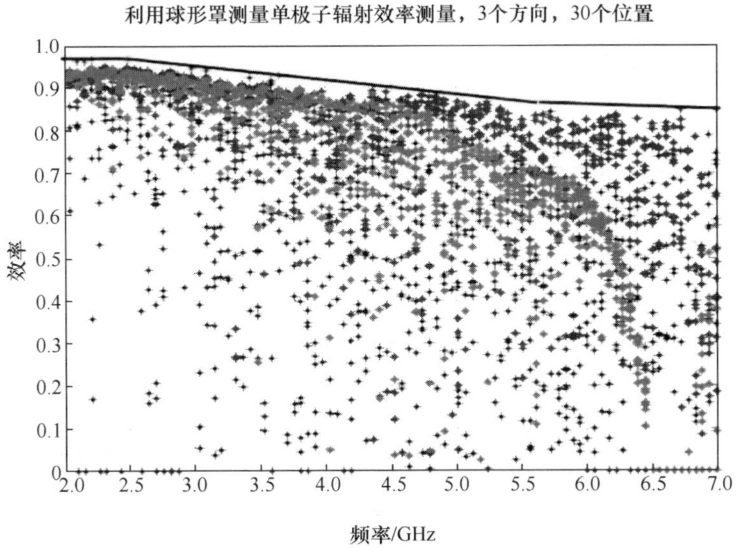

图 49.10　在罩内利用原始 S_{11} 数据测量 3 种不同方向（利用颜色区分）AUT 效率示例（Huang et al.，2010，2011）（彩图见书末）

由于测试是 AUT 在罩/腔体内位于不同位置和方向上进行的，因此在罩/腔体内会有一部分线缆引起损耗，形成误差源。馈电线缆的选择（类型和长度）是非常重要的，罩内线缆影响必须降到最低。

49.2.5 混响室法

1. 背景

混响室(RC)是一个电大导体腔/暗室,具有一个或者两个传导模式搅拌器以搅拌室内场的模式。暗室是一个理想反射器,因此该设施的费用并不昂贵。被测设备(EUT)区域的场是随机的,但是平均场相对均匀。混响室具有一些重要的参数。最低可用频率(LUF)是其中之一,它决定了暗室尺寸和搅拌设计。对于给定的暗室和固定的 EUT 区域,LUF 越低暗室越好。如果工作频率低于 LUF,EUT 区域的场不够随机,进而无法生成所需的(平均)均匀场。因此,所有在混响室的测试任务的频率必须高于 LUF,这是混响室的一个局限性。更详细的信息可以在 IEC 标准 61000-4-21 中找到。

混响室起源于电磁兼容(EMC)的试验和测试,现在已逐步作为天线测量和鉴定的新的设备。尤其是利用其多径环境特性,在天线效率测量和 MIMO(多输入和多输出)性能鉴定方面非常有用(Rosengren and Kildal, 2005; Fur et al., 2009; Holloway et al., 2012)。在 RC 中测量天线效率时,最初是引入一个已知效率的参考天线或者具有相同效率的两个理想天线(尽管是直接测量),但是在某些情况下可能会存在一些问题。随后,人们提出了无需参考天线或者两个理想天线的技术,并且获得了良好的测量结果(Holloway et al., 2012)。因此,下面将讨论具有和不具有参考天线的方法。

2. 具有参考天线的混响室法

利用 RC 进行天线效率测量过程相对直接。除了 RC 外,还需要一个发射器或者接收器/频谱仪或者矢量网络分析仪。如图 49.11 所示,功率由端口 1 发射(称为 P_{source})。首先遇到固定发射天线的反射(由于阻抗失配),具有电压反射系数 S_{11} 和辐射效率 η_{H}。因此,辐射到室内的功率为

$$P_{\text{Chamber}} = P_{\text{Source}}(1 - |S_{11}|^2) \cdot \eta_F \tag{49.16}$$

部分功率到达接收天线(参考天线或者 AUT),可以表示为

$$P_{\text{in}} = P_{\text{Chamber}} - P_{\text{Loss}} \tag{49.17}$$

式中:P_{Loss} 为暗室和搅拌欧姆损耗的功率损耗以及功率传播。

假设 REF(参考)天线和 AUT(EUT 区域平均功率的一个合理假设)接收天线处的平均功率相同,该功率一部分由天线确定(取决于天线效率),一部分由

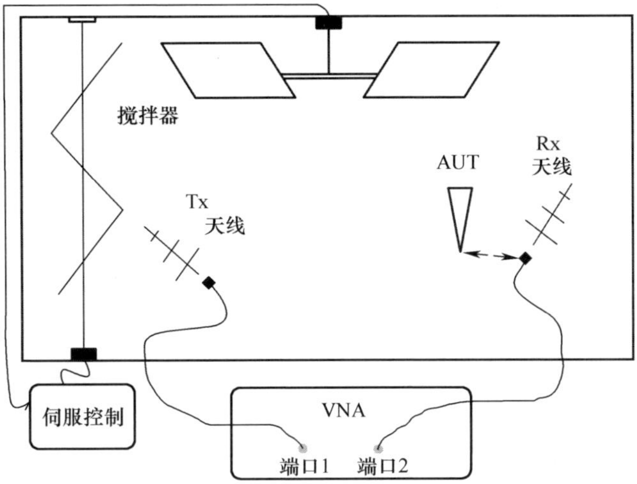

图 49.11　混响室中天线辐射效率测量的典型配置

反射确定(天线和电缆连接器的失配引起)。因此,接收天线输出的平均功率为

$$\langle P_{\mathrm{Rec}}\rangle = P_{\mathrm{in}} \cdot \eta_{\mathrm{Rec}} \cdot (1 - |\langle S_{22\mathrm{Rec}}\rangle|^2) \tag{49.18}$$

式中:符号〈〉表示搅拌器旋转周期(通常为 360°)内总体平均。搅拌良好的暗室中 $|\langle S_{22\mathrm{Rec}}\rangle|$ 应该与自由空间的 $|S_{22\mathrm{Rec}}|$ 相同(但是略小于 $|\langle S_{22\mathrm{Rec}}\rangle|$)。因此,对于两个不同的接收天线,平均功率传输系数为

$$\langle |S_{21\mathrm{REF}}|^2\rangle = \frac{\langle P_{\mathrm{REF}}\rangle}{P_{\mathrm{Source}}} = \frac{P_{\mathrm{in}} \cdot \eta_{\mathrm{REF}} \cdot (1 - |\langle S_{22\mathrm{REF}}\rangle|^2)}{P_{\mathrm{Source}}} \tag{49.19}$$

以及

$$\langle |S_{21\mathrm{AUT}}|^2\rangle = \frac{\langle P_{\mathrm{AUT}}\rangle}{P_{\mathrm{Source}}} = \frac{P_{\mathrm{in}} \cdot \eta_{\mathrm{AUT}} \cdot (1 - |\langle S_{22\mathrm{AUT}}\rangle|^2)}{P_{\mathrm{Source}}} \tag{49.20}$$

由式(49.19)或者式(49.20)可以给出

$$\eta_{\mathrm{AUT}} = \frac{\langle |S_{21\mathrm{AUT}}|^2\rangle}{\langle |S_{21\mathrm{REF}}|^2\rangle} \cdot \frac{(1 - \langle |S_{21\mathrm{REF}}|^2\rangle)}{(1 - \langle |S_{21\mathrm{AUT}}|^2\rangle)} \cdot \eta_{\mathrm{REF}} \tag{49.21}$$

这就意味着为了计算 AUT 的辐射效率,人们需要测量/获得以下信息:接收端分别连接参考天线或者 AUT 时的 S 参数($S_{21\mathrm{REF}}$、$S_{22\mathrm{REF}}$、$S_{21\mathrm{AUT}}$、$S_{22\mathrm{AUT}}$);参考天线的辐射效率 η_{REF}。

通过式(49.21)可以发现,测量辐射效率与发射天线性能无关,只要暗室内

辐射足够的功率。需要使用标校移除电缆损耗。需要指出,当天线位于 EUT 区域时,反射系数 S_{22} 对搅拌器的位置并不敏感,但是 S_{21} 比较敏感。因此,式(49.21)中的 S_{21} 应当是搅拌器旋转周期内 S_{21} 的平均。非常重要的一点是,必须确保接收功率远大于噪声电平(Boyes et al.,2013)。

此外,测量精度还与搅拌器的有效性和搅拌转动的分辨率有关。更好的分辨率(或者更小的步长)能够得到更高的精度。但是更小的步长会导致更长的测量时间。因此,必须有所折中。彩图 49.12 给出了自由空间中和检验位置的铜印花天线辐射效率的仿真和测量示例。可以看出,测量和仿真结果之间的差异小于 10%,并且从一个测量到另一个测量的重复性非常高。该方法的另一个特点是能够允许大天线的测量,支持如人体、汽车及坦克等目标,这是基于罩的方法无法满足的,因为罩对于人体而言太小,但是混响室通常是非常大的环境。

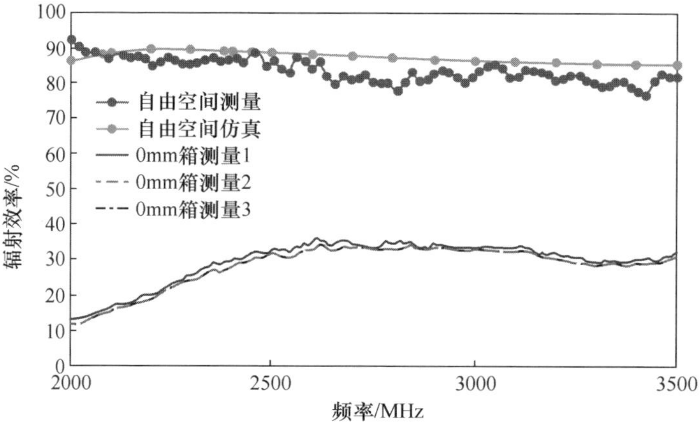

图 49.12 铜印花天线在自由空间和物体上辐射效率的测量(Boyes et al.,2013)(彩图见书末)

3. 无参考天线的混响室法

式(49.21)中需要的参考天线效率在实际中的某些情况下是无法得到的,因此具有参考天线的 RC 法无法应用确定天线辐射效率。最近,人们提出了无参考天线的混响室法:3 种不同的方法(单天线、双天线、三天线方法)被提出来用于确定辐射和天线的总效率(Holloway et al.,2012)。

对于单天线法,测量设置与图 49.11 类似,但是仅需要使用 AUT 和 VNA 的单个端口。无需其他天线。因此,比较简单。AUT 的总效率可以通过下式计算得到(Holloway et al.,2012),即

$$\eta_{\text{Total}} = \sqrt{\frac{C_{\text{RC}}}{2\omega} \frac{\langle |S_{11s}|^2 \rangle_{\text{RC}}}{\tau_{\text{RC}}}} \tag{49.22}$$

式中：ω 为角频率；$C_{\text{RC}} = \frac{16\pi^2 V}{\lambda^3}$ 为暗室常数；V 为暗室体积；τ_{RC} 为暗室时间常数（$= Q/\omega$，Q 为暗室品质因数）；$\langle |S_{11s}|^2 \rangle$ 为 RC 中 AUTS_{11} 的搅拌能量分布。

因此，单天线法获得总效率需要测量的参数就是 $\langle |S_{11s}|^2 \rangle$ 和 τ_{RC}。如果需要辐射效率，可以通过下式计算，即

$$\eta = \frac{\eta_{\text{Total}}}{1 - |S_{11}|^2} = \frac{\sqrt{\frac{C_{\text{RC}}}{2\omega} \frac{\langle |S_{11s}|^2 \rangle}{\tau_{\text{RC}}}}}{(1 - |S_{11}|^2)} \tag{49.23}$$

双天线法和三天线法的测量过程非常类似，它们也需要测量 $\langle |S_{11s}|^2 \rangle$ 和 τ_{RC}。其主要的不同在于反射到天线的功率与接收功率之间关系的假设（Holloway et al.，2012）。三天线法更加通用，不需要这一假设。这 3 种方法的测量结果非常相似，如图 49.13 所示。双天线法看起来具有最小的不确定性。

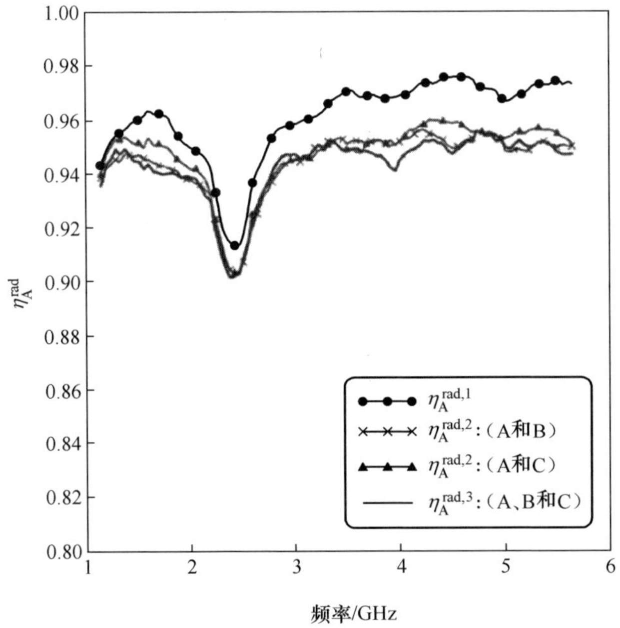

图 49.13　辐射效率——天线 A 3 种不同测量方法的比较（Holloway et al.，2012）

相对于具有参考天线的 RC 法来说,该方法不需要已知辐射效率的参考天线。但是必须在时域精心地校准暗室,以获得时间常数,然而这是非常耗时的过程。好在只要暗室性能、结构、负载不变,人们只需要校准暗室一次,数据可以重复使用。

49.2.6 测量小天线效率的其他方法

近年来还涌现许多测量方法和技术,但是它们在日常使用中不够流行或者不太方便。

1. 辐射计方法

这是一个经典的测量方法(Ashkenazy et al.,1985),在两种不同的环境下利用一个类似于辐射计低噪声接收器测量 AUT 的输出噪声功率,典型的有"热目标"(如微波暗室)或者"冷目标"(如干净的天空),第三个测量需要使用低损耗具有已知天线辐射方向图的标准天线或者一个校准的噪声源。天线辐射效率能够通过上述 3 次测量的结果得到。

该方法的问题在于所需要的特定设备及噪声源不精确而引入误差、AUT 的失配以及接收机增益的漂移(Kraus and Marhefka,2002)。

2. Q 因子法

该方法给予比较测量的 Q 和理想 Q 的比较。Q 因子由存储的能量、功率辐射和功率耗散确定。该方法也仅限于电小天线,并且精度和便利性都比惠勒罩方法差。因此,没有广泛使用该方法。

3. 比色法

Schroeder and Gapski,(2006)提出了一个有意思的方法,其基本原理如图 49.14 所示,该方法基于在热流比较仪中测量天线的耗散,其最有意思的特点就是不需要参考天线或者场地校准。由于其测量效率很高,所以适用于宽带和小天线。该方法看起来最大的缺点在于难以建立热流比较仪。测量设备和设置在典型天线实验室中并不标准,是该方法成为天线效率测量方法的一个主要障碍。

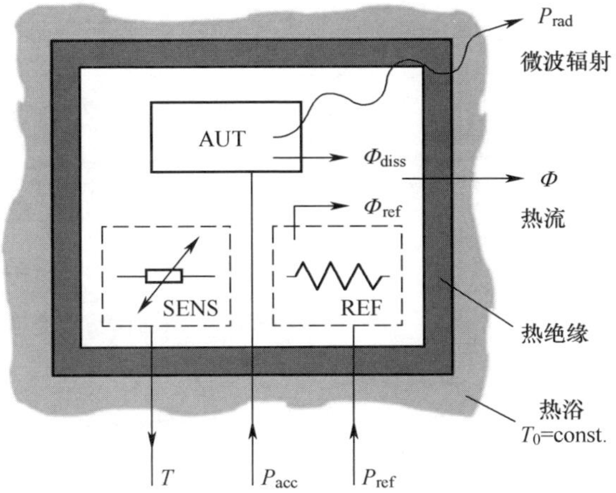

图 49.14　比色法(Schroeder and Gapski 2006)

49.3　讨论和比较

辐射效率是天线最重要的参数之一,研究人员提出了许多测量该参数的方法。但是直到目前为止,仍然没有发现“最好的方法”,它们各具优缺点。人们仍然在寻找最好的天线效率测试方法。表 49.1 给出了基于公开发表的文献,不同测试方法精确度和不确定性的比较,表中给出了每种方法主要特征和缺点。在典型高效率天线情况下,给出了精确度和不确定性的极限(对于低效率情况,10%就非常明显)。实际上,还存在许多必须考虑的其他参数,但是此处未包括这些参数。例如,惠勒罩方法似乎能够提供电小天线测量的最好精确度,如前所述能够精确测量天线阻抗,但是对于其他天线可能存在问题。如果天线阻抗无法精确测量,辐射效率误差会大于 3%。

表 49.1　各种测量方法的比较

测量方法	精度/%	备　注
方向图积分法	<20	适用于大多数天线。需要进行三维辐射方向图测量,耗时,精度低
方向性/增益法	<20	适用于很大范围的天线,特别是定向天线

(续)

测量方法	精度/%	备　注
惠勒罩法	<3	适用于电小天线,性价比高,速度快,精确,很少数据处理
滑动墙罩/空腔法	<5	适用于许多小天线,性价比高。需要特定的腔
UWB 惠勒罩法	<10	适用于宽带及小天线,性价比高,速度快,很少数据处理
源搅拌罩/暗室法	<5	适用于很大范围的天线,性价比高,速度快,很少数据处理
具有参考天线的混响室法	<10	既适用于大天线及系统,也适用于小天线及系统。需要已知辐射效率的参考天线,耗时,频率大于 LUF
无参考天线的混响室法	<10	既适用于大天线及系统,也适用于小天线及系统。不需要参考天线。需要长的暗室校准,频率大于 LUF
辐射计法	<15	适用于许多天线。需要特定设备
Q 因子法	<10	适用于电小天线,不像惠勒罩法那么简单
比色法	<5	适用于小天线及系统(如移动电话)。需要特定的热流比较器

49.4　结论

本章讨论了多种天线辐射效率测量方法。典型方向图积分和方向性/增益方法是通用的,但可能会非常耗时,并且测量精度也比较低。惠勒罩方法具有很多优点,但是仅限于电小天线。同时,详细讨论了许多改进的惠勒罩方法。UWB 惠勒罩方法和源搅拌罩/暗室方法在小天线测量中比较流行。由于后者能够更好地控制腔体/暗室的模式,因此可以得到更高的精度。近期,RC 方法得到了很多关注,并且得到了深入的研究。它们能够适用于非常大范围的天线,大的或者小的甚至是已安装的天线,这是 RC 方法最吸引人的特性。RC 方法用于分集式和 MIMO 天线测量是另一个该设置有意思的应用。

致谢:非常感谢 Qian Xu 先生、Stephen Boyes 博士以及 Yang Lu 博士等的

帮助。

交叉参考：

第 45 章　天线测量装置——概论

第 47 章　EMI/EMC 暗室设计、测量及设备

第 51 章　可穿戴及可植入天线评估

第 48 章　近场天线测量技术

第 29 章　小天线

第 36 章　超宽带天线

参考文献

Ashkenazy J, Levine E, Treves D (1985) Radiometric measurement of antenna efficiency. Electron Lett 21:111-112

Boyes SJ, Soh PJ, Huang Y, Vandenbosch GAE, Khiabani N (2013) Measurement and performance of textile antenna efficiency on a human body in a reverberation chamber. IEEE Trans Antennas Propag 61(2):871-881

Cho C, Kang J-S, Choo H (2014) Improved Wheeler cap method based on an equivalent high-order circuit model. IEEE Trans Antennas Propag 62:274-281

Fur GL, Lemoine C, Besnier P (2009) Performances of UWB Wheeler cap and reverberation chamber to carry out efficiency measurements of narrow band antennas. IEEE Antennas Wirel Propag Lett 8:332-335

Holloway C, Shah H et al (2012) Reverberation chamber techniques for determining the radiation and total efficiency of antennas. IEEE Trans Antennas Propag 60(4):1758-1770

Huang Y, Boyle K (2008) Antennas: from theory to practice. Wiley, Chichester Huang Y, Edwards DJ (1992) A novel reverberating chamber: source-stirred chamber. In: Proceedings of IEEE 8th international conference on electromagnetic compatibility, Edinburgh, Sept 1992, pp 120-124

Huang Y, Narayanan R, Kadambi G (2003) Electromagnetic coupling effects on the cavity measurement of antenna efficiency. IEEE Trans Antennas Propag 51:3064-3071

Huang Y, Lu Y, Chattha H (2010) Antenna efficiency measurements. In: IEEE iWAT 2010, Lisbon, Mar 2010

Huang Y, Lu Y, Boyes S (2011) Source-stirred method for antenna efficiency measurements. In: Eu-

CAP 2011, Rome

Huynh M (2004) Wideband compact antennas for wireless communication applications. PhD thesis, Virginia Polytecnic Institute and State University

Johnson RH, McRory JG (1998) An improved small antenna radiation efficiency measurement method. IEEE Antenna Propag Mag 40:40-48

Kraus JD, Marhefka R (2002) Antennas: for all applications, 3rd edn. McGraw-Hill, New York Lu Y, Huang Y, Chattha H (2008) Effects of Wheeler cap loss on wideband antenna efficiency measurement results. In: IEEE iWAT 2008, Chiba, Japan

McKinzie IIIW (1997) A modified Wheeler cap method for measuring antenna efficiency. In: IEEE antenna and propagation symposium, July 1997, pp 542-545

Newman EH, Bohley P, Walter CH (1975) Two methods for the measurement of antenna efficiency. IEEE Trans Antennas Propag 23:457-461

Pozar DM, Kaufman B (1988) Comparison of three methods for the measurement of printed antenna efficiency. IEEE Trans Antennas Propag 36:136-139

Rosengren K, Kildal P-S (2005) Radiation efficiency, correlation, diversity gain and capacity of a six-monopole antenna array for MIMO system: theory, simulation and measurement in reverberation chamber. IEEE Proc Microwave Antennas Propag 152:7-16

Schantz HG (2002) Radiation efficiency of UWB antennas. In: Proceedings of the IEEE UWBST conference, Baltimore, USA

Schroeder W, Gapski D (2006) Direct measurement of small antenna radiation efficiency by calorimetric method. IEEE Trans Antennas Propag 54:2646-2656

Wheeler HA (1959) The radiansphere around a small antenna. Proc IRE 47:1325-1331

第 50 章
毫米波及亚毫米波天线测量

Heiko Gulan, Cyril Luxey and Diane Titz

摘要

本章讨论了毫米波、亚毫米波探针馈电天线的测量。首先介绍了世界上测量手段的现状;然后介绍了一种大家都感兴趣的实现毫米波探针馈电测量装置RF与机械部分的解决方案。在第二部分重点在于可行的测量及相关技术,以准确测定毫米波馈电天线的特性。需特别注意的是反射系数的测量、增益测量、相关校准技术、为表征圆极化天线发展起来的新的无相技术、来自仿真测试的总的混合效率计算、近场及相位测量以及在毫米波馈电系统中误差产生的原因。最后一部分讨论了110GHz以上波段的测量。因在这些波段无同轴连接线,因而必须用刚性地连接。最后讨论了未解决的问题,并展望了接下来几年的发展

H. Gulan(✉)
卡尔斯鲁厄理工学院高频技术与电子研究所(IHF),德国
e-mail:heiko. gulan@ kit. edu
C. Luxey
尼斯大学索菲亚—安提波利斯校区物体连接电子实验室,法国
e-mail: cyril. luxey@ unice. fr
D. Titz
尼斯大学索菲亚—安提波利斯校区物体连接电子实验室,法国
e-mail: diane. titz@ unice. fr

方向。

关键词

毫米波测量系统;馈电天线;微电子探针;增益测量;校准技术;圆极化毫米波天线;总效率;近场测试;相位测试

50.1 引言

已经证明CMOS集成电路在毫米波波段是有效的。与此同时,人们对毫米波谱内几种免许可的波段产生了浓厚的兴趣。例如,在60GHz波段,WiGig和WiFi联盟在2013年合并。到2015年预计60GHz波段的运营产品将提供几千兆的速度、低延时和相邻设备WiFi的安全性连接。另外,被关注的频带有77GHz汽车雷达系统和94GHz的雷达成像传感器。

因此,对能测量天线特性的毫米波、亚毫米波测量设备有强烈需求。显然,随着频率的增加以及天线尺寸的减小,对天线特性的测试也遇到新的问题,同时,随着频率的增加,内部连接损耗也增加。因此,天线需要尽可能地接近电路。最近已有开发方案表明封装天线可能是有效的解决方法(Titz et al.,2012d;Pilard et al.,2012)。在暗室利用连接馈电天线的测量仍有可能达到110GHz。但是,频率超过30GHz,波长减小到10mm以下,连接器开始变得和天线尺寸一样大,或者超过其本身。因此,它的辐射能力比天线本身更强,并且强烈干扰要表征天线的辐射方向图(Ranvier et al.,2009)。而且这些连接器很难焊接这么小的天线,另一种针对110GHz及以上的解决方案是利用波导给天线供电。然而后一种解决方案对所有天线的拓扑结构而言,是不可行或不够的。最后一个已经用于微电子电路测量的解决方案是馈电天线用微电子探针进行测试。这对集成天线甚至AiP是特别重要的,因为它们会被准确地输入到IC与终端连接的地方。这表明,即使它会轻微地干扰辐射模式,其影响也不如60GHz的连接器馈电解决方案明显。

因此,本章的重心将放在毫米波、亚毫米波波段探针馈电天线的测量。在概述了世界范围内已存在的测量设备后，接下来将讨论馈电测量天线所需要的射频和机械部分。最后将参考现有设备对几种测试流程进行说明。最后一个部分讨论了 110GHz 以上波段的测量。结尾提出了待解决的问题及接下来几年的发展方向。

50.2　建立一个馈电探针测量设备

50.2.1　全球范围内测量设备概述

1997 年和 1999 年，Simons、Lee 报道了第一个片上天线的测量。在这个设备中金属卡盘已被泡沫块所取代，以避免不必要的金属反射，并且周围必须存在的金属部分被吸波材料覆盖。两个相同的天线放置在距离彼此为 R 的地方，增益由测到的 S_{21} 通过 Friis 方程计算出来。选择天线到天线的距离大于远场距离。采用标定基板，被测天线（AUT）的馈电探针被校准到探针的尖端。测量采用 HP 8510C 全自动网络分析仪（图 50.1）。

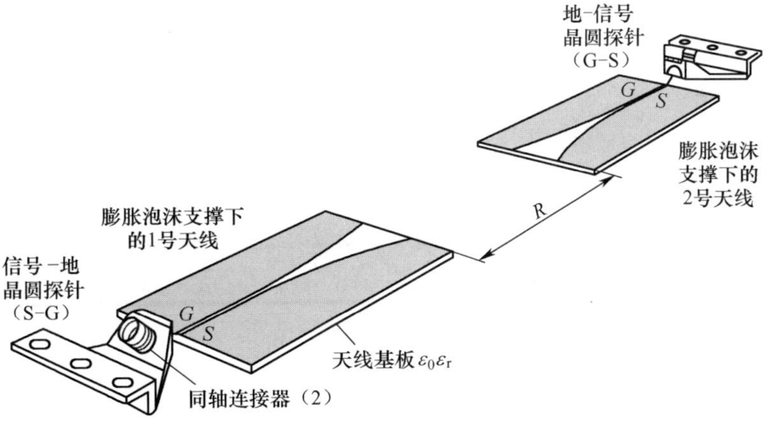

图 50.1　Simons 和 Lee（1999）提到的一种探针台对两个相同天线进行增益测量

然而，第一次尝试将两个天线的位置固定，仅能测量端射方向的增益。Simons 等（2001、2002）改进了经典射频探针台以增强测量的可能性。将小喇叭天线或开放的波导连接到可旋转（使用电动机）的有机玻璃臂可获得沿着一条弧线的场强度。天线仍然使用微电子探针，所有金属部件仍覆盖吸波材料。特别是天线所在的晶圆片用吸波材料从金属卡盘中分离出来。此外,波导可以旋转90°来测量共极化和交叉极化增益(图50.2)。

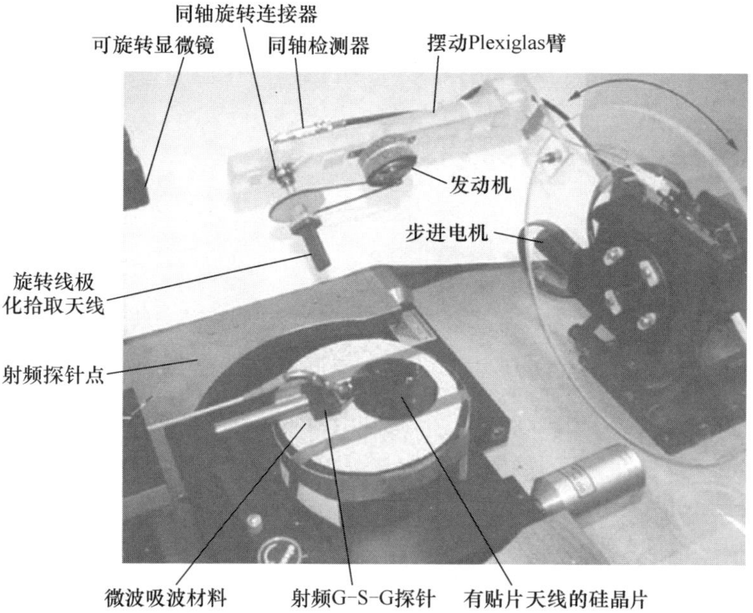

图50.2 西蒙斯(2002)提到的一种利用定制探针台测量天线辐射方向图的方法

这个装置仍然不够完美,由于卡盘的堵塞,只有AUT周围的上部可以被测量。Zwick等(2004)提出了第一个为毫米波天线完全定制的测量装置。为避免探针台金属部件产生不必要的反射,探针定位器被移出探针台并放置在一个微波暗室的小隔离台上。待测天线放在定制夹子上,通过机械手臂标准定制天线可以在其周围旋转。电动机的轴有3种不同的安装方式,所以辐射方向图可以在3个不同的平面上测量。喇叭天线安装在距离待测天线38cm处,以确保适合远场条件。通过这种设置,利用矢量网络分析仪(VNA)可以在一个方向的3个不同的平面测得S_{11}增益。本章后面将详细介绍特殊的校准流程。这是首次对探针本身的辐射进行了研究。关于这个设备完整的概述可以在文献(Zwick and Pfeiffer,2009; 图50.3和图50.4)中找到。

Ranvier等(2009)提出了第一个准三维辐射方向图测量装置。利用两个旋转臂,除了被探测定位器阻塞的区域之外的方向外,AUT的增益可以在所有方

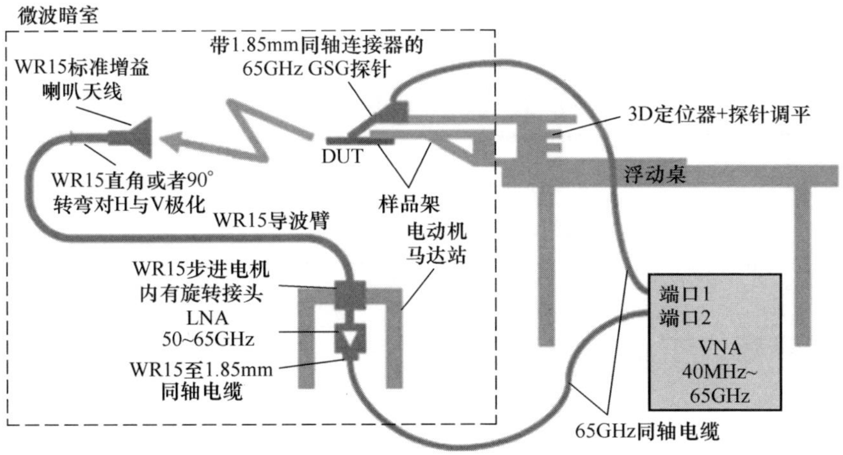

图 50.3　Zwick 等提出的探针馈电测量图

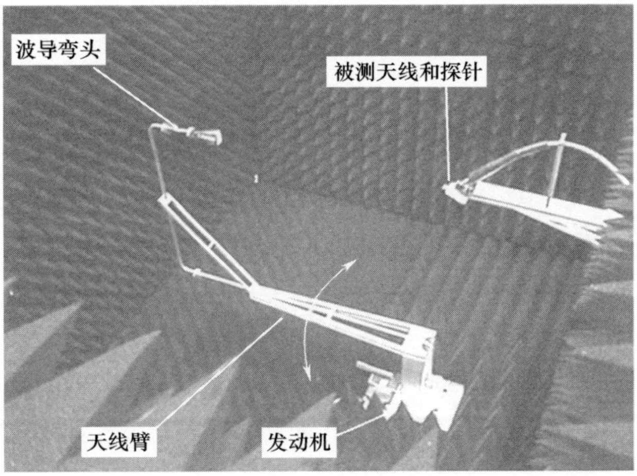

图 50.4　Zwick 等(2004)提出的探针馈电测量设置图

向被测量到。同时 Beer 和 Zwick(2010;图 50.5 和图 50.6)提出了一种非常相似的测量设备。

最近在世界范围内,还开发了几种其他测量设备。其中大部分已在表 50.1 中列出并进行了比较。这些测量设备中大多数对 AUT 采用了馈电探针技术。

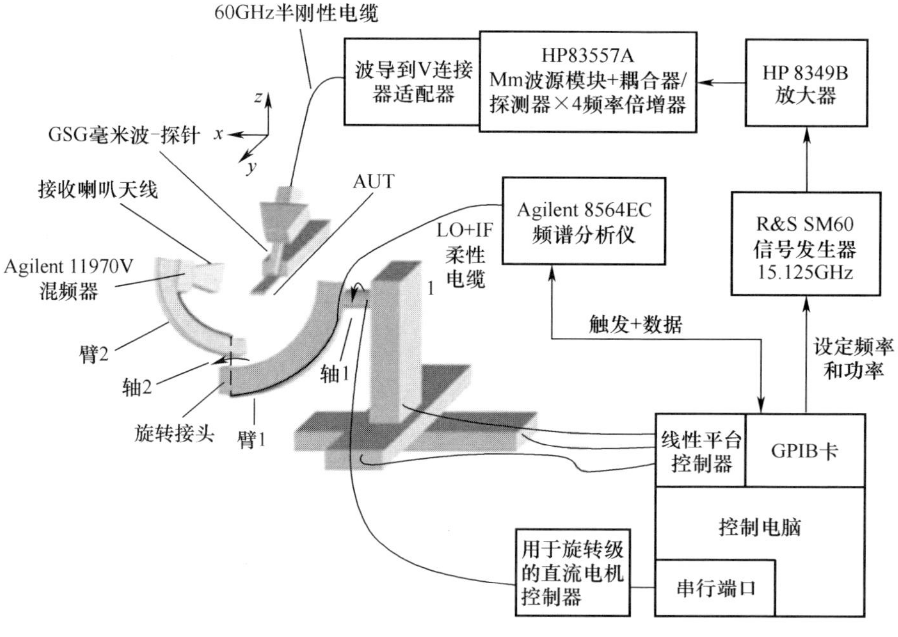

(a)

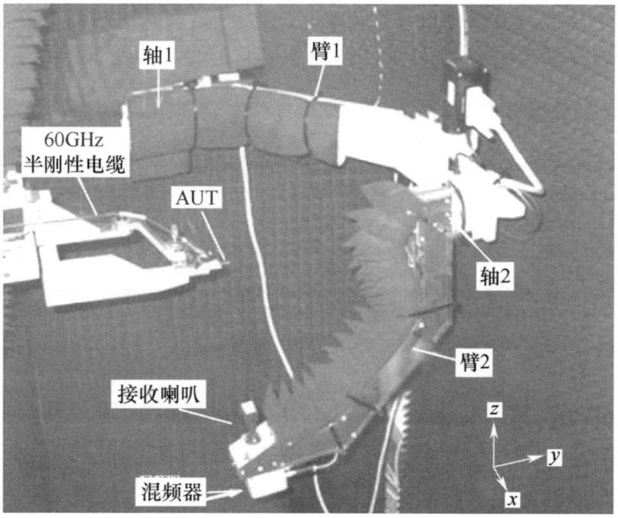

(b)

图 50.5　Ranvier 等(2009)提出的三维探针馈电测量设备

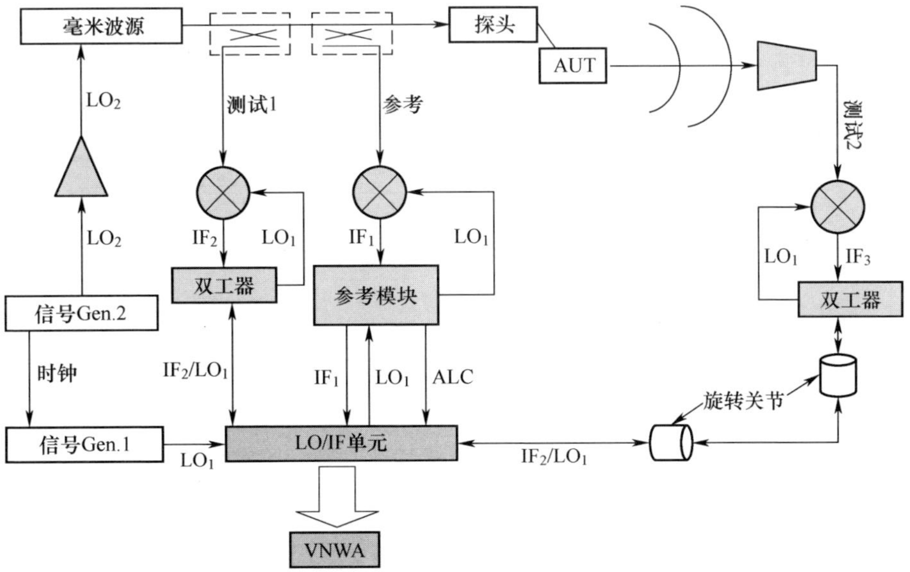

(a)

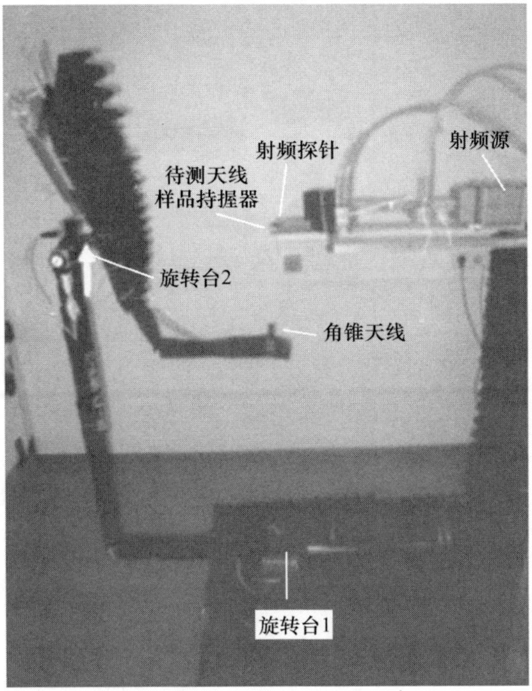

(b)

图 50.6　Beer 和 Zwick(2010)提出的三维探针馈电测量设备

表 50.1 全球毫米波天线测量装置的选择与比较

学校或公司	频率范围/GHz	馈电探针	天线夹子	待测天线距离	S_{11}测量	增益测量	射频设备	参考/出版物
NASA 路易斯研究中心	27~29	是	泡沫块	可调的	否	端射方向	ANA	Simons and Lee,1999
美国宇航局格伦研究中心	18~40	是	卡盘+吸波材料	NA	是	两平面 -90°~+90°	ANA	Simons,2002
IBM T. J. 沃森研究中心	50~65	是	自定义夹子 FR4	38cm	是	三平面 -90°~+90°	VNA	Zwick et al. ,2004
埃因霍温科技大学	40~67	是	有机玻璃台面+ 聚苯乙烯层	~30cm	是	上半球	VNA	Akkermans et al. ,2007
卡尔顿大学	24	是	探针台	40cm	否	侧面方向	VNA	Shamim et al. ,2008
芬兰国家技术研究中心	50~65	否(波导)	NA	77.2cm	否	全三维平面	信号发生器+放大器+ 乘法器+混频器+ 频谱分析仪	Lamminen et al. ,2008
密歇根安娜堡大学	2~40	是	填满共振吸波 材料的孔	最大 1.5cm	是	上半球	VNA	Van Caekenberghe et al. ,2008
佐治亚理工学院	55~65	是	泡沫聚苯乙烯夹子	57cm	是	准三维平面	PNA	Van Caekenberghe et al. ,2008
“国立”成功大学	55~65	是	卡盘+塑料盒	可调的	否	端射方向	PNA	Hsu et al. ,2008
索菲娅大学	高达 140	是	泡沫夹子	20cm	是	准三维平面	VNA	Ranvier et al. ,2009
普渡大学	40	是	铝+无敷层 FR4	NA	是	上半球面	VNA	Willmot et al. ,2009

（续）

学校或公司	频率范围/GHz	馈电探针	天线夹子	待测天线距离	S_{11} 测量	增益测量	射频设备	参考/出版物
乌普萨拉大学	70~90	是	硬质泡沫	45cm	是	两平面-90°~+90°/45°	PNA+扩展器	Cheng et al. ,2009
意法半导体	40~67	是	Rexolite 卡盘	NA	是	上半球面	PNA	Pilard et al. ,2009
东芝公司% 26 研发中心	60	是	聚四氟乙烯台面	>23cm	否	三平面 -90°~+90°	信号发生器+混频器 频谱分析仪	Ito et al. ,2009
“国立”成功大学	55~65	是	卡盘	NA	否	一个平面 -90°~+90°	信号发生器+混频器 频谱分析仪	Tsai et al. ,2010
卡尔斯鲁厄理工学院	高达 170	是	泡沫	60cm	是	准三维平面	VNA+扩展器	Beer and Zwick,2010
CEA LETI	60~65	是	卡盘	40. 3cm	是	上半球面	VNA+扩展器	Lanteri et al. ,2010
IMEC	50~67	是	金属台面内的孔	50cm	是	下半球面	VNA	Mohammadpour-Aghdam et al. ,2011
STICC 实验室	50~67	是	泡沫	5cm	是	上半球面	VNA	Calvez et al. ,2011
新加坡国立大学	50~67	是	吸波材料	15cm	是	上半球面	VNA	Sun et al. ,2011
信息通信研究所	57~67	是	低介电常数塑料支架	80cm	是	准三维平面	VNA	Yeap et al. ,2011
数字媒体和通信研究中心，三星电子	57~66	是	空心卡盘	NA	是	上半球面	VNA	Hong et al. ,2011
埃因霍温科技大学	62. 5	是	NA	NA	是	上半球面	VNA	Johannsen et al. ,2012

（续）

学校或公司	频率范围/GHz	馈电探针	天线夹子	待测天线距离	S_{11}测量	增益测量	射频设备	参考/出版物
香港城市大学	60~75	否(连接器)	NA	50cm	是	两个球面 -72°~+72°	信号发生器+毫米波源模块+混频器频谱分析仪	Ng et al.,2012
微电子研究所,A*STAR	110-170	是	卡盘	10cm	否	侧方向	信号发生器+扩展模块+混频器频谱分析仪	Hou et al.,2012
“国立”台湾大学	66~82	是	卡盘	最小2cm	是	二维平面扫描	VNA	Tsai et al.,2013
信息通信研究所	110~170	是(波导)	有吸波材料的卡盘	80cm	是	上半球面	VNA+扩展模块	Xu et al.,2013
信息通信研究所	220~325	否(波导)	低介电常数塑料支架	80cm	是	上半球面	VNA+扩展模块	Qing and Chen,2014
长庚大学	50~70	是	专用夹子	60cm	是	准三维平面	VNA	Chin et al.,2014

根据应用的射频部件，它们能够测量 S_{11} 和增益辐射方向图，或者至少是其中之一。根据机械部分它们能够测量三维方向图或平面的截面图。

50.2.2　射频部分

毫米波天线测量所需的射频设备取决于所需执行的测量。基本上，测量可以划分为两类，即反射系数(S_{11})和增益/辐射方向图测量。如前所述，在不干扰毫米波天线的前提下，特别是如果它集成在一个封装或芯片中，最好的测量方式是利用微电子探针。当然，如果在终端中天线是独立的，并且通过电缆或波导连接，探针显然不是最好的选择。然而随着频率的增加，这种情况越来越少。因此，本章主要讨论利用探针馈电的测量技术。

对所使用微电子探针的选择取决于频率范围和待测天线馈电垫的间距。表 50.2列出了各种间距和相关损耗下各种可用的微电子探针。表 50.3 列出了主要商用探针的技术参数。因为探针头非常小，需要与天线板精密对齐，因而显微镜和探针定位器是必需的。事实上，微电子探针非常脆弱和昂贵，它们需要特别呵护。

表 50.2　可用的微电子探针和与插入损耗相关的测量技术

频率/GHz	连接器类型/mm	波导类型	最大插入损耗/dB	典型间距/μm
DC~40	2.92	—	2	25~2540
DC~50	2.4	—	2	25~1250
DC~67	1.85	—	2	25~1250
50~75	—	WR15	2	50~1250
60~90	—	WR12	2	50~450
75~110	—	WR10	2	50~450
DC~110	1	—	1.4	50~150
90~140	—	WR8	3	50~100
110~170	—	WR6	4	50~100
140~220	—	WR5	4	50~100
220~325	—	WR3	4	50~100

参考：(Cascade 2015；GGB 2015)

表 50.3　商用微电子探针和技术参数

频带/GHz	W 波段 (75~110)	D 波段 (110~170)	H 波段 (220~325)	H 波段 (220~325)
探针名字	110H-GSG-150-P	170-GSG-100-BT-M	325-GSG-80-BT	I325-T-GSG-100-BT
探针类型	空气共面	空气共面	空气共面	无限距
厂商	GGB Industries	GGB Industries	GGB Industries	Cascade Microtech
间距/μm	150	100	80	100
连接类型	1mm Coax	WR-6 波导	WR-3 波导	WR-3 波导
最大损耗/dB	1.2	2.1	3.5	7.5

对于反射系数的测量,VNA 或 PNA 是必要的。使用参考校准基板(由探针制造商提供)并提出了合适的标定方法(Fakharzadeh,2014),可以将测量的参考平面设置在探针尖。最常用的方法是双端口方法,称为短路-开路 -负载-直通(SOLT)校准。然而,这种方法需要两个探针和两个定位器,因此除了特有的探针台外其他很难实现。因而对于天线测量,一个单端口校准是足够的。而且使用 SOLT 方法也很容易做到这一点(Beer and Zwick,2010)。

对于增益/辐射方向图的测量,射频设备可以有更多的变化。增益和辐射方向图确实可以分别测量。增益测量需要精确的射频设备和校准程序,而辐射方向图可以归一化到最大接收功率。在各种情况下都要以正确的频率产生信号并充分接收,这里认为 AUT(待测天线)是发射天线,接收端使用标准喇叭天线。

信号可以由 VNA 产生。在这种情况下,S_{11} 和增益都可以用相同的射频设备进行测量。在任何增益测量之前,S_{11} 的可视化也是非常重要的,以验证探针是否正确地接触到天线座。目前的 VNA 可以生成一个最高 67GHz 的信号。对于超过 67GHz 的频率,可以使用毫米波扩展模块或毫米波发射/接收(T/R)模块。然而,这种 VNA 相当昂贵,毫米波天线也可以用低频信号发生器(最后连接放大器)来测量,然后用该频率乘以毫米波源模块以得到所需的频率。在这种情况下,S_{11} 必须单独测量,但发送到 AUT 的输入功率可以更高,从而提高测量装置的动态范围。在这两种情况下,输入功率必须已知才能计算 AUT 的增益。Boone 等提出了另一种低成本的解决方案,即在合适的频率使用本地振荡器。

在接收端,喇叭天线可以连接多个设备。VNA 也可用于接收。如果喇叭是固定的,连接线可以直接连接喇叭天线与 VNA。但是在毫米波波段,连接线应该是固定的,不需要移动就可以精确测量。所以,如果需要测量三维辐射方向图的切面或一部分,一个更好的解决方案是使用连接在喇叭天线上的混频器将信号直接向下转换为低频。毫米波扩展模块也可以安装在靠近喇叭天线的地方,但是这些扩展器通常很重,这种选择的可行性取决于组件的机械刚度。混频器必须由本地振荡器(LO)信号馈送,它将传回中频信号(IF)。这两个信号可以通过软电缆传输,因为它们的工作频率远低于毫米波。一些混频器现在集成了双工器,所以只有一根电缆也能正常工作。中频信号可以由 VNA 或频谱分析仪接收。本振信号需要由信号发生器产生。它也可以由 VNA 或频谱分析仪提供(如果它们包含这种可能性)。如果只使用一根电缆,在此设备之前可以使用双工器来分离 LO 和 IF 信号。如果接收是由 VNA 完成的,另一个混频器必须用于参考目的。频谱分析仪的动态范围通常高于 VNA,因此,如果要测量低增益天线,最好使用频谱分析仪。进一步,通过改变中频滤波器的带宽,可以降低频谱分析仪的噪声下限。图 50.7 给出了测量毫米波天线增益的主要设置草图。这些射频设备与低频率暗室中使用的那些设备不同(见“天线测量设置介绍”)。图 50.8 所示为一个用于测量 120GHz 射频设备的例子。

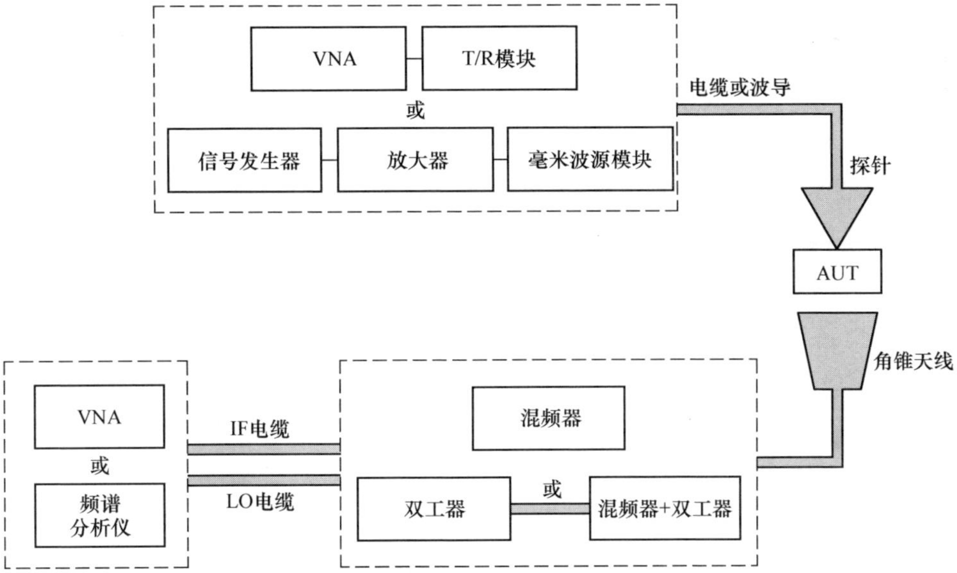

图 50.7　用于毫米波天线增益测量的射频设备

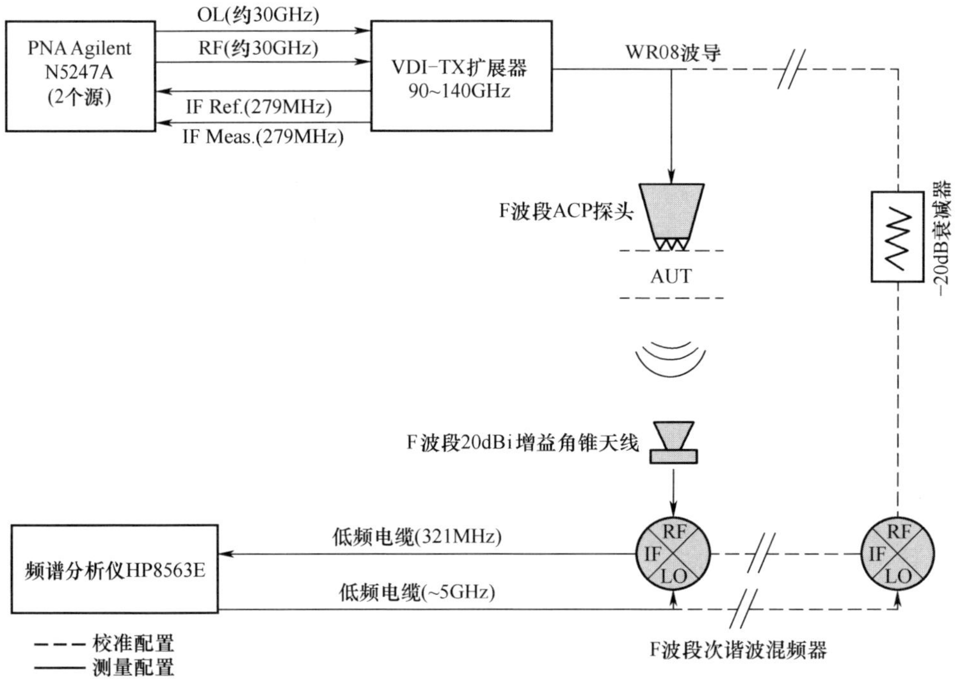

图 50. 8　90~140GHz 测量装置

50. 2. 3　机械部分

在毫米波测量装置中,机械部分可能是最重要的。由于使用了微电子探针给 AUT 馈电,在经典的暗室和微电子测量之间必须达到一个恰当的混合与折中。

1. 待测天线固定器

实际上,探针测试仪的周围环境通常都是金属的,由卡盘底座、显微镜、馈电探针和定位器组成。以这种方式进行的第一次测量证明辐射方向图完全被打乱了(Lanteri et al. , 2010)。即使来自 Murdock 等(2011)提出了一种消除源自晶圆探针的干扰的方法,但在一个非常"干净"的近距离环境中对天线进行描述肯定更安全。第一个明显的步骤是像 Zwick (2004)、Akkermans (2007)、Van Caekenberghe (2008)和 Pilard (2009)那样去除金属卡盘。在 Zwick 等的方法中,没有使用卡盘,天线由两块 FR4(阻燃 4)的基片固定。在 Pilard 等的方法中,金属卡盘被 rexolite 支架所取代。更好的解决方案是使用介电常数接近于 1 的低介电常数材料。因此，待测天线的辐射方向图不会被它的支撑片（卡盘和固定器）所干扰。在 Akkermans 等的方法中，吸盘是由聚苯乙烯制成的（介电常数接近 1）。Van Caekenberghe 等（2008）在晶圆片下面放置了一个吸收器腔。然而，接收喇叭天线只能获得辐射球的上半球。一个更好的解决方案是使用泡沫制成的特殊支架。因此，Beer、Zwick 和 Titz 等提出可以记录天线下面的辐射方向图（如果天线是由其顶部表面的探针馈电），泡沫塑料将不会干扰测量。在 Bisognin 等的文章中，对每个天线都要制作一个特定的泡沫支架并将其拧到另一个载体泡沫上。这后一个泡沫有 1cm 厚，具有足够的刚性和水平度。在泡沫中形成一个 AUT 大小的空腔以适当地固定它。这种特殊载体附着在一个三维定位器上，这是探针台常用的方法。这种载体极大地帮助待测天线周围的空间远离任何物体（图 50.9）。当然，所有剩下的接近金属的部分都需要覆盖吸波材料。

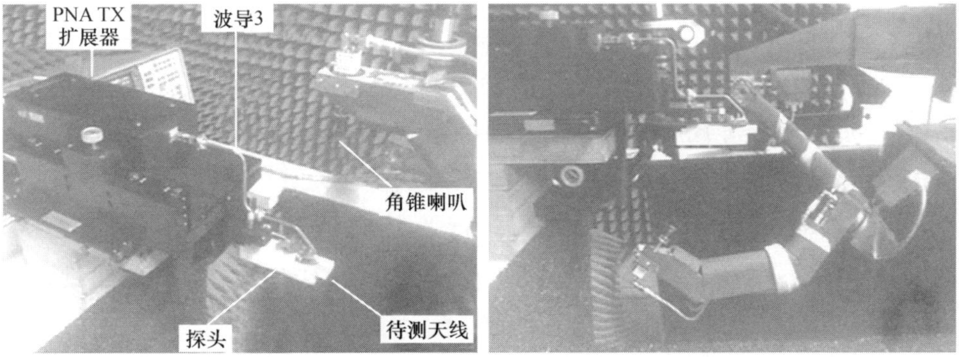

图 50.9　天线支架

2. 喇叭固定器与机械臂

设置的另一个重要的机械部分是接收区域，必须制作一种特殊的装置来固定标准喇叭天线。为了测量一个或两个切面，机械臂由小喇叭天线“装载”，可以由步进电机驱动沿着弧线转动，就像 Simons（2002）和 Lanteri 等（2010）所做的那样。电机有 3 个不同的位置，可以获得更大的范围，为了测量上半球，可以像 Akkermans 等（2007 年）那样在桌子上驱动一只机械臂，或者像 Willmot 等（2009 年）和 Sun 等（2011 年）那样在 AUT 上做一个拱形，喇叭可以沿着它移动。Mohammadpour-Aghdam 等(2011)提出了利用一个中空的桌子测量下半球的方法。然而,要测量待测天线周围的三维方向图,至少需要两只机械臂,就像 Ranvier 等(2009)、Beer 和 Zwick(2010)及 Chin 等(2014)那样。当然,整个三维方向图是无法测量的,原因是定位的探针总是会遮挡 AUT 周围球体的一部分(图 50.10)。

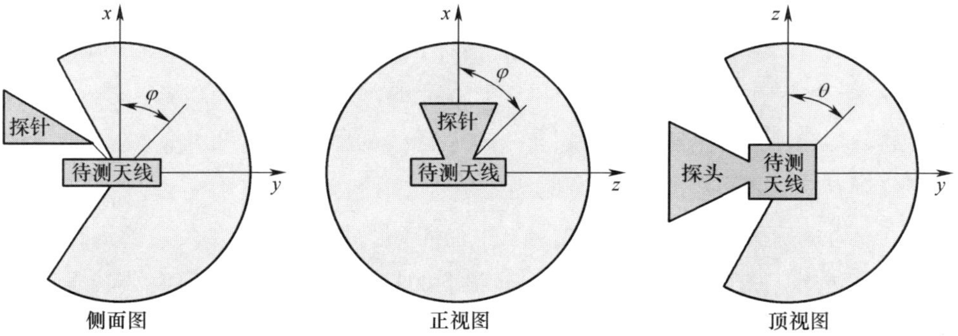

图 50.10　可测量的部分球体

根据接收喇叭和待测天线之间的距离,还必须考虑机械臂的刚性。从 Ranvier 等(2009)到 Titz 等(2012a),机械臂从聚氨酯演变为轻质铝,因为喇叭在机械臂旋转过程中轻微晃动。此外,喇叭和混频器(或者毫米波扩展模块)的重量是不可忽略的,如果可能的话,必须进行平衡,这一点在 Van Caekenberghe 等(2008)、Beer 和 Zwick(2010)以及 Mohammadpour-Aghdam 等(2011)的研究中得到了证明。

通过双臂安装,电缆组件也必须小心处理。为了避免电缆缠绕在混频器上,使用一个或几个旋转接头是必要的(如果不使用双工器)。

最后,装置必须放置在一个稳固的防震台上,以避免在测量过程中发生振动(可能损坏微电子探针)。为了让旋转的机械臂绕着 AUT 旋转,特意切割了一张桌子(图 50.11)。此外,桌子上还覆盖了吸波材料,以避免电磁反射。所有的射频和机械部件都是由笔记本电脑通过通用接口总线(GPIB)和定制的 LabView 的代码控制的。

图 50.11　测量装置

50.3　用探针测量装置测量

天线测量装置的一个重要任务是对系统进行校准,以获得最精确的测量结果。校准通常分为 3 个部分:一个是机械校准,使 AUT 精确地对准测量装置的接收部分;另外两个是增益校准和探针校准,以获得准确的反射系数。后两个校准将在下文中描述。

50.3.1　S_{11}测量

对于反射系数的测量,需要 VNA 或 PNA。使用通常由探针制造商提供的参考校准基板和适当的校准方法,测量的参考平面可以设置在探针的尖端。对于天线测量,单端口校准就足够了,短路-开路-负载(SOL)法足以实现精确测量。短路和负载标准校准通常通过将微电子探针置于一个新的校准区域来完成。开路标准是通过让探针在空气中,至少距离校准衬底 200μm 实现的。需要注意的是,在毫米波源或 PNA 打开后,开始新的校准之前需要足够的时间(几个小时)。一旦校准完成,建议通过检查步骤来验证已实现的电流校准的准确性。因此,微型电子探针专门落在另一个校准位置并连接到短路、开路和负载标准。这些测量得到的值总是比刚刚取得校准的值"更差",但是如果短路和开路的

S_{11} 测量在±0. 05dB 内,负载的 S_{11} 测量低于-40dB,可以认为校准满足精度。彩图 50. 12 所示为采用 Nice 大学测量设备给出的实际例子。

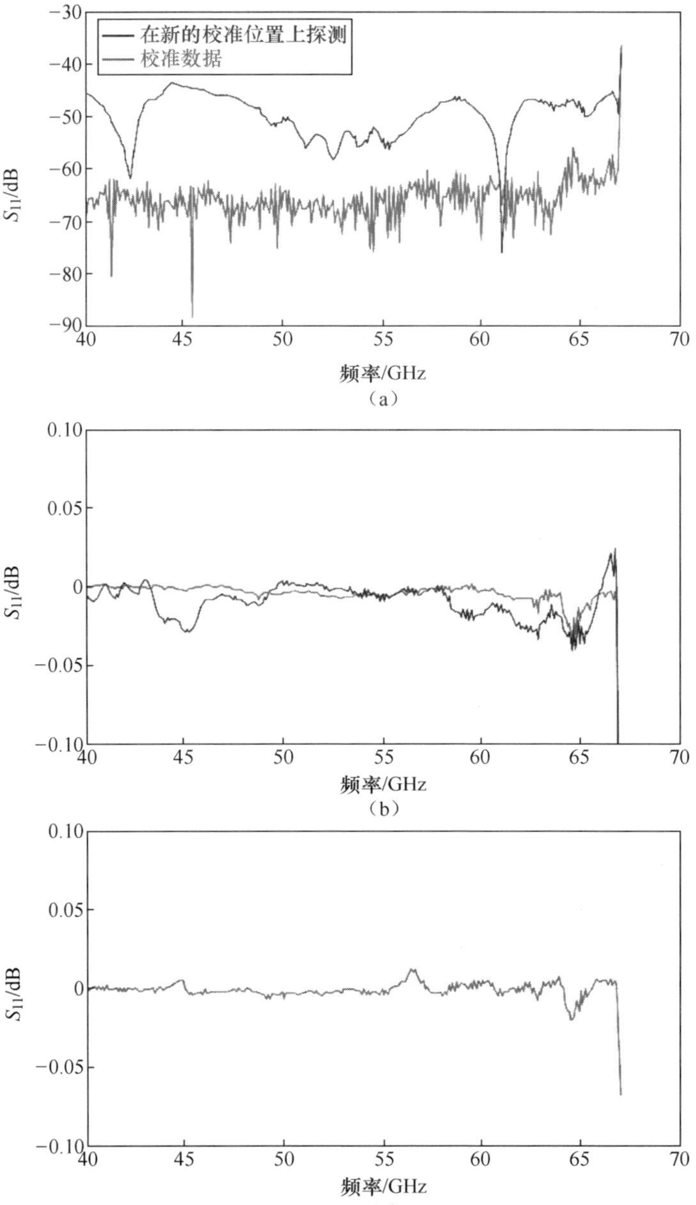

图 50. 12　采用 ISS:101-190 基片,通过将探针头放在不同位置以达到短路、开路和负载标准,来进行 ACP 65 AW GSG 200μm 的校准精度检查(Nice 大学测量设备)(彩图见书末)
(a)负载;(b)短路;(c)开路。

50.3.2　增益测量与校准

如果不仅需要一个 AUT 的辐射方向图,还需要它的增益,就需要进行一种增益校准。从理论上讲,已有 3 种增益标定方法,即双天线法、三天线法和增益比较法。然而,在实践中,几乎只使用了增益比较法。在这种方法中,在与 AUT 测量相同的环境下,先进行参数已知的标准天线的接收功率的测量,然后用 AUT 替换标准天线进行测量,并记录接收功率数据,基于这两副天线的接收信号功率比即可获得 AUT 的增益。

图 50.13 显示了类似于卡尔斯鲁厄理工学院(Beer et al.,2011)那种毫米波测量装置的主框图。在进行测量之前的第一步是校准 VNA 扩展模块的波导输出。这是通过"短路–开路–负载法"校准完成的(图 50.14)。

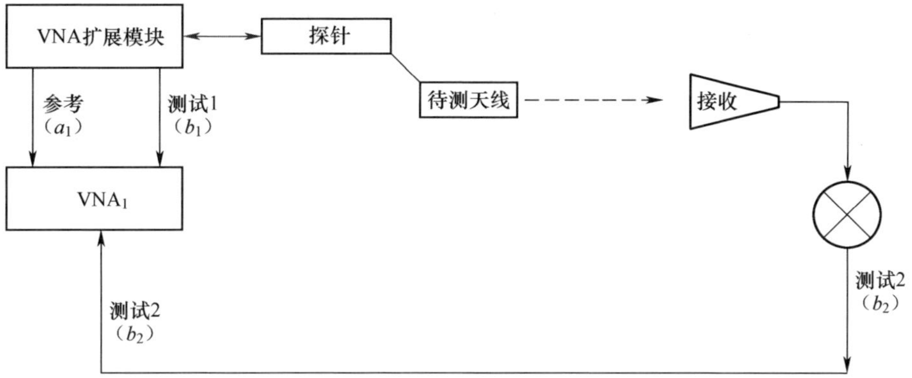

图 50.13　毫米波天线测量装置的方框图

在这之后,将一个标准喇叭天线放置在稍后 AUT 将被安装得完全相同的位置。因此,可以考虑系统的自由空间损耗和传输损耗。图 50.15 描述了标准的天线测量。它的增益 G_{cal} 是由喇叭的增益 G_{Horn} 和连接喇叭的波导的(负)增益获得的。

$$G_{\mathrm{cal}} = G_{\mathrm{horn}} \cdot G_{\mathrm{waveguide}} \tag{50.1}$$

结合喇叭天线的传输测量结果 $S_{21,\mathrm{cal}}$,计算出系统损耗 G_{system},表示系统损耗、自由空间损耗和喇叭天线本身的增益。

$$G_{\mathrm{system}} = \frac{|S_{21,\mathrm{cal}}|}{G_{\mathrm{cal}}} \tag{50.2}$$

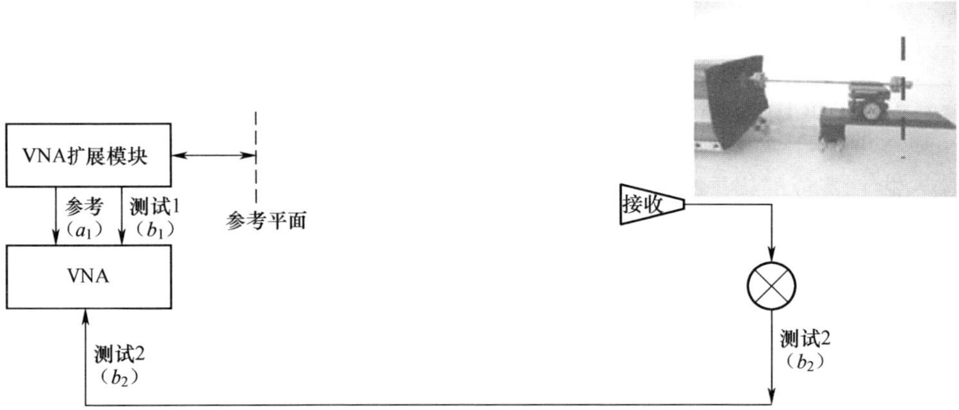

图 50.14　VNA 扩展模块输出端的单端口 SOL 校准

为了得到与探针接触的 AUT 的正确增益,必须知道探针本身的损耗。AUT 的增益可以表示为

$$G_{\text{AUT}} = \frac{|S_{21,m}|}{G_{\text{system}} \cdot G_{\text{probe}}} \tag{50.3}$$

式中:$S_{21,\text{cal}}$ 为 AUT 的实测传输。之后描述了如何用"短路开路负载"校准 G_{probe}。

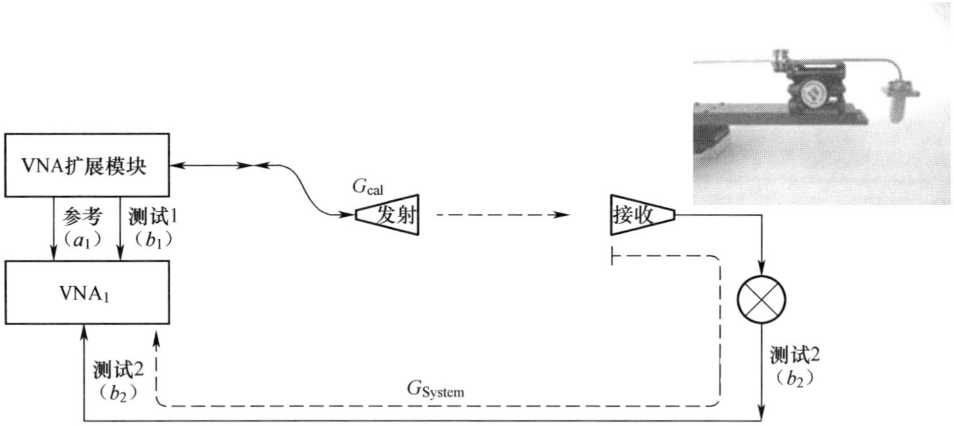

图 50.15　标准增益天线的测量

值得注意的是,Brebels 等(2013)介绍了 Purcell(1943)提出的另一种方法。

这种方法在毫米波频率下的应用非常吸引人，然而从最初发表至今，还没有出现具有更多分析和测量数据的后续深度文献。

50.3.3　采用三伽玛法提取 G_{probe}

探针造成的损失可以从制造商的数据表中得到，但这种数据并不总是存在，有时只是粗略的平均数字，甚至不是频率的函数。这些探针从大小、间距和设计角度来说的确是不同的（表 50.2 和表 50.3）。因此，它们并不总是 50Ω，因而会引起不同的插入损耗。在正确获取天线增益所需的校准过程中计算链路预算，这些损耗是不可忽略的。因此，了解这些损耗确实可以进一步提高测量设备的总体精度。

下面介绍一种利用三伽玛法提取任意探针 S 参数的方法。

图 50.16 给出了以 S_{ij} 参数表征的、加载阻抗 Z_{load} 的四端电路示意图。

它有一个输入和输出反射系数 Γ_{in} 和 Γ_{out}。输入反射系数取决于输出反射系数，即

$$\Gamma_{in} = S_{11} + \frac{S_{12}S_{21}\Gamma_{out}}{1 - S_{22}\Gamma_{out}} \tag{50.4}$$

它本身取决于负载 Z_{load}。那么，如果四端口电路（即探针）由 3 个不同的参考阻抗（开路、短路、负载）加载，可得到 3 个未知量的方程，即

$$\begin{cases} \Gamma_{in\_open} = S_{11\_probe} + \dfrac{S_{12\_probe}S_{21\_probe}\Gamma_{out\_open}}{1 - S_{22\_probe}\Gamma_{out\_open}} \\ \Gamma_{in\_short} = S_{11\_probe} + \dfrac{S_{12\_probe}S_{21\_probe}\Gamma_{out\_short}}{1 - S_{22\_probe}\Gamma_{out\_short}} \\ \Gamma_{in\_load} = S_{11\_probe} + \dfrac{S_{12\_probe}S_{21\_probe}\Gamma_{out\_load}}{1 - S_{22\_probe}\Gamma_{out\_load}} \end{cases} \tag{50.5}$$

把它写成矩阵方程，即

$$\begin{bmatrix} \Gamma_{in\_open} \\ \Gamma_{in\_short} \\ \Gamma_{in\_load} \end{bmatrix} = \begin{bmatrix} 1 & \Gamma_{in\_open}\Gamma_{out\_open} & \Gamma_{out\_open} \\ 1 & \Gamma_{in\_short}\Gamma_{out\_short} & \Gamma_{out\_short} \\ 1 & \Gamma_{in\_load}\Gamma_{out\_load} & \Gamma_{out\_load} \end{bmatrix} \begin{bmatrix} S_{11\_probe} \\ S_{22\_probe} \\ -\Delta_s \end{bmatrix} \tag{50.6}$$

$$[\Gamma_{in}] = [\Gamma_{3\times3}][S_{probe}]$$

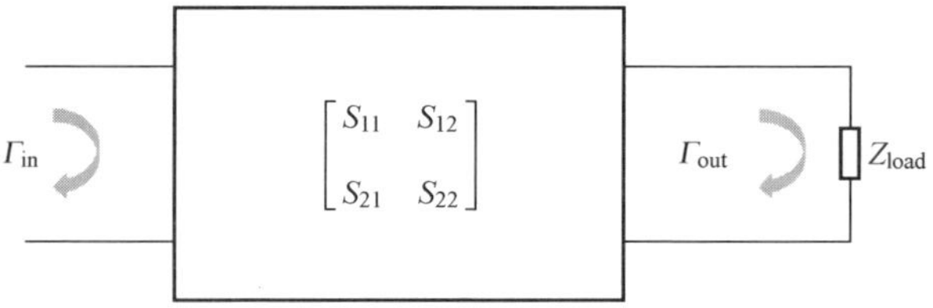

图 50.16　由 Z_{load} 加载的四端电路

现在 3 个未知数 S_{11_probe}、S_{22_probe}、Δ_s 定义为

$$\Delta_s = S_{11\_probe}S_{22\_probe} - S_{12\_probe}S_{21\_probe} \tag{50.7}$$

被动探针是一个互逆的四端电路,于是 $S_{11\_probe} = S_{22\_probe}$。

因此,可以从中提取参数 S_{ij},有

$$[S_{probe}] = [\Gamma_{3\times3}]^{-1}[\Gamma_{in}] \tag{50.8}$$

进一步从计算得到的 S_{21_probe},再得到加载探针的插入损耗。

从以上导出的方程知两组数据需要度量,即 Γ_{in} 和 Γ_{out}。为此,必须进行两种不同的“单端口”校准。第一次校准是在同轴电缆(或波导)末端的探针前设置的物理平面中进行的。通过校准,能够测量 Γ_{in} 探针加载时的 3 个参考标准。第二次校准设置在探针后的物理平面上,并借助校准基板进行,得到 Γ_{out}。经过这两次校准后,探针可以通过参考阻抗(开路、短路、负载)加载,S_{11} 可以通过校准设置 1 和校准设置 2 进行测量。图 50.17 总结了三伽玛法的步骤。

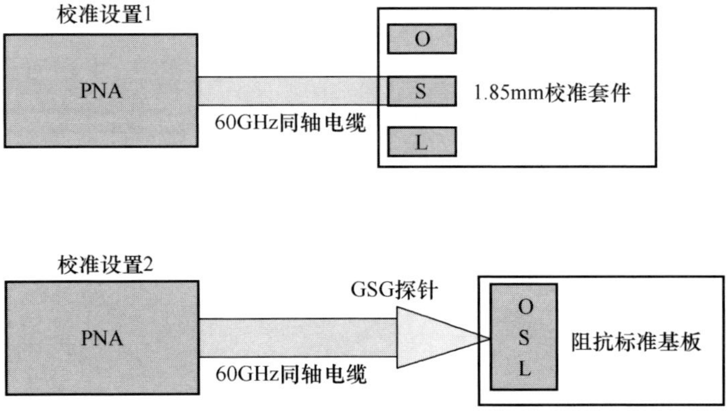

图 50.17　三伽玛法的步骤

探针的整体损耗取决于 AUT 的阻抗值。实际上，根据双端口功率增益理论，知道功率转换增益（G_T），定义为传递到负载（此处为 AUT）的功率（P_{ant}）与源（此处为电缆或波导末端）可用的功率（P_{source}）之比，其中

$$G_T = \frac{P_{ant}}{P_{source}} \frac{|S_{21\_probe}|^2(1 - |\Gamma_{ant}|^2)}{|1 - S_{22\_probe}\Gamma_{ant}|^2} \tag{50.9}$$

或用分贝表示，即

$$10\lg(G_T) = 10\lg(|S_{21}|^2) + 10\lg(1 - |\Gamma_{ant}|^2) - 10\lg(|1 - S_{22}\Gamma_{ant}|^2) \tag{50.10}$$

其中第一项对应于探针完美匹配的损耗，第二项对应于天线失配损耗，第三项为附加。G_T 显然取决于探针的参数和 AUT 的反射系数。在某些特殊情况下，这个方程可以简化。

首先，如果天线的阻抗是 50Ω（反射系数等于零），则

$$G_T = |S_{21\_probe}|^2 \tag{50.11}$$

因此，全局损耗完全是由于探针插入损耗造成的。如果探针匹配 50Ω，则 S_{22} 等于零，此时

$$G_T = |S_{21\_probe}|^2(1 - |\Gamma_{ant}|^2) \tag{50.12}$$

因此，全局损耗实际上等于探针插入损耗和 AUT 失配损耗之和。在前面的增益测量部分天线匹配到 50Ω，就意味着实际增益确实是计算得到的。如果现在需要计算从测量中获得的 IEEE 增益来提取失配损耗，则必须用全局损耗来代替探针的插入损耗。因此，增益（G）可以由实际增益（G_{real}）得到，即

$$G(\varphi,\theta) = G_{real}(\varphi,\theta) \frac{|1 - S_{22\_probe}\Gamma_{ant}|^2}{(1 - |\Gamma_{ant}|^2)} \tag{50.13}$$

在 Titz 等（2014）的文献中可找到此类计算的进一步示例。图 50.18 显示了由制造商提供的一个示例，对间距为 400μm 的探针，在 60GHz 时所提取的损耗为 1dB。

50.3.4　圆极化天线测量

当使用圆极化（CP）天线放置在无线电链路的两端时会很有趣，特别是当两个通信设备的方向不是先验已知的。对于 60GHz 的 WiGig 应用，CP 天线可能非常有利于减轻极化失配的影响，尤其是在多径环境中。在文献中已经使用了

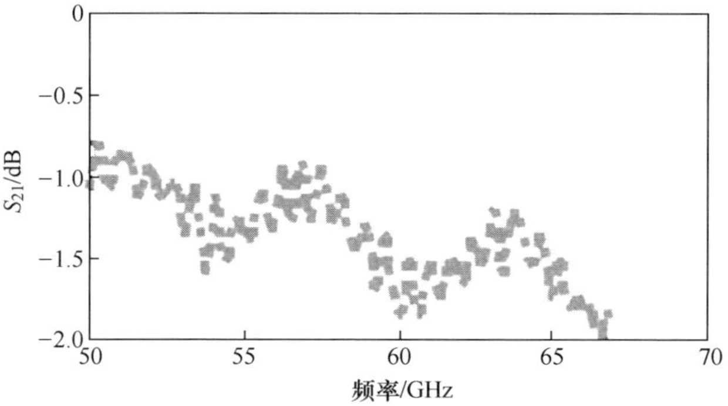

图 50.18 三伽玛法的步骤

几种方法来计算来自某些特定测量的 CP 天线的轴比率(AR)。通过比较 AUT 的两个正交偏振的接收功率电平的幅度来获得 AR,这并不总是精确的方法,尤其是当偏振椭圆倾斜时。在 Zhou 等(2009)的方法中,另一个 AR 与模拟相比具有中等精度,但计算方法不详细,AUT 是波导馈电。在张等(2013)的文献中对 AR 计算遇到的问题进行了简单讨论,即旋转接收喇叭时难以准确记录 AUT 的发射相位。

以下提出的方法已被开发用于精确计算探针馈电 CP 天线的 AR。考虑到是在 60GHz 下对信号的相位采集,仅仅通过无相位增益测量来完成这一工作,挑战性极强,并且很难实现高精度(Titz et al. ,2012a)。

AR 定义为极化椭圆主轴与短轴的比率。因此,通过绘制椭圆,可以计算该 AR。倾斜角是椭圆水平偏振倾斜的角度。若极化旋向已知,可以测得场的右旋圆极化(RHCP)或左旋圆极化(LHCP)分量(E_{RHCP}、E_{LHCP})。它们与轴比的关系为

$$\mathrm{AR}=\left|\frac{|E_{\mathrm{RHCP}}|+|E_{\mathrm{LHCP}}|}{|E_{\mathrm{RHCP}}|-|E_{\mathrm{LHCP}}|}\right| \tag{50.14}$$

从 IEEE 标准天线测试程序,基于测量的 CP 天线 AR 计算中有 4 种不同的方法,即极化方向图法、旋转源法、多幅度分量法和相位-幅度法。在极化方向图法和旋转源法中,仅仅接收 CP AUT 电场的线性极化幅度的喇叭必须旋转 360°,这是会耗费大量时间。这两种方法无法获得场旋转的信息,但这并不重要,当仿真数据时可以用于此目的。多幅度分量法包括使用 6 种不同的接收天

线,每个天线具有不同的极化方式,在 60GHz 时难以设计制造。通过对记录数据进行后处理,可以提取整个 CP 特性。相位-幅度法允许快速和完整地表征,但需要具有相位功能的测量设备,这在 60GHz 下难以实现令人满意的精度,主要是因为在接收端有一个 60GHz 的移动电缆。另一种可能性是将毫米波源模块连接到喇叭,但是这种解决方案对于设备的机械臂来说可能太重了,能力较弱的解决方案是将机械臂设置在特定位置(宽边、端射或 AUT 产生最大增益的其他位置),并测量该方向上的增益和相位。在这种情况下,AR 是针对椭圆的参数方程计算的,有

$$E = \begin{cases} 0 \\ E_y = E_{0y}\cos(\omega t + \varphi_y) \\ E_z = E_{0z}\cos(\omega t + \varphi_z) \end{cases} \tag{50.15}$$

尼斯索菲亚-安提波利斯大学提出的方法是一个修改版本的多幅度分量技术。这个想法是通过将接收天线旋转到 0°(水平)、45°、90°(垂直)和 135°(-45°)来计算 AR 和倾斜角度,并实现快速的四点测量操作。这可以使用两个不同的支架作为接收天线,第 1 个支架用于 0°和 90°位置旋转,第 2 个支架用于 45°和-45°位置旋转,为了更好地理解,表 50.4 中显示了天线的 4 个位置,测量线性极化天线时,只需要 0°和 90°两个位置,但是当处理圆极化天线时,至少需要第 3 个位置(45°或-45°)才能计算,如图 50.19 所示。

表 50.4　使用 University Nice Sophia Antipolis 设置的用于测量 CP 天线的喇叭天线孔径位置

位置	0°	90°	45°	-45°
喇叭天线的孔径视图			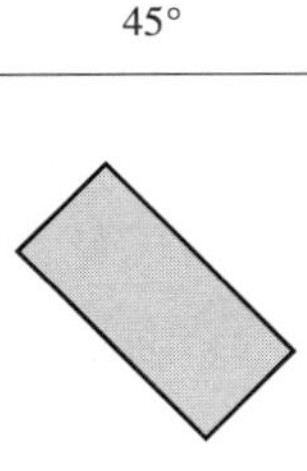	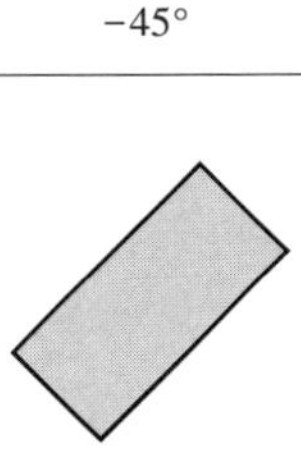

根据以下等式可以确定极化方向图, G_i 是在方向 θ_i 上实现 AUT 的增益, θ_i 等于 0°、45°、90°或-45°。

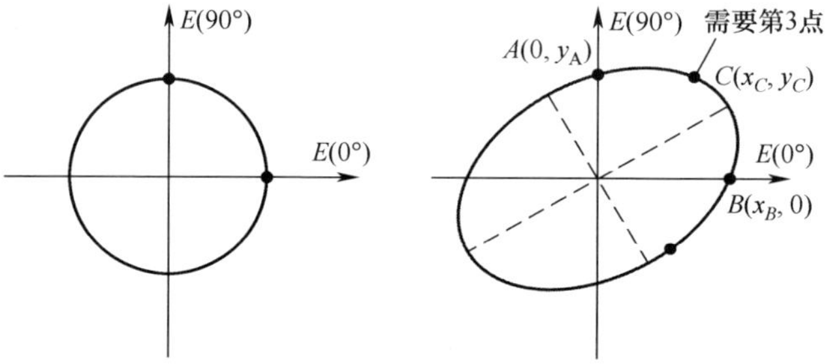

图 50.19　CP 天线电磁场的极化圆或椭圆

$$G_i = r_i^2 = \frac{b^2}{1 - e^2 \cos^2(\theta_i + \tau)} \quad i = 0、45、90、-45 \tag{50.16}$$

该方程对应于极坐标中的椭圆方程,其中 b 是半轴,e 是偏心率,τ 是椭圆的倾斜角。b、e 和 τ 可以仅通过 4 个测量值中的 3 个(如 G_0、G_{45}、G_{90}),并根据以下等式来计算,即

$$\left[\frac{1}{G_\varphi^2} + \frac{1}{G_\theta^2} + \frac{4}{G_{45}^2} - \frac{2}{G_\varphi G_\theta} - \frac{4}{G_\varphi G_{45}} - \frac{4}{G_\theta G_{45}}\right] b^4 + \left[\frac{4}{G_\varphi} + \frac{4}{G_\theta}\right] b^2 - 4 = 0 \tag{50.17}$$

$$e^2 = 2 - b^2\left(\frac{1}{G_\varphi} + \frac{1}{G_\theta}\right) \tag{50.18}$$

$$\begin{cases} \sin(2\tau) = 1 - \dfrac{2}{e^2}\left(1 - \dfrac{b^2}{G_{45}}\right) \\ \cos(2\tau) = \dfrac{b^2}{e^2}\left(\dfrac{1}{G_\theta} - \dfrac{1}{G_\varphi}\right) \end{cases} \tag{50.19}$$

第 4 个测量点(本例中为 G_{-45}) 可用作验证检查。实际上,从 4 个增益测量点可以计算 4 个不同的椭圆,给出 4 个不同的 AR 和倾斜角,当轴比低(低于 3dB)时,4 个椭圆几乎相同,当它增加并且天线的极化变为线性时,4 个椭圆可以完全不同。实际上,测量的交叉极化通常总是高于模拟的交叉极化,因此计算的轴比始终低于预期,当测量具有低 AR 的天线时,该方法的准确性会更差。考虑到现在有 4 个 AR 值和 4 个倾斜角度值,提出了两种方法将它们合并为单个值。

椭圆方法包括选择最接近第 4 个测量点的椭圆。另一种方法使用均方(MS)优化算法实现在 4 个测量点上绘制一个唯一的更接近的椭圆,该方法称为均方法。这些方法主要在 Titz 等(2012a)的文献中有所说明,并已被 Rousstia 和 Herben(2013)成功实施。

根据其定义,使用以下方法确定 AR,即

$$\mathrm{AR}=\frac{a}{b}a=\frac{b}{\sqrt{1-e^2}} \tag{50.20}$$

使用所提出的方法不能提取极化信息,但是 LHCP 和 RHCP 的最大值和最小值实现的增益($G_{\mathrm{RHCP}}, G_{\mathrm{LHCP}}$)可以从下列公式计算,即

$$\max(G_{\mathrm{RHCP}}, G_{\mathrm{LHCP}})=\frac{G_{\mathrm{tot}}}{2}\frac{(\mathrm{AR}+1)^2}{(\mathrm{AR}^2+1)}$$

$$\min(G_{\mathrm{RHCP}}, G_{\mathrm{LHCP}})=\frac{G_{\mathrm{tot}}}{2}\frac{(\mathrm{AR}-1)^2}{(\mathrm{AR}^2+1)} \tag{50.21}$$

根据设置,所提出的方法可用于提取二维截面、三维或仅一个方向的轴比(Titz et al.,2012a)。

为了证明这种方法的准确性,图 50.20 显示了用相位-幅度法模拟和计算 CP LTCC 天线阵列的 AR,同时图 50.21 显示了用椭圆方法和均方法计算得出相同 AR 的结果。

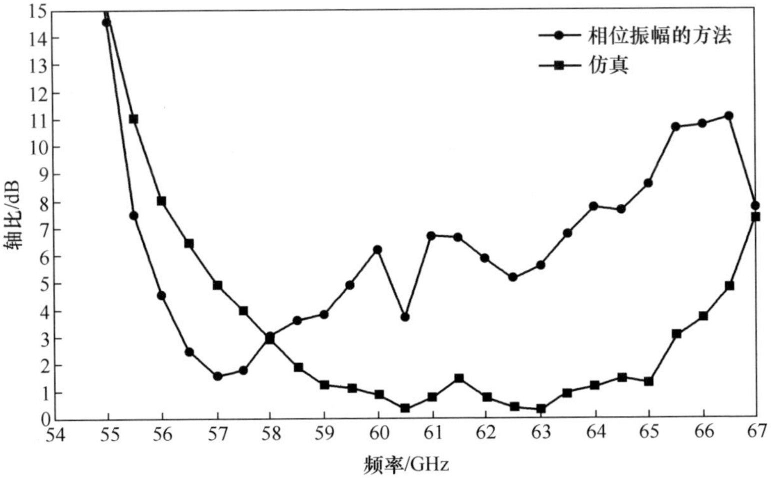

图 50.20　用相位振幅法对 CP LTCC 天线阵的 AR 进行了仿真计算

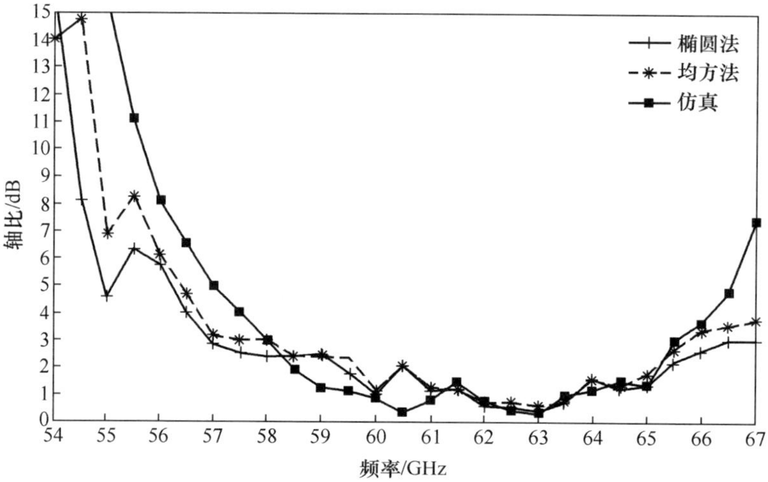

图 50.21 用椭圆法和均方法模拟计算 CP LTCC 天线阵的 AR

50.3.5 效率测量

在低频下已经开发了几种确定连接器馈电天线效率的方法。对于定向天线,第1种方法在于从测量的峰值增益与峰值方向性之比计算总效率,然而,需要非常高质量的暗室,因为如果在测量辐射方向图时波纹被记录,则该方法不能给出准确的结果。其他测量解决方案包括惠勒帽方法(McKinzie,1997)和混响室(Kildal and Rosengren,2004)。已经有一个60GHz的探针馈电天线的惠勒帽测量在Fakharzadeh等(2011)的文献中提出,但还需要更多的结果来验证。该测量系统的主要问题是在帽中蚀刻的小孔,以使微电子探针通过来给天线馈电,因此,预期的法拉第笼并不完美,并且方法的准确性降低。混响室也是测量低频天线效率的非常好的设施,但据报道,在60GHz的探测馈电天线中只有少数采用混响室设备。在Asano等(2013)的文献中,混响室工作在60GHz,但到目前为止,还是用一根1.85mm的同轴电缆为AUT供电。最后一种方法是将AUT的增益方向图整合到整个三维球面上,这是在本部分介绍的方法(Titz et al.,2012c),它是在尼斯索菲亚-安提波利斯大学开发的,总效率 η_{tot} 是天线辐射的总功率与天线端口的入射功率之比(IEEE标准天线测试程序1979)。它也可以使用 η_R 和 S_{11} 定义,即

$$\eta_{tot}=\frac{P_{rad}}{P_{inc}}=\eta_R(1-|S_{11}|^2) \tag{50.22}$$

式中：S_{11} 为 AUT 的反射系数；η_R 为其辐射效率。如果探针馈电 AUT 的实现增益 G_{real} 可以在由 θ 和 φ 定义的任何方向上测量,则天线端口的入射功率可以通过下列公式计算,即

$$P_{inc}=\frac{4\pi U(\theta,\varphi)}{G_{real}(\theta,\varphi)} \tag{50.23}$$

式中：$U(\theta,\varphi)$ 为由 θ 和 φ 定义的一个特定方向上的辐射强度。然后用 P_{rad} 来计算总效率。辐射功率 P_{rad} 计算式为

$$P_{rad}=\int_0^{2\pi}\int_0^{\pi}U(\theta,\varphi)\sin\theta d\theta d\varphi \tag{50.24}$$

η_{tot} 可以表达为

$$\eta_{tot}=\frac{P_{rad}}{P_{inc}}=\frac{\int_0^{2\pi}\int_0^{\pi}U(\theta,\varphi)\sin\theta d\theta d\varphi}{P_{inc}}=\frac{1}{4\pi}\int_0^{2\pi}\int_0^{\pi}G_{real}(\theta,\varphi)\sin\theta d\theta d\varphi \tag{50.25}$$

由于以 θ 和 φ 步长计算实现的增益,因此可以使用离散点 M 和 N 重新排列等式。因此,增益值与球体的某一部分(表面)相关联；角度步长越小,数值误差就越小(Balanis 1997),有

$$\eta_{tot}=\frac{1}{4\pi}\Delta\theta\Delta\varphi\sum_{j=1}^{M}\sum_{i=1}^{N}G_{real}(\theta_i,\varphi_j)\sin(\theta_i) \tag{50.26}$$

θ 和 φ 应分别从 0～π 和 0～2π 变化以扫描整个三维领域。然而,在大多数测量设备中这是不可能的,因为定位的探针阻挡了球体的一部分,在 Titz 等(2012c)的文献中只有 73.5%的球体表面可以被扫描,因为 θ 和 φ 可能分别以 10°步长在-30°～220°内变化、以 2°步长在-30°～210°内变化。因此,总效率仅在这 73.5%上提供。该计算值肯定是 AUT 效率的下限,但对于精确表征仍然不能令人满意,如果模拟和测量的增益辐射方向图非常一致,超过球体表面的 73.5%,AUT 的模拟辐射方向图可以在球体表面的剩余部分(26.5%)上构造,由此用于计算该表面的效率。所以,只需增加测量效率(球体表面的 73.5%)和模拟(球体表面的 26.5%)即可获得 AUT 在三维总球体上的总效率,彩图 50.22 展

示出了用于计算一个特定 AUT 的总效率而提出的混合方法,即测量辐射方向图的一部分并模拟剩余部分。可以使用测量 AUT 的反射系数来计算辐射效率 η_R。

对于定向和弱方向性天线,这种方法已被证明是准确的(Titz et al., 2012c)。彩图 50.23 所示为一个测量的例子。

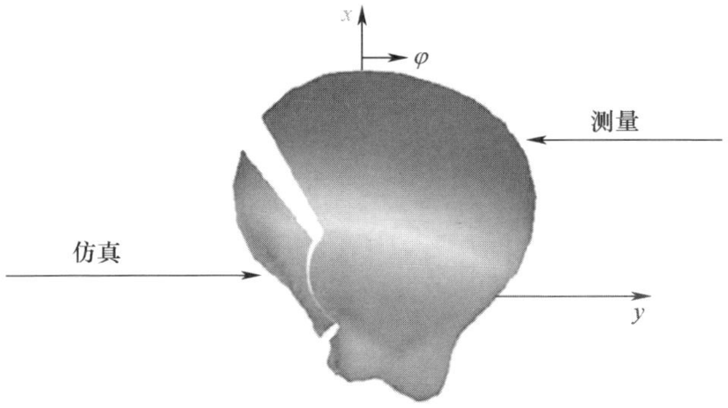

图 50.22　混合方法的示意图(从 Titz 等(2012c)的设备中获得测量的三维模式计算探针提供的 AUT 总效率)(彩图见书末)

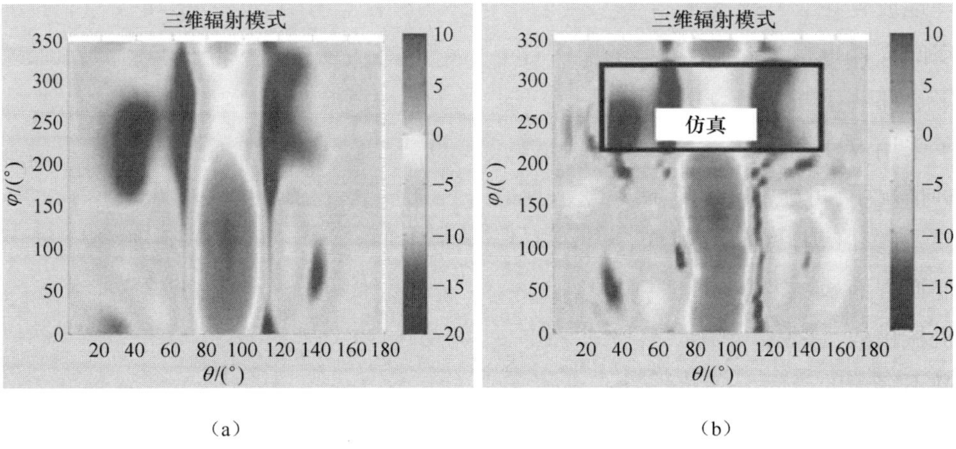

图 50.23　用于计算端射 LTCC 总效率的混合方法图示(彩图见书末)
(通过 Titz 等(2012c)的设备中获得测量的三维图案在 60GHz 处的天线阵列)
(a)模拟三维场(占总效率的 69.9%);(b)混合测量和模拟的三维场(占总效率的 69%)。

50.3.6　近场和相位测量

毫米波频率的精确相位测量非常难以实现。到目前为止，许多学术实验室和公司都有几台平面扫描仪(Janse Van Rensburg and Hindman,2008)，但他们更倾向于处理波导馈电 AUT。从开口波导(也称为探针)在一个平面上获取接收信号的幅度和相位，近场到远场变换使得能够重构测量的 AUT 的远场性能。在 Shamim 等的研究中，近场扫描探针是 24GHz 的印制电路偶极子，在近场到远场变换(用于平面扫描)之后，将方向图与模拟进行比较，但是，由于天线周围的扫描范围不足，吻合程度并不是很好。Hong 和 Tsai 等也已在 60GHz 用开口波导或喇叭天线实现其他平面近场测量。由于测量范围较宽，测量结果非常接近模拟结果，但仍然存在计算辐射方向图中的波纹和阴影，利用这些平面近场测量，毫米波扩展模块靠近接收波导部分放置，有一种装置还能够测量 NASA 中存在的波导馈电和探针馈电 AUT，但到目前为止，还没有公布太多的信息，并且很难确切地知道它的能力和性能(Slater,1994)。记录由 AUT 发送信号的相位允许在非常短的距离(在其近场区域中)测量电大尺寸天线。对于这样的天线(如主要用于空间应用)，远场区域离 AUT 太远，因此，没有可能将接收的开口波导物理地放置在非常长的距离处。在某些毫米波频带处增加电磁波的氧吸收的自由空间损耗也是一个问题，需要足够的信号来保持高于设置接收部分的灵敏度水平。那些用于空间应用的电大尺寸天线主要由波导馈电，但最近已经广泛开发了采用 V、E 波段定向天线的回传(backhaul)和前传(fronthaul)部署技术，在这种情况下，可能需要具有探针馈电功能的近场测量设置用于表征目的。

已知球形表面上的近场采集比平面扫描可产生更好的结果(在近场到远场变换方面)，主要问题是以非常高的精度扫描 AUT 上的球面，由于球面旋转中的机械挑战，这是极具挑战性的并且比平面扫描困难得多。到目前为止，在一个稍微不完美的球面上旋转用于捕获的开放波导，会在幅度上产生较小的误差，但在毫米波频率下会产生较大的相位误差。而且，当频率增加时，该相位误差急剧增加，在这种情况下，使用校正技术可减少这些误差。主要技术是在所有测量之前使用激光跟踪器实现先前旋转，然后记录非完美球形扫描，以便稍后能够在数学上补偿每个测量点的臂的位置。这是一个耗时的过程，考虑到装置的旋转臂将以完全相同的方式扫描空间以用于校准步长和随后的测量，选择毫米波接头在接收器侧的位置也是最重要的,因为人们可以选择在测量期间使其旋转或使其稳定并远离接收天线,但在这种情况下,毫米波接头连接到60GHz电缆,在测量过程中电缆将移动并通过旋转接头,在较高频率下,当电缆不再可用且仅存在波导连接时,该选项非常难以处理。每种解决方案都有利有弊,但无论如何都会以不同的方式影响获取的准确性。

最近,用于探针馈电毫米波天线的两个球形近场采集装置已由Orbit(μ-Lab Station)和NSI(NSI-700S-360)商业化,这些设置已经出售给很少的公司和学术实验室,但到目前为止,用户唯一的供应商广告(Orbit Presentation; Janse Van Rensburg and Gregson,2014)还没有发布那么多可用的数据。目前,这些设置似乎仅限于110GHz,以实现精确的相位采集。在低频时,准备好插入的商业测量系统是一个吸引人的选择,但主要缺点通常来自低灵活性。如果软件的灵活性和可用性逐年增加,毫米波频率探针馈电天线的主要缺点仍然存在每个待测量的AUT都会被不同地探测,因此,定制泡沫夹持器总是需要进行测试,存在通用泡沫支持的解决方案,但是它们可能不适合任何测试配置。

在Arboleya等(2013)的文献中提出了一个有趣的解决方案。平面近场测量设备,由于相位测量是移动电缆的主要困难,因此提出了使用两个采样表面的无相位测量技术,这可能是在非常高的毫米波频率下进行探针馈电测量的最佳方法。

50.3.7 110GHz以上波段测量

随着频率的增加,实现幅度测量结果准确性变得越来越具有挑战性,主要是由于以下4个原因,稍后将详细介绍。

(1) 天线尺寸减小,这使得探针与AUT的恰当接触变得复杂。

(2) 校准通常在较高频率下变得不准确。

(3) RF设备的动态范围(及设置)变得更糟。

(4) 机械振动在较高频率下影响更为严重。

由于天线的大小取决于工作波长,随着频率的增加,天线变得越来越小。因此,它必须更精确地与接收喇叭对准。而且与AUT焊盘接触的探针间距通常随着更高的频率而降低,以最小化接触探针的寄生效应。例如,在V波段(50~75GHz),300μm的间距宽度非常普遍,而在H波段(225~300GHz),必须使用60~

80μm 的间距宽度。因此,需要良好的显微镜和非常精细的定位器。

另一个问题是在较高频率下校准的准确性,在高于 110GHz 的频率下,于常规的两端口探针台处通常会采用“槽反射线”(TRL)校准。在该校准中,短路标准用作“反射”,并且两条传输线用作“槽”和“线”。由于天线测量装置只需要一个馈电端口,因此只能使用“短路、开路、负载”(SOL)校准(如前文所述)。SOL 校准的缺点是难以在整个频带内完全恒定地实现精确的 50Ω“负载”。因此,与探针台上的双端口校准相比,当频率超过 110GHz 时,以天线测量设备进行的校准通常会较差。例如,将在下文比较不同频率范围的校准。使用的天线测量装置是 Beer 和 Zwick(2010)及 Gulan(2013)等提出的,并且已经在 W 波段(75~110GHz)、D 波段(110~170GHz)和 H 波段(220~325GHz)进行了校准。使用的探针如表 50.3 所列,测量设置如图 50.24 所示。

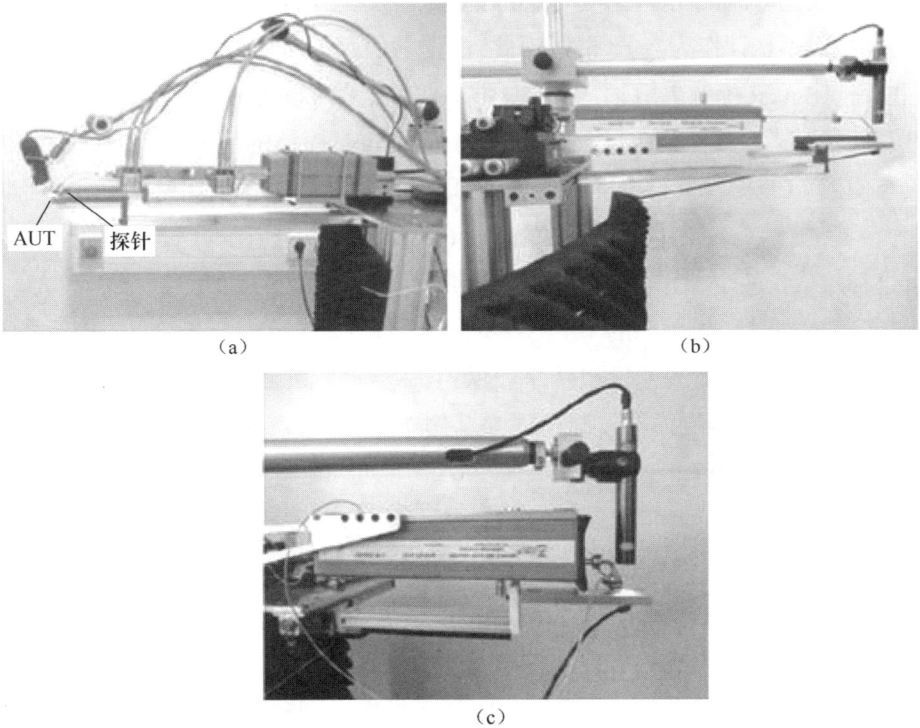

(a)　(b)　(c)

图 50.24　Gulan 等(2013)的 W、D、H 波段的设备

(a)W 波段 ACP 设置;(b)H 波段无限设置;(c)H 波段 ACP 设置。

如果现在执行 SOL 校准,裸露探针(open-in-air)的反射系数可用于指示校准的质量。尽管这不是绝对正确的(因为探针尖端将始终充当天线),但它给人一种校准质量的感觉。在图 50.25 中,显示出了针对不同设置的空中开放的反射系数。图 50.25(a)和图 50.25(b)示出了 W、D 波段的反射系数。这些校准已经采用了来自 GGB(Picoprobe)的所谓空气共面探针(ACP 探针)。这些探针类型有 3 个针用于接地-信号-接地连接,这 3 根探针将始终产生寄生效应,因为它们像天线一样起作用并辐射。可以看出,预期精确为 0dB 探针的反射系数,在 W 波段中在-0.2~+0.2dB 之间,在 D 波段中在-0.4~+0.7dB 之间。这些是 SOL 校准非常合理的值,但是比前面解释的 V 波段中预期的-0.05dB 更差。在 H 波段,校准变得更糟(图 50.25(c))。反射系数在 200~280GHz 范围内保持在-0.5~+0.5dB 之间,但在 325GHz 时开始增加到+2.8dB。这种校准的探针不适合这个频率范围。现已改进使用 Cascade 的无限距(Infinity)探针,这些探针使用具有印制共面波导线的基板而不是针作为接触部件,因此,由辐射引起的寄生效应被最小化,缺点是这些探针比 ACP 探针更敏感,它们必须与 AUT 非常准确地对齐,而 ACP 探针可以补偿轻微的不均匀性。SOL 校准的无限距(Infinity)探针的性能如图 50.25(c)所示,与使用 ACP 探针进行校准相比,后者即使在较高频率下仍保持在±1dB 区域。作为参考,在 KIT 某探针台上所做的双端口 TRL 校准也在图 50.25(c)中标出,显然,这种校准比两个 SOL 校准更稳定。

频率增加时必须考虑的下一个要点是设备的动态范围。110GHz 以上的测量通常意味着馈送天线的输出功率较低,自由空间损耗较高,将接收信号下变频为 IF 的混频器的转换损耗较高。作为示例,针对不同频率比较来自 KIT 的天线测量设备的链路预算。链路预算如表 50.5 所列。在所有情况下,假设 AUT 增益为 10dBi。

虽然 VNA 在 77GHz 和 120GHz 的输入功率非常高(-77dBm 和-81.2dBm),但它在 220GHz(-114.7dBm)和 325GHz(-130.5dBm)时会严重降级。对链路预算有影响的主要部件是 VNA 的输出源、自由空间损耗以及连接到接收天线的下变频器/混频器的转换损耗。虽然 W 波段光源在 77GHz 时的输出功率为 0dBm(Agilent 安捷伦公司 83558A 毫米波源模块),但在 120GHz(OML V06VNA2 毫米波 VNA 扩展器)上仅为-9dBm,在 325GHz 时降低至-26dBm(OML V03VNA2 毫米波 VNA 扩展器)。对于 H 波段的这种设备,Virginia

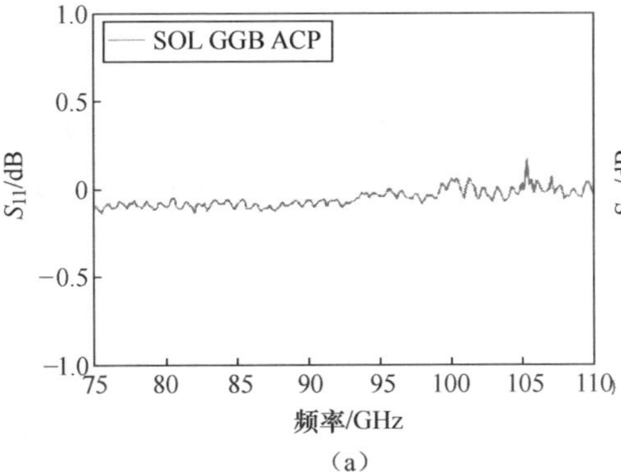

(a)

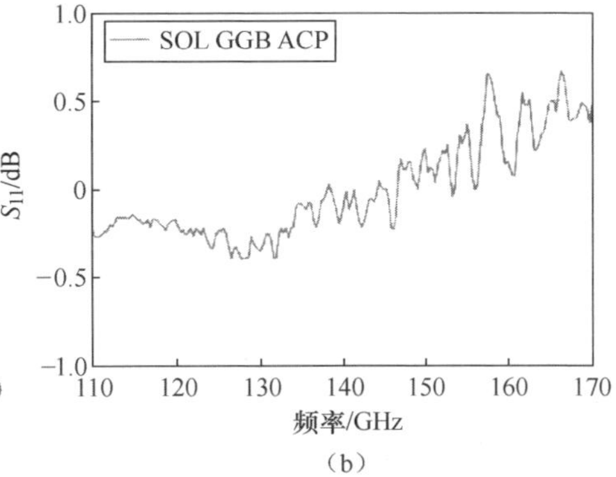

(b)

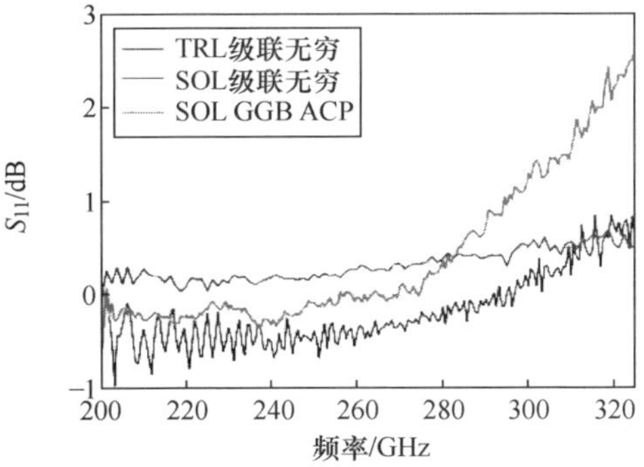

(c)

图 50.25　针对不同频率范围和设备的空中探针的反射系数

(a) W 波段裸露探针 ACP；(b) D 波段裸露探针 ACP；(c) H 波段裸露探针 ACP。

Diodes 提供了一个 VNA 扩展器，在 325GHz 时的输出功率约为 9dBm（VDI 型号：WR3.4-VNAX），这将在链路预算中提供额外的 18dBm。自由空间损耗由 AUT 和接收天线之间的距离决定。就 KIT 的设备而言，距离设定为 75cm。在 325GHz 时，该设备允许对具有大约 35dBi 增益的 AUT 进行远场测量。使用的下变频器是无源二极管混频器。转换损耗通常随频率增加而增加。特别是，325GHz 的下变频器具有 45dB 的非常高的转换损耗。进一步增加链路预算的一种好方法是在接收天线和下变频器之间使用低噪声放大器（LNA）。然而，H 波段的宽带 LNA 尚未商业化。

下面简要概述 110GHz 以上的一些已知测量设备。由于高毫米波区域是一个正在进行研究的领域（特别是公司不一定公布其可用的设备），它将集中在大

表 50.5　在 Beer 和 Zwick(2010)中以不同频率引入的天线测量设备的链路预算

天线设备	77GHz		120GHz		220GHz		325GHz	
	增益	绝对功率	增益	绝对功率	增益	绝对功率	增益	绝对功率
LO 输出 VNA		21dBm		10dBm		10dBm		10dBm
输出 VNA 扩展器(RF)		0dBm		-9dBm		-27dBm		-26dBm
波导损耗	-0.8dB	-0.8dBm	-3.5dB	-12.5dBm	-6.5dB	-33.5dBm	-5dB	-31dBm
探针损耗	-1.2dB	-2dBm	-1.7dB	-13.2dBm	-4.1dB	-37.6dBm	-7.5dB	-38.5dBm
AUT	+10dBi	8dBm	+10dBi	-3.2dBm	+10dBi	-27.6dBm	+10dBi	-28.5dBm
自由空间损耗	-67.7dB	-59.7dBm	-72dB	-75.2dBm	-76.8dB	-104.4dBm	-80.2dB	-108.7dBm
接收天线	+23dB	-36.7dBm	+23dBi	-52.2dBm	+22.7dBi	-81.7dBm	+25.2dBi	-83.5dBm
输入 VNA 扩展器(RF)		-36.7dBm		-52.2dBm		-81.7dBm		-83.5dBm
转换损耗混合器	-39dB	-75.7dBm	-27dB	-79.2dBm	-31dB	-112.7dBm	-45dB	-128.5dBm
电缆和旋转接头损耗	-2dB	-77.7dBm	-2dB	-81.2dBm	-2dB	-114.7dBm	-2dB	-130.5dBm
输入 VNA(IF)		-77.7dBm		-81.2dBm		-114.7dBm		-130.5dBm

学的 3 个已公开的设备上。这些设备来自以下机构:德国卡尔斯鲁厄理工学院;新加坡资讯通信研究所;法国尼斯大学 EpOC 实验室。

即使在上文中描述了卡尔斯鲁厄理工学院(KIT)设备的某些性能,也将其与本节中的其他设备进行比较。它于 2009 年首次发布,作为 V 波段和 W 波段(50~75GHz 和 75~110GHz)的测量设备(Beer and Zwick,2010),后来扩展到 D 波段和 H 波段(Beer et al. ,2011;Gulan et al. ,2013)。它由安捷伦 PNA-X 和不同波段的频率扩展器组成。因此,它能够测量 110~325GHz 的波段,但有 170~225GHz 的间隙。通过相应调谐内部混频器,H 波段的下限可以降低到 200GHz。AUT(或用于校准目的的标准天线)直接连接到 OML 的 VNA 扩展器(如果是波导馈电),或者由微电子探针供电,微电子探针又连接到 VNA 扩展器。如图 50.6(b)所示,接收天线安装在带有两个旋转平台的臂上。因此,可以在 AUT 周围测量几乎完整的球体(除了桌子阻挡的部分)。由于第二个 VNA 扩展器模块太笨重而无法安装到接收天线后面,因此使用了一种自行开发的扩展模块。从图 50.26 中可以看出,VNA 端口 2 的 LO 输出信号被放大并传输到直接连接到接收天线的混频器。反向路径 IF 信号被发送回 VNA,使得扩展模块在接收模式下的行为类似于商用模块。为了更方便地沿着旋转臂传输 LO 和 IF 信号,使用两个双工器通过相同的电缆传输信号。因此,仅使用一根电缆就足够了。对于 D、H 波段,AUT 和接收天线之间的距离固定为 75cm。

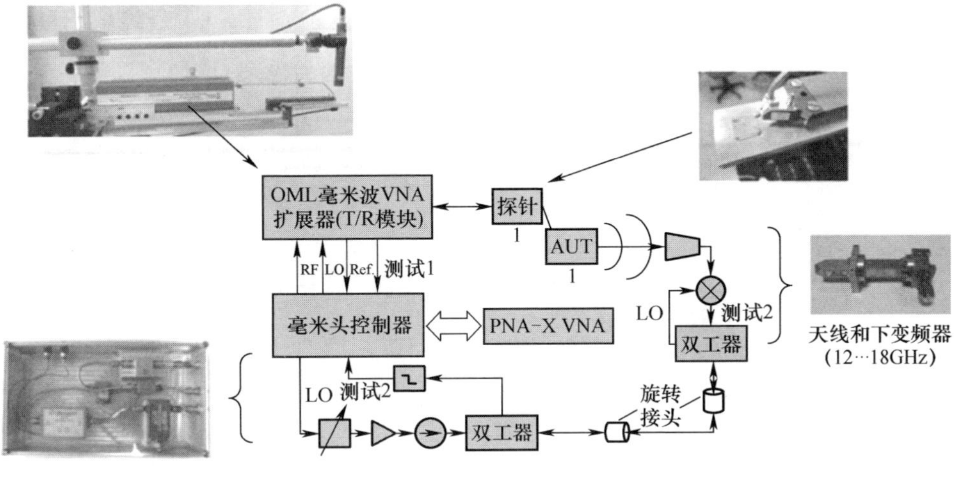

图 50.26　KIT 测量设备的方框图和选定组件

信息通信研究所(I^2R)的设备于2014年推出(Qing and Chen,2014),实际上分别由D波段和H波段两种不同的设备组成。D波段设备如图50.27(a)和图50.27(b)所示。与KIT设备一样,它由带有OML扩展模块的安捷伦公司PNA-X组成。但此设备中,OML模块用于VNA的两个端口。该设备能够测量两个垂直剖面的方向图。φ= 0平面测量范围可以从-90°到+90°,φ=90°(原文有误,已更正——译者注)测量范围可以从-90°到大约+35°。该设备可以测量探针馈电以及波导馈电AUT。H波段的设备如图50.27(c)和图50.27(d)所示。电气元件与D波段设备中使用的相同,但配有匹配的OML扩展模块。然而,机械设备是不同的。它只能测量从-90°到+90°的一个水平面,到现在只测量波导馈电天线。

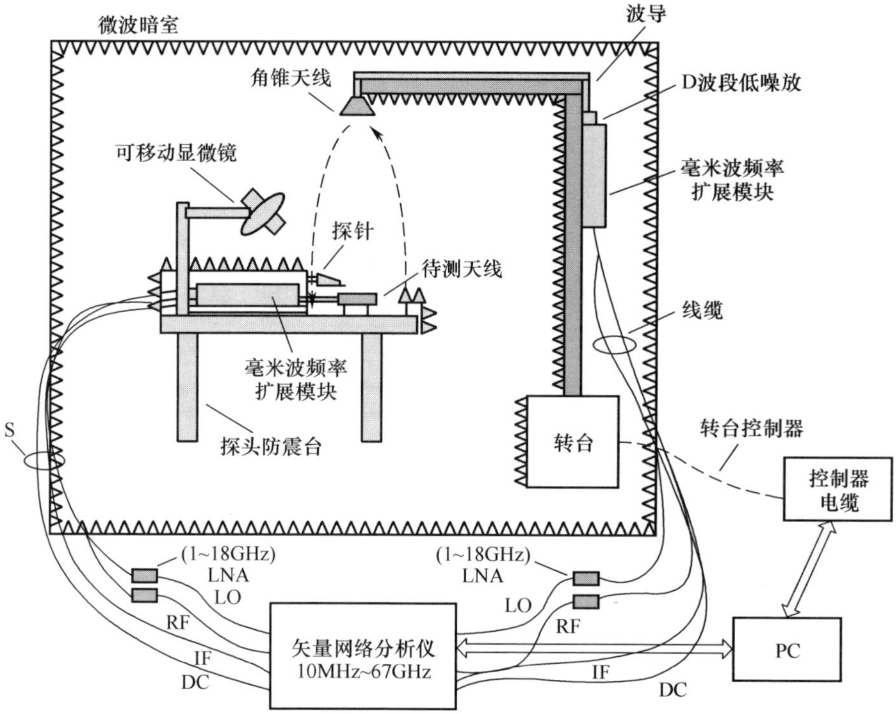

(a)

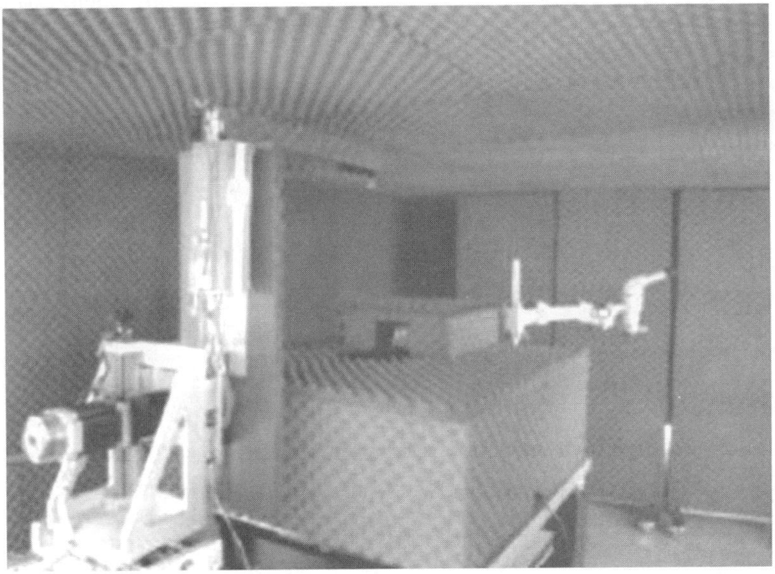

（b）

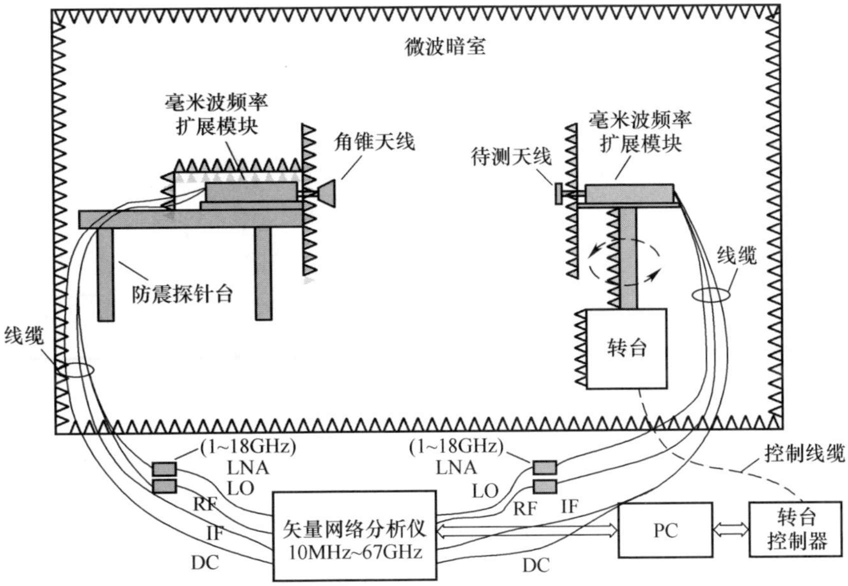
微波暗室
毫米波频率
扩展模块
角锥天线
毫米波频率
扩展模块
待测天线
线缆
防震探针台
线缆
转台
(1~18GHz)
LNA
LO
RF
IF
DC
(1~18GHz)
LNA
LO
RF
IF
DC
控制线缆
矢量网络分析仪
10MHz~67GHz
PC
转台
控制器

（c）

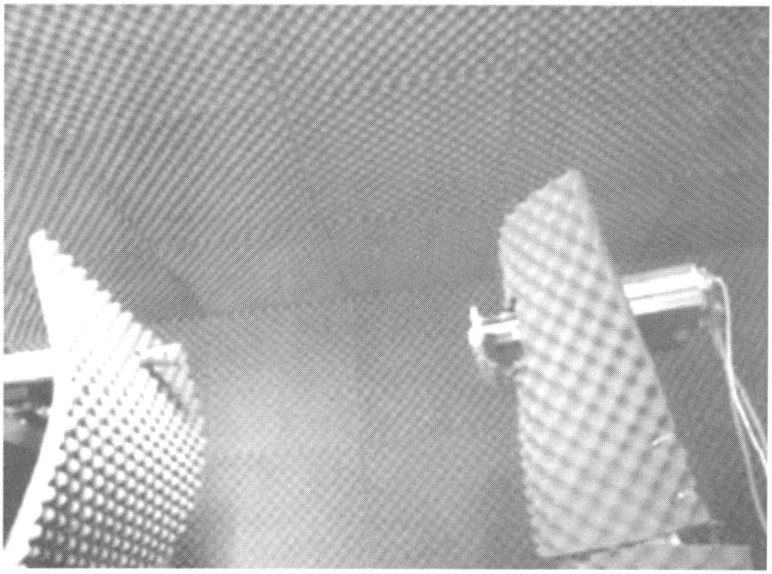

(d)

图 50.27　I^2R 测量装置的方框图和图像

尼斯大学(UNICE)EpOC 实验室的设备于 2011 年推出。它是在 V 波段设备开发的,同时已扩展到 F 波段(90~140GHz)。它由安捷伦公司 PNA-X 和弗吉尼亚二极管的频率扩展模块作为源,HP 频谱分析仪作为接收器,使用 OML 的外部混频器。为了在 AUT 周围移动接收天线,它使用两个旋转臂。因此,它也能够测量三维辐射图案。AUT 与接收天线之间的距离固定为 20cm。与前面描述的两种设备相反,已经专门开发了辐射效率和圆偏振性能测量方法。该设备如图 50.8 和图 50.9 所示。表 50.6 概括了这 3 种设备的特性。

表 50.6　超过 110GHz 的 3 个选定测量集的功能

设备	频率范围	资料来源	扩展模块	测量可能性	天线极化
KIT	D、H 波段	安捷伦公司 PNA-X	OML	增益/三维辐射方向图	线极化
I^2R	D、H 波段	安捷伦公司 PNA-X	OML	二维辐射方向图	线极化
UNICE	F 波段	安捷伦公司 PNA-X	VDI	增益/三维辐射方向图/效率	线/圆极化

50.3.8　误差分析

在前几小节已经介绍了使用微电子探针为 AUT 供电的几个测量装置(和相关的校准)。误差的主要来源通常来自校准精度。例如,在 V 波段,尼斯大学的设备精度为±0.8dB;在 D 波段,此设备的精度为±1.2dB。这些数据是由毫米波测量装置的数值链(发射、接收,自由空间损耗)的每一块的不确定性得到的。但是,测量过程中产生的全局误差也有其他因素。微电子探针仍然是一个与 AUT 紧密相联的巨大金属部件。取决于 AUT 辐射的方式,一些功率肯定会落到要散射的微电子探针上,出现在 AUT 的反方向,并在辐射方向图中产生不需要的波纹。在 Zwick 和 Pfeiffer(2009)的文献中测量了无负载探针的辐射,发现了最大-15.5dBi 辐射。当由 AUT 对探针加载时,该值预计会更低,这些 AUT 基本上是具有近 50Ω 输入阻抗的辐射器。在 Ranvier 等(2009)的文献中测量了负载探针的三维方向图。平均增益计算约为-28dBi,最大增益约为-22dBi。所提出的解决方案是用吸波体覆盖微电子探针,将辐射提高了 2dB,但到目前为止,还没有针对该问题提出全局解决方案。

可以以不同方式处理该现象:阻挡探针的辐射或将其包括在校准过程中。在 Mohammadpour-Aghdam 等(2011)的文献中使用商业软件对 RF 探针进行建模,并且证明其具有类似偶极子的全向辐射模式。作者建议在微电子探针后面放置金属反射板,将这一辐射屏蔽在需要扫描的区域之外。根据这一想法,作者提出了稳健的机械设备(图 50.28)。灵敏度提高了 20dB。但是,只能测量下半球,AUT 仅在探针的相反方向上辐射。

Fu(2011)、Tsai(2013)和 Reniers(2014)等,使用了几种定制探针。探针式反馈器延伸以增加 AUT 与微电子探针主体之间的距离。该解决方案可以减少背景散射,但也可以减少夹具的阻挡。如 Fu 等(2011)所述,探针体也可以反转。然而,这些定制探针比普通探针更昂贵且会带来更高的插入损耗。

Murdock 等(2011)提出了探针辐射去嵌入技术,但需要测量两个而不是一个。

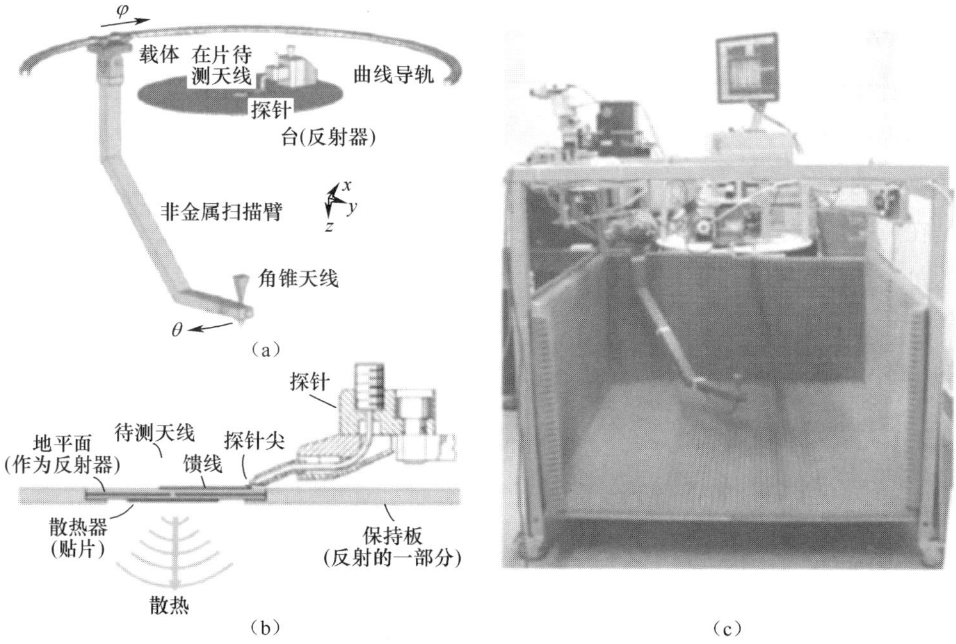

图 50.28 Mohammadpour Aghdam 等(2011)提出的测量装置的示意图和图片

50.4 未来方向和待解决的问题

如今许多致力于毫米波频率研究的学者已经针对 60GHz 的探针馈电天线实现了他们自己的测量系统和测试技术(实际上,由于可用的 PNA 和毫米波头,可以到 67GHz)。在这个特征域,主要的困难来自两个工程领域正在发生碰撞的事实:天线领域和微电子领域。例如,天线研究人员或工程师通常不了解硅探测,微电子研究人员或工程师不知道如何探测天线解决方案通常所需的有机衬底。主要结果如下:每个测量系统都是定制的,且彼此各异,因为每个学者都是在自己的实验中通过尝试和失败获得知识的。与此同时,天线公司的两种商业测量系统业已上市。那些公司缺乏使其测量系统完美无缺的微电子能力,但它们是全新的,这意味着用户的反馈显然会使这些商业公司改进他们提出的测量系统。

未来如果在60GHz左右的应用大量涌现,现有(测量设备的分布)格局必将演变。目前两个应用在60GHz左右是热门话题,即WigIG应用和回传/前传毫米波链接应用。很可能避免探针馈电来表征回传/前传天线解决方案:SMPM连接器提供当今有吸引力的性能,并且当没有功能电子硬件时,它们甚至被用于天线概念的初始阶段。然而,WigIG探针馈电的天线模块的测量是最重要的,特别是在产品的原型和模拟阶段。事实上,如果WigIG标准真的出现,市场上发布的每个产品的认证都是强制性的。在这种情况下,所需的测量(包括功能硬件)、性能、安全阈值都将很详细。商业测量设备的制造商肯定会开发出所需要的精确设备,事实上,我们并不是在说探针馈电测量作为功能性硬件就是可用的。如同低频的手机产业一样,所描述的产品将没有物理连接来供电,它将用无线连接“小单元”仿真器来恢复其特性。然而,整个天线社区将从那些最新的产品中获益,业内公司肯定会提出可用于其装置的探针馈电选项,因为在原型设计和模拟阶段,天线模块的探针馈电特性对避免任何预期性能偏差都很必要,如果没有出现标准化的应用,商业测量装置市场的涨落便难以预料。特定的吸收率(SAR)测试和认证区域是可能发生或不发生的一个很好的例子。

对于许多学者而言,建立高于110GHz的功能性探针馈电测量装置如今已经成为一个挑战性话题。正如上一节所解释的那样,只有少数玩家进入这个游戏,因为它很昂贵且并不简单。应该指出的是,只有具有60GHz能力的研究人员才进行了一些尝试。人们对可用的120~140GHz和200~280GHz波段感兴趣,但到目前为止,商业公司目前还有点踌躇不前,因为他们还没有看到任何直接的应用。在球形装置中,机械稳定性是这些频率的关键问题,因为它将直接转化为幅度和相位误差。还应该注意的是,今天只存在波导连接(微电子探针只是波导馈电),这使得装置的RF部件比60GHz时灵活性更低。因此,探针的泡沫支撑比60GHz时差得多。波导的刚性使得探测接触难以确保。然而,随着最近推出的新型连接器(Anritsu,2015),情况可能会迅速改变。如果在110GHz以上的幅度和相位采集非常具有挑战性,平面扫描仪似乎是最好的机械解决方案。Smith等(2012)和NASA(Slater,1994)报道了一些结果 ,但到目前为止,在这些论文中没有描述探针提供的AUT。如果想要在110GHz以上测量时保持球形扫描,那么无相位采集技术和近场到远场变换的适当处理可能是最好的选择(Arboleya et al. ,2013)。更多的研究应该集中在这个方向。300GHz以上可用探针的问题也引起了人们的极大兴趣,已经设计并测量了有趣的创新解决方案(Reck et al. ,2011a、b)。这些探针是完全定制的。最后,准光学测量解决方案可能是一种替代方案,但它们还有待逐渐成熟(Neshat et al. ,2012; Hirata et al. ,2001)。当增加频率时,一个主要问题仍然是信号生成是固态还是来自光子解(Alouiniet.,2014);在后一种情况下,辐射特性可能完全不同。

致谢:作者非常感谢 Aimeric Bisognin、Frederic Devillers、Frederic Gianesello 和 Romain Pilard。

交叉参考:

▶第 46 章　微波暗室设计

▶第 45 章　天线测量装置概论

▶第 40 章　毫米波天线与阵列

▶第 34 章　片上天线

参考文献

Akkermans JAG,van Dijk R,Herben MHA (2007) Millimeter-wave antenna measurement. In European microwave conference,Munich,Germany,pp 83-86

Alouini M,Rolland A,Pouget L,Brunel M,Vallet M,Frein L,Loas G,Lampin JF,Ducournau G (2014) Bridging the gap between THz and microwave photonics through optoelectronic generation of interleaved combs. In: International topical meeting on microwave photonics (MWP),Valencia,Spain

Anritsu (2015) Coax connector design above 110GHz. Microw J 3:28-32

Arboleya A,Alvarez Y,Las-Heras F (2013) Millimeter and submillimeter planar measurement setup. In: IEEE antennas and propagation society international symposium,Orlando,Florida

Asano J,Hirokawa J,Nakano H,Hirachi Y,Isono H,Ishii A,Ando M (2013) Manufacture and performance of a 60GHz-band high-efficiency antenna with a thick resin layer and the feed through a hole in a silicon chip. IEICE Trans Commun 96(12):3108-3115

Balanis C (1997) Fundamental parameters of antennas. In: Balanis C (ed) Antenna theory: analysis and design / Constantine A. Balanis,2nd edn. Hoboken,NJ: Wiley-Interscience,pp 28-115

Beer S,Zwick T (2010) Probe based radiation pattern measurements for highly integrated millimeter-wave antennas. In: European conference on antennas and propagation, Barcelona, Spain

Beer S, Gulan H, Rusch C, Adamiuk G, Zwick T (2011) A double-dipole antenna with parasitic elements for 122GHz system-in-package radar sensors. In: European conference on antennas and propagation, Rome, Italy, pp 1903–1906

Bisognin A, Titz D, Ferrero F, Jacquemod G, Rilard R, Gianesello F, Gloria D, Laporte C, Ezzeddine H, Lugara D, Luxey C (2014) Probe-fed measurement system for F-band antennas. In: European conference on antennas and propagation, The Hague, Netherlands

Boone J, Krishnan S, Stefanakos E, GoswamiY, Bhansali S (2011) Coplanar-waveguide-fed folded dipole slot antenna for wireless local area network applications and V-band frequency operations. IET Microw Antennas Propag 6(5):583–587

Calvez C, Pilard R, Person C, Coupez J, Gallee F, Gianesello F, Ezzeddine H, Gloria D (2011) Millimeter-wave antenna designs for 60GHz applications: SoC and SiP approaches. Int J Microw Wirel Technol 3(2):179–188

Cascade (2015) Webpage http://www.cmicro.com/files/Probe-Selection-Guide.pdf. Retrieved 10 Apr 2015

Cheng S, Yousef H, Kratz H (2009) 79GHz slot antennas based on substrate integrated waveguides (SIW) in aflexible printed circuit board. IEEE Trans Antennas Propag 57(1):64–71

Chin K, Jiang W, Che W, Chang C, Jin H (2014) Wideband LTCC 60-GHz antenna array with a dual-resonant slot and patch structure. IEEE Trans Antennas Propag 62(1):174–182

Fakharzadeh M (2014) Antenna measurement in probe station. In: 2014 I. E. International Symposium on Antennas and Propagation, Memphis, Tennessee, U. S. A.

Fakharzadeh M, Nezhad-Ahmadi M, Biglarbegian B, Safavi-Naeini S (2011) Efficiency measurement of millimeter wave on-chip antennas. In: 2011 I. E. International Symposium on Antennas and Propagation, Spokane, Washington, U. S. A, pp 3141–3143

Fu Y, Vuong T, Dussopt L, Ndagijimana F (2011) Characterization of integrated antennas at millimeter-wave frequencies. In: European conference on antennas and propagation, Rome, Italy, pp 160–163

GGB (2015) Webpage http://www.ggb.com. Retrieved 10 Apr 2015

Gulan H, Beer S, Diebold S, Rusch C, Leuther A, Kallfass I, Zwick T (2013) Probe based antenna measurements up to 325GHz for upcoming millimeter-wave applications. In: 2013 I. E. International Symposium on Antennas and Propagation, Orlando, Florida, U. S. A.

Hirata R, Ishii H, Nagatsuma T (2001) Design and characterization of a 120GHz millimeter-wave antenna for integrated photonic transmitters. IEEE Trans Microwave Theory Tech 49 (11):2157-2162

Hitzler M, Bader S, Waldschmidt C (2014) Key aspects of robot based antenna measurements at millimeter wave frequencies. In: European conference on antennas and propagation, The Hague, Netherlands, pp 39-396

Hong W, Goudelev A, Baek K, Arkhipenkov V, Lee J (2011) 24-element antenna-in-package for stationary 60-GHz communication scenarios. IEEE Antennas Wirel Propag Lett 10:738-741

Hou D, Xiong Y, Goh W, Hu S, Hong W, Madihian M (2012) 130-GHz on-chip meander slot antennas with stacked dielectric resonators in standard CMOS technology. IEEE Trans Antennas Propag 60(9):4102-4109

Hsu S, Wei K, Hsu C, Ru-Chuang H (2008) A 60-GHz millimeter-wave CPW-Fed Yagi antenna fabricated by using 0. 18-μm CMOS technology. IEEE Electron Device Lett 29(6):625-627

IEEE Standard Test Procedures for Antennas (1979), ANSI/IEEE 149

Ito T, Tsutsumi Y, Obayashi S Shoki H, Morooka T (2009) Radiation pattern measurement system for millimeter-wave antenna fed by contact probe. In: European microwave conference, Rome, Italy, pp 1543-1546

JanseVanRensburgD, GregsonS (2014) Parametric studyofprobepositioningerrorsinarticulated spherical near-field test systems for mm-wave applications. In: IEEE conference on antenna measurements %26 applications focus on antenna systems Antibes, France

Janse Van Rensburg D, Hindman G (2008) An overview of near-field sub-millimeter wave antenna test applications. In: COMITE conference, Prague, Czech Republic

Johannsen U, Smolders A, Remiers A, Dommele A, Huang M (2012) Integrated antenna concept for millimeter-wave. In: European conference on antennas and propagation, The Hague, Netherlands pp 2560-2563

Kildal P, Rosengren K (2004) Correlation and capacity of MIMO systems and mutual coupling, radiation efficiency, and diversity gain of their antennas: simulations and measurements in a reverberation chamber. IEEE Commun Mag 42(12):104-112

Lamminen A, S€aily J, Vimpari A (2008) 60-GHz patch antennas and arrays on LTCC with embedded-cavity substrates. IEEE Trans Antennas Propag 56(9):2865-2873

Lanteri J, Dussopt L, Pilard R, Gloria D, Yamamoto S, Cathelin A, Hezzeddine H (2010) 60GHz antennas in HTCC and glass technology. In: European conference on antennas and propagation, Barcelona, Spain

Li Y, Chen Z, Qing X, Zhang Z, Xu J, Fend Z (2012) Axial ratio bandwidth enhancement of 60-GHz substrate integrated waveguide-fed circularly polarized LTCC antenna array. IEEE Trans Antennas Propag 60(10):4619–4626

Liu C, Guo Y, Bao X, Xiao S (2012) 60-GHz LTCC integrated circularly polarized helical antenna array. IEEE Trans Antennas Propag 60(3):1329–1335

Maltzev A, Perahia E, Maslennikon R, Sevastyanov A, Lomayev A, Khoryaev A (2010) Impact of polarization characteristics on 60-GHz indoor radio communication systems. IEEE Antennas Wirel Propag Lett 9:413–416

McKinzie WE III (1997) A modified wheeler cap method for measuring antenna efficiency. In: 2007 I. E. International Symposium on Antennas and Propagation, Honolulu, Hawai ' i, USA, pp 542–545

Mohammadpour-Aghdam K, Brebels S, Enayati A, Faraji-Dana R, Vandenbosch G, DeRaedt W (2011) RF probe influence study in millimeter-wave antenna pattern measurements. Int J RF Microwave Comput Aided Eng 21(4):413–420

Murdock J, Ben-Dor E, Gutierrez F, Rappaport T (2011) Challenges and approaches to on-chip millimeter wave antenna pattern measurements. In: IEEE MTT-S international microwave symposium, Baltimore, MD, USA

Neshat M, Hailu D, Nezhad-Ahmadi M, Rafi G, Safavi-Naeini S (2012) Gain measurement of embedded on-chip antennas in mmW/THz range. IEEE Tran Antennas Propag 60 (5):2544–2549

Ng K, Wong H, So K, Chan C, Luk K (2012) 60 GHz plated through hole printed magneto-electric dipole antenna. IEEE Trans Antennas Propag 60(7):3129–3136

NSI-700S-360 http://ww2. nearfield. com/Sales/datasheets/NSI-700S-360. htm. Retrieved 10 Apr 2015

Orbit Presentation http://www. keysight. com/upload/cmc_upload/All/19March15WebcastSlides. pdf?%26cc=CH%26lc=ger. Retrieved 10 Apr 2015

Pan B, Li Y, Ponchak G, Tentzeris M, Papapolymerou J (2008) A low-loss substrate-independent approach for 60-GHz transceiver front-end integration using micromachining technologies. IEEE Trans Microwave Theory Tech 56(12):2779–2788

Pilard R, Montusclat S, Gloria D, Le Pennec F, Person C (2009) Dedicated measurement setup for millimetre-wave silicon integrated antennas: BiCMOS and CMOS high resistivity SOI process characterization. In: European conference on antennas and propagation, Berlin, Germnay, pp 2447–2451

Pilard R, Titz D, Gianesello F, Calascibetta P, Riviere JM, Lopez J, Coffy R, Saugier E, Poulain A, Ferrero F, Luxey C, Brachat P, Jacquemod G, Gloria D (2012) HDI organic technology integrating built-in antennas dedicated to 60GHz SiP solution. In: IEEE international symposium on antennas and propagation, July 8-14, 2012, in Chicago, IL, USA

Purcell EM (1943) A method for measuring the absolute gain of microwave antennas (RL-41-9). Technical reports of Radiation Laboratory, Massachusetts Institute of Technology

Qing X, Chen ZN (2014) Measurement setups for millimeter-wave antennas at 60/140/270GHz bands. In: International workshop on antenna technology, Sydney, Australia

Ranvier S, Kyro M, Icheln C, Luxey C, Staraj R, Vainikainen P (2009) Compact 3-D on-wafer radiation pattern measurement system for 60GHz antennas. Microwave Opt Technol Lett 51 (2): 319-324

Reck TJ, Chen L, Zhang C, Arsenovic A, Groppi C, Lichtenberger AW, Weikle RM II, Barker NS (2011a) Micromachined probes for submillimeter-wave on-wafer measurementspart I: mechanical design and characterization. IEEE Trans Terahertz Sci Technol 1(2):349-356

Reck TJ, Chen L, Zhang C, Arsenovic A, Groppi C, Lichtenberger AW, Weikle RM II, Barker NS (2011b) Micromachined probes for submillimeter-wave on-wafermeasurements-part II: RF design and characterization. IEEE Trans Terahertz Sci Technol 1(2):357-363

ReniersA, VanDommeleA, HuangM, Herben M (2014) Disturbingeffectsofmicrowaveprobe on mm-wave antenna pattern measurements. In: European conference on antennas and propagation, The Hague, Netherlands, pp 247-250

Rousstia M, Herben M (2013) High performance 60-GHz dielectric rod antenna with dual circular polarization. In: European radar conference, Nuremberg, Germany, pp 359-362

Shamim A, Roy L, Fong N, Tarr N (2008) 24GHz on-chip antennas and balun on bulk Si for air transmission. IEEE Trans Antennas Propag 56(2):303-311

Simons R (2002) Novel on-wafer radiation pattern measurement technique for MEMS actuator based reconfigurable patch antennas. In: 24th Annual antenna measurement techniques association meeting and symposium, Cleveland, 3-8 Nov 2002

Simons R, Lee R (1997) Characterization of miniature millimeter-wave vivaldi antenna for local multipoint distribution service. In: ARFTG conference, Portland, Oregon, USA, pp 95-100

Simons R, Lee R (1999) On-wafer characterization of millimeter-wave antennas for wireless applications. IEEE Trans Microwave Theory Tech 47(1):92-96

Simons R, Chun D, Katehi L (2001) Reconfigurable array antenna using microelectromechanical systems (MEMS) actuators. In: IEEE antennas and propagation society international symposium, Boston, Massachusetts, pp 674-677

Slater D (1994) A 550GHz near-field antenna measurement system for the NASA submillimeter wave astronomy satellite. In: Antenna Measurement Techniques Association Conference. Norwood, Massachusetts

Smith S, Archer J, Timms G, Smart K, Barker S, Hay S, Granet C (2012) A millimeter-wave antenna amplitude and phase measurement system. IEEE Trans Antennas Propag 60 (4):1744-1757

Sun M, Zhang Y, Guo Y, Karim M, CHuen O, Leong M (2011) Integration of circular polarized array and LNAin LTCC as a 60-GHz active receiving antenna. IEEE Trans Antennas Propag 59 (8):3083-3089

Titz D, Ferrero F, Luxey C (2012a) Development of a millimeter-wave measurement setup and dedicated techniques to characterize the matching and radiation performance of probe-fed antennas. IEEE Antennas Propag Mag 54(4):188-203

Titz D, Kyrö M, Ferrero F, Ranvier S, Luxey C, Brachat P, Jacquemod G, Vainikainen P (2012b) Calibration methodology for a 3D radiation pattern set-up of probe-fed millimeter-wave antennas. Microwave Opt Technol Lett 54(5):1183-1189

Titz D, Ferrero F, Brachat P, Jacquemod G, Luxey C (2012c) Efficiency measurement of probe-fed antennas operating at millimeter-wave frequencies. IEEE Antennas Wirel Propag Lett 11: 1194-1197

Titz D, Pilard R, Gianesello F, Ferrero F, Luxey C, Brachat P, Jacquemod G, Gloria D (2012d) Industrial HTCC SiP solution for 60GHz applications. IEEE Antennas Wirel Propag Lett 11: 576-579

Titz D, Pilard R, Ferrero F, Gianesello F, Luxey C, Jacquemod G (2014) Improved measurement accuracy of probe-fed Mm-wave antennas using the three Γ method. IEEE Antennas Wirel Propag Lett 13:103-105

Tsai K, Yeh L, Kuo P, Chuan H (2010) Design of 60-GHz CPW-fed CMOS on-chip integrated antenna-filter. In: European conference on antennas and propagation, Barcelona, Spain

Tsai Z, Wu Y, Chen S, Lee T, Wang H (2013) AV-band on-wafer near-field antenna measurement system using an IC probe station. IEEE Trans Antennas Propag 61(4):2058-2067

μ-Lab Station http://www.orbitfr.com/content/products/micro-lab. Accessed 19 Sep 2015

Van Caekenberghe K, Brakora K, Hong W, Jumani K, Liao D, Rangwala M, Wee Y, Zhu X, Sarabandi K (2008) A 2-40GHz probe station based setup for on-wafer antenna measurements. IEEE Trans Antennas Propag 56(10):3241–3247

Wi-Fi http://www.wi-fi.org/discover-wi-fi/wigig-certified. Retrieved 10 Apr 2015

Willmot R, Kim D, Peroulis D (2009) AYagi-Uda array of high-efficiency wire-bond antennas for on-chip radio applications. IEEE Trans Microwave Theory Tech 57(12):3315–3321

Xu J, Chen Z, Qing X, Hong W (2013) 140-GHz TE20-mode dielectric-loaded SIW slot antenna array in LTCC. IEEE Trans Microwave Theory Tech 61(4):1784–1793

Yeap S, Chen Z, Qing X (2011) Gain-enhanced 60-GHz LTCC antenna array with open air cavities. IEEE Trans Antennas Propag 59(9):3470–3473

Zhang B, Zhang Y, Titz D, Ferrero F, Luxey C (2013) A circularly-polarized array antenna using linearly-polarized sub grid arrays for highly-integrated 60-GHz radio. IEEE Trans Antennas Propag 61(1):436–439

Zhou R, Liu D, Xin H (2009) Design of circularly polarized antenna for 60GHz wireless communications. In: European conference on antennas and propagation, Berlin, Germany, pp 3787–3789

Zwick T, Baks C, Pfeiffer U, Liu D, Gaucher B (2004) Probe based MMW antenna measurement setup. In: IEEE antennas and propagation society international symposium, Monterey, California, pp 747–750

Zwick T, Pfeiffer U (2009) Special millimeter-wave measurement techniques. In: Liu D, Pfeiffer U, Grzyb J, Gaucher B (eds) Advanced millimeter-wave technologies: antennas, packaging and circuits, 1st edn. Wiley, Chichester, pp 729–769

第51章
可穿戴及可植入天线评估

Koichi Ito, Chia-Heisn Lin, Ho-Yu Lin

摘要

近年来,对以人体为中心的无线通信(BCWCs)领域研究日益活跃,其可以用于安全、电子货币、智能家居、个人娱乐和身份识别系统。BCWCs一直专注于用不同的人体模型对可穿戴天线的开发、人体外和人体内通信天线的研究和评估,事实上,用真实人体来评估植入式天线几乎是不可能的,取而代之的是采用人体仿真模型开展研究。

本章评估了基于人体模型的可穿戴式和植入式人造卫星天线,采用了两个紧凑的可穿戴式双模(在10GHz和2.45GHz的离体模式)天线和两个UHF波段植入式天线作为实例进行说明。

K. Ito (✉) · C. -H. Lin
千叶大学前沿医学工程中心,日本
e-mail:ito.koichi@faculty.chiba-u.jp
H. -Y. Lin
千叶大学工程研究生学院,日本

关键词

以人体为中心的无线通信(BCWCs);体表;体外; 体内;双模;体模

51.1 引言

近年来,以人体为中心的无线通信(BCWC)已经成为一个非常活跃的研究领域,其可以用于安全、电子货币、智能家居、个人娱乐和身份识别系统(Hall and Hao,2006; Hall et al. ,2009;Zimmerman,1996)。许多研究人员认为,由于多种无线医疗设备可以连接到人体上,个人健康护理是BCWCs的最大潜在应用,如图51.1所示。人体内外的环境往往有利于无线信号的传输,BCWC通过可穿戴式和植入式天线提供人体与周围环境之间的无线通信连接,作为收发器与传播环境之间的接口,应精心设计系统中的天线。大多数BCWCs系统重点放在体内和离体通信的可穿戴天线以及体内通信可植入天线的开发,并使用与人体组织很相像但不同类型的人体模型进行评估。

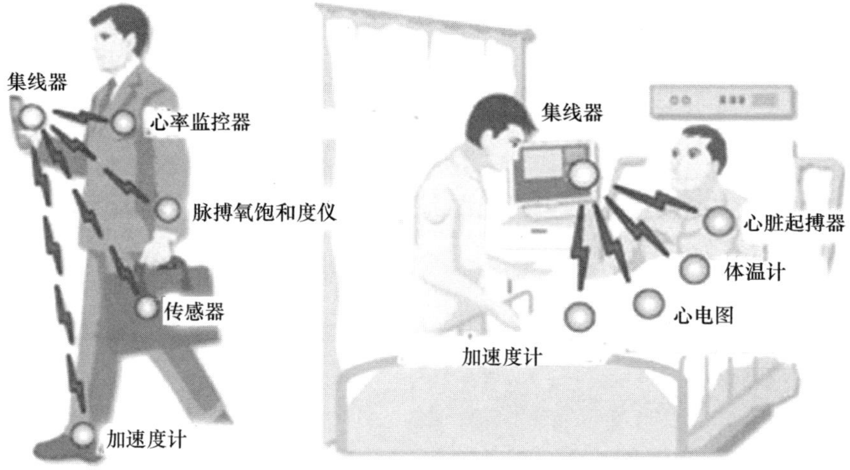

图51.1 BCWCs的医学应用(来自富士通网站)

本章“以人体为中心的无线通信”一节概述了 BCWC，包括 IEEE 标准以及可穿戴和植入式天线/设备的一些潜在应用。“人体模型”部分总结了评估可穿戴式和可植入式天线的人体模型的基础知识。然后构建了两组人体模型，即数字模型和实验模型。“用人体模型评估可穿戴双模天线”一节描述了用人体模型评估可穿戴双模天线，分为用于体内（10MHz）和离体通信（2.45GHz）的双模式天线和可切换天线。对于体内通信，分析人体接收器的电场分布和接收电压，而对于离体通信则讨论反射系数和辐射模式。

实际中使用真实的人体评估植入式天线几乎是不可能的，但针对人体模型的实验必须予以开展。到目前为止，很少有文献讨论嵌入人体模型中的天线辐射性能。“用人体模型评估可植入天线”一节描述了用人体模型评估可植入天线。最后，采用偶极天线进行人体通信，并制作人体头部、肩部和躯干组成的人体半身模型，以评估嵌入人体模型中的天线性能。

51.2　以人体为中心的无线通信

BCWCs 可以分为 3 种通信方案（Hall and Hao，2006），如图 51.2 所示。

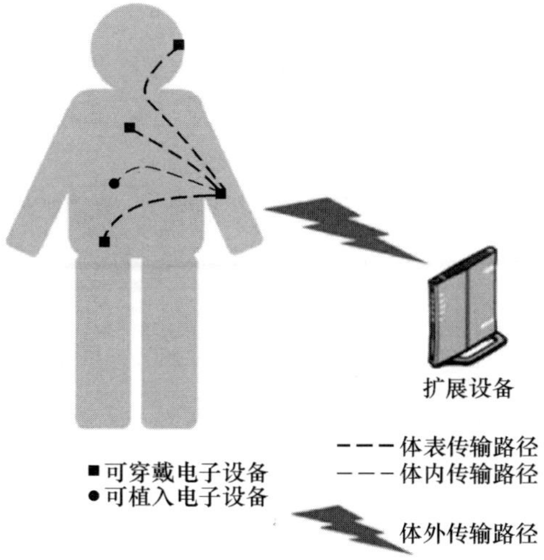

图 51.2　人体通信系统示意图

① 身体上的设备之间的通信,称为体表通信。

② 与植入设备之间的通信,称为体内通信。

③ 身体上和离体设备之间的通信,称为体外(离体)通信。

短距离、低功率、高数据速率和用于接近或内部使用可靠的无线通信协议标准是 IEEE 802.15.6-2012(IEEE 标准的 website_b)。该标准提供高达 10Mb/s 的数据速率,为广泛和渐进的个人娱乐和医疗提供服务;该标准支持安全性、可靠性、服务质量、低功耗、数据速率和抗干扰保护,在应用广泛性上解决独特的以身体为中心的无线通信。表 51.1 总结了 IEEE 802.15.6 分配的频带。根据工作频率将物理信道分为 3 类,即窄带(NB)、超宽带 (UWB)和人体通信(HBC)。

表 51.1 对 IEEE 802.15.6 所分配的频带 (IEEE 标准网站_a)

<table>
<tr><th>物理信道
(PHY)</th><th colspan="2">窄带物理信道
(NB-PHY)</th><th>超宽带物理信道
(UWB-PHY)</th><th>人体通信物理信道
(HBC-PHY)</th></tr>
<tr><td rowspan="6">频率</td><td>402~405MHz</td><td>植入的器件</td><td rowspan="6">3.1~10.6GHz</td><td rowspan="6">21MHz
(带宽:5.25MHz)
32MHz
(带宽:8MHz)</td></tr>
<tr><td>420~450MHz</td><td>医用遥测仪</td></tr>
<tr><td>863~870MHz</td><td>ISM 波段(欧洲)</td></tr>
<tr><td>902~928MHz</td><td>ISM 波段(美国)</td></tr>
<tr><td>2.36~2.40GHz</td><td>医疗器件(美国)</td></tr>
<tr><td>2.4GHz</td><td>ISM 波段(全世界)</td></tr>
<tr><td>距离</td><td colspan="4">2~10m</td></tr>
<tr><td>调制</td><td colspan="4">BPSK、QPSK、GMSK</td></tr>
<tr><td>速度</td><td colspan="4">1~10Mb/s</td></tr>
</table>

当人体使用无线设备时,配备了可穿戴天线。它们被应用于身体上和体外通信,这是涉及 BCWC 的两个重要场景。在身体上的通信,通信范围仅限于人体本身。可穿戴式发射器和接收器都安装在人体表面,生物物理信号可以沿着人体传输。另外,离体通信促进了从人体表面到附近的外部设备的通信。至少一个天线位于人体上,然后生物物理信号可以经天线无线传输到外部设备。在一个系统中使用身上和离体通信可以实现许多生物医学应用。

身体内通信是身体局域网(BAN)协议之一,也可能是未来最重要的通信应用之一(Hall and Hao,2006),具有无人值守数据传输,通过移动电话网络的数据遥测,即时访问相关病历以及追踪植入关键设备的患者等优势。随着现代技术的不断发展,为了减轻已经不堪重负的医疗系统的压力,改善病人的舒适度和护理条件,集成了无线功能的植入式医疗技术一直被认为是未来将会使用的工具,因为它们有潜力取代与生物有线连接的监测手段,为诊断、治疗和预防疾病提供相应的帮助;这样的综合技术也可以控制系统的功能,并报告病人的状态(Chow et al., 2013; Kiourti and Nikita, 2012a, 2012b; Merli et al., 2008; Karacolak et al.,2009)。当今,体内技术已经被用于医疗应用,如心脏起搏器嵌入人体内治疗心律失常。此外,这种技术的革命性进步已经在传感器假体(人工耳蜗、视网膜假体)和疾病或损伤(帕金森糖尿病)的治疗中产生重大影响。一些胰岛素泵植入装置(IMD)、深度脑刺激、葡萄糖监测和内窥镜检查是一些可以考虑利用远程监测和控制种植体单元都是例子。在这里,动物微芯片植入物使用识别集成电路进行跟踪和标记,并且已经假设身体内技术可以用于医疗领域以传输人体信息,如温度、血压和心率等。另外,由于植入体内的植入物提供了高度的隐私性和个人安全性,以保护病人的信息,如病人的姓名、存储诊断和治疗历史以及过敏和药物的一些医疗特征(Halperin et al., 2008)。而且,IMD可以特别用于国家的重要机构。

51.3　人体模型

由于手机、蓝牙耳机、平板电脑等靠近人体的大量通信设备的使用,人体模型也成为了设计和评价电子性能的必要工具。为了模拟和测量可穿戴式和可植入式天线,已经开发并呈现了各种类型的人体模型。为了节约计算资源、便于实验,简单的人体模型得到了广泛的应用。但是,在某些特殊情况下,如为了评估人体内的 SAR(特定吸收率)分布,需要现实高分辨率人体模型。

51.3.1　人体数值模型

1. 简化人体模型

均匀(正方形和圆柱体)和分层人体模型被广泛用于研究天线特性。Lin 等报道了 3 种简单的 2/3 手臂幻影模型,并讨论了 3 个体模上的可穿戴天线的特性,如图 51.3 所示。这些模型有时用于评估嵌入人体手臂的植入式天线。图 51.4 显示了一个带有天线(Ito et al. ,2009)的全身躯体模型,它在每个频率上具有等于 2/3 肌肉的均匀介电性质,并且由代表头部、躯干、肩膀、手臂和腿等的 9 个矩形部分组成。

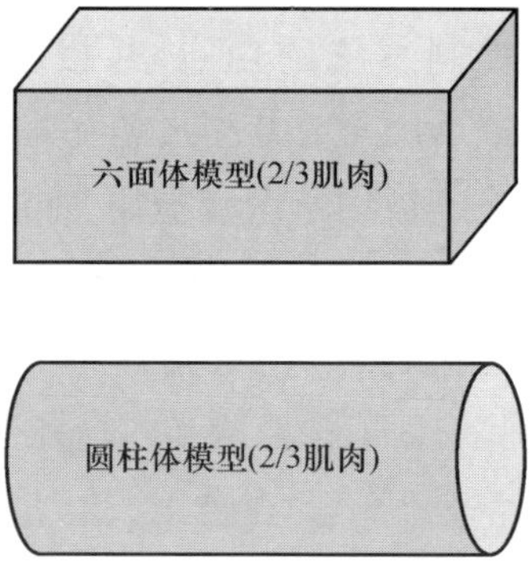

图 51.3　3 种不同的人体胳膊模型

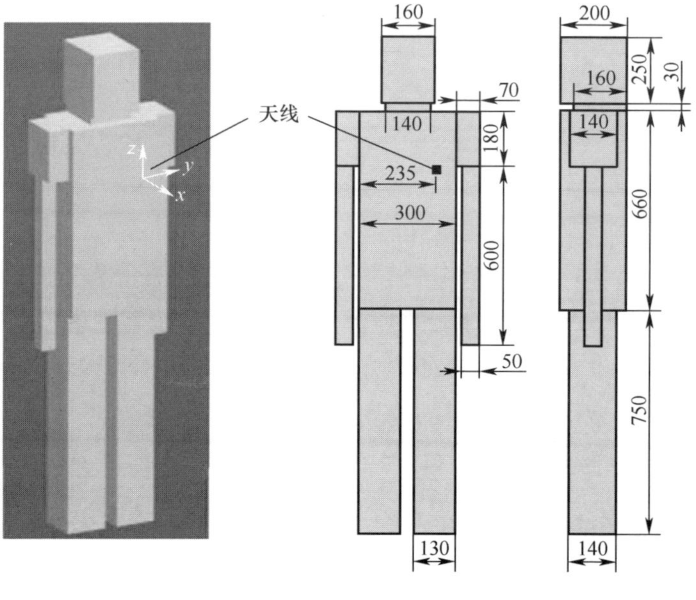

图 51.4　模块化人体模型(Ito et al. ,2009,IEEE 2009 版权)

2. 高精度人体模型

为了评估无线电波的安全性,有必要对人体内的 SAR 进行精确评估,高分辨率人体模型可以帮助实现。采用解剖结构的人体模型实现高分辨率,以及以简单的方式模拟人体组织的模型,估计人体内无线电波的传输和 SAR 分布。日本国立信息通信技术研究所(NICT)和日本的一些大学开发了各种数字人体模型,目的是评估并向公众提供无线电波对人体的安全性说明,见彩图 51.5(NICT 网站的人体模型)。

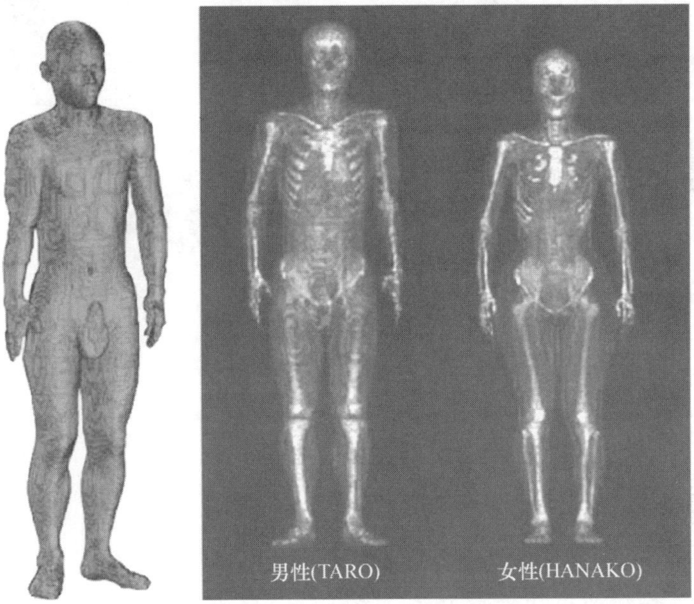

图 51.5　真实的人体数字化模型(NICT 网站人体模型)(彩图见书末)

51.3.2　实验人体模型

一般来说,实验人体模型可分为 3 种不同的类型,即液体模型、半固体模型和固体模型。

1. 液体模型

在所考虑的频率范围内,液体模型是具有与人体组织具有相同电特性的等效材料。液体模型广泛用于 SAR 测量和研究中,使用小探针可直接测量人体模型内的电场。如在 IEEE 1528-2003 标准中规定,所述人体模型的介电常数应小于5,损耗角正切小于0.05,在0.3~3GHz频率范围内的趋肤深度应为2.0~0.2mm。从MCL-T(MCL-T,英国伦敦)的文件中可以看出,液体模型只能提供达6GHz的频率。例如,图51.6显示了液体头部模型(NICT网站SAR测试)。

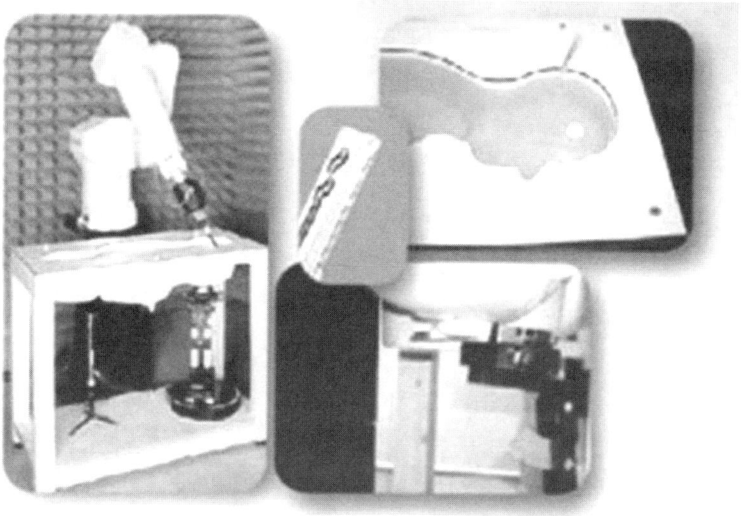

图51.6 具有预定标准尺寸和形状的头部模型(NICT网站SAR测量)

2. 半固体模型

通过使用凝固剂,很容易形成能够自成形的半固体模型。半固体模型成本低,易于制作和制造成任意形状和多层材料,其工作频率可高达11GHz,用于评估天线性能和SAR测量。半固体模型的电特性可以在很宽的频率范围内进行调整。在单一组成比中,电特性几乎等同于0.3~2.5GHz或3.1~10.6GHz频率范围内的生物组织。图51.7显示了日本千叶大学提出的两种半固体模型。

3. 固体模型

为了测量人体表面的SAR,固体模型是一个很好的选择方案,如图51.8(MCL-T,UK)所示。与液体模型和半固体模型相比,固体模型能够将形状保持较长时间,并可设计为复介电常数以适应广泛环境。但是,固体模型造价很高,需要特殊的设备和复杂的制造程序才能实现。

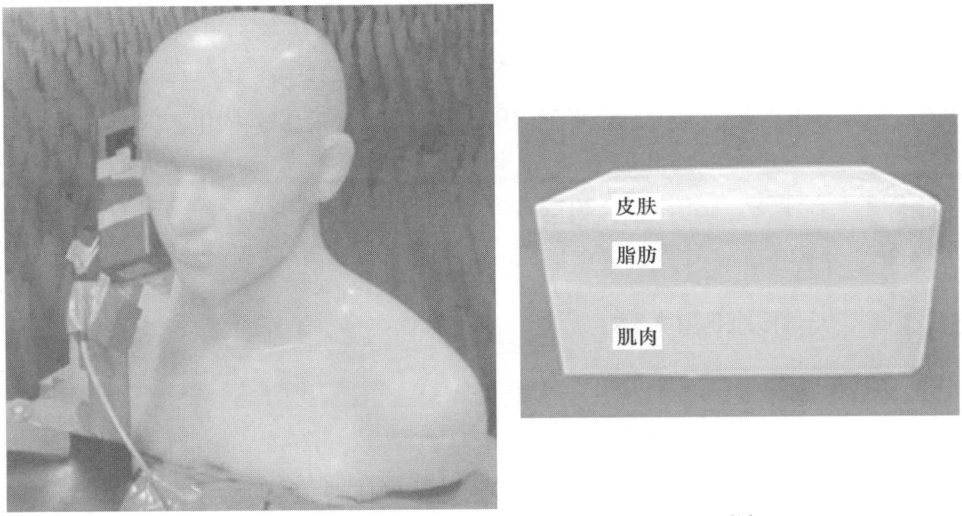

(a)　　　　(b)

图 51.7　组织等效人体模型

(a)上半身人体模型;(b)分层模型。

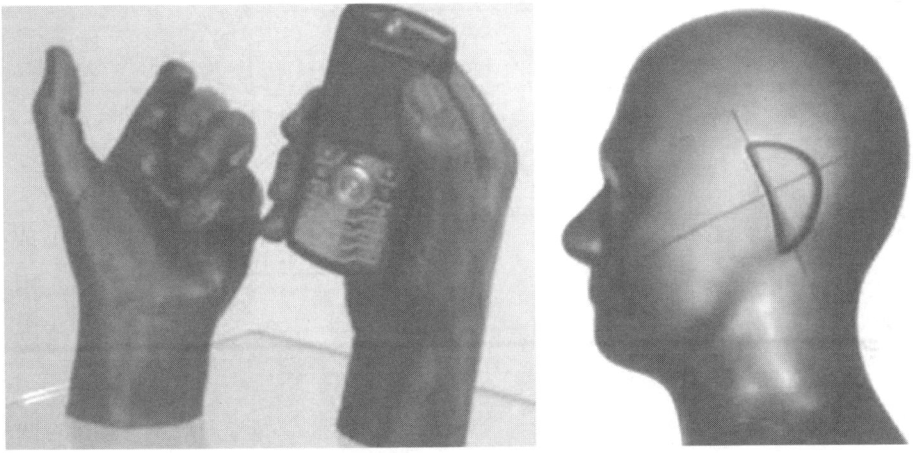

图 51.8　碳硅组织人体模型(MCL-T,英国)

51.3.3　用人体模型评估可穿戴双模天线

电子设备的进步创建和正在完善以身体为中心的无线通信(BCWC),有了这些设备,远程健康监测将变成现实。在远程健康监测中,至少需要两种通信方式,即体内通信(收集医疗数据)和离体通信(与外部网络交换数据)。对于体内通信,相对较低的频带(几十兆赫)更适合(Ito et al. ,2012; Fujii et al. ,2005;伊藤 et al. , 2009),而在离体通信中,2.45GHz 的 ISM 波段(2.40~2.48GHz)是一个很好的可选频率(Lin et al. ,2012a)。因此,双模天线是远程健康监测的关键组成部分。本节将介绍两种带有体内和体外模式的可穿戴天线。

51.3.4 天线设计和人体

图51.9显示了一个双模式可穿戴天线(Lin et al. ,2012b)。它由馈电引脚、信号电极和GND电极组成。天线的尺寸是30mm×33mm×4mm。信号电极的高度为4mm,馈电针位于信号电极的中心。对于离体通信,工作频率为2.45GHz。在这种天线设计中,为了关注设备的包装, 在天线和人体之间放置了厚度为2mm

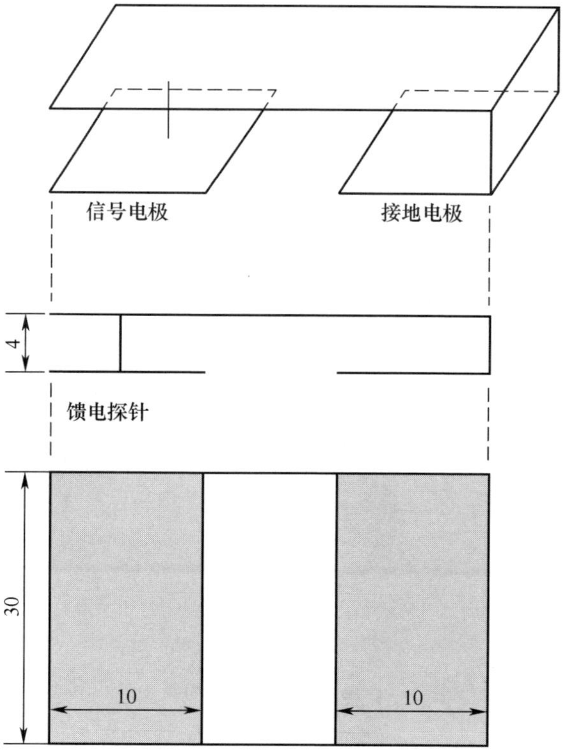

图51.9　双模天线结构

的塑料($\varepsilon_r=3$)。而且,为了确认天线在人体上的性能并简化测量过程,用一部分胸部模型(介电常数 $\varepsilon_r=35.2$,电导率 $\sigma=1.16$S/m,2.45GHz)(Lin et al.,2012)取代整个人体。不管怎样,要实现人体天线的辐射特性,国家信息通信技术研究所(NICT)在日本提供的 1.75m 高分辨率人体模型上提出的双模天线也涉及这项工作,如图 51.10 所示。表 51.2 总结了计算天线设计的参数。

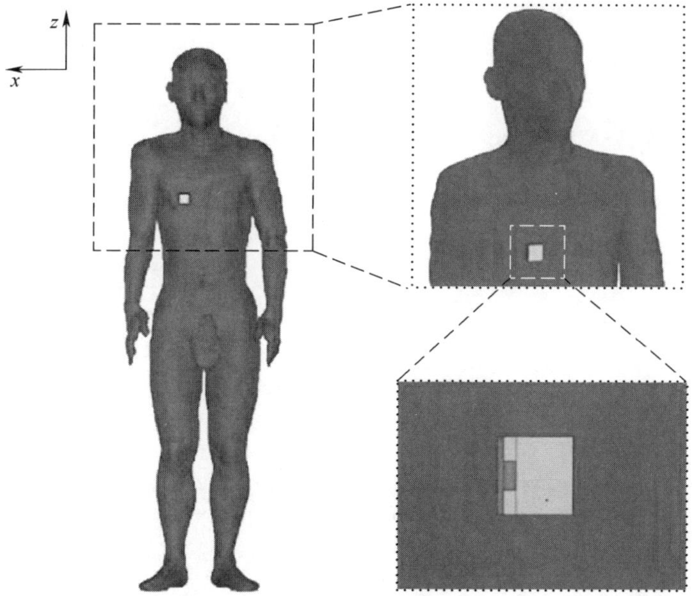

图 51.10　高分辨人体模型上的天线

表 51.2　两种模式的计算参数

模式	体表	体外
频率	10MHz	2.45GHz
细胞尺寸	1~2mm	0.5~2mm
计算域	1.5m×1.5m×2m	1m×1m×2m
PML 层数	16	8

1. 体表模式

如图 51.11(a)所示,一个发射器连接到右侧胸部,而 4 个接收器分别连接到胸部左侧、右侧、左侧手腕、腹部。图 51.11(b)给出了人体上 4 个不同体表链路的接收电压的变化。从仿真结果来看,接收电压取决于发射机和接收机之间的距离,动态范围在 110~160dB 之间。彩图 51.12 显示了在 10MHz 的整个人体内部和外部的电场分布。根据电场计算得到接收电压,从而讨论电场分布。观

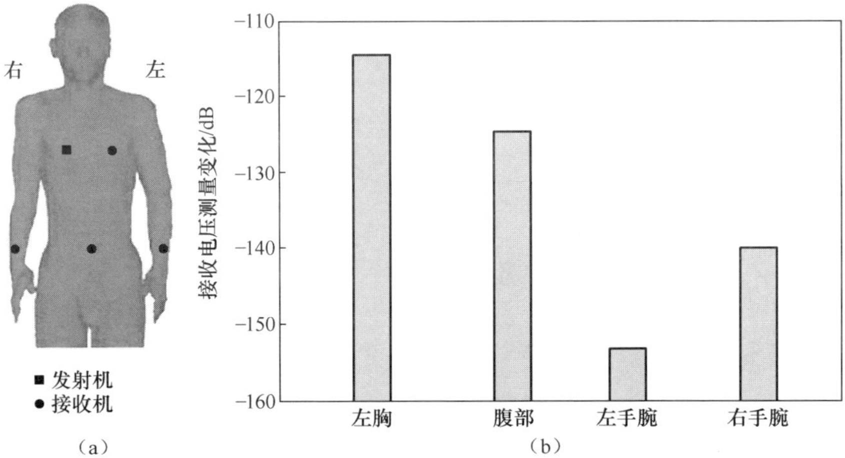

图 51.11　仿真结果

(a)设备放置位置;(b)接收电压。

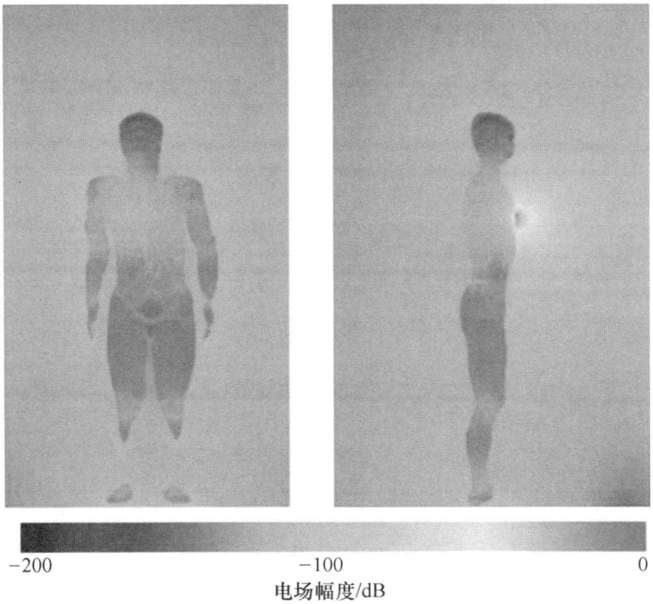

图 51.12　高分辨率人体 10MHz 下的电场分布(彩图见书末)

测平面为发射机的馈电点所在的平面。从结果可以看出,在 10MHz 时,人体周围的电场分布水平是平滑的。因此,可以得出较低频率(如 10MHz)适合于体表通信模式的结论。

2. 体外模式

体外模式可用于将接收到的身体上信号(10MHz 体表模式)发送到外部设备。这里讨论天线在人体上的反射系数和辐射方向图的性能。彩图 51.13 显示了当天线位于 200mm×200mm×70mm 的高分辨率时,人体一部分胸部模型的仿真和测量的反射系数,天线工作在 ISM 波段(2.45GHz)。可以看出,仿真和测量结果是一致的。胸部模型和高分辨率人体模型(2.45GHz),在 *xy* 平面和 *yz* 平面上的模拟辐射结果如彩图 51.14 所示。从结果来看,两个平面的辐射方向都是相对全向的,人体前半球没有深的零点。因此,该天线非常适用于体外通信模式。

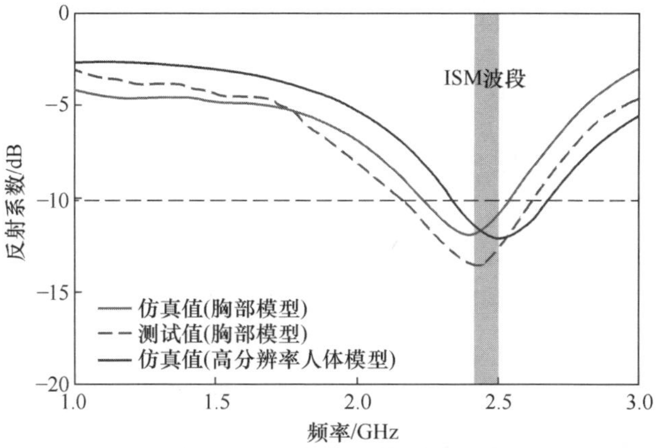

图 51.13　反射系数的测试和仿真结果(彩图见书末)

51.3.5　可切换的双模式天线

当体表和体外的通信不需要同时操作时,在体表模式和体外模式之间的可切换方案在实践中就显得很有必要。Lin 等报道了用于 BCWC 的紧凑可切换天线。其中一个简单的开关电路集成到 PIFA 的短路板中(Lin et al.,2012)。因此,当开关导通时,相当于 2.45GHz 的 PIFA 天线,并可获得足够的增益。当开关关闭时,天线与在HF频带(10MHz)作为体表模式操作的金属电极类似。

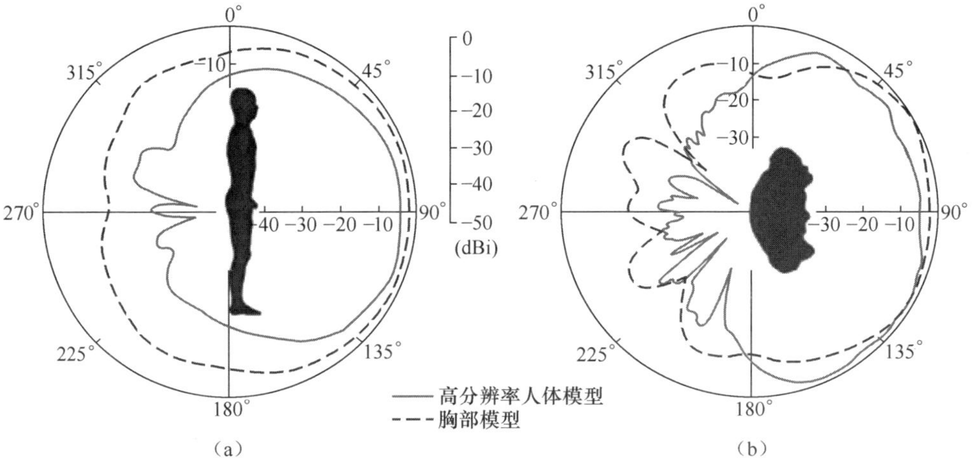

图 51.14　辐射方向图(彩图见书末)

(a) yz 面;(b) xy 面。

图51.15示出了可切换平面倒F天线的结构。该天线包括接地平面、散热器、馈电引脚和开关电路板,以取代传统的电路板,其中使用PIN二极管作为开关元件。辐射顶部贴片和地平面尺寸相同,均为30mm×12mm。天线的高度是8mm。馈电针在天线的中心线上。在较低的频带,天线的特性等同于工作在10MHz的电极,而位于电路板上的PIN二极管处于OFF状态。较低频率的激励信号是10MHz的正弦波。在较高波段(2.45GHz ISM波段),天线作为PIFA工作,PIN二极管处于ON状态。如图51.15所示,开关电路板面积为10mm×8mm。它由PTFE氟碳聚合物(介电常数为2.17、厚度为0.8mm)制成,没有使用底层铜。在这个天线设计中,引脚二极管HVU131选择瑞萨科技的产品,于是使用200Ω的电阻器来为二极管提供偏置。此外,一个33nH的电感器起到RF扼流圈的作用,一个100pF的电容器被用来阻断直流电压,这与Li等(2009)的设计相似。作为PIFA天线,天线的效率在2.45GHz时为46%。在这项研究中,散热器放在人体模型附近,地平面是远端,天线和手臂幻影之间的空间设置为2mm。

1. 体表模式

如彩图51.16(a)所示,一个发射器位于右手腕,而7个接收器分别放置在

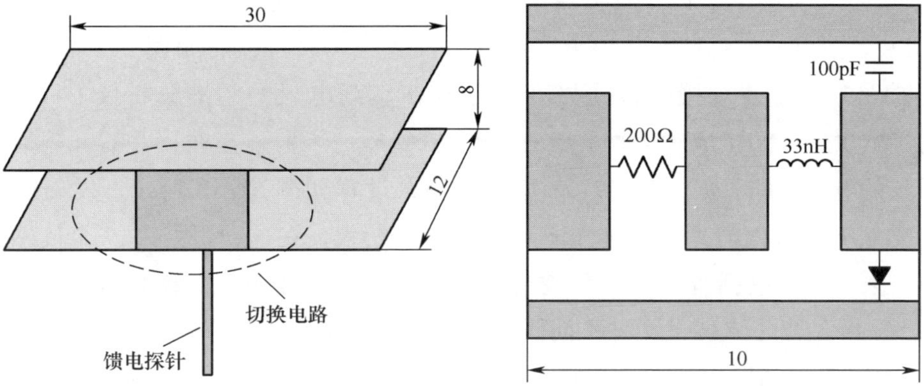

图 51.15　可切换平面倒 F 天线(3D 视图和切换电路)

头部、左胸部、右胸部、腹部、左手腕、脚踝和左脚踝。彩图 51.16(b)示出了在 10MHz 模拟的整个人体内部和周围的电场分布。观测平面为发射机的馈电点所在平面。从结果可以看出,在 10MHz 时,人体周围的电场分布水平比较平滑。

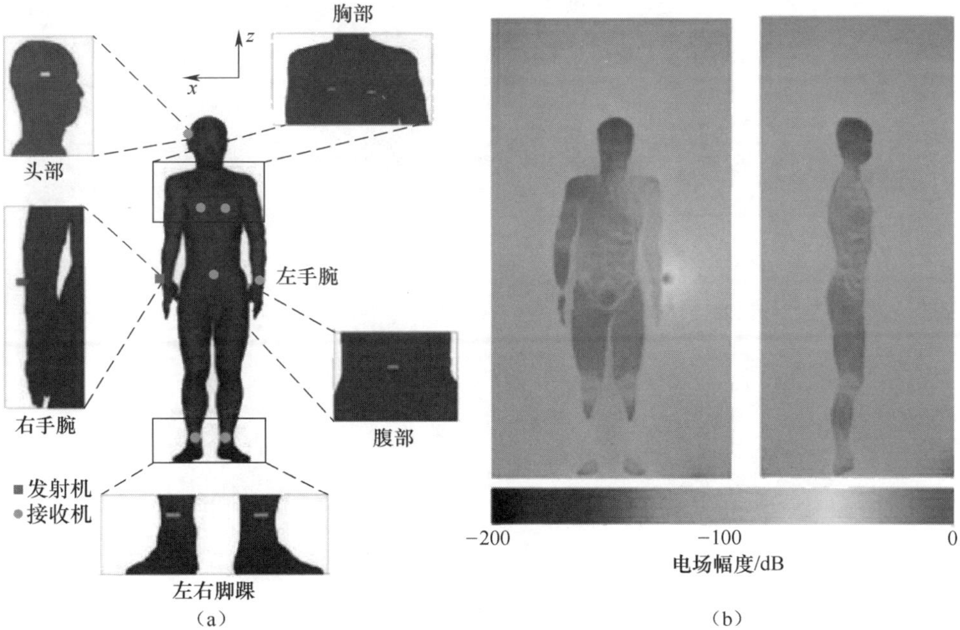

图 51.16　仿真结果(彩图见书末)

(a)发射机和 7 个接收机的位置;(b)10MHz 电场分布。

在测量期间,自10MHz振荡器的10MHz正弦波传输至发射机,激励电压为4.1V_{p-p},而开关电路上的PIN二极管被设置在OFF状态,如图51.17(a)和图51.17(b)所示。接收机连接到带有50Ω负载电阻的频谱分析仪E4403B。为了减少电缆和接地对接收电压的影响,铁氧体变压器连接在接收器和频谱分析仪的电缆之间,如图51.17(c)所示。测量设置如图51.18所示。发射机由10MHz振荡器激励,每个接收机连接到频谱分析仪。在这项研究中,7个传感器位于人体上,包括左胸部、右胸部、腹部、头部、左手腕、左脚踝和右脚踝。图51.19给出了人体上7种不同体内链路的接收电压的测量变化。从结果中可知,根据接收和发射装置之间距离的不同,接收电压测量变化在98~117dB范围内。

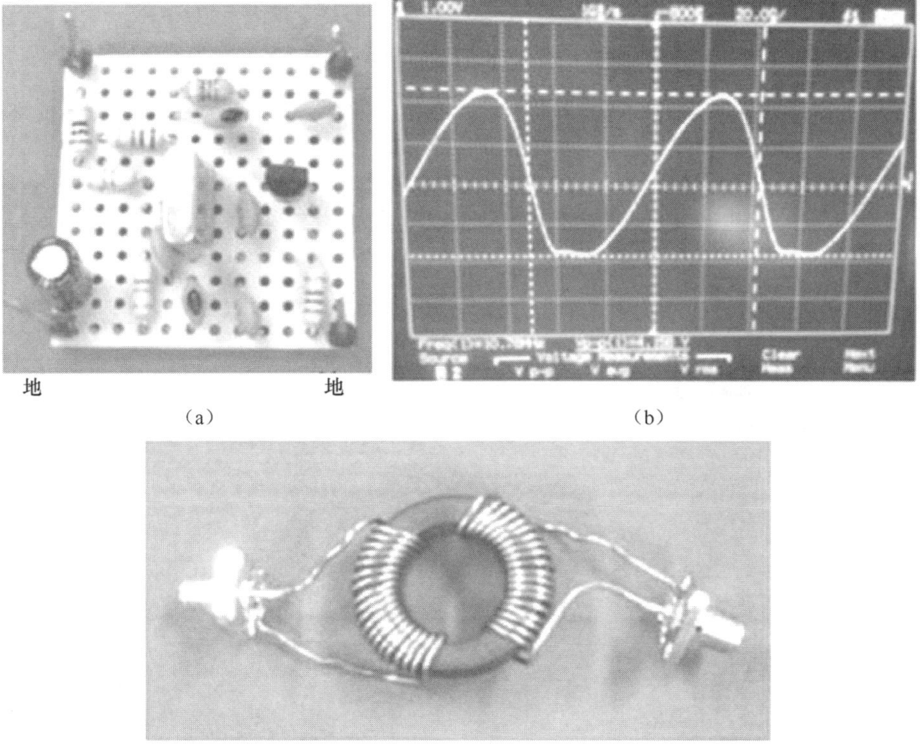

(a) (b)

(c)

图51.17 测试图

(a)10MHz振荡器;(b)输出信号;(c)变换器。

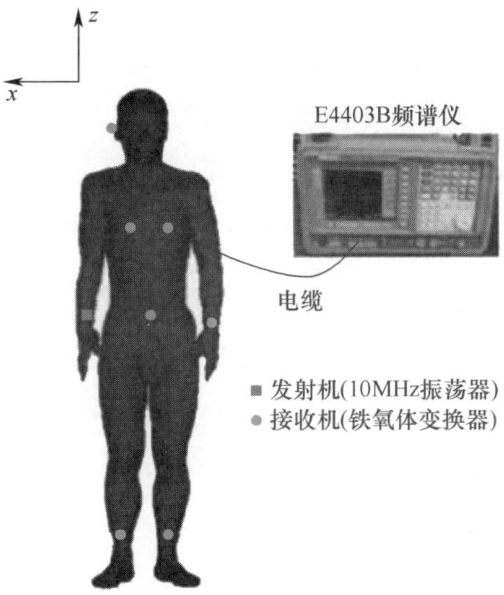

图 51.18　接收电压的测量设置

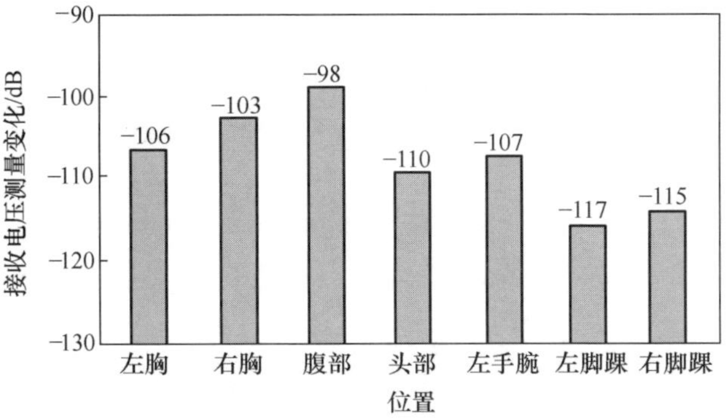

图 51.19　7 个位置的测试电压

2. 体外模式

图 51.20 显示了当天线位于一个简单的手臂模型上时仿真和测量得到的反射系数。当二极管处于 ON 状态(3V 由电池盒提供)时,尺寸为 50mm×50mm×300mm,高分辨率人体模型的结果也在同一图中给出。从结果可知,该天线工作在 ISM 波段(2.45GHz),测量带宽为 350MHz(2.30~2.65GHz),测量结果与仿真结果接近。在图 51.21 中给出了在 xy 和 xz 平面上的手臂模型和在 2.45GHz

频率处的高分辨率人体模型的仿真与测量的辐射方向图。从这些结果来看,两个平面中的辐射方向图是相对全向的,在人体前半部没有深的空洞。因此,天线比较适用于体外通信模式。手臂模型两平面的平均增益比 Lin 等(2012)高 5dBi,如图 51.21 所示。还可以注意到,改进人体模型的天线辐射模式的性能接近高分辨率的人体模型。因此,制造的人体模型可以用来评估可穿戴天线的性能。

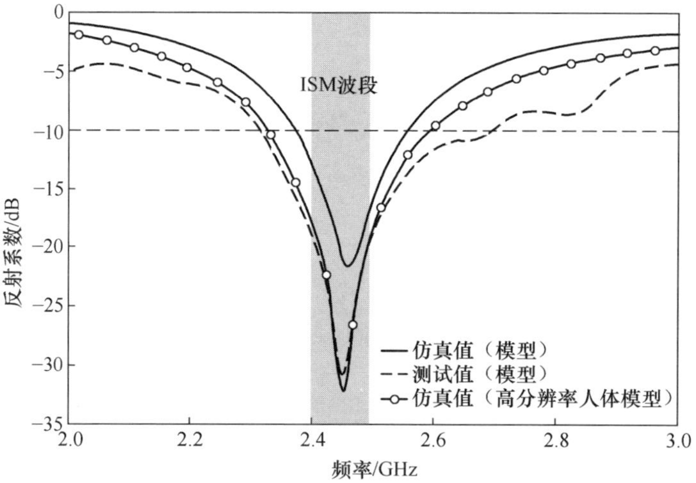

图 51.20　仿真和测试得到的反射系数

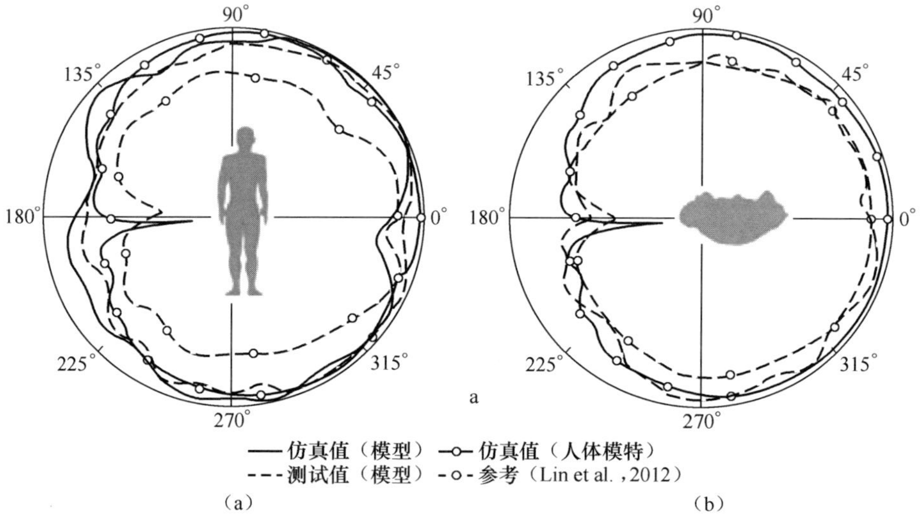

图 51.21　2.45GHz 的辐射方向图

(a)xz 面;(b)xy 面。

51.4　用人体模型评估可植入天线

几乎不可能使用真实的人体实验评估植入式天线,但实验里必须要用到人体模型。一般而言,植入式天线或装置的尺寸较小,这同时会增加测量的复杂性。本节介绍一个折叠的偶极子和一个简单的偶极子作为典型的植入式天线,以及如何使用人体模型评估这种小型植入式天线。

51.4.1　天线几何与仿真模型

图 51.22(a)显示了 UHF 天线的几何形状和尺寸(Lin at el. ,2013)。天线由宽度为 0.1mm 的窄条制成,折叠弯曲; 整个尺寸为长(l)20.3mm、宽(w)0.8mm、高(h)0.8mm,间隙(g)为 0.5mm,天线的长度 L 在人体 0.953GHz 处约为 0.065 波长。馈电点位于天线的中心,使其成为对称结构,假定输入阻抗匹配 50Ω 系统。对于这种细长的结构,天线的辐射元非常接近谐振结构,而 g、h 和 w 将是用于阻抗匹配的敏感参数。一般情况下,除了天线结构外,还会引入涂层来降低人体对天线的作用。在这项研究中,尺寸为 20.5mm×1.0mm×1.0mm 的玻

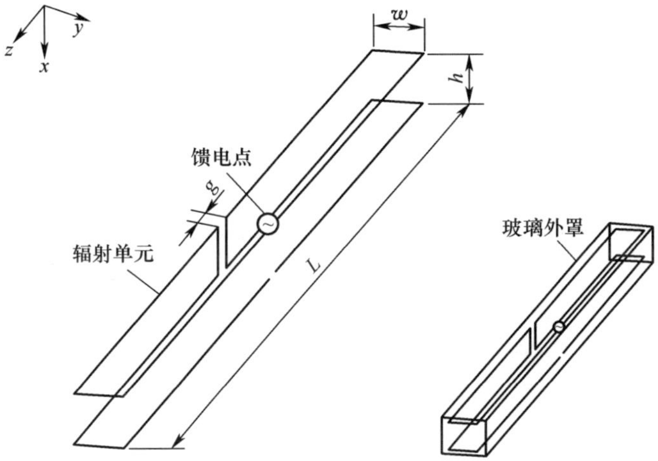

(a)　　　　(b)

图 51.22　折叠振子天线(Lin et al. , 2013, IEEE 版权(2012))
(a)天线结构;(b)天线外罩。

璃涂层(ε_r = 5.0)用于覆盖天线,如图 51.22(b)中,但由于其介电常数与人体脂肪接近(ε_r = 5.45),故可以在实验中不予考虑,也意味着它对天线性能的影响不强。由于天线是作为植入物使用的,因此应该使用真实的人体模型进行评估。图 51.23(a)示出了其中天线嵌入臂中的人体图像,并且假定的通信范围在 90~270 之间。根据林等(2013)的研究,为了确认天线性能,可以使用能够用于表示人体手臂的一部分的分层模型,因此在仿真中使用了分层体模的人体手臂模型,如图 51.23(b)所示。体模由皮肤(ε_r = 41.14,σ = 0.88S/m)、脂肪(ε_r = 5.45,σ = 0.05S/m)、肌肉(ε_r = 54.91,σ = 0.96S/m)和骨(ε_r = 12.4,σ = 0.15S/m)组成,这些介电常数是在 0.953GHz 处的值。另外,天线通常嵌入模型的脂肪层中,距皮肤表面 2.0mm 的深度(d),所以此处带来的能量损耗要少于其在皮肤和肌肉层中。

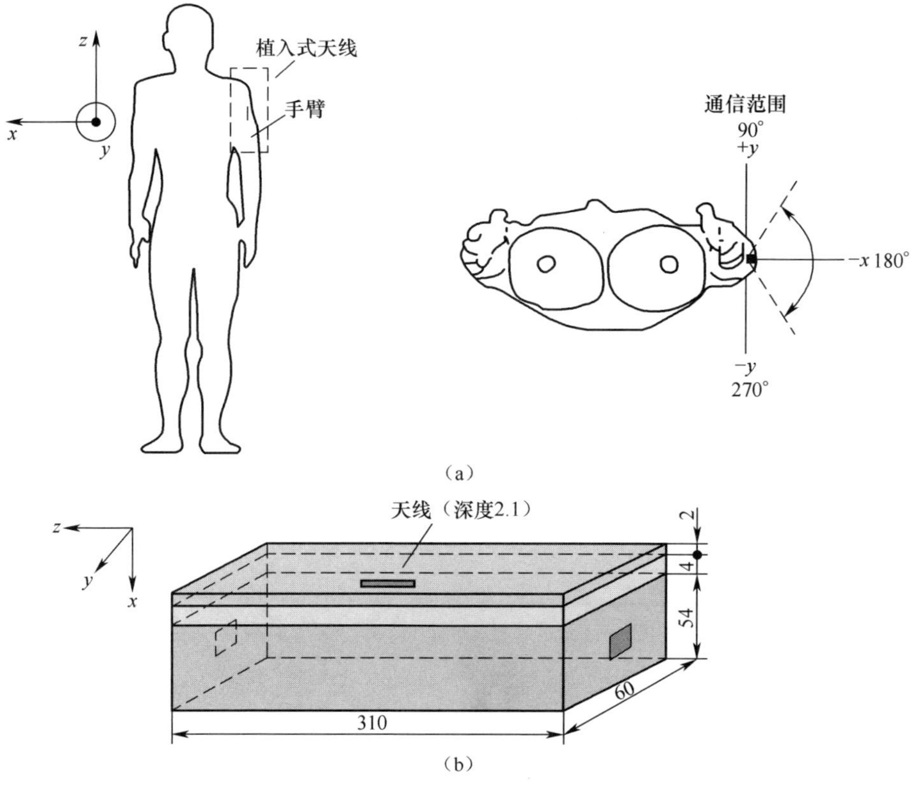

图 51.23　人体模型

(a)真实模型;(b)简化的手臂模型。

51.4.2　测量装置和实验结果

图 51.24 显示了这项研究的测量设置。为了在实验中保持最大传输效率，将天线连接到 λ/4 巴伦，长度为 79mm(0.953GHz)，然后嵌入到模型的脂肪层中。图 51.25(a)和图 51.25(b)分别显示出了天线、λ/4 巴伦和分层人体模型的照片。图 51.25(c)所示为反射系数的测量设置，表 51.3 和表 51.4 显示了在 0.953GHz 处的人体组织和皮肤、脂肪和肌肉的目标和测量得到电常数(ε_r 和 σ)。当与目标值比较时，所有的测量结果低于或接近 Ito 等(2012)的结果(5%的误差)。图 51.26 显示了分层人体模型中天线计算和测量的反射系数。可以看出，天线的结果可以覆盖期望的频带(0.951～0.956GHz)，并且与计算结果符合较好。在 0.953GHz 处计算的和测量的辐射方向图为图 51.27，它包括所需 −35dBi 增益的天线及其覆盖区域。天线的辐射性能也是符合的，虽然在 xz 平面、xy 平面的上半部分呈现出由于实验误差导致的差别，如由于天线的位置和设定的人体手臂模型的影响。另外，xz 和 xy 平面的下半部分的辐射方向图也一并给出，此处使用了 λ/4 的平衡−不平衡变换器，来确保最大的传输效率。即使在实验中使用同轴电缆，模拟的馈电间隙也相应不同的条件下，测量和计算结果仍符合较好。xz 和 xy 平面的最大天线增益约为−23.5 和−26.0dBi，在 $-x$ 方

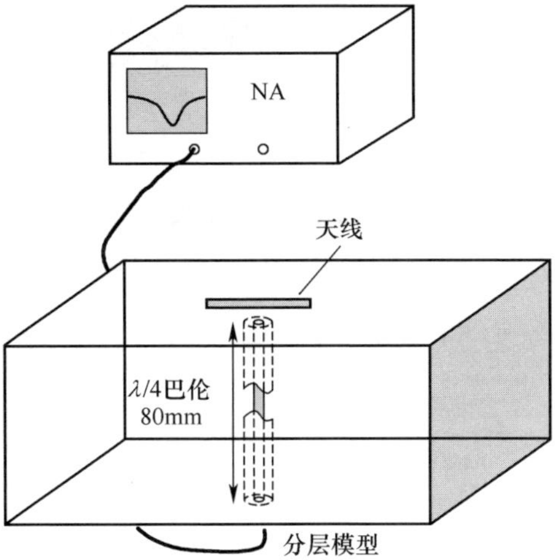

图 51.24　测试设置示意图

向,天线增益分别为-28.7dBi和-30.3dBi,因为天线增益超过链路预计所需的增益-35dBi,无线通信可用。

(a)　(b)　(c)

图51.25　测量图

(a)天线;(b)分层模型;(c)测试装置。

表51.3　0.935GHz时模型的介电常数和电导率(Lin et al.,2013, IEEE版权(2012))

组织	介电常数			电导率/(S/m)		
	目标值	测量值	误差/%	目标值	测量值	误差/%
皮肤	41.14	42.06	2.2	0.88	0.91	3.4
脂肪	5.45	5.5	0.9	0.05	0.046	8
肌肉	54.91	53.5	2.5	0.96	0.99	3.1

表 51.4　分层模型的组成(Lin et al. ,2013, IEEE 版权(2012))

材料	人体组织/%		
	皮肤	脂肪	肌肉
去离子水	32.3		85
钠			0.05
脱氢乙酸			
TX-151			2.1
氯化钠			0.5
聚乙烯粉末			9.7
琼脂			2.65
硅		62.5	
甘油		25	
凝胶	3.2		
乳化硅油	64.5		
铝粉末		12.5	

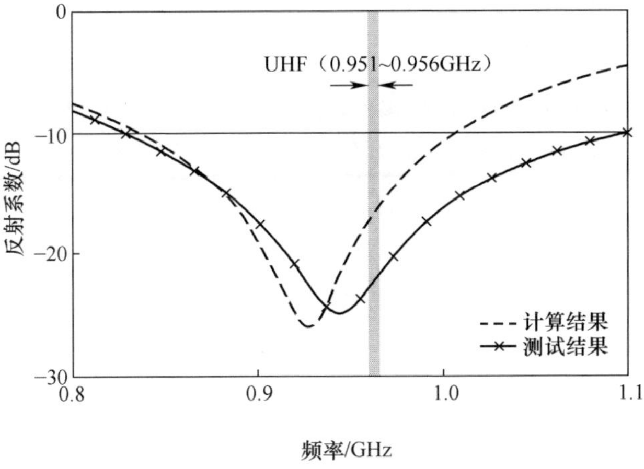

图 51.26　仿真和测试反射系数(Lin et al. ,2013, IEEE 版权(2012))

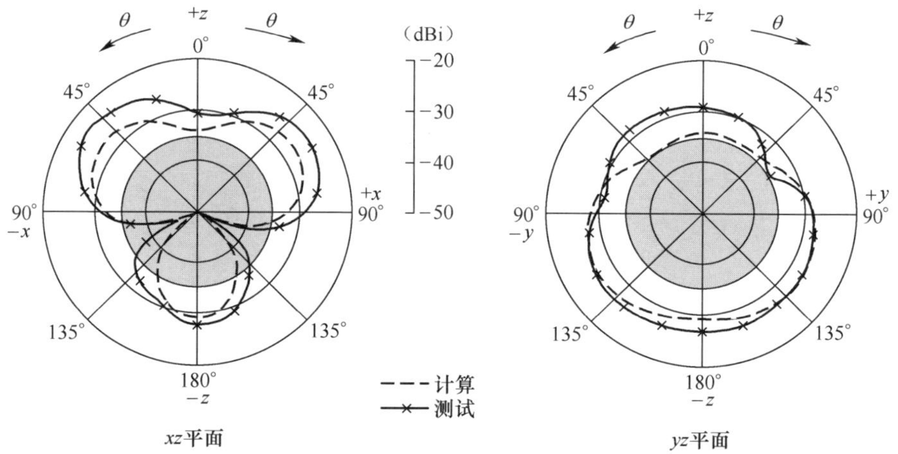

图 51.27　0.95GHz 时的辐射方向图(Lin et al. ,2013, IEEE 版权(2012))

51.4.3　人体模型中可植入(体内)天线的测量

在本小节中,为了通过实验来确认人体内植入式天线的远场辐射模式,制造了由头部、肩部、躯干和简单的人体臂组成的上身人体模型,工作频率为 1.27GHz 的偶极子天线被假定嵌入人体手臂中,天线性能是由时域有限差分(FDTD)方法仿真得出。

1. 仿真的人体模型

由于 1.27GHz 波段的天线被植入人体,其性能可以用简单的人体手臂模型和高分辨率的人体模型来评估,如图 51.28(a)、图 51.28(b)所示。为了保持仿真的一致性,将半波长偶极子天线嵌入这些模型中,深度为 4mm。此外,工作在 1.27GHz 波段的偶极子天线长度约为 26mm。

图 51.28(a)显示了由 2/3 肌肉等效组织组成的简单人体手臂模型(ε_r = 36.8 和 σ = 0.75,1.27GHz)。该模型表示长度为 240mm(≈1.0λ)和直径为 60mm 的圆柱形结构。另外,在模拟中,引入了基于日本成年志愿者的高分辨率人体(身高 173.2cm、体重 65kg)(Rajagopalan Rahmat-Samii,2010)的介电常数与手臂模型。人体模型的细胞和偶极子天线的直径尺寸分别设定为 0.05mm 和 2.0mm,使用理想匹配层(PML)的边界条件来截断模拟区域,并将电压源设置

为激励源。计算参数列于表 51.5 中。

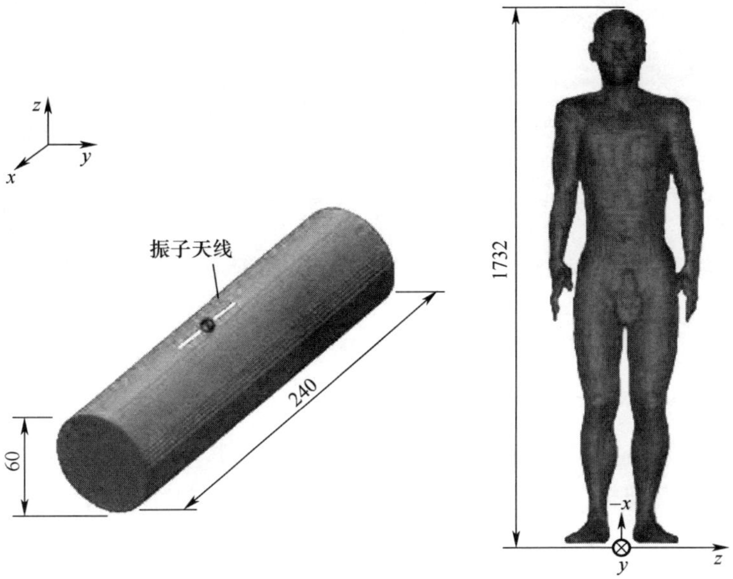

(a)　　　　　　　　　　　　(b)

图 51.28　仿真模型

(a)简单的手臂模型;(b)高分辨率人体模型。

表 51.5　计算参数

参　　数	圆柱体模型	人体模型
细胞大小	0.05~2mm	
计算范围($\Delta x,\Delta y,\Delta z$)	0.4m×0.16m×0.27m	2.0m×1.0m×1.0m
PML 层数	8 层	

2. 组装的人体模型和测量设置

图 51.29(a)和图 51.29(b)分别给出了组装的人体手臂模型和反射系数的测量设置。Sani 等(2009,2010)描述了人类手臂模型和目标的组成,以及其在 1.27GHz 时 2/3 等效肌肉组织的介电常数。所有的测量结果与目标值相比,误差均接近 5%。如图 51.29(b)所示,偶极子天线以 4mm 的深度嵌入组装的人体模型中。此时电缆连接天线且不接触人体模型,因为电流可能借此通过人体模型,从而导致天线的输入阻抗发生变化。

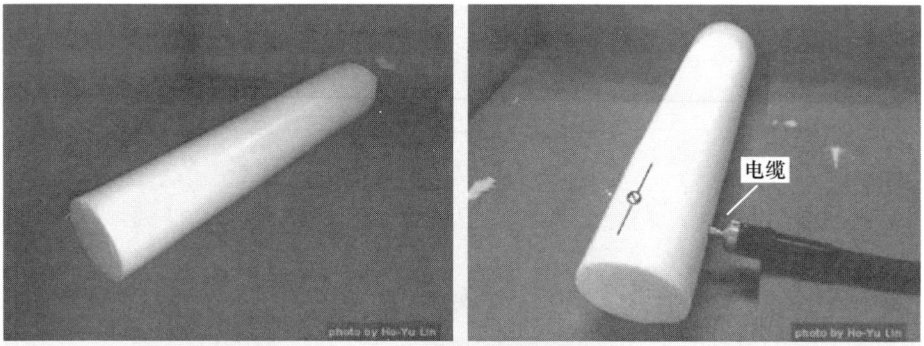

(a) (b)

图 51.29 测试图

(a)手臂模型;(b)测试装置。

图 51.30 显示了由头部、肩部和躯干组成的上身人体模型,该模型具有与简单的人体手臂模型相同的组成和介电常数。图 51.31 显示了如何测量偶极子天线的辐射方向图,图 51.31(a)的测量中,将组合好的上身人体模放置在转台上,然后将包括天线在内的人体模体连接好测试系统,在远场辐射测量之前,因为这些模型很重,需要在旋转前确认其被牢固地固定在转盘上,图 51.31(b)和图 51.31(c)中给出了用于测试偶极子天线远场辐射图装置的照片。

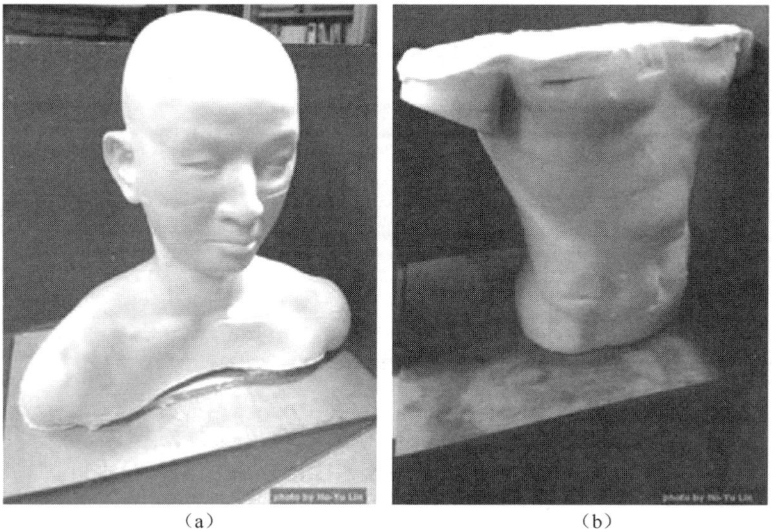

(a) (b)

图 51.30 人体上半身模型

(b)头部和肩部;(b)躯干。

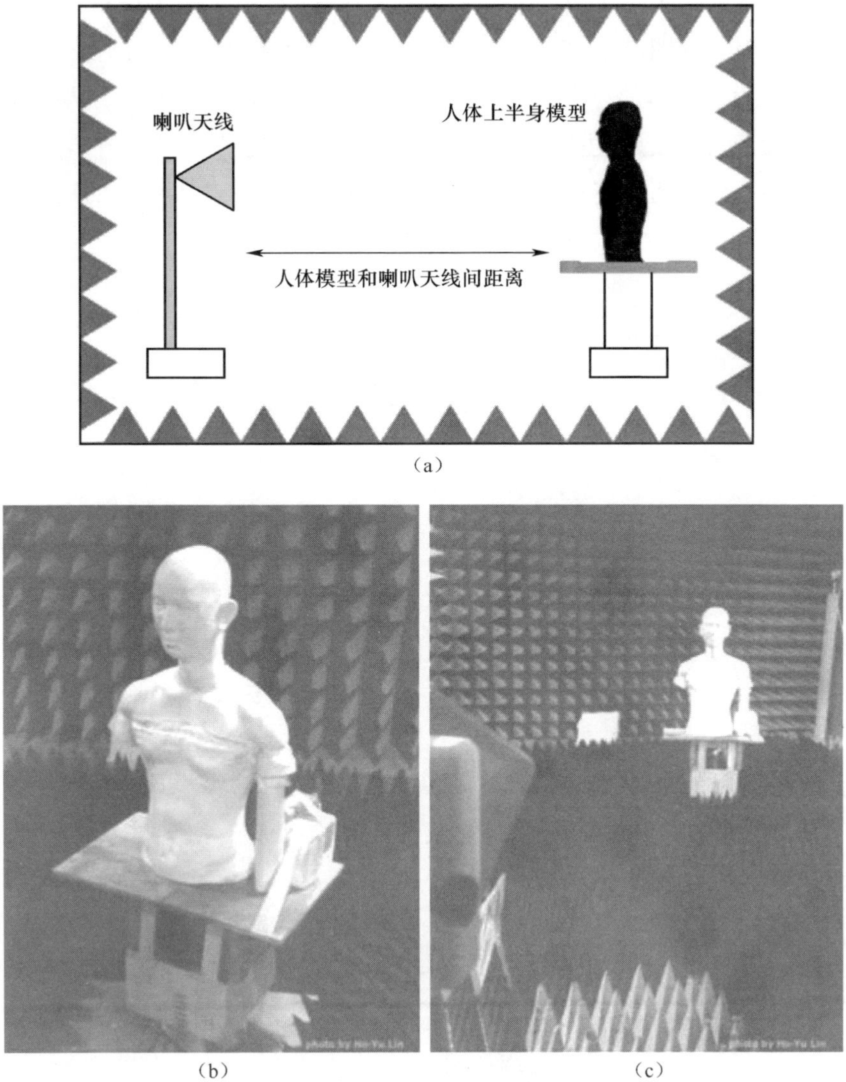

图 51.31　振子天线的方向图测试设置

3. 反射系数和远场辐射方向图

图 51.32 所示为天线嵌入简单的人体手臂模型时的仿真和测量的反射系数。结果表明,天线在 1.27GHz 时的性能需求,尽管由于偶极子天线的位置和人体的介电常数等存在误差,但测量结果与仿真结果也有很好的一致性。还研

究了嵌入人体的偶极子天线的远场辐射,图51.33给出了1.27GHz时仿真和测量的远场辐射方向图。从 yz 平面的结果可知,两种辐射方向图主要在 $+z$ 方向(0°),同时,由于人体的存在,z 方向上的辐射被衰减。此外,测量结果中 z 方向辐射强度大于仿真结果,主要原因是组装的上身人体模型中有一个与仿真模型略有不同的手臂。而且连接电缆上的表面电流可能会产生不希望的辐射模式。

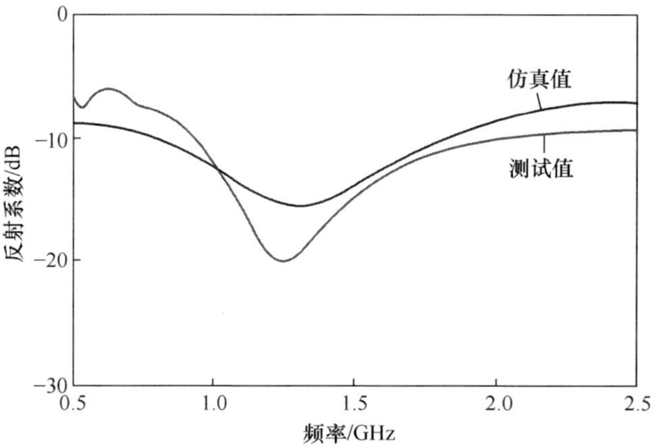

图51.32　可植入天线的反射系数

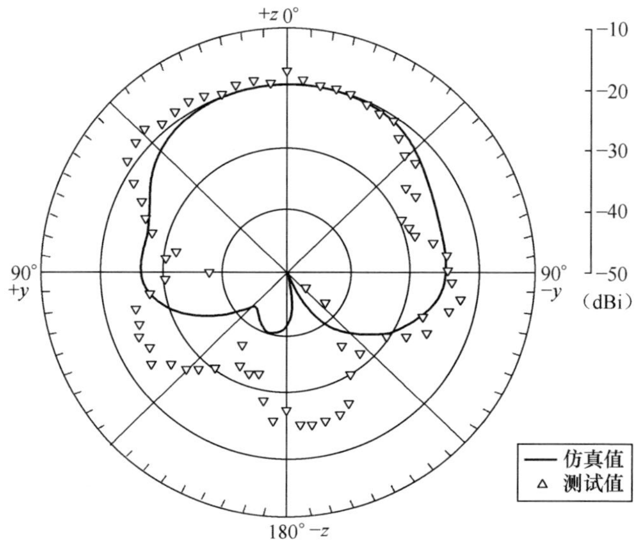

图51.33　带人体上半身模型的仿真和测试辐射方向图

另外，仿真和测量的最大天线增益分别为-19.3dB 和-17.4dB。在上半平面，仿真和测量结果具有良好的一致性。因此，使用这种测量设置可以得到人体中天线的远场辐射图。

51.5　结论

以人体为中心的无线通信(BCWCs)系统在体育训练、生物医学和个人保健领域具有重要的作用。BCWCs 通过可穿戴式和植入式天线提供人体与周围环境之间的无线和免维护通信。为了更好地评估这种可穿戴植入式天线，本章首先总结了一些典型的数字和实验模型。然后，详细评估了可穿戴式和植入式天线与特定人体间的技术联系，同时描述了相应的人体模型。后续，需要将“高级人体模型”用于评估更为复杂的天线及电磁场景，如用来评估附着在人体上的毫米波天线的“毫米波人体模型”和模拟运动时人体的“动态人体模型”。

交叉引用

►第 65 章　无源无线传感系统中的天线传感器
►第 62 章　医学诊断和治疗系统的天线与电磁问题
►第 60 章　体域传感器网络设备中的天线
►第 71 章　手持设备天线
►第 61 章　生物医学遥测中的植入式天线
►第 29 章　小天线

参考文献

Chow EY, Morris MM, Irazoqui PP (2013) Implantable RF medical devices: the benefits of high-speed communication and much greater communication distances in biomedical applications. IEEE Microwave Mag 14(4):64-73

Fujii K, Takahashi M, Ito K, Hachisuka K, Terauchi Y, Kishi Y, Sasaki K, Itao K (2005) Study on the transmission mechanism for wearable device using the human body as a transmission channel. IEICE Trans Commun E88-B(6):2401-2410

Fujitsu website. http://www.fujitsu.com/global/vision/2014/chapter1/02/. Accessed 24 July 2015

Hall PS, Hao Y (2006) Antennas and propagation for body-centric wireless communications. Artech House, Norwood

Hall PS, Hao Y, Ito K (2009) Guest editorial for the special issue on antennas and propagation on body-centric wireless communications. IEEE Trans Antennas Propag 57(4):834–836

Halperin D, Kohno T, Heydt-Benjamin TS, Fu K, Maisel WH (2008) Security and privacy for implantable medical devices. IEEE Pervasive Comput 7(1):30–39

IEEE standard website_a. http://ieee802.org/15/pub/TG6.html. Accessed 23 July 2015

IEEE standard website_b. http://standards.ieee.org/findstds/standard/802.15.6-2012.html. Accessed 23 July 2015

IEEE standard website_c. https://standards.ieee.org/findstds/standard/1528-2003.html. Accessed 30 September 2015

Ito K, Haga N, Takahashi M, Saito K (2009) Electric field distributions around a human body with a small antenna in the frequency range of 2.5MHz to 2.5GHz. In: Proceeding of the international workshop on antenna technology 2009, Santa Monica

Ito K, Haga N, Takahashi M, Saito K (2012) Evaluation of body-centric wireless communication channels in a range from 3MHz to 3GHz. Proc IEEE 100(7):2356–2363

Karacolak T, Cooper R, Topsakal E (2009) Electrical properties of rat skin and design of implantable antennas for medical wireless telemetry link budget analysis. IEEE Trans Antennas Propag 57(9):2806–2812

Kiourti A, Nikita KS (2012a) A review of implantable patch antennas for biomedical telemetry: challenges and solutions. IEEE Antennas Propag Mag 54(3):210–228

Kiourti A, Nikita KS (2012b) Miniature scalp-implantable antennas for telemetry in the MICS and ISM bands: design, safety considerations and link budget analysis. IEEE Trans Antennas Propag 60(8):2568–3575

Li Z, Du Z, Gong K (2009) Compact Reconfigurable Antenna Array for Adaptive MIMO Systems, IEEE Antennas and Wireless Propagation Letters, 8, 1317–1320

Lin CH, Saito K, Takahashi M, Ito K (2012a) A compact planar inverted-F antenna for 2.45GHz on-body communications. IEEE Trans Antennas Propag 60(9):4422–4426

Lin CH, Li Z, Ito K, Takahashi M, Saito K (2012b) Dual-mode antenna for on-/off-body communications (10MHz/2.45GHz). Electron Lett 48(12):1383–1385

Lin HY, Takahashi M, Saito K, Ito K (2013) Performance of implantable folded dipole antenna for in-body wireless communication. IEEE Trans Antennas Propag 61(3):1363–1370

MCL-T broadband tissue equivalent liquid: 30MHz to 6GHz. MCL-T, London Merli F, Bolomey L, Meurville E, Skrivervik AK (2008) Implanted antenna for biomedical applications.

In: IEEE Antennas and propagation society international symposium (AP-S), San Diego, pp 1-4

NICT website_human model. http://emc. nict. go. jp/bio/model/model01_1_e. html. Accessed 23 July 2015

NICT website_SAR measurement. http://emc. nict. go. jp/bio/phantom/index_e. html. Accessed 23 July 2015

Rajagopalan H, Rahmat-Samii Y (2010) Novel ingestible capsule antenna designs for medical monitoring and diagnostics. In: Antennas and Propagation (EuCAP), Barcelona, pp 1-5

Sani A, Alomainy A, Hao Y (2009) Numerical characterization and link budget evaluation of wireless implants considering different digital human phantoms. IEEE Trans Microwave Theory Tech 57(10):2605-2613

Evaluation of Wearable and Implantable Antennas with Human Phantoms 2267

Sani A, Rajab M, Foster R, Hao Y (2010) Antennas and propagation of implanted RFIDs for pervasive healthcare applications. Proc IEEE 98(9):1648-1655

Zimmerman TG (1996) Personal area networks: near-field intrabody communication. IBM Syst J 35 (3/4):609-917

第 6 部分

应用:天线相关的系统与问题

第52章
移动通信基站天线系统

Roland Gabriel, Matthias Geissler

摘要

在过去的几十年中,基站天线系统得到巨大的发展。在蜂窝通信的早期阶段,基站位于中心的小区域,基本上都具有相似的尺寸和圆形形状。这样的基站通常配备了一个能覆盖整个小区域的无源全向天线。后来,小区域的拓扑结构变得越来越多样化,用于不同大小的小区域以及更高阶的小区域划分。而且对小区域大小和小区域容量的动态控制和适应性的需求日益增加,对天线结构和收发信机系统提出了复杂的要求。因此,将基站天线系统作为一个整体来考虑是很有意义的,包括天线辐射器、收发器系统和数据预处理。

系统的设计方法是本章的基本思想:从基本的天线开始研究,然后描述不同的系统拓扑,包括其功能和多年来的发展,最后给出未来挑战和设计方面的展望。

R. Gabriel (✉)
凯瑟琳工业联合公司,德国
e-mail:roland. gabriel@ kathrein. de
M. Geissler
IMST 有限公司,德国
e-mail:geissler@ imst. de

关键词

基站天线;蜂窝网络;扇区天线;移动通信;天线阵列;波束形成;自适应天线;智能天线;遥控无线头;下倾角

52.1 引言

天线是发射和接收系统的一部分,因此这个元素必须与系统的其他组成部分一起设计和分析。因此,接收机和发射机的设计以及信号处理对天线的要求有很大的影响。例如,把来自不同天线的信号进行相关,即通过定义相位把信号合成为一个波束,这就是天线叠加的意义。相反,如果相同的天线以 MIMO(多入多出)模式使用,两个叠加信号的结果方向图有所不同,这取决于信道特性。

有源天线系统具有明显优势,如降低了接收路径噪声指数(*Rx*)、降低了传输路径损耗(*Tx*)。除了这些优势外,不同列或辐射器的独立转向提供了扩展的用户或通道定义的波束指向和 MIMO 操作的可能性。然而,操作模式取决于所支持的标准和移动站和/或基站的可用信噪比(*S/N*)。对于二维天线阵列,其问题是哪个维度(水平、垂直)的波束转向网络中提供了更高的增益。

现场试验有时会给这个问题提供不同的答案,而且不同的操作模式和方案是不具备可比性的。有源天线系统的硬件实现面临的主要挑战是可靠性、成本和效率。由于电子模块数量多,使用寿命比相当的远程射频头(RRH)缩短了4~10倍。将来,需要创新的解决方案来克服这一缺陷。集成电路中的电子元器件的高集成度可能是实现高可靠性的唯一途径。分离双工滤波器和中功率级放大器也使整体效率降低了。一方面,需要找到尺寸与成本的最佳折衷;另一方面,需要找到衰减与线性之间的最佳折衷。尽管如此,目前系统设计的劣势,仍然是仅限于一个工作波段,而现在的无源天线技术可以通过一个天线实现多达 5 个不同的波段。

蜂窝网络使用分布式地面基站来服务于不同的移动用户。天线特性决定了基站的覆盖范围和传播信道的统计特性。移动通信网络的主要要求之一是需要了解任何定义用户的可用性和位置。第二个挑战是双向业务，这与广播业务不同。因此，必须定义强大而灵活的技术来协调发送和接收路径。下行链路和上行链路协调可以使用如时分双工(TDD)或频分双工(FDD)等不同双工技术来实现。而且，不同的接入技术是可以组合使用的，如基于用于信道分离的技术、时分多址(TDMA)、频分多址(FDMA)、码分多址(CDMA)及空分多址(SDMA)等。

52.2　历史回顾

今天手机的本地化被组织在归属位置寄存器(HLR)中，这可以确保任何移动设备都可以自动在网络中被“找到”。在移动通信系统开始时，用户的本地化是一个大问题：移动用户不是自动检测，而是打电话通知他当前的小区位置(参见《德国的 A-网络、B-网络》，1954—1970 年，MJ 编著，MK-network USA)。HLR 已经在德国的 C-网络以及斯堪的纳维亚等国家的 NMT450 中引入。图 52.1给出了移动通信标准演进中的技术里程碑。

第一个蜂窝网络通常使用全向天线。用于实现发送和接收协调的最古老的技术是时分双工。因此，接收机和发射机使用相同的频道，但是它们在不同的时隙期间进行通信。在移动通信刚开始时，这种协调是手动完成的：先到先得或者“一键通话”。这种冲突必须通过一定的优先级逻辑来手动解决。今天的 TDD 网络采用毫秒级的同步时隙，因此人们很难认识到并行传输有什么不同。

关于天线设计，对于无源互调(PIM)的 TDD 系统要求非常宽松，因为在同一时隙内不存在并行的发射信号和接收信号。TD-SCDMA 或 TD-LTE 系统就是 TDD 系统的例子。TD-SCDMA 是指时分双工同步码分复用网络。在这个网络中，发送和接收之间的交换点在整个网络上同步。

基站技术处于不断发展的过程中。在图 52.2 显示了典型的关键技术里程碑。它揭示了在过去的 20 年中电子元器件与天线的集成化趋势明显。靠近天线的第一个有源元件是“塔式放大器”(TMA)，它放大了天线的接收信号，并通过低损耗滤波结构绕开了发射信号。靠近天线的此类电子元器件的可接受性由更高的可靠性参数决定。靠近天线的这种电子元件的可接收性由更高的可靠性数字驱动。同时，MTBF(平均故障间隔时间)可以增加到 10~50 万小时。长期以

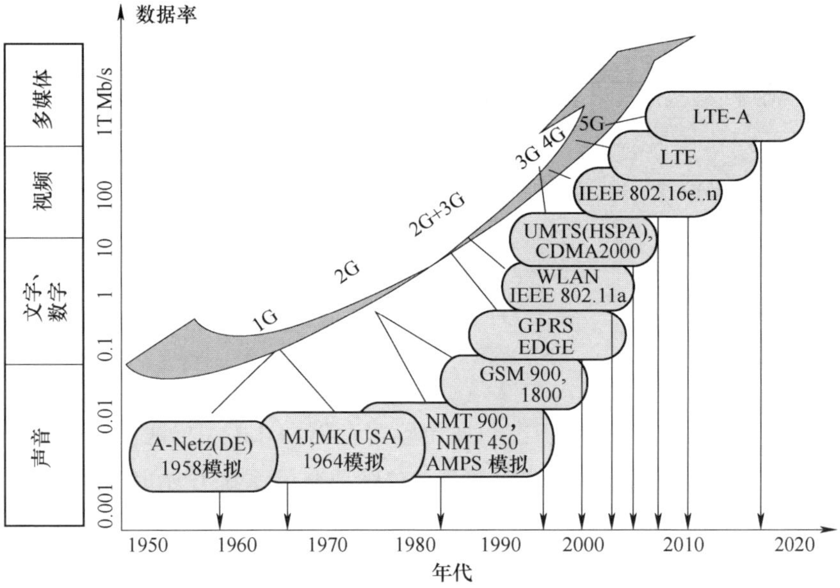

图 52.1 移动通信系统的发展历史

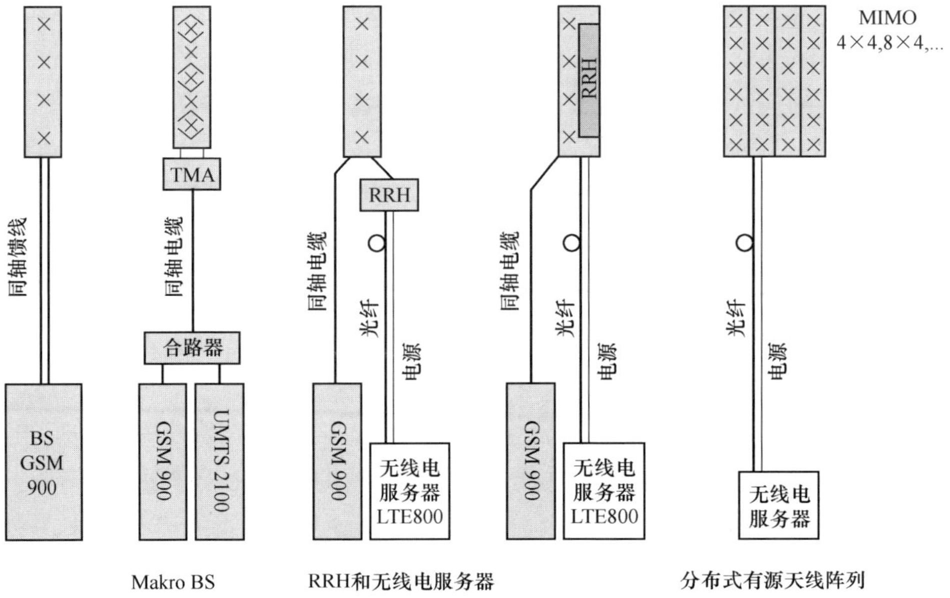

图 52.2 基站天线系统的技术发展

来,相同的问题阻碍了使用靠近天线的远程无线电,包括接收和发射部分。然而,当今的可靠性已经足够高了,除了使用 TMA 外,节电的优势也迫使 RRHs 的使用取得突破。

52.3　基站天线设计

52.3.1　背景和定义

基站用于许多不同的通信标准,可以由政府、网络提供商、公司或私人安装。在谈到基站时,必须区分两种主要的网络哲学。

① 蜂窝网络通常使用由网络提供商许可的波段。它们由多个基站天线组成,服务于相邻小区域的网络。小区域的大小和形状、容量和频率复用在整个网络内协调。这些网络的安装和服务通常在拥有许可证的网络供应商的监控下进行。

② 无线热点通常使用免许可波段;它们可以由公司、当局或私人安装,以提供住宅、办公室或建筑物区域。这些基站在覆盖范围和小区域大小方面一般不与其他邻区系统协调,但是在实际系统中,频率信道分配是通过自组织特征来协调的。因此,网络提供商不一定涉及这种类型基站的安装和使用。

这两种类型可以组合使用。例如,火车车厢内使用无线 LAN,而列车本身通过 GSM 连接到公共蜂窝网络。但是,在涉及网络架构和相应的天线要求时,这两种类型必须仔细区分。本章的重点是蜂窝网络。同时也将介绍无线热点技术。

1. 重要的通信标准

现在的无线和蜂窝通信在几个波段中使用不同的数字通信标准,表 52.1 中给出了一些重要的标准。UMTS、LTE 和 WLAN/WiFi 包括更高的波段。一些更高的频带提供了较大的带宽,所以它们有可能大幅增加容量。然而,这些更高波段的系统技术实现要复杂得多,因此,目前使用较少(另见本章“天线相关的网络”一节)。蜂窝应用的额外分配波段在广播业务中为 500~800MHz 范围,将与更高波段一并讨论。该分配将由世界无线电大会(WRC)决定。

表52.1 重要的通信参数

通信标准	波　段	应用	地区
NMT450/GSM450	450~470MHz	蜂窝	斯堪的纳维亚/欧洲
D-AMPS	824~894MHz	蜂窝	北美
GSM	880~960MHz 1710~1880MHz 1850~1990MHz	蜂窝	全球
DECT	1880~1920MHz	无线 (无绳电话)	欧洲、美国、 加拿大、日本
UMTS/IMT-2000	824~894MHz 1710~2170MHz 更高的波段	蜂窝	全球
LTE	700~960MHz 1710~2170MHz 2500~2690MHz 更高的波段	蜂窝	全球
蓝牙	2400~2480MHz	无线	全球
WLAN/WiFi	2400~2500MHz 5725~5875MHz 更高的波段	无线	全球

2. 网络的小区拓扑

移动通信网络采用小区结构。每个小区至少配备一个固定安装的天线收发系统。天线收发信机系统可以通过使用专用于该小区的一定数量的信道来为小区内的移动用户提供服务。特定小区的有效边界信号的最终强度,分别由小区的边界线上的移动台接收到的信噪比和干扰比(SNIR)定义。移动电话切换到相邻小区时受该接收功率电平的控制:如果相邻小区的接收功率电平较高,则移动电话切换到该小区。

因此,从天线系统的角度来看,可以通过控制基站的辐射功率,并通过设计基站天线的辐射方向图来定义小区的边界。

图52.3中的小区为相邻的六边形,这对于理想的小区拓扑是最合适的模型——具有明确的边界线,并避免不同小区的重叠以及小区之间的覆盖间隙。

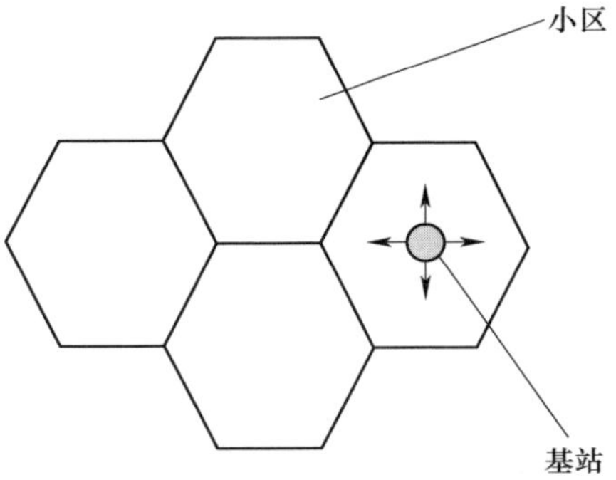

图 52.3　移动通信网络的小区拓扑

基站位于小区的中心，使用全向天线辐射小区。

为了使移动通信网络的容量和覆盖范围最大化，几个小区可以使用相同的信道子集进行传输。在 FDMA 系统中，不同的频道按频率划分。所以，某个范围内的频率（频率子集）专用于一个小区。为了避免共信道干扰，这些频率不能在相邻的小区中使用，但是它们可以在相距较远的小区中使用。因此，实施信道复用方案以确保信道的复用始终在两者之间具有足够距离的情况下进行。

图 52.4 显示了以下原理：不同小区使用不同的频率子集 1、2、3，而使用相同子集的两个小区之间总是有一个最小距离。一个信道子集的复用因子可以用 $1/K$ 来描述，其中 K 是网络中不同信道子集的数量。典型的被重复使用的因子是 1/3、1/4、1/7 或 1/12。

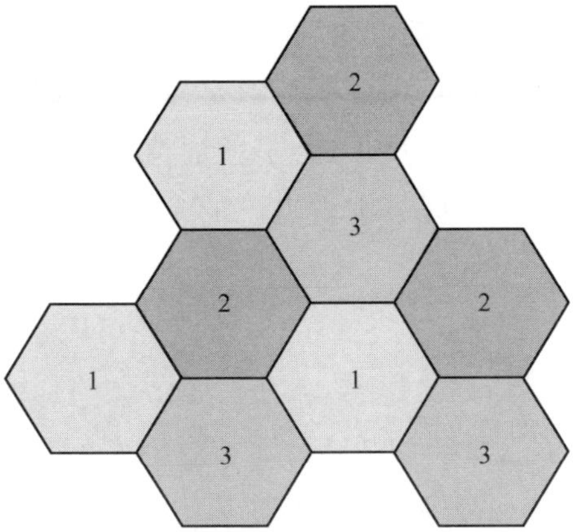

图 52.4　蜂窝网络中频率复用方案的反例

在实际实现中,复用距离是很重要的,该术语描述使用相同频率的两个小区边界之间的最小距离。传播损耗通常与距离成比例。因此,复用距离确保第一小区的信号电平降低到第二小区中可接受的干扰水平,从而可以复用频率(Collins,2009)。

如果总可用带宽是 B,则每个小区只能使用对应于 B/K 带宽的多个频道。

为了增加容量,现有的小区可以细分为多个部分。图 52.5 显示了一个扇区化的例子:右边的单元细分为 3 个扇区,顶部的单元细分为 6 个扇区。每个扇区都被视为一个单独的小区,有自己的频率子集和自己的天线系统。如果小区分为 3 个扇区,则每个基站天线的最终方位覆盖范围为 120°;若分为 6 个扇区,则每个天线覆盖的范围为 60°(Derneryd and Johansson,2009)。

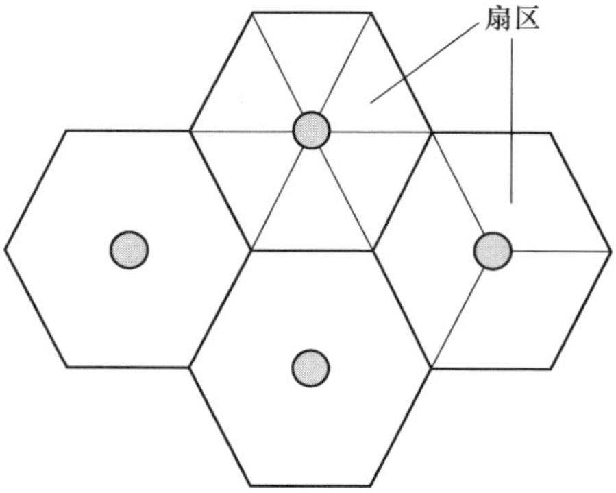

图 52.5　增加容量的小区扇区化

适应网络容量的另一种可能性是使用不同的小区尺寸:如果小区直径非常大,则可以用最少的天线覆盖较大面积。但是,这也限制了容量,因为小区中的用户数限于专用于该小区的信道数。为了增加特定区域内的容量,可以将该区域细分为更小的小区,每个小区具有它自己的专用带宽。与小区大小相关的区分建立如下。

① 宏站主要覆盖乡村地区。它们的覆盖直径可以达到 30km 或更长,这取决于频率和有效的功率调节限制。

② 微站的典型覆盖直径约为 200m,通常用于火车站或市区内的热点地区。

③ 微微站(微小站)和毫微微站(家庭基站)可以非常小,如 10~20m 的量级。它们被用来覆盖非常小的高密度区域,如展厅或酒店,甚至可能用于覆盖单

个会议室(图 52.6)。

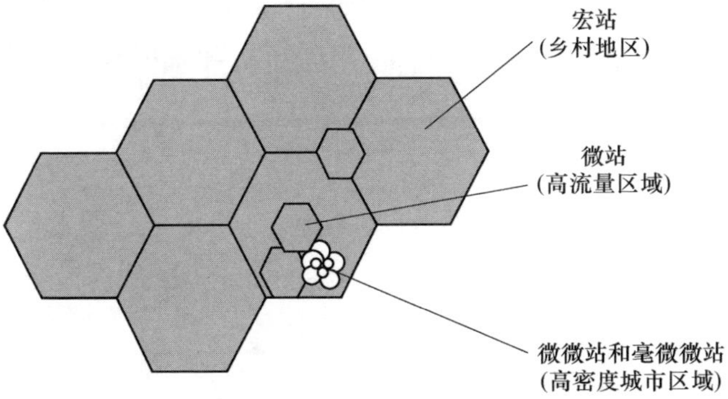

图 52.6　移动通信网络的小区拓扑(尺寸不按比例)

小区尺寸适应和高级扇区化这两种机制可以充分结合起来使用,从而可以获得一定区域的覆盖率与容量的最佳匹配。

3. 天线参数和定义

每个小区需要通过专用的天线系统以适当的方式进行激励。这可以通过设计天线方向图或者通过控制辐射功率能量来完成。下面列出了重要的天线参数,作为描述远场三维天线辐射的基础,使用图 52.7 所示的坐标系(Linehan and Gianola,2011)。

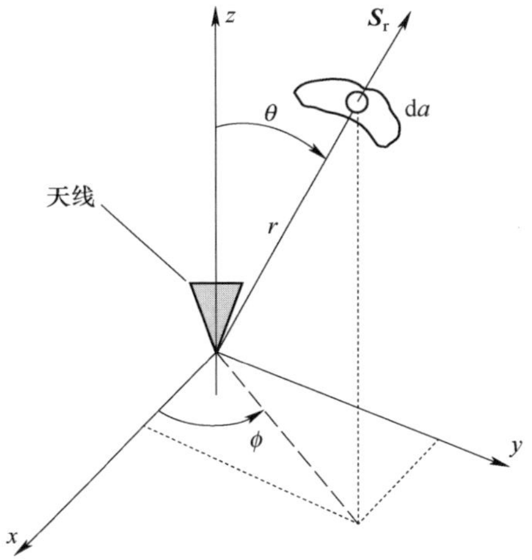

图 52.7　天线远场方向图的坐标系

在图52.7所示的坐标系中,天线位于原点,天线尺寸相对于远场球体的半径 r 是小的。xy 平面表示水平面,平行于地面。水平面也称为方位面,ϕ 角称为方位角。z 轴是垂直于地面的垂直轴,xz 平面和 yz 平面被称为俯仰面,而 θ 角被称为俯仰角。

1)功率密度

与天线方向图的有效范围相关的是在单元的指定边界线上发射信号的最终强度:输出功率越高,辐射范围越大。从仅存在 $\boldsymbol{E}$ 和 $\boldsymbol{H}$ 的横向分量并假设谐振的天线远场来看,远场的功率密度可以表示为

$$\underline{S} = \underline{S}_{\mathrm{r}} = \frac{1}{2}(\boldsymbol{E}_{\theta}\,\underline{\boldsymbol{H}}_{\varphi}^{*} + \boldsymbol{E}_{\varphi}\,\underline{\boldsymbol{H}}_{\theta}^{*}) \tag{52.1}$$

通过整合远场球面上的功率密度,可以得到天线的总辐射功率 P_{rad},即

$$P_{\mathrm{rad}} = \int_{A} S_{\mathrm{r}}\mathrm{d}f = r^{2}\int_{\varphi=0}^{2\pi}\int_{\theta=0}^{\pi} S_{\mathrm{r}}\sin\theta\mathrm{d}\theta\mathrm{d}\varphi \tag{52.2}$$

典型的参考天线是各向同性散热器,其功率密度可以描述为

$$S_{\mathrm{r}} = S_{\mathrm{i}} = \frac{P_{\mathrm{rad}}}{4\pi r^{2}} = \mathrm{const}_{\mathrm{r}} \tag{52.3}$$

对于特定的天线装置,功率密度和天线增益是指各向同性辐射器的值。

2)远场辐射方向图

天线波束的形状与天线方向图有关,因此定义了被辐射的小区或扇区的初始形状。天线的归一化远场方向图 C 定义为

$$C(\varphi,\theta) = \left.\frac{|\boldsymbol{E}(\varphi,\theta)|}{|\boldsymbol{E}(\varphi,\theta)|_{\max}}\right|_{r=\mathrm{const},r\to\infty} = \left.\frac{|\boldsymbol{H}(\varphi,\theta)|}{|\boldsymbol{H}(\varphi,\theta)|_{\max}}\right|_{r=\mathrm{const},r\to\infty},0 \ll C \ll 1 \tag{52.4}$$

3)半功率波束宽度(HPBW)

半功率波束宽度(HPBW)描述了主波束区域的角度宽度,功率密度降低为3dB或更小。应注意,对于给定的扇形角度(如120°),要选择的天线的HPBW通常较小(如65°),以使对相邻小区的干扰最小化。

4)天线方向性和天线增益

天线方向性被定义为主波束方向上的功率密度与各向同性辐射体的功率密度之间的因子,即

$$D = \frac{S_{r,\max}}{S_i} = 4\pi r^2 \frac{S_{r,\max}}{P_{rad}} \tag{52.5}$$

天线增益 G 定义为

$$G = \eta D = 4\pi r^2 \frac{S_{r,\max}}{P_{in}} \tag{52.6}$$

式中：D 为方向性；η 为总天线效率。天线增益通常以 dBi 表示，其中指数 i 代表各向同性辐射器的参考（$G = 0\text{dBi}$）。因此，天线增益也可以通过在远场球上积分辐射方向图来计算，即

$$G = \eta D = \eta \frac{4\pi}{\int_{\varphi=0}^{2\pi}\int_{\theta=0}^{\pi} C^2(\varphi,\theta) S_r \sin\theta \mathrm{d}\theta \mathrm{d}\varphi} \tag{52.7}$$

5）EIRP

EIRP 是天线的有效全向辐射功率，这是一个非常有用的参数，因为它将归一化的参数 G 转换成绝对功率电平值，其定义为

$$\text{EIRP} = G \cdot P_{in} \tag{52.8}$$

EIRP 通常以 dBm 或 dBW 为单位给出。

6）有效的孔径大小

有效孔径大小 A_{eff} 是天线可以从平面波场中提取的功率量的量度。天线处的接收功率 P_R 取决于 A_{eff} 和输入场的功率密度 S，即

$$P_R = A_{eff} S \tag{52.9}$$

同一天线的有效孔径大小与天线的增益关系为

$$A_{eff} = \frac{\lambda_0^2}{4\pi} G \tag{52.10}$$

7）下倾角

基站天线的另一个重要参数是下倾角。为了从安装在高塔上的天线充分激励基站，天线方向图稍微向下倾斜。这种倾斜有助于避免与相邻小区的互扰，节省发射功率。

下倾角 α 定义为天线的水平面与倾斜的主波束方向之间的角度。典型的下倾角值在 10°～20°之间。必须区分由机架上天线的倾斜安装位置实现的“机械倾斜”和由垂直安装的天线阵列内的电相移实现的“电气倾斜”。这两种技术都可以用于扇区天线；然而，由此产生的模式不同，因为相移的实施有效地改变

了天线特性(Collins,2009)。

机械和电子倾斜也可以结合使用在一个天线内,而且通过使用遥控移相器可以动态调整电气倾斜。用于实现电气倾斜的现在的移相器通常设计为电延迟线,其中可以通过沿着一组弯曲线移动滑块来改变延迟(参见“天线设备”一节)。

8) 极化

极化是电磁波振荡场矢量的方向。在远场中,电场矢量与传播方向正交。在大多数蜂窝通信的情况下,使用线性极化,这意味着电场矢量不围绕传播轴旋转。根据场矢量的方向与地面方向的不同,分为“垂直极化”“水平极化”或“倾斜极化”。

9) 交叉极化

由于大多数基站天线是双极化天线,所以定义了两个正交极化和两个单独的天线输入。交叉极化比或交叉极化分辨率限定了在极化系统(如45°或水平—垂直)中所需极化部分与正交极化部分的比率。这个比例通常取决于方向,可以用一个圆形和交叉极性的图案来显示。交叉极化比决定了极化分集系统中的最大分集增益。因此,在±60°的区域内通常需要10dB的最小值(Linehan and Gianola,2011)。

10) 交叉极性隔离

交叉极化隔离是双极化天线输入之间的测量隔离,包括辐射器之间的寄生耦合。该数值通常要大于30dB。

11) 跟踪

端口到端口跟踪或端口到端口跟踪误差描述了正交极化的两个端口在给定方位角(通常在±60°扇区)内的增益差异。这是由于辐射器系统的不对称造成的,并且可能与倾斜有关。可参阅Linehan和Gianola(2011)的文献了解更多详情。

12) 方位角波束斜视

方位角波束斜视决定了天线-3dB点中间的主波束方向,与天线的机械孔侧方向之间的差异。

13) 空填充和旁瓣抑制

空填充是避免覆盖空隙的一种措施,且描述了在主波束下的第一个空值中的最小电平。上部旁瓣抑制确定天线平面上的第一或第二旁瓣的最大电平，通常在 0°～20°范围内。

14）前后比

前后比对于天线后方的干扰情况很重要。在背向或在给定的角度范围内（通常在±30°内），该值被精确地给出。

4. 方向图设计策略

基于上述先决条件，为了使天线方向图适应专用小区或者扇区，需要满足 3 个方面的关键指标，即辐射功率、垂直辐射特性和水平辐射特性。

1）辐射功率的调整与控制

通过调整该基站的发射功率，可以控制有效辐射范围，对应于小区或扇区的有效半径。

基于已知发射机的天线增益 G_T 和接收机的天线增益 G_R 以及基站和移动设备之间的距离 R，可以使用 Friis 公式计算移动设备处的接收功率，即

$$P_{R,\text{mobile}} = \left(\frac{\lambda_0}{4\pi R}\right)^2 G_T G_R P_{T,\text{basestation}} \tag{52.11}$$

式中：λ_0 为波长。然而，该公式仅在理想情况下有效：基站和移动设备的两个天线在视距（LOS）条件下彼此正对。在实际情况下，小区内的有效场强取决于区域的拓扑结构和反射信号的叠加。该公式基于自由空间的情况下，并没有考虑到地面的存在。地面的反射波在小区范围干扰从基站直接发射出的波。

使用经验因子 γ，这个公式的修正版可以被看作对移动设备接收功率的更接近实际情况的预测（Beckman and Lindmark，2007），有

$$P_{R,\text{mobile}} = \left(\frac{\lambda_0}{4\pi}\right)^2 \left(\frac{1}{R}\right)^{\gamma} G_T G_R P_{T,\text{basestation}} \tag{52.12}$$

式中，发现因子 γ 取决于传播环境，通常在 2～5 的范围：$\gamma=2$ 用于非常开放的乡村地区，而 $\gamma=5$ 用于高密度城市地区。因此，通过控制相邻小区的基站天线的辐射功率，可以调整小区的有效大小。

2）水平极化方向图的优化

水平极化方向图定义了特定扇区的足够的电磁波强度。理想的目标是天线方向图的 HPBW 覆盖几乎恒定的 SNIR 的扇区在扇区边界的任意点（它在这种情况下等于最小可接受的 SNIR），以避免邻近扇区的信号重叠。

这一系列理论在实践中通常是不能实现的。然而,从三扇区组成的小区实际应用来看,对于更多的乡村环境来说,HPBW = 90°,高密度城市环境的HPBW=65°,在覆盖和干扰方面提供了可接受的结果。

3）垂直极化方向图的优化

垂直方向图的优化对于将大部分辐射功率“引导”到小区中是重要的,并且避免在不需要方向上的功率浪费。如果基站天线的安装高度与本单元中用户终端的通常高度相似,则应将功率集中在水平面上,以减少到地面或空间的辐射。然而,如果天线安装在高仰角位置,则需要额外实施下倾角,使得波束向下进入小区。此外,在辐射区域,功率密度应尽可能均匀,以避免出现局部最大值或最小值。

为了优化垂直极化方向图,经常使用天线阵列。天线阵列的基本原理是基于以下关系的单元辐射的线性叠加,即

$$\boldsymbol{E}_\theta = \underline{F}_E\,\underline{F}_{\mathrm{Ar}} \tag{52.13}$$

式中:$\boldsymbol{E}_\theta$ 为在远场任何一点产生的电场;F_E 为单元因子;F_{Ar} 为阵列因子。单元因子将天线单元辐射的球坐标下几何形状描述为复杂的函数。位于不同位置 r'_n、不同振幅 I_0、不同相位 δ_n 辐射的相同类型的任意天线阵列的阵列因子可以描述为

$$\underline{F}_{\mathrm{Ar}}(\varphi,\theta) = \sum_{n=1}^{N}\left[I_0^{(n)}\mathrm{e}^{\mathrm{j}\delta_n}\mathrm{e}^{\mathrm{j}k_0(x'_n\sin\theta\cos\varphi + y'_n\sin\theta\sin\varphi + z'_n\cos\theta)}\right] \tag{52.14}$$

假设具有 N 个单元的线阵列,沿着一个轴向排列,该阵列的单元间距离为 d 和单元间相移为 δ,则阵列因子可以描述如下。

对于 x 轴排列的线阵,有

$$\underline{F}_{\mathrm{Ar}}^{x-\mathrm{axis}}(\varphi,\theta) = \sum_{n=0}^{N-1} I_0^{(n)}\mathrm{e}^{\delta_n}\mathrm{e}^{\mathrm{j}k_0 nd\sin\theta\cos\varphi} \tag{52.15}$$

对于 y 轴排列的线阵,有

$$\underline{F}_{\mathrm{Ar}}^{y-\mathrm{axis}}(\varphi,\theta) = \sum_{n=0}^{N-1} I_0^{(n)}\mathrm{e}^{\delta_n}\mathrm{e}^{\mathrm{j}k_0 nd\sin\theta\sin\varphi} \tag{52.16}$$

对于 z 轴排列的线阵,有

$$\underline{F}_{\mathrm{Ar}}^{z-\mathrm{axis}}(\varphi,\theta) = \sum_{n=0}^{N-1} I_0^{(n)}\mathrm{e}^{\delta_n}\mathrm{e}^{\mathrm{j}k_0 nd\cos\theta} \tag{52.17}$$

在各向同性辐射单元的情况下,可以得到最大的方向性,同时,一致性振幅

减弱,从天线阵侧边进行辐射。其方向性为

$$D(\delta = 0) \approx 2N \frac{d}{\lambda_0} \tag{52.18}$$

通过引入相移 δ,可以线性阵列的方向图偏转(图 52.8)。

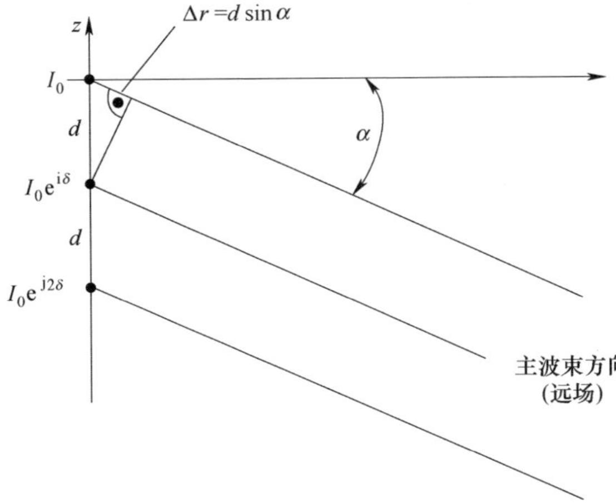

图 52.8　通过引入相移实现波束下倾

考虑主波束方向的前提条件,即

$$\delta - k_0 d\sin\alpha = 0 \tag{52.19}$$

偏转角 α 与阵元之间的相移 δ 的关系为

$$\alpha = \arcsin \frac{\delta}{k_0 d} \tag{52.20}$$

除了相位的变化外,振幅也可以随着阵元之间的区别而不同。这个振幅锥度可以被描述为离散值 $I_0(n)$,也可以被描述为连续函数 $J_F(y)$。基于锥度函数,傅里叶变换表示了天线的幅度分布和远场方向图之间的关系,即

$$\underline{J}_F(y) - \underline{F}_{Gr}(u) \tag{52.21}$$

这意味着基于傅里叶变换,可以根据幅度分布计算天线方向图,反之亦然。

应用 $u = k_y = k_0\sin\theta\sin\varphi$,有

$$\underline{F}_{Gr}(\varphi,\theta) = \int_{-\infty}^{\infty} \mathrm{d}\, \underline{J}_F(y)\, \mathrm{e}^{\mathrm{j}uy} \tag{52.22}$$

这种变换可以非常有效地用于合成所需的方向图。例如,扇区波束实现可

以通过普通函数的傅里叶变换来完成,即 $\sin x/x$ 函数。所以,在这种情况下,为实现扇区波束,幅度锥度函数为

$$J_F(y)=\frac{I_0\sin py}{py} \tag{52.23}$$

然后可以通过沿着阵列线"采样"分布函数来导出分布所需的离散幅度值。函数的负值可以通过向相应的阵列系数加180°相移来近似得到。

垂直极化方向图合成中,另一个非常重要的方面是方向图中的零点填充。尤其是垂直极化方向图主波瓣下方的第一个零点,可能会导致扇区覆盖范围内的最小值。根据上文提到的方法,可以通过修正幅度分布,填充第一零点,从而使扇区内的场强分布更加均匀。

52.3.2 天线设计概念

1. 典型的主辐射器

1) 偶极子和单极子

基站的天线设计最多采用的辐射单元有半波偶极子天线、1/4波单极子天线、贴片天线和平面倒F天线(PIFA)等,这些都是典型的类型。基站天线的种类繁多。

半波偶极子是一个导线天线(图52.9),物理长度为

$$I_{\text{dipole}}=\frac{\lambda_0}{2} \tag{52.24}$$

这是可能的最小的展开自谐振结构。电场在天线两端最大,磁场在天线的中心处有最大值。通常在天线中心,引入对称馈电(±)。

由于偶极子两端的容量,物理长度通常略短于波长的一半。

单极天线的长度对应于半波偶极子天线的上臂,即

$$I_{\text{momopole}}=\frac{\lambda_0}{4} \tag{52.25}$$

但是,这种天线类型不是自谐振的;如果将单极天线安装在无限大的无损接地平面上,天线的场分布与上偶极臂相似。在这种情况下,根据定义,地平面以下的区域为零。

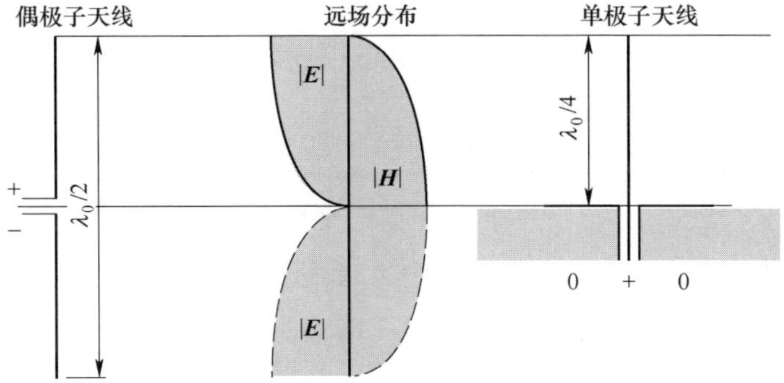

图 52.9　偶极子天线和单极子天线的基本结构

2）贴片

贴片天线由与地平面平行的辐射器组成(彩图 52.10)。接地面定义了天线特性,但它并不是天线的功能部分。贴片是自谐振结构,共振长度是 l,有

$$\frac{\lambda}{2} = l_{\text{res}} \tag{52.26}$$

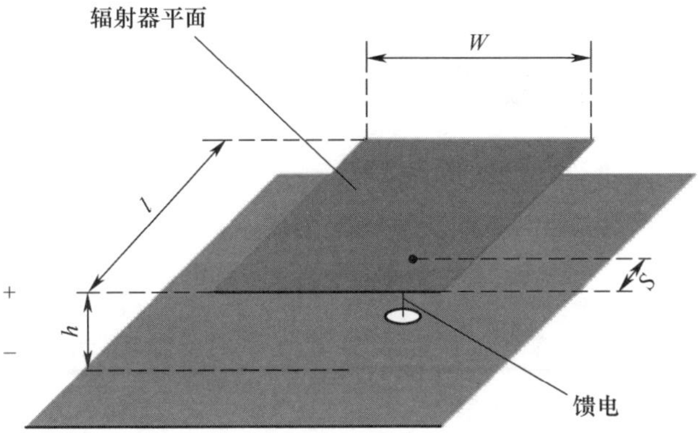

图 52.10　贴片天线的基本结构(彩图见书末)

带宽 Δf 随着贴片宽度(w)或高度(h)的增加而增加,有

$$\Delta f = f_2(w, h) \tag{52.27}$$

贴片的输入阻抗 Z_{in} 取决于馈电点的位置:当 $s = l/2$ 时,输入阻抗为零;当 $s=0$ 和 $s=l$ 时,输入阻抗处于最大值,即

$$\underline{Z}_{\text{in}} = f_1(s) \tag{52.28}$$

由于贴片是自谐振的,谐振电流与地平面隔离,所以对于实现阵列来说是非常好的天线单元。贴片的另一个优点是可以在矩形辐射片内实现两个正交极化,一个在 l 方向,另一个在 w 方向。

3) 平面倒F天线(PIFA)

平面倒F天线(PIFA)由一个安装在地平面上的辐射片和一个连接辐射片和地的接地板组成(彩图52.11)。这个天线是谐振的,但不是自谐振的,因为它需要地平面实现相应功能。下式给出了PIFA的尺寸标准,即

$$h + (w - w') + l = l_{\mathrm{res}} \approx \frac{\lambda_0}{4} \tag{52.29}$$

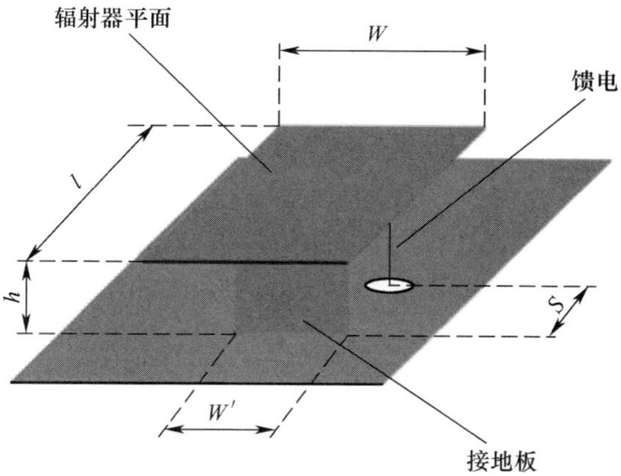

图52.11 平面倒F天线(PIFA)的基本结构(彩图见书末)

该天线为 $\lambda/4$ 类型,参数 h、l 和 w 共同确定谐振频率,并且可以通过增加与接地板的馈电距离 s 来增加输入阻抗。Taga T.(1992)、Taga 和 Tsunewage(1987)给出了关于PIFA的详细设计细节。可以通过增加高度 h 来增加天线的带宽。

由于PIFA是 $\lambda/4$ 的天线,它可以被设计非常紧凑。但是,接地面不能与谐振电流解耦。极化方向由天线几何形状和方向确定,仅通过修改辐射片是不能改变的。

在下面的章节中,将解释如何使用这些基本类型天线进行典型基站天线设计。

2. 单个单元的构造

1）垂直半波偶极子天线

垂直半波偶极子是用于小区的全向辐射得非常好的天线。图 52. 12 显示了半波偶极子的三维电磁场模拟模型(Empire,2014)(左)和 3D 数值模拟的相应远场方向图(右)的显示。偶极子天线的远场方向图是关于 z 轴旋转对称的。在远场垂直切割(yz)中,沿着 z 轴出现零点,并且在 xy 平面内获得最大增益。由于旋转对称性,水平方向图(xy)为圆形,因此天线在水平面内的最大方向性为 2. 14dBi(图 52. 12)。

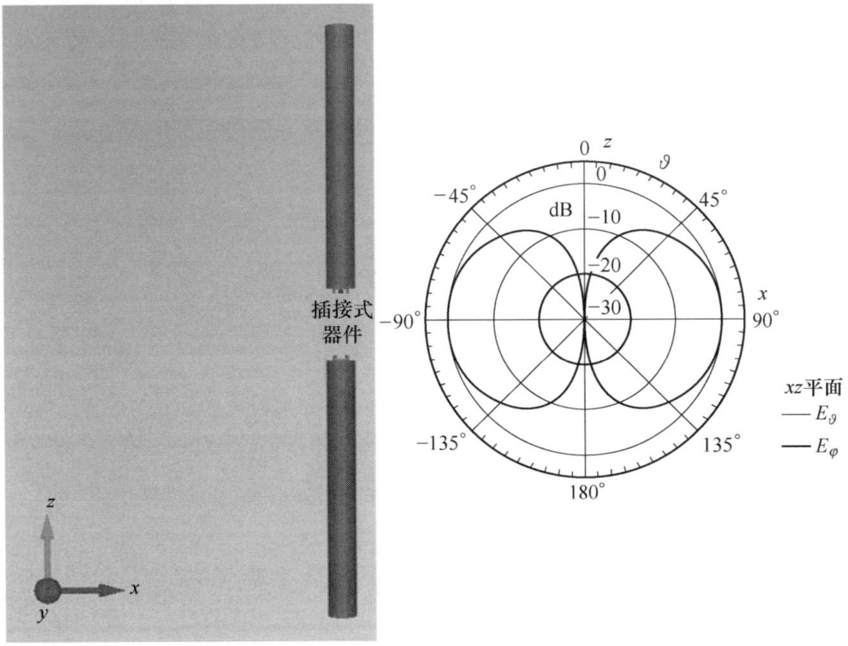

图 52. 12　半波偶极子天线(f=2GHz,lDipole=60mm,d=3mm,D=2. 14dBi)

从这些方向图结果可以看出,该天线非常适合放置在接近圆形的单元中心。小区不应该太大,因为方向性较低,天线位置不应该太高,因为天线波束没有下倾角。所以,这是一种典型的微基站天线,使用位于小区中心低空的中央基站。

2）安装在桅杆前的偶极子天线

如果偶极子天线安装在桅杆附近,则辐射特性不再是全向的。根据这些参数,这个系列可以用于调整基站的覆盖范围。桅杆功能像偶极子的被动“引向器”。它从反应近场吸收能量并开始自行辐射。远场模式是由两个辐射体场的线性叠加形成的。图52.13显示了桅杆前方的偶极子天线,偶极子天线和桅杆之间距离为 $\lambda/4$ 的辐射特性。

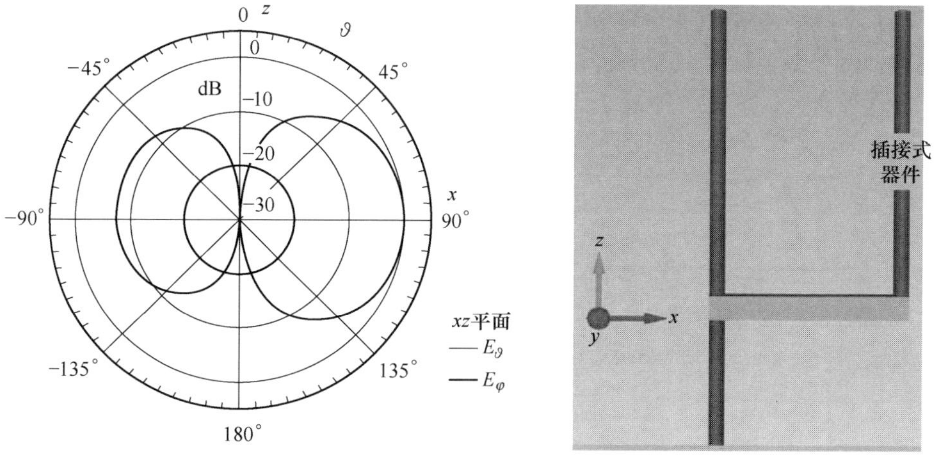

图52.13　桅杆(左侧)前方的偶极子(右侧)均为金属
(偶极子使用非金属支撑结构(绿色)固定在桅杆上)

3) 小基站的单极天线

单极天线也是一种非常普遍的基站应用类型。然而,由于该天线需要一个接地面配套,所以通常直接安装在基站外壳上。

典型的使用情况是安装在可以像大书本那么大小的微小基站上。在下面的仿真中,将单极天线安装在被称为金属包装盒的微小基站上(图52.14)。

该远场仿真方向图在垂直切面(xz 平面)的 E_θ 分量中显示出类似偶极子天线的方向图。这表明,基站的外壳充当有源对极而不是无限地平面。所以,单极与外壳一同起到偶极子天线的作用。

发生这种情况是因为外壳的尺寸不是无限的,而是按照波长的规则。彩图52.15显示了通过整个器件的垂直切割中的电近场。可以看出,偶极子处的场密度非常高,但是在整个器件周围都存在反应场。金属外壳作为天线的一部分,有助于辐射(图52.15中的橙色框限制了计算近场的矩形区域)。

4) 小型基站上的平面倒F天线

平面倒F天线也经常用于小型基站,这种类型的天线也需要一个接地面。

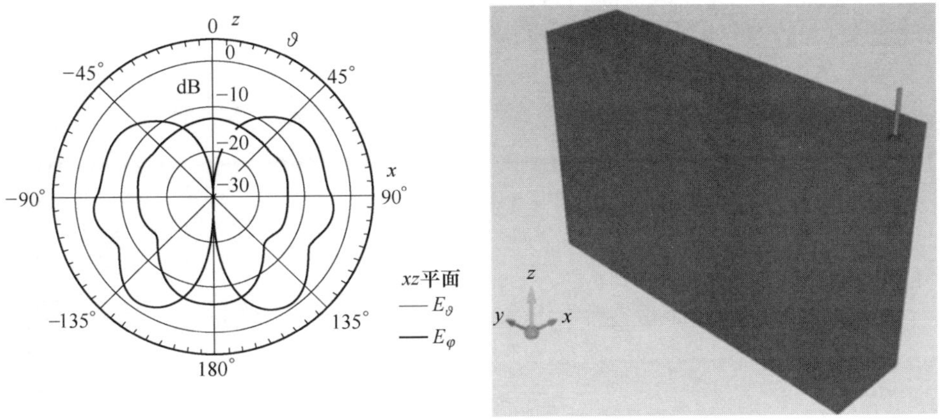

图 52.14　小型基站顶部的单极天线

($f=2$GHz,箱体尺寸 70mm×200mm×300mm,$D=4.14$dBi)

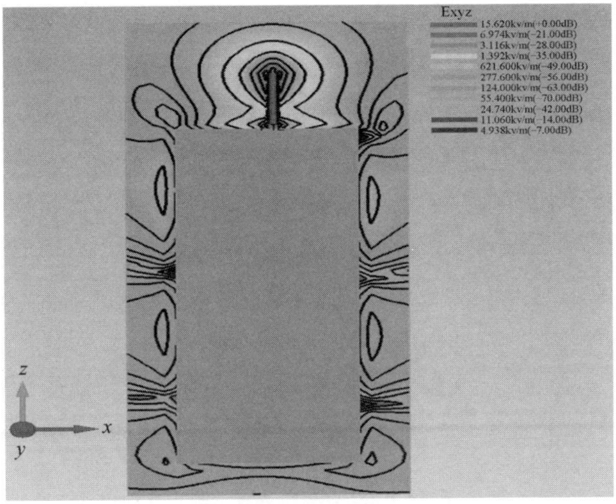

图 52.15　小型基站顶部的单极天线:设备附近的电场分布(彩图见书末)

它可以安装在外壳的顶部,也可以安装在正面(+x 方向),如下面的模拟设置所示。当假设整个基站安装在 z 方向的垂直墙上(仿真中没有实现墙壁)时,PIFA 的正面位置是有利的:大多数远场辐射指向远离墙的+x 方向(图 52.16)。此外,反应近场的分布由于外壳存在而被阻塞:这种效应可以在彩图 52.17 中的近场切割中看到,并且反应近场集中在天线附近,而外壳背面显示磁场值非常低。

因此,在这种组合中,背面对墙的存在和电特性不太敏感。

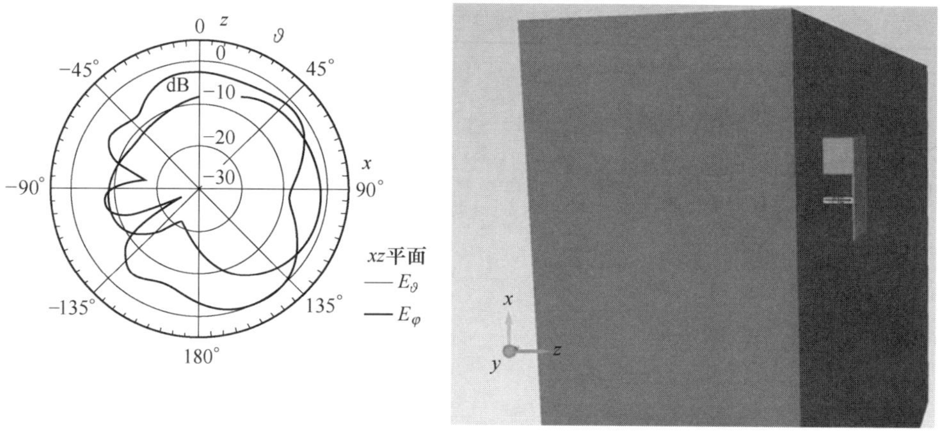

图 52.16 小型基站上的平面倒 F 天线(PIFA)
(f=2GHz,PIFA 尺寸 8.5mm×20mm×28mm,D=2.41dBi)

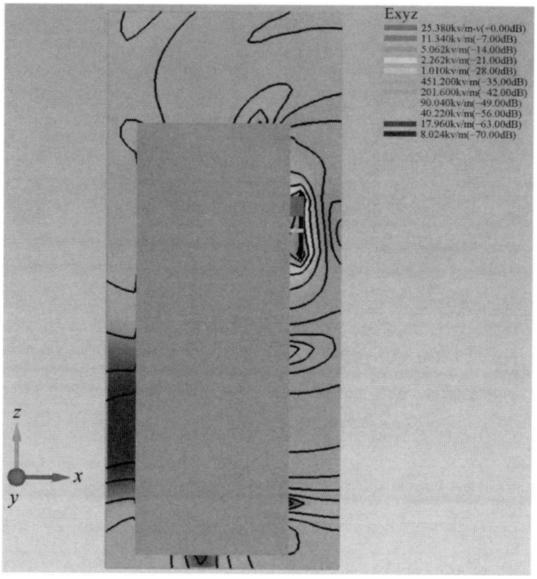

图 52.17 小基站上的 PIFA 天线:设备上的电场分布(彩图见书末)

除了前向指向性外,这个前安装位置还避免了由于墙壁的存在而引起的天线失谐。外壳的存在隐藏了来自天线的壁面影响,它使得天线特性对墙壁效应不那么敏感。

3. 阵列配置

1) 偶极阵列

如果基站天线位于圆形小区的中心,则可以如上所述使用半波偶极子天线,因为它在水平面上具有最大方向性。然而,单个半波偶极子天线的增益相对较低。为了提高增益,可以将多个偶极子排列在一条线上,其中每个偶极子具有相同的幅度和相位辐射。所得到的方向图在水平面上具有比单个元件更高的增益,并且 HPBW 更小。所以,辐射被引导到水平面,并且向上和向下的仰角方向辐射减小(图 52.18)。

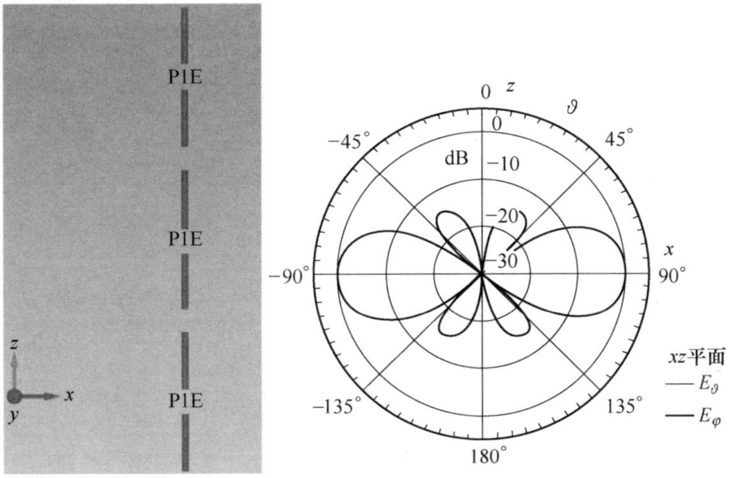

图 52.18　沿 z 轴排列的三半波偶极子阵列

($f=2\text{GHz}$, $l_{\text{Dipole}}=60\text{mm}$, $\text{th}_{\text{Dipole}}=3\text{mm}$, $d=75\text{mm}$, $D=6.2\text{dBi}$)

2) 扇区天线

在许多情况下,小区被分为多个扇区,以增加容量。在这种情况下,需要一个定向天线,水平方向图必须适应扇区的大小和形状,而垂直方向图则必须适应小区直径和单元安装位置(彩图 52.19)。

用于实现扇区天线的典型基本天线元件是安装在金属板上的半波偶极子。金属板同时起到反射器和接地面的作用。安装距离选择为 $\lambda/4$,有以下几个作用。

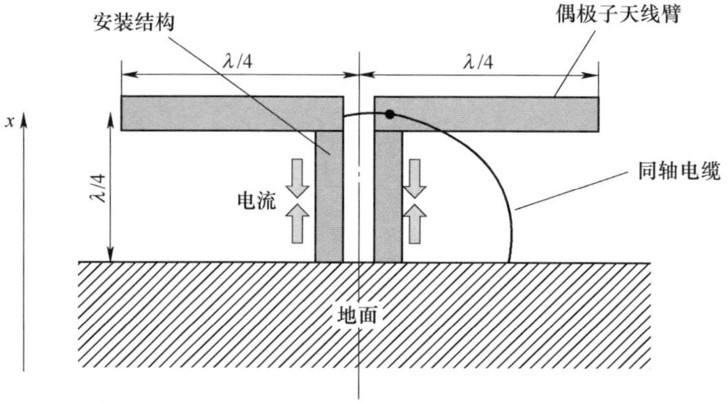

图 52.19　扇形阵列的天线单元(彩图见书末)

(1) 安装距离为 $l/4$ 时,天线固定结构的电气短路在偶极馈电点处变成电开路,因此固定结构是电“不可见的”。

(2) 地平面作为反射器,来自偶极子的后向辐射($-x$ 方向)被反射,并且与辐射建设性地干涉到$+x$ 方向。

(3) 固定结构就像-个平衡-不平衡转换器,将来自馈电同轴电缆的不对称模式转换成对称偶极子。由不对称馈电(红色)引起的不希望的表面电流被具有相同振幅但反相的反射电流抑制。

所以,这个组合是实现扇区天线的一个很好的基本天线单元。水平特性的形成可以通过改变反射器的尺寸、形状以及反射器上的偶极子定位来完成。所以,通常情况下,使用这种类型的基本辐射器可以实现所需的 HPBW,如 90°或 65°。

垂直特性可以通过建立偶极子阵列来形成。图 52.20 给出了五元阵列天线的仿真模型。偶极子在这种情况下是垂直取向的,并且该阵列也是垂直方向排列的。

如果所有的元素都以相同的幅度和相位进行馈电,那么所得到的方向图在水平面上是最大的,所得到的方向性是 14.11dBi。图 52.21 给出了这个组合的水平面方向图:反射器的存在引起了$+x$ 方向的方向性,最大值可以在水平面内找到。图 52.22 给出了五元阵列的结果垂直面方向图:通过添加更多元素,方向性相对于单元天线的方向性增加了。如果所有的元素都是相同的, 那么最终的

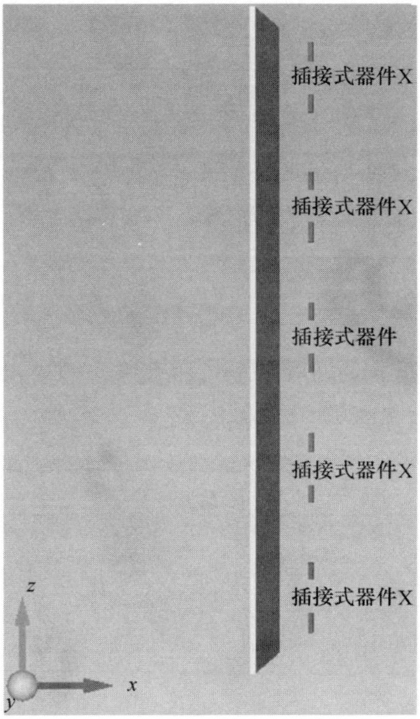

图 52.20　在反射器平面前面的偶极子的五元天线阵列

(f=950MHz, l_{Dipole} = 140mm, $\mathrm{th}_{\mathrm{dipole}}$ = 10mm, d=260mm,

反射器尺寸 1290mm×250mm, D=14.11dBi)

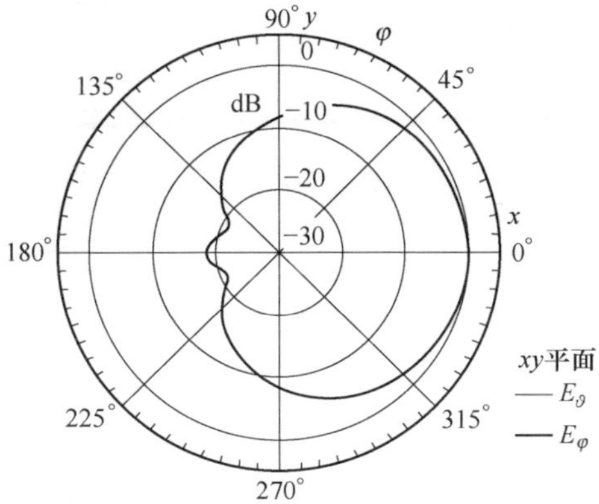

图 52.21　五元扇区阵列的水平面远场方向图

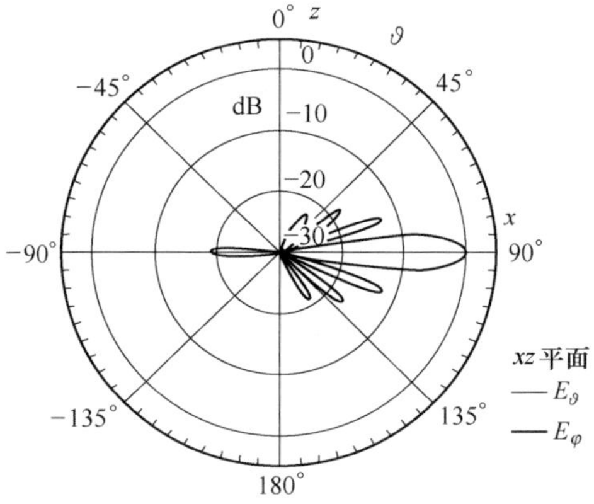

图 52.22　五元扇区阵列的垂直面远场方向图

最大值仍然在水平面上。

为了实现该阵列内的电斜下倾角,必须实现相移。若干相邻元素之间的相移为恒定值,则电场中的波前倾斜,并且波的传播方向向下倾斜(彩图 52.23)。

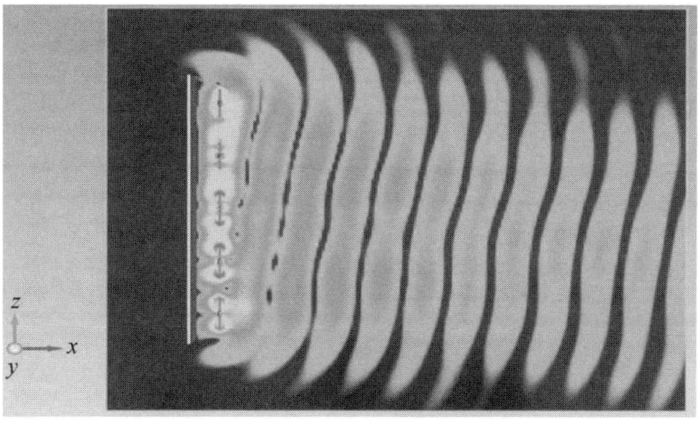

图 52.23　实施了相移的扇区阵列:天线前方的电场分布(彩图见书末)

图 52.24 给出了向下倾斜远场方向图。所以,这种天线阵非常适用于扇区天线:可以通过改变反射器的形状来调整水平方向图的 HPBW,可以通过阵列因子来增加方向性,并且可以通过适应电下倾角来调整垂直方向图。

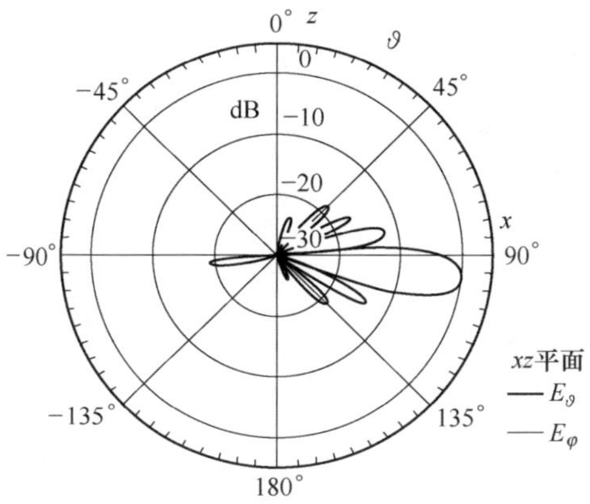

图 52.24　具有电下倾斜的偶极子单元天线阵列的远场方向图

4. 实现分集或 MIMO

分集是改善基站和移动台之间信号传输的常用技术。使用两个天线，通过在两个天线之间切换或通过在接收机中组合这两个信号来补偿衰落。

现在的大多数基站天线系统都提供分集，以克服衰落的问题。通常使用极化分集，这意味着具有正交极化的两个天线辐射器被安装在同一体积内。

通常使用±45°的倾斜放置，而不是水平或垂直放置。这种放置方式与水平和垂直极化放置相比，路径的对称性更好。另外，辐射器部件与天线系统之间的隔离是很大的挑战。在彩图 52.25 中，给出了用于不同的半功率波束宽度的偶极子布局的示意图。一个典型的布局是基于两个正交偶极子，每个正交偶极子与反射镜平面成 45°排列（图 52.25），HPBW 可以根据放置而改变。

通过两个独立的端口将正交偶极子阵列连接，使天线可以用于执行分集。信号的组合在接收机中完成。这个组合允许两个输入端口非常好地去耦，为 20~25dB。

彩图 52.26 示出了实现分集传输的辐射器单元的实现示例。它由 4 个方形扇区组成，其中两个构建在一个偶极子单元内。用于两个端口的同轴电缆被存储在轴的孔中，并且每个都连接到两个对角取向的单元。这样构成了两个正交偶极子，其中电场分别以红色和蓝色箭头来表示。

要解决的挑战是天线系统内两个极化和两个频带之间的隔离。特别是在倾斜配置中，其问题是辐射结构的投影，见图 52.27。这个投影和一个非正交的轴

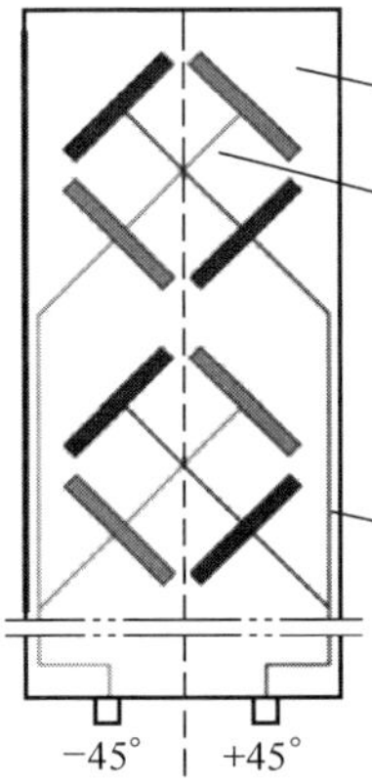

图 52.25　65°HPBW(左)和 90°HPBW(右)的双极化偶极子结构的原理结构(彩图见书末)

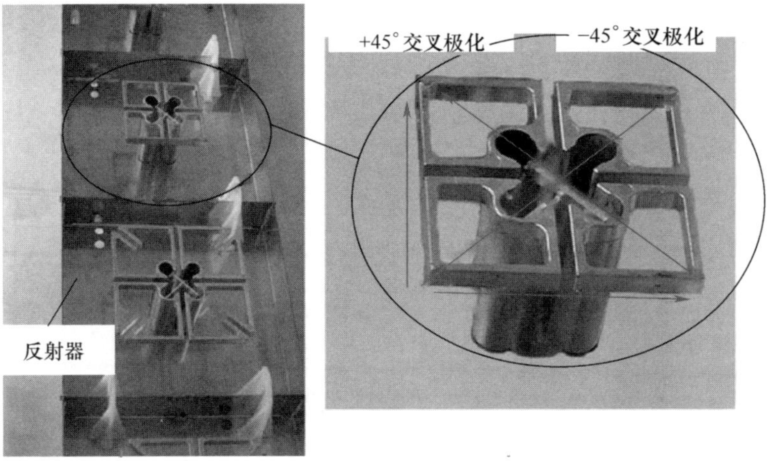

图 52.26　分集传输的偶极子扇区天线的实现范例(彩图见书末)

向反射器需要额外的措施来改善辐射器之间的隔离。

这可以通过引入寄生耦合元件来完成,以补偿元件之间不需要的耦合。为了达到所需的效果,需要在工作频带上实现寄生元件之间 180°的相移和不需要的耦合。根据 Göttl(2004)以及 Gabriel 和 Göttl(1997)的文献,这些单元是以单张辐射器之间的薄片、十字架或短截线的形式描述的。实际上,这些单元仅在辐射器的近场中工作,并且不会对远场辐射作出明显贡献。

基于这些双极化天线结构,还可以实现 MIMO,并描述了在发射机侧和接收机侧使用多个天线来改善链路性能的技术。MIMO 配置可以在执行真正的 MIMO 操作、分集、波束成形,甚至空间复用的不同传输模式中被激发,以改善 S/N,确保一定的服务质量,或实现数据吞吐量的最大化。

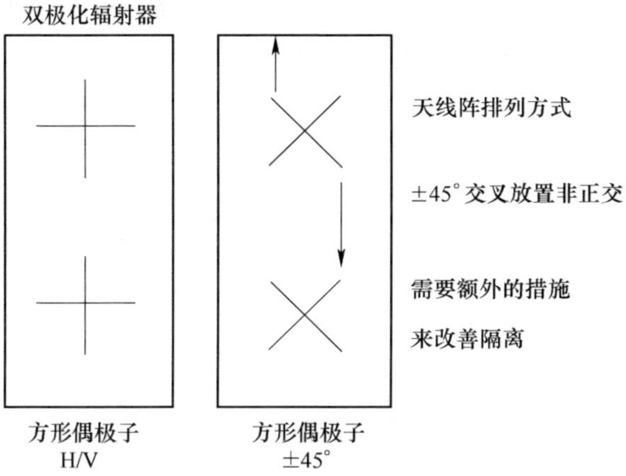

图 52.27　减少双极化天线倾斜结构的隔离度

对于 MIMO 实现,可以使用相同的基本辐射器组合作为分集:在双极化偶极子组合中,两个端口都可以用于执行 $2 \times X$ MIMO。通过以并行方式使用多个列,可以为更高阶的 MIMO 系统提供更多的信道。现在的 LTE 系统使用 2×2 MIMO 作为基本配置,而更高阶的如 4×4 甚至 8×8 已经在使用中。

5. 多频段辐射器的实现

随着通信标准数量和可用波段数量的迅速增加,对多波段天线系统的需求也在不断增长。很多时候,基站现场的可用集成空间非常有限,因此迫切需要在一个天线系统中实现多个波段。

频带的集成可以发生在单元级和/或阵列级上。在图 52.28 中,显示了在单元级上集成的例子:平面倒 F 天线的辐射板被分成两个不同长度的“臂”,产生两个不同的共振频率。所以这种天线可以覆盖 900MHz 波段和 1800MHz 波段。基于这个原理,在一个 PIFA 内可以实现 3 个甚至 4 个频率的谐振。这种多频带实现往往可以在微微小区基站中存在,它是将 PIFA 天线直接安装在基站的外壳上。

在彩图 52.29 中显示了双频双极化结构。4 个方形排列的偶极子覆盖低频,提供两个极化,而位于中心的交叉偶极子结构覆盖高频带。偶极矩形平行地作为内交叉偶极子的反射器。因此,特别是在将 PIFA 直接安装到基站的外壳上的微微小区基站中可以发现多种频带的应用。在图 52.29 中显示了双频双偏振结构。4 个方形布置的偶极子可以获得两个频带的相当的半功率波束宽度。利用这种布置,与单个低频带天线相比,把高频带集成到天线中不需要更多的空间。但是,高频带和低频带之间增加的互耦以及每个频带的两个正交偏振之间的互耦增加的问题上升。所以,整个结构必须进行优化以使任何相互耦合最小化。为了实现这一点,可以如前所述整合特殊的去耦合结构。图 52.29 显示了使用模拟工具"CST 微波工作室"CST(2014)对具有高频率频带的激发交叉偶极子的模拟电流密度。

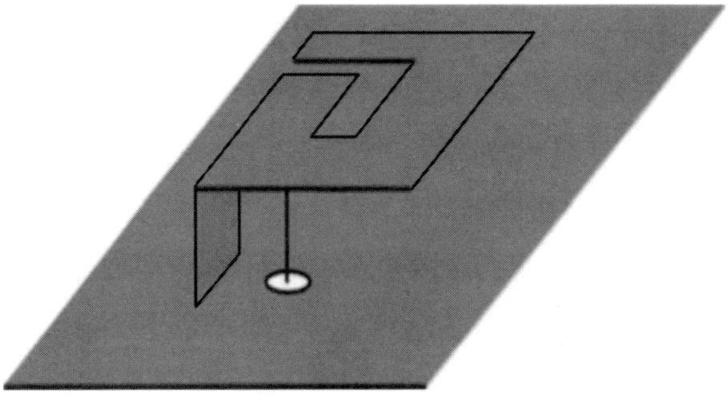

图 52.28 多波段 PIFA

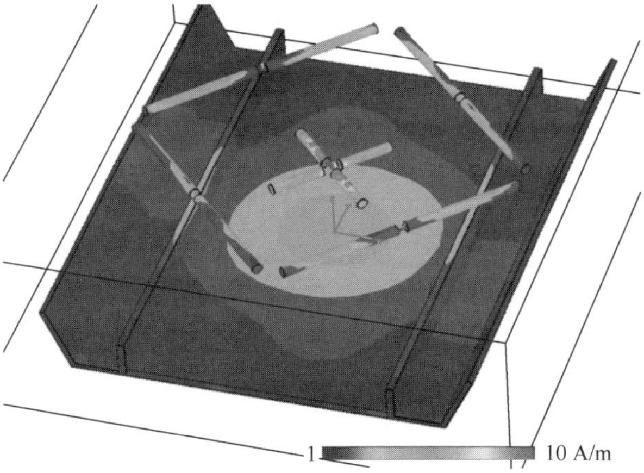

图 52.29 双极化偶极子组成的双频带天线(彩图见书末)

另一个重要的主要辐射器是贴片结构。双极化贴片使用贴片的正交共振。根据 Lindmark(2000)制作的双频带结构的例子如图 52.30 所示。所有的贴片都以正交谐振模式工作,1800MHz 频带的上贴片通过贴片中的耦合时隙耦合 900MHz 波段以及 900MHz 辐射贴片和反射器之间的附加耦合贴片。

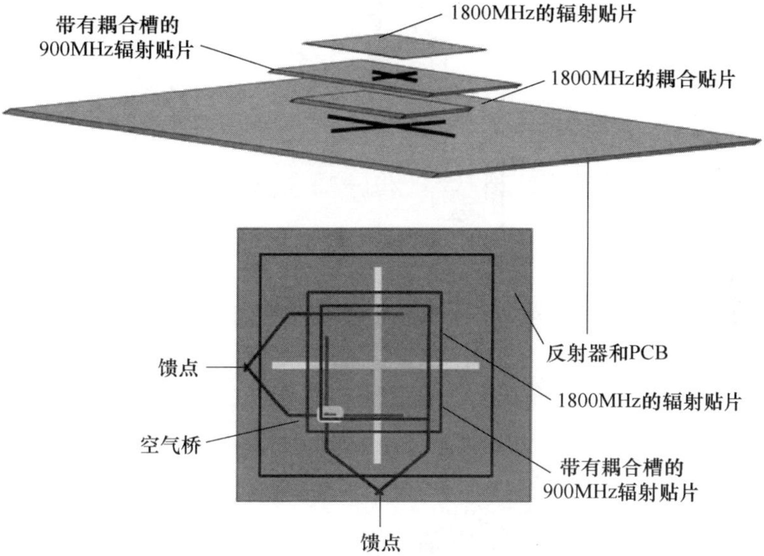

图 52.30　双波段双极化贴片结构

在实现多波段天线时,多谐振单元只是其中一个问题,另一个问题是多波段阵列的实现。如上所述,阵列性能强烈依赖于天线单元之间相对于波长的距离。这引出了以下事实:低频带的最佳距离与较高频带的最佳距离是不同的。

彩图 52.31 说明了这个问题:假设 f_1 = 900MHz、f_2 = 1800MHz、f_3 = 3GHz,多波段天线系统内阵列的最终距离差别很大。由于 $f_2 = 2f_1$,距离 d_2 正好是 d_1 的一半。所以,在这种情况下,阵列 1 和阵列 2 可以交错。然而,阵列 3 不适合于 d_1 和 d_2 的阵列网格,所以 d_3 必须作为一个单独的阵列来实现。

在彩图 52.32 中,给出了双波段扇形天线的实际实现(Göttl et al.,1999),可以看到低频阵列的网格和高频阵列之间的较小附加元素。

在实现多波段阵列时,不仅需要解决和集成不同最佳距离的问题,而且还应该实现不同阵列的不同倾斜角度,从而实现每个频带的最佳辐射。

这可以通过为每个波段使用单独的移相器来完成;然而,在这种情况下,必须通过在移相器之前进行滤波来分离不同的频带,并且之后再进行合成(另见“天线设备”一节)。

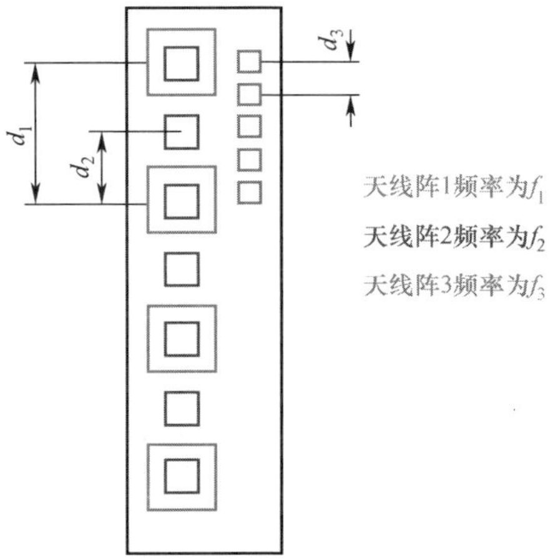

图 52.31　多波段扇区阵列、用于优化阵列距离的单元结构(彩图见书末)

图 52.32　双波段阵列天线结构(彩图见书末)

52.4　天线相关的网络

传输路径两侧的天线决定了从基站到移动站的传播信道;反之亦然。若只考虑线性介质,传播信道是完全互易的。在此,由于设备的电池容量有限以及人为的公开限制，使移动用户以比基站功率更低的发射功率进行发射。这种差异遵循多径原则解决。时隙或频率资源的复用要求精心调整的天线波束，使其仅覆盖期望的小区区域。不同扇区的覆盖范围越大，相邻扇区间的干扰就越大，资源的复用就越差。在第二代网络中，5~7 个空间频率复用场景是典型的。因此，在每个第 7 扇区可以重复使用相同的频率载波，这意味着可用频谱已经组织在 7 个不同的信道集群中。第三代和第四代网络的复用因子是 1。然而，在这里，正交频分复用（OFDM）方案中的频率信道、时隙或资源块等不同资源必须以动态方式分配。因此，从统计的角度来看，如果不需要信道的电平仍然过高（即信道内干扰），那么邻近的扇区也不能为不同的用户提供相同的资源。另外，其他频率或正交码的正交信道导致期望信道产生等效噪声（即信道间干扰）。这给出了期望的信道干扰比，其根据 Shannon-Hartley（Shannon，1949）的香农定理确定了具有最大数据传输的最大可能调制方案，有

$$C = B \cdot \log2\left(1 + \frac{S}{N}\right)$$

式中：C 为信道容量（b/s）；B 为带宽（Hz）；S/N 为信噪比。因此，详细设计天线的辐射特性和天线对准所需的扇区是必不可少的。特别是波束的机械或电气倾斜的调整影响网络中的 C/I。目前的技术是使用天线的可调倾斜装置，即所谓的远程电动倾斜（RET）。这里阵列垂直特性的波束控制是通过由电动机驱动的集成移相器来实现的。电子操作的移相器通常不能使用，因为大多数系统对无源互调敏感，并且在所使用的组件中需要非常高的线性（图 52.33）。

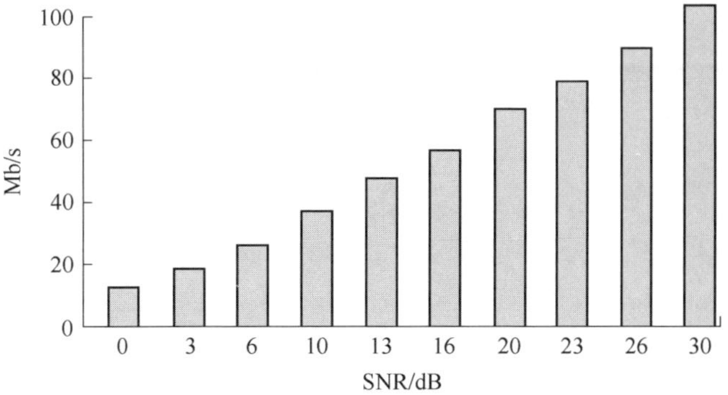

图 52.33　根据香农定理在 10MHz 带宽内的最大理论数据速率

52.4.1 对网络规划的影响

1. 频率复用、小区大小和干扰

如前所述,移动通信网络被构建成不同的小区和扇区。通常,每个扇区都使用相应的资源。因此,天线将只服务于特定的小区,不会传播到其他小区。这是通过波束的强度和垂直形状的优化设计实现的,特别是抑制上旁瓣和增强前后比是基本要求(图 52.34)。

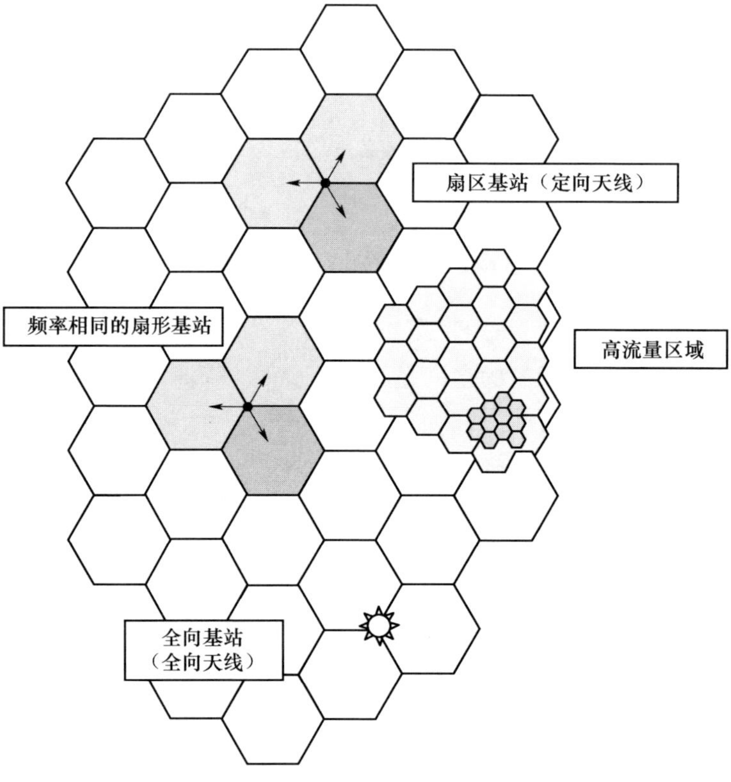

图 52.34 不同小区的拓扑图

于是,垂直和水平波束宽度是天线的重要参数,如垂直的电气和机械倾斜一样。一般情况下,使用 65°~90°的水平半功率波束宽度天线用于三扇区的扇形。第一波束的理论形状接近 120°,尽管如此,这里相邻扇区的重叠区域变得太大,这导致了干扰水平较高。干扰和覆盖的相同调整功能显示了主波束的倾斜水平,典型值在 2°~10°之间。可以看出,小区越小,倾斜度越高。

当然,实际上覆盖范围并不是固定的。因此,移动设备在大多数地点接收来自不同小区的不同载波的混合;连接基站的选择将由切换机制来组织实现。导频的传播导致不同的基站之间频繁切换,降低了有效的业务量和服务质量。

2. 路径损耗、链路预算和衰落信道

基站天线与移动台之间的信道链路预算的计算取决于“基站天线设计”所述的方案。在大多数情况下,不存在线路连接(LOS),反射和散射导致基站和移动设备之间连接路径的衰落。根据在“基站天线设计”一节中给出的 Friis 方程,可以根据天线在主波束方向上的已知增益推导 LOS 连接的计算。输入功率 P_{in} 将以一定的天线效率,转换为辐射传输功率 P_{rad}。辐射功率根据天线的辐射特性分布在空间角度上。在主波束方向,一定距离上的最大功率密度等于辐射总功率与线性增益 G_i 的乘积再除以周围球体的表面积。

如前所述,在大多数情况下,路径损耗必须包括反射和散射等非视线效应,这导致接收功率与视距传输相比损耗严重。假定 NLOS 连接,LOS 路径损耗与距离的平方成正比;而路径损耗的比例关系更接近于距离的 3~4 次方。根据测量,可以使用 Okumura Hata(Okumura et al. ,1968;Hata, 1980)的经验模型,可以由发射和接收天线的高度、距离和环境类型来评估更详细的布局(密集的城市区域或乡村区域)。通过简化的模型也可以得到该双路模型中的接收电平与 r^4 成正比的依赖关系,这个双向模型只考虑了平坦地面上的地面反射(图 52. 35)。在此,给出了 $d \gg h$ 情况下相对简单的公式,即

$$\frac{P_E}{P_S} = G_S\, G_E \left(\frac{h_1\, h_2}{d^2}\right)^2$$

式中:P_E 和 P_S 为收、发功率;G_S 和 G_E 为天线的增益。在彩图 52. 36 中显示了根据具有 r^2 依赖性的 LOS 路径的模拟水平、依赖于距离 r^4 的模拟,以及等效测量的典型水平的相关性。基站天线的高度是 30m,并在 2m 高度测量或模拟相关水平。

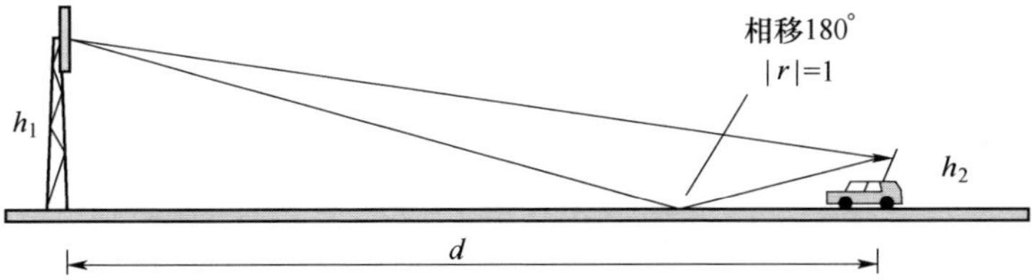

图 52. 35　发生地面反射的双路模型

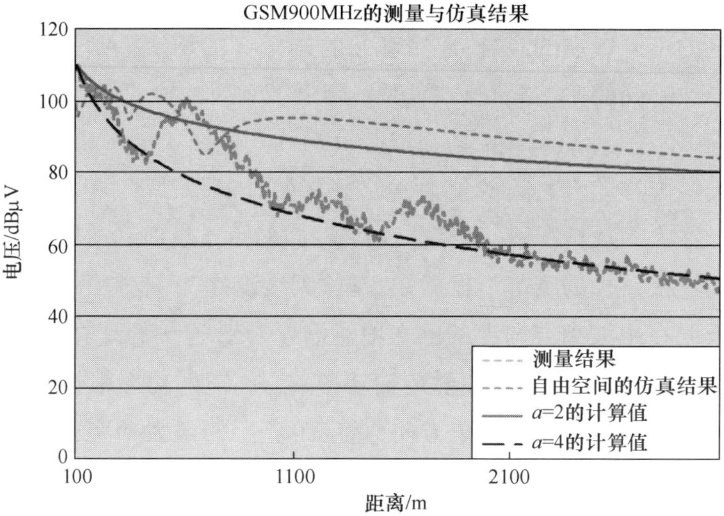

图 52.36　不同模型的测量和模拟信号值(彩图见书末)

可以看出,天线的辐射特性在地平面上有投影,而方向图的零点则被反射和散射所填充。Walke(2000)给出了有关所用模型的全面综述。

很明显,作为直接和反射波的多径叠加强烈依赖于位置、环境及时间等变量,这会导致衰落效应和传输延迟。不同入射波之间的相位快速变化导致快速衰落效应。衰落可能发生在几米范围内,或者取决于位置,对应于某一频带在几厘米的范围内。路径的平均水平受到缓慢衰落的影响,这是由改变主要路径特点引起的,如由建筑物或树木遮挡等。由于快衰落取决于入射波的相位,频率不同则叠加方式不同。

如果传输频率改变,则路径的情况也将会不同。在某一带宽内路径的情况几乎不变,即相关的带宽被称为相干带宽,参见 Maurer(2005)的文献。在 900~2000MHz 附近,则相干带宽通常在 20~50MHz 范围内。使用几个频率进行传输,频率变化高于相干带宽,可以明显降低衰落。这种技术不仅可以通过使用大带宽实现高数据速率,也提高了连接的稳定性,并被用于跳频传输(GSM)以及载波聚合传输(LTE)(图 52.37)。

信号随时间的功率水平分布取决于入射波的数量,尤其取决于 LOS 路径的强度。考虑到短脉冲的传输比输入信号由延迟脉冲之和构成,每个脉冲具有一定功率 P_i、延迟 τ_i,图 52.38 所示的延迟为

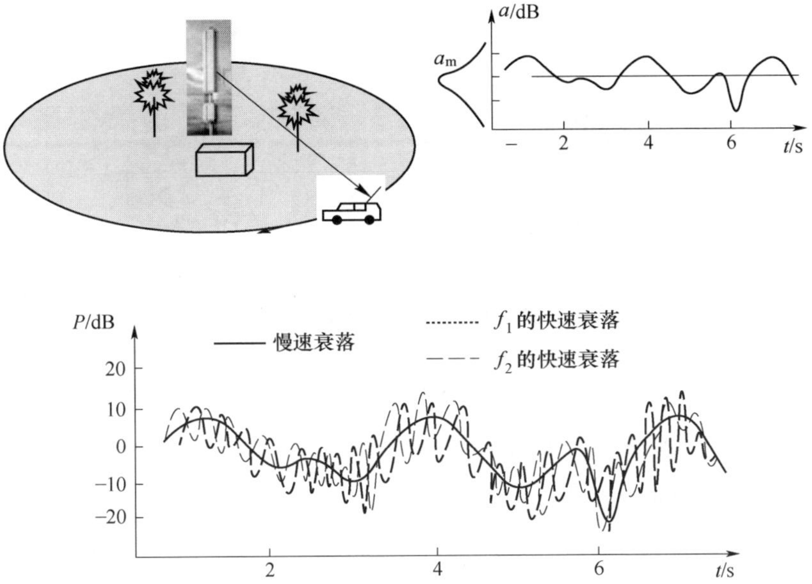

图 52.37　慢速和快速衰落原理

$$\tau_{rms} = \sqrt{\frac{1}{\sum_{i=1}^{n} P_i} \cdot \sum_{i=1}^{n} (\tau_i^2 P_i) - \tau_d^2} \tag{52.30}$$

$$\tau_d = \frac{\sum_{i=1}^{n} \tau_i^2 P_i}{\sum_{i=1}^{n} P_i} \tag{52.31}$$

延迟扩展和平均总延迟由上式给出，而平均延迟扩展是相干带宽的基础，有

$$B_C = \frac{1}{\tau_{rms}} \tag{52.32}$$

对用于匹配滤波来恢复原始信号的信号处理实现方式来说，信道属性的给定描述很重要：合适的信令方案和操作带宽的选择对于信号处理意义重大。所以，帧长应该比平均延迟扩展长；否则符号间干扰会非常高。另外，如果有足够的信号处理能力，多径传播可以直接用于传输。这将比在 MIMO 实现中具有一个数据流更有效，这将在稍后描述。

如果不存在 LOS 路径，并且给定位置处的入射波的数量非常多，那么所得

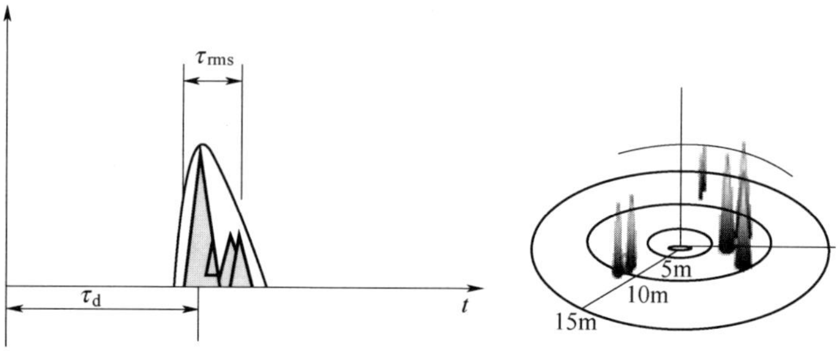

图 52.38　具有空间依赖性的延迟扩展

到的信号电平分布由瑞利(Rayleigh)分布给出。另外,如果存在多个具有 LOS 连接的波,则分布将变为莱斯(Rice)分布。

对瑞利(Rayleigh)分布,有

$$p(x)=\frac{x}{\sigma^2}\mathrm{e}^{-x^2/2\sigma^2} \tag{52.33}$$

对莱斯(Rice)分布,有

$$p(x)=\frac{x}{\sigma^2}\mathrm{e}^{-\frac{x^2+x_s^2}{2\sigma^2}}\cdot I_0\left(\frac{xx_s}{\sigma^2}\right) \tag{52.34}$$

式中:I_0为第一类的 Bessel 函数;零阶 σ 为平均方差;x 为归一化的幅度水平,并且 x_s涉及幅度分布的平均 LOS 部分;$\lambda=x_s/\sigma$ 也称为莱斯因子。将莱斯因子设置为零,则莱斯分布变成了瑞利分布(图 52.39)。

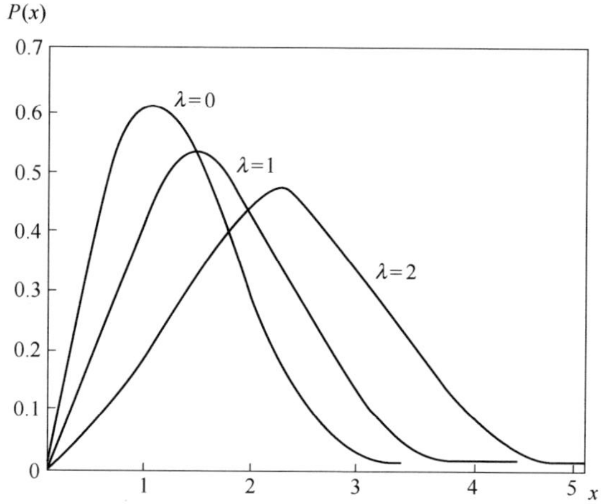

图 52.39　莱斯分布和瑞利分布

52.4.2　分集

为了克服信道的衰落效应并改善传输,使用分集传输与接收。这实际上意味着几个传播信道同时使用是有效的。为了在莱斯情况下获得一定的收益,不同路径之间的相关性应该较低,如图 52.40 所示。通常情况下,这需要不同的天线或不同的天线极化。空间分集需要两个接收天线或天线单元之间有一定距离,通常最少 10 个波长。当前优选的技术是极化分集,使用 2 个正交极化,如 ±45°或水平和垂直偏振的组合。±45°极化或所谓的 X 极化表现出比水平-垂直组合具有更好的透射对称性。

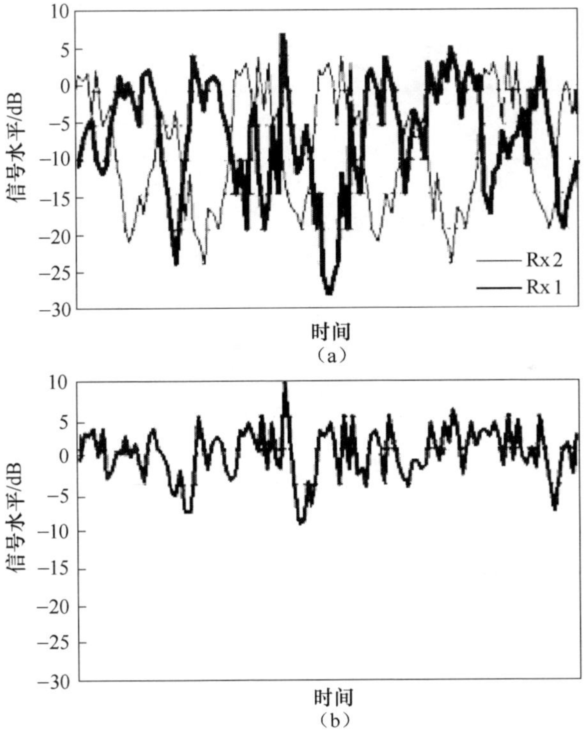

图 52.40　使用分集原理合成衰落信号

(a)两个天线的分集;(b)合成信号。

在 X 排列中,天线由两个带有独立连接器的正交极化阵列组成。难点在于优化这些系统的隔离。典型的要求是至少 30dB 的隔离度。分集增益取决于两个系统的电平差和两个信号电平随时间的相关性。在彩图 52.41 中给出了典型的 GSM 系统对两个参数的依赖性。除了相关性和功率水平外,分集增益也取决于系统参数,如可接受的中断或故障的可能性。信道可用性要求越高,分集增益越高。这是显而易见的,因为分集原理避免了由衰落导致的中断,并且会改善信号质量,特别是时间间隔的中断(图 52.42)。

除了降低故障率外,分集还有助于克服移动设备的发射功率与基站的发射功率之间的不平衡的问题。

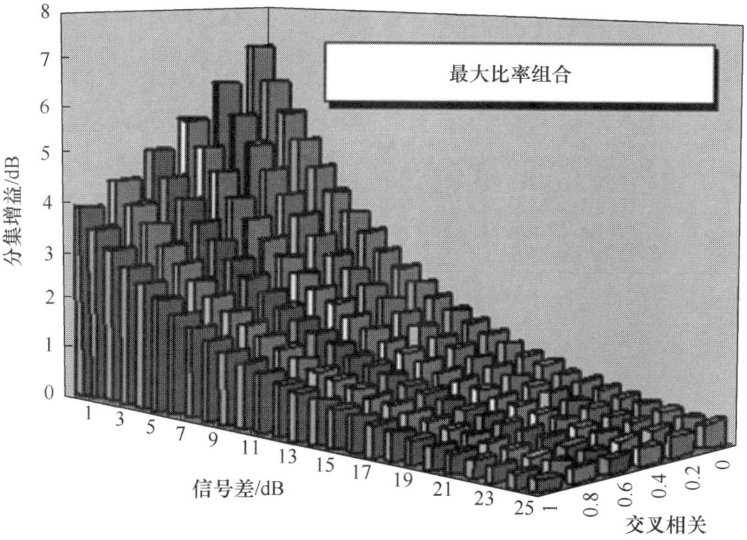

图 52.41　典型 GSM 系统的分集增益对相关性和电平差的依赖性(彩图见书末)

52.4.3　MIMO:操作

作为多样性的延伸,MIMO 天线可以使用多个信号流进行操作(另请参见“历史回顾”一节)。

多个数据流传输限制理论在许多出版物中已有详细介绍。在 Telatar(1995)的文献中介绍了具有瑞利衰落的高斯信道最大容量的理论推导;Pontes 等(2011)评估了实施于特定情景中考虑了信道矩阵的限制理论的情况。关于 MIMO 系统的综合性工作可以在 Waldschmidt(2004)的文献中找到。这里需要说明的是,根据传播信道中的当前情况,多信道天线可以用于分集或 MIMO 或波

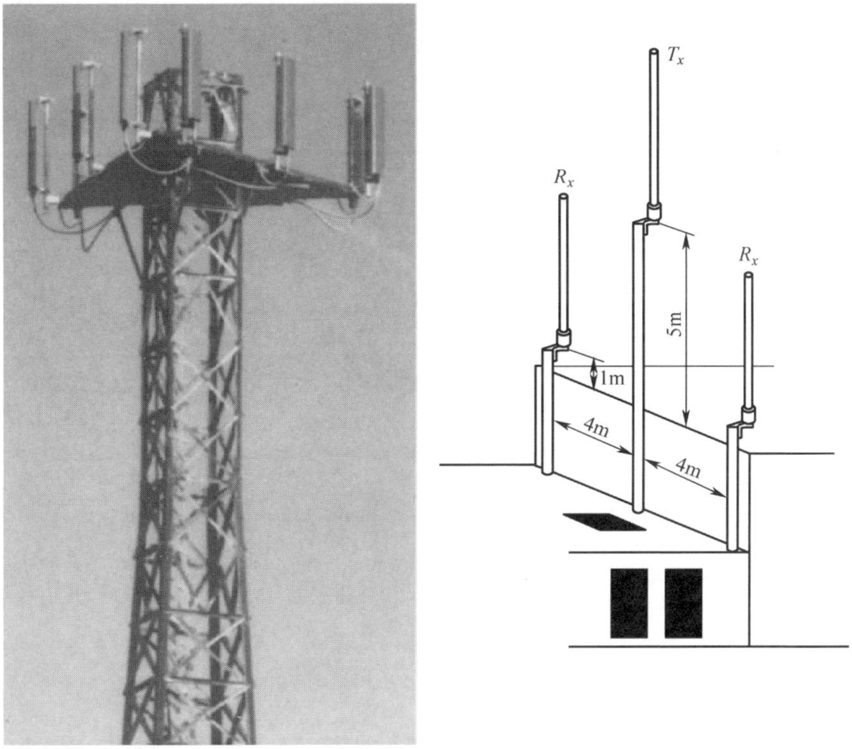

（a）　　　　　　　　　　　　（b）

图 52.42　900MHz 的扇区结构的组成

(a)全向结构;(b)空间分集接收示意图。

束成形操作。因此,波束形成操作可以看作 MIMO 的一个特例,只有一个数据流 MIMO 的容量可以通过改进的 Shannon 方程来估计,其信道矩阵为 $\boldsymbol{H}$,有

$$C = \Delta f \cdot \sum_{k=1}^{n} \log_2\left(1 + \lambda_k \frac{P_k}{N}\right) \tag{52.35}$$

式中:λ_k 为信道矩阵 $\boldsymbol{H}$ 的第 k 个特征值,其与 $\boldsymbol{H}$ 的奇异值的平方成比例;P_k 为第 k 个数据流的发射功率;N 为噪声。为了简化,在这种情况下,对于每个数据流,噪声被认为是相等的。因此,只有在充分了解信道矩阵的情况下才能实现最大的 MIMO 容量。这种自适应 MIMO 操作的实现称为“充水原理”,见 Waldschmidt (2004) 的文献。因此,最大容量取决于所连接数据流的不同结果信道的信噪比,且不能超过单进单出(SISO)信道的 n 倍容量。

在图 52.43 中给出了信号模型和基本原理,在图 52.44 中示出了更多的实现细节。难点是确定信道矩阵,这可以通过闭环原理来实现。在此操作中,数据流根据商定的码本(参见"有源天线"一节)以某些商定的系数(训练序列)进行处理。可以通过评估最佳变换实例来选择最合适的代码。

这种方法等效于信道矩阵 $\boldsymbol{H}$ 转置的近似解和通过有限解的选择过程确定特征值。当然,由于间隔尺寸的限制,根据"充水原理"的最大容量不能完全实现。

如果满足以下条件,空间双工意义上的 MIMO 操作表现出良好的性能:①高信噪比;②不相关路径的和/或信道;③有限时间变化的信道。选择 MIMO 操作或者操作仅使用一个数据流(相当于波束形成模式)可以并行执行,而使用分离多径接收机进行 Rx 处理。那么,可以在运行连接到最佳拟合模式时进行切换操作。如果信噪比变得太小,则波束形成操作通常比 MIMO 模式显示出更好的结果。对于动态调制方案尤其如此:波束形成增益也增加了信噪比,并且形成了更高的调制效率。

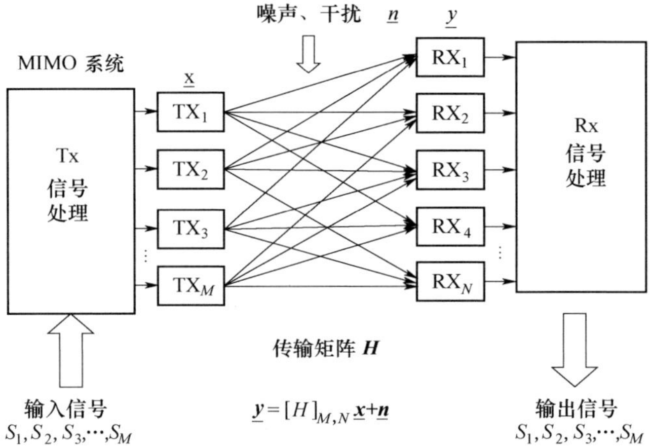

图 52.43　$M \times N$ 的 MIMO 系统原理

52.4.4　无源互调

互调是放大器或混频器等有源元件设计中众所周知的问题。尽管如此,如果这些器件同时在接收和发射信号内工作,在无源器件中的互调变得相关。那

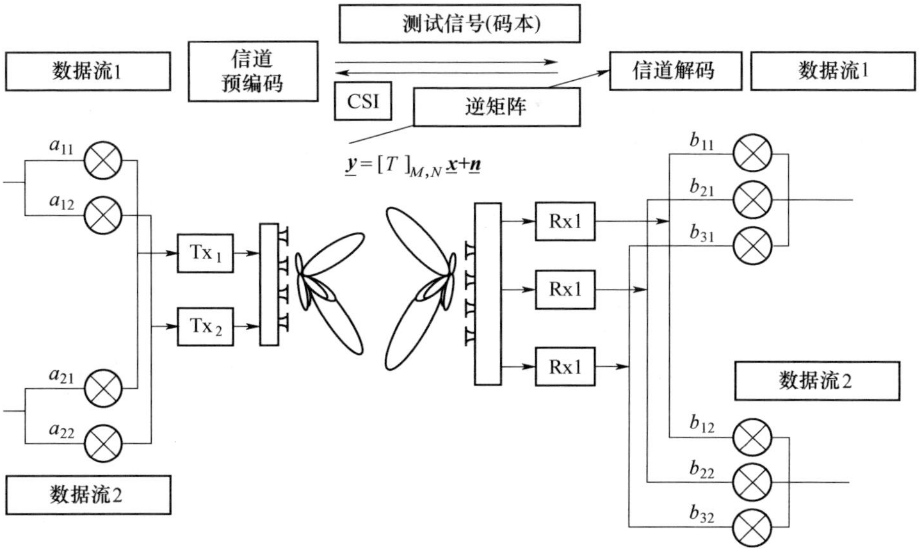

图 52.44　2×3 MIMO 实现的原理分解图(彩图)

么功率水平的差异可能超过 150dB,这要求信号路径中的组件具有严格的线性。如果使用非线性装置传输 CW 信号,则正弦函数将变为新的随时间变化的信号,其可以表示为具有较高频率的一系列新的正弦函数。互调水平的数学推导如下文所述(图 52.45)。

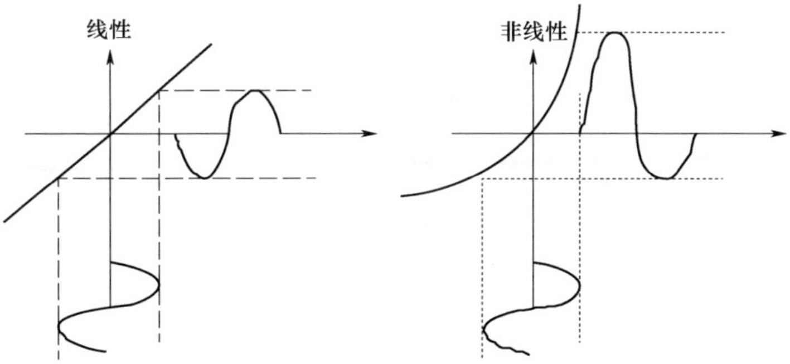

图 52.45　线性和非线性传递函数的和信号

输出信号 $i(t)$ 可以写为双音输入信号 $u(t)$ 的响应,即

$$u(t)=A\cdot\cos(\omega_1 t)+B\cdot\cos(\omega_2 t) \tag{52.36}$$

$$i(t)=a_0+a_1 u+a_2 u^2+a_3 u^3+\cdots+a_N u^n \tag{52.37}$$

3阶项式为

$$a_3u^3 = a_3(A^3\cos^3(\omega_1 t) + 3A^2B\cos^2(\omega_1 t)\cos(\omega_2 t) + \cdots + 3AB^2\cos(\omega_1 t)\cos^2(\omega_2 t) + B^3\cos^3(\omega_2 t)) \tag{52.38}$$

考虑频率 $2\omega_1+\omega_2$,则

$$1.5A^2B\{\cos(\omega_2 t) + 0.5[\cos(2\omega_1+\omega_2)t + \cos(2\omega_1-\omega_2)t]\} \tag{52.39}$$

以对数表示,很明显,有

$$\mathrm{IM}_3(2\omega_1-\omega_2) \sim \log\left(\frac{3a_3A^2B}{4}\right) = \log\left(\frac{3a}{4}\right) + 2\log A + \log B \tag{52.40}$$

$$\mathrm{IM}_3(2\omega_2-\omega_1) \sim \log\left(\frac{3a_3AB^2}{4}\right) = \log\left(\frac{3a}{4}\right) + \log A + 2\log B \tag{52.41}$$

对于两个频率的信号电平相同,则结果为

$$\mathrm{IM}_3(2\omega_1-\omega_2) \sim \log\left(\frac{3a_3A^3}{4}\right) = \log\left(\frac{3a}{4}\right) + 3\log A \tag{52.42}$$

对于在 f_1 和 f_2 处的发射载波的相等信号电平,可以看出互调电平以分贝为单位的对数表示,相比输入电平的上升速度快3倍。这意味着如果两个发射载波的输入电平增加3dB,则3阶互调电平将增加9dB。

在图52.46中,给出了用于双音调系统的互调载波。新的互调载波频谱由奇数和偶数频谱组成,因为3阶、5阶和7阶的奇阶谱可以落入相关设备的接收

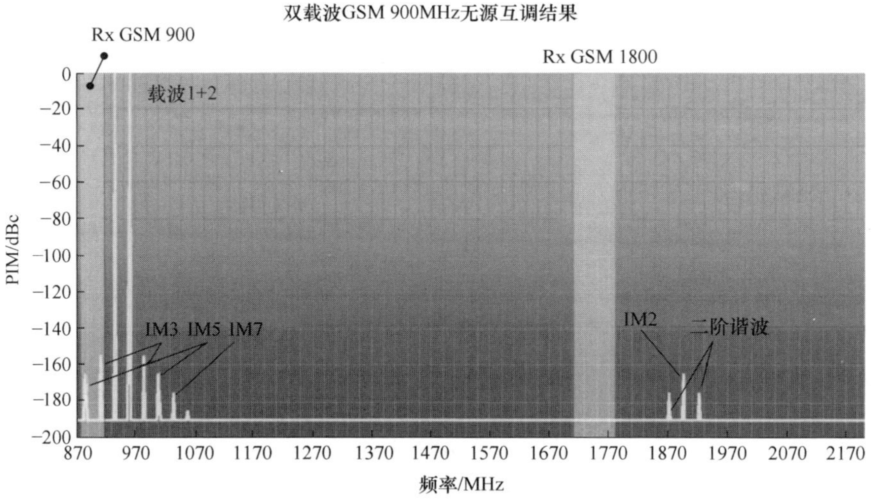

图52.46 双音调载波互调的结果

波段。所以,奇阶互调对于接收信号的失真的相关度是最大的。

当考虑双频天线时,情况会变得更加复杂。这里,2 阶谐波或 2 阶互调的结果可能与接收频带有关。这在彩图 52.47 中针对双频带天线示出。然而,测量表明,与 3 阶产品相比,无源设备中的 2 阶互调的结果通常明显较低。不同互调结果电平的一般依赖性如图 52.48 所示。1MHz 带宽内噪声系数为 3dB 的接收机的噪声受限灵敏度推算为

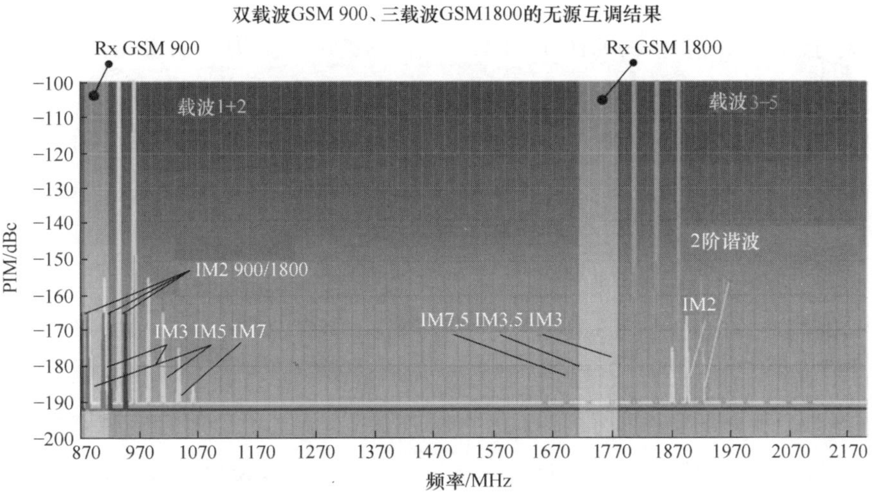

图 52.47　900MHz 和 1800MHz 波段双频设备的互调结果(彩图见书末)

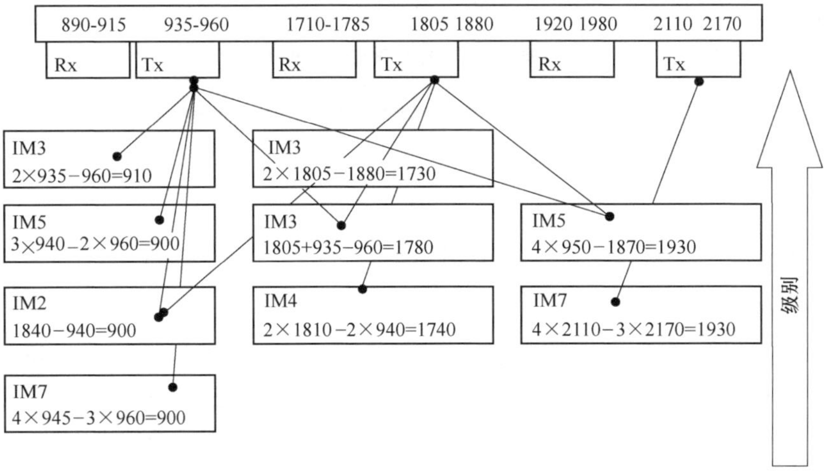

图 52.48　不同互调结果的模式级别

$$
\begin{aligned}
\text{Noise} &= \text{NF} \cdot kT\Delta f = \text{NF} \cdot 1.38 \times 10^{-23}\text{J/K} \cdot 290\text{K} \cdot 1\text{MHz} \\
&= \text{NF} \cdot 400 \times 10^{-23}\ W_s \cdot \text{MHz} \\
&= \text{NF} + (-174\text{dBm/Hz} + 60\text{dB}) \\
&= -111\text{dBm}
\end{aligned} \tag{52.43}
$$

这种非常困难的互调要求源自通常为 20~50W(相当于 43~47dBm)发射的并行操作以及接近于本底噪声的接收灵敏度约为-110dBm,因此典型的电平差约为 150~170dB。

对于 GSM 系统中 200kHz 的工作带宽,热噪声电平为-121dBm,发射电平为+43dBm,理论要求为-164dBc。在实践中,由于馈线电缆损耗和跳线,噪声水平较高。因此,假设系统的典型噪声系数大约为 10dB,并且系统带宽较高,则天线通常指定为-150dBc,这对于大多数应用来说已经足够好了。不过,如果互调电平超过-140~-130dBc,则会导致系统灵敏度显著下降。

电平从一个奇数阶到另一个奇数阶增加 8~12dB,这意味着,如果测量-140dBc的 3 阶电平,则可以预估大约-150dBc 的 5 阶电平。这种差异当然取决于特殊的传递函数;不过,这些值是典型的测量数字。无源互调是基站天线及相关设备生产和开发实践所面临的最大挑战之一。认真设计所有接触点并选择合适的材料,对于实现信号路径的高度线性至关重要。无源互调的来源可以分为两类,即基于材料的来源和基于接触的来源。常见的使用错误的材料包括使用钢或铁磁材料、塑料垫片和表面污染以及使用非线性导电材料。因此,通常使用表面镀银、锡、铜和铝来实现良好互调。然而,铝的使用通常对于任何接触都是敏感的,因为铝的表面与空气和湿度接触会导致快速氧化。

52.5 天线设备

天线与电子发射和接收设备密切相关。目前,将电子器件集成到天线或将电子设备(如放大器)安装在天线附近是明显的趋势。通常用于转向天线倾斜的特殊控制设备,即所谓的远程电动倾斜(RET)。由于天线阵列的参数会影响系统后边的参数;反之亦然。所以,在最先进的通信系统中,天线系统的特性不再单独考虑了。因此,天线设计对基于理解系统的所有特征和要求,具有非常重要的意义。

52.5.1　遥控电动倾斜(RET)

大约 15 年以来,电子下倾角的遥控通常用于基站天线。该技术的成功受到天线接口标准组织(AISG 2006)中控制接口的全球标准化的推动。后来,该标准在第三代合作伙伴计划(3GPP 2006)中的某些参数中得到了实施和扩展。而在 3GPP 中,只有 RET 功能是标准化的,AISG 还支持与其他 ALD 设备的接口,如 TMA、位置传感器等。AISG 的优势还在于标准化了特定参数(如连接器或电源电压)的实施。

倾斜转向由天线内部的无源移相器提供。这些移相器以这样的方式控制辐射器的相位,使得天线的最终倾斜指向期望的方向。由 5 个辐射体组成的天线原理见图 52.49。可以看出,对于外辐射体,相移是内辐射体的 2 倍,而中辐射体将保持相位恒定。由于互调要求,不使用电子操作移相器,而仅使用无源移相器件。这种无源移相器范例原理结构见图 52.50。

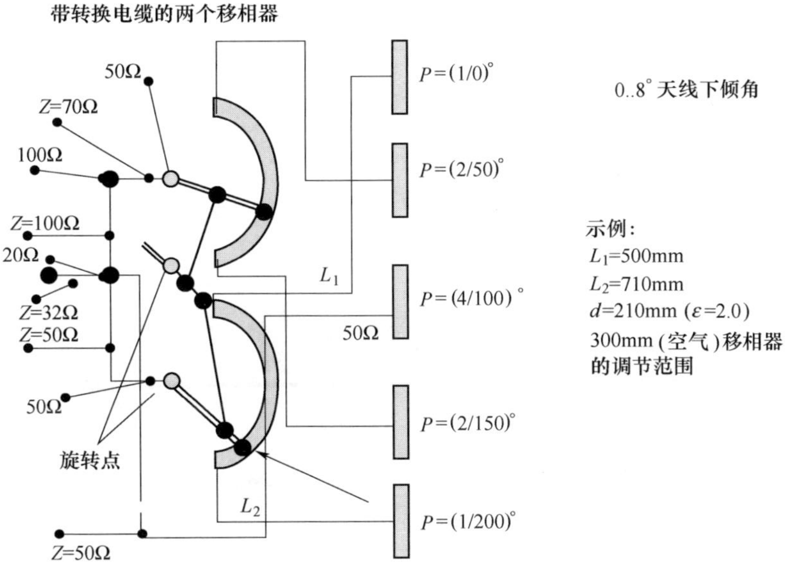

图 52.49　用于电动倾斜的移相器结果

如图 52.50 所示,移相器采用微带或三板结构,典型阻抗为 50Ω。如果电弧末端的阻抗与 50Ω 完全匹配,则杆和电弧连接处的阻抗将保持恒定在 25Ω。杠杆连同电弧和旋转中心连接点处的电容实现了一种 $\lambda/4$ 变换器,以再次实现移

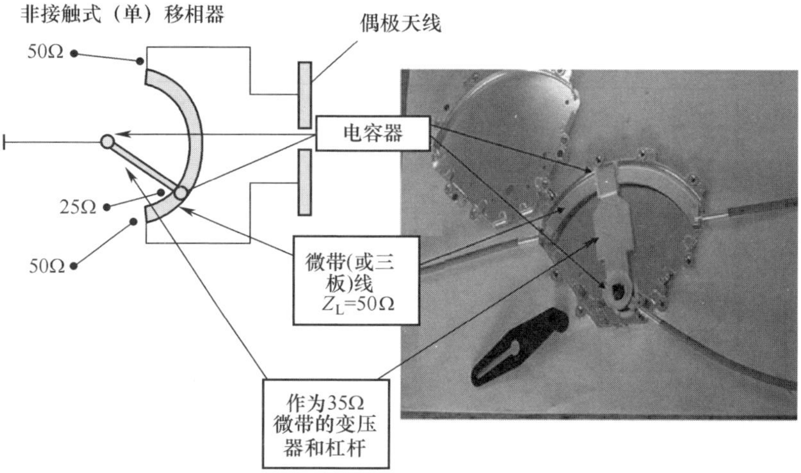

图 52.50　3 个辐射器的非接触式移相器原理

相器输入端的 50Ω 匹配。首先,使用了两个 3 路移相器的组合。在此,必须使用用于外部辐射器和内部辐射器的第一移相器的转速齿轮。图 52.49 中示出了实现示意图。

在过去的几年里,新型移相器已经开发出来。在第一步中,3 路移相器被扩展成一个 n 路移相器,由多个弧组成(Göttl et al.,1999)。图 52.51 给出了一个

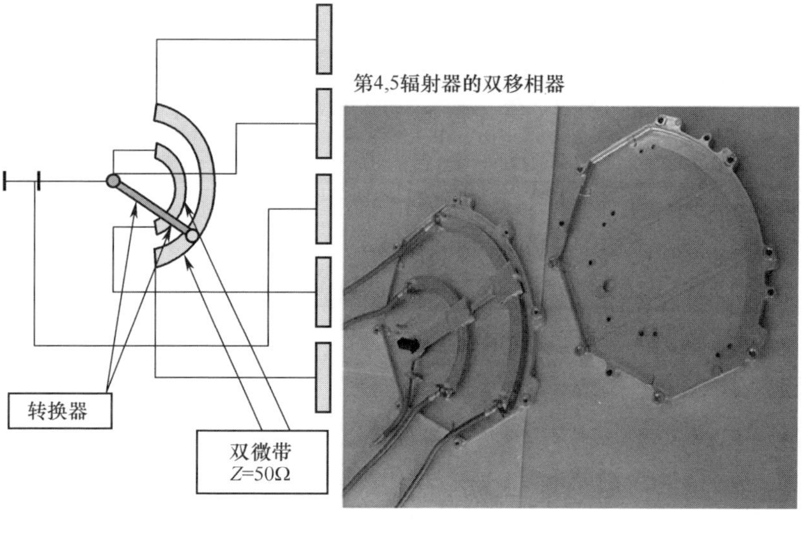

图 52.51　双移相器设计

范例。除了内部和外部辐射器正确关系的相移外,该移相器还实现了辐射器的匹配功率分配。这可以通过杠杆的形状、弧的耦合部分以及间隔物的距离来进行调整。

与此同时,移相器可以使用 3、4 和 5 个弧段,这些弧段可以服务多达 11 个辐射器,工作原理相同。

为了驱动这些移相器,使用带有控制电子元器件的电机。这些电机可以集成到天线中;然而,在使用 RET 系统之初,电机作为升级设备安装在天线的底部。KATHREIN 公司的这种升级设备如图 52. 52 所示。该设备符合 AISG 规范,见 AISG(2006)的文献。

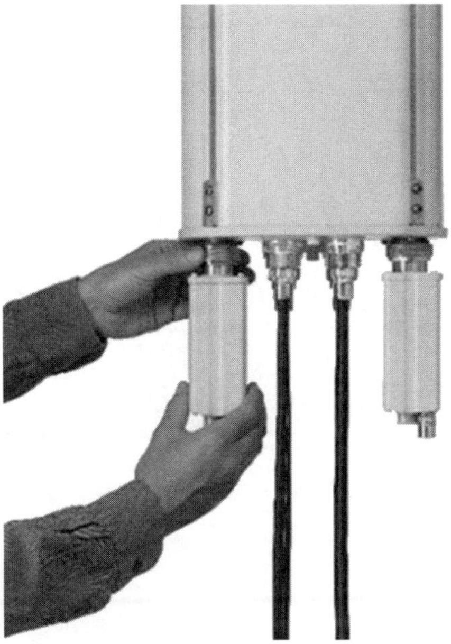

图 52. 52　升级远程电动倾斜装置(RET)

RET 设备必须满足多种要求,包括寿命和故障概率,以 MTBF(平均故障间隔时间)表示;使用循环次数;防雷保护;工作温度范围,空气环境温度为-40~+50℃;使用周期数量为 10000~50000。尽管如此,RET 的功能通常根据测量的现场结果或网络质量数据的统计结果来调整网络中站点的倾斜度。

天线的波束转向也可以扩展到方位角方向的调整。倾斜和方位角的优化给出了最好的结果;然而,方位角方向上的偏差似乎并不那么明显,这就是为什么常用 RET 功能,而方位角远程调整仅在特殊情况下应用的缘故。

实现对 AISG 接口的控制有两种可能性:一种是使用单独的电缆作为电源和控制信号;另一种使用现有的馈电电缆作为直流电源和控制信号。这种控制的主要布局如图 52.53 所示。在这种情况下,使用智能偏置 T 形信号,它将信号变换到双绞线电缆上。RS485 接口通过馈电电缆上的开关调制方案添加到导频信号中(AISG,2006;3GPP, 2006)。

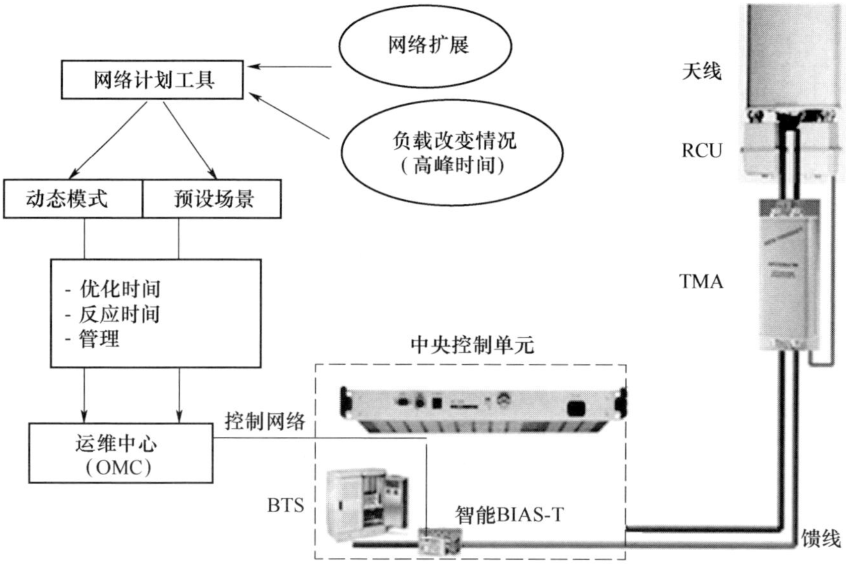

图 52.53　不同场景下的 RET 控制

52.5.2　塔式放大器(TMA)

塔式放大器是基站天线应用中广泛使用的设备。这些放大器用于基站和天线之间的馈电电缆中。该设备放大相关工作波段内的接收信号。不同的配置如图 52.54 所示。如果馈线组合使用 Tx 和 Rx,那么放大器需要双工滤波器,通过滤波器分离发射和接收信号,如图 52.55 所示。

由于通常使用用于分集目的的两个单独的极化,所以 TMA 被实现为双单元,即双塔放大器(DTMA)。这里面临的挑战是低插入损耗,并结合 Rx 路径所需的隔离。为了不使 Rx 放大器过载,Rx 低噪声放大器(LNA)的线性必须以匹

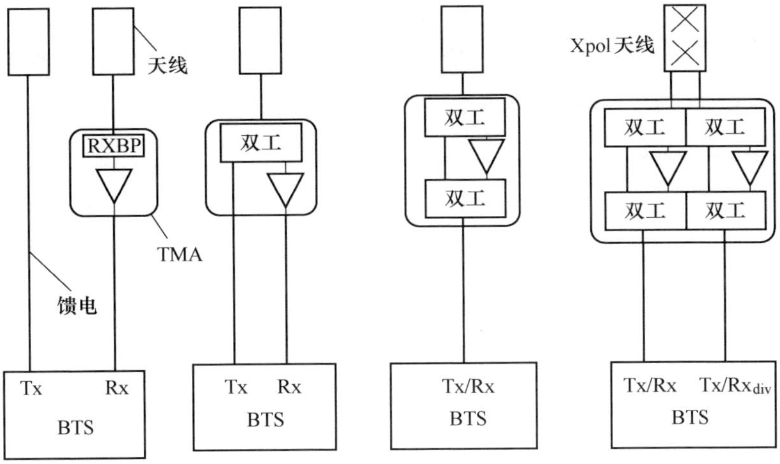

图 52.54　不同的塔式放大器结构

配的方式进行设计,因为 Tx 范围内的 Rx 滤波器阻隔衰减必须足够大,以便将 Tx 信号的其余部分减少到 Rx 放大器,从而抑制互调产物。Rx 范围内的一个额外要求是 Tx 链中关于 Rx 频率的停止衰减,以防止放大器的闭环对 Rx 频带产生任何波动,并防止在最坏情况下发生振荡。因此,在 Rx 放大器的输入端和 Rx 放大器输出端的 40~60dB 处必须实现 50~70dB 的典型隔离要求。插入损耗在 0.2~0.5dB 范围内,噪声系数一般在 1.0~2.0dB 之间。

TMA 在 2 × 20W 发射功率下也必须满足无源互调要求,典型值为-160dBc。TMA 滤波器组件以及其他 ALD 器件的设计取决于以下主要要求:①插入损耗;②隔离;③最大功率;④线性。因此,迄今为止,功率要求只能通过同轴充气腔、陶瓷块腔或波导类型来实现。由于插入损耗、线性和最大功率等要求,SAW 和 FBAR 滤波器均不可用。目前,正在讨论单块陶瓷过滤器的可行性。尽管如此,与空气填充类型或块状陶瓷类型(如冰球状或球体状)相比,插入损耗仍然较高。作为 TMA 一部分的同轴实现中的典型滤波器示例见图 52.56。

必须使用的腔数取决于所需的 Rx-Tx 隔离度、双工频率距离,特别是 Rx 和 Tx 频带之间的间隙以及所需的插入损耗。为了满足当今 TMA 的典型要求,Rx 和 Tx 滤波的每个部分都需要 6~8 个腔体。

滤波器的每个谐振腔必须调谐到恰当的谐振频率。由于制造公差导致不是每个谐振腔都能产生恰好的频率,所以每个谐振腔都需要特殊的调谐元件,并且也需要这些谐振腔之间的耦合。在图 52.56 所示的例子中,这些调谐元件由金属杆组成,金属杆随着空腔盖中的螺纹移动。这里,关于互调参数、杆和盖之间的接触设计是必不可少的。

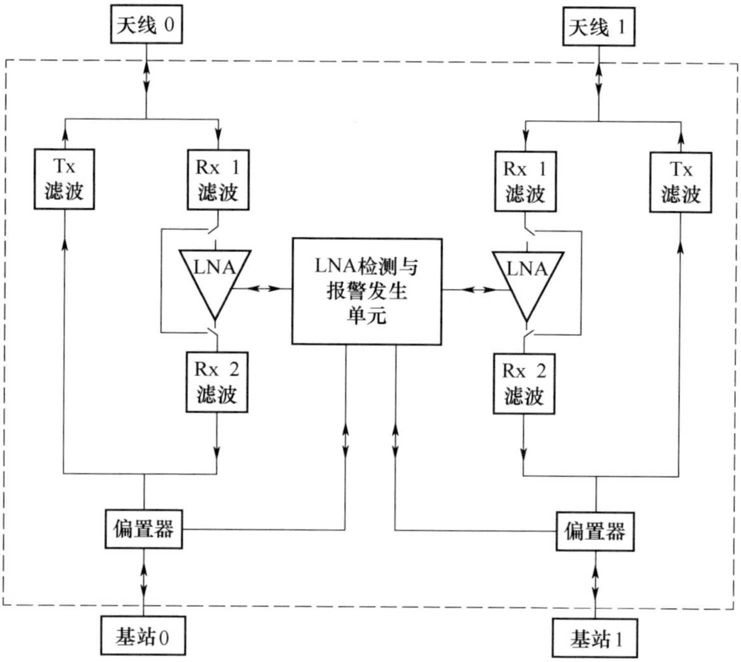

图 52.55　DTMA 的原理设计

52.5.3　滤波器组合器

通常一个天线可用于多个基站,通过组合不同的频带、在相同频带或不同频带情况下组合不同运营商都可以实现这种应用。这里使用频率选择合成器,图 52.57给出了一个反例。合成器通常在与天线相同的环境中使用。因此,须有相同的环境强度参数。组合器必须传输发射信号和接收信号,因此必须满足低无源互调设计的主要要求。尽管如此,与双工滤波器的隔离相比,隔离度可以降低。在这里,不需要选择接收信号和发射信号,而是选择两个不同的频带。作为替代解决方案,典型的隔离要求应与使用两种不同的天线相当。因此,隔离度为 40~60dB 是比较合理的。为了使用高达 200W 的高功率,该设计基于标准同轴谐振器,如图 52.56 所示。

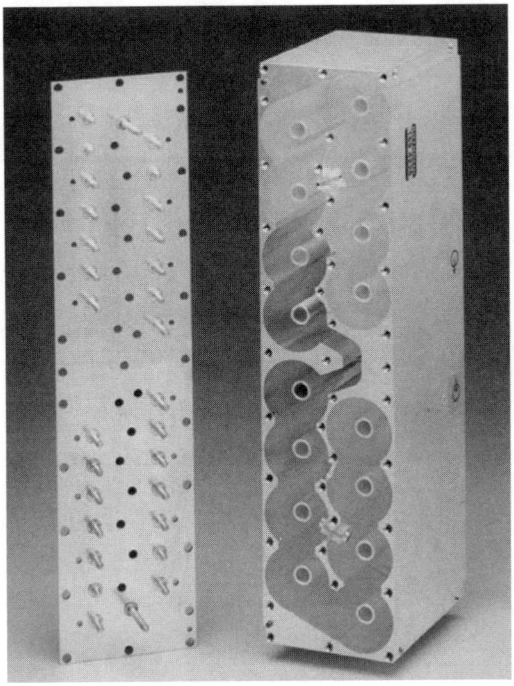

图 52.56　具有 8 个 Rx 和 8 个 Tx 腔的同轴双工滤波器

图 52.57　用于 800~1000MHz 和 1700~2000MHz 的双波段组合器

52.6 有源天线

52.6.1 射频拉远头(RRH)

射频拉远头用于将发射机和接收机靠近天线,从而避免馈电电缆造成的额外损耗。这增加了天线的可用发射功率,提高了整个系统的效率和灵敏度。难点是可靠性和环境条件要求。与通常位于有空调环境下的基站设备相比,RRH必须承受室外基站环境中-40~60℃的温度、振动、雨水、盐雾以及其他困难问题。由于效率有限,耗散功率已经不同步了,这是关于RRH尺寸的最大设计挑战之一(图52.58)。

在图52.59中给出了具有4个Tx和Rx链的RRH的原理方案。数字输入通常基于光纤连接。根据所使用的协议,有一条或两条光学线路可用于发送信号和接收信号。使用一些协议标准,如CPRI(通用公共无线电接口)、OBSAI(开放式式基站架构计划)和ORI(开放式无线电接口)等数据协议。ORI标准由ETSI(欧洲电信标准协会)支持,同时,其他标准则被作为工业标准被广泛使用。目前最常用的标准是CPRI接口。

图52.58 RRH 1×60 W WCDMA 2100MHz

具有微控制器和FPGA的图52.59中的数字板具有以下主要功能:①解复

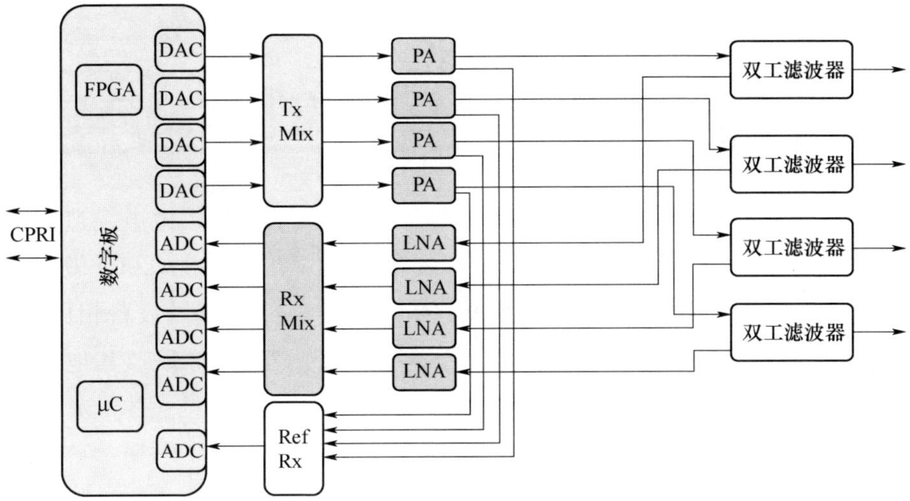

图 52.59　RRH 的原理设计

用输入信号和复用接收信号到 CPRI 数据流中;②对发射信号进行电平调整和波峰因数降低(CFR);③频谱的线性化、数字预失真(DPD)及滤波。然后信号将通过数字模拟转换器传输到模拟域,并通过混频器混合到初始波段。通常,信号被分成同相和正交相位部分,并通过正交混频器进行混频。倒置原则适用于 Rx 链,但不需要 CFR 和 DPD。对于 DPD,功率放大器的输出需要参考信号来确定其校正值。

图 52.60 中给出了 DPD 的原理。采集功率放大器输出的信号样本,并通过模拟数字转换器将其转换到数字域以得到信号 y,然后将这些采样与原始输入信号 x 进行比较,使用不同的原则来解决 x 和 y 最小差异的优化问题。一种可能性是 FPGA 中的“查表”LUT,借助该查表,原始输入信号 x 被预失真,然后实现期望的输出信号。这是一个非线性问题,知道这一点非常重要,因为放大器的表现也取决于历史信号。为了进行有效校正,必须考虑功率放大器的与时间有关的传递函数。通常,Volterra 序列被用来描述传递函数。其他方法使用放大器的非线性模型来将计算的非线性信号与实际输出信号进行比较,然后通过追踪确定的系数来实现 x 和 y 之间的最小偏差。

此外,还需要对直流部分和混频器的对称性进行校正,这也会导致信号紊乱。通过调整正交混频器校正(QMC)单独进行校正。

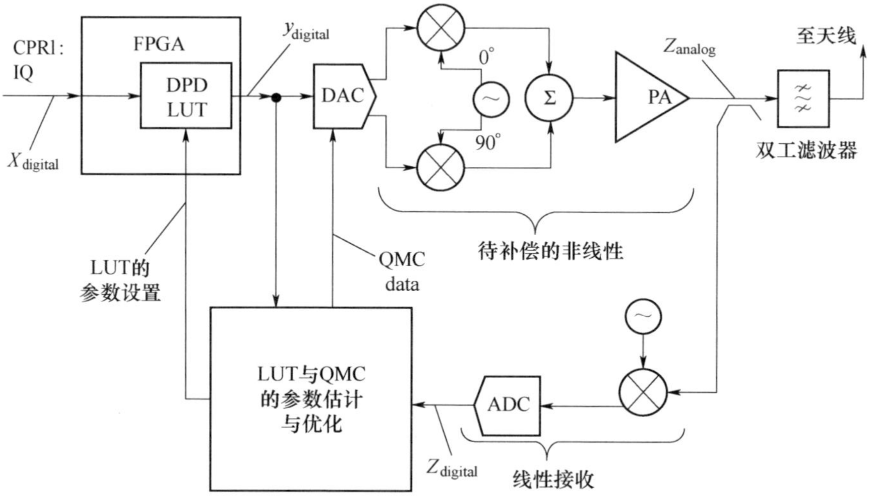

图 52.60 数字预失真的原理结构

RRH 提高了通信系统的功效和灵敏度,表 52.2 给出了典型指标。从表中可以看到总功率效率显著提高,并且该站点的敏感度显示出明显更好的性能。为了计算这些指标,假设馈电电缆的衰减为 3dB,到天线的跨接电缆的衰减为 1dB, TMA 和 RRH 的噪声数字被确定为 2dB。TMA 的衰减被认为约 0.3dB,信号链路中的噪声也会引起系统噪声的增加。

表 52.2 使用 TMA、RRH 的系统和传统技术站点的比较

参数	传统系统	有 TMA 的系统	有 RRH 的系统	有天线集成 RRH 的系统
设备输出端传输功率/W	2 × 60	2 × 60	2 × 40	2 × 40
天线发射功率/W	2 × 24	2 × 22	2 × 32	2 × 40
输入功率/W (DC/AC)	~700	~710	~400	~400
总功率效率/%	6.9	6.2	16	20
系统噪声系数/dB	6.8	3.5	3	2

可以看出,RRH 在灵敏度和功率效率方面显示出系统的最佳性能,这是将 RRH 集成到天线中的一个驱动因素。

52.6.2　集成了 RRH 的天线

将电子器件集成到天线中是提高系统效率和灵敏度的必然结果。尽管如此,电子集成的接收与集成组件的可靠性密切相关。对于在前文中已提到的所有有源天线线路设备,如 TMAs、RET、RRHs 等都是如此。在过去的几年中,通过精心设计电子部件,包括更高的集成度和功率放大器的功率效率,已经实现了可接受的可靠性水平。因此,目前的设备表明,RRHs 的 MTBF 值至少为100000~200000h,DTMAs 的 MTBF 值为 500000h。当然,计算的 MTBF 值并不完全反映预期寿命,但它们是一个重要指标。由于较高的耗散功率,对工作温度的影响很大,RRHs 的工作温度比 TMAs 高得多。因此,必须精心设计热流量。图 52.61 中给出了具有集成无线电的天线(天线集成无线电,AIR)。

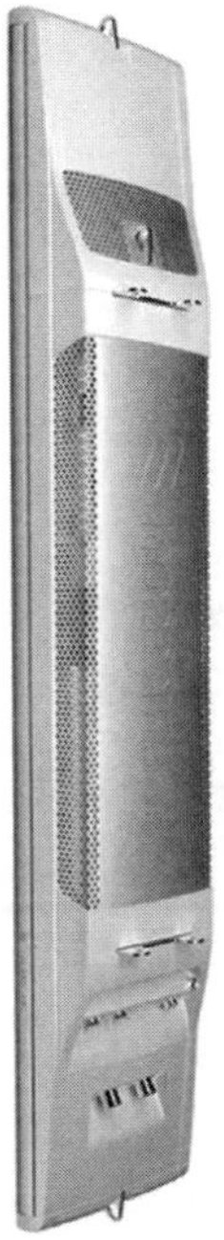

图 52.61　集成无线电有源天线(Ericsson-Kathrein 2012)

52.6.3　自适应有源天线(AAS)

多年来,已经讨论了具有波束方向改变技术的自适应天线。这些天线被称为“智能天线”或“自适应天线”。其原理包括灵活控制每个辐射体或辐射体组的大小和相位。该原理是众所周知的,并且已经用于其他天线领域。例如,在雷达系统中,使用波束成形技术的有源天线已经使用了很多年。

然而,由于市场缺乏接受度,FDD 移动通信系统的首次商用仅获得有限的成功,这主要是由于实现天线的成本、可靠性和低效率造成的。对于 TDD 系统,AAS 已经使用了几年,这得益于 TDD 准确确定到达方向(DoA)的优点以及 Rx 和 Tx 计算系数的并行使用的帮助。

图 52.62 中给出了这种用于 FDD 操作的 AAS 原理结构。

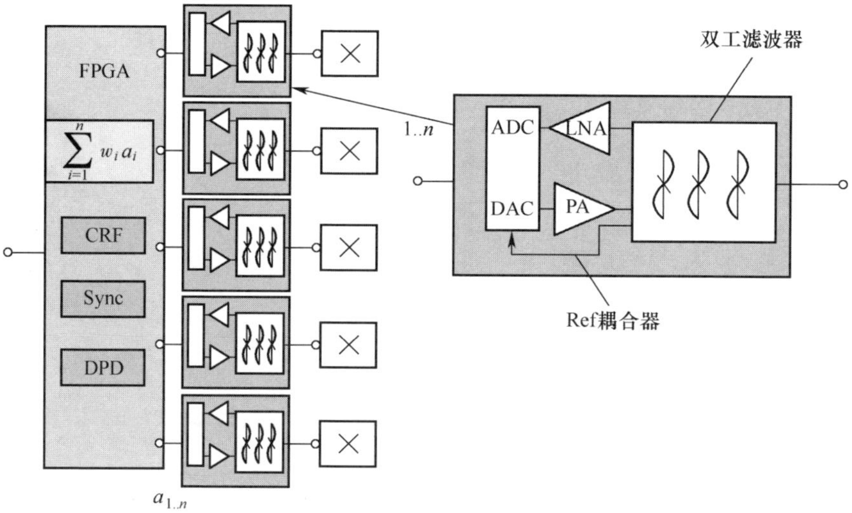

图 52.62　AAS 的原理结构

可以看出,每个散热器都有自己的接收器和功率放大器以及双工滤波器。为了简化混频器,PLL 没有详细显示;每条射频路径的结构与 RRH 的结构非常相似。当然,其功率比 RRH 小,因为总发射功率是每个单发射器的发射功率的总和。数字部分的主要功能是对每个辐射器的信号相位进行同步和校准。这通常可以与用于功率放大器线性化的信号相组合。用于线性化和校准的参考信号通过功率放大器输出端的耦合器进行选择。如果使用不同放大器的通用电路板,或者在放大器模块中分开使用,则可以通过中央信号处理来实现放大器线性化的相位校正,进行同步和数字预失真。尽管如此,为了在模块的输出端实现相关信号,必须至少实现 PLL 的同步和不同模块的相位控制。

1. 波束定向技术

AAS 的一大优势是用户特定的波束指向接收和发射信号的能力。波束控制可以在开环或闭环配置中实现。开环配置实现了到达方向(DoA)的确定,并且从入射波的 DoA 的计算系数近似发送波束的方向。图 52.63 显示了被视为波束指向天线或"智能天线"的不同可能性的波束转向可能性。

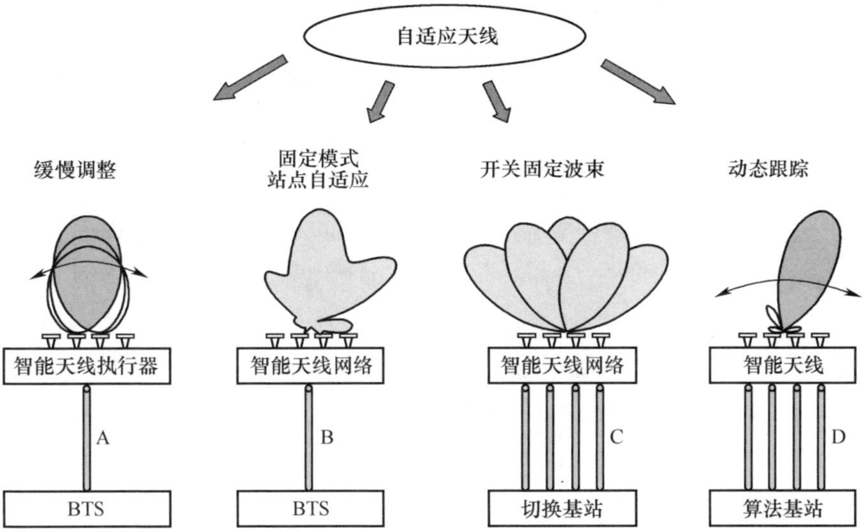

图 52.63　自适应天线的不同实现方式

简单的形式是缓慢调整的天线,可以使用多列天线的可调移相器或天线反射器的可移动部分来实现。智能天线网络使用天线阵列内的特定站点分配网络。METAWAVE 在这个领域提出了特殊的解决方案(Feuerstein,2001)。然而,这种天线的使用还没有被广泛接受。成功安排演示开关固定波束天线:波束形成过程与动态波束转向相比被简化了,但是在动态波束转向实现方面,获得容量的结果与增益差别并不大。动态跟踪操作基于 DoA 估计和下文所定义的良好波束。所有这些算法都基于所需信号的最大化。这里忽略的是额外的干扰信号的影响。考虑到这一点,解决方案可能不同于仅最大化信号,其原理见彩图 52.64。

显然,优化问题在于信号噪声比的最大化,这是为自适应天线使用最大比率

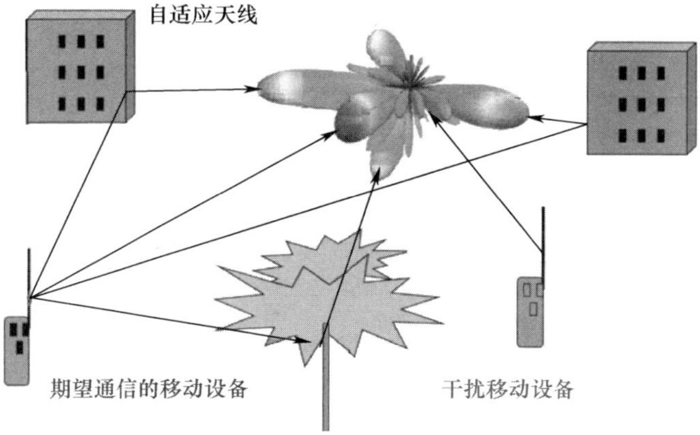

图 52.64　有干扰的自适应天线(彩图见书末)

组合器。这个问题在文献中有很好的描述(Viberg,2005)。对于各向同性分布的噪声,该解决方案仅引起对于入射信号的期望方向的最佳系数。对于仅有一个入射平面波的简化问题,解决方案变得简单。假设在图 52.65 中距离 r 足够大,那么所有天线元件的入射角将是相同的。在一种更加简化的方法中,假设天线单元的特性是相同的,路径损耗归一化为 1,则天线单元上的输入信号可以表示为

$$y = \sum_{i=1}^{n} w_i(x_i + n_i) = s \cdot \sum_{i=1}^{n} w_i C_i(\phi)\exp(-\mathrm{j}kr_i) + \sum_{i=1}^{n} w_i n_i \quad (52.44)$$

如果将 $\boldsymbol{\alpha}_s$ 视为入射波的归一化矢量,则 $\boldsymbol{w}$ 是天线阵列的导向矢量,$\boldsymbol{n}$ 是噪声矢量,则最佳解可简单表示为

$$[w_{\mathrm{opt}}] = [x]^* \quad (52.45)$$

这意味着需要入射波前信号的共轭复导向矢量。这是显而易见的,因为所产生的波束恰好指向入射波的方向。实现的导向矢量 $[w]$ 实现了匹配的空间滤波器。

对于非各向同性分布干扰源,最佳解决方案取决于角度相关性干扰。那么,匹配的过滤器可表示为

$$[w_{\mathrm{opt}}] = c \cdot \|\boldsymbol{R}_N^{-1}\|[x]^* \quad (52.46)$$

式中:$\boldsymbol{R}_N$ 为干扰信号的协方差矩阵;$[\boldsymbol{x}]^*$ 为所需输入信号的最优方向矢量;c 为标量系数。这个方程也是众所周知的维纳-霍普夫方程,另见 Konrad(2003)、

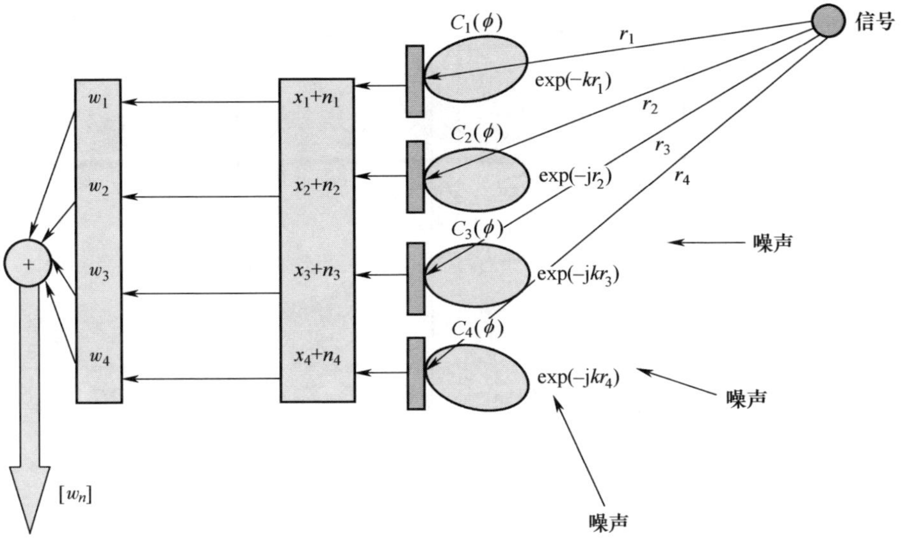

图 52.65　自适应天线的波束形成结构示意图

Vega 和 Rey(2013)。该算法的实现考虑了干扰信号,并试图将产生的特征值中的空值转变为干扰信号的方向。这种算法也称为迫零波束转向。

尽管如此,由于入射波和干扰信号本身是未知的,因此必须采用不同的优化算法。

另一种可能性是通过开关切换固定波束来实现。这通常基于各向同性干扰方法。然而,存在一些有趣的硬件实现,如通过硬件 Butler 矩阵。图 52.66 给出了有 Butler 矩阵的天线:输入端口和天线端口产生 4 个不同的波束,而输入端口是分离的。巴特勒矩阵由 4 个 3dB 90°耦合器组成,如图 52.66 所示连接。两条连接线需要两个附加的 45°移相器,然后可以获得 4 个独立的波束。尽管如此,端口的隔离受到使用的 3dB 耦合器和天线输入端口反射的限制。

2. MIMO 的实现

MIMO 的实现原则上可以基于与分集和/或波束成形系统相同的天线配置。但是,对于 MIMO 实现而言,必须考虑以下特定的限制。

(1) FDD 系统使用不同的频率进行接收和发射。因此,传输操作的系数必须以 Rx 频率的 DoA 系数来近似。这一原则只适用于从移动站到基站的优势路径,且两个波段的特性相似。例如,不包括具有强烈频率依赖性的反射、散射、间

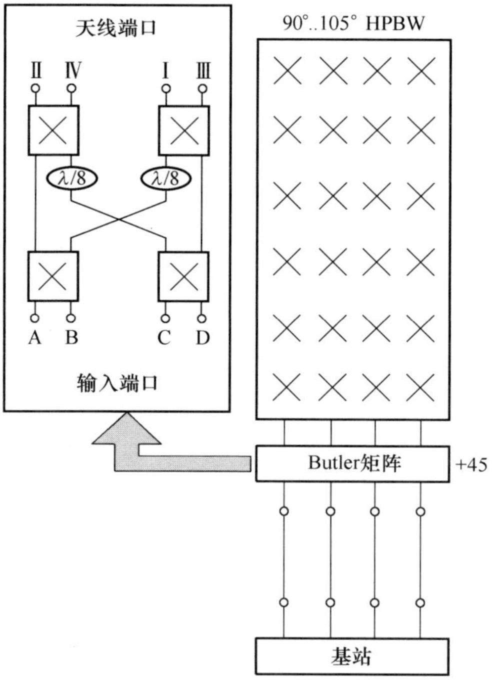

图 52.66 采用 Butler 矩阵的波束形成天线

接路径等。而且,双工距离不应该太大。发射相位一般超过计算主入射波的方向确定,只能由接收系数导出。基于确定的方向,在第二步中计算发射波的系数,这也需要精确校准天线阵列。

(2) 对于 TDD 系统,由于所确定的最佳接收配置系数可以直接用于传输,所以程序简化了。这里只有频带的时间变化改变路径;然而,对于毫秒范围内的短时间切换,路径的稳定性通常都很好。

(3) 闭环配置克服了校准问题,并根据给定测试序列的接收器反馈确定最佳发射和接收系数。发射机发射商定的系数组合,即所谓的码本,并且接收机给出有关哪个码本应当用于以下发射序列的反馈。其优点是通过测试序列可以确定从每个发射机到每个接收单元的整个传输矩阵,并且可以通过确定和选择正确的代码来计算连接的最佳容量。该程序包括 MIMO 传输的选项,因为码本可以包括多个信号流的传输。这里的缺点是代码本代码的局限性。因此,只能使用某个定义的代码空间的粒度。在用于 LTE 的 3GPP 标准中,给出了具有用于波束成形传输和 MIMO 传输的相应波束的 4 × 4 系统的码本的示例（图 52.67 和图 52.68）。

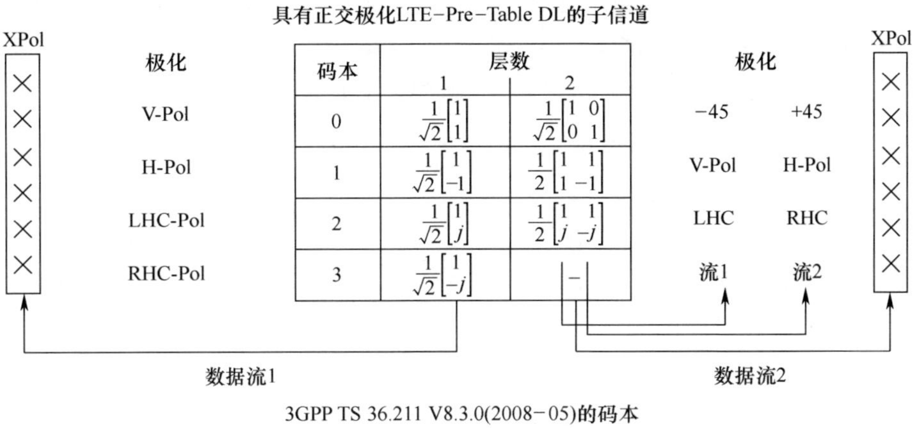

图 52.67　用于两个传输路径码本的极化控制

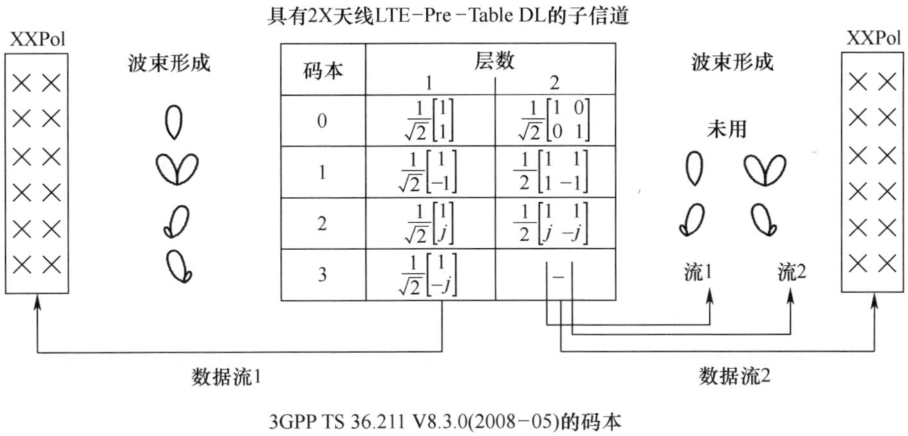

图 52.68　用于两个传输路径的码本 1 和码本 2 数据流的波束成形

52.7　未来的趋势

当今的移动通信已经成为现代社会的一个关键元素，智能设备无处不在；几乎每个人都通过移动设备在家中、办公室和旅行中进行通信。大多数人同时使用多个设备,如智能手机、笔记本电脑、平板电脑等,以满足他们对语音通信、数据交换和互联网使用(信息娱乐)的需求。

例如,云计算需要可靠的连接和高数据速率来确保足够的访问这项服务。此外,机器与机器通信(M2M)正在迅速增长,诸如“工业4.0”等新概念描述了生产设备中机器的大规模无线互连,以实现智能自组织生产流程。所有这些方面都将引起移动通信覆盖需求的增加及流量的提升。

52.7.1 需求与挑战

在不久的将来,移动连接的需求将急剧增长:人们希望随时随地连接网络,并希望在大流量下使用语音和数据服务。这些要求导致全球的容量不断增加:从2008年到2013年,全球移动数据流量增长了45倍;2010—2015年间的因数为24倍。如果以这种速度发展,全球移动通信量可能会增加到极高的水平,预计到2020年与2010年相比增长率甚至达到1000倍(NTT Docomo,2014;CISCO,2014)。

52.7.2 5G的蓝图

基于这些预测,移动通信专家目前正在讨论关于第五代网络(5G)的体系结构,作为LTE和LTE先进技术(通常分别标记为3.9G和4G)的后续。为了管理预期的增长并为未来的需求定义一个合适的网络,讨论了以下要素和策略。

(1)网络密集化。移动通信小区的数量将急剧增加,而小区的平均大小应减小,以使网络的总容量显著增加。

(2)有源天线。有源(或自适应)天线系统应该是小区架构的组成部分,以便小区容量和覆盖范围可以动态地适应随时互联的需求。

(3)频谱效率。与智能天线一起引入自适应编码和高阶调制方案可以提高网络中的频谱效率和更高的复用因子,这也包括新的智能接收器架构和更好的动态干扰抑制方法。

(4)大规模MIMO。在当前的LTE网络中,广泛使用2×2的MIMO,4×“X”和8×“X”在基站端已经可以使用,但目前还很少使用。正在进行的项目研究为:是否大量使用具有很多数量天线的MIMO可以显著改善非常小的小区中的平均数据速率。

（5）新波段。5G 研究的关键项目之一是新波段资源的分配。由于 5GHz 以下的频谱（通常是拥塞状态）已经被许多业务占用，因此主要侧重于更高的波段，特别是 30GHz 和 60GHz 是有希望的候选波段，因为这些波段可能提供更高的容量。

60GHz 频带是 57～64GHz 的未许可频带，理论上支持高达 50Gb/s 的数据速率。关于这个数字，高频带的分配已经变成了所有 5G 网络研究的关键内容。但是，在 60GHz 时，波长仅为 5mm，这要求与已建立的移动通信标准（NTT Docomo，2014；CISCO，2014）完全不同的网络需求和天线结构。

52.7.3　毫米波天线系统

1. 要求

为了开始讨论毫米波天线，再次研究 Friis 公式（参见“基站天线设计”一节）非常有帮助，即

$$P_{R,\text{mobile}} = \left(\frac{\lambda_0}{4\pi R}\right) G_T G_R \, P_{T,\text{basestation}} \qquad (52.47)$$

移动设备接收到的功率取决于发射功率以及基站和移动设备的增益，还取决于距离 R 和波长。当将频率从 2GHz 改变到 60GHz 时，波长改变 30 倍。假设上述公式中的所有参数除了波长之外都不改变，则从 2GHz 到 60GHz，从移动设备接收的功率将因此减少 $30^2 = 900$ 倍。

所以，很显然，在 60GHz 频带内实现“合理的”传输距离是一项艰巨的任务。实现足够的链路预算的关键参数一个是距离 R，另一个是天线增益（G_T 和 G_R）：如果使用高定向天线，并且发射距离限制在短距离内，可以获得接收功率。因此，当今大多数情况下，在较高波段仅使用短距离，并在发射机端和接收机端采用定向天线。

当天线不是全向的而是具有方向性的时候，在移动用户的情况下，天线波束动态地指向用户的位置是很重要的。因此，考虑到天线系统的要求，较高波段不仅要求高度先进的射频技术，还需要在基站端和移动设备端实现波束成形和自动跟踪功能。

使用更高频带需要解决以下挑战。

（1）采用有方向性的天线：典型的天线是天线阵列或反射天线。

(2) 有源智能天线:由于较高频率下的电缆损耗较高,收发器电子设备必须安装得非常靠近天线孔径。

(3) 高密度封装技术:波长短,所以阵列网格变得非常小。因此,需要采用先进的高密度封装技术来实现有源天线前端。

(4) 波束形成和跟踪:由于用户是动态的,基站天线(和移动设备天线)需要自动波束形成和跟踪功能。对于监管问题,高功率发射机需要具有非常小的HPBW波束,这明显提升了跟踪精度要求。

(5) 散热问题:由于高频封装密度高以及射频元器件效率低,散热是前端设计中的一个关键问题。为了避免采用液体冷却,必须开发先进的技术理念以确保前端的温度不影响系统功能。

除了这些问题外,目前最现实的移动传输方案是短距离和中距离(高达几百米)的视距连接。非视距信号在信号的每个反射点都将受到高损耗,因此接收功率将非常低。此外,在链路中的任何障碍物,如人体或任何其他物体也会导致重大功率损耗,并且30GHz和60GHz的雨衰可能非常高。

因此,使用更高频率会在天线设计和射频集成领域带来严峻的挑战。然而,较高频带的流量潜力巨大,因此遵循这一路径并研究其可能性是有道理的。对于非常小的小站(微微小站)中的特定情况,高频带有潜力满足未来的高流量需求。更高波段内的另一个优势是安全性方面:高通路衰减与使用高方向性天线相结合,就像"空间滤波"一样,只需通过大幅降低功率电平就可以排除在不需要的方向上的不需要的接收者(Stevens and Graften,2012)。

2. 波束形成的思路

为了实现波束形成天线,可以考虑将反射器天线安装到机械多轴平台上,使天线波束可以与接收器的任何位置机械对齐。然而,这在60GHz基站的情况下似乎是不切实际的,因为机械系统设备需要高度维护,如果满足移动用户场景,则会导致使用寿命有限。

此外,所需的波束敏捷性(将窄光束锁定在所需目标上所需的角度跟踪速度)很难通过机械系统实现。而且,将机械追踪平台集成到任何移动设备(如笔记本电脑)中都是不现实的。

所以,重点是在基站和移动终端的电子波束形成。电子波束形成天线可以使用不同的思路设计:它们可以被实现为直接辐射有源阵列或者作为主动馈源阵列与反射器或透镜组合。为了实现电子波束形成,可以使用 3 种基本思路,即切换波束、相控阵和数字波束形成(DBF),见图 52.69。

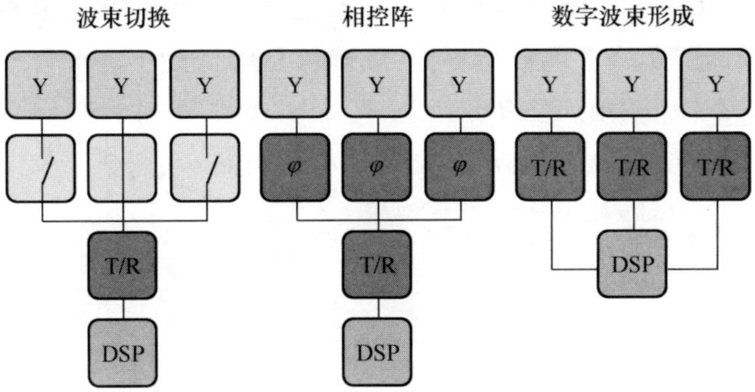

图 52.69　电子波束形成的不同思路

T/R—发射/接收组件;DSP—数字信号处理器。

(1) 开关波束意味着使用波束形成网络,每个波束形成一个指向特定方向的特定波束。然后可以在不同的网络之间切换以指向天线波束。只要光束数量少,就可以应用这种方法。但是更高频率的开关可能会导致较高的射频损耗。

(2) 相控阵使用模拟或数字移相器。这些移相器允许修改任何天线元件或组的相位,从而可以电子地操纵阵列的波束。这个途径通常比交换光束方式更复杂,但是横向转向更灵活。

(3) 数字波束形成阵列由天线单元组成,每个单元都有“自己”的 T/R 组件,包括上/下转换。这样,每个天线单元信号在数字水平上可用,并且波束形成可以在数字基带水平上执行。这种技术非常复杂,需要大量有源 RF 元器件以及相当大的处理能力。但是,这个思路提供了最高的波束成形灵活性。

在选择其中一种或其他技术之前,必须仔细分析这些要求。诸如期望的角度跟踪范围、HPBW、天线的可用尺寸及成本等因素必须进行分析。很多时候,不同的技术被结合在一起,在给定应用的性能、尺寸、复杂性和成本方面达到最佳解决方案。

3. 前端示例

这里介绍前端实现的两个范例。范例 1 是 30GHz 的前端。该系统的射频前端内置 LTCC(低温共烧陶瓷),这是一种适用于高密度多层电子器件的材料

(Kulke and Uhlig,2010)。图 52.70 中的前端是在德国的一项研究活动中设计的(Holzwarth et al.,2009),设计要求来自未来的卫星系统。前端由 64 个天线单元组成,它们是 16 层 LTCC 模块的一部分,包括 64 个有源发送通道和校准网络。液体冷却通道集成在陶瓷材料内,以确保足够低的工作温度。前端只能在 30GHz 时进行全面的 DBF 传输。

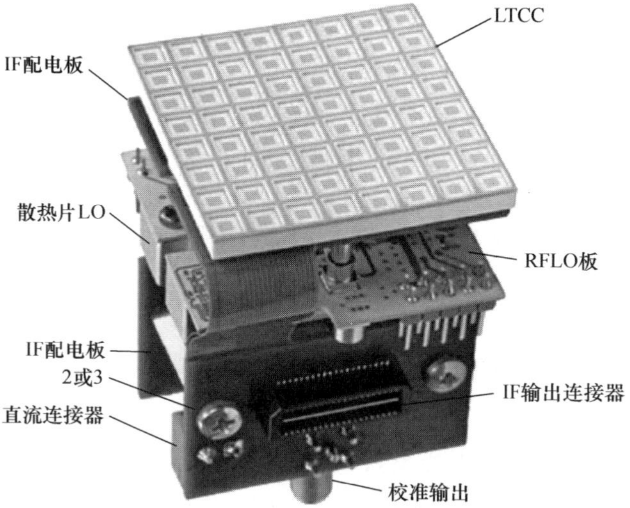

图 52.70　30GHz 数字波束形成阵列的 Tx 前端(IMST)

彩图 52.71 给出了实测的远场方向图。模块的波束转向覆盖了从法向到仰角 60°的区域。波束形成在法向上表现出色,使之朝向较低的仰角。但有效天线孔径的减小和天线单元的特性使性能降低。

范例 2 是图 52.72 显示的在 60GHz 频带内实现的另一个天线前端。在这种情况下,所选择的也是 LTCC(Sanadgol et al.,,2010)。天线模块由 4 × 6 个天线元件组成,电子射束转向仅在一个平面上实现。应用的是微带集成波导技术。

该前端设计用于个人移动设备的短距离高数据速率无线链路。测量结果显示出优异的波束形成特性和近 80%的天线效率。彩图 52.73 显示了阵列的一列的仿真模型。波导由嵌入材料中的栅栏通过金属和垂直平面形成。垂直切割的展示显示出了网络中以及天线单元的场分布。

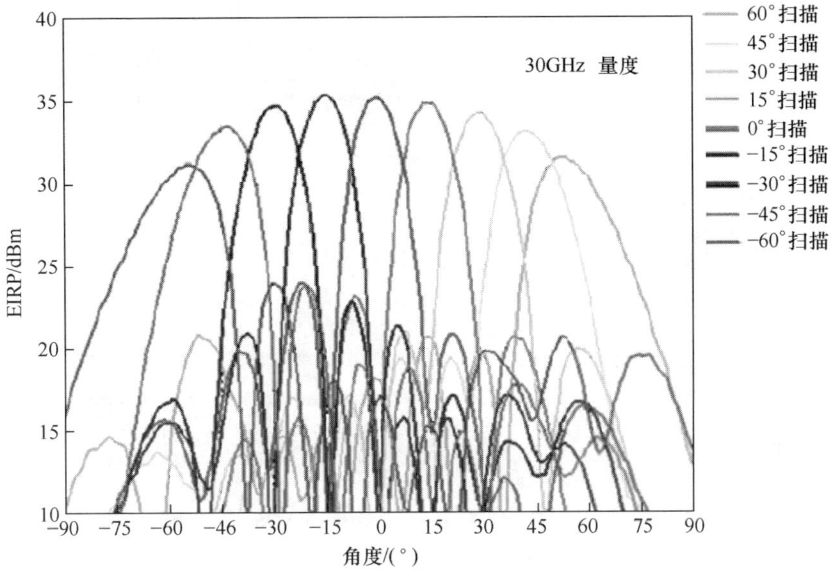

图 52.71　30GHz 的 DBF 阵列的测量天线波束(彩图见书末)

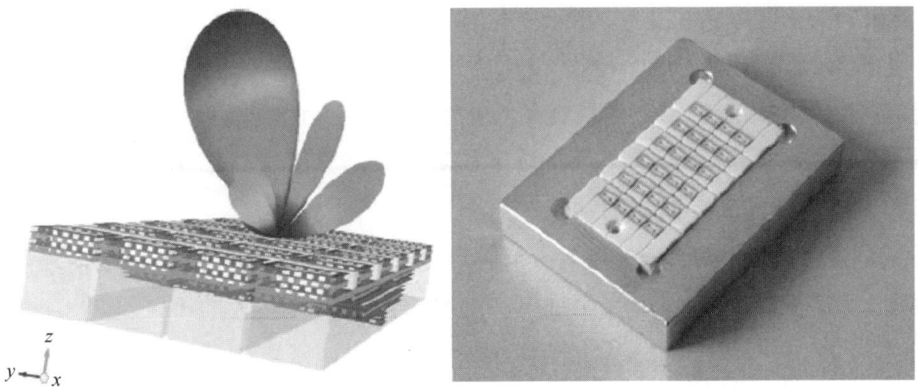

图 52.72　60GHz 的天线前端:仿真模型与前端硬件

(Beam Networks,IMST)

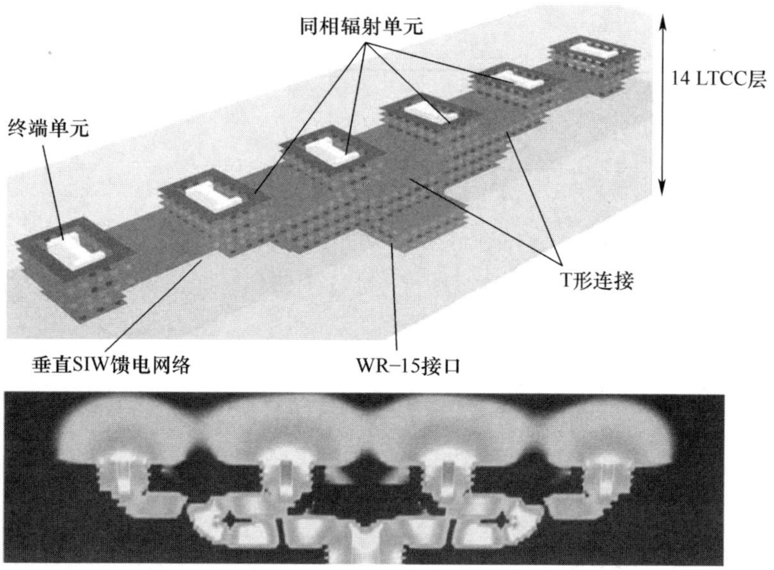

图 52.73　60GHz 前端的微带集成波导设计——一列的仿真模型和垂直剖面中的电场(彩图见书末)

52.8　总结

基站天线系统一直处于持续的动态演进过程中。第一个蜂窝通信系统仅能为有限数量的用户提供相对较低的数据速率。第一个蜂窝网络的主要重点是建立基本连接并提供基础覆盖。通常将相对简单的无源天线结构安装在塔上,并将收发器电子器件存储在基站底部的小建筑物中。

自蜂窝通信初期以来,移动通信的容量、覆盖范围和可用性方面的需求急剧增加。移动网络的第一个变化是用一组较小的小区替换大的小区,以增加总的网络容量。与此同时,分配了新的标准和波段,实施了更高的调制方案,并实现了特殊的载波聚合技术,以增加网络中的用户数量同时实现更高的数据流量。

天线技术从非常简单的全向辐射器经由扇区阵列变为主动波束成形天线。开发了创新的复杂阵列,以便为特定的小区或扇区提供非常精确的模式和增益控制。多波段天线系统也被设计成在相同的外形尺寸内组合多种通信标准。收发器电子器件越来越靠近天线，以避免电缆损耗并提高信号的质量。天线波束形状的远程控制可以动态调整小区的大小，并根据用户的需求调整小区的容量。

未来几年，全球通信和数据流量将出现大幅增长。因此，专家们目前正在研究第五代移动网络的新设计。这些设计中的一个关键问题是在 30GHz 和 60GHz 较高频带的分配。在这些波段中实施通信链路需要高方向性的天线，包括电子波束形成。所需的技术复杂而且难度很大；然而，强大前端的成功设计是利用这些非常有趣的频率资源的关键。

交叉参考：

▶第 32 章　分集天线和 MIMO 天线
▶第 59 章　WLAN / WiFi 接入天线
▶第 70 章　微波无线能量传输中的天线
▶第 16 章　线天线
▶第 17 章　环天线
▶第 33 章　低剖面天线
▶第 18 章　微带贴片天线
▶第 40 章　毫米波天线与阵列
▶第 24 章　相控阵
▶第 29 章　小天线
▶第 35 章　基片集成波导天线
▶第 44 章　宽带磁电偶极子天线

参考文献

3GPP (2006) 3GPP TS 25.463 UTRANIuant Interface Remote Electrical Tilting (RET) Release 6. 3GPP

AISG (2006) Antenna Interface Standards Group. Standard No. AISG v2.0. AISG Ltd., London. www.aisg.org.uk

Beckman C, Lindmark B (2007) The evolution of base station antennas for mobile communications. IEEE, 1-4244-0767-2/07

CISCO (2014) Cisco visual networking index: global mobile data traffic forecast. 2009 – 2014 reports. CISCO, USA

Collins B (2009) Base station antenna systems. In:Zhi Ning Chen, Kwai Man Luk (eds) Antennas for base stations in wireless communications. McGraw Hill, New York

CST (2014) 3D EM Simulation software. www. cst. com

Derneryd A, Johansson M (2009) Advanced antennas for radio base stations. In: Zhi Ning Chen, Kwai ManLuk (eds) Antennas for base stations in wireless communications. McGraw Hill, New York

Docomo (2014) 5G radio access: requirements, concepts and technologies. White paper NTT Docomo, Japan

Empire (2014) 3D EM Simulation tool based on finite difference time domain. www. empire. de

Feuerstein M (2001) The evolution of smart antennas to 3G. Presentation on the CDG Technology Forum, Costa Mesa, pp 1-22

Gabriel R, Göttl (1997) Antennenarray. European Patent EP 0848862

Göttl M (2004) US Patent 6734829 B1

Göttl M, Gabriel R, Markof M (1999) Hochfrequenz- Phasenschieberbaugruppe. European Patent EP 1208614

Hata M (1980) Empirical formula for propagation loss in Land Mobile Radio Services. IEEE Trans Vecicular Technol VT-29(3):317-325

Holzwarth S et al (2009) SANTANA: advanced electronically steerable antennas at Ka-Band. In: Eucap: 3rd European conference on antennas and propagation, Berlin, Germany, 23-27 March 2009, pp 471-478

Konrad W (2003) Design of an adaptive antenna demonstratorfor digital beamforming. Dissertation, TU Wien, Fakult € at f € ur Informations - und Elektrotechnik, Wien

Kulke R, Uhlig P (2010) LTCC technology for RF applications. In: EEEfCOM, electrical and electronic engineering for communication, workshop, Hochschule Ulm, 17 June 2010

Lindmark B (2000) A dual polarized dual band microstrip antenna for wireless communications. In: Analysis and design of base station antennas for mobile communications (Thesis). Chalmers University, Göteborg, pp attachment 1-7

Linehan K, Gianola B (2011) Recommendation on base station antenna standards. White paper of the NGMN alliance Maurer J (2005) Kapitel 5 Systemtheoretische Beschreibung des Funkkanals. In: Strahlenoptisches Kanalmodell für die Fahrzeug-Fahrzeug-Funkkommunikation. IHE Universität Karlsruhe, Karlsruhe, pp 96-114, ISSN: 0942-2935

Okumura Yet al (1968) Field strength and its variability in VHF and UHF land - mobile service. Rev ElectricCommun Lab 16:825-873

Pontes J, Corcoles J, Gonzales MA, Zwick T (2011) Modal Network Model for MIMO antenna in-system optimization. IEEE Trans Antennas Propag 59(2)

Sanadgol B, Holzwarth S, Milano A, Popovich R (2010) 60 GHz substrate integrated waveguide fed steerable LTCC antenna array. In: 4th European conference on antennas and propagation, EuCAP 2010, Barcelona, 12-16 April 2010

Shannon C (1949) The mathematical theory of information. University of Illinois Press, Urbana

Stevens M, Graften G (2012) The benefits of 60 GHz unlicenced wireless communications. White paper from Sub10 Systems Limited, Newton Abot, United Kingdom

Taga T (1992) Analysis of planar inverted-F antennas and antenna design for portable radio equipment. In: Hirasawa K, Haneishi M (eds) Analysis, design and measurement of small and low profile antennas. Verlag Artech House, Boston, pp 161-180

Taga T, Tsunekawa K (1987) Performance analysis of a built-in planar inverted F antenna for 800 MHz band portable radio units. IEEE J Sel Areas Commun SAC-5(5):921-929

Telatar I (1995) Capacity of multi-antenna Gaussian channels. Technical report, June 1995. AT&T Bell Laboratories, Murray Hill Vega L, Rey H (2013) A rapid introduction to adaptive filtering. Springer, New York

Viberg M (2005) Direction of Arrival estimation, chapter 16. In: Kaiser et al. (ed) Smart Antennas State of the Art, Hindawi

Waldschmidt C (2004) Systemtheoretische und experimentelle Charakterisierung integrierbarer Antennenarrays. IHE de Universität Karlsruhe (TH), Forschungsberichte Bd. 41, Karlsruhe, ISSN: 0942-2935

Walke B (2000) Modelle der Funkfeldberechnung. In: Mobilfunknetze und ihre Protokolle. Teubner Verlag, Stuttgart, pp 47-51

第 53 章

终端 MIMO 系统与天线

Hui Li, Buonkiong Lau

摘要

MIMO 技术极大地提高了无线通信的性能，随着天线数量的增加，数据率呈线性增加，而无需额外增加传输功率和波谱。然而，只能通过对可提供低互耦合低相关性以及高效率的多天线进行设计才可获得巨大的性能改进。对于小型终端设备，此设计准则是一巨大挑战。在现存和未来即将制定的移动通信标准中，随着终端带宽要求的增加，这一问题将会更加地复杂。本章开篇介绍 MIMO 终端天线的历史和求解方法，将为研究者和从业者就如何设计高效的 MIMO 终端天线提供有价值的指导。然后集中介绍解耦和去相关技术，包括射频电路的解耦、天线结构的解耦和基于解耦的特征模式。书中最后介绍 MIMO 天线设计的未来发展方向和一些相关的开放性问题。

Hui Li(✉)
瑞典隆德大学电气与信息技术系，瑞典；
大连理工大学电子信息与电气工程系，中国
e-mail: hui.li@dlut.edu.cn
B. K. Lau
瑞典隆德大学电气与信息技术系
e-mail: buon_kiong.lau@eit.lth.se; bkl@eit.lth.se

关键词

MIMO 系统;MIMO 指标;信道容量;天线相关性;互耦;移动通信;特征模式;寄生单元;中和/连接线;缺陷/修正接地平面

53.1　引言

现如今智能手机、笔记本电脑和平板电脑(tablets)的广泛流行对高速移动通信技术提出了更高的需求。这一需求促进了多输入多输出技术(multiple-input multiple-output,MIMO)在无线通信标准中的广泛应用,基站和终端的多天线应用以实现信道容量(或理想数据传输速率)随天线数量线性增加,而不需要牺牲附加频谱和传输功率(Gesbert et al.,2003)。然而,MIMO 信道容量的线性增加对于 MIMO 系统来说是一种理想的情况。很多非理想因素,如信道和天线的非零相关、非理想的天线效率和有限功率失衡将降低连接性能。为了评估多天线系统的 MIMO 特性,本章列出了特征图和它们对数据率的影响比较。

从天线设计角度,由于要在有限空间中分配多个天线以实现单频或多频带,因此在压缩终端设备尺寸方面 MIMO 技术极大地增加了天线设计的复杂度。紧密放置的天线会导致强互耦,降低了天线的效率,同时,间距过近也会在天线间增加信号的相关性,降低终端器件的 MIMO 特性。因此,天线间的解耦和去相关是非常重要的。本章要讨论解耦和去相关的关系。通常,天线设计的目标是为了获取高隔离性和低相关性,它们共同称为解耦合技术。但是,解耦合技术旨在增加隔离度,无法确保在中等或低辐射效率的多天线系统中有效地去相关。本章会介绍现存的基于多机制的解耦合技术,包括解耦合网络、修正接地平面、中和/连接线、特征模式等。特别是会系统地对基于解耦合技术的特征模式进行介绍,该技术对于具有良好带宽特性的 MIMO 终端天线解耦和去相关设计很有效。

本章首先介绍 MIMO 系统的主要特征;其次对移动终端的多天线设计展开讨论,因为相同设计原则适用于更大外形尺寸的平板电脑,包括平板手机或小型平板。这是因为多天线设计的主要难点在于终端器件的小型物理尺寸,此物理尺寸与信号的波长有关,这意味着小型化移动终端器件仍是最难以实现的。换个角度来说,为比移动便携式器件更大的终端设备设计多天线单元,相当于在更高频率为移动便携式器件设计天线,如700MHz波段的波长大概比2GHz波段波长的3倍还要长。

53.2 MIMO终端天线的历史

MIMO技术是基于多天线的应用。MIMO这一术语通常应用于空间复用中,是通过在发射机和接收机同时应用多天线技术传输多路数据流。然而,使用多天线以提升无线通信已经不再是一个新的现象。例如,在1930年,多天线曾被用于短波频率(3~30MHz)以克服由于多通道传输造成的无线电报衰减(Peterson et al.,1931)。这种缓解衰减方法就是分集接收,这是一种在不同天线上接收不同强度信号的方法。分集接收也被应用于GSM基站的移动通信中以提高信号质量。但是,由于处理接收信号的复杂性以及进行复杂处理过程的花费,早期多天线的应用是被部署于基站中而非用户终端。再者,为了使多天线产生彼此不同(或者去相关的)的信号,通用的方法是应用空间分离的天线。由于具有足够的可用空间,此方案在基站中更易实现。即便空间复用采用了更高级的信号处理技术,以实现从物理多路径传输通道向独立的传输信道的转换,为了分集和空间复用技术更好地工作,对去相关天线的要求是苛刻的。受天线空间的限制,相对于信号波长来说,典型用户终端的尺寸有限使终端多天线的设计成为挑战。

基于天线交换分集技术的日本个人数字蜂窝(PDC)系统在20世纪90年代中期首次在移动终端部署多天线(Kobayashi et al.,1994)。鞭状天线(单极天线)被用于发射和接收,而内部的平面倒F天线(PIFA)被用于接收。多天线分集也被用来缓解在PDC系统的时延,降低码间干扰(ISI)(Falconer et al.,1995)。尽管如此,双天线终端的研究和实际实现早于PDC系统,早在1986日本公司NTT已经提出内嵌(内部)两个PIFA天线设计用于肩携带和手持移动终端(Taga and Tsunekawa,1986;Taga and Tsunekawa,1987)。

在 20 世纪 90 年代后期,第一次引入的 MIMO 技术(1987 冬季)开始不再默默无闻,因为它在不增加频谱使用的情况下可大幅度提高数据速率方面的潜力,而开始吸引学者们的广泛关注。在获得频谱许可证已成为移动运营商的主要开支的时候,更好地利用现有频谱的想法确实是及时的。然而,在商业应用之前仍需努力进行技术的研究与开发。移动通信中的 MIMO 首次引进 High Speed Packet Access Evolution(HSPA+)系统 2007,相应的 Third-Generation Partnership Project(3GPP)版本 7 发布(Rao et al.,2009)。HSPA+采用空间复用双数据流下行使数据速率高达 28Mb/s,是前一版本的最大数据速率的 2 倍。大约在同一时间,MIMO 也以无线局域网(WLAN)终端设备的形式出现在市场上,符合 IEEE 802.11n 草案 2 规格(Perahia,2008)。虽然限制在室内 70m 和室外 230m,IEEE 802.11n 系统可以提供高达 600Mb/s 的数据传输速率,采用 4×4 MIMO 以支持 4 个数据流。

然而,尽管 MIMO 技术在 HSPA+和 IEEE 802.11n 中广泛采用,在这些标准中的 MIMO 特征仍然是可选的。因此,在终端中实现多天线并不是强制性的。随着 Long Term Evolution(LTE)网络的应用,对应 3GPP 版本 8 发布,这种情况发生了变化,因为 LTE 要求在终端中实现两个或更多的天线。第一个 LTE 终端是 USB 加密,可使笔记本电脑接入无线宽带。这样的一个例子是三星的 LTE 终端适配器(图 53.1),这是由北欧移动运营商 TeliaSonera 于 2009 年 12 月 14 日开发的世界上第一个商用 LTE 网络。LTE 标准为分类指定 4 个天线。

图 53.1　三星的 LTE 的 USB 适配器(型号名称:b3710(GT);来源:samsung.com)

(5 用户设备(UE),其最大下行链路和上行链路数据速率分别为 300Mb/s 和 75Mb/s)

53.3 MIMO 系统的评估

理想情况下,空间复用随发射、接收天线的数目线性地增加 MIMO 系统的信道容量。然而,它的实现依赖于天线设计和传播环境中的许多实际因素。本节聚焦天线和传播方面,介绍了可用于表征 MIMO 系统性能的主要参数。此外,还讨论了平均有效增益、分支功率失衡和相关性对容量和复用效率的影响。

53.3.1 平均效率增益

平均有效增益(MEG)由 Taga 在 1990 年提出,定义为天线接收的平均功率与在实际传播信道中的总平均入射功率之比。在方位角 ϕ 和俯仰角 θ 球面坐标,MEG 为

$$\mathrm{MEG} = \int_0^{2\pi}\int_0^{\pi}\left(\frac{\mathrm{XPR}}{\mathrm{XPR}+1}G_\theta(\theta,\phi)P_\theta(\theta,\phi) + \frac{1}{\mathrm{XPR}+1}G_\phi(\theta,\phi)P_\phi(\theta,\phi)\right)\sin\theta\mathrm{d}\theta\mathrm{d}\phi \tag{53.1}$$

式中:XPR 为平均功率的 θ 极化分量与 ϕ 极化分量的比值;$G_\theta(\theta,\phi) = |E_\theta(\theta,\phi)|^2$ 和 $G_\phi(\theta,\phi) = |E_\phi(\theta,\phi)|^2$ 为天线增益模式的 θ 和 ϕ 的分量,分别用 $E_\theta(\theta,\phi)$ 和 $E_\phi(\theta,\phi)$ 表示 θ 和 ϕ 极化天线的电场远场方向图;$P_\theta(\theta,\phi)$ 和 $P_\phi(\theta,\phi)$ 为角功率密度函数的 θ 和 ϕ 分量。与天线的总辐射功率不同,MEG 考虑了天线与传播信道之间的相互作用,并在非理想环境中描述了单个天线的性能。高 MEG 表示天线和信道之间的良好匹配,使得天线能够在信道中接收更多的信号功率。良好的 MIMO 性能要求各个天线应具有高 MEG。一个具有均匀的三维角功率谱(APS)的理想信道,$\mathrm{XPR} = 1, P_\theta = P_\phi = \frac{1}{4\pi}$。

53.3.2 分支功率失衡

除了 MEG,为了获得良好的 MIMO 性能,还要求天线接收到的信号功率电平彼此不应显著变化。这是用分支功率失衡来描述的,是两个支路之间 MEG 的最小比值(1 和 2),即

$$k = \min\left(\frac{\mathrm{MEG}_1}{\mathrm{MEG}_2}, \frac{\mathrm{MEG}_2}{\mathrm{MEG}_1}\right) \tag{53.2}$$

对于具有均匀三维 APS 的理想信道，k 等于天线效率或两个分支之间的 TPR。

53.3.3　相关性

信号相关性是 MIMO 系统的另一个度量指标。基于远场模式，天线单元 i 和天线单元 j 之间的复相关系数表示为

$$\rho_{c,ij} = \frac{\int_0^{2\pi}\int_0^{\pi} A_{ij}(\theta,\phi)\sin\theta\mathrm{d}\theta\mathrm{d}\phi}{\sqrt{\int_0^{2\pi}\int_0^{\pi} A_{ii}(\theta,\phi)\sin\theta\mathrm{d}\theta\mathrm{d}\phi \int_0^{2\pi}\int_0^{\pi} A_{jj}(\theta,\phi)\sin\theta\mathrm{d}\theta\mathrm{d}\phi}} \tag{53.3}$$

式中：$A_{ij} = \mathrm{XPR}\ E_{\theta,i}(\theta,\phi)E_{\theta,j}^{*}(\theta,\phi)P_{\theta}(\theta,\phi) + E_{\phi,i}(\theta,\phi)E_{\phi,j}^{*}(\theta,\phi)P_{\phi}(\theta,\phi)$；$E_{\theta/\phi,i/j}(\theta,\phi)$ 为在球坐标系下天线 i(或 j) 的 θ(或 ϕ) 极化远场电场方向图。M_{r} 天线接收端的(归一化)复相关矩阵可以表示为

$$\overline{\boldsymbol{R}_r} = \begin{bmatrix} 1 & \rho_{c,12} & \cdots & \rho_{c,1M_r} \\ \rho_{c,21} & 1 & \cdots & \rho_{c,2M_r} \\ \vdots & \vdots & \ddots & \vdots \\ \rho_{c,M_r1} & \rho_{c,M_r2} & \cdots & 1 \end{bmatrix} \tag{53.4}$$

在无线通信中，由于信号包络(幅值)比信号的幅度和相位更容易测量，所以包络相关系数更受关注。经验发现(天线 i 和 j)的包络相关系数可以近似为复相关系数幅度的平方，即

$$\rho_{e,ij} \approx |\rho_{c,ij}|^2 \tag{53.5}$$

当相关性很高时，MIMO 性能会变差，尤其是当包络相关大于 0.5 时。这是因为 MIMO 系统依赖于接收信号的独立性以提供分集和/或空间复用中的独立信道。

53.3.4　相关性的评估

相关性评估是决定 MIMO 系统性能的重要因素。根据式(53.3)可以获得

相位和极化信息天线的球面辐射方向图,计算出两个天线之间的信号相关性。然而,由于需要专门的设备和设施,所以完成方向图的测量是既费时又昂贵的。

因此,在计算相关性时尽量避免使用天线方向图是很有意义的。1962 年 Stein 导出了天线方向图与散射(或 S)参数之间的闭式关系,强调了无耗和互易的实例。尽管 Stein 的工作包含了所有必要的架构部分,但信号相关性以 S 参数形式表示的表达式由 Blanch 等(2003)推导,其中两个天线的包络相关性由此公式给出,即

$$\rho_e \approx |\rho_c|^2 = \frac{|S_{11}^* S_{12} + S_{21}^* S_{22}|^2}{(1 - |S_{11}|^2 - |S_{21}|^2)(1 - |S_{22}|^2 - |S_{12}|^2)} \tag{53.6}$$

其中假设三维 APS 均匀和天线辐射效率 100%。这种基于 S 参数的相关性关系式可以很容易地推广到 M 端口天线系统(Thaysen and Jakobsen,2006)。表达式已被广泛应用于 MIMO 终端天线设计(如 Su,2010;Sonkki et al.,2012;Xiong et al.,2012),因为相比于测量的辐射方向图,采用矢量网络分析仪(VNA)测量 S 参数更为方便。此外,S 参数是重要的多天线参数,可以直接测量获得。然而,该方法的精度在很大程度上依赖于辐射效率 100%的假设,甚至在相对高的辐射效率时会出现严重的误差(Li et al., 2013a)。不幸的是,在一些关于 MIMO 终端天线的评估文献中,这一点常常被忽略,尽管有明显的介质和导体损耗,却仍然采用了式(53.6)。

利用式(53.6)计算由于天线损耗的相关性的准确性由 Hallbjörner(2005)首次提出,还提出了一种改进的方法来计算双天线系统的相关性的上限(即最坏的情况下),给出了天线的辐射效率和相关性的不确定性之间的关系。相关性的上限(或固定的上限)以 S 参数及辐射效率 η_{rad} 形式给出,即

$$|\rho_c|_{\text{guaranteed}} = \frac{|2\text{Re}(S_{11} S_{21}^*)|}{(1 - |S_{11}|^2 - |S_{21}|^2)\eta_{\text{rad}}} + \frac{1}{\eta_{\text{rad}}} - 1 \tag{53.7}$$

假设两个天线是相同的。Re( )表示实部,这样相关系数的估计对于高辐射效率的天线是很准确的,但式(53.7)对于低辐射效率的天线是很保守的。例如,当辐射效率低于 50%,这是移动终端天线中不常见的(特别是在 1GHz 以下的波段),S 参数计算上限均大于 1(Li et al.,2013a)。更直观地说,当天线的辐射效率低时,保证相关系数在很大程度上取决于天线的辐射效率。然而,当采用损耗较大的材料时,真正的相关系数随辐射效率变化不大,因为这只会引起天线

图案的微小变化。

在 Li 等,(2013a)的文献中,用等效电路来估计信号的相关性,其中天线损耗模型由依赖于天线工作状态的串联电阻和并联电导组成。给定辐射效率和 S 参数,计算损耗电阻(或电导),以从原始有耗天线中分离有耗分量。对于双天线的情况,将原来的有耗天线阵列分解为 3 个部分:两个电阻(每个天线一个)和一个无耗的二元阵列。然后通过矩阵运算从无耗阵列的 S 参数中计算出原始双天线系统的相关系数。相对于其他基于 S 参数的方法,通过这种方法可以获得更好的计算精度。

值得注意的是,在测量中对 S 参数相位的校准非常重要,因为它们被用于所有基于 S 参数的计算方法中。与此相反,对于常规多天线的评估,耦合(或传输)系数 S_{21} (或 S_{12})的相位是不重要的。估计信号的相关性也在 Stjernman (2005)和 Salonen 等(2005)的文献中介绍。

53.3.5　解耦合和去互相关的关系

根据定义,解耦合意味着增加隔离度或减少天线端口之间的耦合,这将导致更低的失配损耗和更高的总效率。另外,去相关意味着使天线的复辐射方向图彼此正交,从而导致较低的信号相关性。

为了研究解耦合和去相关之间的关系,假定双天线系统中的天线是相同的(如地平面上对称地分布相同的天线单元),并且具有 100%的辐射效率。因此,式(53.6)简化为(Dossche et al.,2004)

$$\rho_e \approx \frac{|2\mathrm{Re}(S_{11}S_{21}^*)|^2}{(1-|S_{11}|^2-|S_{21}|^2)^2} \tag{53.8}$$

根据式(53.8),如果天线匹配(即 $|S_{11}|$ 很小),当相互耦合($|S_{21}|$)非常小时,天线之间的相关性较低。因此,当它们解耦时天线自动去相关。除了减少 $|S_{11}|$ 和 $|S_{21}|$,另一种去相关的方法是通过使 S_{11} 正交于 S_{21} ,可以通过使用一个耦合匹配网络实现(Dossche et al.,2004)。然而,这种情况下不需要低的互耦。

基于以上讨论,可以得出结论:高效率的天线之间的解耦合可以导致去相关,而去相关并不一定意味着解耦合。对于低辐射效率的天线(如频率低于 1GHz 的终端手机天线),解耦合和去相关之间没有简单的关系。因此,在设计天线时需要同时考虑耦合性和相关性的指标。

53.3.6 信道容量

在有 M_t发射天线和 M_r接收天线的 MIMO 系统中,发射信号 $\boldsymbol{s}$ 和接收信号 $\boldsymbol{y}$ 可以在基带中表示,即

$$\boldsymbol{s} = [s_1, s_2, \cdots, s_{M_t}]^{\mathrm{T}} \tag{53.9}$$

$$\boldsymbol{y} = [y_1, y_2, \cdots, y_{M_r}]^{\mathrm{T}} \tag{53.10}$$

这种系统的输入输出信号模型可表示为

$$\boldsymbol{y} = \boldsymbol{Hs} + \boldsymbol{n} \tag{53.11}$$

式中:$\boldsymbol{n}$ 为接收天线上的 AWGN 噪声,信道矩阵 $\boldsymbol{H}$ 为

$$\boldsymbol{H} = \begin{bmatrix} h_{11} & h_{12} & \cdots & h_{1M_t} \\ h_{21} & h_{22} & \cdots & h_{2M_t} \\ \vdots & \vdots & \ddots & \vdots \\ h_{M_r1} & h_{M_r1} & \cdots & h_{M_rM_t} \end{bmatrix} \tag{53.12}$$

式中:h_{mn} 为从发射天线 n 到接收天线 m 的复传输系数,MIMO 系统的信道容量(最大可实现无差错的数据速率)可以表示为(Telatar 1999)

$$C = \max_{\mathrm{Tr}(\boldsymbol{R}_{\mathrm{SS}}) = M_t} \log_2 \det\left(\boldsymbol{I}_{M_r} + \frac{P_t}{M_t N_0} \boldsymbol{H R}_{\mathrm{SS}} \boldsymbol{H}^{\mathrm{H}}\right) \tag{53.13}$$

式中:$\boldsymbol{I}_{M_r}$ 为 $M_r \times M_r$ 的单位矩阵;P_t 为发射功率;N_0 为接收机的噪声功率;$(\cdot)^{\mathrm{H}}$ 表示埃尔米特转置运算符;$\boldsymbol{R}_{\mathrm{SS}}$ 为式(53.9)中 $\boldsymbol{s}$ 的协方差矩阵并且必须满足 $\mathrm{Tr}(\boldsymbol{R}_{\mathrm{SS}}) = M_t$ 以约束总发射功率。

对于天线设计者来说,非理想天线对信道容量的影响需在设计中着重考虑。研究这种非理想情况的影响,利用 Kronecker 信道模型(kermoal et al., 2002)可以得到式(53.13)的一个更简单、更直观的表达式(Paulraj et al., 2003),对具有丰富散射的非视距下的低阶 MIMO 系统具有良好的精度,并已在几个 IEEE 标准中采用。

$$\boldsymbol{H} = \boldsymbol{R}_r^{1/2} \boldsymbol{H}_w \boldsymbol{R}_t^{1/2} \tag{53.14}$$

式中:$\boldsymbol{R}_t \in C^{M_t \times M_t}$ 和 $\boldsymbol{R}_r \in C^{M_r \times M_r}$ 分别为发射和接收天线相关矩阵;$\boldsymbol{H}_w$为独立同分布(IID)瑞利信道的信道矩阵。等功率分配的情况下(即 $\boldsymbol{R}_{\mathrm{ss}} = \boldsymbol{I}_{M_t}$),将

式(53.14)代入式(53.13)给出,即

$$C=\log_2\det\left(\boldsymbol{I}_{M_r}+\frac{P_t}{M_tN_0}\boldsymbol{R}_r^{1/2}\boldsymbol{H}_w\boldsymbol{R}_t\boldsymbol{H}_w^{\mathrm{H}}\boldsymbol{R}_t^{\mathrm{H}/2}\right) \tag{53.15}$$

假设 $M_r=M_t=M$ 和高信噪比(SNR),与之相关的 MIMO 信道的容量可以表示为

$$C\approx\log_2\det\left(\frac{P_t}{M_tN_0}\boldsymbol{H}_w\,\boldsymbol{H}_w^{\mathrm{H}}\right)+\log_2\det(\boldsymbol{R}_r)+\log_2\det(\boldsymbol{R}_t) \tag{53.16}$$

为考察天线的性能,假设信道为均匀的三维 APS,然后相关矩阵可以表示为 $\boldsymbol{R}_t=\boldsymbol{\Lambda}^{1/2}\overline{\boldsymbol{R}}_t\boldsymbol{\Lambda}^{1/2}$ 和 $\boldsymbol{R}_r=\boldsymbol{\Lambda}^{1/2}\overline{\boldsymbol{R}}_r\boldsymbol{\Lambda}^{1/2}$ (Tian et al., 2011),其中 $\overline{\boldsymbol{R}}_t$ 和 $\overline{\boldsymbol{R}}_r$ 是归一化相关矩阵与式(53.4)中 $\overline{\boldsymbol{R}}_r$ 相同,而 $\boldsymbol{\Lambda}_t=\mathrm{diag}[\eta_1,\cdots,\eta_{M_t}]$ 和 $\boldsymbol{\Lambda}_r=\mathrm{diag}[\eta_1,\cdots,\eta_{M_r}]$ 是包含了天线总效率的对角矩阵,η_i 是第 i 个的天线单元的总效率。

在式(53.16)中,$\log_2\det(\boldsymbol{R}_r)\leqslant 0$ 和 $\log_2\det(\boldsymbol{R}_t)\leqslant 0$,其中对于任何非理想的天线情况,在总效率、效率失衡和相关性中不等式情况都会发生。这意味着非理想的 MIMO 天线将导致 $\log_2\det(\boldsymbol{R}_r)+\log_2\det(\boldsymbol{R}_t)$ bps/Hz 的容量损失。非理想情况对 MIMO 性能的影响将在下一小节采用复用效率指标进一步解释。

53.3.7　复用效率

容量是描述系统级 MIMO 性能的一个非常有用的指标,因为它考虑到所有天线和传播效应。然而,以数据速率表示性能,并没有为天线的研究人员和工程师提供有关独立天线设计参数的影响的明确信息。此外,天线研究人员和工程师更习惯基于功率的指标,如总效率。因此,引入复用效率作为评估 MIMO 系统天线性能的一个新指标(Tian et al.,2011)。

与 100%总天线效率和零相关性的理想天线系统相比,复用效率被定义为非理想天线系统在达到给定容量时的功率损失,有

$$\eta_{\mathrm{mux}}=\frac{P_0}{P_t}\leqslant 1 \tag{53.17}$$

式中:P_0 和 P_t 分别为理想和实际天线系统所要求的发射功率(或信噪比,假设有同样的接收噪声),以实现相同的容量。

按照 Tian 等(2011)推导的过程,并假设用发射和接收天线是被测的 MIMO 天线,无相关,在 $M\times M$ MIMO 系统的复用效率可以表示为

$$\eta_{\text{mux}} = \frac{\det\,(\boldsymbol{I}_M + \gamma_t \boldsymbol{R}_r)^{1/M} - 1}{\gamma_t} \quad \text{dB} \tag{53.18}$$

式中:$\boldsymbol{R}_r = \boldsymbol{\Lambda}^{1/2}\bar{\boldsymbol{R}}_r\boldsymbol{\Lambda}^{1/2}$ 和 $\gamma_t = P_t/N_0$。在高信噪比的情况下,复用效率可以很好地近似,即

$$\eta_{\text{mux}} = \left(\prod_{i=1}^{M}\eta_i\right)^{\frac{1}{M}}\det\,(\bar{\boldsymbol{R}}_{\text{r}})^{\frac{1}{M}} \tag{53.19}$$

式(53.19)可以解释为单天线情形对多天线情形的综合效率,扩展形式将效率失衡和相关性转化为分贝(dB)的等效功率损耗。

对于发射机和接收机都有两个天线的简单状况,复用效率表达式可简化为

$$\eta_{\text{mux}} = \underbrace{\sqrt{\eta_1\eta_2}}_{n_g}\underbrace{\sqrt{(1 - |\rho_c|^2)}}_{n_c} \tag{53.20}$$

式中:η_g 为天线效率的几何平均值或算术平均值(dB),包括效率和效益失衡的影响;η_c 为由相关性造成的等效功率损耗。式(53.20)对于测试和比较不同的 MIMO 终端天线情况非常有用。

53.4 MIMO 终端的解耦技术

如上所述,耦合对总天线效率的影响是重要的,与相关性一起对 MIMO 信道容量的影响显著。本节对电路级和天线级的实现低耦合和相关性的现有解耦技术进行了调查和讨论。除了本节所述的解耦合技术外,还应该注意到极化分集也可以用来实现多天线(通常是多端口天线)的低互耦,双极化贴片天线就是一个典型的实例。

53.4.1 解耦网络

解耦网络的目的是将天线之间的互阻抗或耦合系数降为零,同时保持每个天线单元的良好阻抗匹配(Wallace and Jensen,2004),因此也称为解耦匹配网络(DMN)。在文献中,(如 Volmer et al.,2008),解耦网络是一种电路方法,用来实现 MIMO 天线的解耦。

双天线的解耦网络的一种可能的实现如图 53.2 所示(Dossche et al.,2004)。在该实现中,整个网络由传输线、开路枝节和解耦线组成。首先,匹配

网络连接到天线将每个反射系数(S_{11}和S_{22})变成为一个实数,将每个耦合系数(S_{21}和S_{12})变为一个虚数。根据式(53.8),假设两天线相同,天线之间的相关系数为零,由于S_{11}是正交的S_{21}。虚S_{21}确保互阻抗Z_{21}是虚数,这样一个无耗的解耦网络可以通过实现$S_{21}=0$来解耦天线。之后,第二匹配网络可以用来降低S_{11}保证输出端口的良好阻抗匹配。然后,双天线系统很好地匹配和解耦。

基于集总元件(包括电容器和电感器)的组合,提出了解耦网络的其他实现(Chen et al.,2008)、分布单元(dossche et al.,2005)、180°混合耦合器(Coetzee and Yu,2008b;Lin et al.,2012a;Volmer et al.,2008)或分离线(Dossche et al.,2005)。相对于分布式元件,集总元件更容易调整,也节省了 PCB 的空间(Weber et al.,2006)。然而,当集总元件数目增加时,整个网络的损耗增加,从而降低整个天线系统的效率。

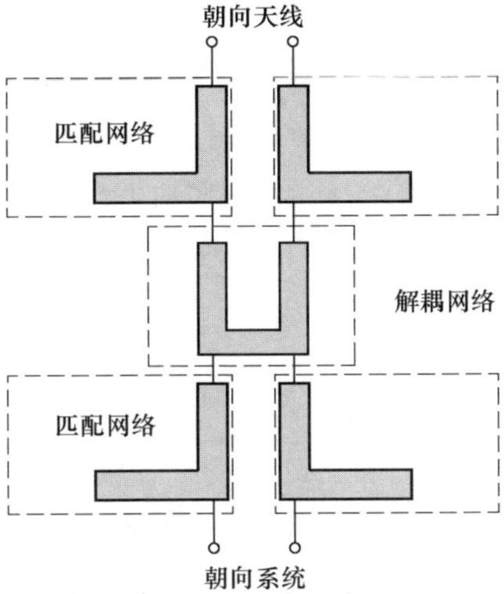

图 53.2 两端口天线系统解耦网络(Dossche et al.,2004)

为了实现高耦合的终端天线的多频带和多模式操作,解耦网络也被设计成为可调谐或工作在多个频带。在 Lin 等(2012)的文献中举例说明了双频解耦网络。利用双模 180°混合耦合器通过建立正交模实现低带宽的解耦。在高频带中,禁止混合耦合器上、下部分之间的分路,耦合器仅成为一对延迟线。因此,用标准矩阵算法实现的电抗元件用于取消相互耦合。采用附加 LC 槽的微带线实现了在低波段和高波段不同性能的非寻常双模 180°混合耦合器。

53.4.2 修正接地平面

修正接地平面是一种天线级解耦方法,修正多天线的接地平面结构(如蚀刻)以一定的方式改变其电磁特性,如电流分布和表面波。由于慢波和缺陷接地平面(DGS)的阻带特性(Ahn et al.,2001;Kin et al.,2002),在单天线设计中它以前被用来抑制谐波和贴片天线的交叉极化(Sung et al.,2003;Guha et al.,2005)。MIMO 天线的带阻滤波器的作用是用来减少天线单元间的互耦。一个常见的实现方法是在接地平面上引入多个狭缝(Chiu et al.,2007;Li et al.,2009a;Huang and Li,2009;Kokkinos et al.,2008;Zhu et al.,2009)。

在 Chiu 等(2007)的早期工作中,N 组狭缝被刻蚀在两个 PIFA 天线之间的地平面上,如图 53.3 所示。带阻滤波器是由缝和条带交错而成,其中电容来自条带,电感沿小的中央连接条引入。图 53.3 中的 DGS 部分是从 MIMO 天线中提取,并对其进行独立分析。将两条传输线连接到 DGS 结构上,测试其反射和耦合特性,结果显示出一个 2~3GHz 的阻带,即在阻带中大部分功率被反射回馈电端口。因此,当应用于 MIMO 天线时,大多数电流不能从一个天线流向另一个天线,从而改进了隔离度。DGS 方法也成功地应用于其他类型的天线(Chiu et al.,2007),包括单极子作为非平面辐射元件和贴片天线。

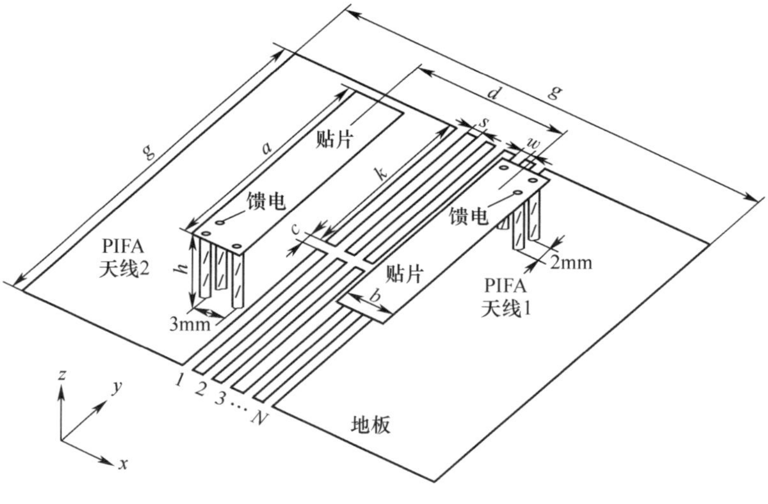

图 53.3 两个紧密封装的具有 DGSP 的 IFAs 几何结构(Chiu et al.,2007)

根据相同的原理,设计了不同的 DGS 结构。图 53.4(a)显示了 4 个 λ/4 槽的 MIMO 系统,通过在每两个相邻缝隙天线之间的 DGS 进行解耦(Li et al.,2010)。在 Chiu 等(2007)的文献中与 DGS 的比较,所需的实现空间减半,终端天线可以更紧凑。在图 53.4(b)中,采用了两个耦合的 λ/4 狭缝在地平面的不同边缘开口(Kokkinos et al.,2008)。与地平面一起,两个槽形成一个有效的回路,并在一定频率下共振。因此,在较短的边缘之间的两个天线之间的耦合路径引入了传输零点,从而导致 50dB 的高隔离度。DGS 的形状也可以是不同的。例如,一个简单的环形结构被应用在一个圆柱形介质谐振器天线(DRA)(Guha et al.,2008),可将隔离度提高 5dB。在 Elsheakh 等(2010)的文献中针对紧密封装的微带贴片天线,比较了不同的 DGS 结构的影响,包括哑铃形、E 形和 H 形。

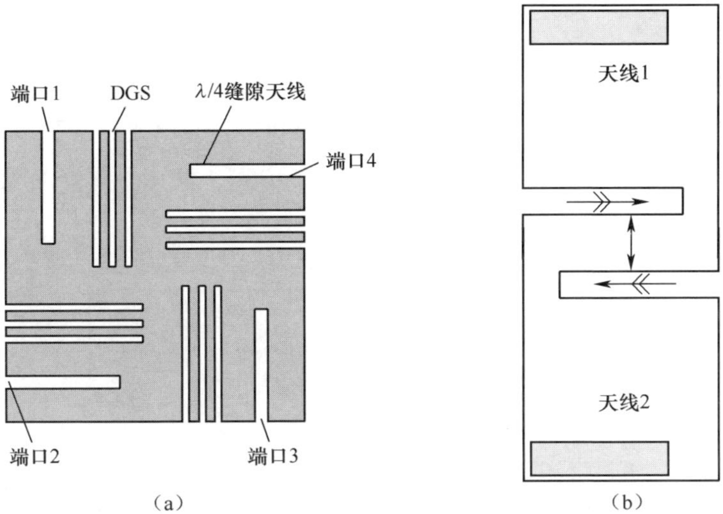

图 53.4 不同的 DGS 结构(Kokkinos et al.,2008)

(a)具有 DGS 的正交极化缝隙天线(Li et al.,2010);(b)DGS 作为磁谐振器。

除了 DGS,电磁带隙(EBG)结构也可用于解耦。电磁带隙结构由在地平面上周期性排列的单元构成(图 53.5)。电磁带隙结构表现为一个宽阻带、高衰减的带阻滤波器,非常适合多天线解耦(Yang and Rahmat Samii,2003;Inclan-Sanchez et al.,2007)。一个典型的 EBG 单元是一个蘑菇状的结构,包括一个贴片和与地面的过孔连接。通过改变单元的尺寸并在二维方向上将其排列,阻带可以在不同频率下出现。在 Iglesias 等(2008)的文献中使用 4 个单元的 EBG 结构,实现了两贴片天线在2.8GHz的隔离度改善超过10dB。然而,受布拉格反射条件的制约,特别是对低频率的EBG结构是复杂的,需要大量的实施空间,(Huang and Lee,2009)。

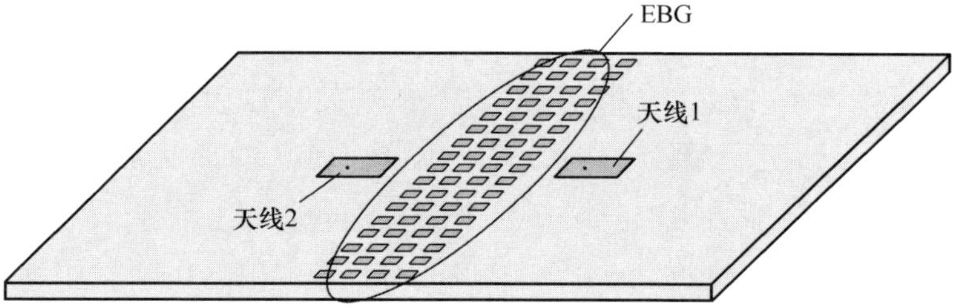

图53.5 解耦的EBG结构配置(Yang and Rahmat Samii,2003)

另一种类似的解耦技术是在修正接地平面上使用软表面,如图53.6所示。软表面只在一个方向上进行滤波,所以相比EBG,它的单元尺寸更小(Iglesias et al.,2009)。采用软表面隔离通常可以提高约10dB。使用更多条带会产生更高的隔离度。

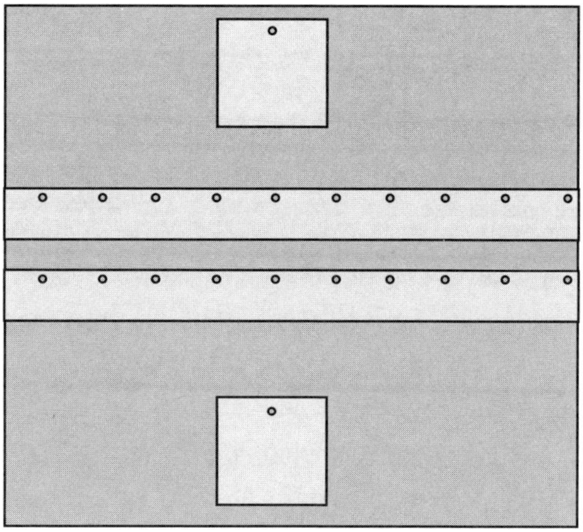

图53.6 软表面结构解耦两贴片天线(Iglesias et al.,2009)

53.4.3　中和/连接线

中和线法是另一种天线级解耦方法。一般来说,中和线是一个导电导线(或条带),它将两个天线连接在一个共同的接地平面上。通常,连接点靠近天线馈电或短路引脚(如果天线有短路引脚)。在开始的时候,中和线提高了谐振频率非常接近的两 PIFAs 天线之间的隔离度(Diallo et al.,2006)。该技术被应用于在同一波段工作的双天线,包括不同类型的天线,如单极子(Chung and Yoon,2007)、贴片天线(Ranvier et al.,2006)和 PIFAs(Diallo et al.,2008)。由于简单的设计过程和中和线结构的相对非侵入性,这种技术被广泛用于设计 MIMO 天线。

中和技术的原理是通过悬浮链接引入一个直接连接(即一个新的耦合路径),以减轻两个天线之间现有的电磁耦合。图 53.7(a)所示为在馈电条带间有中和线的 PIFAs 天线设计。可以看到,在 2GHz 附近连接线上有强电流,这抵消了最初的近场耦合和由于共用接地平面导致的耦合。连接线实现解耦的有效性取决于线的长度和宽度,线长度和宽度的特殊组合可实现更好的隔离度。归因于连接线,在 2GHz 附近可实现隔离带。连接线也可以放在短路针之间,不同于馈电条之间的连接线,它可以使解耦不依赖于频率。

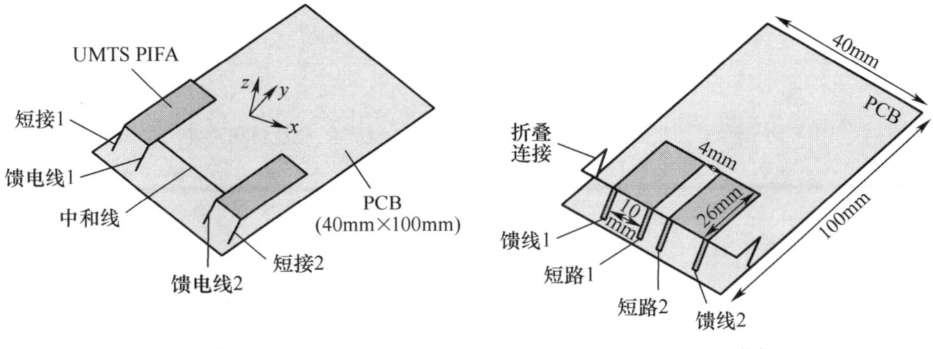

图 53.7　中和线的两种放置位置(Chebihi et al.,2008)

(a)在馈电带之间有中和线的两 PIFA 结构(Diallo et al.,2008);(b)在侧面有中和线的两 PIFA 结构。

当天线放置在更接近对方的时候,如图 53.7(b)所示,有足够的空间来容纳连接线,这样将降低其有效性。为了解耦天线,一个解决方法是在每个 PIFA 的一侧插入一个折叠线,连接馈电线到接地平面(Chebihi et al.,2008)。为了获得多波段或宽波段的高隔离度,可以使用多个不同长度的中和线(Wang, Du 2014),如图53.8所示。3个中和线分别工作在1.81GHz、2.05GHz和2.65GHz的中心频率,在1.7~2.7GHz的频带内提供隔离度超过15dB。

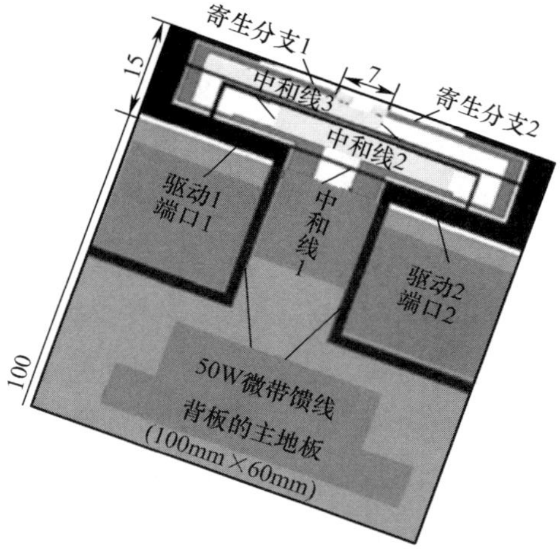

图53.8 利用3个中和线(Wang,Du 2014)实现良好隔离的宽带双元MIMO天线

在Shaker等(2008)的文献中,从广义网络的角度分析二端口模型的中和线技术。基于模型该技术可以解释为“解耦网络”部分中解耦网络的具体实现,利用中和线将解耦和匹配网络嵌入天线中。在同一线上,对中和线采用另一种理论进行分析(Peng et al.,2013),其中中和线等效为180°移相器,并通过馈电网络实现。

53.4.4 寄生散射

在传统的单天线设计中,通常使用寄生散射体/元件来产生多谐振以增强带宽(Costa et al.,2007)或获得天线方向图重构(Lim and Ling,2010)。在MIMO天线设计中,也可以在两个辐射单元之间增加寄生散射,以减少相互耦合(Min et al.,2005;Lau and Andersen,2007;Mak et al.,2008;MinZ and Garg,2010)。

寄生散射器人为地在两个天线单元之间创建一个附加的耦合路径,以减少它们之间的耦合,这相当于一条中和线加上一条直接耦合路径来实现解耦。通过改变散射体的结构,可以实现耦合系数的幅度和相位的改变。寄生散射体的理论分析可以在 Lau 和 Andersen(2009、2012)的文献中找到。寄生散射的原理可由图 53.9 中的设置来解释说明。在“黑盒”中,寄生散射器(端口 2)被放置在两个天线单元之间(端口 1、3)。寄生散射加载终端负载阻抗 Z_L,而天线元件连接到匹配电路。可以采用广义三端口网络对设置进行分析,端口 1 和端口 3 的电压和电流之间的关系可以用天线的阻抗和负载 Z_L 得到。为了解耦天线,要求端口 1 和端口 3 之间的互阻抗为零,采用负载阻抗 Z_L 以满足要求。值得注意的是,紧密耦合的天线和散射体应作为辐射元件一起考虑。利用寄生散射体与天线之间的完全解耦,即天线的零耦合系数,可以在中心频率处以牺牲带宽为代价来实现。

在 Mak 等(2008)的文献中,在电流分布的基础上提供了一个更直观的寄生散射体解释。假设正弦信号馈入偶极子天线 A,如图 53.10 所示,由于两偶极子很接近,在偶极天线 B 上形成与偶极子 A 电流相比大约 180°相位变化的强耦合电流。当寄生长度为半波长的散射体 C 插入两个偶极子之间时,它创建另一个耦合路径。耦合从偶极子 A 开始,经过 C 并耦合到偶极子 B。因为散射 C 引入另外 180°相位变化,通过这条路径偶极子 B 的电流与偶极子 A 相位一致。如果从 A 到 B 的耦合系数表示为 α,从 A 到 C 表示为 β,适当地优化 β(如使用电容负载),两个耦合路径上的偶极子 B 的电流可以互相抵消,并实现解耦。

与单天线对应,寄生散射体已成功地应用于不同的双天线结构。图 53.11(a)中开槽弯折线谐振器放置两微带天线之间(Alsath et al.,2013),将隔离度提高 10dB。但在这种情况下,寄生散射类似于“修改接地平面”部分的 DGSs,前者 DGS 方法是基于通过阻止耦合电流的阻带滤波原理,而不是引入新的耦合路径。一种流行的寄生散射的实现是一种 T 形接地平面结构(Ban et al.,2014;Lee et al.,2014;Hsu et al.,2011)。T 形结构如图 53.11(b)所示,也可以用来容纳其他电子元件,如 USB 端口或喇叭。图 53.11(c)中 T 形分支与一个 H 形超材料共同激发绝缘子以实现 20dB 的隔离带宽约 12.8%。除了增加一个物理结构外,也可以通过将两个 PIFAs 并排放置来形成寄生散射,如图 53.11(d)所示,在两个 PIFAs 之间自然形成的槽可调以实现解耦(Zhang et al.,2010a)。在 Zhang 等(2012a)的文献中这种解耦思想得到了进一步完善,以实现任意尺寸的接地面平面及双波段操作。

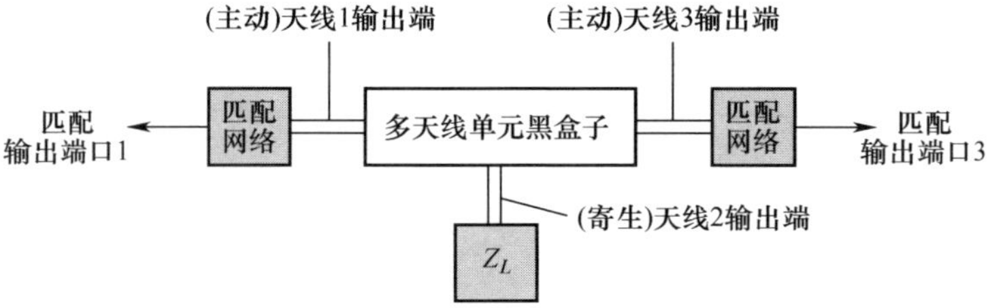

图 53.9 包含任意两个天线结构(端口 1 和端口 3)和寄生散射器(端口 2)的黑盒的解耦设置(Lau,Andersen 2012)

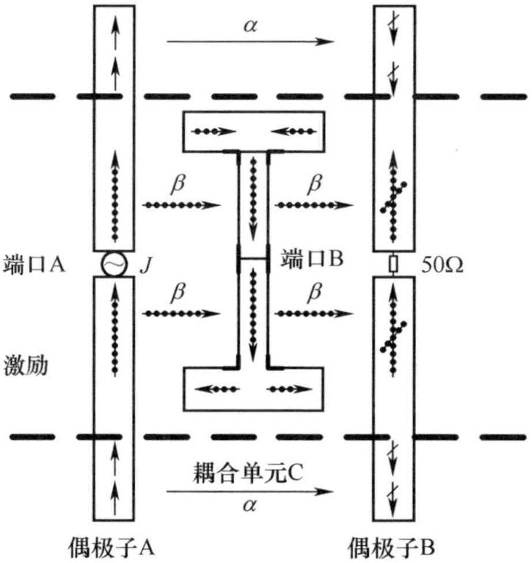

图 53.10 具有寄生散射体的两个偶极子之间的耦合(Mak et al.,2008)

53.4.5 电流位置

如前所述,在共享的接地平面上流动的电流是 MIMO 终端天线的关键耦合源。在本章中,到目前为止天线级解耦技术讨论的是创建一个新的耦合路径,以抵消存在的耦合或由一个带阻滤波器阻止电流流向。与这些技术不同,电流位置技术旨在通过设计接地地平面上能够更好地定位电流的天线,来减少共用接地平面上的电流。

增加局部接地是实现电流定位的一种方法。如图 53.12 所示(Li et al.,2009b),当一个小的接地平面(低层)插入 PIFA 和主接地平面之间,这样电流大

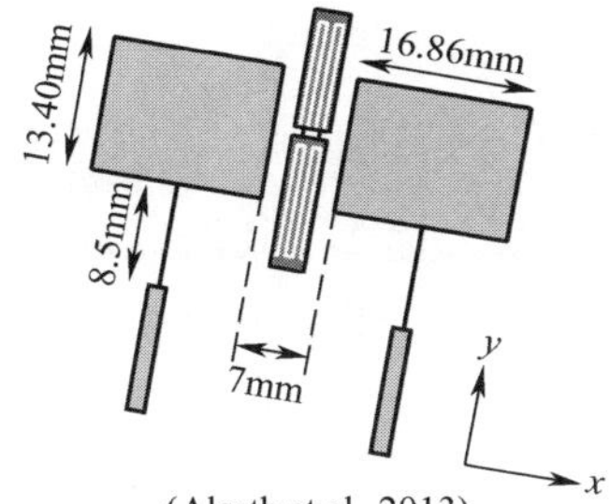

(Alsath et al.,2013)

(a)

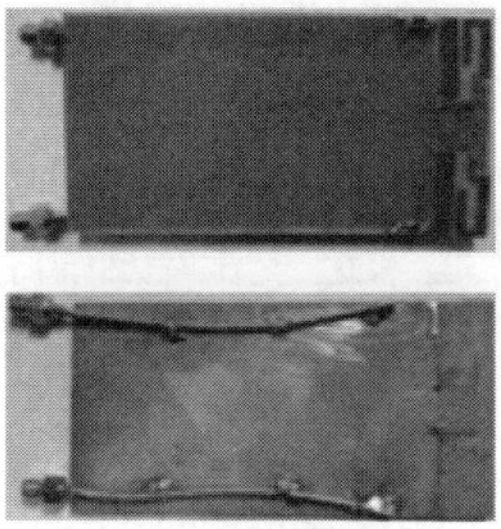

(Ban et al.,2014)

(b)

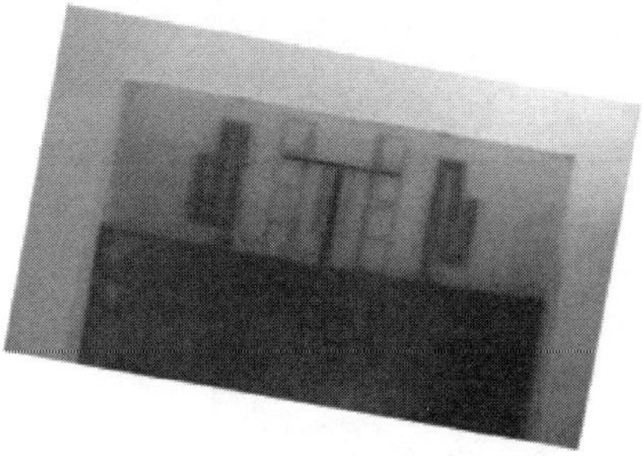

(Hsu et al. 2011)

(c)

(Zhang et al. 2010)

(d)

图 53.11　增强隔离度的寄生散射体

多被限制在 PIFA 下面较低的天线上，可获得超过 20dB 的隔离。Gao 等(2007)提出了另一种电流位置的方法。

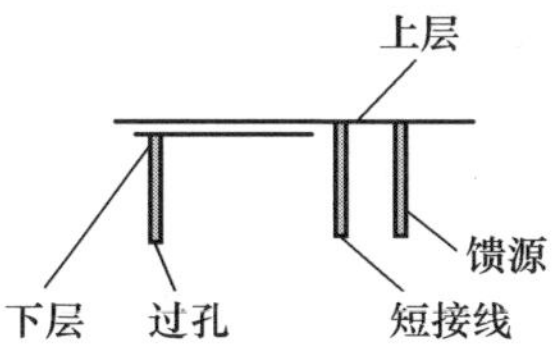

(a)

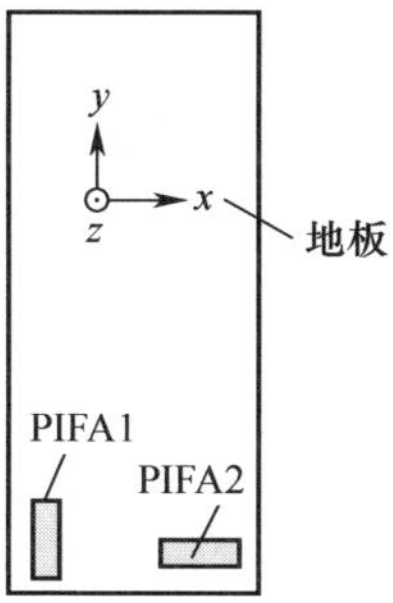

(b)

图 53.12　提高隔离度的局部接地平面的实现(Li et al.,2009b)

53.4.6 混合解耦技术

除了上面描述的特定解耦技术外,相对于单个解耦技术的使用,还可以将几种解耦技术结合起来进一步增强解耦的效果。在 Ling 和 Li(2011)的文献中,对于双频背靠背单极子天线,良好的隔离度可以通过在其之间增加中和线和寄生散射体来实现,如图 53.13(a)所示。中和线工作在 2.4GHz 的低波段,而散射主要影响在 5.8GHz 的高频带。图 53.13(b)展示的解耦结构包括一个接地中和线和未接地的寄生散射(Lee et al.,2009)。散射体是电长度为半波长的折叠线。在 Zhang 等(2012b)的文献中另一个解耦的例子是由两超宽带天线之间的缝隙形成的寄生散射体进一步增强了这些天线的固有极化分集。

(a)

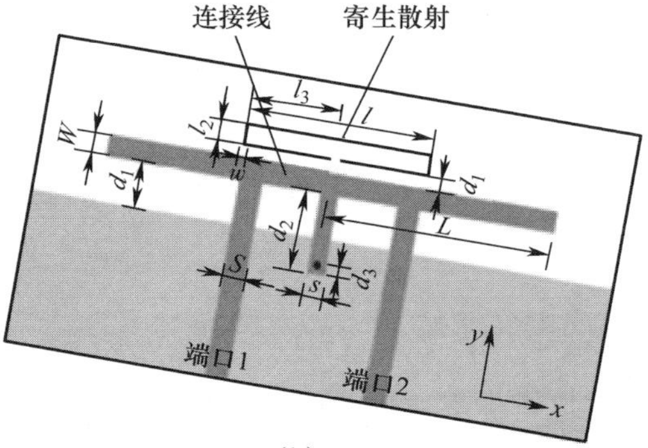

(b)

图 53.13 连接线的两种组合方法(Lee et al.,2009)

(a)连接线与凸出短截线(Linh and Li,2011)的组合方法;(b)连接线与寄生散射体的组合方法。

本节描述的解耦技术的一个常见限制是解耦的实现通常以牺牲带宽为代价。这种折衷在频率低于 1GHz 时成为一个重要问题,因为对于较低的中心频率给定的相对带宽产生较低的绝对带宽,这使频带覆盖更加复杂。例如,在 2.65GHz 10%带宽(如 LTE 频带 7)意味着绝对带宽为 265MHz,而在 700MHz 10%带宽只给出 70MHz 的绝对带宽(如 LTE 频带 13)。此外,由于移动终端的电尺寸减小,在较低的频率,即使是单个天线单元,获得足够的带宽将是一个挑战。利用特征模理论(TCM)设计 MIMO 天线,可以在一定程度上解决这些问题，下面将主要介绍此方法。

53.5　特征模式解耦

原则上，53.4 节中的解耦技术将天线的接地平面视为电大结构，因此没有明确地考虑到接地平面（即共地）的激励。然而，对于移动终端天线，共地辐射对天线设计至关重要，特别是对低于 1GHz 的频率。这是因为在这些频率下，典型的智能手机类型终端的最大尺寸（即长度）大约是波长的 1/3 或者更小，天线元件甚至更小。因此，很有可能共地被天线元件激发成为主辐射体。如果考虑到更小的终端元件，类似的争议可应用于更高的频率，如 USB 软件狗和智能手表。另外，如果较大的元件被应用，包括平板手机和平板电脑，共地辐射对于更低的频率将更为重要。

本节将进一步介绍，共地激励源使解耦和去相关的 MIMO 天线的设计更加复杂。幸运的是最近的研究结果表明，TCM 的应用可以缓解这一问题。TCM 的主要思想概述如下。

53.5.1　特征模理论

特征模分析是电磁学中的一种方法，它通过对结构固有模式的观察和研究，了解结构潜在的共振特性。特征模式分析是基于特征模理论（TCM），首次被 Garbacz 和 Turpin 引入（Garbacz, 1968; Garbacz and Turpin, 1971）之后由 Harrington 等改进（Harrington and Mautz, 1971; Harrington et al., 1972）。

考虑表面为 S 的导电体，一个入射或外部（矢量）电场（或电压）$\boldsymbol{E}^{\mathrm{i}}$ 可以在导体表面感应表面电流 $\boldsymbol{J}$。该面电流会进一步产生散射场 $\boldsymbol{E}^{\mathrm{s}}$。根据电磁边界条件，导体表面的切向分量满足关系，即

$$(\boldsymbol{E}^{\mathrm{i}} + \boldsymbol{E}^{\mathrm{s}})_{\tan} = 0 \tag{53.21}$$

为了将散射电场与导体表面电流建立联系，定义了阻抗算子 Z，则

$$Z(\boldsymbol{J}) = -\boldsymbol{E}^{\mathrm{s}}_{\tan} \tag{53.22}$$

式中：$Z(\boldsymbol{J}) = R(\boldsymbol{J}) + \mathrm{j}X(\boldsymbol{J})$；$R$ 和 X 分别为 Z 的实部和虚部。

特征电流可以用以下本征值方程求解，即

$$X(\boldsymbol{J}_n) = \lambda_n R(\boldsymbol{J}_n) \tag{53.23}$$

式中：$\boldsymbol{\lambda}_n$ 和 $\boldsymbol{J}_n$ 分别为本征值和本征函数(本征电流函数)。由于 R 和 X 是实对称算子,因此它们都是实数。每一个本征值表示的模态储存无功功率(P_{stored})与辐射功率(P_{rad})的比值为

$$\boldsymbol{\lambda}_n = \frac{P_{\text{stored}}}{P_{\text{rad}}} = \frac{\langle \boldsymbol{J}_n^*, R\boldsymbol{J}_n \rangle}{\langle \boldsymbol{J}_n^*, X\boldsymbol{J}_n \rangle} \tag{53.24}$$

式中：$P_{\text{stored}} = \frac{1}{2}\langle \boldsymbol{J}_n^*, R\boldsymbol{J}_n \rangle$; $P_{\text{rad}} = \frac{1}{2}\langle \boldsymbol{J}_n^*, X\boldsymbol{J}_n \rangle \langle \boldsymbol{B}, \boldsymbol{C} \rangle = \oiint_S \boldsymbol{B} \cdot \boldsymbol{C} \mathrm{d}s$ 。

因此, $\boldsymbol{\lambda}_n$ 的幅度越小对辐射越重要, $\boldsymbol{\lambda}_n = 0$ 对应一个谐振模式。本征值方程的一个重要性质是特征电流和模态电场远场是正交的,即

$$\langle \boldsymbol{J}_m^*, X\boldsymbol{J}_n \rangle = \frac{1}{\eta_0} \langle \boldsymbol{E}_m^*, \boldsymbol{E}_n^* \rangle = \delta_{mn} \tag{53.25}$$

式中：η_0 为自由空间的波阻抗；δ_{mn} 为 Kronecker 脉冲函数,当 $m = n$ 时 $\delta_{mn} = 1$,当 $m \neq n$ 时 $\delta_{mn} = 0$。这种正交模式的性质适于 MIMO 的多天线设计时低耦合和低相关性的需求。结合上述模态正交性,任意表面的电流密度可以扩展为一个模态电流加权和,即

$$\boldsymbol{J} = \sum_n \alpha_n \boldsymbol{J}_n = \frac{\langle \boldsymbol{J}_{\mathrm{n}}, \boldsymbol{E}^{\mathrm{i}} \rangle}{1 + \mathrm{j}\lambda_n} \boldsymbol{J}_n \tag{53.26}$$

在这个方程式中, $\boldsymbol{\lambda}_n$ 组和 $\boldsymbol{J}_n$ 完全取决于结构和导电体材料,而 α_n 还取决于激励场 $\boldsymbol{E}^{\mathrm{i}}$, $\boldsymbol{E}^{\mathrm{i}}$ 由使用的馈电方法决定。在天线设计中, α_n 的大小取决于天线端口的数目和位置以及每个激励的幅值和相位。在实践中,通过在导电体适当位置的感性或容性的馈电组合可以激发模式 n(Martens et al.,2010)。

除了导体的情况外,采用相同的方法 TCM 方法扩展到了电介质和磁体,式(53.21)中导体的边界条件由本构关系所代替(Harrington et al.,1972)。对于无损耗材料,电流仍然可以扩展为一组实特征函数,特征场彼此正交。然而,对于有损耗材料,特征远场不再是正交的。TCM 方法在有关文献中大多只研究简单的导电体。

下面将分别讨论高于 1GHz(“高频”)和在 1GHz 以下(“低频”)情况时基于 TCM 的 MIMO 天线设计。这两种情况的处理是不同的,因为在高频率可以激励共地提供的多个固有的正交模式以设计解耦和去相关的 MIMO 天线。然而,在低频时,共地通常只有一个谐振模式,单模式可以成为多天线共用的主辐射器,

导致大的耦合和相关性。因此,共地激励使 MIMO 天线设计更复杂。为了解决这个问题,用不同的方法来避免共享共地辐射,或者为相同的共地形成因素创建更多的谐振模式。

53.5.2　基于 TCM 的 MIMO 天线高频设计

对于移动终端来说,相比于天线单元的接地平面,共地起着更重要的作用。在终端接地平面上的天线单元的阻抗、带宽和辐射模式通常由天线及其馈电点在接地平面上的位置(Best,2009)来确定。将 TCM 应用于终端天线设计始于 10 年前,该课题在终端天线领域受到越来越多的关注。起初,它被用来确定最佳的馈电布局以提高天线的带宽(Antonino Daviu et al.,2004、2005; Cabedo-Fabres et al.,2006;Schroeder et al.,2005、2006)。然而,随着 MIMO 技术的兴起,TCM 也被用于设计 MIMO 终端天线。这是因为对于一个给定的结构,TCM 方法提供固有的正交模式,在这种情况下是接地平面。其基本原理是:如果模式可以单独激发而不影响另一个,则可以得到具有零耦合和相关性的理想 MIMO 天线。通常,正交模式可以联合激发以提供多个正交天线端口,只要适当地选择幅度和相位组合即可保持天线端口的正交性。

彩图 53.14(a)所示为大小为 100mm×40mm Candy-bar 型共地的特征值。图中展示了在 2.5GHz 附近 4 个谐振频率紧密间隔的正交模式。4 种模式的特征值接近于零,其电流分布如图 53.14(b)所示。在共地的长边或短边的电流分布为正弦。在特定位置每种模式都有其独特的电流最大值和最小值,为可使用的馈电类型和位置提供信息。通过在共地的 4 个顶点处使用 4 个紧凑型非谐振电容耦合器和由 4 个 180°混合耦合器组成的馈电网络,通过共地的一个小修正来获得 4 个正交模式。然而,对于 4 个天线不能同时实现正交模式和良好的阻抗匹配。在 Ethier(2008)的文献中已证明 2.5GHz 波段处一个典型的移动终端的共地仅能支持最多 3 个有效的辐射模式。

除了电流分布外,共地上方的近场分布(包括电场和磁场)对模式激励也很重要。电场和电流分布的相位差为 90°,即电场分布在电流分布的最大值处具有极小值;反之亦然。这意味着,如果使用电感耦合器,它应该位于电流分布中的最大值之一。另外,电容耦合器应放置在电场分布中的最大值之一处。

在文献(Martens et al.,2010)中,电感和电容馈电被用来选择性地激发在

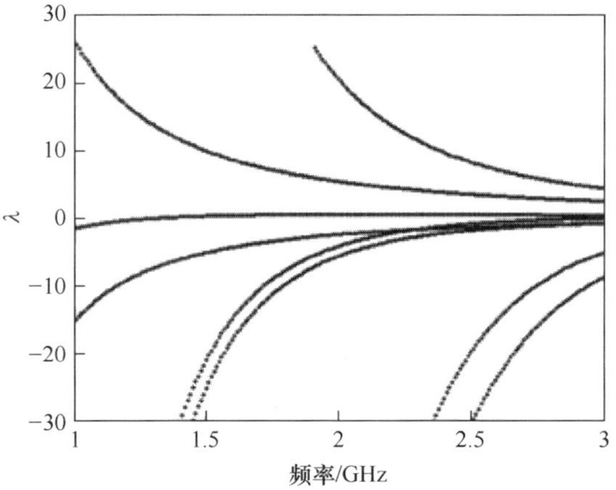

(a)

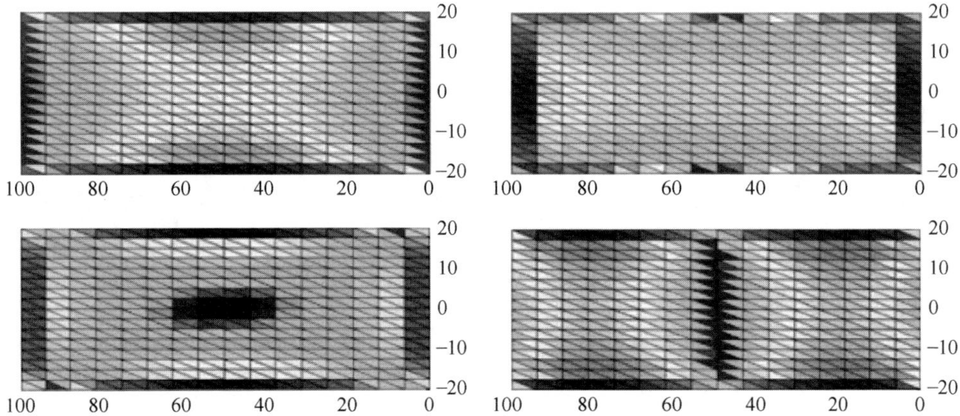

(b)

图 53.14　4 种正交模式及其电流分布(彩图见书末)

(a)100mm×40mm 共地的特征值随频率的变化;(b)共地的特性电流分布

(共地材料是完美的导电体(PEC))。

2.45GHz 处共地的 3 个模式。每个非谐振电感耦合元件(ICE)是由一个导线环蚀刻到一个共地的边缘,其位置对应于所需模式的电流分布最大值的位置,以激发特定的特征模式。每个 ICE 的相位根据模式的要求进行调整。对于电容耦合,一个小的共平面板靠近主要共地作为非谐振电容耦合元件(CCE)。根据电场的最大值位置放置多个 CCES 以激发所需模式。在电感耦合和电容耦合两种情况下,都需要匹配网络来提高阻抗带宽。在 Martens 等(2010)的文献中比较了电感耦合方法和电容耦合方法。对于电感耦合的方法，设计一个三端口 MIMO 天线以实现 25dB 以上的隔离，以及所有的天线对之间的相关性低于 0.02。然而，这种使用多个非谐振元件激发任何一个期望模式的方法有一个主要的缺点，即为了适当地激励模式并获得良好阻抗带宽，在复杂的匹配网络过程中，天线效率受到损耗的限制。

当使用较少的耦合元件时，使用电大的耦合元件可以提高与所需模式的耦合，如图 53.15 所示（Kishor，Hum 2013）。与使用耦合元件作为纯模式激励不同，完整的天线结构（接地平面和激励）分析需要采用 TCM 方法，因为本征模和辐射特性会因耦合单元电尺寸的增加而改变。此外，Martens 等（2010）的文献中的 MIMO 天线依赖于含有混合 180°耦合器的复杂匹配网络以激励非重叠的特征模式，图 53.15 中的天线与此类天线不同，对于双天线系统只需要简单的阻抗匹配便可激发两个独立的模式。虽然这两个模式同时由两个端口激发，但是端口之间的相位不同保证了模式的正交性。结果表明，可实现隔离度大于 20dB 和包络相关系数低于 0.1。

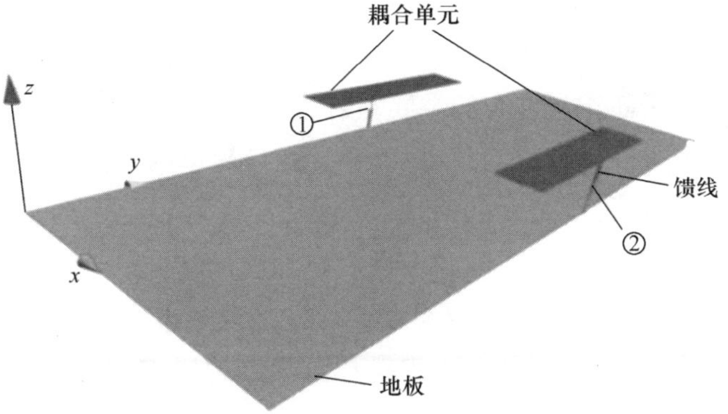

图 53.15　基于共地模式设计的大激励天线（Kishor and Hum，2013）

在另一项研究中解释了较大耦合元件对特征模式的影响，使用端口分析方法设计了一个二端口方向图可重构的 MIMO 天线（Kishor and Hum，2014）。在这种设计中，用作天线端口的两个耦合元件位于共地的对角线相对的角落处，其电场达到最大。剩下的两个耦合元件作为可重构的阻抗负载的寄生元件（即 Z_{L3}、Z_{L4}）。选择 4 个正交模式，通过 TCM 分析操作在两个端口上提供两组正交模式。每一组的两个正交模式表示一个可重构的状态,基于端口分析选择不同 Z_{L3}、Z_{L4}以获得不同组的正交模式。该设计提供了低的状态内和状态间的相关性。

53.5.3 基于TCM的MIMO天线低频设计

正如前面所解释的,典型的终端共地在低于1GHz的频率下通常只提供一种可激发的模式。此外,多个电小天线元件倾向于依靠这种单一模式作为其主要辐射器。因此,相比于高频,在较低的频率处耦合的问题更为严重,蜂窝波段覆盖MIMO终端天线的隔离度通常约6dB或更少,如参看Plicanic等(2009)的文献。

为量化此问题,一个典型的尺寸为100mm×40mm的直板式共地的特征模式如图53.16所示。可以看出,只有一种模式在大约或小于1GHz处可激发。为了进一步了解单模问题,彩图53.17(a)和彩图53.17(b)中分别展示了1GHz处在一个高于共地平面5mm的平面处单谐振模式的归一化特征电场和磁场。图53.17(a)中共地边缘的强电场表明,电天线被放置在共地平面任一个短边处可以强烈地激发模式。因此,如果两个电天线被放置在共地平面的两个边缘,两个天线将共享地平面作为它们的主要辐射器,这将造成严重的相互耦合。

为了避免由多个天线激发共用共地平面,最简单的方法是优化第二天线的位置,以有效减少第二个天线的共地平面激励(Li et al.,2012a)。图53.18(a)展示PIFA双天线设计和单极缝隙元件以解释该设计的原理(Li et al.,2012a)。对天线的位置进行优化,第一个天线是一个单极缝隙天线,保持其在共地的边缘激发单共地模式,而第二天线是PIFA,从共地的边缘移向中心避免激励模式。其结果是隔离度从4dB提高到10dB,30MHz的带宽内等功率条件下的容量从5.5b/s/Hz增加到7.5b/s/Hz。有趣的是即使天线单元之间的距离减半,隔离度的改善仍旧很明显。因此,这个简单的例子也表明,随着内部元件间距减小,共地耦合比其他耦合机制更重要。

共地感应耦合问题的另一种解决方案是利用磁天线代替两个电天线中的一个(Li et al.,2012b)。相对于电天线,磁天线在近场主要存储磁能(而不是电能)。根据图53.17(b),在短边共地模式的磁场是相当弱的。因此,如果磁天线被放置在较短边上,共地平面就不会被激发。这意味着,如果把电天线放在相对

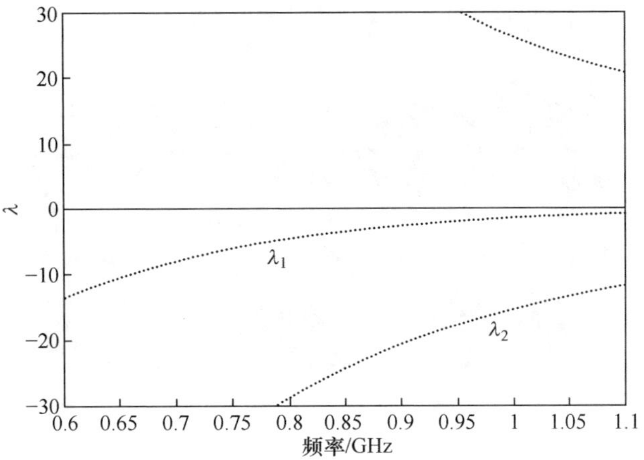

图 53.16　100mm×40mm 共地的特征值随频率变化
(Li et al.,2012A)(共地材料是完美的导电体(PEC))

的短边上以激励共地平面,则电天线将相对不受磁天线的影响,从而导致高隔离度。根据这个理论,彩图 53.19(a)展示了一个辐射像磁偶极子的耦合馈电回路天线设计在短边上。内部的小半环用于匹配外环 50Ω。另一短边上折叠单极子用来激发共地模式,并形成一个电偶极子的方向图。因此,天线的极化方式不同并且方向图相互正交,如彩图 53.19(b)所示。天线之间的隔离度达到 30dB 以上。通过一些修正,两个天线可以同时位于共地平面的同一边缘上,以节省 PCB 上的空间。

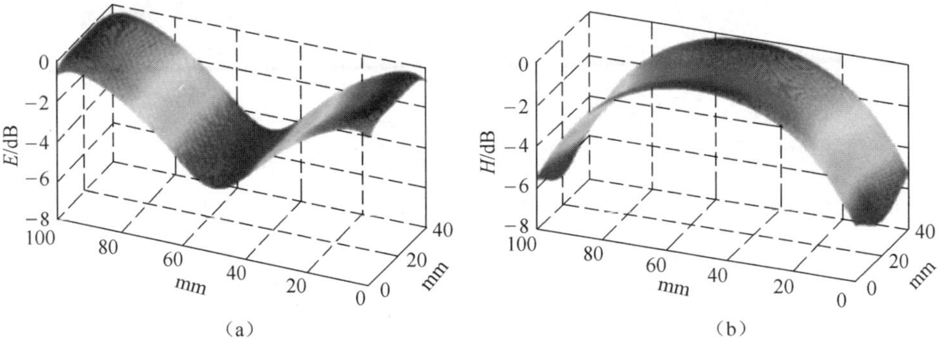

图 53.17　1GHz 下,高于共地平面 5mm 处单谐振模的归一化特征电场和磁场
(Li et al.,2012a)(彩图见书末)
(a)总电场归一化幅度;(b)共地的第一模式的总磁场归一化幅度(共地尺寸为 100mm×40mm)。

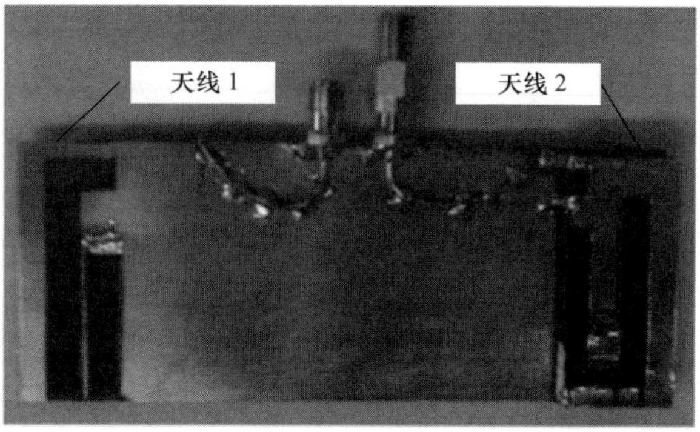

(a)

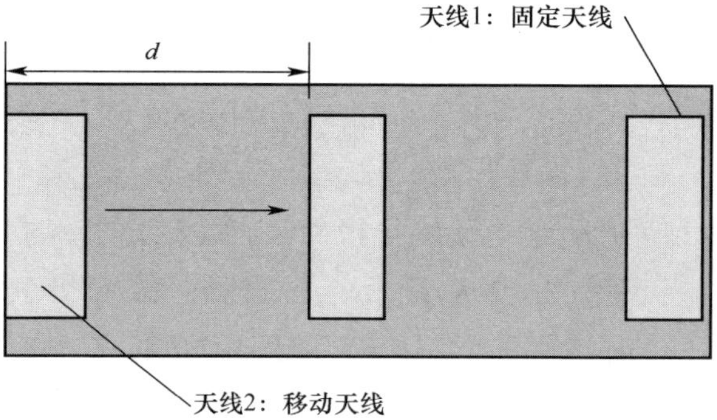

(b)

图 53.18 共地感应耦合的解决方案(Li et al.,2012a)

(a) PIFA 天线在短边的原型;(b)PIFA 天线的不同位置的 MIMO 性能的研究。

上述两种解耦方法的主要缺点是,非共地平面激励天线的带宽通常是有限的,因为它是电小的,辐射不是使用电大尺寸的共地平面。因此,很难在获得低互耦合低相关的同时获得足够的天线带宽。

为了解决带宽有限的问题,提出了一种完全不同的解耦方法。特别是,共地平面的微小修改可用于在低频处产生多个谐振模式(即低于 1GHz)。一旦实现了多个模式,可以用类似于前面一节中描述的方法进行设计。

共地平面修正的第一个例子是在共地平面的外围安装一个金属边框,通过短路针将金属边框连接到一个共地平面短边边缘的中心(Li et al.,2013b)。图 53.20(a)所示为外圈加载的共地平面的几何外形。很容易几乎将金属外圈和短路针集成到手机外壳上。事实上,金属外圈是现有智能手机的一个设计特

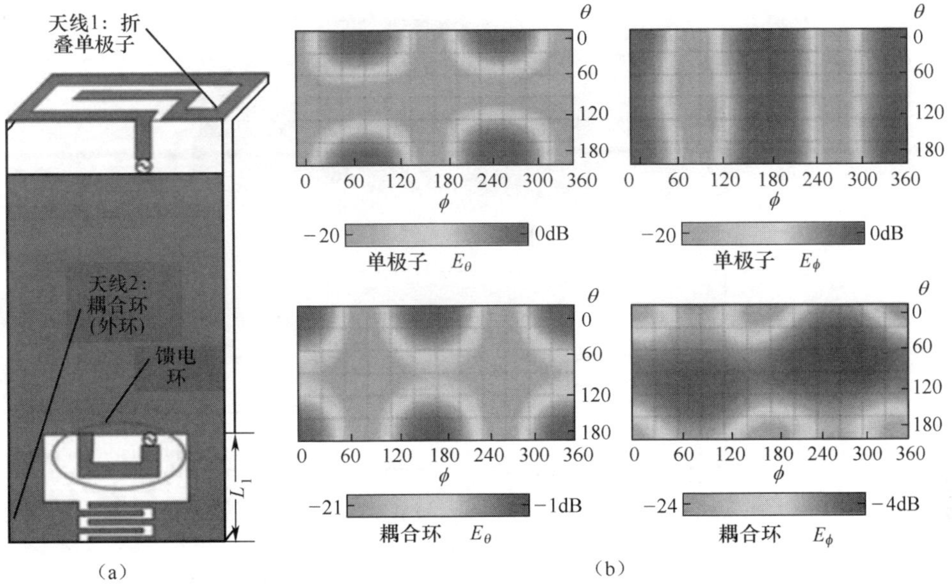

图 53.19　采用单极子和耦合环设计的正交双天线(Li et al.,2012b)(彩图见书末)
(a)天线结构;(b)远场方向图。

点,包括 Apple iPhone 4,这意味着这些手机的现有结构有机会实现解耦技术。图 53.20(b)展示的是外圈加载的共地平面的特征值。可以看出,在低于 1GHz 处,除了较早发现的基本模式(由 λ_2 表示)外,生成了一个新的外圈模式(λ_1)。在 0.81GHz 左右这种新模式的特征值接近于零。通过适当的激励两个相同频率的正交谐振模式可以用来设计不相关的双单元 MIMO 天线。Li 等(2013b)的文献中给出了两种模式的电流分布和特征模式的细节。所设计的天线可获得 20dB 的高隔离度。特征曲线还表明基本模式具有较大的带宽,而外圈模式的带宽相对较窄。这是因为给定的模式随着特征值的增加而变得更难激发,并且其谐振频率附近的特征值的斜度表明模式激励从根本上受限于较小的带宽(在文献中称为较小的“带宽潜力”)。

另一个实际共地平面修正的例子是在共地平面的长边加载 T 形条带(Li et al.,2014)。图 53.21(a)展示的是加载 T 形条带共地平面的几何结构。沿共地平面的长边方向的两个金属带通过在每个条带中央的短路针将其连接到共地平面上。图 53.21(b)中的特征值表明在低于 1GHz 有 3 个谐振模式。由于其较大

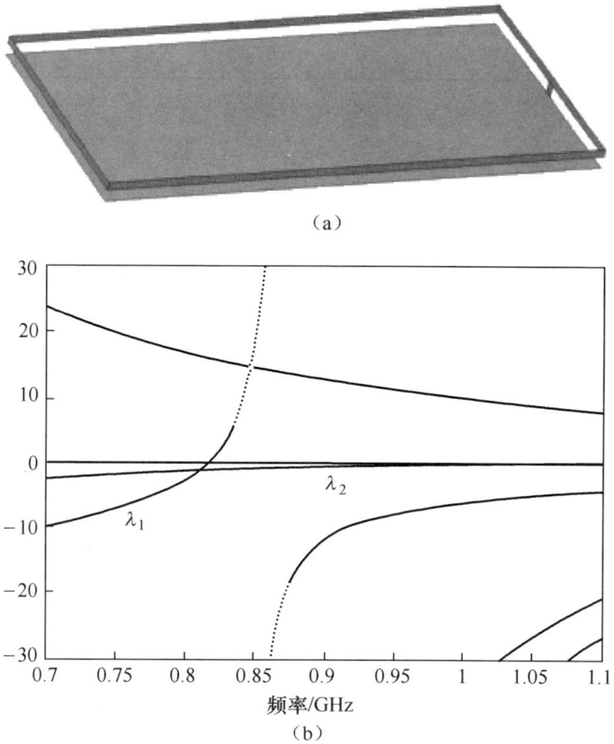

图 53.20　共地平面修正示例 1(Li et al.,2013b)

(a)外圈加载的共地平面的几何尺寸;(b)外圈加载的共地平面的特征值。

的带宽潜力(即在谐振频率更平缓的斜度),对应于 T 形条模式的模式 1 和对应于共地平面基本模式的模式 3 被用于辐射。

通过分析 T 形条带加载的共地平面的模式 1 和模式 3 的特征电场和磁场以确定两种模式的馈电方法。如图 53.22 所示,在共地平面上并联一个小窄平板以产生电容耦合来激励 T 模式,而传统的耦合馈电单极子用来激励基本模式。在 Li 等(2014)的文献中详细描述了如何实现馈电。测量结果表明,这两个天线覆盖 LTE 波段 8,隔离度达到 10dB 以上。自由空间中的两个天线在工作频带内的包络相关性低于 0.1。由于上述原因,实现了比已有设计更高的容量。该天线的另一个优点是在全波模拟中发现 S 参数和包络相关系数只受到手和移动外壳的少量影响。

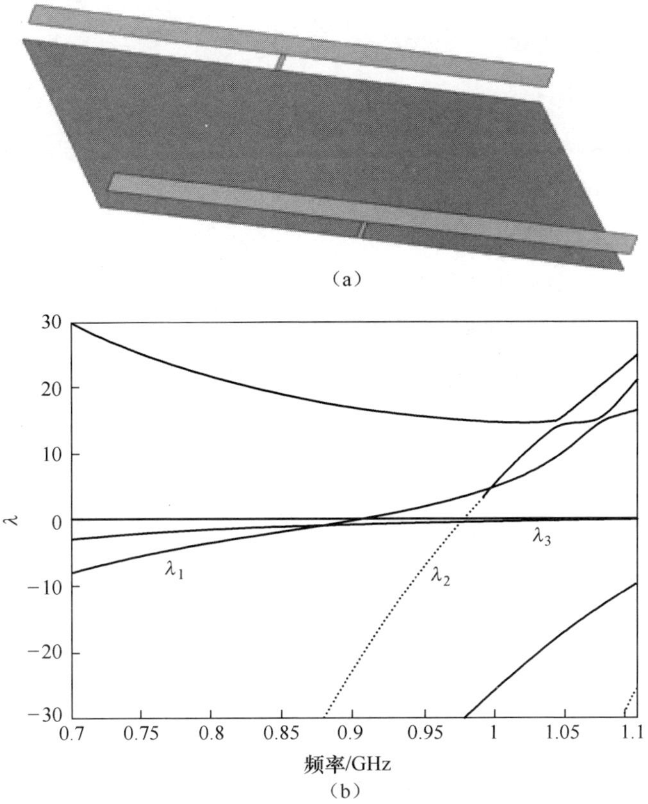

图 53.21　共地平面修正示例 2(Li et al.,2014)

(a)加载 T 形条带共地平面的几何结构;(b)加载 T 形条带共地平面的特征值。

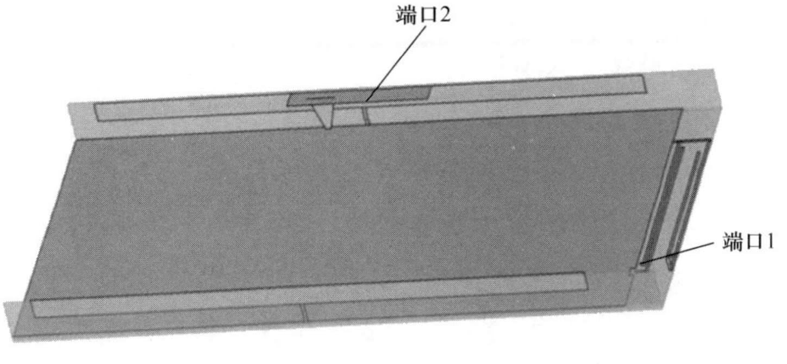

图 53.22　加载 T 形条带天线系统的几何结构(Li et al.,2014)

基于特征模式的 MIMO 天线的设计进一步向提高带宽和实现多波段工作方面发展,这两个方面对移动终端应用是至关重要的(Miers et al.,2013)。设计框架是基于不同模式的特征电流(或特征近场)的相关性。该相关性用于识别在已有馈电位置附近是否有其他模式具有类似的电流特性。通过巧妙地利用已有馈电在不同但是很近的频点上激励附加模式,多模谐振可以提高天线的带宽。如果选择的频率远离现有频带,则可以实现多频带工作。在大多数情况下,需要进一步(但少量的)对共地平面进行修正。

例如,当两个原短路针距中心旋转 22mm 处放置时,T 形条带加载的共地平面的本征值被修正(图 53.23(a)中实线)。图 53.23(b)展示了共地平面。模式1和模式2的特征电流在短路针处被高度关联,虽然它们的电流和近场在共地平面的其他部分是明显不相关的。因此,通过将单个缝隙馈电放置在两个短路针中的一个上,是可能同时激励 λ_1 和 λ_2 的。这进一步扩展了结构在 1GHz 以下谐振的带宽潜力。在多波段工作下,在 λ_1 和 λ_2 谐振的短路针附近的电流和 1.3~2GHz 所有显著模式的特征电流之间实现了交叉相关。结果在低波段 λ_2 和 λ_4 与馈电电流具有很高的相关性。然而,这两种模式都谐振在 1.8GHz 附近,如彩图 53.23(a)所示。因此,需要一些结构上的修正。通过缩短 T 条带的短终端,如彩图 53.23(a)中虚线("Adapted 模式")所示,特征值被修正,现在在 1.8GHz 附近 λ_2 和 λ_4 接近于零(即模态共振)。因此,实现了多个频带的同时在较低频带上增加了带宽。根据类似的原则,也实现了外围加载天线的多波段工作,细节可参看 Miers 等(2014)的文献。

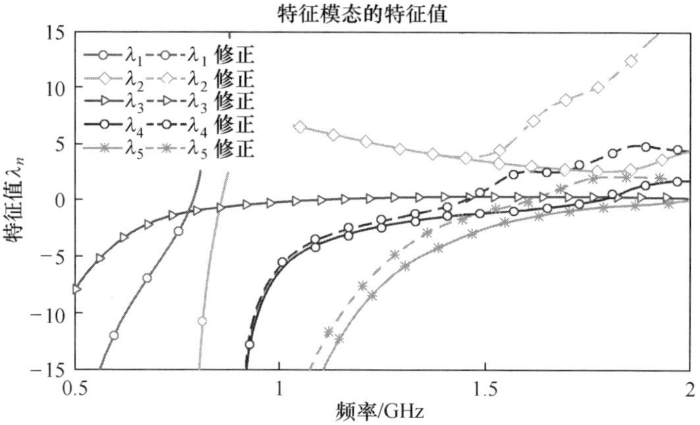

(a)

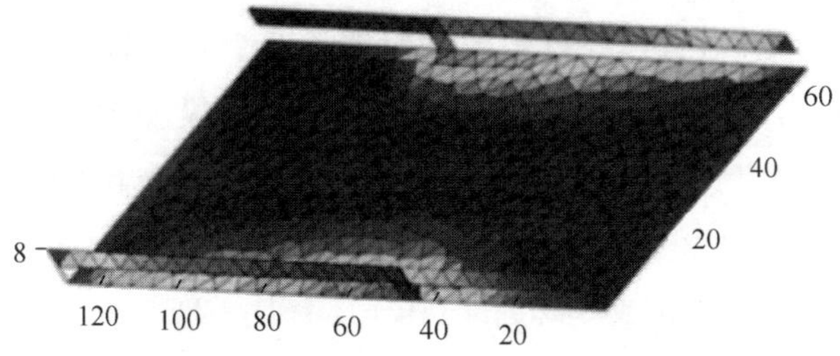

（b）

图 53.23　本征值修正及共地平面(Miers et al.,2013)(彩图见书末)

(a)具有 22mm 旋转对称偏置的短路针的修正共地平面的前 5 个本征值(通过缩短电容式条带的短终端 10mm 形成适应模式);(b)具有 22mm 旋转对称偏置短路针的 T 形条带加载结构。

53.6　未来的方向和开域问题

正如本章所述,为 MIMO 终端有效设计多天线的挑战问题已取得了重大进展。除了为更好地量化 MIMO 性能而设计的有用指标外,还提出了一些解耦和去相关技术,以解决小终端中有限的实施空间问题。特别是最近提出的应用 TCM 分析方法设计 MIMO 终端天线已被证明是非常有效的,因为特征模式具有一个令人满意的特性,即远场方向图是正交的。此外,由于 TCM 分析考虑到了整个终端共地平面,它可以提供去相关的多天线解决方案,此方案具有比现有的其他方法更大的带宽。

通过表 53.1,可快速概览这一章中不同解耦技术,包括它们的机制、优点和缺点。表中简洁的信息可以为天线设计者们在解耦和去相关的 MIMO 终端天线设计中提供可供选择的指导方案。

尽管如此,终端天线研究团队正面临着更严峻的挑战。例如,已经指定近 40 个蜂窝波段,频率范围覆盖 700~3.8MHz(3GPP ts36.101 2014)。即使所有波段的同步覆盖率都是无法达到的,运营商也要求实现比现有更大带宽的多天线解决方案。最近的研究结果表明,可调、共地平面激励的天线解决方案可以连续覆盖 750~2500MHz 的整个频率范围(Valkonen et al.,2013)。然而,该解决方案依赖于共地平面的相对宽带基本模式的激发,尤其是在较低的频率。基于模式设计第二个天线是非常具有挑战性的,它可以被激发并且与第一个天线正交。

LTE 中的载波聚合(CA)特性要求同时覆盖两个间隔较远的蜂窝频带,这使设计问题更复杂了。例如,带间 CA 被指定为 LTE 波段 1(1920~2170MHz)和波段 5(824~894MHz)。这意味着,任何可调谐或频率可重构的解决方案都应该允许同时覆盖,甚至覆盖大的频率间隔。

此外, LTE-Advanced(或“真正的”4G)具有比 LTE(1Mb/s)更高的数据速率开始出现在市场上,终端天线设计师还需要考虑到每个波段的上行频率和下行频率的覆盖,因为它允许上行链路 MIMO 传输。在比 LTE 更高的带宽需求之上,LTE-Advanced 还分别在下行和上行链路中提供相当于 8×8 的 MIMO 和 4×4 的 MIMO。

表 53.1　不同解耦技术概览

解耦技术	解耦机制	优点	缺点
解耦网络	利用耦合网络缓解互阻抗或耦合系数	不改变天线结构的天线端口解耦	网络中的损失;如果使用分布式元件,物理上可能很大;网络很难实现
修正接地平面	通过带阻滤波器的方法抑制的耦合电流	适用于各种接地地面的天线,实现简单	要求改变接地平面结构
中和线	通过线抵消现有耦合创建一个额外的(直接)解耦路径	直观且实现简单	需要改变天线结构
寄生散射	通过一个散射体在两个天线单元之间创建附加的耦合路径	易于实现;总体效率高	必须在耦合天线之间添加散射体
电流布局	在被激励的天线附近的布置电流	实现简单,不需要额外的结构	解耦方法适于特定天线
特征模式	天线结构不同,正交模的激发实现很低的相关性	综合设计方法提供馈电方法和馈电位置信息;比其他开发接地平面的方法具有更大的带宽	可能需要对天线结构(包括接地平面)进行微小的修正

终端天线研究未来的主要任务:提供智能天线解决方案,将天线优化到当前

环境,包括用户和传播信道。例如,测量结果表明,可重构辐射模式能够在一个干扰受限的室外宏蜂窝环境使容量提升高达 30%(Plicanic et al.,2012)。

交叉参考:

▶第 71 章　手持设备天线

▶第 3 章　商用天线设计工具

▶第 17 章　环天线

▶第 33 章　低剖面天线

▶第 7 章　超材料与天线

▶第 29 章　小天线

▶第 44 章　宽带磁电偶极子天线

参考文献

3GPP TS 36.101 (2014) LTE; Evolved Universal Terrestrial Radio Access (E-UTRA); User Equipment (UE) radio transmission 和 reception. Version 11.9.0, Release 11

Ahn D, Park JS, Kim CS, Qian Y, Itoh T (2001) A design of the low pass filter using the novel microstrip defected ground plane structure. IEEE Trans Microwave Theory Tech 49:86-93

Alsath MGN, Kanagasabai M, Balasubramanian B (2013) Implementation of slotted meander-line resonators for isolation enhancement in microstrip patch antenna array. IEEE Antennas Wirel Propag Lett 12:15-18

Antonino-Daviu E, Cabedo-Fabres M, Ferrando-Bataller M, Herranz-Herruzo JI (2004) Analysis of the coupled chassis-antenna modes in mobile handsets. IEEE Antennas Propag Soc Int Symp 3:2751-2754

Antonino-Daviu E, Cabedo-Fabres M, Ferrando-Bataller M, Valero-Nogueira A, Martinez-Vazquez M (2005) Novel antenna for mobile terminals based on the chassis-antenna coupling. IEEE Antennas Propag Soc Int Symp 1A:503-506

Ban YL, Yang S, Chen Z, Kang K, Li JL (2014) Decoupled planar WWAN antennas with T-shaped protruded ground for smartphone applications. IEEE AntennasWirel Propag Lett 13:482-486

Best SR (2009) The significance of ground-plane size 和 antenna location in establishing the performance of ground-plane-dependent antennas. IEEE AntennasPropag Mag 51:29-42

Blanch S, Romeu J,Corbella I (2003) Exact representation of antenna system diversity performance from input parameter description. Electron Lett 39:705-707

Cabedo-Fabres M, Valero-Nogueira A, Antonino-Daviu E, Ferrando-Bataller M (2006) Modal analysis of a radiating slotted PCB for mobile handsets. In: 1st European conference on antennas and propagation (EuCAP 2006), Nice, France

Chaudhury SK, Schroeder WL,Chaloupka HJ (2007) Multiple antenna concept based on characteristic modes of mobile phone chassis. In: 2nd European conference on antennas 和 propagation (EUCAP2007), Edinburgh, UK Chebihi A, Luxey C, Diallo A, Thuc P, Staraj R (2008) A novel isolation technique for closely spaced PIFAs for UMTS mobile phones. IEEE AntennasWirel Propag Lett 7:665-668

Chen SC, Wang YS, Chung SJ (2008) A decoupling technique for increasing the port isolation between two strongly coupled antennas. IEEE Trans AntennasPropag 56:3650-3658

Chiu CY, Cheng CH, Murch RD, Rowell CR (2007) Reduction of mutual coupling between closely-packed antenna elements. IEEE Trans Antennas Propag 55:1732-1738

Chung K, Yoon JH (2007) Integrated MIMO antenna with high isolation characteristics. IET Electron Lett 43:199-201

Coetzee JC, Yu Y (2008a) Closed-form design equation for decoupling networks of small arrays. Electron Lett 44:1441-1442

Coetzee JC, Yu Y (2008b) Port decoupling for small arrays by means of an eigenmode feed network. IEEE Trans AntennasPropag 56:1587-1593

Costa KQ,Dmitriev V, Nascimento DC, Lacava JCS (2007) Broadband L-porbe fed patch antenna combined with passive loop elements. IEEE AntennasWirel Propag Lett 6:100-102

Diallo A,Luxey C, Thuc PL, Staraj R, Kossiavas G (2006) Study 和 reduction of the mutual coupling between two mobile phone PIFAs operating in the DCS1800 和 UMTS bands. IEEE Trans AntennasPropag 54:3063-3074

2384 H. Li 和 B. K. Lau Diallo A,Luxey C, Thuc PL, Staraj R, Kossiavas G (2008) Enhanced two-antenna structures for universal mobile telecommunications system diversity terminals. IETMicrow Antennas Propag 2:93-101

Dossche S, Blanch S, Romeu J (2004) Optimum antenna matching to minimise signal correlation on a two-port antenna diversity system. Electron Lett 40:1164-1165

Dossche S, Blanch S, Romeu J (2005) Decorrelation of a closely spaced four element antenna array. IEEE AntennasPropag Soc Int Symp 1:803-806

Elsheakh DA, Elsadek HA, Abdalllah EA, Iskander MF, Elhenawy H (2010) Low mutual coupling 2_ 2 microstrip patch array antenna by using novel shapes of defect ground structure. Microw Opt Technol Lett 52:1208-1215

Ethier J (2008) MIMO antenna design using characteristic mode concepts. Master's thesis, University of Ottawa Falconer DD, Adachi F, Gudmundson B (1995) Time division multiple access methods for wireless personal communications. IEEECommun Mag 33:50-57

Gao Y, Chen X, Ying Z, Parini CG (2007) Design 和 performance investigation of a dual-element PIFA array at 2.5GHz for MIMO terminals. IEEE Trans AntennasPropag 53:3433-3441

Garbacz RJ (1968) A generalized expansion for radiated 和 scattered fields. PhD thesis, Department of Electrical Engineering, Ohio State University Garbacz RJ, Turpin R (1971) A generalized expansion for radiated 和 scattered field. IEEE Trans AntennasPropag 19:662-668

Gesbert D, Shafi M, Shiu DS, Smith PJ, Naguib A (2003) From theory to practice: an overview of MIMO space–time coded wireless systems. IEEE JSel Areas Commun 21:281-302

Guha D, Biswas M, Antar YMM (2005) Microstrip patch antennas with defected ground structure for cross polarization suppression. IEEE Antennas Wirel Propag Lett 4:455-458

Guha D, Biswas S, Joseph T, Sebastian MT (2008) Defected ground structure to reduce mutual coupling between cylindrical dielectric resonator antennas. Electron Lett 44:836-837

Hallbj 鍵 ner P (2005) The significance of radiation efficiencies when using S–parameters to calculate the received signal correlation from two antennas. IEEE Antennas Wirel Propag Lett 4:97-99

Harrington RF, Mautz JR (1971) Theory of characteristic modes for conducting bodies. IEEE Trans AntennasPropag 19:622-628

Harrington RF, Mautz JR, Chang Y (1972) Characteristic modes for dielectric 和 magnetic bodies. IEEE Trans AntennasPropag 20:194-198

Huang SY, Lee YH (2009) A compact E – shaped patterned ground structure. IEEE Trans Microwave Theory Tech 57:657-665

Hsu CC, Lin KH, Su HL (2011) Implementation of broadband isolator using metamaterial-inspired resonators 和 a T-shaped branch for MIMO antennas. IEEE Trans Antennas Propag 59:3936-3939

Iglesias ER, Teruel OQ, Sanchez LI (2008) Mutual coupling reduction in patch antenna arrays by using a planner EBG structure 和 a multilayer bioelectric substrate. IEEE Trans Antennas Propag 56:1648-1655

Iglesias ER, Teruel OQ, Sanchez LI (2009) Planar soft surface 和 their application to mutual coupling reduction. IEEE Trans AntennasPropag 57:3852-3859

Inclan-Sanchez L, Roy JLV, Iglesias ER (2007) High isolation proximity coupled multilayer patch antenna for dual-frequency operation. IEEE Trans Antennas Propag 56:1180-1183

Kermoal JP, Schmacher L, Pedersen KI, Mogensen PE, Frederiksen F (2002) A stochastic MIMO radio channel model with experimental validation. IEEE J Sel Areas Commun 20:1211-1226

Kin CS, Lim JS, Nam S, Kang KY,Ahn D (2002) Equivalent circuit modeling of spiral defected ground structure for microstrip line. Electron Lett 38:1109-1120

Kishor KK, Hum SV (2013) A two-port chassis-mode MIMO antenna. IEEE Antennas Wirel Propag Lett 12:690-693

Kishor KK, Hum SV (2014) A pattern reconfigurable chassis-mode MIMO antenna. IEEE Trans AntennasPropag 62:3290-3298

MIMO Systems 和 Antennas for Terminals 2385 Kobayashi K, Chiba K,Takami T (1994) 1. 5GHz band portable telephone for personal digital cellular system. In: Proceedings of the IEEE 44th vehicular technology conference, Stockholm,Sweden, vol 1, pp 508-511

Kokkinos T,Liakou E, Feresidis AP (2008) Decoupling antenna elements of PIFA arrays on handheld devices. Electron Lett 44:1442-1444

Lau BK, Andersen JB (2007) An antenna system 和 a method for operating an antenna system. PCT Filed (Pub. No. WO/2008/030165)

Lau BK, Andersen JB (2009) Unleashing multiple antenna systems in compact terminal devices. In:International workshop on antennas technology, Santa Monica Lau BK, Andersen JB (2012) Simple 和 efficient decoupling of compact arrays with parasitic scatterers. IEEE Trans AntennasPropag 60:464-472

Lee CH, Chen SY, Hsu P (2009) Integrated dual planar inverted-F antenna with enhanced isolation. IEEE Antennas Wirel Propag Lett 8:963-965

Lee B,Harackiewicz FJ, Wi H (2014) Closely mounted mobile handset MIMO antenna for LTE 13 band application. IEEE AntennasWirel Propag Lett 13:411-414

Li H,Xiong J, He S (2009a) A compact MIMO antenns system of four elements with similar radiation characteristics 和 isolation structure. IEEE Antennas Wirel Propag Lett 8:1107-1110

Li H,Xiong J, He S (2009b) Extremely compact dual-band PIFAs for MIMO application. Electron Lett 45:869-870

Li H,Xiong J, Ying Z, He S (2010) High isolation compact four-port MIMO antenna systems with built-infilters as isolation structure. In: European conference on antennas 和 propagation (EUCAP), Barcelona, Spain Li H, Tan Y, Lau BK, Ying Z, He S (2012a) Characteristic mode based tradeoff analysis of antennachassis interactions for multiple antenna terminals. IEEE Trans Antennas Propag 60:490-502

Li H, Lau BK, Ying Z, He S (2012b) Decoupling of multiple antennas in terminals with chassis excitation using polarization diversity, angle diversity 和 current control. IEEE Trans Antennas Propag 60:5947-5957

Li H, Lin X, Lau BK, He S (2013a) Equivalent circuit based calculation of signal correlation in lossy MIMO antennas. IEEE Trans Antennas Propag 61:5214-5222

Li H,Miers Z, Lau BK (2013b) Generating multiple characteristic modes below 1 GHz in small terminals for MIMO antenna design. In: Proceedings of the IEEE international symposium on antennas 和 propagation, Lake Buena Vista Li H,Miers Z, Lau BK (2014) Design of orthogonal MIMO handset antennas based on characteristic mode manipulation at frequency bands below 1 GHz. IEEE Trans Antennas Propag 62:2756-2766

Lim S, Ling H (2010) Design of electrically small, pattern reconfigurable Yagi antenna. Electron Lett 43:1326-1327

Lin KC, Wu CH, Lai CH, Ma TG (2012a) Novel dual-band decoupling network for two-element closely spaced array using synthesized microstrip lines. IEEE Trans Antennas Propag 60: 5118-5128

Lin X, Li H, He S (2012b) A decoupling technique for increasing the port isolation between two closely packed antennas. In: Proceedings of the IEEE antennas 和 propagation society international symposium, Chicago, US Ling X, Li R (2011) A novel dual band MIMO antenna array with low mutual coupling for portable wireless devices. IEEE Antennas Wirel Propag Lett 10:1039-1042

Mak ACK, Rowel CR, Murch RD (2008) Isolation enhancement between two closely packed antennas. IEEE Trans Antennas Propag 56:3411-3419

Martens R, Safin E, Manteuffel D (2010) Inductive 和 capacitive excitation of the characteristic modes of small terminals. In: EUCAP2010, Barcelona Miers Z, Li H, Lau BK (2013) Design of bandwidth enhanced 和 multiband MIMO antennas using characteristic modes. IEEE Antennas Wirel Propag Lett 12:1696-1699

2386 H. Li 和 B. K. Lau Miers Z, Li H, Lau BK (2014) Design of bezel antennas for multiband MIMO terminals using characteristic modes. In: Proceedings of the 5th European conference on antennas 和 propagation (EUCAP), The Hague, Netherlands Min KS, Kim DJ, Moon YM (2005) Improved MIMO antenna by mutual coupling suppression between elements. In: The European conference on wireless technology, Paris, France pp 125-128

Minz L, Garg R (2010) Reduction of mutual coupling between closely spaced PIFAs. Electron Lett 46:392-394

Paulraj A, Nabar R, Gore D (2003) Introduction to space-time wireless communications. Cambridge University Press, Cambridge Peng HL, Tao R, Yin WY, Mao JF (2013) A novel compact dual - band antenna array with high isolations realized using the neutralization technique. IEEE Trans Antennas Propag 61:1956-1962

Perahia E (2008) IEEE 802.11n development: history, process, 和 technology. IEEE Commun Mag 46:48-55

Peterson HO, Beverage HH, Moore JB (1931) Diversity telephone receiving system of RCA communications, Inc. Proc IRE 19(4):562-584

Plicanic V, Lau BK, Derneryd A, Ying Z (2009) Actual diversity performance of a multiband diversity antenna with hand 和 head effects. IEEE Trans Antennas Propag 57:1547-1556

Plicanic V, Asplund H, Lau BK (2012) Performance of handheld MIMO terminals in noise- and interference-limited urban macrocellular scenarios. IEEE Trans Antennas Propag 60:3901-3912

Ranvier S, Luxey C, Le Thuc P, Staraj R, Kossiavas G, Vainikainen P, Icheln C (2006) Mutual coupling reduction for patch antenna array. In: Proceedings of the 1st European conference on antennas 和 propagation (EUCAP 2006), Nice, France Rao AM, Weber A, Gollamudi S, Soni R (2009) LTE 和 HSPA: revolutionary 和 evolutionary solutions for global mobile broadband. Bell Labs Tech J 13:7-34

Salonen I, Icheln C, Vainikainen P (2005) The dependency of pattern correlation on mutual coupling 和 losses in antenna arrays. Microw Opt Technol Lett 47:145-147

Schroeder WL, Famdie CT, Solbach K (2005) Utilisation 和 tuning of the chassis modes of a handheld terminal for the design of multiband radiation characteristics. In: Proceedings of the IEE wideband multi-band antennas arrays, Birmingham, UK pp 117-121

Schroeder WL, Vila AA, Thome C (2006) Extremely small, wide-band mobile phone antennas by inductive chassis mode coupling. In: Proceedings of the 9th European conference on wireless technology, Manchester, UK pp 407-410

Shaker G, Rafi G, Safavi-Naeini S, Sangary N (2008) A synthesis technique for reducing mutual coupling between closely separated patch antennas. In: Proceedings of the IEEE antennas and propagation society international symposium, San Diego Stein S (1962) On cross coupling in multiple-beam antennas. IRE Trans AntennasPropag 10:548-557

Sonkki M, Daviu EA, Fabres MC, Bataller MF, Salonen ET (2012) Improved planar wideband antenna element 和 its usage in a mobile MIMO system. IEEE Antennas Wirel Propag Lett 11:826-829

Stjernman A (2005) Relationship between radiation pattern correlation 和 scattering matrix of lossless 和 lossy antennas. Electron Lett 41:678-680

Su SW (2010) High-gain dual-loop antennas for MIMO access points in the 2.4/5.2/5.8 GHz bands. IEEE Trans Antennas Propag 58:2412-2419

Sung YJ, Kim M, Kin YS (2003) Harmonics reduction with defected ground plane structure for a microstrip patch antenna. IEEE Antennas Wirel Propag Lett 2:111-113

Taga T, Tsunekawa K (1986) A built in diversity antenna for 800 MHz band portable radio units. IEEE AntennasPropag Soc Int Symp 24:705-708

Taga T, Tsunekawa K (1987) Performance analysis of a built-In planar inverted-F antenna for 800 MHz band portable radio units. IEEE JSel Areas Commun 5:921-929

MIMO Systems 和 Antennas for Terminals 2387 Taga T (1990) Analysis for mean effective gain of mobile antenna in land mobile radio environment. IEEE TransVeh Technol 39:117-131

Telatar IE (1999) Capacity of multi-antenna Gaussian channels. Eur Trans Telecommun 10:585-595

Thaysen J, Jakobsen K (2006) Envelope correlation in (n, n) mimo antenna array from scattering parameters. Microw Opt Technol Lett 48:832-834

Tian R, Lau BK, Ying Z (2011) Multiplexing efficiency of MIMO antennas. IEEE Antennas Wirel Propag Lett 10:183-186

Valkonen R, Kaltiokallio M, Icheln C (2013) Capacitive coupling element antennas for multistandard mobile handsets. IEEE Trans Antennas Propag 61:2783-2791

Volmer C, Weber J, Stephan R,Blau K, Hein MA (2008) An eigen-analysis of compact antenna arrays 和 its application to port decoupling. IEEE Trans Antennas Propag 56:360-370

Wallace JW, Jensen MA (2004) Mutual coupling in MIMO wireless systems: a rigorous network theory analysis. IEEE Trans Antennas Propag 3:1317-1325

Wang Y, Du Z (2014) A wideband printeddual-antenna with three neutralization lines for mobile terminals. IEEE Trans Antennas Propag 62:1495-1500

Weber J, Volmer C,Blau K, Stephan R, Hein MA (2006) Miniaturized antenna arrays using decoupling networks with realistic elements. IEEE Trans Microwave Theory Tech 54:2733-2740

Winters J (1987) On the capacity of radio communication systems with diversity in a Rayleigh fading environment. IEEE JSel Areas Commun 5:871-878

Xiong J, Zhao M, Li H, Ying Z, Wang B (2012) Collocated electric 和 magnetic dipoles with extremely low correlation as a reference antenna for polarization diversity MIMO applications. IEEE AntennasWirel Propag Lett 11:423-426

Yang F, Rahmat-Samii Y (2003) Microstrip antennas integrated with electromagnetic band-gap (EBG) structures: a low mutual coupling design for array applications. IEEE Trans Antennas Propag 51:2936-2946

Zhang S, Khan SN, He S (2010) Reducing mutual coupling for an extremely closely-packed tunable dual-element PIFA array through a resonant slot antenna formed in-between. IEEE Trans Antennas Propag 58:2771-2776

Zhang S, Lau BK, Tan Y, Ying Z, He S (2012a) Mutual coupling reduction of two PIFAs with a T-shape slot impedance transformer for MIMO mobile terminals. IEEE Trans Antennas Propag 60:1521-1531

Zhang S, Lau BK, Sunesson A, He S (2012b) Closely-packed UWB MIMO/diversity antenna with different patterns 和 polarizations for USB dongle applications. IEEE Trans Antennas Propag 60:4372-4380

Zhu FG, Xu JD, Xu Q (2009) Reduction of mutual coupling between closely-packed antenna elements using defected ground structure. Electron Lett 45:1-4

第 54 章
无线充电系统天线

Qian Chen, Qiaowei Yuan

摘要

由于功率传输效率在很大程度上取决于天线的性能，因此天线是无线充电系统中最重要的组件之一。本章重点介绍了提高功率传输效率的天线建模与分析技术。为了给发展高效能无线充电系统天线提供基础和理论知识，采用电路理论和电磁场全波分析方法对无线电能转换效率与像天线几何形状、欧姆损耗、阻抗匹配电路等天线参数之间的关系，以及发射与接收天线间的距离，进行了解析和数值研究。最后，简要介绍了无线电能传输系统天线面临的挑战和新近研究情况以及该领域的标准。

Q. Chen(✉)
东北大学，日本
e-mail：chenq@ecei.tohoku.ac.jp
Q. Yuan
日本国家技术研究所，日本
e-mail：qwyuan@sendai-nct.ac.jp

关键词

近场耦合;无线电能传输;无线充电;无线电力传输;天线;阻抗匹配;效率;等效电路;散射参数;散射矩阵;阻抗矩阵

54.1 引言

针对无线电能传输(WPT)的研究始于100多年前。Nikola Tesla 于1989年开发出了第一个实用的无线电能传输系统,并在1914年他获得的美国专利中透露了系统构型(Tesla 1914)。Reinhold Rudenberg 早在1908年就描述了利用天线吸收电能的基础理论。自此以后,出现了大量的针对WPT的基础理论和应用的研究。该技术已被广泛应用于从无线充电电子设备到太阳能卫星(SPS)系统的诸多方面(McSpadden and Mankins,2002)。然而,该技术依然面临着挑战,其中最大的挑战就是在长传输距离上保持高的功率传输效率(PTE)。

基于如何利用电磁场传输电能,无线电能传输可以分为两种:一种是远场辐射;另一种是近场耦合。近场耦合法又称为电感耦合法或感应法。该方法对于短距离电能传输是有效的,也具有相对较高的功率传输效率。近场耦合法已被应用到如无绳电话无线充电、电动牙刷、无源射频识别(RFID)标签等许多实际应用中。远场辐射法是适用于长距离的电能传输,其效率取决于传输距离,功率传输效率极低。其中广为人知的应用是空间太阳能发电系统(SPS),这是一个大工程项目,在地球静止轨道收集阳光并转化成电磁能,并以电磁波的形式将电能传输到地球。这种方法要求使用高增益的定向天线来提高功率传输效率,以及一套方向跟踪系统来跟踪天线的运动。因此,远场辐射法通常局限于在视线传输环境中的应用。

通过引入称为倏逝波耦合共振的概念,实验验证了一种非常有效的近场电能传输技术(Kurs et al.,2007)。文献中使用了两个自谐振线圈作为接收和发射天线,实验证明了在超过2m距离上以40%的功率传输效率点亮了一盏60W的灯泡。与传统的感应耦合法相比,对于实现在一个相对较长的距离上进行电能传输,而保持良好的转换效率而言,这种磁共振系统是至关重要的。该文献出版后不久,就出现了很多这方面的研究论文和报告(Karalis et al.,2008;Cannon et al.,2009;Tak et al.,2009;Ishizaki et al.,2010;Yuan et al., 2010)。研究结果表明,倏逝波耦合谐振法可以比之前的近场感应法有更远的电能传输距离(Murakami et al.,1996;Hatanaka et al.,2002),而且比绝大多数能量都浪费在传输损耗上的远场辐射法有更高的效率(Brown,1984;Matsumoto,2002;Rodenbeck and Chang,2005)。还发现,电耦合对于高效无线电能传输而言是有效的(Kim and Ling,2007)。Chen 等(2012)指出采用发射天线和接收天线间的共轭阻抗匹配,而不是使用天线谐振或磁共振的概念,可以带来最大的功率传输效率。该文献证明,如果满足共轭匹配条件,当天线完美导电并且是电小时,在近场区域可以实现最高达 100%的传输效率。文献也指出,在实际中如果考虑天线和匹配电路的导通损耗,对于实现高传输效率而言,环形天线比偶极子天线更为优越。

本章从提高无线充电系统的无线功率传输效率角度,采用电路理论和全波电磁仿真分析,介绍了基于近场耦合法的无线充电系统中天线的建模与分析。电路理论可以为如何通过天线来耦合电磁场能量提供一个清晰的图像,还可以给出一些寻找提高功率传输效率的关键因素方面的基础知识。全波分析可以给出实际情况下的电磁场仿真,此时可以准确评估天线的特性,包括天线阻抗、辐射和传导损耗。由于这些天线特性在确定功率传输效率方面起重要作用,需要采用全波分析来为实用的无线充电系统设计天线。采用两种类型天线,即偶极子天线和环形天线来进行近场耦合的锥形模型全波分析,给出了总体原理,以用于实现无线充电系统的最大功率传输效率的天线设计。最后介绍了无线充电技术一些近期应用进展和标准。

54.2　无线充电系统的配置与功率传输效率的定义

典型的无线充电系统通常由电源、阻抗匹配电路、发射和接收天线、整流器和负载阻抗组成,如图 54.1 所示。在发射端,电磁功率由内阻为 r_s 的电压源 U_0 生成,并通过阻抗匹配电路传输到发射天线。电磁场通过接收天线、阻抗匹配电路、整流电路,以无线方式耦合到接收端,最后由电阻 r 消耗。如果天线处于远场区域,这种配置对远场辐射传输方法也同样有效。

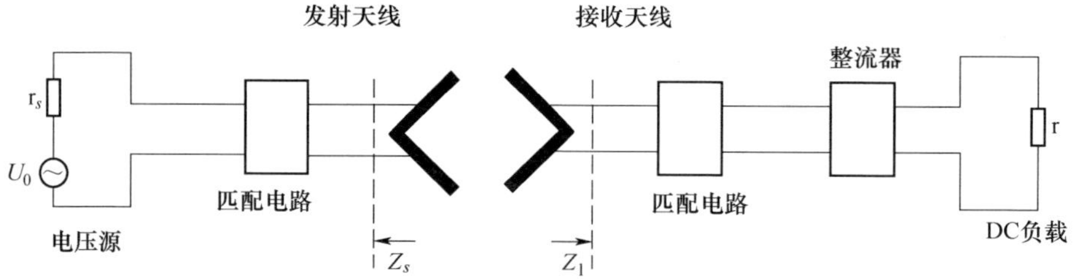

图 54.1　一种典型的无线充电系统配置

由于天线才是本章的主题,因此考虑图 54.2 所示的较简单的配置模型就足够了。该模型中, Z_s 是指朝匹配电路和电源看去的等效阻抗, Z_1 是指向整流电路和负载看去的阻抗。虽然整流器是一个非线性电路,本章中将它假设为一个独立于接收功率的线性参数。要着重注意的是,对基于近场耦合方法的无线充电系统中的天线性能评估而言,单一天线的特性,如谐振频率、输入阻抗和增益是无用的,这是因为发射和接收天线彼此之间是强耦合的。

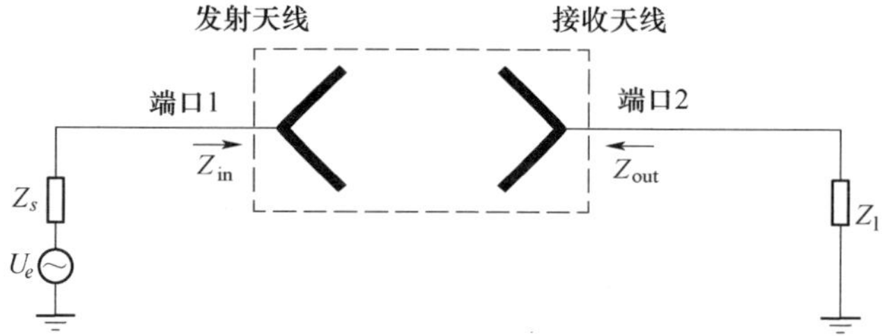

图 54.2　无线充电系统中的发射天线和接收天线

评估无线充电系统性能最重要的参数之一是功率传输效率,定义为负载阻抗 Z_1 吸收功率与进入到发射天线的入射功率之比,即

$$\eta = \frac{P_l}{P_{\text{inc}}} \tag{54.1}$$

式中: P_{inc} 为入射功率; P_l 为吸收功率。当满足图 54.2 中端口 1 的阻抗匹配条件时,入射功率是发射天线可用的最大功率。

这就表明,当阻抗 Z_s 和 Z_l 分别与端口 1 和端口 2 的输入阻抗复共轭匹配

时,功率传输效率 η 达到最大值,即在端口 1,有

$$Z_{in} = Z_s^* \tag{54.2}$$

以及在端口 2,有

$$Z_{out} = Z_l^* \tag{54.3}$$

式中: Z_{in} 为看向端口 1 的输入阻抗; Z_{out} 为看向端口 2 的输入阻抗。应当再次指出, Z_{in} 不等于发射天线的输入阻抗, Z_{out} 也不是接收天线的输入阻抗,这是因为在讨论近场功率耦合时不能忽略发射天线与接收天线之间的互耦。

在后续几节中,利用电路理论和电磁全波分析方法,从理论和数值上研究了阻抗匹配条件与获得最大功率传输效率的条件之间的关系,以及无线功率传输效率和天线参数之间的关系。

54.3　电路理论

当无线充电系统工作在较低频率时,系统的辐射可以忽略不计,系统中的天线可以近似用集总电路元件建模。可以基于电路理论,使用集总电路元件进行分析,这非常简单并可提供一种直观的模型来展示无线充电系统中天线的工作原理。

在低频下,可以认为电磁场是一个准静态场,电磁耦合可以分为通过磁场的感应和通过电场的耦合两类。本小节重点讨论使用磁感应的充电系统。

可以使用两个电感器,也叫作线圈,作为发射天线和接收天线来实现磁感应,因为线圈在近场区域可以产生强磁场。线圈可以是单匝或多匝线圈,但线圈导线的总长度应比波长小很多;否则,电磁功率将从系统中辐射出去,使得充电效率或功率传输效率大大降低。

用于描述磁场感应基本现象的等效电路如图 54.3 所示。用于发射和接收的两个电感器等价于以互感 M 互相耦合的电感器 L_1 和 L_2。r_1 和 r_2 分别代表发射和接收电路中的欧姆损耗,主要由电感器引起。电压 U_0 的电压源接入发射电路。Z_l 是吸收电压源所提供功率的负载阻抗。

下面将展示如何通过优化 Z_l 来获得最大功率传输效率。这一分析提供了通过设计负载阻抗来开发高效无线充电系统的基础知识。

当对图 54.3 所示的电路应用 Kirchhoff 电压定律时,可得到公式

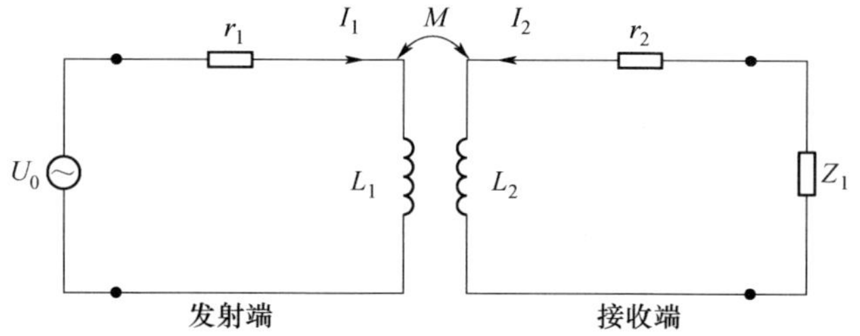

图 54.3　磁场耦合等效电路

$$(r_1 + j\omega L_1)I_1 + j\omega MI_2 = U_0 \tag{54.4}$$

$$j\omega MI_1 + (Z_1 + r_2 + j\omega L_2)I_2 = 0 \tag{54.5}$$

通过同时求解式(54.4)和式(54.5),发射端电流变为

$$I_1 = \frac{\begin{vmatrix} U_0 & j\omega M \\ 0 & Z_1 + r_2 + j\omega L_2 \end{vmatrix}}{\begin{vmatrix} r_1 + j\omega L_1 & j\omega M \\ j\omega M & Z_1 + r_2 + j\omega L_2 \end{vmatrix}} = \frac{(Z_1 + r_2 + j\omega L_2)\, U_0}{(r_1 + j\omega L_1)\,(Z_1 + r_2 + j\omega L_2) + \omega^2 M^2} \tag{54.6}$$

可以推导出发射端和接收端之间的电流大小关系为

$$|I_2|^2 = \frac{\omega^2 M^2}{r_2^2 + (X_2 + \omega L_2)}\,|I_1|^2 \tag{54.7}$$

由式(54.6)导出从电压源看向电路的输入阻抗为

$$Z_{\text{in}} = \frac{U_0}{I_1} = r_1 + j\omega L_1 + \frac{\omega^2 M^2}{Z_1 + r_2 + j\omega L_2} \tag{54.8}$$

于是, Z_{in} 的实部变为

$$R_{\text{in}} = r_1 + \frac{\omega^2 M^2 (R_1 + r_2)}{(R_1 + r_2)^2 + (X_1 + \omega L_2)^2} \tag{54.9}$$

式中: R_1 和 X_1 分别为 Z_1 的实部和虚部。

由电压 U_0 产生的可在电路中消耗的总功率为

$$P_{\text{in}} = \frac{1}{2} R_{\text{in}}\,|I_1|^2 \tag{54.10}$$

负载 Z_1 消耗的功率为

$$P_1 = \frac{1}{2} R_1 \ |I_2|^2 \tag{54.11}$$

因此，功率传输效率的值估计为

$$\eta = \frac{P_1}{P_{\text{in}}} \tag{54.12}$$

$$\frac{\omega^2 M^2 R_1}{r_1[(R_1 + r_2)^2 + (X_1 + \omega L_2)^2] + \omega^2 M^2 (R_1 + r_2)} \tag{54.13}$$

现在，优化负载电阻 R_1 和负载电抗 X_1 可以得到最大功率传输效率。为了这个目的，传输效率关于 R_1 和 X_1 的偏导数应满足条件

$$\frac{\partial \eta}{\partial X_1} = 0 \tag{54.14}$$

和

$$\frac{\partial \eta}{\partial R_1} = 0 \tag{54.15}$$

通过求解上面两个方程，可以得到 R_1 的优化值为

$$R_{1m} = r_2 \sqrt{1 + \alpha} \tag{54.16}$$

同样可以得到 X_1 的优化值为

$$X_{1m} = - \omega L_2 \tag{54.17}$$

其中 α 定义为

$$\alpha = \frac{\omega^2 M^2}{r_1 r_2} \tag{54.18}$$

因此，当负载阻抗 Z_1 同时满足式(54.16)和式(54.17)时，功率传输效率 η 达到最大值，表达式为

$$\eta_m = 1 - \frac{2}{1 + \sqrt{1 + \alpha}} = \frac{(1 - \sqrt{1 + \alpha})^2}{\alpha} \tag{54.19}$$

这一分析表明，通过同时满足式(54.16)作为实部部分和式(54.17)作为虚部部分负载阻抗，可以实现最大功率传输效率。因为式(54.17)是接收电路的谐振条件。该分析表明，如果同时满足式(54.16)和式(54.17)，就可以实现最大功率传输效率，但谐振条件是必要条件而不是充分条件。还有一点要注意，就是优化的负载电阻不仅与接收端电感器的电阻相关，还通过参数 α 与发射端电

感器的电阻相关,其中 α 是指这两个电感器之间的相耦效应。α 也可以表示为

$$\alpha = k^2 Q_1 Q_2 \tag{54.20}$$

式中:k 为耦合系数,即

$$k = \frac{M}{L_1 L_2} \tag{54.21}$$

Q_1 和 Q_2 为品质因子,有

$$Q_1 = \frac{\omega L_1}{r_1} \tag{54.22}$$

$$Q_2 = \frac{\omega L_2}{r_2} \tag{54.23}$$

因此,最大功率传输效率可以表示为

$$\eta_m = 1 - \frac{2}{1 + \sqrt{1 + k^2 Q_1 Q_2}} \tag{54.24}$$

这表明最大功率传输效率取决于耦合因子 k 与品质因子 Q_1 和 Q_2。耦合电感之间大的品质因子和强耦合将增加最大传输效率值。

上述发射电路讨论中,没有给出获得最大效率的条件。这是因为功率传输效率是由电路输入功率归一化的,而不是本节中的入射功率。如果定义效率为吸收功率与入射功率之比,则应通过定义一个功率源的内部阻抗,然后采用接收电路讨论中同样的方法优化内部阻抗,来进行传输效率的优化。

作为一个数值例子,采用电路理论来分析通过两个螺线管线圈实现的无线功率传输,分析模型如图 54.4 所示。两个螺线管线圈用作无线功率传输的天线。螺线管线圈长度为 l ,每米匝数为 N ,半径为 a 。线圈是由半径为 R_a 、电导率为 σ 的电导线制成。两个线圈相隔距离为 d 。

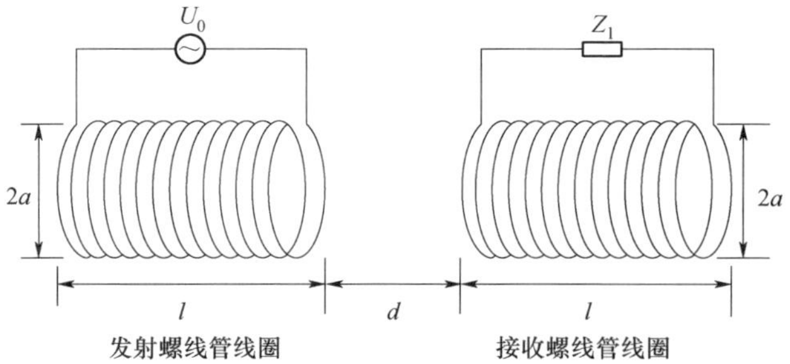

图 54.4　双螺线管线圈无线充电系统分析模型

当螺线管线圈与波长相比非常小时，可以假定螺线管线圈上的电流均匀同相分布在导线表面。于是，以闭合形式给出螺线管线圈的电感 L，即

$$L = \mu_0 n^2 \pi a^2 \left(\sqrt{a^2 + l^2} - a\right) \tag{54.25}$$

式中：μ_0 为真空磁导率。推导出线圈电阻 r 为

$$r = \frac{2\pi a N}{2\pi R_a \delta \sigma} = \frac{aN}{R_a \delta \sigma} \tag{54.26}$$

式中：δ 为导线趋肤深度，即

$$\delta = \sqrt{\frac{2}{\omega \mu_0 \sigma}} \tag{54.27}$$

很难给出一个闭合式来精确表示线圈之间的互感 M。为简单起见，假设这里线圈之间的距离足够小，使得耦合系数 $k = 1$。因此，互感 M 等于 L。

考虑以下实例，$f = 85\text{kHz}$，$l = 100\text{cm}$，$N = 100$，$R_a = 1\text{mm}$，$\sigma = 5.8\times10^7\text{S/m}$。图 54.5 所示为使用式（54.25）和式（54.26）计算的螺线管线圈的等效电感和电阻。随着螺线管线圈半径的增大，电感和电阻也同时增大。

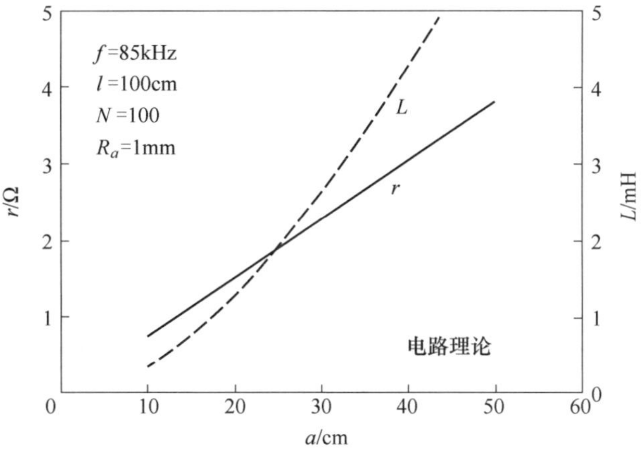

图 54.5　螺线管线圈的等效电阻和电感

与半径的变化相对应，可以利用式（54.16）和式（54.17）得到为实现最大功率传输效率而优化的负载阻抗，如图 54.6 所示。当优化负载阻抗后，最大功率传输效率如图 54.7 所示，这由式（54.24）计算得到。因为假设线圈之间的耦合因子为 1，图示最大功率传输效率接近于 100%。基于这一假设，最大功率传输

效率与线圈之间的距离是不相关的。因此,使用电路理论的数值分析仅限于可准确预估集总电路元件的简单分析模型。实际中,由于发射天线和接收天线的几何形状非常复杂,通常不可能得到那些集总电路元件的确切特性,如线圈的电感和电阻以及等效电路中的互耦因子。在后续几节中,将介绍几种基于全波电磁分析的方法,这些方法可以准确地分析无线充电系统中具有复杂几何形状和中等电尺寸的天线。

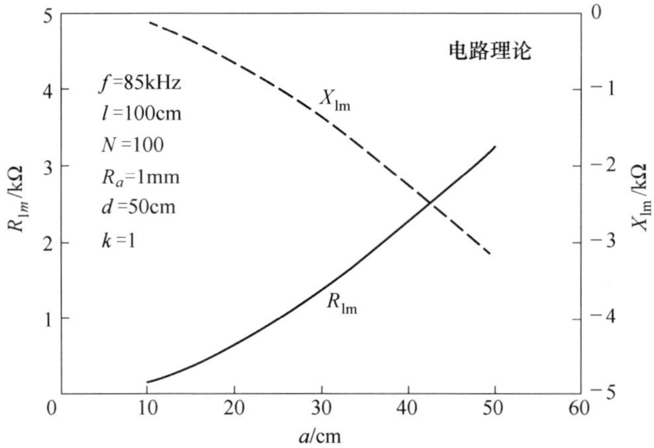

图 54.6　优化的负载阻抗以实现最大功率传输效率

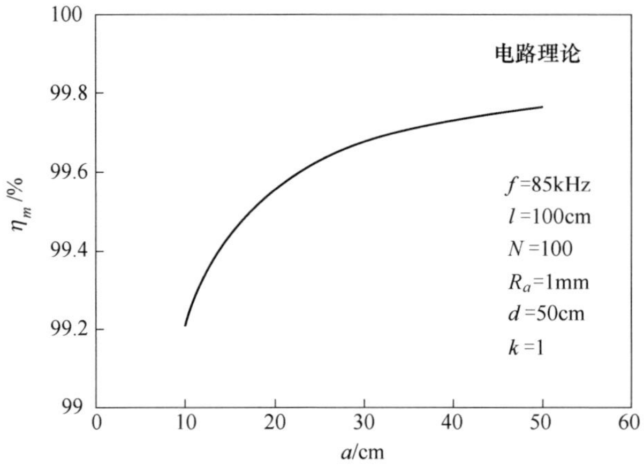

图 54.7　优化阻抗加载时的最大功率传输效率

54.4 阻抗矩阵法

本节使用阻抗矩阵法建立近场耦合模型，可以以两端口网络表示无线充电系统，如图 54.8 所示。这里 Z_s 是电压源的内阻抗，Z_l 是负载阻抗。它们都是复数值，分别表示为 $Z_s = R_s + \mathrm{j}X_s$ 和 $Z_1 = R_1 + \mathrm{j}X_1$ 。端口电流 I_1、I_2 和端口电压 U_1、U_2 之间的关系由阻抗矩阵给出，即

$$\begin{bmatrix} U_1 \\ U_2 \end{bmatrix} = \begin{bmatrix} Z_{11} & Z_{12} \\ Z_{21} & Z_{22} \end{bmatrix} \begin{bmatrix} I_1 \\ I_2 \end{bmatrix} \tag{54.28}$$

如果已知无线充电系统的几何形状，采用基于全波电磁分析的数值方法可以得到图 54.8 所示的矩阵阻抗。

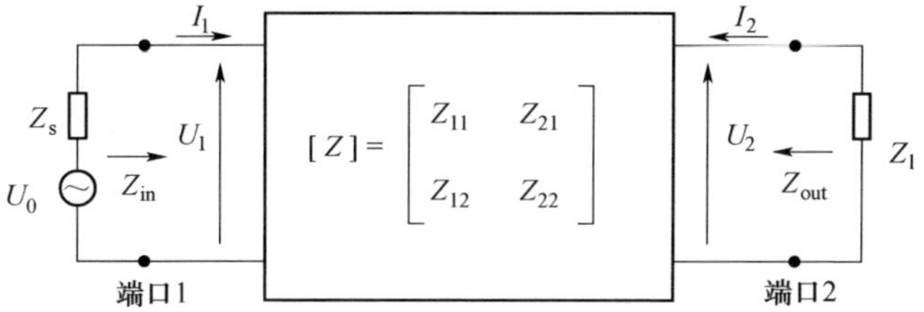

图 54.8　使用磁场耦合的 WPT 二端口网络建模

如果 Z_{in} 是看向端口 1 的阻抗，Z_{out} 是看向端口 2 的阻抗，它们以阻抗参数（ Z -参数）形式表示为

$$Z_{\text{in}} = Z_{11} - \frac{Z_{12}Z_{21}}{Z_1 + Z_{22}} \tag{54.29}$$

和

$$Z_{\text{out}} = Z_{22} - \frac{Z_{12}Z_{21}}{Z_s + Z_{11}} \tag{54.30}$$

施加到两个端口的共轭阻抗匹配条件表示为

$$Z_{\text{in}} = Z_s^* \tag{54.31}$$

和

$$Z_{\text{out}} = Z_1^* \tag{54.32}$$

同时求解这两个方程，匹配的负载阻抗为

$$R_{\text{lmat}} = R_{22}\sqrt{(1 - \alpha_1)(1 + \alpha_2)} \tag{54.33}$$

$$X_{\text{lmat}} = R_{22}\sqrt{\alpha_1\alpha_2} - X_{22} \tag{54.34}$$

匹配的内阻抗为

$$R_{\text{smat}} = R_{11}\sqrt{(1 - \alpha_1)(1 + \alpha_2)} \tag{54.35}$$

$$X_{\text{smat}} = R_{11}\sqrt{\alpha_1\alpha_2} - X_{11} \tag{54.36}$$

式中：$\alpha_1 = R_{12}^2/(R_{11}R_{22})$；$\alpha_2 = X_{12}^2/(R_{11}R_{22})$。

当功率传输效率定义为负载阻抗的吸收功率与到端口1的输入功率(注意不是入射功率)之比时,可以表示为

$$\eta = \frac{R_1 \ |I_2|^2}{R_{\text{in}} \ |I_1|^2} \tag{54.37}$$

通过使用电流 $|I_2|^2$ 和 $|I_1|^2$ 之间的关系,有

$$|I_2|^2 = \frac{|Z_{12}|^2}{|Z_1 + Z_{22}|^2} \ |I_1|^2 \tag{54.38}$$

可计算得到功率传输效率为

$$\eta = \frac{R_1 \ |Z_{12}|^2}{R_{\text{in}} \ |Z_1 + Z_{22}|^2} \tag{54.39}$$

如果端口2处满足阻抗匹配条件,用式(54.33)的 R_{lmat} 和式(54.34)的 X_{lmat} 替代 Z_1,以输入功率表达的功率传输效率变为

$$\eta_{\text{mat}} = \frac{\alpha_1 + \alpha_2}{\left(\sqrt{1 - \alpha_1} + \sqrt{1 + \alpha_2}\right)^2} \tag{54.40}$$

当阻抗矩阵法应用于"电路理论"一节(图54.3中)的分析模型时,如图54.9所示,两端口网络的阻抗矩阵为

$$[Z] = \begin{bmatrix} r_1 + \mathrm{j}\omega L_1 & \mathrm{j}\omega M \\ \mathrm{j}\omega M & r_2 + \mathrm{j}\omega L_2 \end{bmatrix} \tag{54.41}$$

于是,$\alpha_1 = 0$、$\alpha_2 = \omega^2 M^2/(r_1 r_2) = \alpha$。如果假设端口2处满足阻抗匹配条件,可由式(54.33)和式(54.34)导出负载阻抗为

$$R_{\text{lmat}} = r_2\sqrt{1 + \alpha} \tag{54.42}$$

$$X_{\text{lmat}} = -\omega L_2 \tag{54.43}$$

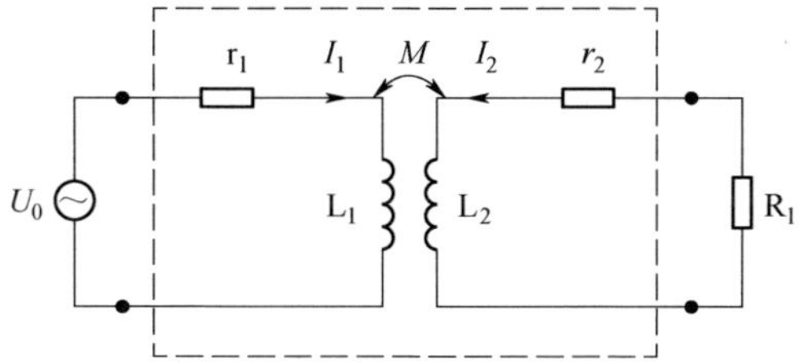

$$[Z]=\begin{bmatrix} r_1+j\omega L_1 & j\omega M \\ j\omega M & r_2+j\omega L_2 \end{bmatrix}$$

图 54.9 采用磁场耦合的两端口阻抗矩阵网络的无线充电系统建模

可以推导出以输入功率表达的功率传输效率为

$$\eta_{\text{mat}}=\frac{\left(1-\sqrt{1+\alpha}\right)^2}{\alpha} \tag{54.44}$$

式(54.42)、式(54.43)和式(54.44)与式(54.16)、式(54.17)和式(54.19)完全一致,证明了阻抗匹配条件只是实现最大功率传输效率的条件。因此,在基于近场耦合法开发无线充电系统的过程中,最大的挑战是当发射天线和接收天线彼此相对运动时保持满足阻抗匹配条件。在实际系统设计中需要自适应地改变天线几何形状或阻抗匹配网络,以保持在发射端口和接收端口都满足阻抗匹配条件。

这里,再次通过使用阻抗矩阵法求解图 54.4 所示的分析模型,但阻抗矩阵是通过使用矩量法数值计算出来的,而矩量法是最有效的全波电磁分析方法之一。

对应于螺线管线圈的半径,可通过使用式(54.42)和式(54.43)得到为实现最大功率传输效率而优化的负载阻抗,如图 54.10 所示。与图 54.6 所示的结果相比,电抗几乎相同,但电阻差别很大。在阻抗匹配条件下用式(54.44)计算的最大功率传输效率如图 54.11 所示。当线圈半径变小时效率大大下降,这与前面章节得到的结论有很大的不同。计算效率之所以有很大的不同,是因为在“电路理论”一节中线圈间的互耦、辐射损耗以及线圈的导通损耗是采用解析方法近似计算的,而在本节则是用矩量法精确计算的。改变线圈之间的距离时,匹配的阻抗如图 54.12 所示,阻抗匹配条件下的最大传输效率如图 54.13 所示。

这些分析结果为设计天线阻抗和评估无线充电系统的最大功率传输效率提供了重要知识。

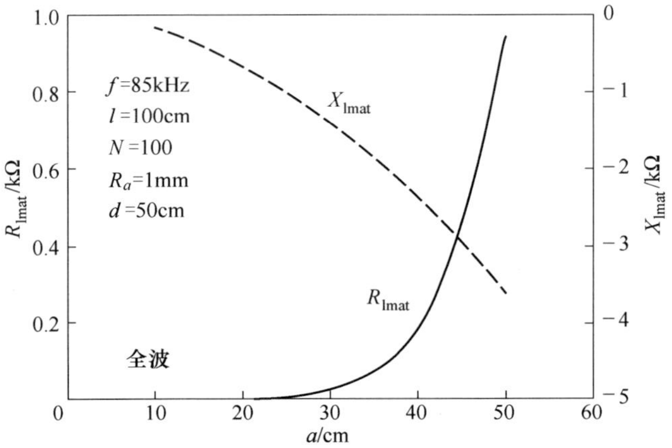

图 54.10　双螺线管线圈模型的匹配负载阻抗与线圈半径

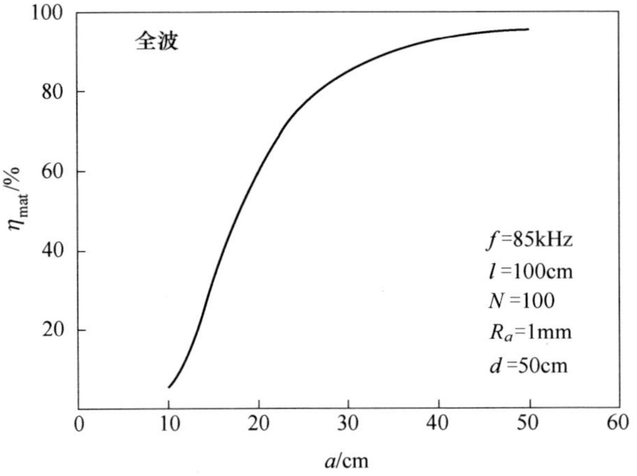

图 54.11　负载阻抗匹配时的最大功率传输效率与线圈半径

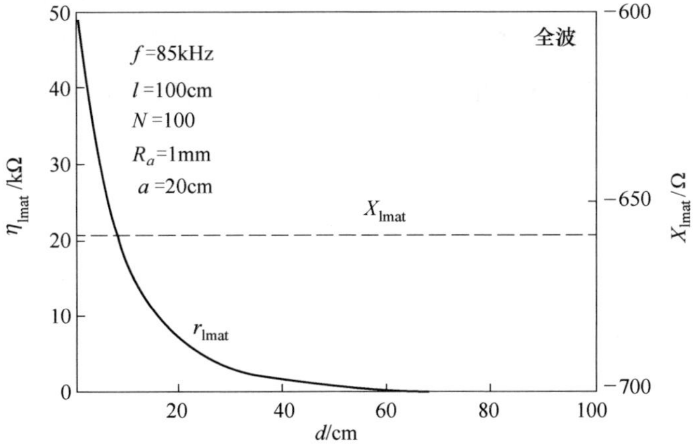

图 54.12　匹配的负载阻抗与线圈距离

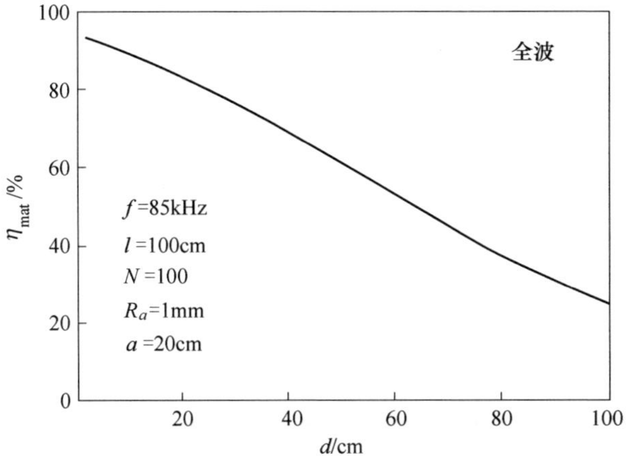

图 54.13　负载阻抗匹配时的最大功率传输效率与线圈距离

54.5　散射矩阵法

也可以用图 54.14 所示的散射矩阵法来分析无线充电系统中的天线，其中充电系统由发射端口和接收端口组成，并可以仍像 54.4 节中一样表示为一个两端口网络。端口 1 是包括发射天线及其负载阻抗 Z_s 的发射端口,端口 2 是包括接收天线及其负载阻抗 Z_l 的接收端口。这里,没有使用阻抗矩阵,而是使用散射矩阵 **S** 来表示两端口网络特性。在评估多端口网络性能时散射参数非常有效,其很容易使用矢量网络分析仪测量,并可用多种商业全波电磁仿真软件计算。

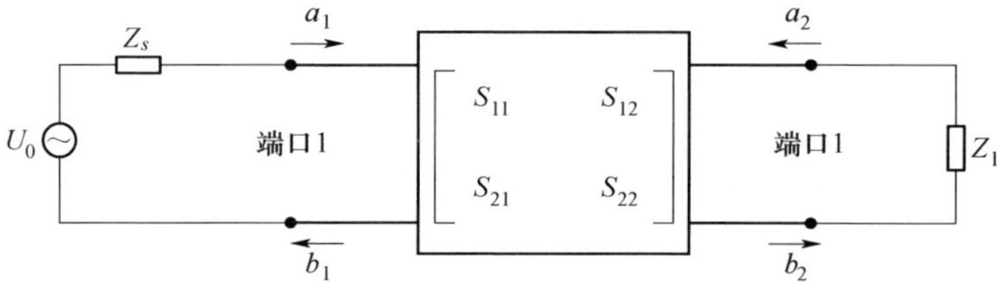

图 54.14　无线充电系统中两端口网络天线建模

内部阻抗 Z_s 和负载阻抗 Z_l 的反射系数分别为

$$\Gamma_s = \frac{Z_s - Z_0}{Z_s + Z_0} \tag{54.45}$$

$$\Gamma_l = \frac{Z_l - Z_0}{Z_l + Z_0} \tag{54.46}$$

其中,与散射矩阵中一样, Z_0 代表 50Ω 的参考阻抗。共轭阻抗匹配的条件变为

$$\Gamma_s = \Gamma_{\text{in}}^* \tag{54.47}$$

$$\Gamma_l = \Gamma_{\text{out}}^* \tag{54.48}$$

式中:Γ_{in} 和 Γ_{out} 分别为端口 1 和端口 2 的反射系数,表示为

$$\Gamma_{\text{in}} = S_{11} + \frac{S_{12}S_{21}\Gamma_l}{1 - S_{22}\Gamma_l} \tag{54.49}$$

$$\Gamma_{\text{out}} = S_{22} + \frac{S_{12}S_{21}\Gamma_s}{1 - S_{11}\Gamma_s} \tag{54.50}$$

通过求解式(54.47)和式(54.48),可得最大功率传输效率的最优反射系数为

$$\Gamma_{\text{sm}} = \frac{B_1 \pm \sqrt{B_1^2 - 4|C_1|^2}}{2C_1} \tag{54.51}$$

$$\Gamma_{\mathrm{lm}} = \frac{B_2 \pm \sqrt{B_2^2 - 4 |C_2|^2}}{2C_2} \tag{54.52}$$

其中

$$B_1 = 1 + |S_{11}|^2 - |S_{22}|^2 - |\Delta|^2 \tag{54.53}$$

$$C_1 = S_{11} - \Delta S_{22}^* \tag{54.54}$$

$$B_2 = 1 + |S_{22}|^2 - |S_{11}|^2 - |\Delta|^2 \tag{54.55}$$

$$C_2 = S_{22} - \Delta S_{11}^* \tag{54.56}$$

$$\Delta = S_{11}S_{22} - S_{12}S_{21} \tag{54.57}$$

可使用式(54.45)和式(54.46),由式(54.51)和式(54.52)给出的最优反射系数得到电压源的最优阻抗和负载阻抗。

另外,功率传输效率可由 **S** 参数和输入输出端口的反射系数表示,即

$$\eta = \frac{|b_2|^2 - |a_2|^2}{|a_1|^2} = \frac{(1 - |\Gamma_1|^2)(1 - |\Gamma_s|^2)|S_{21}|^2}{|(1 - S_{11}\Gamma_s)(1 - S_{22}\Gamma_1) - S_{12}S_{21}\Gamma_s\Gamma_1|^2} \tag{54.58}$$

其中,如果给出 Z_s 和 Z_1 的值,而当 Z_s 和 Z_1 为最优阻抗,即复共轭匹配阻抗时,存在最大传输效率,则传输效率是可以计算的。

54.6　基于散射矩阵方法的天线建模与分析

54.6.1　天线模型

研究了两种天线,即偶极子天线和环形天线。当这些天线用于近场耦合时,小的偶极子天线用于电场耦合而小的环形天线用于磁场耦合。在研究中使用了这些天线的规范模型(原文为 conical model 疑有误,应为 canonical model,译注),这些数值仿真的结果和观察的现象为如何基于近场耦合法设计无线充电系统的天线提供了理论认识。

图 54.15 展示了一种偶极子-偶极子天线模型。偶极子导线的长度为 $2l$,天线间距为 d 。两个天线都平行于 z 轴放置。电压源的内部阻抗为 Z_s ,与接收天线连接的负载阻抗为 Z_1 。图 54.16 给出了一种环形-环形天线模型。间距为 d 的两个圆环形天线直径均为 D 。两个环形天线的轴与 x 轴重合。所有天线都

由半径为 a 的导线制成。

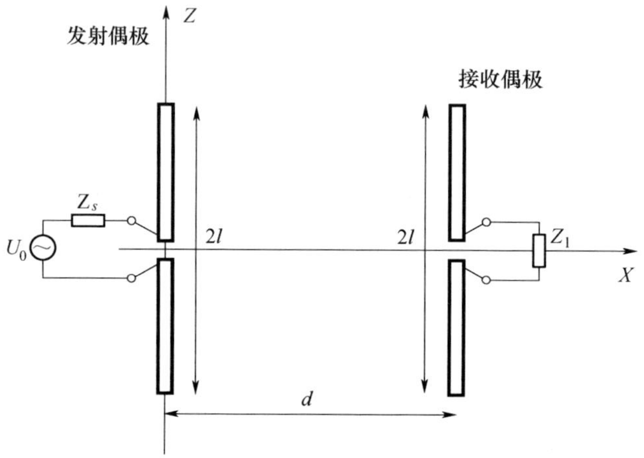

图 54.15 无线充电系统的偶极子-偶极子模型

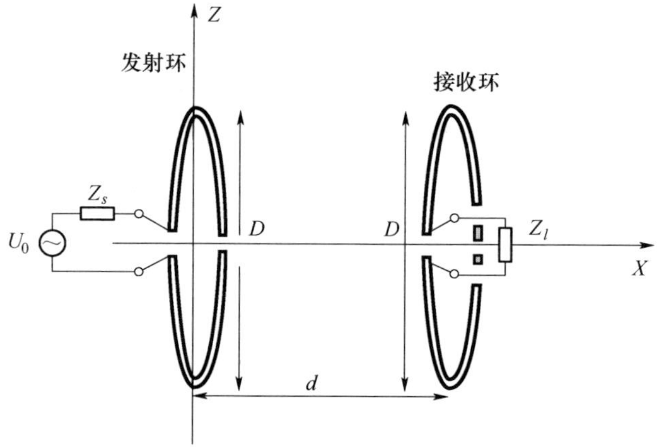

图 54.16 无线充电系统的环形-环形模型

本章利用矩量法进行天线数值分析,来计算两端口网络的 **S** 参数。

54.6.2 不考虑天线和匹配电路损耗时的最大功率传输效率

当天线大小固定时,两个端口在共轭阻抗匹配条件下的最大功率传输效率通过改变天线间距 d 来给出。数值结果如图 54.17 所示。这里,偶极子长度 $2l$ 与环形天线直径 D 都是 0.1λ,而且假设天线是理想电导体。可以发现,当发射天线和接收天线彼此靠近时,功率传输效率上升到 100%。然而在实际的无线充电系统中,功率传输效率会由于功率损耗而下降,这些损耗包括天线导通损耗、辐射损耗和天线回路损耗。当天线尺寸是电小的而且天线间距也是电小的时,辐射功率远低于耦合功率。因此,如果满足两个端口的阻抗匹配条件,且不考虑天线导通损耗,功率传输效率接近 100%是合理的。当两个天线间的间距变大时,传输效率下降,这是因为当两个天线彼此远离时,来自发射和接收天线的辐射功率会增大。

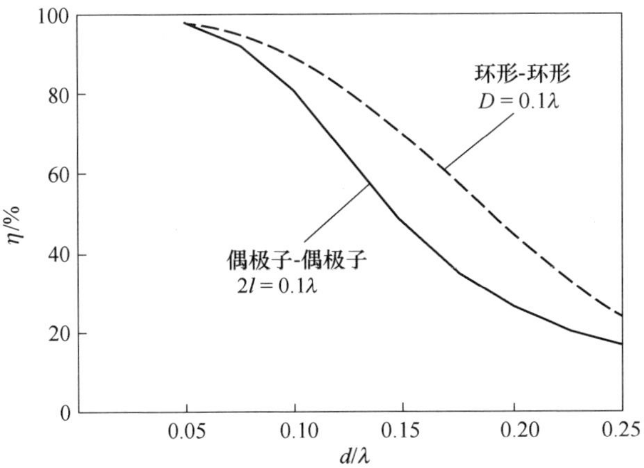

图 54.17　偶极子模型和环形模型的最大功率传输效率与天线间距的函数关系

图 54.18 给出了最大功率传输效率和天线尺寸之间的关系。发现可以通过减小天线尺寸降低辐射功率,来增加最大功率传输效率。从理论上讲,如果导通损耗可以忽略,结果是正确的。然而,正如下面的讨论所展示,当天线的尺寸变成极小,天线的导通损耗以及天线匹配电路中的导通损耗可能占损耗的主导,反而降低了最大功率传输效率。环形–环形天线的效率下降得比偶极子–偶极子天线快,是因为环形天线有较大的天线有效孔径,在 $D = 2l$ 情况下比偶极子天线辐射的能量更多。

54.6.3　考虑天线和匹配电路损耗的最大功率传输效率

从前文的讨论可知,无线充电系统中的天线应是电小的以减少辐射损耗。然而,因为天线是电小的,就不能再忽略天线的导通损耗了。此外,在分析最大

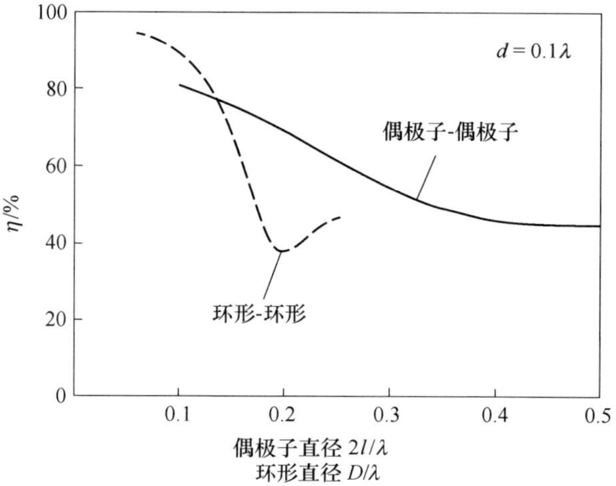

图 54.18　天线无导通损耗的偶极子天线模型和环形天线模型的最大功率传输效率与天线大小的函数关系

功率传输效率时应该考虑匹配电路中的欧姆损耗(电阻损耗)。下面的数值结果表明了在天线以及阻抗匹配电路中考虑欧姆损耗的重要性。

将阻抗匹配网络加到二端口网络以改变两侧的最优阻抗为 50Ω,如图 54.19所示。阻抗匹配网络有多种类型,如 L 形截面匹配、λ/4 转换器和单个短截线调谐。L 形截面匹配使用两个电抗元件将任意阻抗匹配到所需的任何阻抗。该技术在低频应用中非常有效。本章使用图 54.20 所示的 L 形截面匹配网络来匹配使传输效率最高所要求的最优阻抗 Z_{opt} 。本例中电压源内部阻抗和负载阻抗都假定为 50Ω。如图 54.20 所示,L 形截面匹配网络有两种构型。假设 Z_{opt} 的实部为 R_{opt} 。如果 $R_{opt}[\Omega]/50$ 的归一化值大于 1,应选择图 54.20(a)所示构型,反之如果 $R_{opt}[\Omega]/50$ 的归一化值小于 1,应使用图 54.20(b)所示构型。取决于归一化 Z_{opt} 的值,电抗元件 X 和 B 要么是电感 L ,要么是电容 C 。在无线充电应用中,由于频率通常很低、匹配电路尺寸是电小的,可以使用集总元件电感和电容。电抗元件 X 和 B 的解析解已在文献中给出(Pozar 1998)。

阻抗匹配电路中的集总元件的欧姆损耗用 Q 值表示。可以发现电容的 Q 值通常高于电感的 Q 值。本章假设商品级的电感和电容的典型 Q 值分别为 $Q_L = 100$ 和 $Q_C = 200$。假设天线的导体为铜且电导率为 $\sigma_{Cu} = 5.8 \times 10^7 S/m$ 。

图 54.21 和图 54.22 分别给出了当天线尺寸固定时,对于偶极子-偶极子天

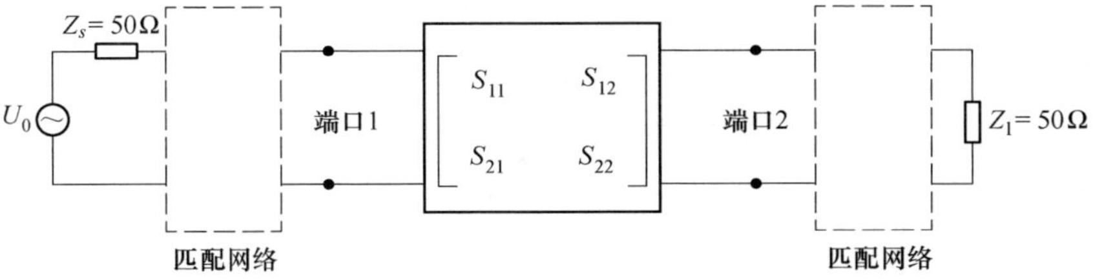

图 54.19　WPT 系统的二端口网络联合阻抗匹配电路建模

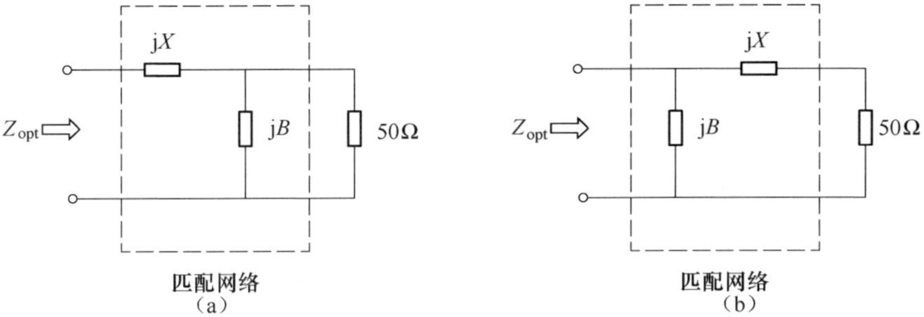

图 54.20　阻抗匹配电路 L 部分

线与环形-环形天线传输，最大效率和天线间距之间的关系。图中对仅考虑铜损耗以及同时考虑铜损耗和匹配电路损耗这两种情况的结果进行了比较。结果表明，铜损耗不会使传输效率降低很多，而匹配电路损耗则会显著降低传输效率。当传输距离相同，并且两种天线尺寸都大致具有相同电尺寸时，环形-环形天线传输的最大效率要大于偶极子-偶极子的。因此，如果满足阻抗匹配条件，在效率上，通常环形-环形天线传输优于偶极子-偶极子天线传输。

彩图 54.23 和图 54.24 分别给出了当天线尺寸固定为 0.1λ 时，偶极子-偶极子与环形-环形天线传输的最大效率和天线间距之间的关系。当考虑阻抗匹配电路的欧姆损耗时，随着天线尺寸变小，偶极子系统的效率迅速下降。然而，对于环形-环形构型，在 $D=0.1\lambda$ 到 0.15λ 的范围内存在一个最优的环形尺寸。这是因为在 D 变大时传输效率会由于辐射损耗的增加而降低，但同时，在 D 变小时传输效率也会由于欧姆损耗的增加而降低。因此，在这中间存在一个最优环形尺寸。功率传输系统损耗研究的数值结果如彩图 54.25 和彩图 54.26 所示，其中分别给出了偶极子-偶极子和环形-环形模型天线的天线尺寸与占损耗的分数百分比之间的函数关系。这里观察到一个很小的失倍损耗，这是因为在设计阻抗匹配电路时忽略了匹配电路中的欧姆损耗的缘故。还发现,匹配电路的损耗占损耗的主导,并且当天线是电小的时,这一损耗是功率传输效率下降最重要的因素。当天线尺寸变大时,辐射损耗迅速增大并且是传输效率下降的主导因素。

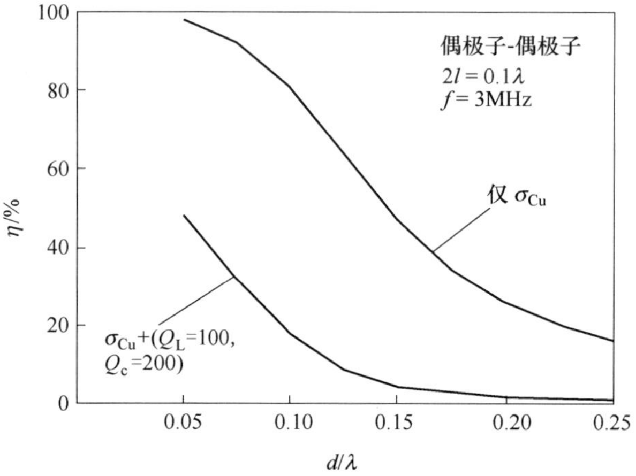

图 54.21　考虑天线和阻抗匹配电路的欧姆损耗时偶极子-偶极子天线模型最大功率传输效率与天线间距 d 的函数关系

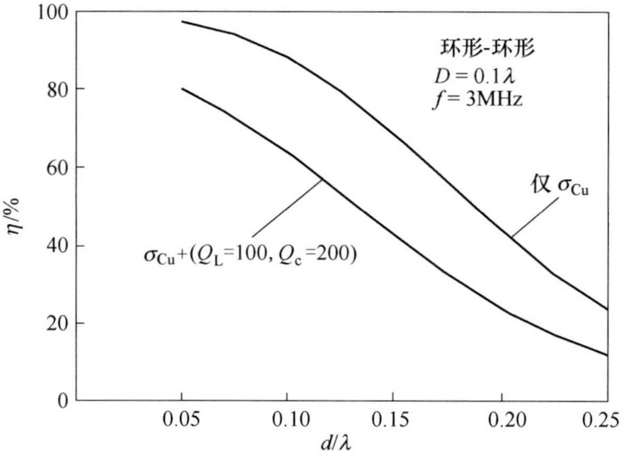

图 54.22　考虑天线和阻抗匹配电路的欧姆损耗时环形-环形天线模型最大功率传输效率与天线间距 d 的函数关系

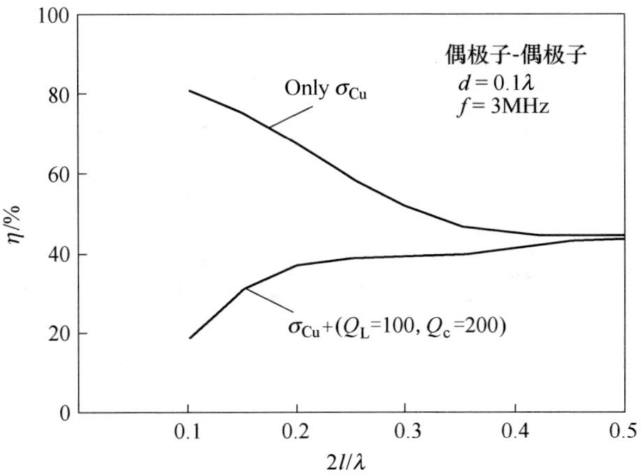

图 54. 23　考虑天线和阻抗匹配电路的欧姆损耗时偶极子-偶极子模型最大功率传输效率与天线间距的函数关系

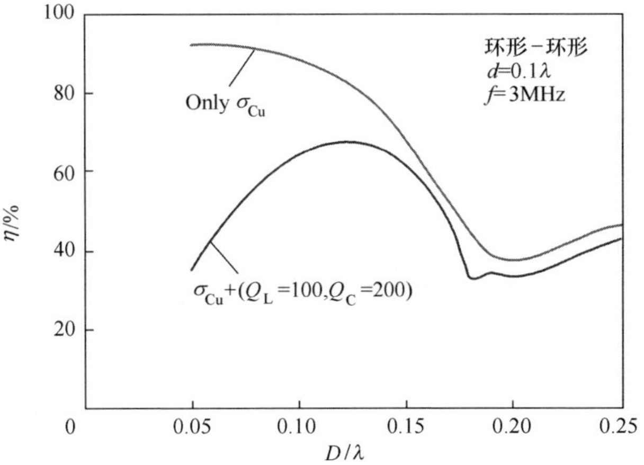

图 54. 24　考虑天线和阻抗匹配电路的欧姆损耗时环形-环形模型最大功率传输效率与天线间距的函数关系

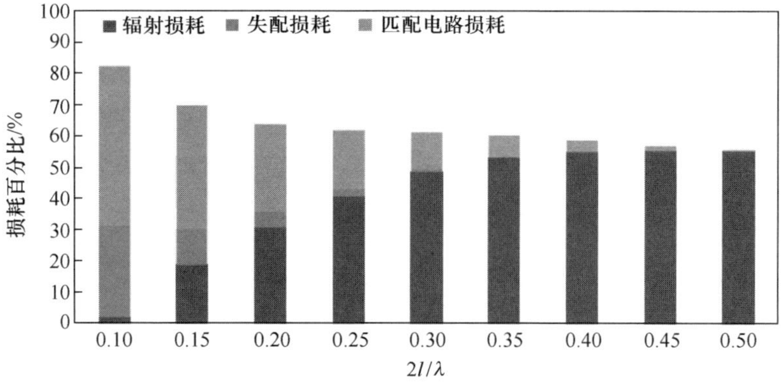

图 54.25　考虑天线和阻抗匹配电路的欧姆损耗时
偶极子-偶极子模型天线尺寸函数的损耗百分比(彩图见书末)

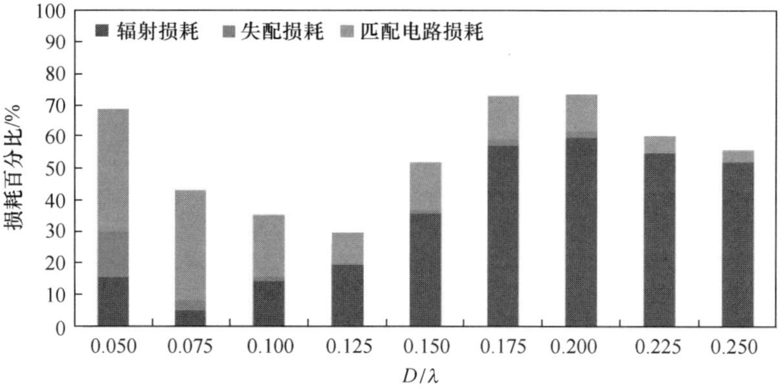

图 54.26　考虑天线和阻抗匹配电路欧姆损耗时的环形-环形模型
天线尺寸函数的损耗百分比(彩图见书末)

54.7　当前的应用开发、标准和挑战

54.7.1　WPT 天线技术的发展和挑战

如上所述,为获得 WPT 效率的最大值,要求发射天线和接收天线都是阻抗匹配状态。然而,对于移动设备而言,保持阻抗匹配条件并非易事,因为此时发

射天线和接收天线彼此相对移动。对于近场 WPT,由于发射天线和接收天线相互间强耦合,天线位置和极化方向的细微变化都会引起这些天线输入阻抗的很大变化,因而显著降低效率。因此,有一些研究专门关注如何解决天线不对准的问题。

解决这个问题有两种技术途径。一种是使用阻抗匹配电路来自适应地改变输入端口和输出端口的阻抗,以补偿阻抗失配。例如,Lee 等(2014)的文献中提出了一种可开关电容器阵列电路 WPT 系统,用于补偿两个线圈之间的互耦变化。结果表明,当两个线圈之间的距离发生变化时,由于电容阵列器电路的工作,回路损耗大大改善。在 Lee 等(2012)和 Aldhaher 等(2014)的文献中也介绍了这一方法。

另一种技术解决方案是设计一种即使在没有对准情况下也有较好性能的天线。例如,有人提出了一种正交极化 3D 环形天线作为 WPT 天线,来补偿由于角度和横向错位引起的效率下降(Jonah et al., 2013)。另外,有人提出在次级线圈上应用线圈阵列来代替常用的单个线圈,以确保可植入设备稳定的功率传输效率(Ahn et al., 2014)。

为移动设备设计具有高传输效率的天线和 AC-DC 转换电路是一个巨大的挑战。希望有更多研究来实现实用的近场 WPT 系统。

54.7.2　WPT 标准

对于无线充电行业而言,在全球范围内建立可以使电子产品和充电站普遍相互兼容的无线充电标准非常重要。目前,已经建立了几个无线功率传输的全球标准。下面介绍其中的一部分。

(1) 无线电力委员会(WPC)建立了“Qi”的无线充电技术标准(Hui 2013)。WPC 成立于 2008 年,是一个亚洲、欧洲地区和美国公司多行业的开放式会员组织,包括电子制造商和原始设备制造商。WPC 于 2009 年发布了输出功率不大于 5W 产品的 Qi 标准,并开始为功率小于 120W 的中等功耗设备拓展 Qi 标准规范。Qi 标准规范可在 WPC 网站免费下载。

(2) 无线电力联盟(A4WP)为基于近场耦合的无线电力传输建立了一个称为 Rezence 的接口标准。A4WP 成立于 2012 年 5 月,目标是使用 Rezence 技术建立 WPT 系统,该系统由一个功率发射单元和一个或多个功率接收单元组成,用于无线功率传输。2014 年 6 月 A4WP 宣布将 Rezence 标准扩展到 50W,期望可以为笔记本电脑、平板电脑以及其他消费类电子产品等扩大无线功率传输的范围。

(3) 电力事务联盟(PMA)成立于 2012 年 3 月,是一个贸易协会,其使命为使用无线充电技术的配备电池的设备创造更好的电源范例。PMA 成员由不同行业的公司组成,包括电信、消费电子、汽车、零售、家具、表面等,以确保能为消费者提供的使用无线电力技术的设备里可互操作的。PMA 接口标准描述了模拟电能传输(感应和共振)、数字收发通信、云电源管理和环境可持续性。随着 PMA 的成立,IEEE 于 2013 年 10 月成立了无线电源和充电系统工作组(WPCS-WG),发展无线电源与充电系统 IEEE P2100.1 标准规范。A4WP 和 PMA 已经签署了一项协议,旨在于 2014 年 2 月建立两个标准的全球互用性。

(4) 近年来日本的 WPT 标准化活动也非常活跃。IEICE 无线电力传输技术委员会为 WPT 研究前沿的新思想交换提供了一个平台。一个名为实用无线电力传输联盟(WiPoT)的组织于 2013 年成立,加速了从 WPT 基础研究到实际应用的发展。

54.8 总结

本书从天线理论的角度阐述了如何基于近场耦合方法究天线参数,来得到无线充电系统中的最大功率传输效率。天线参数包括收发天线的几何形状、天线的电尺寸、天线的阻抗匹配、收发天线之间的距离、天线的导通损耗(欧姆损耗)、匹配电路的欧姆损耗等,以此来厘清最大传输效率与这些参数之间的关系。本书介绍的方法有助于设计和开发无线充电系统的天线,仿真结果可为如何优化天线设计来改善功率传输效率提供理论依据。

致谢 感谢俄亥俄州立大学的 Brock Delong 先生和日本东北大学的 Shun Maruyama 先生给予的帮助。

交叉参考:

▶第 20 章 微波无线能量传输的天线

▶第 48 章 近场天线测量技术

▶第 4 章 天线工程中的数值建模

▶第 29 章 小天线

参考文献

Ahn HR, Kim MS, Kim YJ (2014) Inductor array for minimizing transfer efficiency decrease of wireless power transmission components at misalignment. Electron Lett 50(5): 393-394. doi: 10. 1049/El. 2013. 4087

Aldhaher S, Luk PCK, Whidborne JF (2014) Electronic tuning of misaligned coils in wirelesspower transfer systems. IEEE Trans Power Electron 29(11): 5975-5982. doi: 10. 1109/ Tpel. 2014. 2297993

Brown WC (1984) The history of power transmission by radio-waves. IEEE Trans Microw Theory Tech 32(9): 1230-1242. doi: 10. 1109/Tmtt. 1984. 1132833

Cannon BL, Hoburg JF, Stancil DD, Goldstein SC (2009) Magnetic resonant coupling as a potential means for wireless power transfer to multiple small receivers. IEEE Trans Power Electron 24 (7): 1819-1825. doi: 10. 1109/Tpel. 2009. 2017195

Chen Q, Ozawa K, Yuan QW, Sawaya K (2012) Antenna characterization for wireless power-transmission system using near-field coupling. IEEE Antennas Propag Mag 54(4): 108-116

Hatanaka K, Sato F, Matsuki H, Kikuchi S, Murakami J, Kawase M, Satoh T (2002) Power transmission of a desk with a cord-free power supply. IEEE Trans Magn 38(5): 3329-3331. doi: 10. 1109/Tmag. 2002. 803120

Hui SY (2013) Planar wireless charging technology for portable electronic products and Qi. Proc IEEE 101(6): 1290-1301. doi: 10. 1109/Jproc. 2013. 2246531

Ishizaki T, Komori T, Ishida T, Awai I (2010) Comparative study of coil resonators for wireless-power transfer system in terms of transfer loss. IEICE Electron Express 7(11): 785-790. doi: 10. 1587/Elex. 7. 785

Jonah O, Georgakopoulos SV, Tentzeris MM (2013). Orientation insensitive power transfer by magnetic resonance for mobile devices. In: IEEE Wireless Power Transfer (WPT) conference, pp 15-16, May 2013, Perugia, Italy

Karalis A, Joannopoulos JD, Soljacic M (2008) Efficient wireless non-radiative mid-range energy-transfer. Ann Phys 323(1): 34-48. doi: 10. 1016/j. aop. 2007. 04. 017

Kim Y, Ling H (2007) Investigation of coupled mode behaviour of electrically small meander antennas. Electron Lett 43(23): 1250-1252. doi: 10. 1049/El: 20072165

Kurs A, Karalis A, Moffatt R, Joannopoulos JD, Fisher P, Soljacic M (2007) Wireless power transfer via strongly coupled magnetic resonances. Science 317(5834):83-86. doi:10.1126/science.1143254

Lee SG, Hoang H, Choi YH, Bien F (2012) Efficiency improvement for magnetic resonance based wireless power transfer with axial - misalignment. Electron Lett 48 (6): 339-340. doi: 10.1049/El.2012.0012

Lee J, Lim YS, Yang WJ, Lim SO (2014) Wireless power transfer system adaptive to change in coil separation. IEEE Trans Antennas Propag 62(2):889-897. doi:10.1109/Tap.2013.2290795

Matsumoto H (2002) Research on solar power satellites and microwave power transmission in Japan. IEEE Microw Mag 3(4):36-45. doi:10.1109/Mmw.2002.1145674

McSpadden JO, Mankins JC (2002) Space solar power programs and microwave wireless power transmission technology. IEEE Microw Mag 3(4):46-57. doi:10.1109/Mmw.2002.1145675

Murakami J, Sato F, Watanabe T, Matsuki H, Kikuchi S, Harakawa K, Satoh T (1996) Consideration on cordless power station - contactless power transmission system. IEEE Trans Magn 32 (5):5037-5039. doi:10.1109/20.539482

Pozar DM (1998) Microwave engineering, 2nd edn. Wiley, New York Reinhold R (1908) Der Empfang Elektrischer Wellen in der Drahtlosen Telegraphie (The receipt of electric waves in the wireless telegraphy). Annalen der Physik IV 25:446-466

Rodenbeck CT, Chang K (2005) A limitation on the small-scale demonstration of retrodirective microwave power transmission from the solar power satellite. IEEE Antennas Propag Mag 47(4): 67-72. doi:10.1109/Map.2005.1589875

Tak Y, Park J, Nam S (2009) Mode-based analysis of resonant characteristics for near-field coupled small antennas. IEEE Antennas Wireless Propag Lett 8: 1238-1241. doi: 10.1109/Lawp.2009.2036133

Tesla N (1904) The transmission of electrical energy without wires. Electr World Eng, pp 429-431

Tesla N (1914) Apparatus for transmitting electrical energy, US Patent 1,119,732

Yuan QW, Chen Q, Li L, Sawaya K (2010) Numerical analysis on transmission efficiency of evanescent resonant coupling wireless power transfer system. IEEE Trans Antennas Propag 58(5): 1751-1758. doi:10.1109/Tap.2010.2044321

第55章
局部放电检测系统天线

Guillermo Robles, Ricardo Albarracín, José Luis Vázquez

摘要

电力需求的指数性增长促进了耐压高达几万甚至几十万伏的高功率电力设备的制造和发展。绝缘是高压设备减小体积和成本、提高安全性的重要保障,然而,绝缘层在各种导致设备意外断电和故障的恶劣环境中长时间带负荷运转,必将导致其绝缘性能下降。持续监控是电力系统运行的基本要求,而局部放电检测已成为绝缘材料老化检测的最常用方法之一。

局部放电是一种发生在尖锐金属附近、介质表面和绝缘材料内部油/气填充的孔隙中的电离过程。持续的放电作用将改变绝缘材料的化学和物理结构,并

G. Robles (✉)
马德里卡洛斯三世大学 电气工程系,西班牙
e-mail:grobles@ ing. uc3m. es
R. Albarracín
波斯兰股份公司分布式网络监视技术设计与创新部,西班牙
e-mail:rasbarracin@ gmail. com
J. L. Vázquez
马德里卡洛斯三世大学 信号理论与通信系,西班牙
e-mail:jvazquez@ tsc. uc3m. es

导致其最终失效。因此,这一特征不仅是绝缘层出现问题的直接判据,而且可以由此推断电力系统中的其他损伤过程。局部放电可采用包括感性、容性、声学和光学传感器在内的多种常规检测方式,同时由于局部放电通常发生在远低于1ns的极短时间内,故采用高频、甚高频、超高频波段的射频测量也是这种现象重要的非常规检测方式。

电磁传感器或天线在局部放电检测系统中具有重要的作用,它们不仅可以检测局部放电位置和脉冲,而且在某种程度上可以实现局部放电的在线分类。基于天线的绝缘性诊断的最大挑战是,很难根据射频辐射直接判定局部放电的严重程度,同时采样率对信号时、频域信息的依赖性也是影响其推广应用的制约因素。

此外,本章还探讨了局部放电检测中最常见的天线形式,以及天线在不同电气设备中的安装和使用方法。

关键词

局部放电;超高频检测技术;电绝缘诊断;传感器;仪器;电气测量;超高频测量;天线参数化;电气维护

55.1 引言

55.1.1 绝缘系统的重要性

鉴于全球范围内指数增长的电力需求与发电站远离用户的传统格局,输电网络必须满足扩容、提高稳定性、减少阻塞和中断(IEC,2010)等多方面要求。这些要求,一方面促使电力设备制造向更高额定功率的方向发展;另一方面由于电压升高可降低输电损耗,导致输电设备在与地面较短的距离内必须承受几万甚至几十万伏的高压。绝缘系统可为高压设备提供安全可靠的工作环境,并减少其体积和成本。然而,绝缘层在恶劣环境中长时间带负荷运转,并将承受机械、热、电等多方面难以预料的压力,其性能下降不可避免,从而引发电力设备的意外中断和故障。

1. 电力维护

鉴于绝缘状况对电力系统的重要性，制定维护策略旨在保障资产在全生命周期和质量要求框架下的可靠性，减少设备失灵、故障维修和停电开销。这些纠正、预防、预测或前摄性策略有助于通过不同程度做出电力系统资产管理决策（Mobley，2011；Gill，2008）。

纠正（反应）性维护是基于损坏资产更换或赔偿的传统维护策略，又称运行失败（RTF）维护或计划外维护。是否选用取决于资产在电力系统中的重要性，以及失败的代价是否负担得起。这种策略没有考虑资产损坏前的预测寿命，以及资产可用性受制于其可靠性等因素，因此主要应用于备用性或损坏概率小的小部件。

在限时（预防）性维护中，检修是按照固定时间、操作周期和运行时长进行的，替换仅在部件预计生命周期之后进行。尽管维护成本较高，但这种策略保证了资产的高可用性，因此常用于易磨损部件、消耗品更换或有预知故障模式的情形。

技术进步和电力设备可靠性要求的提高带来了一些新的维护策略，如视情维护（CBM）和以可靠性为核心的维护（RCM）等。这些策略较预防性维护领先进一步，是目前电力资产维护的前导方向。基于这些技术，不仅可根据运行状态和故障记录对电力设备进行检测或更换，而且能够有效降低维护费用，预测故障，减少计划外停机，显著延长机器寿命（IEC，2010）。鉴于视情维护的重要性，下面对其进行专题介绍。

2. 视情维护

视情维护的维护作业仅在设备中出现异常行为征兆的情况下进行，因此，基于有效的状态监测（CM）正确实施 CBM 可显著减少不必要的预防性维护次数，从而降低维护成本（Jardine et al.，2006）。CM 利用有价值的信息进行可靠诊断，有助于在效率和可靠性方面进行网络优化。实际上，CM 融合了资产运行的所有监测数据，结合变量偏差与趋势分析来评估资产状态，并预测其在严重恶化或故障发生之前的维护需求（Han and Song，2003）。因此，它可以预测资产故障的可能发生时间，以及到下一次检测之前无故障运行的概率，这种方法有时候非常有用,并有助于连续定期检查时间的安排。此外,在故障已被检测到的情形下,同样可以从一些监测参数中找到问题的判据。对于这种情况,即使电力设备的破坏已难以补救,仍旧可以通过数据处理来进行诊断。在以上假设前提下的CBM操作包括3个主要步骤(Jardine et al.,2006)。

(1) 数据采集或信息获取,记录实物资产健康状况的相关数据。数据可以是单个数值,如油品分析数据、温度、压力、水分、湿度、天气或环境数据等。在趋势分析中还需要从CM获取时间数据组,如特定时段内的振动数据、声学数据和局部放电脉冲。最后,多维数据如图像数据、红外热像图、X光照片等同样可以收集。

(2) 数据或信息处理。在此步骤中,通过数据操控、滤波、变换和排序等处理方法将获得的数据转化为易于理解和解释的形式。

(3) 决策或维护决策。此时,通过统计方法、人工智能、显式数学模型和专家决策来确定剩余使用寿命,并纳入预测维护策略,选择状态监视间隔,从而推荐适当的维护操作。

CBM的优势在于其在线应用。离线测试要求在电力设备停用后进行健康状态信息的相关必要测试,这种做法将带来如发电量不足、供电量降低、劳动力成本增加、需要临时替代设备等问题,意味着成本的显著增加,这是大多数最优可靠性系统难以接受的(Klempner and Kerszenbaum,2004)。从另一个方面来说,在线状态监测需要在整个网络和每一个待监测的资产中大量部署传感器,同样会导致费用增加,但这些费用物有所值。以一个发电机组额定容量为1000MVA或更高的发电厂为例,其被迫停电的损失无疑将高于CBM额外仪器的安装成本(Klempner and Kerszenbaum,2004)。折中的方案是尽可能减少传感器数量,或者仅监视个别重要资产。无论如何,传感器和仪表系统获取的所有信息都必须被收集和充分利用,以提高供电网络的效率。

3. 智能电网

这里的“智能电网”这个术语具有文献(Eur,2010)中给出的含义,其定义为一个电力网络,论网络能够智能地整合与其相连的所有用户行为,以保障可持续、经济和安全电力供应的网络。这是发电厂、用户和电力市场管理者共同追求的供电网络现代化的一个关键方面。虽然还有许多方面尚未明确和敲定,但最近几年中,权威的标准组织和机构(IEC,2010; CEN et al.,2011; NIST, 2012)已经勾勒了智能电网最终实施的路线图。

在 NIST(2012)中,美国国家标准与技术研究院确定了近期智能电网技术和服务部署中至关重要的 8 个优先领域。其关键功能之一是广域态势感知,首当其冲的就是旨在优化设备管理、行为和性能,防止电力中断的电力系统监测。由于意料中的电力需求持续增长,及其导致的网络拥塞和停电问题,国际电工委员会(IEC,2010)也同样将视情监测的资产管理列入智能电网实施的关键因素之一。这些技术报告已经明确的新要求意味着各种电力设备测量和测试程序开发的新机遇。基于这些假设,传感器的大量部署对收集任何有助于电力网络维护的数据都至关重要。

55.1.2　故障的主要原因

诸多参数与绝缘层老化机制信息相关,基于这些信息构建的预警系统可用于防止高压绝缘击穿及因此导致的电力中断(Gill,2008)。这些参数均与温度变化、化工副产品、振动,以及电压、电流和功率等电参数异常有关。局部放电(PD)通常会在任何持续的异常征兆之后接踵而来,反之,局部放电的出现也揭示了绝缘层潜在的老化迹象。

电力变压器是传输配电网络的核心,其主要作用是提高发电站电压,减少输电损耗。大中型变压器中的绝缘材料是油浸纤维,其中油同时充当制冷剂。该绝缘层承载的功率随温度呈周期性变化,并将因纤维的化学变化以及变压器在异常条件下运行时的机械运动导致的线圈外露而性能下降。尽管如此,这些设备中最主要的破坏性老化因素是在温度作用下往返于纤维和油之间的水。水分或湿气会严重削弱纤维-油性绝缘材料的介电常数(Kiameh,2003),降低初始局部放电电压,增大绝缘体内的孔隙体积,并降低高、低电压之间的有效介电裕度。因此,油的湿度和局部放电活动是绝缘层老化的显著可监测标志。另一个易损伤系统是主变压器次级电压调节(Han and Song,2003)的有载分接开关(OLTC),并会引起机械、电气故障和绝缘问题。这些问题可借助加速度计、温度和电流传感器以及部分放电检测器来监测。

发电机组是电力生产的主要设备,其绝缘材料主要由固体树脂和云母涂层制造。与变压器类似,其老化过程同样是由热、机械和介电应力所致。温度使绝缘材料分层,楔形磨损导致振动和损耗、减小绝缘体厚度并增加绝缘应力。这些过程都可能导致局部放电出现,并提高绝缘损伤率(Kurtz et al.,1980)。

电力电缆系统用于传输和配电,其状态决定了电力供应的可靠性。这是一大笔电力系统投资,在某些情况下,必须处理运营超过30年可能仍在超期使用的电缆(Densley,2001)。绝大多数电力电缆绝缘层是由交联聚乙烯(XLPE)或乙丙橡胶(EPR)制成的,其老化原因与其余设备的绝缘材料类似:温度因素如高温和低温以及温度周期变化;电气影响,如过载电压和电流;环境因素,如湿气、润滑油、腐蚀性气体与化学品以及辐射等;机械因素,如弯曲、拉伸、压缩、扭转和振动(Densley,2001)。最常用的在线监测方法基本上都是基于光纤的分布式温度测量和局部放电测量(如果条件允许),这两种方法均可确定损坏电缆位置。

各种电力设备均有一些可供持续监测、便于设备故障症状判定的常见参数。局部放电测量是诊断电机和电线老化状态的最常用方法之一。根据IEC(2010)标准,局部放电检测对于评估变压器、GIS(气体绝缘变电站)、断路器、隔离器和接地开关、架空线、电缆和避雷器的老化状况至关重要。即使距离故障时间还很远,局部放电也可能存在,所以有必要持续监测其活动,以检测每个网络周期(50/60Hz)的局部放电数量或放电峰值的变化。局部放电的起源和性质将在下一小节介绍。

55.1.3 局部放电的类型

局部放电是一种发生在尖锐金属附近、介质表面和绝缘材料内部油/气填充的孔隙中的电离过程(Kreuger,1989; Boggs,1990),这个过程取决于电场强度的作用范围及其不均匀性。作为一种发生在窄缝中的现象,局部放电被视为一种具有短暂上升时间的高速脉冲(Bartnikas,2002),该脉冲能够产生小电火花或电弧、无脉冲发光和伪辉光放电现象。尽管所有这三种类型的放电都可以单独发生,但是无脉冲发光和伪辉光放电通常与脉冲放电相伴发生。放电引发的电流脉冲即使在远离放电位置也能被捕捉到。从实用角度来看,局部放电可根据放电地点的特征和几何形状分为不同类型。

1. 内部

内部放电出现在电介质的非均匀区域。当旋转电机在高温状态下工作时,作为其匝间和对地绝缘材料的环氧云母电介质中会产生空隙。在变压器的油纸绝缘系统中可能发生类似的过程，从而在绝缘层内形成气体腔（Stone，2005）。对于聚乙烯绝缘电力电缆（Eager and Bader，1967），在制造过程中，其屏蔽层、绝缘层和导体两两界面的任何位置均可能存在缺陷。电缆组装不当可能是连接电缆及其附件产生部分放电的主要原因。最后，在气体绝缘开关设备（Niemeyer，1995；Tanaka，1986）中，静电力、表面磨损或侵蚀产生的金属颗粒会导致绝缘层的不均匀性并激发局部放电现象。

绝缘层中一旦腔体形成，包括以下一个或一系列现象（Tanaka，1986；Mason，1951）的缓慢侵蚀过程也随即开始：空腔中产生离子和之后的离子轰击导致绝缘材料分子最终分离；局部放电位置出现的高温将导致材料熔化并加速绝缘层的氧化；受温度升高催化的化学反应将进一步侵蚀绝缘层。最终空腔以通道和树状管道的形式显著扩张，导致绝缘层性能下降并可能全面崩溃。在局部放电活动的第一阶段（Morshuis，2005），绝缘层内部将出现诸如一氧化碳、二氧化碳，有时是氢气和甲烷的气态物质以及小水滴等液态物质。经过之后数百小时（Hudon et al.，1991）的不间断作用，当上述小水滴在局部放电作用下结晶时，将会产生诸如环氧树脂中的水合草酸（$C_2H_2O_6 \cdot 2H_2O$）、聚乙烯中的其他晶体等固态物质。这些化学反应都会改变空腔的形状以及放电部位的材料性态，进而使局部放电行为成为非平稳过程。

局部放电的发生取决于空腔中的电应力和击穿强度（Kreuger，1989），以及之前放电后的剩余电荷（Niemeyer，1995）。腔中的电应力与腔体的几何形状相关，处于与施加电场垂直或平行位置的空腔以及球形空腔三者的电应力各不相同。击穿应力取决于空腔的尺寸、气体的类型及其在空腔内的压力。在这一现象的分析中，描述起始电压随腔体厚度和气体介电常数变化函数的帕邢曲线的作用至关重要。

一旦局部放电达到其产生条件，就会有一些电力设备受到威胁（Bartnikas，2002；Niemeyer，1993、1995；Morshuis，1993）。弱放电的特征是非常弱的准连续电流，采用脉冲检测方法几乎无法检测；低幅度和缓慢上升时间脉冲是 Townsend 放电的典型特征，而高幅度和快速上升时间脉冲则是流光放电的特征。尽管绝大多数局部放电均能产生不同程度的介质老化现象，但流光放电是造成故障的最大危害之一。

基于局部放电脉冲识别和分类的方法,可以评估电力设备的老化状态,但是以上所有问题均可使这一工作变得更加困难。

2. 表面

当电场在介质表面的切向分量非零时,介质的非均匀区域同样可以发生表面放电现象(Kreuger,1989)。最早的利希滕贝格图样即为表面放电现象,初始电压显著低于内部放电电压。这种现象在套管、绝缘材料、油纸界面、电缆末端或外部放电接触表面时很容易出现。表面被污染影响非常大,因此需对电介质进行人造污染检测(IEC507,1991)。一旦放电发生,电场变化及其效果可以沿着大范围延伸,引起跳火和足以导致绝缘材料短路的放电量。

这种类型的放电在盐分长期积聚沿海的电力基础设施中、弥漫农药和粉尘的农业区,以及高度污染的城市地区尤其严重。在电机中,表面放电可能发生在电极的边缘,或者有小颗粒附着的表面上。在油绝缘中,水分和其他油污染物则是表面放电的主要原因。

3. 电晕

历史上电晕这个术语曾被用来描述所有类型的放电。美国材料与试验学会(American Society for Testing and Materials, ASTM)将电晕或局部放电定义为电压应力超过临界值时由绝缘系统中产生的瞬态局部放电现象,包括所有类型的放电(Bartnikas et al.,1979)。该学会提到标准的意义和作用时指出,"固态绝缘体中存在局部放电(电晕)是内部空腔存在的潜在迹象。局部放电检测在模制、层压和复合绝缘材料,以及电缆、电容器、变压器、套管、定子线棒和旋转机械样品的设计和检验方面都起到了非常重要的作用"(ASTM1868,2013)。然而,更普遍的倾向是将电晕放电专指那些由于高度分散电场的作用,在气体或液体(油)中的尖点附近发生的放电(Kreuger,1989)。

初始电压取决于尖锐电极的半径,当半径为10μm时电压为450V左右。因此,电晕通常在交流电压的负半周,电压相对较低且尖点附近发生空气电离时出现。随着电压的进一步增加,会因正离子从电极流出而出现正电晕。

电晕放电产生的内在因素主要与有功功率损耗、无线电扰动及其对导体腐蚀部位的影响有关。尽管其并非绝缘层介电特性退化的直接原因,但电晕放电的出现将会掩盖诸如内部放电等其他有害放电现象。

55.1.4　局部放电的识别与分类

局部放电检测在视情监测系统中处于第一层次。真正的有效信息应该能确定局部放电的性质和起因，以便甄别绝缘问题并据此建立有效的维护策略。目前在相似起因的局部放电“指纹”(共同特征)获取方面已作出许多努力。维护工程师最通用和信赖的方法之一是：基于参照电网频率的同相位信号收集，分析局部放电的相位分布(PRPD)图谱。脉冲的形状和持续时间是同类脉冲的共同特征，因此其他方法都是基于信号的时域和频谱特征，诸如时间解析和时频图等的特征提取等来进行。分析不同波段的功率谱密度和频谱功率分布也是提取局部放电本质特征的可靠技术手段。

1. 局部放电的相位分布图谱

局部放电相位分布图谱是一种识别噪声源和局部放电的电子分类方法(Kreuger，1989)。这种方法以放电脉冲幅度或峰值测量为基础，根据标准 IEC 60270(2000)，只需在低于 500kHz 的频率范围内即可，因此并不需要在高频(HF)波段进行测量。

图 55.1 给出了局部放电幅度(通常以 pC 或 mV 为单位)随电网交流电压相位的变化曲线。图中显示一个时间周期内的所有 PD 相位和幅度被绘制到交流电压的一个周期里。根据点聚集情况可以画出与局部放电类型密切相关的不同图谱，通过识别这种图谱就可能找到故障的起因。内部放电的点簇从正弦波形的零值点，也即 0°或 180°开始，分别跨越到正半周的 50°~70°或负半周的 230°~250°(图 55.1(a))；表面放电的点簇会在交流信号的最大值和最小值附近聚集(图 55.1(b))；且电晕放电的图谱仅在半个周期中形成脉冲。图 55.1 所展示的是采用与电网交流电压同步的单极天线测得的内部、表面和电晕局部放电的相位图谱，噪声与正弦信号的相位不相关，因此它在 PRPD 图谱中对应一条在所有相位上分散分布的点带。

2. 时频图

该技术依据非同源脉冲具有不同的波形和持续时间这一特征对局部放电进行了分类。时频(TF)图是信号理论领域常用的分类工具，可用于相似波形脉冲

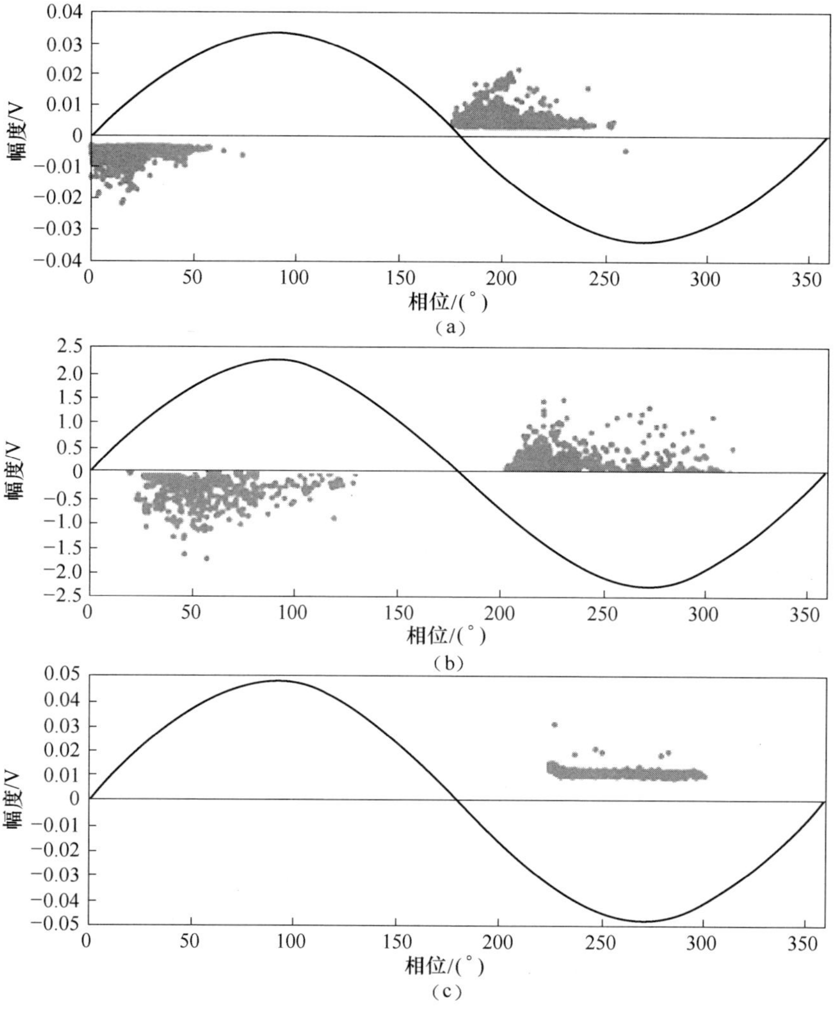

图 55.1 PRPD 图谱

(a)内部放电;(b) 表面放电;(c)电晕。

分组(Contin et al.,2002;Cavalli et al.,2003),以及各种脉冲的等效持续时间和等效带宽计算。背景噪声具有相似的持续时间和频谱,因此可将这类信号归为同一组。干扰具有不同于背景噪声的参数,并将归属于 TF 图的其他区域。局部放电同样具有不同的波形,因此也将出现在其他区域。这一过程的第一步是对所有时间信号 $s(t)$ 做归一化,即

$$\tilde{s}(t)=\frac{s(t)}{\sqrt{\int_0^T s(t)^2\mathrm{d}t}} \tag{55.1}$$

之后分别在时域(式(55.2))和频域(式(55.3))计算该归一化信号的标准差,即

$$\sigma_T=\sqrt{\int_0^T (t-t_g)^2\tilde{s}(t)^2\mathrm{d}t} \tag{55.2}$$

$$\sigma_F=\sqrt{\int_0^\infty f^2|\tilde{S}(f)|^2\mathrm{d}f} \tag{55.3}$$

式中:f 为频率;$\tilde{S}(f)$ 为脉冲信号 $\tilde{s}(t)$ 的傅里叶变换;t_g 为归一化信号的时间重心,定义为

$$t_g=\int_0^T t\tilde{s}(t)^2\mathrm{d}t \tag{55.4}$$

图 55.2 给出了用单极天线测得的内部 PD 和电磁噪声的 TF 图。图中内部 PD 和噪声源的主要点簇是分离的。

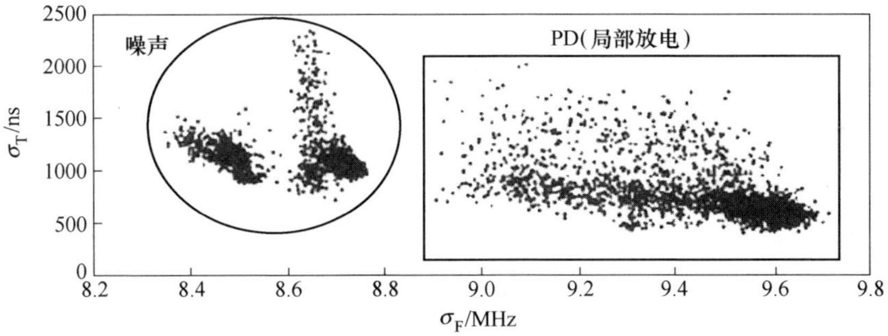

图 55.2　内部 PD 和电磁噪声的 TF 图

3. 谱方法

脉冲波形的特性也可以通过其傅里叶变换或功率谱密度来分析。频谱可以分割为相关频率,非同源信号在这些频点存在差异。差异信息可以基于支持向量机(SVM)算法,通过两种类型的部分放电或者部分放电与噪声的训练信号对比得到。SVM 选择一组能够独立定义两个类别的显著频谱,而新的脉冲可根据频谱相似性归类于其中一个类别。

当相关频率集中在一个连续的频带上时,这种方法可予以简化。这些频带

可以选择那些累积功率分布较高的频率区间,预先对频谱归一化,计算每个选定频带的功率占总量的百分比。根据需要可选择任意数量的频率区间,为了清楚起见,这里仅选择两个:一个是低频带区间 PRL;另一个是高频带区间 PRH。两个区间的百分比或功率比分别根据式(55.5)和式(55.6)计算,其结果可在一个二维图中绘出。

$$\mathrm{PRL}(\%)=\frac{\sum_{f_{1L}}^{f_{2L}}|\widetilde{S}(f)|^2}{\sum_{0}^{f_t}|\widetilde{S}(f)|^2}\times 100 \tag{55.5}$$

$$\mathrm{PRH}(\%)=\frac{\sum_{f_{1H}}^{f_{2H}}|\widetilde{S}(f)|^2}{\sum_{0}^{f_t}|\widetilde{S}(f)|^2}\times 100 \tag{55.6}$$

式中:$\widetilde{S}(f)$ 为局部放电脉冲 $s(t)$ 的快速傅里叶变换(FFT)的幅值;$[f_{1L},f_{2L}]$为较低频率区间;$[f_{1H},f_{2H}]$为较高频率区间;f_t为要分析的最高频率。

在某些情况下,具有相似 PRL 和 PRH 功率比的信号源会在图上产生重叠群集。添加持续时间 (t_{eff}) 为第三坐标轴即可很简便地实现脉冲分离(Albarracin et al.,2015)。图 55.3 给出了用天线测量的几个电磁源信号的分离情况。

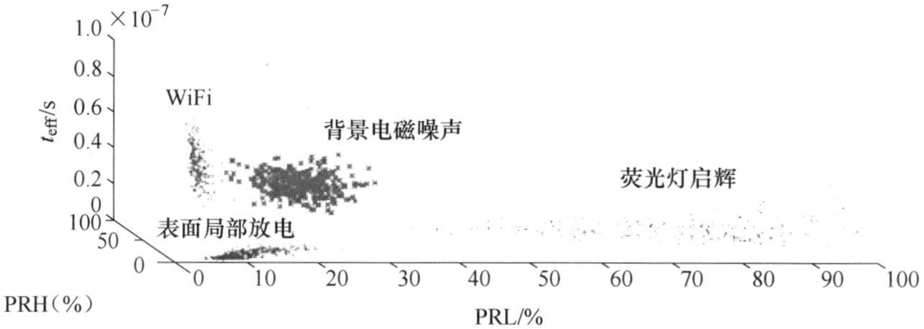

图 55.3 采用 Vivaldi 天线测得的几个电磁源和噪声(EMN)的功率比-时间关系 (Albarracin et al.,2015)

4. 统计方法

另外有一些根据统计参数定义特定类型局部放电的方法,这些参数是针对交流信号的特定相位 ϕ,从相应的脉冲计数分布 $H_n(\phi)$ 和平均脉冲高度分布

$H_{qn}(\phi)$中选择。与正态分布(式(55.7))相比,这两个分布的代表性参数是描述非对称性的 3 阶矩或偏度,以及描述锐度的 4 阶矩或峰度(式(55.8)),其取值也因局部放电的类型不同而不同。

$$S_k = \sum_{i=1}^{N} \frac{(s_i - s_m)^2}{N} \tag{55.7}$$

$$K_u = \frac{1}{\sigma^4} \sum_{i=1}^{N} \frac{(s_i - s_m)^4}{N} \tag{55.8}$$

式中:s_i 为第 i 个采样点的脉冲函数值;s_m 为脉冲高度平均值;N 为采样点数量;σ 为脉冲高度标准差。

脉冲充电高度 $F(q)$遵循韦伯分布(式(55.9)),通过寻求修正韦伯分布的尺度参数 σ 和形状参数 β,同样可以给出局部放电类型的相关信息。

$$F(q) = 1 - e^{-\left(\frac{q}{a}\right)^{\beta}} \tag{55.9}$$

55.2　局部放电测量

55.2.1　传感器

正如"故障的主要原因"小节所述,局部放电的触发会引起诸如电压、电流、压力、光与电磁辐射等物理量的变化,因此用于局部放电检测的任何传感器必须至少能够测量这些变量之一。

标准 IEC 60270 建议使用耦合电容 C_k 为待测设备的放电提供低阻抗通道(IEC 60270 2000)。电容器与测试对象并联直接接地,也可以如图 55.4 所示接测量阻抗或检测器后再接地。电容的取值范围为 80~1000pF(Stone,2005),对于大电容其带宽被限制在 10MHz 以下,带宽也可以通过降低电容值来增加(Hauschild and Lemke,2014)。采用其他容性耦合器检测屏蔽电缆中局部放电产生的电场时,可用间隔已知的一对电极来进行(Katsuta et al.,1992)。

基于法拉第定律的感性传感器,通过局部放电脉冲产生的磁场来测量线圈的感应电压。高频电流互感器(HFCT)广泛用于标准中描述的(图 55.4)与测量阻抗串联的测量电路,它们具有分开的铁氧体磁芯,可以提高灵敏度,但带宽通常局限于 HF~VHF 范围内。如果电流互感器直接用在高压引线上,则最好选择

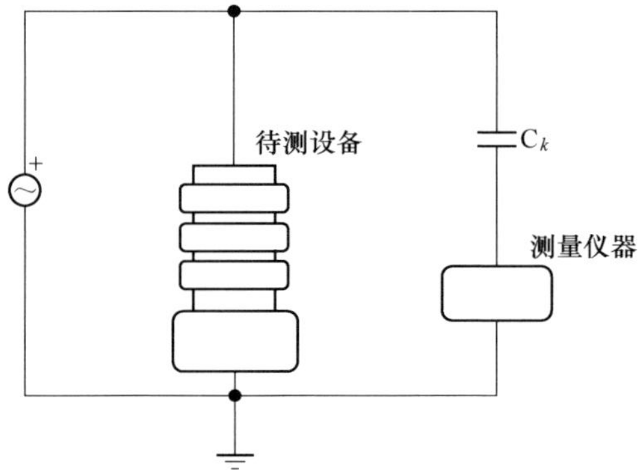

图55.4 IEC 60270 2000中提出的间接测量电路
耦合电容C_k与测量设备串联,选用阻抗或电感式传感器均可

罗氏线圈,由于它具有空气芯且线电流不会在电网频率下饱和(Arg et al.,2005)。用螺旋形屏蔽层缠绕电缆的感性耦合器也可用于局部放电检测(Dubickas and Edin,2004),其要点是将它们装在电缆上。

声学传感器可以在很宽的频带范围甚至包括超声波范围(超过20kHz)内检测由放电产生的压力波。电晕和一些表面放电的脉动清晰可见,所以使用简单的扩音器即可(Bartnikas et al.,1979)。对于内部放电,最好使用中心频率在40~150kHz范围内的压电式转换器或窄带扩音器。定向传声器可也用于识别表面放电或电晕脉冲源的位置。与电传感器相比,光纤干涉传感器具有抗电磁干扰、宽频带以及在油浸式变压器和非导电环境中的化学惰性等优点,同样可用来检测压力波(Zargari and Blackburn,1996);其缺点是造价昂贵、嵌入性安装困难,且仅在采用油等液体绝缘材料的设备中有效。

光电传感器已在变压器电弧放电研究中得到应用,主要用于测定有关电子密度和温度信息(Bårmann et al.,1996)。由于其仅限于局部放电位置的测定,且很难融入局部放电可能发生在任何位置、甚至发生在绝缘体内部等无光辐射泄漏的现实环境中,因此这种方法的应用并不广泛。但是已有商用传感器利用紫外光检测器来测量架空线路的电晕放电。

有关电磁(EM)传感器也适用于局部放电检测的原因将在“天线在局部放电检测中的应用”一节中剖析。

55.2.2　局部放电的腔体模型

在“局部放电的类型”小节曾经解释,局部放电与正、负离子在空腔内沿介质表面,或在高发散电场区域附近的位移密切相关。这些粒子雪崩现象的发生时间数百至上千皮秒,进而产生具有上升时间非常快的电流脉冲。一般来说,不可能在局部放电位置的末端测量这个电流,所以脉冲的实际形状是未知的。最接近的测量可以在测试对象的终端完成,然而,即便如此,由于从局部放电位置到终端负载之间的衰减和耗散,信号也会产生变形(Hauschild and Lemke, 2014)。而且当测试对象连接到测量系统后,真实的脉冲形状会发生进一步的变化,所以测得的信号将与原始差异很大。人们已对原始脉冲与在测试对象终端测得的信号之间的关系开展了深入的研究工作。当腔体具有诸如球形、圆柱形或椭圆形等规则形状时,这一关系可以大大简化,甚至能够计算出初始电压。

1. 电容模型

图 55.5 所示的等效 a-b-c 电路是在 20 世纪中叶提出的,用以计算内部放电情况下实际局部放电电荷与测量电荷之间的比率。C_a是均匀电介质的电容;C_b是电极和空腔之间电介质的累积电容,一些作者更喜欢采用 C_{b1} 和 C_{b2} 来表示空腔上方和下方的电介质电容(Boggs, 1990)。C_c为空腔电容,它与代表空腔可能发生短路的火花隙并联。参与放电的电荷 q_c 与测量电荷 q_a 之间的比率由下式给出,即

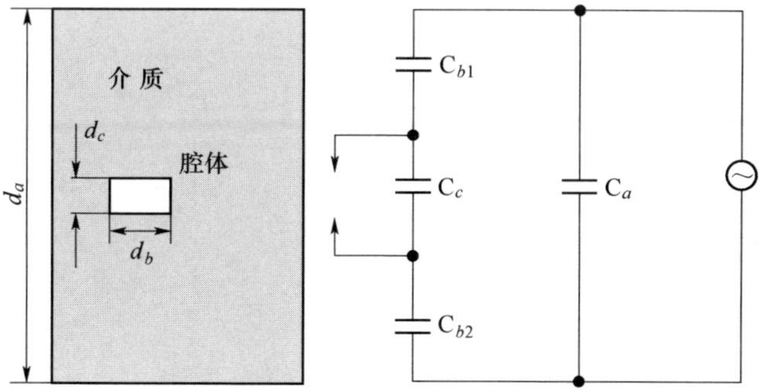

图 55.5　内部空腔的电容模型

$$\frac{q_a}{q_c} \approx \varepsilon_r \frac{d_c}{d_a} \tag{55.10}$$

式中:ε_r为电介质的相对介电常数;d_a和 d_c分别为均匀电介质和空腔的厚度。Hauschild 和 Lemke(2014)基于放电期间等效电路对应的有效几何结构会发生变化这一假定,对式(55.10)做了修正。这时电荷比由下式决定,即

$$\frac{q_a}{q_c} \approx \varepsilon_r \frac{d_c}{d_a}\left(\frac{d_b}{d_d}\right)^2 \tag{55.11}$$

式中:d_b为包含腔体和无损介质的等效圆柱体的直径;d_d为腔体内放电通道的直径。如果测量电路预先校准过,则可以通过感性传感器连接 IEC 60270(2000)的推荐测量电路,采用已知电荷注入的方法计算放电过程中的有效电荷位移。

2. 偶极子模型

作为 a-b-c 电容模型的替代方法,另一种广泛应用的局部放电电荷计算方法是偶极子模型(Pedersen et al.,1991)(图 55.6)。倾向于这种模型的人认为,等效电路结构不必与电介质内发生的真实物理过程完全一致(McAllister and Crichton,1998)。在这种情况下,腔体由于外加电场的极化作用成为偶极子;在腔体外的均匀电介质中,腔内电流 $i_c(t)$将以位移电流 $i_b(t)$的形式继续存在,腔体上、下具有的介质可视为电容 C_{b1}和 C_{b2}。此时,在测试对象两端测得的电荷 q_a即为腔体内的运动电荷 q_c(Hauschild and Lemke,2014)。

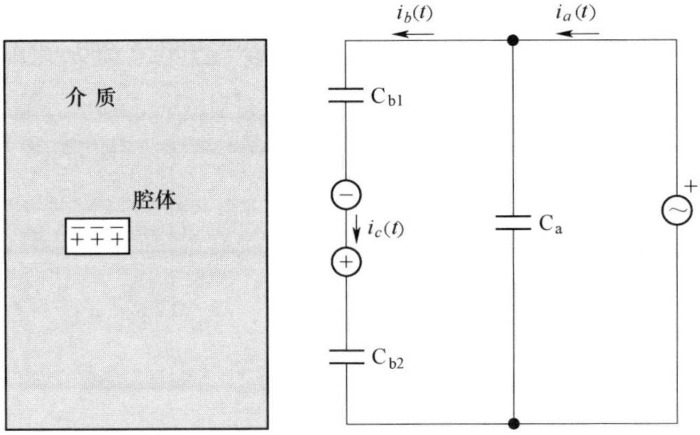

图 55.6　内部空腔的偶极子模型

55.2.3　局部放电的脉冲模型

理想局部放电脉冲通常被简化为高斯脉冲(Boggs and Stone,1982),但也存

在诸如 Wanninger 方程和双指数脉冲等其他有效的近似形式(Reid et al., 2006)。

1. 高斯脉冲

高斯脉冲是以 $t = 0$ 为中心、峰值为 I_0、半高脉冲宽度为 T_h 的高斯函数。根据此定义可将局部放电电流脉冲表示为

$$i_c(t - t_d) = I_0 e^{-\left(\frac{t-t_d}{t_0}\right)^2}, \quad t_0 = \frac{T_h}{2\sqrt{\ln 2}} \tag{55.12}$$

式中:时延 t_d 可使脉冲向右移动,脉冲的峰值位于 $t = t_d$;t_0 与脉冲宽度有关,因此有标准差 $t_0 = \sigma\sqrt{2}$。根据脉冲在 3σ 时消失可得对应的时延为 $t_d = 3t_0/\sqrt{2}$。图 55.7 绘制了一个具有延迟的归一化($I_0 = 1\text{mA}$)高斯脉冲。其中假定 $T_h = t_2 - t_1 = 1\text{ns}$, $t_1 = t_d - t_0\sqrt{\ln 2}$ 且 $t_2 = t_d + t_0\sqrt{\ln 2}$。

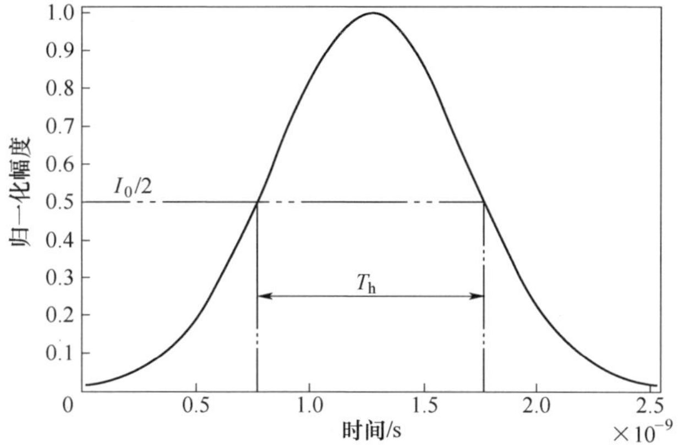

图 55.7 延时归一化高斯脉冲($I_0 = 1\text{mA}, T_h = 1\text{ns}, t_d = 3\sigma$)

2. Wanninger 方程

Wanninger 方程用来模拟理想化的放电电流(Wanninger,1997),时域的指数函数表示为

$$i_c(t) = \frac{I_0}{\tau_1} t e^{(1 - t/\tau_1)} \tag{55.13}$$

式中:I_0 为电流振幅(A);τ_1 为上升时间。通过组合几个方程,并改变 τ_1 和振幅比,该式即可表示单脉冲、双脉冲和多脉冲自由运动粒子的放电电流。在

图55.8中,实线是满足 Wanninger 方程的理想脉冲,半高脉宽为1ns, I_0 = 1mA。

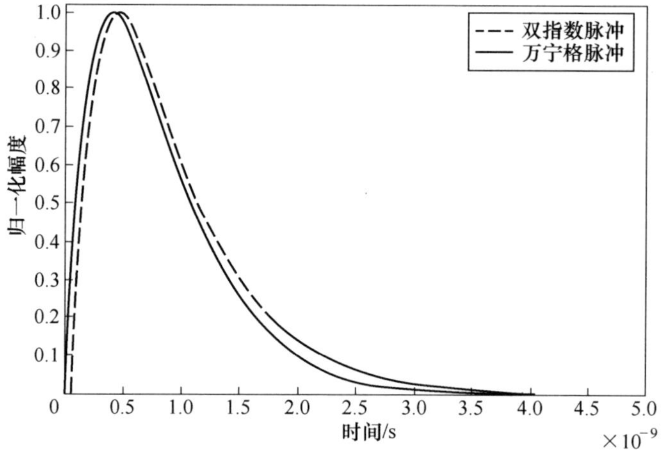

图55.8 归一化 Wanninger 函数与半高脉宽为1ns的双指数脉冲

3. 双指数脉冲

Ari 和 Blumer(1987)曾采用双指数来表示开关操作的瞬态电磁场,其同样适用于局部放电模拟。放电电流的时间函数可用双指数函数表示为

$$i_c(t) = I_1\left[\left(1+\frac{t}{\tau_1}\right)e^{-t/\tau_1} - \left(1+\frac{t}{\tau_2}\right)e^{-t/\tau_2}\right] \tag{55.14}$$

式中:I_1 为电流幅度(A)。值得注意的是,I_1 的最大值是0.6517,而高斯和万宁格(Wanninger)脉冲的 I_0 都是1。由此图55.8中所绘的双指数函数已对其最大值做了归一化。参数 τ_1 和 τ_2 都是用以调节脉冲形状、以秒为单位的时间常数。峰值时间的计算式为

$$t_{I_1} = 2\frac{\tau_1\tau_2}{\tau_2-\tau_1}\ln\left(\frac{\tau_2}{\tau_1}\right) \tag{55.15}$$

其中需具备条件 $\tau_2>\tau_1$ 以保证峰值时间为正。

55.2.4 局部放电的辐射

假定"局部放电的腔体模型"一节所述的空腔偶极子为赫兹偶极子,可以推导出局部放电辐射的电场和磁场的方程。令偶极子沿着 z 轴放置,则 $i_c(t)$ =

dq_c/dt 电流，且对正弦时变信号在频域可表示为 $\boldsymbol{I}_c = j\omega\boldsymbol{q}_c$。磁量矢位通过下式计算，即

$$\boldsymbol{A}_z = \frac{\mu}{4\pi}\int_c \frac{\boldsymbol{I}_c}{r} e^{-j\beta r} dz \tag{55.16}$$

式中：μ 为电介质的磁导率；r 为从偶极子的中心到场点 P 的距离；$\beta = \omega\sqrt{\mu\varepsilon}\,dq_c/dt$ 为介质中的波数(Guru and Hiziroglu，2004)。在微腔中可认为沿偶极子的电流不变，因此式(55.16)可以简化为

$$\boldsymbol{A}_z = \frac{\mu}{4\pi r}\boldsymbol{I}_c d_c e^{-j\beta r} \tag{55.17}$$

为简化计算，改用球坐标系，则有

$$\boldsymbol{A}_z = \frac{\mu}{4\pi r}\boldsymbol{I}_c d_c e^{-j\beta r}(\cos\theta\boldsymbol{a}_r - \sin\theta\boldsymbol{a}_\theta) \tag{55.18}$$

定义 $\boldsymbol{a}_r$ 和 $\boldsymbol{a}_\theta$ 为单位向量，则磁场分量为

$$\boldsymbol{H}_\phi = \frac{1}{\mu}(\nabla\times\boldsymbol{A}) = \frac{j\beta}{4\pi r}\boldsymbol{I}_c d_c\left(1 + \frac{1}{j\beta r}\right)\sin\theta e^{-j\beta r}\boldsymbol{a}_\phi \tag{55.19}$$

其中：$\boldsymbol{H}_r = 0$、$\boldsymbol{H}_\theta = 0$。电场分量可由麦克斯韦—安培方程得出，假定自由电荷产生的电流密度在空腔外远离放电点处可以忽略，有

$$\boldsymbol{E} = \frac{1}{j\omega\varepsilon}(\nabla\times\boldsymbol{H}) \tag{55.20}$$

则

$$\begin{cases}\boldsymbol{E}_r = \dfrac{\eta}{2\pi r^2}\boldsymbol{I}_c d_c\left(1 + \dfrac{1}{j\beta r}\right)\cos\theta e^{-j\beta r}\boldsymbol{a}_r \\ \boldsymbol{E}_\theta = \dfrac{j\beta\eta}{4\pi r^2}\boldsymbol{I}_c d_c\left(1 + \dfrac{1}{j\beta r} - \dfrac{1}{\beta^2 r^2}\right)\sin\theta e^{-j\beta r}\boldsymbol{a}_\theta \\ \boldsymbol{E}_\phi = 0\end{cases} \tag{55.21}$$

考虑到距离 r 处满足远场条件，即 $r \gg \lambda$，电磁场的波长 $\lambda = 2\pi/\beta$。忽略含有 $1/r^2$ 和 $1/r^3$ 项，则式(55.19)和式(55.21)可简化为

$$\begin{cases}\boldsymbol{H}_\phi = \dfrac{j\beta}{4\pi r}\boldsymbol{I}_c d_c \sin\theta e^{-j\beta r}\boldsymbol{a}_\phi \\ \boldsymbol{E}_\theta = \dfrac{j\beta\eta}{4\pi r}\boldsymbol{I}_c d_c \sin\theta e^{-j\beta r}\boldsymbol{a}_\theta\end{cases} \tag{55.22}$$

根据定义,式(55.22)表示径向方向传播的横电磁(TEM)波,远场为球面波(Guru,Hiziroglu 2004)。注意,$\boldsymbol{E}_\theta / \boldsymbol{H}_\phi = \eta$,$\eta = \sqrt{\mu/\varepsilon}$ 为电介质的本征阻抗。基于这一假设,局部放电辐射的 TEM 波可以在远场区域用天线捕获,进而可根据脉冲的类型及其上升时间和脉宽等时域特性来确定辐射频率范围。

1. 高斯脉冲的电磁辐射

基于以上正弦信号激励时偶极子的辐射场计算公式,即可得到高斯脉冲激励时偶极子在 P 处的辐射电磁场。当电流为高斯脉冲时,球坐标中的时域矢量磁位可由下式得到

$$\boldsymbol{A} = \frac{\mu I_0 l}{4\pi r} \mathrm{e}^{-\left(\frac{t-r/v}{t_0}\right)^2} (\cos\theta \boldsymbol{a}_r - \sin\theta \boldsymbol{a}_\theta) \tag{55.23}$$

式中:$v = 1/\sqrt{\mu\varepsilon}$ 为介质中的传播速度。采用式(55.19)中的第一项计算磁场,即

$$\boldsymbol{H}_\phi = \frac{1}{\mu}(\nabla \times \boldsymbol{A}) = \frac{I_0 l \mathrm{e}^{-\left(\frac{t-r/v}{t_0}\right)^2} \sin\theta}{4\pi r^2} \left[1 - \frac{2r(t - r/v)}{v t_0^2}\right] \boldsymbol{a}_\phi \tag{55.24}$$

在时域使用式(55.20)可得

$$\begin{cases} \boldsymbol{E}_r = \dfrac{\eta I_0 l \mathrm{e}^{-\left(\frac{t-r/v}{t_0}\right)^2} \cos\theta}{2\pi r^2} \left(1 + \dfrac{t_0\sqrt{\pi}}{2r}\right) \boldsymbol{a}_r \\ \boldsymbol{E}_\theta = \dfrac{\eta I_0 l \sin\theta}{4\pi r^2} \left[\mathrm{e}^{-\left(\frac{t-r/v}{t_0}\right)^2} - \dfrac{2r(t - r/v)\mathrm{e}^{-\left(\frac{t-r/v}{t_0}\right)^2}}{v t_0^2} + \dfrac{v\sqrt{\pi}}{2r} \displaystyle\int_0^t \mathrm{e}^{-\left(\frac{t-r/v}{t_0}\right)^2} \mathrm{d}t\right] \boldsymbol{a}_\theta \\ \boldsymbol{E}_\phi = 0 \end{cases} \tag{55.25}$$

若测量点远离局部放电点,则 $1/r$ 项占主导,式(55.24)和式(55.25)可简化为

$$\begin{cases} \boldsymbol{H}_\phi = -\dfrac{I_0 l \mathrm{e}^{-\left(\frac{t-r/v}{t_0}\right)^2} \sin\theta (t - r/v)}{2\pi r v t_0^2} \boldsymbol{a}_\phi \\ \boldsymbol{E}_\theta = -\dfrac{\eta I_0 l \mathrm{e}^{-\left(\frac{t-r/v}{t_0}\right)^2} \sin\theta (t - r/v)}{2\pi r v t_0^2} \boldsymbol{a}_\theta \end{cases} \tag{55.26}$$

这些场量与脉宽参数 t_0^2 成反比,因此脉冲越窄,局部放电的辐射就越大。

考虑到

$$\frac{\partial i_c(t-r/v)}{\partial t}=-\frac{2I_0(t-r/v)}{t_0^2}\mathrm{e}^{-\left(\frac{t-r/v}{t_0}\right)^2} \tag{55.27}$$

若高斯脉冲的时延 $t_d=r/v$，则电磁场可用其导数表示。其中，电场表示为

$$\boldsymbol{E}_\theta=-\frac{\eta I_0 l\sin\theta}{4\pi rv}\frac{\partial i_c(t-r/v)}{\partial t}\boldsymbol{a}_\theta \tag{55.28}$$

2. 高斯脉冲的频域辐射

对高斯脉冲的电磁场做傅里叶变换即可得到放电辐射频带。以下针对电场进行分析，磁场的结果与其类似。函数求导的傅里叶变换 $F(t)$ 为

$$\mathcal{F}\left(\frac{\partial i_c(t-r/v)}{\partial t}\right)=\int_{-\infty}^{\infty}\frac{\partial i_c(t-r/v)}{\partial t}\mathrm{e}^{-\mathrm{j}\omega t}\mathrm{d}t \tag{55.29}$$

从式(55.27)可知，该导数函数与平方指数函数及时间延迟有关。平方指数函数的傅里叶变换为

$$\mathcal{F}(\mathrm{e}^{-t^2})=\sqrt{\pi t_0^2}\,\mathrm{e}^{\frac{-\omega^2 t_0^2}{4}} \tag{55.30}$$

此外，根据傅里叶变换的微分和时移性质，式(55.31)和式(55.32)同样适用于求解式(55.29)，即

$$\mathcal{F}\left(\frac{\mathrm{d}^n i_c(t)}{\mathrm{d}t^n}\right)=(\mathrm{j}\omega)^n I_c(\omega) \tag{55.31}$$

$$\mathcal{F}(t-t_d)=\mathcal{F}(\omega)\mathrm{e}^{-\mathrm{j}\omega t_\mathrm{d}} \tag{55.32}$$

高斯脉冲的辐射电场幅值的傅里叶变换可表示为

$$\mathcal{F}(E_\theta)=\omega\sqrt{\pi}\,t_0 I_0\mathrm{e}^{-\frac{\omega^2 t_0^2}{4}}\mathrm{e}^{\mathrm{j}\left(\frac{\pi}{2}-\omega\frac{r}{v}\right)} \tag{55.33}$$

取其傅里叶变换的模值并将 $\omega=2\pi f$ 代入，高斯脉冲的频谱幅度为

$$|\mathcal{F}(E_\theta)|=2\pi f\sqrt{\pi}\,t_0 I_0\mathrm{e}^{-(\pi f t_0)^2} \tag{55.34}$$

对于式(55.12)中以脉冲宽度 T_h 定义的高斯脉冲，其傅里叶变换为

$$|\mathcal{F}(E_\theta)|=\pi f\sqrt{\pi}\frac{T_h}{\sqrt{\ln 2}}I_0\mathrm{e}^{-\left(\pi f\frac{T_\mathrm{h}}{2\sqrt{\ln 2}}\right)^2} \tag{55.35}$$

彩图 55.9 中展示了频谱随脉冲宽度的变化情况，并针对式(55.35)中 T_h 的不同取值进行计算。该图和表 55.1 有助于确定局部放电发射电磁能量的频带随脉冲宽度变化的关系。频带为 $f_{\max}-f_{\min}$，其中 $f_{\max}$ 和 $f_{\min}$ 是电场幅度下降

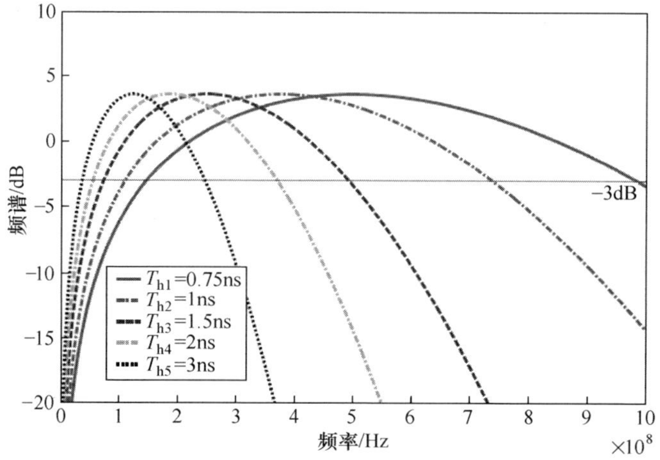

图55.9 不同T_h对高斯脉冲频谱的影响(Albarracín-Sánchez,2014)(彩图见书末)

3dB时的截止频率。

表55.1 局部放电的频带与T_h的关系(Albarracín-Sánchez,2014)

T_h/ns	f_{min}/MHz	f_{max}/MHz	频带/MHz
0.75	147	985	838
1	111	739	628
1.5	74	492	418
2	55	369	314
3	37	246	209

在Shibuya等(2010)的文献中汇编了小间隙和导电颗粒局部放电的脉冲宽度,根据其中的脉冲辐射电磁能量数据(Shibuya et al.,2010)计算所得的频带范围如表55.2所列,并按脉宽递增(原文描述为“脉宽递减”,表中实际上是递增,已修正——译者注)进行排序。表55.2总结了多种电介质类型中的不同现象。对于时间小于2.5ns的理想化高斯脉冲,局部放电发射能量在特高频(UHF)波段。时间宽度较大的,推荐使用甚高频(VHF)波段的天线。无论如何,局部放电无处不在,以至于对其概括有时繁琐无功,但重要的是局部放电持续时间短和波形前沿上升快的特征,保障了天线对其检测的可行性。

表 55.2　几种间隙条件下的局部放电电流

PD 类型	间隙条件	T_h/ns	f_{min}/MHz	f_{max}/MHz	带宽/MHz
(d)	空气中的电极	0.047	2352	15720	13368
(c)	0.38MPa 的 SF_6 中直径为 2mm 的 AL 粒子	0.07	1579	10560	8981
(b)	0.1MPa 的 SF_6	0.27	409	2737	2328
(a)	PTFE 中的 0.05mm 间隙	0.37	299	1997	1698
(b)	0.1MPa 的 SF_6	0.49	226	1508	1282
(b)	0.4MPa 的 SF_6	0.8	138	924	786
(a)	PE 中的 0.1mm 间隙	0.87	127	849	722
(a)	PMMA 中的 2mm 间隙	1.4	79	528	449
(d)	空气中的 0.66mm 间隙	2	55	369	314
(a)	环氧树脂	2.4	46	308	262
(a)	PTFE 中的 0.5mm 间隙	2.4	46	308	262
(a)	PE 中的 0.64mm 间隙	5.3	21	139	118
(a)	PE 中的 0.64mm 间隙	10	11	74	63

注:1. (a)空隙放电;(b)点面间隙放电;(c)含导电颗粒结构的放电;(d)窄缝放电和静电放电。
2. 缩略词分别表示聚乙烯(PE)、聚四氟乙烯(PTFE)、聚甲基丙烯酸甲酯(PMMA)和六氟化硫(SF_6)

55.3　天线在局部放电检测中的应用

55.3.1　电力设备局部放电的天线检测

HF、VHF 和 UHF 波段的射频测量属于局部放电检测(IEC,62478)的非常规方法。正如“局部放电的类型”一节所述,局部放电是极短时间内发生的有限区域击穿现象,因此,电磁辐射脉冲包含不同频率分量的组合,分布在微波低端 VHF 和 UHF 波段的几个吉赫范围内。

用电磁传感器检测局部放电的方法适用于任意绝缘材料,以及诸如气体绝缘变电站、空气绝缘变电站(AIS)、电力变压器、高空配电电缆绝缘子、绝缘电缆接头和旋转机械等多种电气设备。局部放电脉冲射频检测的主要优点是可以在线监测,而介电损耗与绝缘电阻测量、频率响应分析(FRA)、浪涌测试和耐压测试等大多数诊断技术都是离线进行,针对电力变压器的溶解气体分析(DGA)、聚合度分析和湿度分析,则要求操作人员定期取样。

电磁传感器可以实现局部放电的脉冲检测和定位,并在一定程度上实现在线分类。在PD的检测和定位中,不能与电气设备直接连接。而PD的类型分析则需要参考电网频率绘制常规的PRPD图谱(参见“局部放电的相位分布图谱”一节),这时必须将分压器连接到采集系统,同时记录局部放电脉冲和时间(或相位)。从这种意义上讲,用天线进行绝缘诊断的最大挑战之一在于:将高频发射与局部放电的严重程度建立关联比较困难(Reid et al.,2006)。目前只能说,局部放电辐射能量与式(55.28)中的脉冲电流变化率之间存在着直接关系。另外,根据时域和频域的信号信息确定的采样率有时过高会导致费用高昂,所以只有在确有必要时使用。

另外,当采用频率介于几十千赫到几兆赫的传统方法检测局部放电时,输电线上的射频干扰会传播到变压器和其他电气设备上,从而降低测量精度,因此,UHF局部放电检测较IEC 60270(2000)中定义的方法具有更强的抗干扰能力。然而,FM广播、电视广播、移动电信、WiFi等其他干扰源也同样会带来局部放电检测的困难。

无论如何,在射频范围内的PD检测为电气设备诊断提供了新视角,以及当其他方法可能失败或不能应用的情况下的测量可能性。

目前,电力设备中UHF传感器的应用还不是很普遍。该领域的大多数测试方案都是使用实时频谱分析仪和专用软件对时域和频域数据进行处理和分析,且仅限于传统的空气绝缘变电站。有几家制造商使用内部或外部UHF传感器,为气体绝缘变电站提供了PD监测的局部或全局解决方案,这些测量设备自动实施局部放电的连续在线监测和定期测量。

1. 气体与空气绝缘变电站

用天线来进行局部放电测量源于20世纪60年代(Helstrom,1961)。20世纪80年代末,气体绝缘变电站中自由金属粒子放电现象的检测(Hampton and Meats,1988)使其与PD检测直接关联;这篇文献被认为是在超高频范围内进行局部放电检测的开创性研究之一,也是采用超高频耦合器实现电气设备中脉冲传播和定位的首批报告之一。气体绝缘变电站的重要特征在于使用 SF_6 气体作为其高压运行装置和变压器的电绝缘材料。SF_6 的介电强度比空气大 2.5 倍左右,所以在高压设备内部结构中填充可将传统空气绝缘变电站的体积减小 70%。其构造要求所有电气元件和气体是密封屏蔽的,因此,一旦变电站建成便不可能再引入探头或安装传感器。这些腔室具有谐振腔的特征,它们的谐振频率取决于其大小和形状,并可在 UHF 范围内测量(Balanis 2012; Pearson et al., 1991)。无论脉冲何时在内部产生,均只能有一小部分能量可以逸出壳外。鉴于这一原因,在 UHF 范围内检测局部放电的最常用传感器是一种安装在 GIS 舱口盖板上的电容式圆盘耦合器(Hampton and Meats,1988;Pearson et al.,1991;Judd et al.,1996)。此外,喇叭天线、双锥对数周期天线、环路天线和单极天线也可应用于法兰连接管的泄漏辐射测量,从而实现 PD 的外部检测(Kaneko et al.,2009)。

内部传感器具有金属屏蔽层、嵌入式电极或电场探头,通常安装在 GIS 的备用法兰或电介质窗口(Judd et al.,2001)。除了电容式磁盘耦合器外,一些制造商还在新的气体绝缘变电站中使用锥形天线。Chen 等(2011)的文献中设计了一个方形微带天线和一个宽带放大器,并通过仪器外部显示来进行气体绝缘开关中的局部放电测量。若非预先置入,内部传感器的安装需要冒颗粒污染的风险打开 GIS,因此只能用于老变电站改造或外部传感器无法应用的情况。外部传感器不仅可避免打开密封室,而且可用于内部传感器因位置太远而难以覆盖待测区域的情形。这时传感器需要安装在管道接头等未屏蔽的隔离区域,辐射能量可以通过这些连接从 GIS 内部逸出,从而可以在 UHF 为主的波段测量。但是,此类测量情形同样会受到几个因素影响:其中之一是 GIS 内部结构所形成谐振腔的形状与排布方式,在局部放电激活时将决定其谐振频率;另一个因素是图 55.10中由环向排布螺栓连接的箱体之间的隔离空间,没有螺栓的扇区将形成缝隙,表现为谐振偶极子天线;螺栓数量越多则缝隙越小,从而使其谐振频率也越高(Kaneko et al.,2009)。只需将调谐于缝隙固有频率的圆锥形天线、环形天线或偶极子天线放置在腔外几厘米处,即可测得从腔中逸出的小部分辐射。对于那些有巡检窗的变电站,可安装图 55.10 中法兰式的外部传感器进行检测。

一些制造商已经开发了采用非全向天线或谐振天线的便携式频谱分析仪,以识别电气设备外部产生的辐射源,旨在满足露天变电站业主的定期检测需求。在对空气绝缘变电站进行 UHF 测量时,存在一些电磁噪声源和冲击噪声会对局

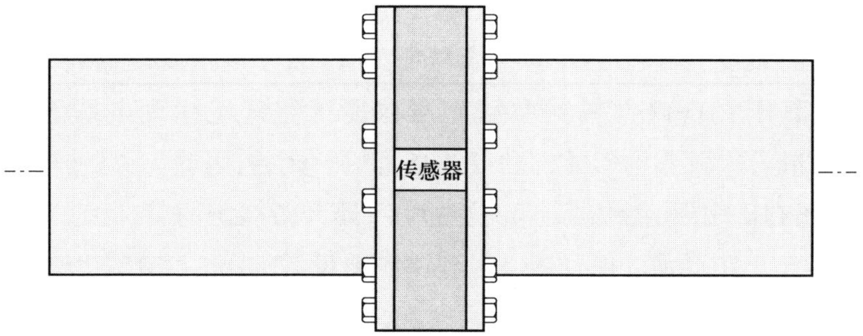

图55.10 GIS管道及其接头连接、螺栓与法兰式传感器

部放电的信息采集和定位造成干扰(Shan et al.,2011);反过来,作为噪声的局部放电也会扰乱变电站中的WiFi和ZigBee通信。尽管如此,已经开展的大部分研究工作仍旧是针对高压电厂局部放电点的定位问题来进行(Moore et al.,2005;Portuguése et al.,2009)。

2. 变压器

如前所述,电力变压器是输电网络的关键设备。油纸绝缘的介电常数直接影响局部放电电磁波的传播速度。例如,轻质矿物油的相对介电常数为2.9,其中的信号将以2.03×10^8m/s的速度传播,而油浸压制板的相对介电常数为4.52,则速度为1.46×10^8m/s(Tang et al.,2006)。另外,在变压器运行期间介电常数不会随温度显著变化。

电力变压器中局部放电的UHF测量在20世纪90年代首次针对GIS的测试之后得到长足发展,其中同样采用了预置舱口传感器或盘式耦合器,这些传感器安装在电力变压器的套管抽头或屏蔽箱窗口。其他传感器如单极天线和圆锥天线也有使用,可通过电力变压器的排油阀置入预先排空的油箱内(López-Roldán et al.,2008;Tenbohlen et al.,2008)。显然,传感器若非事先安装,这一过程将会带来其他严重弊端。若新的变压器尚未到位时第一台变压器被迫停用将导致供电短缺,多数情况下其代价巨大而令人生畏。此外,与GIS相同,在安装过程中箱体内可能发生颗粒污染,一旦正常运行就会引发局部放电;传感器在屏蔽箱中安装不当也可能导致密封性和绝缘性差的问题。

A2.27(2008)中系统概述了变压器状态监测和状态评估的推荐设备,该手册考虑了将排水阀UHF探头等PD传感器安装在输电变压器中时其位置监测和识别软件可能的标准化所带来的好处。

采用外部天线的输电变压器的 PD 测量是一个开放的研究课题(Robles et al.,2013a),其中 PD 产生的电磁辐射很难捕捉,只能通过变压器套管和箱体的介质窗来测量。

此外,还有许多研究和应用专门针对基于天线的变压器内部的局部放电定位问题来进行。其运算过程可能会受到诸如绝缘纸、铁芯、柱和绕组等障碍物的影响,从而延迟 PD 信号到达传感器的时间。在“局部放电的定位”一节将对这些技术做详尽的阐述。

3. 旋转电机

旋转电机的局部放电在线测量可以检测到离线测量中无法检出的退化机制。机器运转时磁场力是驱使定子线圈在槽内运动、发生振动、绝缘材料磨损甚至损坏的原因(Stone et al.,1992)。局部放电的在线测量除了可以检测狭缝的松散缠绕外,还可以检测热损伤、负荷循环恶化、半导体和分级涂层问题以及污染的绕组。不幸的是,机器运转时异步和随机噪声同时存在,因而需要采用能排除所有不必要干扰的复杂技术来检测局部放电。这些技术因旋转电机、水力发电机或大型涡轮发电机的类型差异而不同。现已有一些在反馈式电动机将小单极天线直接插入电机接线盒内的研究(Fabiani et al.,2008)。

4. 水轮发电机

检测器不是天线,而是以已知的固定间隔连接到高压总线的耦合电容器。它们为来自机器定子(局部放电)或线路(噪声)的几兆赫以上的信号提供了一条低阻抗路径。根据不同起点的脉冲到达探测器的时间差将其分离(Stone et al.,1992)。

5. 涡轮发电机

定子槽耦合器(SSC)基本上是二端口带状线天线或电容-电感耦合器,可以安装在新的或重绕电机的定子槽楔下方或顶部和底部条之间(Sedding et al.,1991)。它们通常位于定子绕组的电压最高或局部放电可能性最大的高压端槽中。SSC 具有从 30MHz~1GHz 的频率响应,并且对其附近 PD 脉冲的电磁辐射非常敏感。在耦合器位置非常接近定子绕组的情况下,其宽频带特征有助于根据局部放电与电噪声的脉冲形状对其予以区分。典型的例子是:发生在机器外部的局部放电和套管电弧因被绕组感应特性衰减,将以低频信号到达耦合器,而定子中的局部放电则具有极短的上升时间和高频分量。可惜的是,在定子绕组内一个或者两个槽下方产生的脉冲在这些耦合器的检测频率范围内会严重衰减,因此很容易被遗漏。

6. 其他设备

电晕是输电线中最常见且绝缘危害性相对较小的放电现象,Helstrom(1961)的文献中最早对其进行了测量。然而,由于同时也包括架空配电电缆绝缘层的表面放电现象,因此这些系统的PD检测至关重要。对于高盐度、高湿度的海洋环境或高污染环境中架设的输电线路而言,此类放电是避免故障的关键因素。

Moore等(2004)采用四元天线阵列和一个1GHz带宽的采集系统对132kV架空线路的绝缘缺陷进行检测并定位。为设计PD射频检测与定位系统,Fernando等(2012)采用1m外放置的喇叭天线对11kV三相非绝缘架空配电电缆系统的表面放电进行了测量。

绝缘电缆的PD辐射测量只能通过对其关节和接头的泄漏辐射测量来进行。Tenbohlen等(2008)的文献中采用GIS接入孔电缆终端钳绕单极天线的方式,完成了局部放电的现场和在线电磁信息采集。这些所谓的天线实际上也就是其他许多作者使用的电感和电容耦合器,在绝缘电缆局部放电测量中尚无采用远场天线的证据。

对于延伸数百公里的架空电缆,由于不可能用少量天线将其全部覆盖,因此必须铭记于心的是:其局部放电检测的主要弊端在于高频采集设备的高昂费用。至于实用中绝大多数都是埋在地下的绝缘电缆,天线的使用除靠近接头的地方外都是不可能的。即便如此,如高频电流互感器等替代方法同样被广泛选用。

目前也有在开关设备内安装微带(Yao et al.,2013)或喇叭(Cai et al.,2014)天线以监测局部放电的相关研究。由于开关设备内的狭小空间挤满了隔板、断路器、衬套、绝缘体、母线以及电流互感器等其他测量装置,此时天线尺寸是最重要的设计约束之一。这些空间传感器应远离对局部放电电磁辐射带来衰减的电流互感器和母线,以及会造成波形扭曲的绝缘体;相反,断路器对射频信号无影响,所以它们甚至可以处于局部放电的辐射路径上。

55.3.2 天线的类型

前文所述不同类型的电磁传感器可以根据其行为是耦合(在腔体中捕获信号)还是与通信系统的常规天线一样,从空气(自由空间)中拾取信号来识别。因此,可以根据传感器的位置将其区分为以下两种。

(1) 内部传感器。与发生局部放电的高压设备相耦合的电磁探头(Pinpart and Judd ,2009;Reid et al.,2011)。

(2) 外部传感器。接近待测设备、工作于自由空间的天线。在这种情况下,用来获取和处理泄露信号(Chen et al.,2011)。天线工作在近场还是远场条件因具体情况不同而异。

以上两种情况均可采用单点或多点信号测量来确定放电点的位置,详见“局部放电的定位”一节。

1. 内部传感器

在处理内部传感器时,由于它们总是靠近危险区域,故安全是一个重要的问题。电力变压器、旋转机械、GIS 等高压设备通常都是屏蔽的,可视为不均匀的有耗腔体。因此,当天线在内部使用时属于典型的背腔(屏蔽)结构,以屏蔽外来电磁干扰。由于波长相对较小,所以在发生放电时可以同时存在多个谐振模式。此外,内部传感器的天线响应可能受到附近元件的高度影响,在测量系统的设计和集成中必须考虑到这些元件。最近,一些通过全波分析计算机辅助设计(CAD)(Zheng and Bojovschi,2012)对变压器进行电磁仿真的研究已经在文献中发表。

可以将这种类型的传感器进一步区分为以下两种。

(1) 电介质窗口传感器。高压设备包括一些预先设定位置的小型电介质窗口,这些电介质窗口作为罐体或外壳的一部分,很容易与传感器进行连接。显然,它们的尺寸应尽可能小,以免对设备运行的安全性产生影响。对于那些并非高压设备制造商通常提供的其他绝缘窗,传感器的典型直径为 15cm(Judd et al.,2005)。

(2) 放置在阀门(油或气体排放阀)中的传感器。当天线放置在阀门中时,它们有确定的最大宽度和深度。排水阀的典型尺寸是直径 5cm、长 10cm。

2. 外部传感器

当从外部收取信号时,天线将位于距被测设备数厘米至数米范围内。在这些情况下,信号强度将小于使用内部传感器获得的信号强度。主要来自同波段通信系统的附近外部源的干扰也会影响测量。对于没有体积限制的外置天线,可以选择导线或印制形式的偶极天线或单极天线,并采用拓展匹配带宽或实现小型化的常用改进方法进行设计。

55.3.3 天线的选择

UHF 天线的性能在很大程度上决定了接收信号的质量。这里值得注意的重要事项是,用于局部放电检测的天线仅在接收模式下工作,且必须采用阻抗匹配(典型的特性阻抗 $Z_0=50\Omega$)的馈线与接收设备连接。示波器、频谱分析仪、放大器或模/数转换器的输入端设置为低阻抗。

下文涉及天线工作模式的描述将主要由辐射方向图(方向性)和阻抗匹配决定,且假定放电辐射的电磁波不存在特定的主极化方向。

受局部放电位置以及信号通过资产自身和周边高压设备的传播路径影响,放电信号功率的频率特性变化很大。此外,天线接收到的脉冲及其相应的时域信号将受到其自身幅相响应的影响,该信号的复杂度将取决于放电类型、环境和天线本身。因而接收信号质量将受这些因素的严重影响而导致脉冲失真,进而妨碍其检测和后续处理。因此,根据我们究竟是要检测放电是否产生,还是要进行放电现象的归类或者放电点的定位等不同目的,天线作用的重要性也存在差异。

由于局部放电辐射发生在很宽的频率范围,因此所使用的天线必须具有足够宽的带宽以保障测量尽可能有效。这意味着天线的电压驻波比(VSWR)或 S_{11} 参数以及辐射方向图等典型参数必须在整个工作波段内保持稳定(Choi et al.,2004)。此外,如果使用"局部放电的定位"一节中描述的技术来确定局部放电位置,则需要天线相位中心的位置变化最小。

众所周知,宽带模式下局部放电发射信号的测量比窄带时具有优势(Stone et al.,1992)。局部放电信噪比随着带宽的增加而改善,并将提供更准确的结果(Boggs,Stone 1982)。鉴于这一原因,宽带和超宽带(UBW)天线在局部放电分类应用中备受关注,且在保持紧凑性的同时实现带宽最大化将是此类天线的设计目标之一（Robles et al.，2013c）。尽管采用对数周期和分形方案的天线在UHF 频带低端应用时其尺寸会显著增大，但改善带宽的作用仍使其得以应用。

谐振天线在发射信号频带内具有多个谐振模式。各谐振频率具有不同的辐射方向图，其对接收信号的强烈畸变作用有助于局部放电的检测或定位应用。为了增加基模（宽频带天线）的带宽，可以对这些天线使用一些周知的几何修形措施。

针对不同的测量需求，天线可以采用平衡或非平衡（接地）结构。对于偶极子天线等平衡天线，需要一个巴伦（平衡-不平衡转换器）来实现从同轴电缆等不平衡传输线到平衡结构的馈电。不使用巴伦将直接影响天线与馈电传输线的阻抗匹配，以及相应的辐射方向图。巴伦本身也具有阻抗匹配功能，这在具有高输入阻抗的紧凑型宽带天线设计时尤其值得关注。

本节介绍近年来局部放电检测中的几种天线形式，并对其最简形式进行性能仿真以方便比较。天线将分为 3 大类，即线天线、平面印制天线和孔径天线，本章最后给出了各种类型天线的参考文献。这些传感器包括短单极天线、单极圆锥天线、顶部加载单极天线、圆盘天线、螺旋天线、分形天线和维瓦尔第（Vivaldi）天线。

书中针对平衡天线的平面形式进行了仿真；对于有地板的天线，仿真中采用圆形接地平面模拟高压设备的电磁屏蔽阀盖，其半径为 5cm，最大高度为 10cm。除非另有说明，在所有情况下均用厚度 $h=1.5\text{mm}$ 的 FR-4 衬底（$\varepsilon_r=4.3$）作天线基板。

所有模型材料均设定为理想电导体和无损耗介质，仿真频率范围为 0.3～3GHz。对于不平衡接地天线或平衡天线均采用 $Z_s=50\Omega$ 的理想点源来激励。对于所有情况均给出了天线示意图，以及在参考阻抗 $Z_0=50\Omega$ 时的回波损耗（R_L）随频率的变化曲线。

1. 线天线

最简单的线天线是偶极子天线、单极天线和环天线。López - Roldán 等（2008）的文献中对这些天线的 PD 应用做了全面回顾，比较了其不同的实现方式，包括直线、梯形、螺旋、圆盘和圆锥单极子以及简单的环形和螺旋形天线。表 55. 3给出了单极子天线的最常见形式。

偶极子天线在各种不同的通信领域具有广泛的应用。此类谐振天线有两个辐射元,即天线的两个臂构成、双臂反相馈电。辐射方向图在天线轴向为零,在与天线轴垂直的平面全向辐射。

单极子天线仅包含一个由传输线通过接地板馈电的谐振元件。它无需巴伦平衡,且通过适当的设计过程,一些单极子天线可以实现比偶极子天线更宽的带宽。表55. 3给出了频率调谐到750MHz附近的理想单极子天线的端口匹配特性曲线,曲线右端的第二谐振点清晰可辨。

作为最简单情况的变形,文献中可以找到单极子天线许多不同的实现形式。这些变形通常旨在扩展天线工作频带或实现更紧凑的结构,在必须安装在变压器阀门等情况下尤为常见。在所有情况下,中心线可由圆柱形单元(线或圆盘)、圆锥形单元或其组合(顶部加载的单极子)来代替。下面介绍不同的实现形式。

第一种变形是用大约相同高度的倒锥(锥形裙单极)替换中心线,显然其频率响应与常规单极子相差无几。可观察到每个谐振点的带宽增加,以及谐振频率向低频方向的微小偏移,辐射方向图无显著变化。

第二种变形是增加了一个金属盘以构成一个顶部加载的单极子天线,其典型特征是在保持谐振频率不变的同时改善了匹配性能,辐射方向图同样无显著变化。

上述单元可以以不同方式进行组合。专利(Raja,2007)提出了一种类似偶极子结构的内部传感器,其中一个电极是圆盘而另一个是倒圆锥体,该传感器的工作频率范围是0. 2~1GHz。专利(Kato and Oshita,2000)介绍了另一种内部传感器,包含两个分支是半圆形金属盘的小偶极子。

表55. 3　单极子天线

天线类型	三维图	匹配特性
单极子天线(加地板)	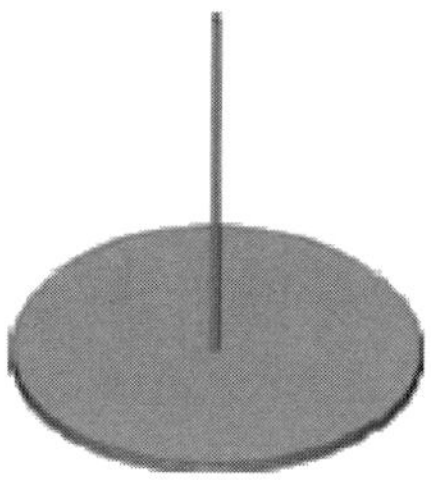	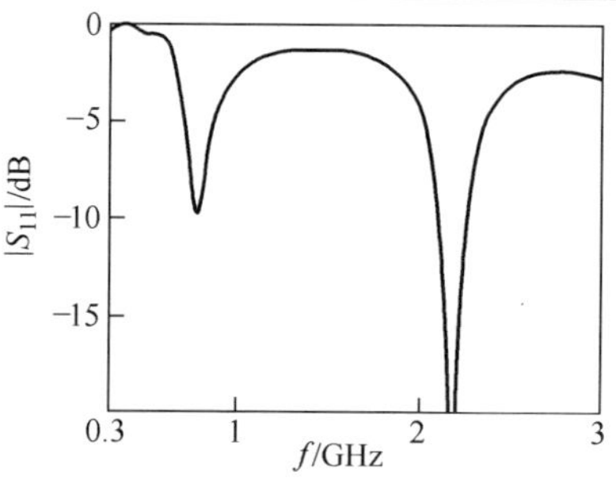

（续）

天线类型	三维图	匹配特性
圆锥单极子天线	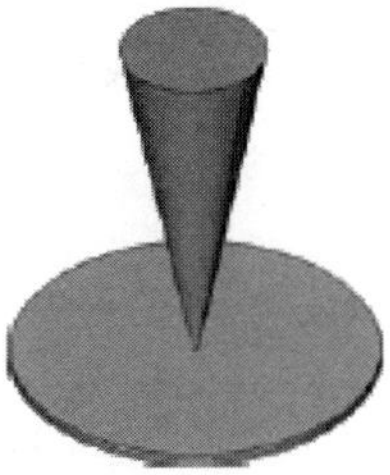	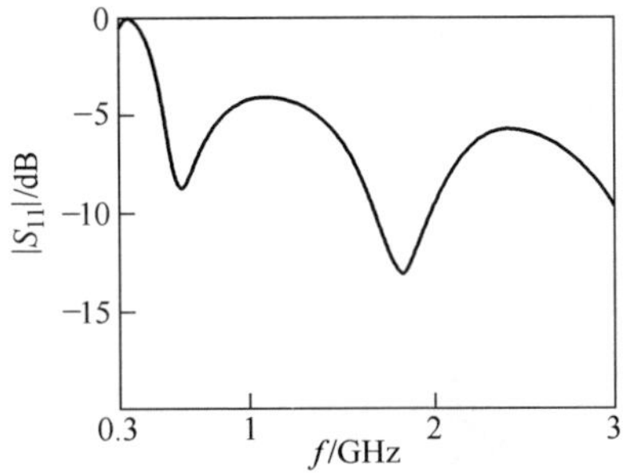
顶端加载单极子天线	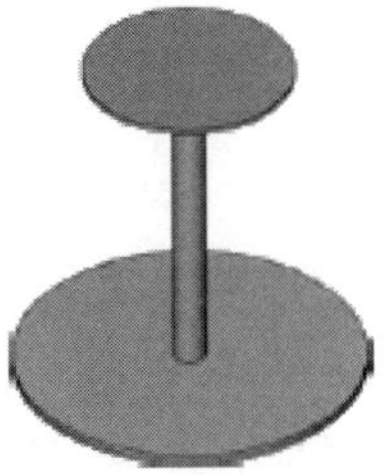	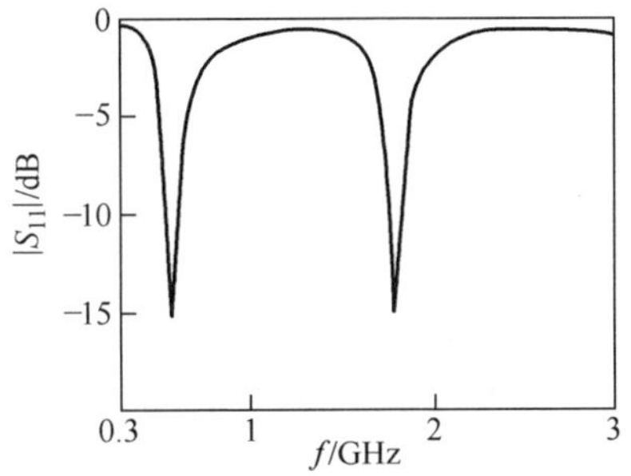
圆盘天线 （中心探头馈电）	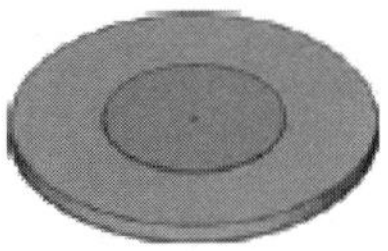	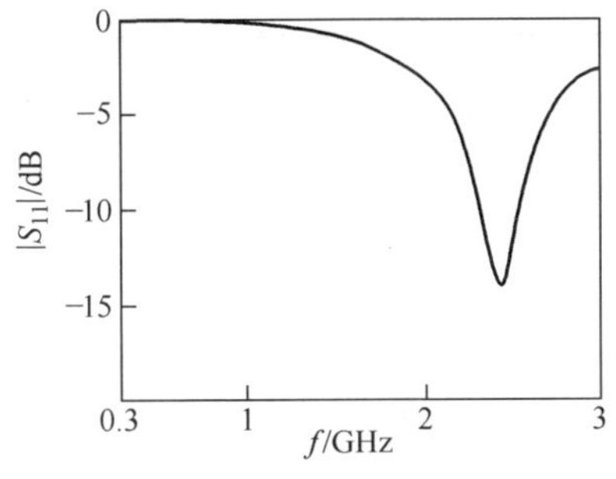

当天线如下文所述在阀门中使用时,其电磁响应将受到金属壁的显著影响。López-Roldán 等(2008)研究了锥形天线在金属管中安装时插入深度的敏感性影响,当天线进一步延伸至变压器内时是最有利的情况。

为了说明这一效应,图55.11给出了高度为8cm的环绕金属圆柱对顶部加载单极天线的影响结果,500MHz附近的第一个谐振点几乎消失的原因显而易见。

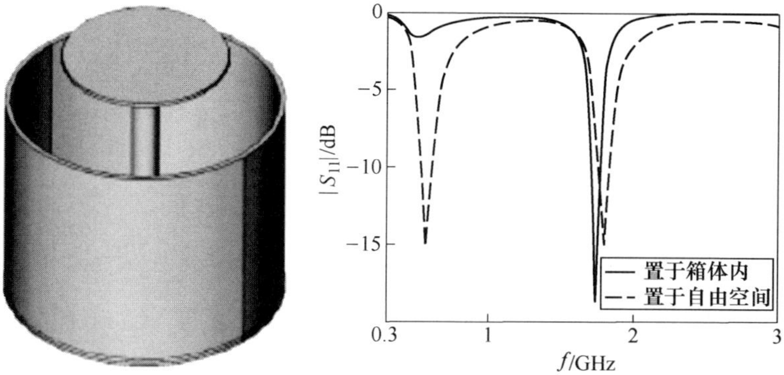

图55.11 排放阀简化模型中的顶部加载单极子天线

倒锥天线可以通过顶部变形以优化天线的性能。Cleary 和 Judd(2006)基于这一思想,在锥体底部上方使用了一个金属半球体,使得覆盖UHF频带大部分范围的电磁响应得以改善。进一步讲,垂直单极子天线可以用不同几何形状的单元来代替。例如,Petchphung 等(2007)将其替换为半径为14mm的金属盘,采用这种非常紧凑的传感器典型结构作为UWB通信天线实现了超宽带响应。

在上述各种情形中,当天线按图55.12所示作为内部传感器使用时,一种优化方案是对内导体轮廓进行裁剪来补偿外侧导体柱面的影响。例如,专利(Reinhardt 1985;Kock and Herbst,1998)就是这种方法的应用实例,单极子与其外部屏蔽单元的组合效果也可以视为一个锥削同轴传输线。

专利(Fukasawa et al.,2014)给出了一种更为复杂的结构,采用不同顶部加载单极子天线与平行支节并联改善了内部传感器的阻抗匹配特性。通过将支节与金属外壳相连实现接地,电介质被用来提供隔离和密封。

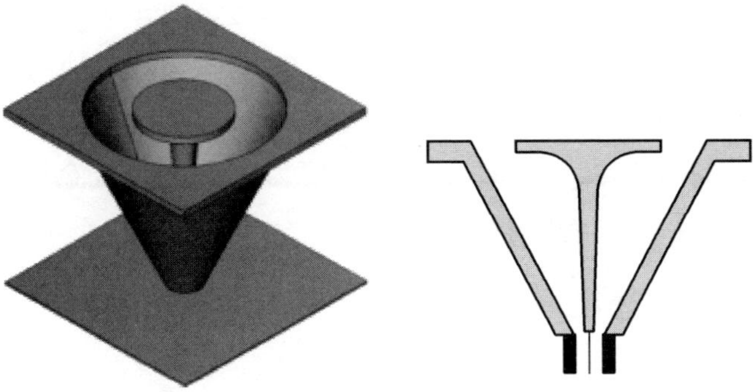

图 55. 12　优化后的顶部加载单极子天线

如 Judd 等(1995)所述,顶部加载单极子天线可以通过增加圆盘尺寸、减小中心柱高度的方法来改进。除这些单元外,这种天线中可以引入一些电阻来实现圆盘与地板接地。Judd 等(2000)的文献中给出了一种使用复合材料进行绝缘的类似天线,Ishak 等(2012)采用时域有限差分(FDTD)方法将该天线与单个单极子天线进行了比较。

表 55. 3 中的圆盘天线是这类传感器的一种简化模型,其衬底为 PTFE(ε_r=2. 2),且天线半径已增加到 10cm。高介电常数衬底有助于减小天线尺寸,但会对匹配程度产生影响。

当圆盘天线被偏离中心靠近其边缘点的同轴探头激励时,可以获得良好的阻抗响应和侧向辐射方向图。严格说来,该天线是一个圆形贴片天线而并非线天线,在本节给出仅仅是为了描述方便。图 55. 13 给出了其频率响应,在关注的频带内出现了多个谐振点,每个谐振点具有不同的侧射方向图,这取决于该模式的场分布。

对这种天线做简单的改进可以得到更为紧凑和匹配良好的结构。为实现这一目标,图 55. 14 在天线中心和不同的优化位置使用了短路针。值得注意的是,当使用中央短路针时,根据其简化腔体模型,天线的相应谐振模式旋转对称(TM_{01}模式)(González-Posadas et al. ,2006),且同单极子一样,在其轴线上具有辐射零点。也可以添加更多短路针来进一步改善天线响应(Vázquez-Roy et al. ,2010)。这些加载针同样使中心盘接地,以保障设备和人员免受接触高压的风险。

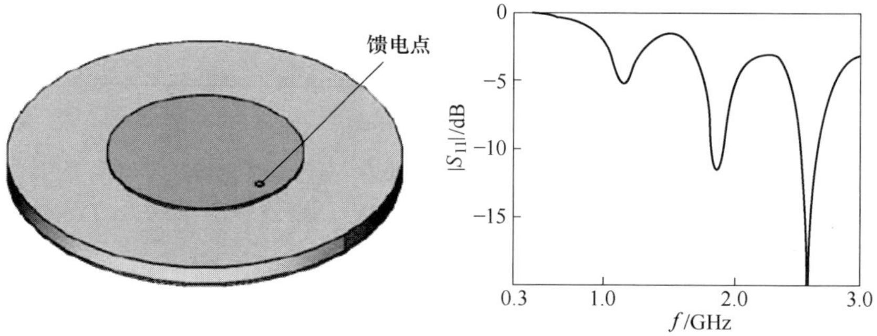

图 55.13　同轴偏置馈电的圆盘天线

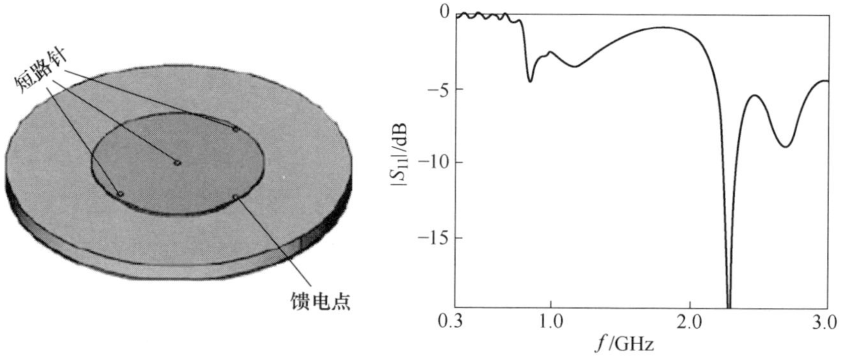

图 55.14　具有中心和侧面短路针、同轴探头偏置馈电的圆盘天线

环形天线是一种在尺寸不大时效率较低的简单传感器。例如,Jin 等(2008)的文献中将小环天线应用于气腔放电和油中的表面和电晕放电检测,并取得较好的结果。López-Roldán 等(2008)的文献中也将其与不同的单极子进行了比较,在油浸式变压器中进行局部放电检测的结果并不很好。

环形天线可以加载铁氧体磁芯来提高响应(Ozaki et al. ,1992),其辐射方向图基本上与偶极子天线相同。如果要估计自由空间中波前到达的方向,可以采用图 55.15 中 3 个不同取向的环路,并对其输出信号做适当组合来实现(Matsumoto et al. ,2008)。

2. 印制天线

印制天线具有结构紧凑、应用灵活、低剖面和低成本等特点。Reig 和 ÁvilaNavarro(2014)详细描述了其许多不同形式的可能结构。在最常见的实现

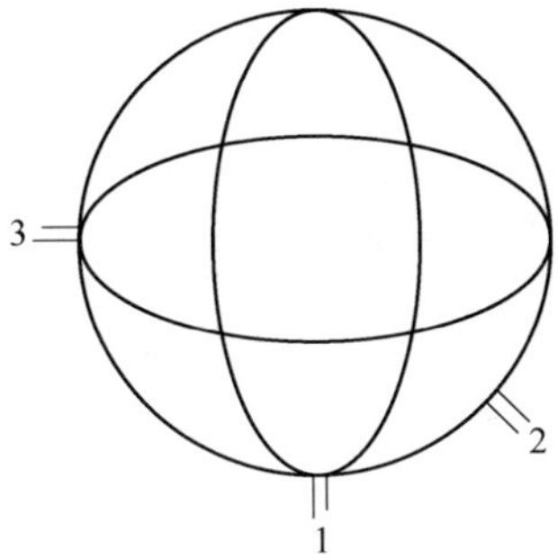

图 55.15　用于检测波前到达角的三轴环形天线

方式中,平面印制结构既可以与辐射主轴垂直呈现边射特性,又可以与辐射主轴平行呈现端射特性。表 55.4 给出了其最常见的几种情况。

3. 贴片天线

贴片天线也称为微带天线,是各种应用领域中使用最多的印制天线之一。一些典型几何形状的贴片天线早在 20 世纪 90 年代就已经获得了局部放电测量方面的专利(参见 Herbst 和 De(1996)的文献)。然而,其基本结构决定了它们是窄带谐振天线,且几何尺寸相对于波长较大,因此在局部放电检测中较其他天线类型使用得少些。Shibuya 等(2010)的文献中可以找到矩形贴片天线的响应分析。

4. 印制线天线

许多线天线均可以直接印制的形式实现。这时就需要一种低耗衬底作为支撑,以便在其单侧或双侧印制金属结构(共面或对跖天线)。采用同样的方式,单极子天线的导线也可以用平面印制形式代替,并可通过几何形状的修改实现其响应的优化。当天线在低波段工作时,可以使用曲折线来实现小型化天线(Ayob and Ramli,2014;Li et al.,2014)。

5. 对数螺旋天线

对数螺旋印制天线是常用于局部放电检测的差动宽带传感器。Reid 等(2009)采用 FDTD 算法将这种天线与单极子天线和非平面对数螺旋天线进行了比较。在表 55.4 中包含了自由空间中这种天线的特性曲线。与线天线一样,如果要在阀门内部使用对数螺线,它将在金属圆柱体内工作,天线响应将受到显著影响。此外,辐射方向图仿真曲线显示,针对天线工作频带内的一个特定频点,采用间隔半波长的接地平面可以压制后向辐射的主要分量。为了减少难以避免的带宽损失,可以在对天线下部构成屏蔽的空腔内填充波吸收材料。值得注意的是,该天线在其所在平面上为辐射零点。就匹配带宽而言,这种天线包含很宽的扩展范围,但在低频处有清晰可辨的谐振点。

除了直线切割外,印制的分支可以以不同的方式终止。Zhang 等(2014)的文献中增加了印制蝴蝶形单元以提高 GIS 传感器的带宽。这些单元仅在尺寸方面有微小的增大,而加工制作的天线性能与图 55.16 所示的喇叭天线相比可比性相当好。

除对数螺旋天线可用于局部放电检测外,Wang(2001)的文献中采用了与表 55.4类似的阿基米德螺旋天线,其端口匹配和辐射方向图等响应特性均与对数螺旋天线十分相似。

表 55.4　印制天线(彩色)

天线类型	三维图	匹配特性
对数螺旋天线(平衡)	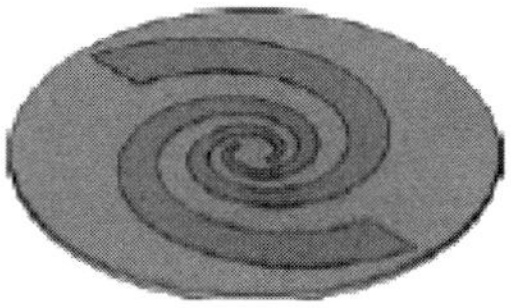	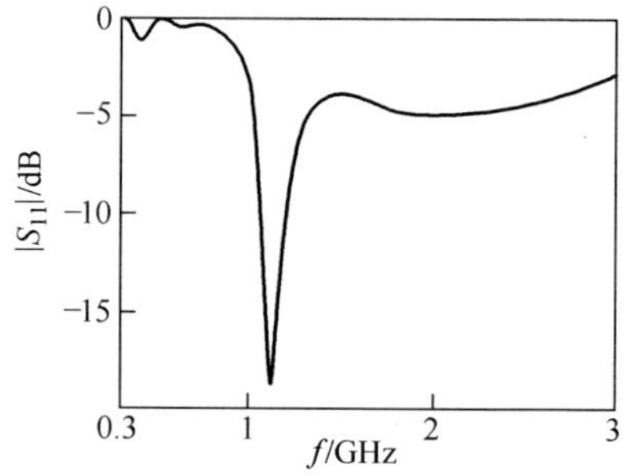
阿基米德螺线天线(平衡)	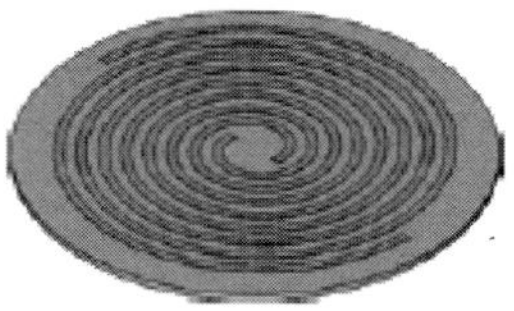	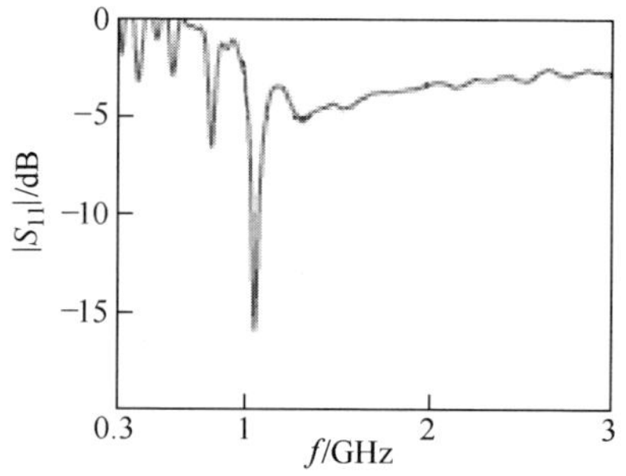

（续）

天线类型	三维图	匹配特性
希尔伯特天线 （加背板）		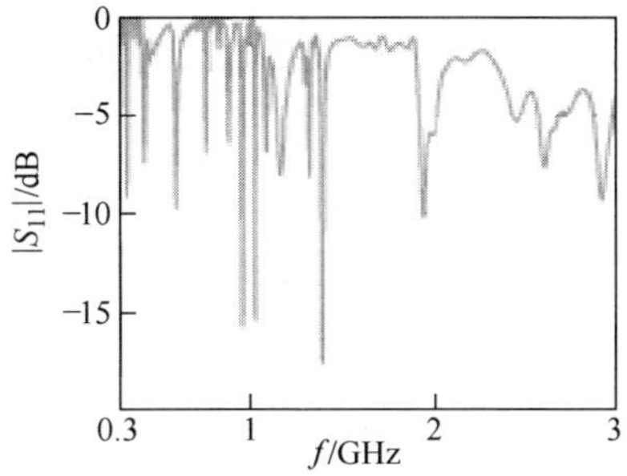
维瓦尔第天线		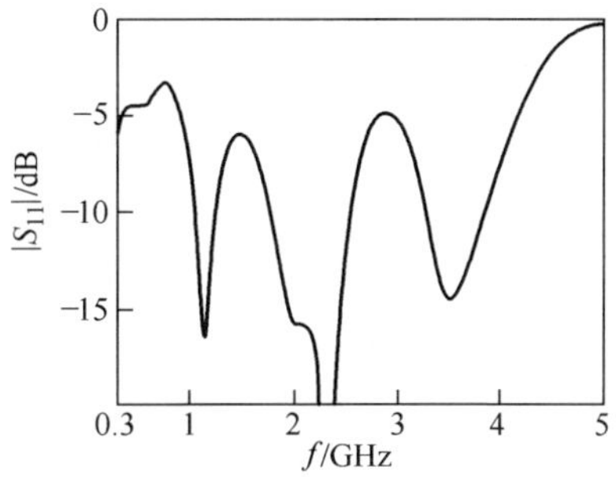

6. 分形天线

分形天线由一些长的印制线构成，这些印制线在相对较小的区域内密布以实现紧凑的自相似结构，因此，基本图案在不同尺度上重复即可在工作频带上实现不同的谐振点。表 55.4 中描述的希尔伯特（Hilbert）分形是最常用的方案之一，Jin 等（2008）的文献中分析了这种天线并与小环天线进行了比较。在 Li 等（2012）的文献中研究了用于 PD 测量的 $N=4$ 阶希尔伯特天线，分析了其在 0.3～1GHz 的频带范围内存在多个谐振点的原因。该分形线以接地单极子的形式印制在 FR−4 基板上，基板厚度为 1.5mm；选择馈电点以改善匹配，并将传感器与宽带放大器组合。在使用这种结构时必须小心：若分形线印制在相对较高的介电常数基片上，其辐射效率可能非常低；而且频带内的一些谐振点可能与耗散有关而与辐射无关。

为避免这个潜在的问题,可将天线的接地平面和其印制基板用空气隔开,而同轴探头必须穿过这个空间。Yao等(2013)的文献中根据这个思想设计了一个使用科赫(Koch)图案的分形天线。注意表55.4中给出的希尔伯特天线中,印制基板下方的空气层厚度为3cm,在0.4~3GHz之间存在许多不同的谐振点。

7. 维瓦尔第(Vivaldi)天线

宽带检测可以改善局部放电定位中到达时间的测量精度(Tang et al.,2006),因此维瓦尔第天线等超宽带天线可能是局部放电检测天线设计人员感兴趣的。维瓦尔第天线是平面低剖面天线,包括一个渐变槽和一个适当的馈电传输线转换接头。由于这种天线本质上并非谐振天线,因此可以通过优化槽缘轮廓和馈电网络来获得超过3∶1的回波损耗带宽,并可实现在端射方向具有一定方向性的线极化方向图。其最简形式是采用微带线向平衡渐变槽线馈电,两个由径向线和圆弧构成的开路支节作为馈电网络的一部分以改善匹配性能。表55.4中给出了这种类型的天线在扩展频率范围内的结果示例。Robles等(2013b)对位于高压设备外部的维瓦尔第天线响应进行了分析,对于所构建的总尺寸为9cm×12cm的天线模型,测得其回波损耗低于10dB的频率范围为1.5~3.7GHz。因其低波灵敏度较差,因此在除去FM广播波段和电视广播低波段影响的情况下,可获得很好的时域响应信号。

8. 孔径天线

孔径天线在局部放电应用中并不常见,在文献中只能找到少量相关报道。例如,Zhang等(2013)基于Shan等(2008)的工作,研究了专门为局部放电探测而设计的半TEM喇叭天线。该天线具有图55.16所示的半封闭背腔结构,喇叭部分填充电介质以接收更短波长的电磁波。仿真原型以900MHz为中心频率,通过与几个不同谐振点的结合使频率上限达到了3GHz。

Cai等(2014)采用更为传统的方式,设计了在0.7~1.4GHz范围内进行局部放电检测的双脊喇叭。喇叭采用同轴探头馈电,并且针对0.7~0.9GHz和1.25~1.4GHz进行了双工作波段优化设计,孔径尺寸为28cm×35cm。该天线集成在中压开关设备系统中,用于感测AIS中的空间分布式局部放电。文献中采用有限元方法对全变压器进行模拟来确定感测天线的最佳位置。

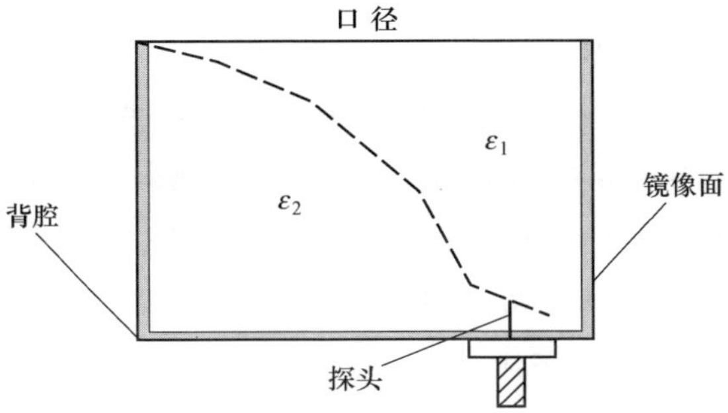

图 55.16　半 TEM 喇叭

55.3.4　天线的校准

鉴于局部放电检测的典型决疑方法和检测过程，基于时域分析获取相关信号同样引人注目。接收天线输出端的时域信号包含局部放电特征，放电信号通过屏蔽层、金属箱体和不同介质传播，最后激励天线响应。

横电磁波室（TEM 室）是用于在屏蔽环境中构建特定电磁场的装置。它们通常用于电磁兼容性测量，但因其能提供作为校准基准的确定的参考信号（Karst et al.，2002），因此在局部放电检测方面也同样受到关注。

GTEM 室（吉赫兹横电磁波室）（图 55.17）是传统 TEM 室的频率扩展变体，可以覆盖高达几吉赫的频率范围（Judd and Faris，1998）。GTEM 室采用沿同轴

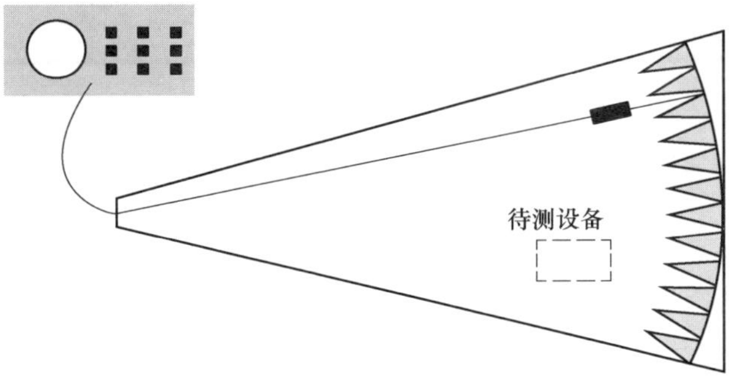

图 55.17　GTEM 室

探头激励的空间结构中传播的小曲率球面波模拟自由空间平面波,用高频吸收器作终端以避免驻波累积。

在前面章节所给出的天线简化设计比较中,已经给出了几个采用时域分析获得一些相关天线接收信号的示例。一个仿真示例是在距每个天线 0.5m 处模拟了局部放电,而非使用 TEM 室,其中已根据辐射方向图极化匹配要求,设定了每个天线的最佳位置。Ishak 等(2012)已将时域全波分析算法已经用于这个目的,仿真算例中采用定向点源作为激励,在模拟局部放电的点源和被测天线之间的传播过程考虑自由空间条件,用频谱分布在 0.5~3GHz 范围内的高斯脉冲作激励信号来模拟 ns 量级的局部放电。其结果可以解释为最佳信号可以采用不同类型的天线获得,这种情况下使用了图 55.14 所示的圆盘天线。

图 55.18 将所得结果进行归纳,同时给出了源信号作为比较参考,其中所有信号都对其最大值做了归一化。以图中常规和圆锥单极子天线的结果为例,可以看出谐振天线将导致较大的信号畸变,信号能量随时间的散布程度有所增加。

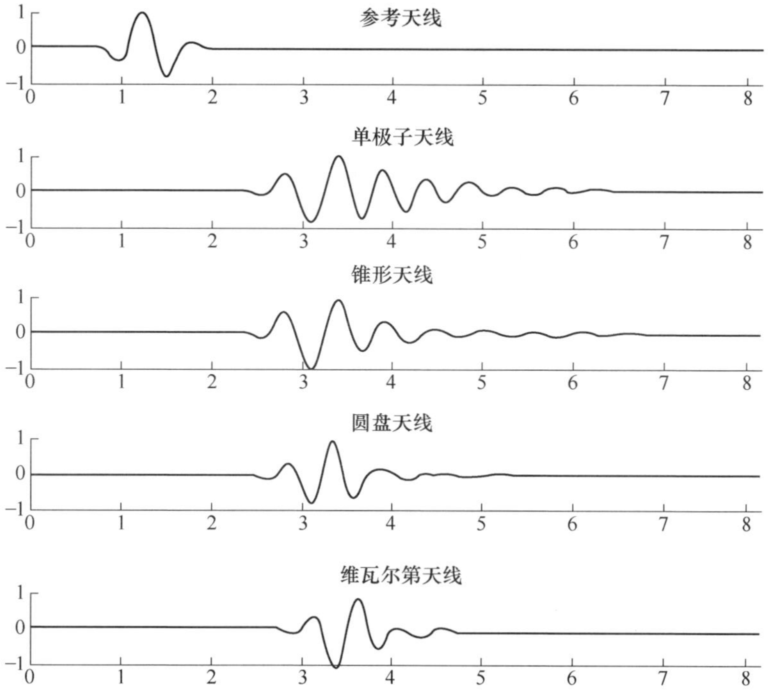

图 55.18 一些仿真天线的时域接收信号

最后，图 55.19 给出了一些接收信号的包络对比以及参考信号的包络。将所有信号画到一起，不同天线导致的信号失真度便一目了然。信号已经对准瓦尔第天线（最好的情况）的最大值做了归一化，表 55.4 所列的希尔伯特天线也包含其中。可以看出，各种情况下的时延是相同的，而前缘的不同斜率与天线带宽直接相关；而且可以从脉冲的幅度推导出天线辐射方向图的影响：方向性越强，接收信号电平就越高。这在维瓦尔第天线和圆盘天线的结果中可以明显看到。

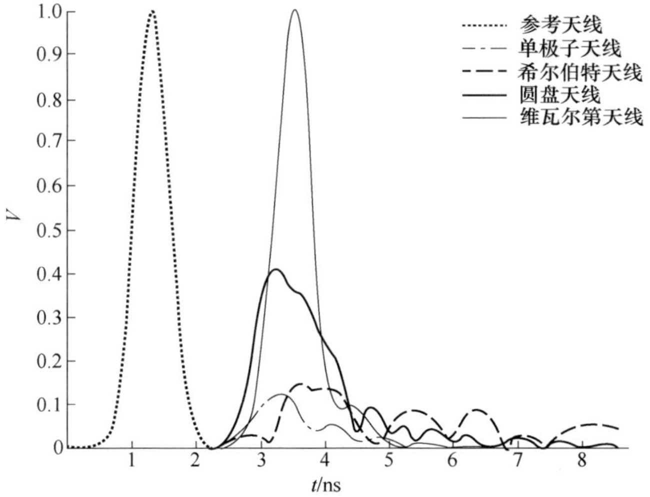

图 55.19　一些仿真天线的信号包络比较（已对维瓦尔第天线信号最大值归一化）

正如所预料的，天线的带宽影响接收信号。带宽越宽，所得到的时间信号就越清晰，从而使脉冲检测和后续信号处理更加便利。

55.3.5　局部放电的定位

1. 线形结构中的定位

电力电缆、气体绝缘开关设备和绕组中发生的局部放电将沿着波导或导体传播，并在端部（套管或终端）处反射。在电缆中使用电感式传感器或电容式传感器来检测局部放电，而在气体绝缘变电站中使用电磁式传感器。假定传感器在 $x=0$ 处，PD 位置可用直线距离的形式表示为 $x = x_{PD}$（Steiner et al.，1992）。第一次到达的时间为

$$t_1 = \frac{x_{PD}}{v} \tag{55.36}$$

式中：$v = 1/\sqrt{LC}$,L 和 C 分别是单位长度电缆的分布电感和分布电容,或 $v = 1/\sqrt{\mu\varepsilon}$,μ 和 ε 为气体的磁导率和介电常数。

前行波将在 $x=L$ 处反射,此处 L 为电缆以及 GIS 部分的总长度,亦或是从起点到某个接头、终端或套管的距离,则第二次到达的时间为

$$t_2 = \frac{2L - x_{PD}}{v} \tag{55.37}$$

因长度 L 已知,且可测得 $\Delta t=t_2-t_1$,因此可以计算出从局部放电点到最靠近的被测设备终端的距离。

$$x_{PD} = L - \frac{1}{2}v\Delta t \tag{55.38}$$

局部放电的定位误差来源于诸多方面(Kreuger et al. ,1993)。首先,仅就气体绝缘变电站(GIS)而言,脉冲通过封闭式开关装置传播时可能会出现衰减和损耗,并引发不确定的后向反射信号,从而可能使仪器难以分辨并给出错误的到达时间。其次,所有探测器必须有统一的时间基准才能保证时间差的精度。值得注意的是,1ns 的时间误差对于以光速传播的脉冲而言,意味着 0. 3m 的波源位置偏差。此外,脉冲外部噪声或高噪声电平同样会影响测量精度。最后,必须准确测量谐振腔的总长度 L,才能保证到局部放电点的距离是准确的。

该原理的另一个应用可以采用离线的方式来实施。通过已知脉冲注入,来计算脉冲信号在局部放电点和待测设备终端两个位置的反射脉冲到达时间差。这种方法基于介电特性随介质退化时改变这一事实,因此当脉冲到达这些不均匀区域时,一部分被反射,另一部分继续传输并在电缆的开路终端被反射。这种技术可以应用于电缆,但不适用于 GIS 部分,因为其中诱发局部放电的小颗粒并不会使气体的介电特性发生本质改变。此外,该方法还可应用于新电缆的缺陷定位,甚至是电缆未通电或未出现持续局部放电的情形。

2. 三维定位

变压器或开放式变电站中的局部放电点可以根据脉冲到达天线对的时间差(TDOA),采用辐射测量方法来定位。

3. 到达时间差的计算

从局部放电部位发射的入射信号是由直接波传播和具有周期性振荡的长拖

尾构成,其中后者是由多径传播和散射引起。此外,该信号还包含来自广播和电视广播、移动电话以及 WiFi 等的电磁干扰,由此产生的图 55.20 所示的噪声底限淹没了第一个脉冲起点。所以,建议在定位工作的第一步采用任意去噪技术来滤除这些干扰,一旦信号变得纯净,即可应用以下这些算法之一来确定时间差。

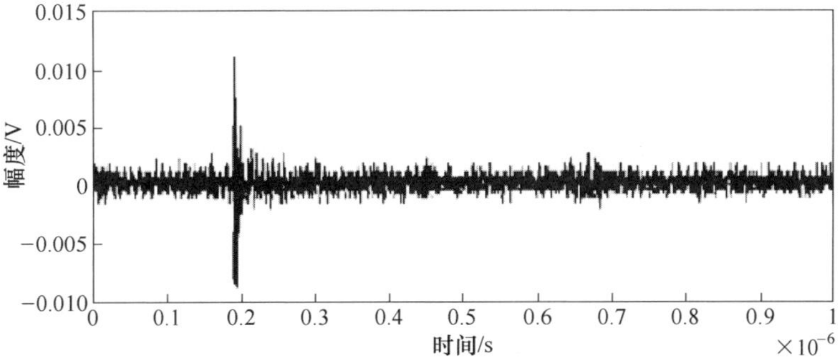

图 55.20　用 15cm 单极子天线接收的内部局部放电信号

(1) 累积能量。采集信号的能量对时间求和(Judd et al.,2005),即

$$W_n = \sum_{k=0}^{n} s_k^2 \tag{55.39}$$

式中:W_n为积累到第 n 个样本的能量;s_k为信号的第 k 个样本。如图 55.21 所示,在起始段累积能量以恒定斜率增长,能量主要来源于预触发时间区间内的噪声;之后随着脉冲的到达,曲线斜率发生急剧变化。可为所有 4 个天线标记这一跳变时刻来计算时间差。

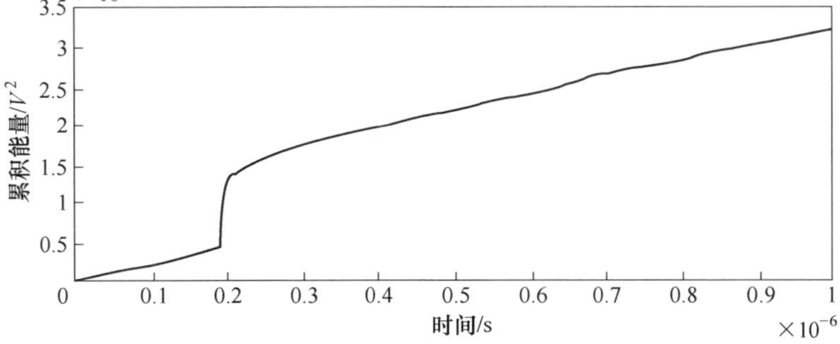

图 55.21　图 55.20 所示信号的累积能量

(2) 累积能差。这种情况可参见图 55.22,累积能差持续减少直至信号开始(Markalous et al. ,2008),函数的最小值对应信号开始时间,有

$$W_n = \sum_{k=0}^{n}\left(s_k^2 - n\frac{W_N}{N}\right) \tag{55.40}$$

式中:N 为总样本数;W_N为信号的总能量。

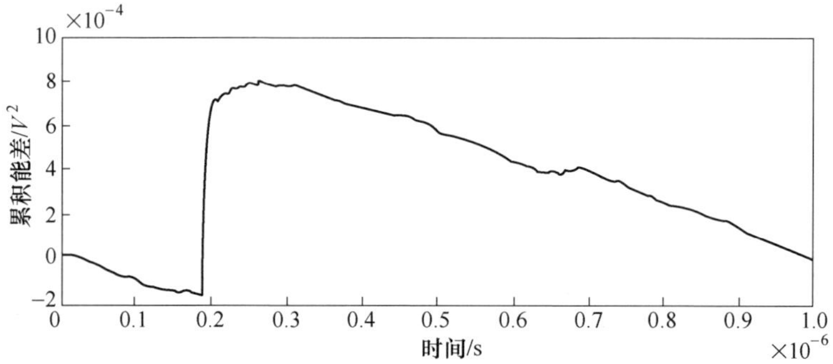

图 55.22　累积能差(注意该函数的最小值与图 55.21 中斜率突变时刻一致)

(3) 互相关函数。两个天线信号的互相关函数在延迟序列中具有最大值,据此可导出时间差。分别来自天线 1 和天线 2 的两个有限信号序列 s_{k1} 和 s_{k2}(下标标注与公式不同——译者注),其互相关函数计算式为

$$r_{l,12} = \sum_{k=l}^{N-|n|-1} s_{k,1}s_{k-l,2} \tag{55.41}$$

当 $l \geqslant 0$ 时 $n=0$,$l<0$ 时 $n=1$。

(4) 广义相关方法使用加权函数或前置滤波器来增强信号的有用特征,这将改善标准互相关方法的峰值检测性能。这些滤波器应用于时域,并通过其频率响应改善互功率谱,有

$$R_{12}(t) = \int_{-\infty}^{+\infty}\psi(f)\,G_{12}(f)\,\mathrm{e}^{\mathrm{j}2\pi ft}\mathrm{d}f \tag{55.42}$$

式中:G_{12}为前置滤波信号的互功率谱密度;$\psi(f)$ 为一个加权函数,其思想是对传递给相关器的信号,使其在信噪比最高的那些频率上进一步增强。其预期效果是在 R_{12} 函数中出现一个高的尖峰而非宽峰,以保证良好的时间延迟分辨率(Knapp and Carter,1976)。

(5) 平滑相干变换(SCOT)采用式(55.43)所示的预白化滤波器,在信噪比

较低的情况下来减小互相关。由于局部放电脉冲可能具有宽带和窄带分量,因此假定影响两个信号的噪声分量不相关的且无法滤除,有

$$\psi(f) = \frac{1}{\sqrt{G_{11}(f)G_{22}(f)}} \tag{55.43}$$

(6) 相位变换(PHAT)采用式(55.44)进行加权,以避免互相关函数的散布。对于这种滤波器,由于没有噪声分量,式(55.41)的输出是一个以正确延迟为中心的 delta 函数,有

$$\psi(f) = \frac{1}{|G_{12}(f)|} \tag{55.44}$$

(7) 最大似然方法(ML)或汉南-汤姆逊方法(HT)选择式(55.45)中的处理因子,通过对信噪比较差的频谱区域内的脉冲衰减,来提高估计时延的精度。

$$\psi(f) = \frac{1}{|G_{12}(f)|}\frac{|\gamma_{12}(f)|^2}{1 - |\gamma_{12}(f)|^2} \tag{55.45}$$

(注:此公式原书有误,经与原作者确认已修改。译注)

$$|\gamma_{12}(f)|^2 = \frac{|G_{12}(f)|^2}{|G_{11}(f)|\cdot|G_{22}(f)|} \tag{55.46}$$

无论如何,TDOA 的准确性在根本上取决于采样频率。可以预计,确切时间必将位于互相关函数或累积能量序列的两个采样点之间。采用插值近似可以改善计算结果,然而必须选择采样时间低于 1ns,以保证起始时间或互相关峰可以清晰、明确地确定。

4. 局部放电位置的计算

实现 PD 三维定位需要 4 个天线。假定局部放电点位于直角坐标系的 (x_s, y_s, z_s) 点,放电脉冲在未知时刻 t_0 触发。因此,若该脉冲的球面波前以速度 v 传播,并最终于 t_i 时刻到达位于 (x_i, y_i, z_i) 点的天线 i 处。传播到各天线的时间 t_i 必须尽可能精确地计算,才能使局部放电位置的误差最小化。

那么,放电点与天线之间的距离就是 $v(t_i - t_0)$,也即球的半径,有

$$\begin{cases} v^2(t_i - t_0)2 = (x_s - x_i)^2 + (y_s - y_i)^2 + (z_s - z_i)^2 \qquad i = 1,\cdots,4 \\ R_i = v(t_i - t_0) = \sqrt{(x_s - x_i)^2 + (y_s - y_i)^2 + (z_s - z_i)^2} \end{cases} \tag{55.47}$$

时间 t_0 和放电点的位置是未知的,然而,若式(55.47)中的4个隐式方程进行成对相减则可以消去 t_0。对于前两个天线,有

$$v(t_1 - t_0) - v(t_2 - t_0) = v(t_1 - t_2) = vt_{12} \tag{55.48}$$

因此, $R_1 - R_2 = vt_{12}$ 。对其他3组做类似处理,可得

$$\begin{cases} R_1 - R_2 - vt_{12} = 0 \\ R_1 - R_3 - vt_{13} = 0 \\ R_1 - R_4 - vt_{14} = 0 \end{cases} \tag{55.49}$$

式(55.49)依赖于辐射源和天线的位置,是一个具有多个局部极小值的非线性非凸问题。最近,在移动通信和无线传感器网络(Xu et al. ,2011)中将这些方程作为优化问题来处理,通过在 $R_i - R_j = vt_{ij} = \varepsilon_e$ 最小化条件下对源点位置进行估计,并得到了一个非零解。方程的求解技巧是采用半定松弛算法将非凸问题转化为凸问题,使得全局最小点的定位更为容易。

在确定局部放电定位中得到应用和 (x_s, y_s, z_s) 求解验证的其他方法包括牛顿–拉夫逊(Newton–Raphson)方法,以及近期出现的全局搜索方法,它包括两种进化计算算法——灵感来自生物进化过程、自然现象或群体行为的随机优化方法,如遗传算法(GA)和粒子群优化(PSO)。尽管传统的遗传算法在全局搜索方面非常有效,并且能够快速定位全局最优所在区域,然而在算法收敛区域内寻找精确的局部最优解耗时很长,且效果相对较差。这也正是在局部放电定位应用中PSO会超越GA的原因,下面将对PSO做详细描述。

(1) 牛顿–拉夫逊方法。牛顿–拉夫逊方法是求解形如 $f(\xi) = 0$ 的非线性方程,或具有列矩阵参量 $\boldsymbol{\xi}$、形如 $\boldsymbol{F}(\boldsymbol{\xi}) = \boldsymbol{0}$ 的非线性系统的常用迭代技术。其核心思想是将泰勒级数的一阶导数项 $\xi_1 = \xi_0 - f(\xi_0)/f'(\xi_0)$ 作为更优解来替代 ξ_0。

迭代形式为 $\xi_{k+1} = \xi_k - f(\xi_k)/f'(\xi_k)$ 或 $\boldsymbol{\xi}_{k+1} = \boldsymbol{\xi}_k - \boldsymbol{J}^{-1}\boldsymbol{F}(\boldsymbol{\xi}_k)$,且有

$$\boldsymbol{\xi}_k = \begin{pmatrix} \xi_1 \\ \xi_2 \\ \vdots \\ \xi_N \end{pmatrix}_k \qquad \boldsymbol{F} = \begin{pmatrix} f_1(\xi_1, \xi_2, \cdots, \xi_N) \\ f_2(\xi_1, \xi_2, \cdots, \xi_N) \\ \vdots \\ f_N(\xi_1, \xi_2, \cdots, \xi_N) \end{pmatrix}_k \tag{55.50}$$

雅可比矩阵 $\boldsymbol{J}$ 定义为

$$\boldsymbol{J}=\frac{\partial(f_1,f_2,\cdots,f_N)}{\partial(\xi_1,\xi_2,\cdots,\xi_N)}=\begin{pmatrix}\frac{\partial f_1}{\partial\xi_1} & \frac{\partial f_1}{\partial\xi_2} & \cdots & \frac{\partial f_1}{\partial\xi_N}\\ \frac{\partial f_2}{\partial\xi_1} & \frac{\partial f_2}{\partial\xi_2} & \cdots & \frac{\partial f_2}{\partial\xi_N}\\ \vdots & \vdots & \ddots & \vdots\\ \frac{\partial f_N}{\partial\xi_1} & \frac{\partial f_N}{\partial\xi_2} & \cdots & \frac{\partial f_N}{\partial\xi_N}\end{pmatrix}_k \tag{55.51}$$

（译注：原文分母为 $\partial f_1(\xi_1,\xi_2,\cdots,\xi_N)$，疑笔误，已修改为 $\partial(\xi_1,\xi_2,\cdots,\xi_N)$）

解的迭代增量为 $\boldsymbol{\Delta}=\boldsymbol{J}^{-1}\boldsymbol{F}(\boldsymbol{\xi}_k)$，若收敛误差限定为 $\boldsymbol{\varepsilon}_e$，当 $\max_k|\boldsymbol{\Delta}|\leqslant\boldsymbol{\varepsilon}_e$ 时迭代即可终止。

方程式(55.49)可改写为

$$\boldsymbol{F}=\begin{pmatrix}f_1(x_s,y_s,z_s)\\ f_2(x_s,y_s,z_s)\\ f_3(x_s,y_s,z_s)\end{pmatrix}_k=\begin{pmatrix}R_1-R_2-vt_{12}\\ R_1-R_3-vt_{13}\\ R_1-R_4-vt_{14}\end{pmatrix}=0 \tag{55.52}$$

则

$$\boldsymbol{J}=\begin{pmatrix}\frac{x_{s,k}-x_1}{g_1}-\frac{x_{s,k}-x_2}{g_2} & \frac{y_{s,k}-x_1}{g_1}-\frac{y_{s,k}-x_2}{g_2} & \frac{z_{s,k}-x_1}{g_1}-\frac{z_{s,k}-x_2}{g_2}\\ \frac{x_{s,k}-x_1}{g_1}-\frac{x_{s,k}-x_3}{g_3} & \frac{y_{s,k}-x_1}{g_1}-\frac{y_{s,k}-x_3}{g_3} & \frac{z_{s,k}-x_1}{g_1}-\frac{z_{s,k}-x_3}{g_3}\\ \frac{x_{s,k}-x_1}{g_1}-\frac{x_{s,k}-x_4}{g_4} & \frac{y_{s,k}-x_1}{g_1}-\frac{y_{s,k}-x_4}{g_4} & \frac{z_{s,k}-x_1}{g_1}-\frac{z_{s,k}-x_4}{g_4}\end{pmatrix}_k \tag{55.53}$$

进而有

$$\begin{pmatrix}x_{s,k+1}\\ y_{s,k+1}\\ z_{s,k+1}\end{pmatrix}=\begin{pmatrix}x_{s,k}-\boldsymbol{\Delta}_x\\ y_{s,k}-\boldsymbol{\Delta}_y\\ z_{s,k}-\boldsymbol{\Delta}_z\end{pmatrix} \tag{55.54}$$

必须选择一个初始值来开始迭代。如果初始值接近方程的解，则收敛速度快且结果准确；否则，算法将按照上述简单路径进行迭代，且容易陷入局部最小值,这将带来很大的位置误差。在某些情况下,迭代可能根本无法收敛,针对这些情形,改变天线的位置将有助于方程的求解。

(2) 粒子群优化算法。该算法的内在思想是强调群体互动作用而非个体认知能力的模拟(Poli et al. ,2007)。PSO 首先设定一定数量的个体或粒子,每个个体将综合自己和群体中一个或多个其他成员的经验来寻求问题的最优解。它们的位置和速度根据其自身的最佳位置 $\boldsymbol{p}_i$ 和群体的最佳位置 $\boldsymbol{p}_g$ 而改变,且每个个体在迭代过程中的更新策略是在 $\boldsymbol{p}_i$ 和 $\boldsymbol{p}_g$ 两个位置周围随机振荡。粒子的运动类似于一群鸟或鱼寻找食物的行为,其中各个个体都有它们相对于目标位置的信息和群体运动相关信息。

该算法对粒子位置和运动速度的初始值随机选定。第 j 个粒子在第 k 次迭代中的位置为 $\boldsymbol{P}_{k,j} = (x_{s,k}, y_{s,k}, z_{s,k})$,然后采用式(55.52)对每个粒子的适应度函数进行评估,如果粒子当前位置给出的结果比其之前的最佳值更接近0,则用新位置更新 $\boldsymbol{p}_i$; 如果当前群体的最佳值比先前的最佳值更接近0,则 $\boldsymbol{p}_g$ 也被更新。相应地,所有粒子的速度和位置根据以下等式进行更新,即

$$\begin{cases} \boldsymbol{v}_{k+1,j} = \boldsymbol{v}_{k,j} + \boldsymbol{U}(\boldsymbol{0},\phi_1)(\boldsymbol{p}_i - \boldsymbol{p}_{k,j}) + \boldsymbol{U}(\boldsymbol{0},\phi_2)(\boldsymbol{p}_g - \boldsymbol{p}_{k,j}) \\ \boldsymbol{p}_{k+1,j} = \boldsymbol{p}_{k,j} + \boldsymbol{v}_{k+1,j} \end{cases} \tag{55.55}$$

式中 $\boldsymbol{U}(\boldsymbol{0},\phi)$ 为由均匀分布在[0,ϕ]中的随机数构成的三维矢量,其在每次迭代中重新生成并用以改变粒子在各个方向的速度(Poli et al. ,2007)。有时会加上一个惯性因子 ω,在式(55.55)中作为速度 $\boldsymbol{v}_{k,j}$ 的系数。

55.4 总结

电磁传感器在局部放电测量中的显著优势是能够在没有电流连接到高压设备的情况下检测脉冲,其所有应用都源于这个特点,而其他传统方法都需要断开设备进行测量。基于天线的局部放电测量可以在线完成,大大减少了维护时间和成本。

天线最早用于局部放电检测是针对气体绝缘变电站进行的。这些变电站中所有的高压设备都用 SF_6 绝缘,因此在其箱体内部发生的所有局部放电只能在可以放置电感式传感器的输出电缆中检测到。而在变电站多个部件的介质窗放

置天线可以实现绝缘损伤点的定位。

此外,油浸式电力变压器内部发生的局部放电只能使用油箱内的传感器进行测量,因为线圈的感应特性会妨碍与套管相连的系统对放电脉冲检测。针对此类情形,与声学检测等其他方法相比,在介质窗口采用天线检测将是最好的选择。采用这种结构不仅可以检测到放电现象,最终也可以在箱体内部对其定位,并指出放电发生在哪个绕组。在具有定位要求的情况下,需要在变压器内部署多个天线,并将其连接到高速采集系统,以精确获取脉冲到达检测器的时间差。然而,由于箱体内和绕组的反射,以及脉冲通过绕组和磁芯时的衰减处理非常困难,因此这种方法还远未达到大规模应用的水平。

目前已有一些制造商针对空气绝缘变电站,致力于检测和定位两个方面的局部放电测量工作。检测基本上就是使用频谱分析仪在变电站周围测量,主要是在放电发射辐射的频带范围内检测异常情况。定位是采用安装在变电站内及其周边移动车辆上的多个天线来完成,并通过选用任意定位方法来获得时间信号。

遗憾的是,天线的使用同样有其显著不足。尽管传感器价格低廉,但是如果对时域或频域信号的精细度要求很高,如使用频谱分析仪进行定位或检测的情形,采集系统的成本有时会很高;相反,如果用户仅仅做脉冲检测,则使用简单的超高频脉冲检测器即可。

最后,迄今为止尚无人宣称可以用天线识别局部放电的类型。在局部放电的相位分布图谱中绘制脉冲的唯一方法是利用与网络频率同步的信号,这样就必须断开设备并连接分压器,从而失去了天线检测的主要优点,即电流绝缘。天线采集信号的频率成分似乎与局部放电的类型相关,但是没人能说明在真实环境中进行有效识别的可能性。

标准 IEC62478“高压测试技术—采用电磁和声学方法的局部放电测量”有望在未来几年看到曙光。与此同时,制造商和公用事业部门正在通力合作,制定在气体绝缘变电站和变压器中有上佳表现的天线检测系统规范。

交叉参考:

►第 45 章　天线测量装置导论

►第 45 章　EMI/EMC 暗室设计、测量与设备

►第 17 章　环天线

- ▶第33章　低剖面天线
- ▶第18章　微带贴片天线
- ▶第48章　近场天线测量技术
- ▶第31章　全向天线
- ▶第29章　小天线
- ▶第20章　螺线、螺旋线与杆状天线
- ▶第36章　超宽带天线
- ▶第44章　宽带磁电偶极子天线

参考文献

A2. 27,Cigre W(2008)Technical Brochure 343

Albarracin R, Robles G, Martinez-Tarifa J, Ardila-Rey J(2015)Separation of sources in radiofrequency measurements of partial discharges using time-power ratio maps. ISA Trans http://dx. doi. org/10. 1016/j. isatra. 2015. 04. 006.

Albarracín-Sánchez R(2014)Measurement of partial discharges in radiofrequency (Spanish). Doctoral thesis, Universidad Carlos III de Madrid, Spain

Arg € ueso M, Robles G, Sanz J(2005)Implementation of a Rogowski coil for the measurement of partial discharges. Rev Sci Instrum 76(6):65107-65113

Ari N, Blumer W(1987)Transient electromagnetic fields due to switching operations in electric power systems. IEEE Trans Electromagn Compat EMC-29(3):233-237

ASTM1868(2013)Standard test method for detection and measurement of partial discharge(Corona) pulses in evaluation of insulation systems ASTM International, West Conshohocken, PA http://www. astm. org/Standards/D1868. htm

Ayob MF, Ramli NH(2014)Meandered with parasite patch antenna for partial discharge detection applications. Int J Electron Comput Commun Technol 4(2):18-21

Balanis CA(2012)Advanced engineering electromagnetics, 2nd edn. Wiley, New York

Bårmann P, Kröll S, Sunesson A(1996)Spectroscopic measurements of streamer filaments in electric breakdown in a dielectric liquid. J Phys D Appl Phys 29(5):1188

Bartnikas R(2002)Partial discharges. Their mechanism, detection and measurement. IEEE Trans Dielectr Electr Insul 9(5):763-808

Bartnikas R, McMahon E, ASTM(1979) Corona measurement and interpretation. ASTM special technical publication. ASTM Committee D-9 on Electrical Insulating Materials

Boggs S(1990) Partial discharge. III. Cavity-induced PD in solid dielectrics. IEEE Electr Insul Mag 6(6):11–16

Boggs S, Stone G(1982) Fundamental limitations in the measurement of corona and partial discharge. IEEE Trans Electr Insul EI-17(2):143–150

Cai Z, Wilkinson RH, Bojovschi A(2014) Partial discharge detection approach for a medium voltage switchgear system. Prog Electromagn Res 144:221–228

Cavallini A, Montanari G, Contin A, Pulletti F(2003) A new approach to the diagnosis of solid insulation systems based on PD signal inference. IEEE Electr Insul Mag 19(2):23–30

CEN, CENELEC, ETSI (2011) Standards for smart grids. Final report. Technical report, Joint Working Group on Standards for Smart Grids

Chen H-C, Chen B-Y, Kuo C-C, Chao M-H(2011) UHF micro-strip antenna design for partial discharge detection of gas insulated switch. In: Lightning(APL), 2011 7th Asia-Pacific international conference on, Chengdu, pp 590–594

Choi J-G, Yi S-H, Kim K-H(2004) Development of a novel tapered balun for the UWB UHF coupler. In: Power modulator symposium, 2004 and 2004 high-voltage workshop. Conference record of the twenty-sixth international, San Francisco, CA, USA, pp 493–496

Cleary GP, Judd M(2006) UHF and current pulse measurements of partial discharge activity in mineral oil. IEE Proc SciMeas Technol 153(2):47–54

Contin A, Montanari G, Ferraro C(2000) PD source recognition by weibull processing of pulse height distributions. IEEE Trans Dielectr Electr Insul 7(1):48–58

Contin A, Cavallini A, Montanari G, Pasini G, Puletti F (2002) Digital detection and fuzzy classification of partial discharge signals. IEEE Trans Dielectr Electr Insul 9(3):335–348

de Kock N, Herbst I(1998) Partial-discharge measuring device. US Patent 5,804,972

Densley J(2001) Ageing mechanisms and diagnostics for power cables. An overview. IEEE Electr Insul Mag 17(1):14–22

Dubickas V, Edin H(2004) Couplers for online time domain reflectometry diagnostics of power cables. In: Electrical insulation and dielectric phenomena, 2004. CEIDP' 04. 2004 annual report conference on, Boulder, CO, USA, pp 210–214

Eager G, Bader G(1967) Discharge detection in extruded polyethylene insulated power cables. IEEE Trans Power Apparatus Syst PAS-86(1):10–34

Eur(2010)Smartgrids. Strategic deployment document for europeans electricity networks of the future. Technical report final, European Technology Platform

Fabiani D, Cavallini A, Montanari G(2008)A UHF technique for advanced PD measurements on inverter-fed motors. IEEE Trans Power Electron 23(5):2546-2556

Fernando S, Rowe W, Wong KL(2012)Long wire antenna-like behavior of uninsulated overhead distribution cables. IEEE Trans Power Deliv 27(3):1116-1123

Fukasawa T, Miyashita H, Itoh T(2014)Partial discharge sensor. US Patent App. 13/881,551

Gill P(2008)Electrical power equipment maintenance and testing, Power Engineering(Willis), 2nd edn. Taylor & Francis

González-Posadas V, Segovia-Vargas D, Rajo-Iglesias E, Vázquez-Roy J, Martín-Pascual C(2006) Approximate analysis of short circuited ring patch antenna working at tm01 mode. IEEE Trans Antennas Propag 54(6):1875-1879

Guru B, Hiziroglu H(2004)Electromagnetic field theory fundamentals. Cambridge University Press, Cambridge UK

Hampton B, Meats RJ(1988)Diagnostic measurements at UHF in gas insulated substations. IEE Proc C Gener Transm Distrib 135(2):137-145

Han Y, Song YH(2003)Condition monitoring techniques for electrical equipment. A literature survey. IEEE Trans Power Deliv 18(1):4-13

Hauschild W, Lemke E(2014)High-voltage test and measuring techniques. Springer, Heidelberg

Helstrom C(1961)The spectrum of corona noise near a power transmission line. Power apparatus and systems, Part III. Trans Am Inst Electr Eng 80(3):831-835

Herbst I, De K(1996)A partial discharge sensing device for a gas insulated apparatus. EP Patent App. EP19,940,113,728

Hudon C, Bartnikas R, Wertheimer M(1991)Analysis of degradation products on epoxy surfaces subjected to pulse and glow type discharges. In: Electrical insulation and dielectric phenomena, 1991. CEIDP. 1991 annual report. Conference on, pp 237-243

IEC(2010)Smart grid standardization roadmap, edition 1.0. Technical report, Internation Electrotechnical Commission. SMB Smart Grid Strategic Group(SG3)

International Electrotechnical Commission Geneva Switzerland IEC 60507:2013 Artificial pollution tests on high-voltage ceramic and glass insulators to be used ona. c. systems

IEC60270(2000)High-voltage test techniques - partial discharge measurements, 3a edn

IEC62478(Not published yet)High-voltage test techniques - measurement of partial discharges by electromagnetic and acoustic methods. Proposed horizontal standard, 1edn, Draft standard, not published yet.

Ishak A, Judd M, Siew W, Baker PC(2012) Evaluation of FDTD modelling as a tool for predicting the response of UHF partial discharge sensors. In: Electrical insulation(ISEI), conference record of the 2012 I. E. international symposium on, San Juan, PR, pp 502–506

Jardine AK, Lin D, Banjevic D(2006) A review on machinery diagnostics and prognostics implementing condition-based maintenance. Mech Syst Signal Process 20(7): 1483–1510

Jin Z, Sun C, Cheng C, Li J(2008) Two types of compact UHF antennas for partial discharge measurement. In: High voltage engineering and application, 2008. ICHVE 2008. International conference on, Chongqing, pp 616–620

Judd M, Farish O(1998) A pulsed GTEM system for UHF sensor calibration. IEEE Trans Instrum Meas 47(4): 875–880

Judd M, Farish O, Hampton B(1995) Broadband couplers for UHF detection of partial discharge in gas-insulated substations. IEE Proc Sci Meas Technol 142(3): 237–243

Judd M, Farish O, Hampton B(1996) The excitation of UHF signals by partial discharges in GIS. IEEE Trans Dielectr Electr Insul 3(2): 213–228

Judd M, Farish O, Pearson J, Breckenridge T, Pryor BM(2000) Power transformer monitoring using UHF sensors: installation and testing. In: Electrical insulation, 2000. Conference record of the 2000 I. E. international symposium on, Anaheim, CA, USA, pp 373–376

Judd M, Farish O, Pearson J, Hampton B(2001) Dielectric windows for UHF partial discharge detection. IEEE Trans Dielectr Electr Insul 8(6): 953–958

Judd M, Yang L, Hunter I(2005) Partial discharge monitoring of power transformers using UHF sensors. Part I: sensors and signal interpretation. IEEE Electr Insul Mag 21(2): 5–14

Kaneko S, Okabe S, Yoshimura M, Muto H, Nishida C, Kamei M(2009) Detecting characteristics of various type antennas on partial discharge electromagnetic wave radiating through insulating spacer in gas insulated switchgear. IEEE Trans Dielectr Electr Insul 16(5): 1462–1472

Karst J, Groh C, Garbe H(2002) Calculable field generation using TEM cells applied to the calibration of a novel E-field probe. IEEE Trans Electromagn Compat 44(1): 59–71

Kato T, Oshita Y(2000) Partial discharge detector of gas-insulated apparatus. EP Patent App. EP19,970,922,123

Katsuta G, Toya A, Muraoka K, Endoh T, Sekii Y, Ikeda C(1992) Development of a method of partial discharge detection in extra-high voltage cross-linked polyethylene insulated cable lines. IEEE Trans Power Deliv 7(3):1068-1079

Kiameh P(2003) Electrical equipment handbook: troubleshooting and maintenance. McGraw-Hill, New York

Klempner G, Kerszenbaum I(2004) Operation and maintenance of large turbo-generators, IEEE Press series on power engineering. Wiley, New York

Knapp C, Carter GC(1976) The generalized correlation method for estimation of time delay. IEEE Trans Acoust Speech Signal Process 24(4):320-327

Kreuger F(1989) Partial discharge detection in high-voltage equipment. Butterworths, London

Kreuger F, Wezelenburg M, Wiemer AG, Sonneveld WA(1993) Partial discharge. XVIII. Errors in the location of partial discharges in high voltage solid dielectric cables. IEEE Electr Insul Mag 9(6):15-22

Kurtz M, Stone G, Freeman D, Mulhall V, Lonseth P(1980) Diagnostic testing of generator insulation without service interruption. CIGRE, Paris

Li J, Jiang T, Wang C, Cheng C(2012) Optimization of UHF Hilbert antenna for partial discharge detection of transformers. IEEE Trans AntennasPropag 60(5):2536-2540

Li M, Guo C, Peng Z(2014) Design of meander antenna for UHF partial discharge detection of transformers. Sens Transducers 171(5):232-238

López-Roldán J, Tang T, Gaskin M(2008) Optimisation of a sensor for onsite detection of partial discharges in power transformers by the UHF method. IEEE Trans Dielectr Electr Insul 15(6):1634-1639

Markalous S, Tenbohlen S, Feser K(2008) Detection and location of partial discharges in power transformers using acoustic and electromagnetic signals. IEEE Trans Dielectr Electr Insul 15(6):1576-1583

Mason J(1951) The deterioration and breakdown of dielectrics resulting from internal discharges. Proc IEE Part I General 98(109):44-59

Matsumoto S, Shiroi N, Suzuki I, Akiba T, Sobataka M, Kasajima K, Shibuya Y, Murooka Y, Kawamura T(2008) Three-axis loop antenna for the detection of partial discharge signal. In: Electrical insulating materials, 2008. (ISEIM 2008). International symposium on, pp 28-31

McAllister I, Crichton G(1998) Partial discharge transients: the field theoretical approach. In: Christophorou L, Olthoff J(eds) Gaseous dielectrics VIII, Springer, Springer US. New York. pp 239-252

Mobley R(2011) Maintenance fundamentals. Plant engineering. Elsevier Science, Oxford UK

Moore P, Portugues I, Glover I(2004) Remote diagnosis of overhead line insulation defects. In: Power Engineering Society General Meeting, 2004. IEEE, vol 2, Denver CO, USA. pp 1831–1835

Moore P, Portugués I, Glover I(2005) Radiometric location of partial discharge sources on energized high-voltage plant. IEEE Trans Power Deliv 20(3):2264–2272

Morshuis P(1993) Partial discharge mechanisms. Delft University Press, Netherlands

Morshuis P(2005) Degradation of solid dielectrics due to internal partial discharge: some thoughts on progress made and where to go now. IEEE Trans Dielectr Electr Insul 12(5):905–913

Niemeyer L(1993) The physics of partial discharges. In: Partial discharge, 1993. , International conference on, Canterbury UK, pp 1–4

Niemeyer L(1995) A generalized approach to partial discharge modeling. IEEE Trans Dielectr Electr Insul 2(4):510–528

NIST(2012) Frame and roadmap for smart grid interoperability standards, release 2.0. Technical report 1108R2, National Institute of Standards and Technology

Ozaki T, Abe K, Umemura T(1992) Partial discharge detection using ferrite antenna. In: Electrical insulation, conference record of the 1992I. E. international symposium on, Baltimore, MD USA pp 371–374

Pearson J, Hampton B, Sellars AG(1991) A continuous UHF monitor for gas-insulated substations. IEEE Trans Electr Insul 26(3):469–478

Pedersen A, Crichton GC, McAllister IW(1991) The theory and measurement of partial discharge transients. IEEE TransElectr Insul 26(3):487–497

Petchphung P, Leelajindakrairerk M, Pattanadech N, Yutthagowith P, Aunchaleevarapan K(2007) The study of disc monopole antenna for partial discharge measurement. In: Power engineering conference, 2007. IPEC 2007. International, Singapore, pp 1292–1296

Pinpart T, Judd M(2009) Experimental comparison of UHF sensor types for PD location applications. In: Electrical insulation conference, 2009. EIC 2009. IEEE, Montreal, QC, pp 26–30

Poli R, Kennedy J, Blackwell T(2007) Particle swarm optimization. Swarm Intell 1(1):33–57

Portugués I, Moore P, Glover I, Johnstone C, McKosky R, Goff M, van der Zel L(2009) RF-Based partial discharge early warning system for air-insulated substations. IEEE Trans Power Deliv 24(1):20–29

Raja K(2007) Antenna for detection of partial discharges in a chamber of an electrical instrument. US Patent 7,208,958

Reid AJ, Judd MD, Stewart BG, Fouracre RA(2006) Partial discharge current pulses in SF6 and the effect of superposition of their radiometric measurement. J Phys D Appl Phys 39(19):4167

Reid A, Stewart M, Judd M (2009) FDTD modeling of UHF partial discharge sensor response. In: Sustainable power generation and supply, 2009. SUPERGEN '09. International conference on, Nanjing pp 1-4

Reid A, Judd M, Fouracre R, Stewart BG, Hepburn DM(2011) Simultaneous measurement of partial discharges using IEC60270 and radio-frequency techniques. IEEE Trans Dielectr Electr Insul 18 (2):444-455

Reig C, Ávila Navarro E(2014) Printed antennas for sensor applications: a review. IEEE Sens J 14 (8):2406-2418

Reinhardt H (1985) Measuring arrangement for detecting partial discharge within metal-shielded, pressure gas-isolated high-voltage commutator arrangements. EP Patent App. EP19,840,730,078

Robles G, Albarracín R, Martínez-Tarifa J(2013a) Shielding effect of power transformers tanks in the ultra-high-frequency detection of partial discharges. IEEE Trans Dielectr Electr Insul 20(2): 678-684

Robles G, Albarracín R, Vázquez-Roy J, Rajo-Iglesias E, Martínez-Tarifa J, Rojas-Moreno M, Sánchez-Fernández M, Ardila-Rey J(2013b) On the use of Vivaldi antennas in the detection of partial discharges. In: Solid dielectrics (ICSD), 2013 I. E. international conference on, Bologna Italy, pp 302-305

Robles G, Sanchez-Fernandez M, Albarracin Sanchez R, Rojas-Moreno M, Rajo-Iglesias E, Martinez-Tarifa J(2013c) Antenna parametrization for the detection of partial discharges. IEEE Trans Instrum Meas 62(5):932-941

Sedding H, Stone G, Campbell S(1991) Measurement of partial discharges on operating turbine generators with a novel wideband coupler. In: Properties and applications of dielectric materials, 1991., proceedings of the 3rd international conference on, vol 2, Tokyo, pp 773-776

Shan Q, Glover I, Moore P, Portugués I, Judd M, Rutherford R, Watson R(2008) TEM horn antenna for detection of impulsive noise. In: Electromagnetic compatibility - EMC Europe, 2008 international symposium on, Hamburg, pp 1-6

Shan Q, Glover I, Atkinson R, Bhatti S, Portugués I, Moore P, Rutherford R, de Fátima Queiroz Vieira M, Lima A, de Souza B (2011) Estimation of impulsive noise in an electricity substation. IEEE Trans Electromagn Compat 53(3):653-663

Shibuya Y, Matsumoto S, Tanaka M, Muto H, Kaneda Y(2010) Electromagnetic waves from partial discharges and their detection using patch antenna. IEEE Trans Dielectr Electr Insul 17(3):862-871

Steiner JP, Reynolds P, Weeks W (1992) Estimating the location of partial discharges in cables. IEEE Trans Electr Insul 27(1):44-59

Stone G(2005) Partial discharge diagnostics and electrical equipment insulation condition assessment. IEEE Trans Dielectr Electr Insul 12(5):891-904

Stone G,Sedding H,Fujimoto N,Braun J-M(1992) Practical implementation of ultrawideband partial discharge detectors. IEEE Trans Electr Insul 27(1):70-81

Tanaka T(1986) Internal partial discharge and material degradation. IEEE Trans Electr Insul EI-21(6):899-905

Tang Z,Li C,Cheng X,Wang W,Li J,Li J(2006) Partial discharge location in power transformers using wideband RF detection. IEEE Trans Dielectr Electr Insul 13(6):1193-1199

Tenbohlen S,Denissov D,Hoek S, Markalous S(2008) Partial discharge measurement in the ultra high frequency(UHF) range. IEEE Trans Dielectr Electr Insul 15(6):1544-1552

Vázquez-Roy J, Inclan-Sánchez L, Quevedo-Teruel O, Rajo-Iglesias E(2010) Wideband zeromode circular patch antenna. In: Antennas and propagation(EuCAP), 2010 proceedings of the fourth European conference on, Barcelona, Spain, pp 1-3

Wang G, Hao Y, Li J(2001) Study on the ultrahigh-frequency sensors for PD detection in power transformer. In: Electrical insulating materials, 200L(ISEIM 2001). Proceedings of 2001 international symposium on, Himeji, pp 793-796

Wanninger G(1997) Apparent charge measurement in GIS by modern diagnostic methods. Eur Trans Electr Power 7(4):251-255

Xing Zhang X, Chen Y, Tang J-Z(2013) A complex structural horn antenna for partial discharge detection. Przeglad Elektrotechniczny 2013(1b):51-55

Xu E, Ding Z, Dasgupta S(2011) Source localization in wireless sensor networks from signaltimeof-arrival measurements. IEEE Trans Signal Process 59(6):2887-2897

Yao C, Chen P, Huang C, Chen Y, Qiao P(2013) Study on the application of an ultra-high frequency fractal antenna to partial discharge detection in switchgears. Sensors 13(12):17362-17378

Zargari A, Blackburn TR(1996) Modified optical fibre sensor for PD detection in high-voltage power equipment. In: Electrical insulation, 1996., Conference record of the 1996 I. E. international symposium on, vol 1, Montreal, Que, pp 424-427

Zhang X, Han Y, Li W, Duan X(2014) A rectangular planar spiral antenna for GIS partial discharge detection. Int J Antennas Propag 44:7

Zheng B, Bojovschi A (2012) Electromagnetic sensing of partial discharge in air-insulated medium voltage switchgear. In: Progress in electromagnetics research symposium proceedings. Moscow, Russia

第 56 章
汽车雷达天线

Wolfgang Menzel

摘要

自 20 世纪 60 年代以来,汽车雷达正处于研究中。1992 年,第一套用于公共汽车和卡车的操作系统上市;1999 年,用于客车的雷达上市,都采用 24GHz 和 76. 5GHz 的频率,最近在欧洲分配了 77~81GHz 的新中短波传感器波段。传感器天线要求高增益和低损耗,并具有小尺寸和与车辆的高集成度。由于在毫米波频率范围,天线设计和制造的巨大成本压力是其在商业应用上的最大挑战。因此,平面天线在低频率范围内占主导地位,而透镜和反射面天线在 76. 5GHz 时是第一选择,其中部分采用折叠结构。随着对车辆前面或周围景物细节要求的增加,设计了多波束天线和扫描天线。在实际系统中,正在使用或正在开发采用多个集成天线的数字波束,并提出了 MIMO 雷达的概念。随着技术的发展,汽车雷达天线不再是独立的设备,而是成为包括多个发射/接收单元和数字信号处理的“成像”系统的一部分。

一般天线的概念以及几个已实现的天线和传感器结构,包括部分系统,将在

W. Menzel(✉)
乌尔姆大学微波技术研究所,德国
e-mail:wolfgang. menzel@ uni-ulm. de

本章中详细介绍。

关键词

汽车雷达;毫米波雷达;雷达天线;微带天线;栅格天线;反射天线;透镜天线;开槽波导阵列;介质天线

56.1 前言

随着交通运输密度的增加,人们对电子显示的需求也在增加,包括摄像机、红外传感器、激光或雷达,以改善舒适性和安全性。虽然雷达还达不到较高的光学分辨率,但它最大的优点是对雾和雨不敏感,不依赖于周围光线工作,并可根据多普勒效应直接获取速度。因此,早在1959年当凯迪拉克将两个雷达传感器配置在实验车“凯迪拉克旋风”(Cadillac,2013)时,雷达就成为汽车传感器。虽然没有详细的信息公布,但其卵形天线罩表明是军用雷达。在20世纪70年代,一批企业再次研究汽车雷达,频率最初采用10GHz、16GHz,后来采用35GHz(Meinel,Dickmann 2013)(图56.1)。之来,其他系统采用60GHz(主要是在日本,使用无许可证的ISM波段)或基于军事用途发展起来的94GHz波段。最早的商业防撞雷达于1992年在美国推出,用于公交车和卡车的车载O板雷达,工作在24GHz波段(Woll,1995)(图56.2)。有助于减少撞车,但由于被系统控制得太多,防撞雷达并没有真正被司机接受。1998—1999年第一辆商用轿车雷达在德国由梅赛德斯公司推出,工作波段为76~77GHz,其他汽车制造商紧随其后。这些第一代雷达传感器主要用于舒适功能,通过与前车保持安全距离来进行自动速度控制(自适应巡航控制系统,ACC)。

过去几年的发展目标一直是使雷达可用于安全功能,如前方碰撞预警、后方交通路口预警、盲区检测或侧面碰撞预警;最新的发展包括紧急突发情况和自主走停跟车(奔驰E级和S级)。

根据这些不同的功能,传感器必须用不同距离的扫描来观察车辆周围的所有方向,如后向交通路口预警和盲区检测。例如,在近距离操作时,仅提供是否

图 56.1　第一辆采用 35GHz 雷达的汽车(独立的发送和接收抛物反射面天线,TELEFUNKEN 拍摄)

图 56.2　公共汽车前面车载 O 板雷达

有一个或多个目标在某一区域的信息,而 ACC 和前向碰撞预警要依据目标最大速度,不仅在近距离,也在中、远距离扫描整个场景。典型距离范围是近距(LRR,到十几米)、中距(MRR,40~100m)、远距(LRR,高达 200m 甚至 250m)雷达。因此,与第一代相比,需要更灵活和更宽的视野,从而出现了前景"成像"传感器。当然,这映射到天线概念上,并结合部分改进后的传感器整体布局,采用包括多波束天线、扫描天线、交换天线等概念和具有多重发射和接收天线的波束成形方法。最近发展表明,随着功能增加,出现了从数字波束成形扫描或多波束天线向数字信号处理的转移。因此,汽车天线的概念不能独立于整个系统来考虑,但越来越多地,“观察”感兴趣区域的角度范围和方式取决于天线单元、前端RF和信号处理的最佳组合。因此,传感器的实际视野由天线或天线系统图确定,要求的角度取决于范围(在远离主瓣方向具有尽可能低的增益)、最小雷达散射截面和最小信噪比。

此外,设计包括天线的汽车系统时,工程师面临的任务,包括所有组件都必须适用于大批量生产,在-40℃~85℃甚至105℃的温度范围内可操作、可防震,整个装置尺寸紧凑。所有这些对材料乃至性能的选择都不应低估。

目前近程分配的频率为24.05~24.25GHz(ISM波段),围绕24GHz有4GHz带宽,但在不同的国家有不同的分配和限制,并且远程分配在76~77GHz范围。最近,在欧盟,77~81GHz的波段已被分配用于近程和中程,尽量争取使这种频率范围适用于世界各地的汽车雷达。在不久的将来,几乎所有的远程或中程天线都将在76~81GHz范围内工作。

56.2 汽车雷达的关键特性

汽车雷达传感器通过测量电磁波从雷达到目标和返回的飞行时间,提供有关其他车辆、行人和道路环境的信息;提取多普勒频移确定相对速度,并根据天线特性给出角信息。汽车传感器通常使用脉冲调制信号(Gresham et al.,2004)或锯齿形或三角形频率调制连续波(FMCW)信号(Hymans and Lait,1960)。大多数汽车脉冲传感器采用与取样示波器类似的取样工作模式(图56.3)。接收到的脉冲采用脉冲延迟时间τ转换;当脉冲信号的传播时间与延迟时间相同时,中频(IF)信号重现。再加上中频信号的低通滤波器(LPF),可以大大降低接收机输出的带宽,并能以中等速度作进一步的数字处理。对于FMCW传感器,具有线性斜坡频率信号发送和接收均有各自的延迟时间(图56.4)。

实际发射机信号的降频转换产生中频信号,其频率与目标距离成正比。典型的进一步处理是通过模拟数字转换器(ADC)和快速傅里叶变换(FFT)来完成的。作为收发双工器,通常3dB耦合器是用来避免复杂和昂贵的环行器

(图 56.3),甚至单个天线单元用于发射和接收(图 56.4)。

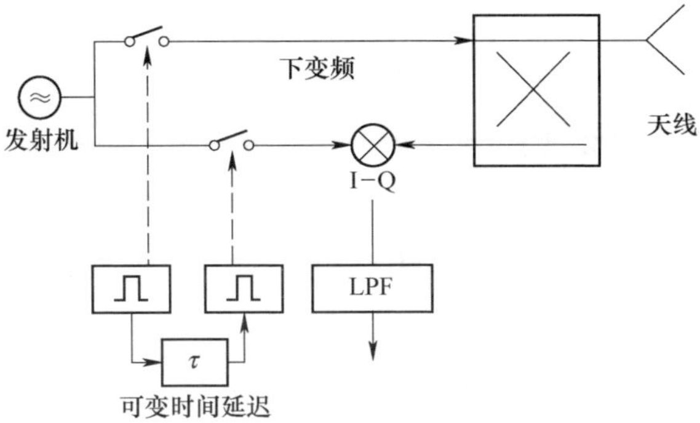

图 56.3　汽车脉冲雷达基本模块框图

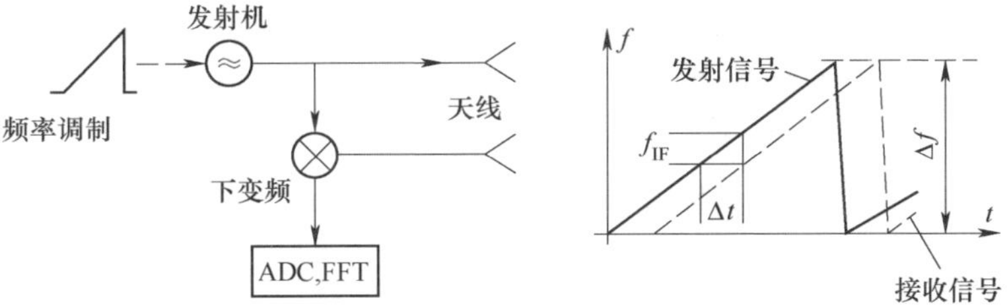

图 56.4　调频连续波雷达基本模块框图和时间频率关系

一般情况下,信号的带宽通过脉冲宽度或 FMCW 频率偏差决定最小距离分辨率 ΔR(两个目标之间可区分的距离),即

$$\Delta R = \frac{c_0}{(2\Delta f)} \tag{56.1}$$

式中: c_0 为光速; Δf 为调制带宽。ΔR 的典型值范围从早期系统的约 1m 发展到现在的短距离宽带系统的几厘米(提高到几个吉赫的带宽)。

而第一个雷达传感器,其前端射频电路是基于分立器件如耿氏效应原理和肖特基二极管的设计,单片微波集成电路(MMIC)是基于现在已应用的 GaAs (Camiade et al. ,2000)和锗化硅(SiGe)。SiGe 基的 MMIC 甚至提供多种射频前端和一些基本的数字电路在一个芯片上(Winkler et al. ,2008)。

角度或横向距离的观察取决于传感器的应用和天线的排列。在早期阶段,当汽车传感器仅用于舒适的功能时,通过与前面的车辆保持安全距离来支持自动速度控制,少量(切换)窄天线波束足以监视高速公路上自己和相邻的车道。

今天,为了安全起见,无论是高速公路还是密集的城市交通场景,都需要更复杂的天线和整体系统。

56.3 汽车雷达天线的类型

56.3.1 汽车天线的一般要求和性能

一般来说,天线波束与天线的物理尺寸大小直接相关。经验估计3dB波束宽度$\Delta\Phi$表示为

$$\Delta\Phi = 60^\circ \frac{\lambda}{D} \tag{56.2}$$

式中:λ为自由空间波长;D为各自的平面天线整体尺寸。为限制在距离约50m处的高速公路车道上3dB的波束宽度为3.5m,要求远程传感器方位向波束宽度4°和15个波长的天线宽度。这表明,必须能够把毫米波频率雷达传感器集成到汽车的前部。在77GHz,将导致天线宽度为60~80mm。在俯仰向,雷达传感器应避免强烈照射到任何桥梁或在街上的交通标志(典型高度至少5m);这导致类似的波束宽度的要求。天线增益在30dB的范围内。为观察相邻的车道或曲线运行,需要几束或适中波束扫描。在24GHz,天线的尺寸和波束宽度一般较大。中、近程系统有较宽的波束宽度和较低增益,需要通过扫描、多波束或波形,形成更广的视角。

天线损耗应低,以保持尽可能高的发射增益,且不应过多地恶化接收机噪声系数。旁瓣电平需要足够低,以避免大角度时目标的虚假检测。

24GHz和77GHz的波长分别为12mm和4mm,与典型的目标相比很小,所以极化对目标反射几乎没有任何影响。如果接收到正交极化,可以得到一些附加信息,但这将增加双极化天线的影响,并使雷达接收机部分加倍。在这种情况下,可减少迎面而来车辆的雷达辐射,地面反射将主要抵消其影响。

天线深度在传感器集成到车辆中是有意义的。最终,天线制造和集成到传感器应该很容易且可复现、低成本,包括天线在内的整体传感器必须承受冲击、振动和上述汽车的温度范围。

56.3.2 反射镜和透镜天线

最早的测试和最早系列的汽车雷达,使用了标准的天线类型,包括喇叭天线

和抛物面反射器。对于汽车中使用的传感器来说,对于集成到汽车表面的天线深度也是极受关注的。一个显著的例子是短焦距透镜天线(Binzer et al.,2007),由 Bosch 在商业化的 LRR3 传感器上得到应用。另一种减小天线深度的方法是“折叠”,如图 56.5 所示的反射器或透镜天线的射线路径(Gresham et al.,2001;Millitech,1994)。在这些天线中,馈源最初辐射到极化滤波器上,波反射回平面结构,在那里波再次反射,且极化扭转为 90°。

如图 56.6 所示,可以通过结构来实现这种极化扭转。入射波在反射结构(网格或矩形贴片)的轴线 45°极化。对反射波的分析,将场分解为平行于两轴线的分量。在这种网格情况下,与网格线平行的分量被直接反射,而其正交分量穿过网格,并被放置在网格后面 $\lambda/4$ 处的接地平面反射,从而导致半波长或 180°的相位差。将传出的两个分量重新组合,得到一个 90°极化扭曲的波。对于具有矩形贴片的结构,选择贴片的尺寸,使平行于贴片轴的两个分量的反射相位角相差 180°,从而使极化度达到相同的 90°扭转。在这种情况下,衬底的厚度不需要是 $\lambda/4$ 厚。

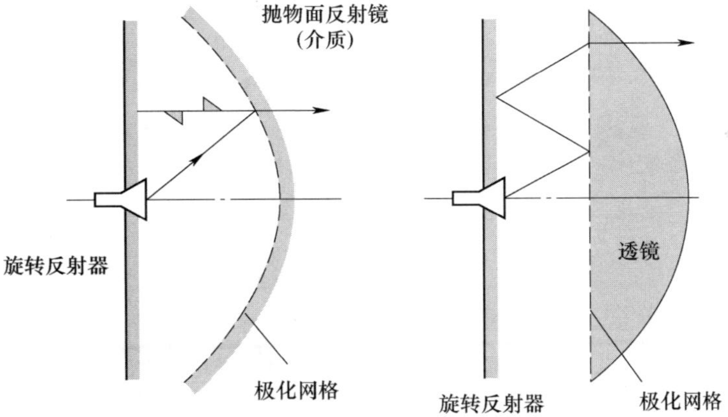

图 56.5　折叠反射镜(左)和透镜天线(右)

Menzel 等(2002)采用平面印制结构(反射阵列)取代复杂透镜或曲面反射器,该结构可以同时对入射球面波进行聚焦和扭转极化(图 56.7 的顶部)。馈源喇叭上的波入射到极化栅上(极化与栅格线平行),并反射回平面阵列。这种反射阵列的典型反射单元是以入射角为 45°的矩形贴片。极化波的 90°扭转以上述的相同方式达到。此外,可以选择贴片长度和宽度的组合,以增加所需的绝

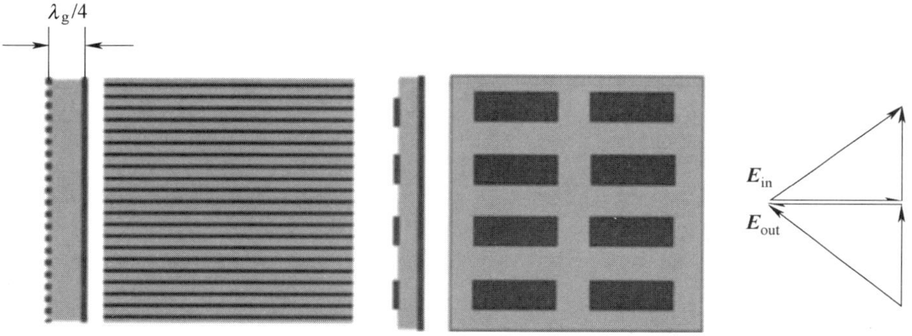

图 56.6 极化扭转原理(λ_g,在介质中的波长)

对相位偏移以形成输出平面波。这种具有 3 个波束的天线(由 3 个不同的馈电位置产生)已被应用到第二代梅赛德斯雷达(图 56.7 的底部)中,这一原则也包含在由 Continental 发明的第三代传感器 ARS 300 中(参见本章的第二个应用示例)。

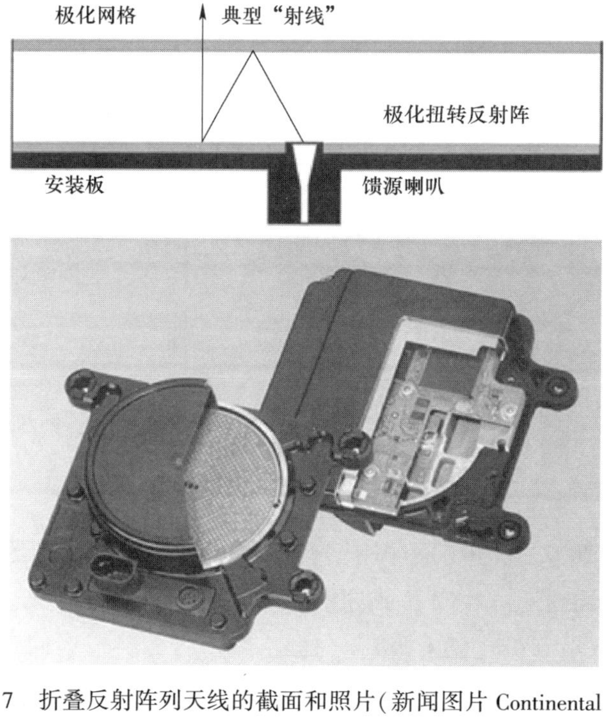

图 56.7 折叠反射阵列天线的截面和照片(新闻图片 Continental ADC)
(频率 76.5GHz、天线直径 90mm、深度 23mm)

一般来说,透镜和反射面天线具有很低的损耗,与毫米波半导体元件结合,在产生相当适中的能量方面具有优势,但需要几厘米的不可忽略的深度。因此,纯粹的平面天线越来越受到人们的关注。

56.3.3　平面天线

平面天线存在各种形式,最常见的类型是微带天线(Carver and Mink,1981;James et al. ,1981);详情可参见本书各章。大多数情况下,半波长谐振器或偶极子(贴片天线)或微带短截线的开口端(图 56.8)被用作单天线单元。图 56.8(b)描述了包括主电场分布的辐射贴片的纵向截面。在一个简化模型中,两端的杂散磁场是这半波长贴片的辐射源,杂散磁场的水平分量同方向,并与辐射同相位(在很大程度上,贴片边缘各自的杂散磁场是反相的)。对于窄波束高增益,这样的单元可以串联或并联排列(图 56.8(c)和图 56.8(d))组成所要求的整体天线方向图的天线阵列。图 56.8(c)和图 56.8(d)中,红色箭头显示水平杂散磁场在辐射边缘,并显示为同相,导致辐射。

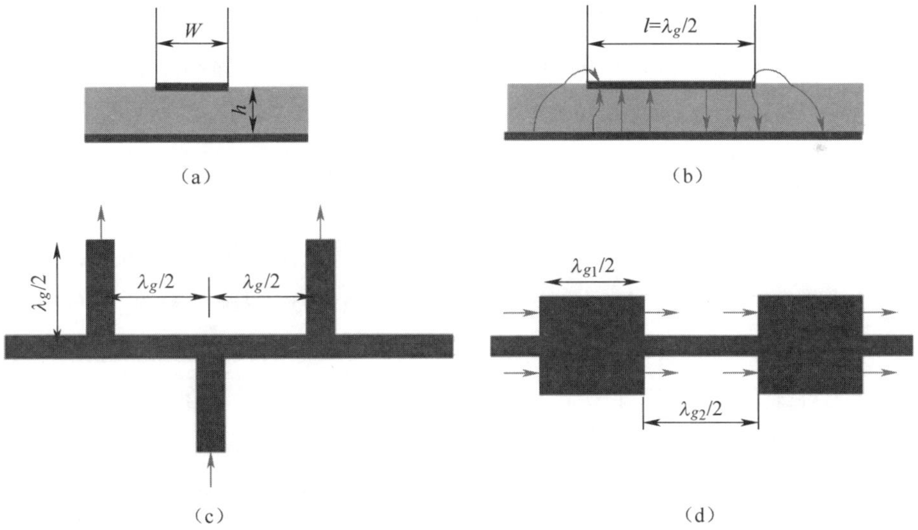

图 56.8　微带天线

(a)微带横截面;(b)具有半波长谐振器的电场的纵向横截面(贴片天线);
(c)辐射开放式微带存根的链;(d)由半波长线连接的微带贴片链。

微带贴片是谐振器,通常在有限的天线效率范围内只显示出几个百分点的带宽,并且随着衬底介电常数的降低和衬底厚度的增加而提高。然而,后者会导致馈电网络的更高程度的辐射以及表面波的激发。通过馈电贴片背面接地可以减轻馈电辐射,但是表面波更难处理。

单片天线可以作为透镜天线的馈电单元(Binzer et. al. ,2007);可参阅本章第一个应用程序示例);微带贴片阵列可直接用作汽车天线(Gresham et al. ,2004;Winkler et al. ,2008;Russell et al. ,1997;Tokoro et al. ,2003)。随着天线阵列几何尺寸的增加,馈电网络损耗,特别是对于共用的馈电网络,可能会严重限制天线的尺寸大小。贴片或终端开路短截线的串联馈电(图56.8)是基于固定长度的连接线段,以确保每个单元的相位角能准确调整;然而,这种情况只在一个频率下有效。对于不同频率,从一个单元到另一个单元相位渐进变化,产生一定角度的波束扫描。对于具有相对较大的波束宽度的小阵列来说,这是次要的,但是随着串联馈链长度的增加,波束扫描不可再忽略。

作为谐振结构,贴片天线和辐射桩具有有限的带宽且损耗增加。这些效应对具有高介电常数的微带基板造成了严重的限制,如在低(或高)温共烧制陶瓷(LTCC、HTCC)基板上的高度集成电路。早在20世纪60年代就提出了一种称为“网格天线”(Kraus,1964)的导线天线。Conti等(1981)提出了这种栅格阵列天线的微带版本。该阵列包括图56.9所示的双弯曲微带结构。所有部分都是大约一半的波导波长;在纵向段的电流(图56.9中白色标记)具有相同的方向,并有助于辐射相位。即使是高介电常数基板,由于没有强烈的共振,这种类型的天线频带更宽,对尺寸公差不太敏感。几段可以串联在一起,甚至两个或更多的链可以并联在一起(图56.9的底部)。同轴或探针式馈源从衬底背面(Bauer and Menzel et al. ,2011,Bauer et al. ,2013)经过接地平面,可以通过缝隙耦合,或者从侧面对称带状线(打开一个天线回路(Frei et al. ,2011))在一端或在链内的适当位置上进行馈电。栅格天线链从一端馈电,使天线具有轻微的扫描特性;从中心馈电,形成方向相反的两个较短的部分,减少扫描量,从而设计出更宽的带宽。

网格天线在不同类型的应用中已经实现。例如,在60GHz通信中(Zhang and Zhang,2012),或在一个短距离的实验性的LTCC前端汽车传感器(Bauer et al. ,2013)。这将在本章后面更详细地描述。

一种众所周知的天线是波导缝隙阵列(图56.10),它由具有纵向或横向槽

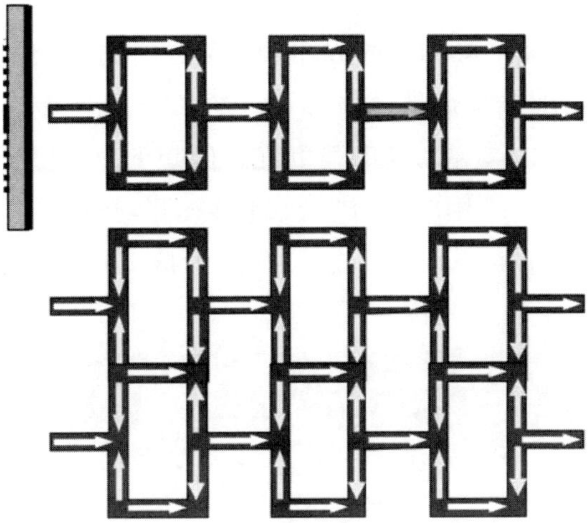

图 56.9　单排和双排栅格天线

的金属波导组成。另外,从一些缝隙辐射叠加以形成所需的辐射模式。一种使该天线适用于汽车雷达的方法是在金属板上制造波导,并将金属箔黏合到上部的槽上(Sakakibara et al. ,2006)。然而,一个简单的、低成本的制造,合成或基片集成波导(SIW)可以在侧壁是一排排通孔的介质基板中实现(Hirokawa and Ando,2000;Xu et al. ,2009;Massen et al. ,2013)。基于 SIW 的开槽阵列甚至可以用 LTCC 基板实现。由于波导的介质填充减小了波导宽度,只能使用纵向槽。

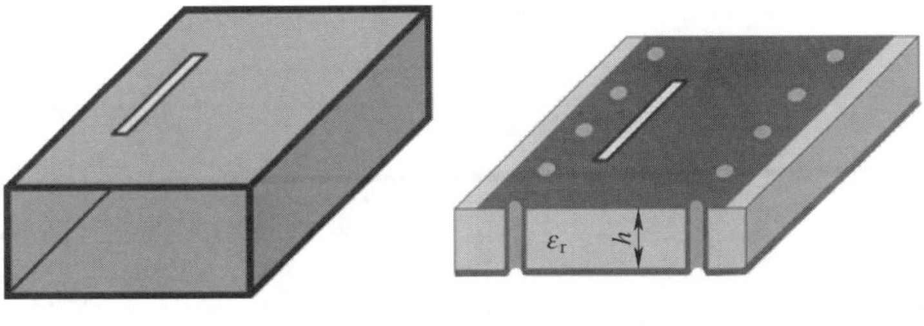

图 56.10　金属波导和具有散热槽的基片集成波导(SIW)

例如,图 56.11 给出了一个 SIW 缝隙阵列,在 Rogers 的 RO3003 基板上实现。它由 3 排的 SIW 组成,每一行有 15 个辐射槽,在相同的技术中还有 1 : 3 的功率分配器。SIW 阵列槽之间的纵向距离为半个波长;沿着行的功率分配用槽宽度控制。在行和行之间(不相等的功率分配器)选择一个振幅缩减,以达到

-20dB的旁瓣电平。详细的计算方法由Massen等(2013)给出。彩图56.12给出了在78GHz、79GHz和80GHz的H平面辐射方向图(垂直于槽),和在79GHz的E平面辐射方向图(E平面数据在感兴趣的频率范围内无变化)。在H和E平面内可以发现11°和34°的波束宽度。在这两个平面中,几乎满足所需的旁瓣电平。在H平面内由于采用串联馈电槽,能够观测到微束扫描。这个阵列是最终集成在一个基板上的6个子阵列之一,最终形成了一个数字波束成形的天线(Massen et al.,2013)。

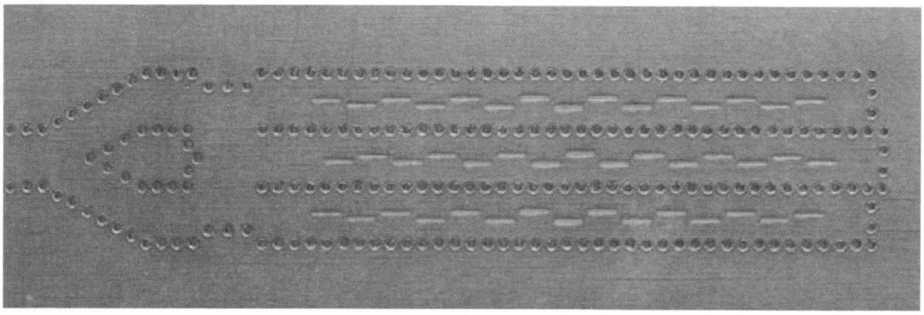

图56.11　一个SIW缝隙阵列实例照片(Massen et al.,2013)

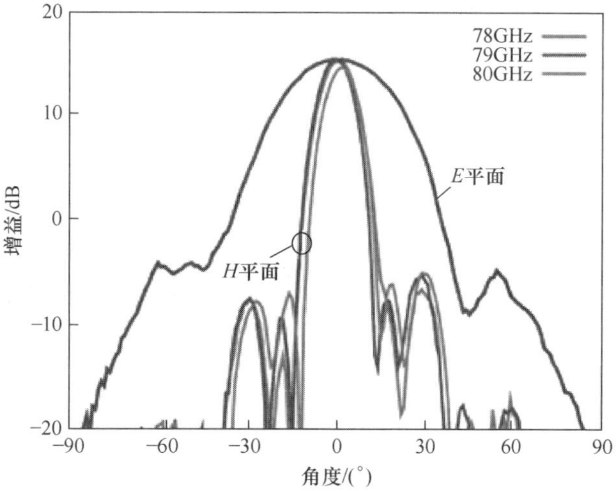

图56.12　图56.11中阵列测量E平面和H平面的辐射方向图(彩图见书末)

56.3.4　数字波束形成

56.3.3小节中描述的阵列或子阵列的天线单元通常通过传输线路连接到

(更大的)阵列,并为其提供固定的波束。天线元件或子阵列可以与相移器(和衰减器)相连接,允许电子波束扫描(图 56.13,左边)。这通常会导致在毫米波频率范围内相对复杂、有耗且成本昂贵。另一种方法是使用多个天线元件或子阵列,将它们依次连接到接收机或发射机,或将它们连接到多个发射/接收电路中,这很容易用现代的 MMICs 来实现如 Winkle 等(2008)所述。图 56.13 右侧显示了一个带有数字波束成形的接收器的示例框图。感兴趣的场景是由一个单独的发射天线来照明,或者一个组合的发射/接收电路可以连接到一个或(相继)几个天线元件。接收天线会将相应的信号向下传输,并进行转换和放大。中频信号被采样并转换成可进一步处理的数字值序列。每个信道距离信息处理后,一般对 FMCW 传感器采用 FFT 变换,得到每个距离单元和接收信道的幅值和相位角。与复数相乘等于对模拟信号的振幅和相位角进行修改。一种更有效的方法是基于图 56.14 所示的关系。从给定的倾斜角度入射的平面波由 n 个接收器接收;根据不同的路径长度,每个接收器的信号都有一个渐进的延迟(相位角度),从而经过下变频,信号与 $\cos(i\,k_0\,d\,\sin\theta)$ 成正比,其中 i 是单元序号;d 为单元之间的距离;k_0 为自由空间传播常数。因此,图 56.14 中虚线所示采样值的空间频率随入射角度的增加而增加。因此,在横向距离中也应用傅里叶变换,可以同时检测到不同方向入射的波,从而能够精确地测量汽车前方的景物(Gresham et al.,2004;Asano et al.,2001;Stelzer et al.,2010)。与采用相控阵的模拟波束成形相比,这种方法称为数字波束成形。

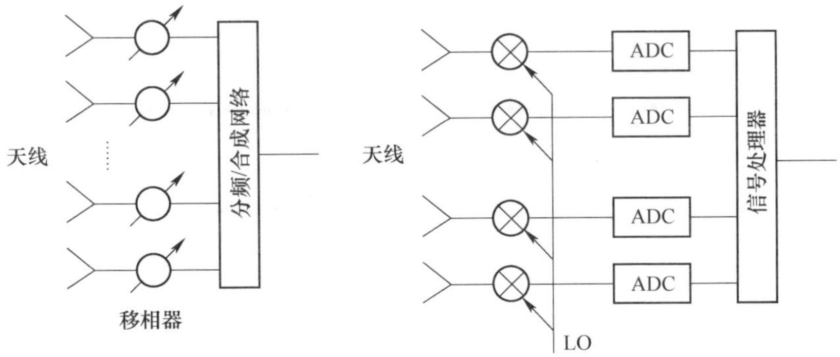

图 56.13　相控阵(左)和波束成形天线的基本结构(右)

在这种方法中,子阵列的波束宽度必须足以覆盖相应的需要探测的角度范

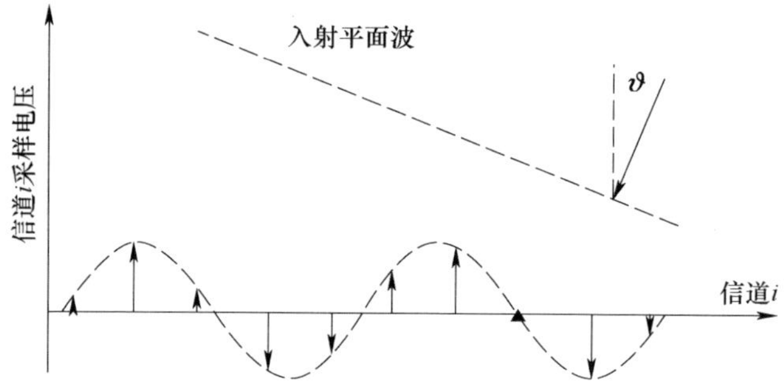

图 56.14 倾斜入射时波的中频样本实部

围。至少两个子阵列应放置在距离尽可能接近半个波长,以确保明确的横向距离分辨率,但其他子阵列可安排在彼此之间的距离大而不同的位置,这样可以实现高横向分辨率,尽管不同的距离可以优化来调整模糊(栅瓣)(Moffet 1968;Md Tan et al.,2008;Feger et al.,2009)。将这种波束成形与下述的配置相结合,甚至可以达到比物理孔径大的有效孔径宽度。

56.3.5 汽车雷达的 MIMO 概念

Kees 等(1995)提出了一种通过发射机位置多路复用来提高成像雷达系统的角分辨率的概念。现今这个概念被称为 MIMO 雷达(多重输入多重输出),尽管在大多数情况下,发射机或接收机(Mayer et al.,2006)都是连续运行的。最近,提出了一个在频域通过多个频道同时多路传输,并由相应数量的接收器并行接收(Pfeffer et al.,2013)的概念。

根据天线理论,天线的辐射场(辐射图)的角分布与其在各自的平面上的孔径分布的傅里叶变换成正比。另外,从一个天线发射并被另一个天线接收到的信号与这两个天线的辐射图相乘成正比。因此,该结果也可由两个单独孔径分布的卷积所形成的孔径分布得到。由 n 次发射和 m 次接收阵列的测量叠加,结果是各自的激励分布的卷积(图 56.15)。因此,图 56.15 中的示例所给出的配置将产生一个具有密集排列子阵列的合成天线阵列。发射和接收天线的其他组合甚至会增加口径(Mayer et al.,2006)。用复数(表示相位和幅度调整)加权单个测量值,不同波束方向或辐射方向图的修改可以同时调整和评估。

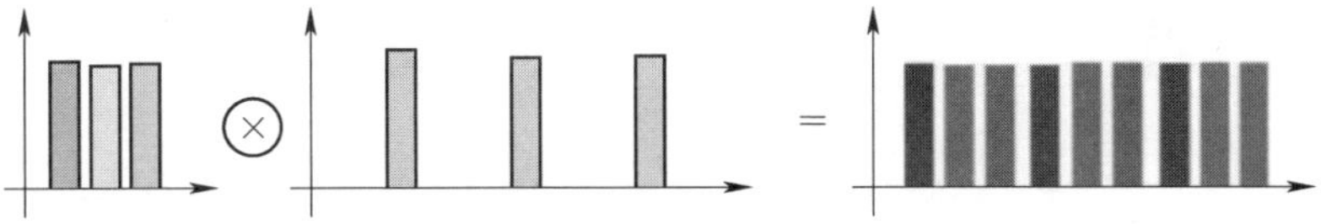

图 56.15　MIMO 雷达的卷积原理

56.3.6　制造、包装和安装注意事项

正如在介绍中已经提到的,汽车雷达必须在-40~85℃甚至更大的温度范围内运行,它们必须承受冲击和振动,必须在雨、雪或冰的条件下进行操作。因此,必须仔细选择材料、制造工艺、包装以及传感器的安装。

衬底材料需要适合于毫米波频率,其物理和电性质在温度范围内应保持恒定,并且不应吸潮。另外,标准的微波基板可能相当昂贵,因此必须在这方面做出妥协。平面结构的蚀刻应该尽可能使用标准 PCB 来完成,但可能要求在 77GHz 频率范围内精确到 20μm。这也对公差优化的天线设计提出了很大的挑战。此外,金属表面还需要通过适当的电镀来防止腐蚀。

天线需要连接到毫米波电路和/或 MMICs 上。虽然 24GHz 的键合不太重要,但它的作用很大,并且在 77GHz 下的成本更高。一般情况下,MMICs 必须放在电路板的某个空腔内,而键合在相同的水平上完成,从而尽可能地降低寄生效应(参见本章的第一个应用实例)。解决这个问题的方法之一是为 MMIC 提供一个合适的封装,如图 56.16 所示(Wojnowski et al. ,2011),也就是众所周知的 eWLB 封装。MMIC 嵌入到塑料模具中,接下来金属喷镀等级将 MMIC 连接到模具上的线,然后一个球栅阵列就可以很容易地连接到电路板上,可能直接连接到天线基板上。因此,即使没有专门且昂贵的设备,天线和 MMICs 的组装也是可行的。

天线和雷达传感器作为一个整体,必须被合适的封装保护起来。这通常是由一个整体的壳来实现的,正如在 56.4 节的例子中所看到的那样。天线的前盖(天线罩)必须对电磁波在相应的频率范围内是透明的,从而使所使用的塑料材料的厚度按材料中的半导波长的倍数顺序优化。这种优化的厚度只适合于一个角度的辐射,对于所有其他的角度来说,由于反射会导致性能下降。要使这种反射的影响低于给定的阈值,需要做出重大的努力。如果盖子靠近天线,就必须做天线和天线罩的一体化设计。

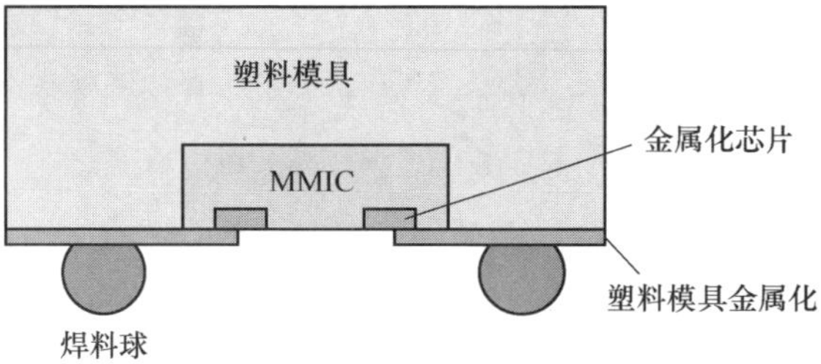

图 56.16 eWLB 封装

在汽车上安装雷达传感器需要一个位置,雷达可以覆盖相关的视角,但是空间限制和总体汽车设计概念需要一些妥协。所以,典型的安装位置在散热器格栅和保险杠后面。如今,保险杠经常被涂上油漆,即使是油漆带有金属颗粒,也要尽量确保保险杠的充分透明。这可以通过优化保险杠材料的厚度或者在雷达前增加一些匹配层来实现(Fitzek et al. ,2010)。

此外,在操作过程中,天线罩不能被水、冰或雪层覆盖,这将严重恶化其性能。为了避免发生这种情况,可以选择一个受保护的安装位置,如保险杠后面、防水罩表面或一个天线罩合适的形式或方向,利用汽车的自然气流吹散水或雪。

56.4 汽车天线的应用实例

56.4.1 Bosch 公司 LRR3 传感器

Bosch 公司的 LRR3 汽车雷达传感器在 2009 年上市。它基于 FMCW 原理,将毫米波发射和接收电路集成在四通道的 SiGe 芯片(Winkler et al. ,2008)上,连接到 4 个带有寄生元件的单片微带贴片天线,以调节带宽和波束宽度。在最初的版本中,MMIC 被安装在 PCB 上的一个空腔内,并连接到天线馈线上。在高级版本中,如上所述的 eWLB 封装被用于 MMIC。天线元件倾斜 45°,以减少迎面驶来车辆的干扰。用天线单元当作一个透镜天线馈源(Binzer et al. ,2007)产生 4 个窄波束。图 56.17 显示了完整的传感器和平面天线部分的部件分解视图。采用波束重叠辐射方向图(彩图 56.18),如果各距离单元内只有一个目标,目标的角度检测可由两个相邻波束之间的单脉冲测量完成，产生的分辨率大大优于宽波束。

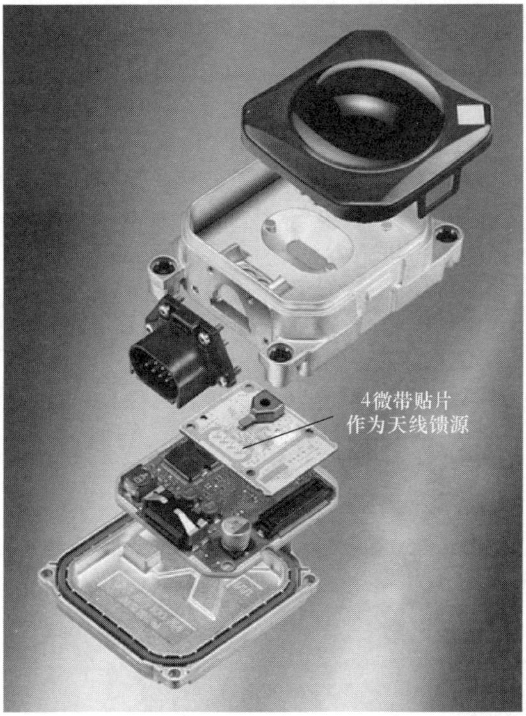

图 56.17　Bosch 公司 LRR3 传感器的部件分解视图以及为透镜提供馈源的平面天线单元的细节（Bosch 公司提供的传感器照片）

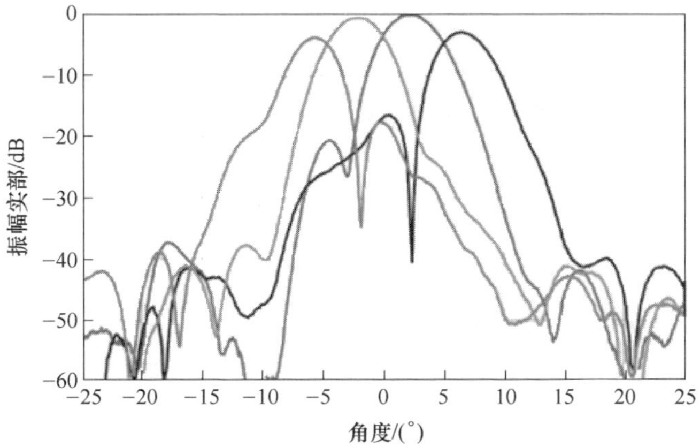

图 56.18　四波束 LRR3 雷达（图 56.17）的方位向辐射方向图（彩图见书末）

56.4.2 Continental(大陆集团)公司 ARS300 传感器

同样在 2009 年,Continental ADC 公司发布了其具有全新特点的第三代汽车雷达,为雷达天线开辟了一条新的途径。在给定的方位范围内,ARS300 天线采用窄波束扫描,可自动校准,其结构紧凑。

如图 56.19 所示,整个装置由在旋转鼓上面的有凹槽介质波导、由极化网格构成的折叠空间以及聚焦反射阵组成,其中极化网格也被用作机械保护和雷达罩。图 56.20 给出了开盖的传感器的照片。基本辐射结构是一个具有传播常数 k_d 的介质波导。鼓被放置在介质波导附近,在鼓的沟槽之间的金属脊形成周期性的扰动,产生介质波导辐射(图 56.19);辐射场分量叠加形成了整体的远场辐射。对于一个给定的辐射方向,这些场分量必须在相位上叠加。根据图 56.21,必须保持以下关系,即

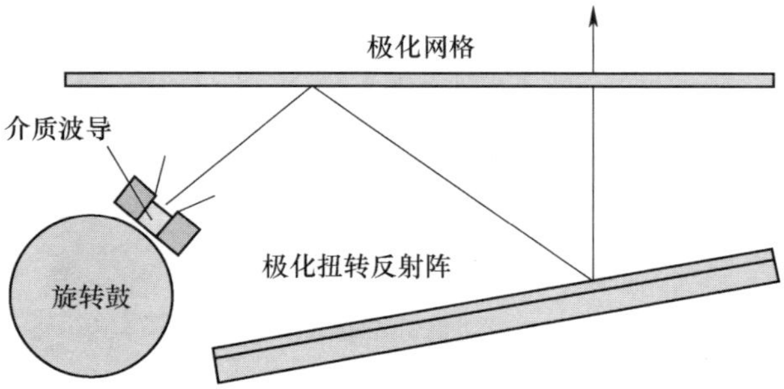

图 56.19 Continental 公司 ARS 300 天线的主横截面

$$k_0 \Delta l \sin\delta + 2\pi = k_d \Delta l \tag{56.3}$$

式中:k_0 和 k_d 分别为自由空间和介质波导的相位常数;Δl 为金属脊之间的距离(图 56.21)。

在给定的角度对辐射光束进行扫描时,必须改变凹槽的周期(凹槽周期取决于旋转角度),而在波导附近的实际凹槽周期确定了辐射波束的方向。鼓的旋转形成波束扫描(Manasson et al.,1996)。在设计鼓的过程中,花了很大的力气来寻找最优的形状和尺寸,以便在每个方位角度得到一个给定的具有低旁瓣阈值的扫描波束,这个波导鼓单元的独特之处在于它包含不同的角区,其中的辐射方向和波束宽度可以改变,使不同的传感器模式从短到长(高达 200m)可以

由单一的设置覆盖。

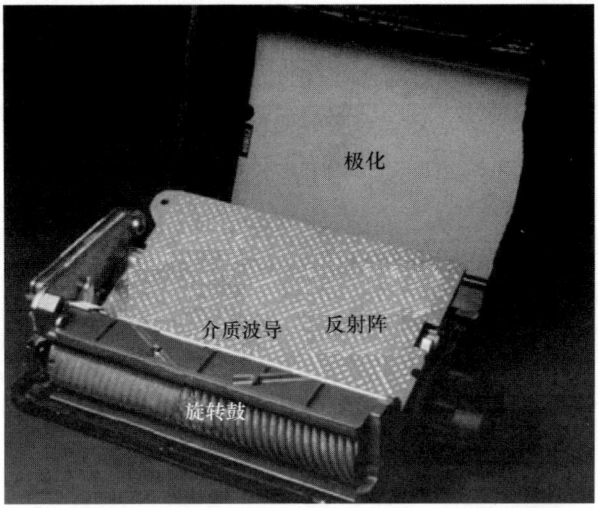

图 56.20　Continental 公司开盖的 ARS 300 传感器的照片

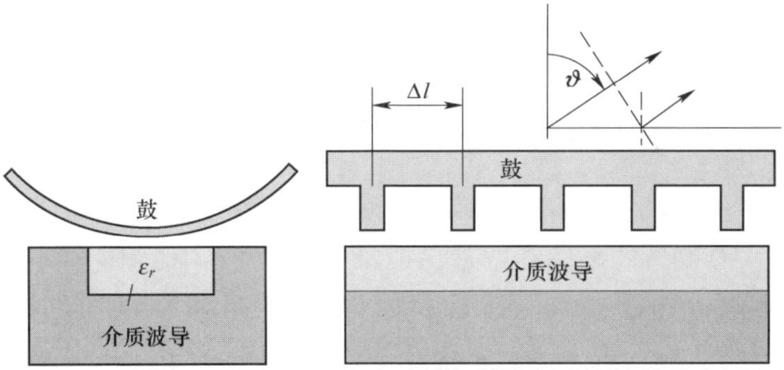

图 56.21　辐射介质波导的详细信息

此外，还必须在俯仰向形成窄方向图的辐射波。这是由一个如前所述的折叠反射阵列实现（图 56.7）。所需的极化器集成到传感器的封面，这样介质波导/鼓单元的辐射波束被由介质层及其黏结在上面的导电平板组成的反射阵反射。相位角调整，加上必要的极化扭转，使得窄波束产生仰角变化。从图 56.19 中可以清楚地看到打印到传感器表面的极化网格和反射阵列。用完整的雷达完成辐射方向图测量，得出了双向图。从彩图 56.22 中可以看到不同的鼓位置的远场辐射图。双向波束宽度在2.5°范围内。

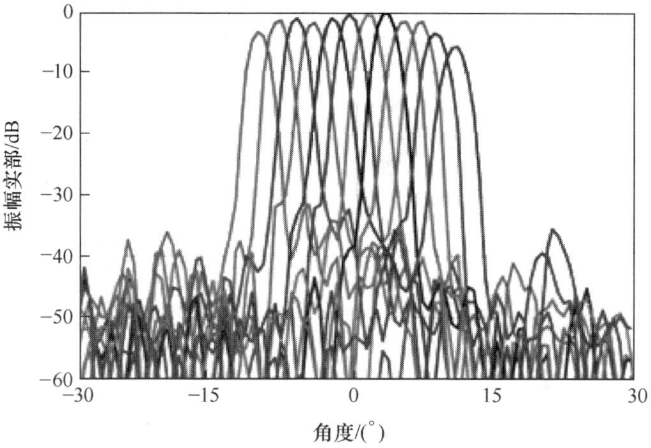

图56.22 Continental公司ARS 300传感器的双向方位辐射图(彩图见书末)

此外,这个天线还展示了另一个独特的功能。虽然汽车的前灯可以由任何技术人员进行调整,但这对于一个雷达传感器的非可见辐射来说是不同的。反射阵列一定程度上可以由运动单元进行俯仰向自动对准。

56.4.3 基于栅格天线的79GHz LTCC传感器实验

对于高密度三维集成的低温和高温的共烧陶瓷(LTCC、HTCC)正受到越来越多的关注。其制造的出发点是为LTCC制作有黏合剂的陶瓷和玻璃粉的混合物,为HTCC制作提供了有黏合剂的纯陶瓷粉。这些材料被压成薄片(1/10或十分之几毫米厚)并切割成合适的面板。首先对面板打孔;然后用金属糊填满,之后丝网印制应用于将金属图案打印到每一个面板上;最后所需层数(甚至达数十层)叠压在一起,预切并烧制。对于LTCC,只有玻璃粉需要熔化,因此在900℃范围内的温度就足够了。对于HTCC,必须将陶瓷粉末连接在一起,因此需要1600℃的温度。对于多层外侧的精密结构,甚至可以加上具有标准蚀刻工艺的溅射电镀金属(也有称为“细线”技术(Brunner et al.,2012))。包括这些处理,LTCC可以扩展为高度集成的毫米波电路的设计。

该技术应用于一种实验性的79GHz近程传感器,该传感器采用了网格天线和四通道SiGe雷达前端(Bauer et al.,2013)。彩图56.23给出了多层电路的一个主剖面。多层包含 12 层，每层厚度为 0.118mm。这里所用材料的介电常数是 7.4。过孔可以被制造成直径为 0.1mm，便于实现 SIW 结构；有效的 SIW 宽度大约是 1.2mm。两个方向相反的网格天线位于顶部表面，由探针向 SIW 第一层馈电。*E* 平面的 T 形结将信号传输到低电平的 SIW，在那里另一种探针类型的传输提供了一个连接到位于背面的平面对称线，在背面 MMIC 被固定并与平面线相连。

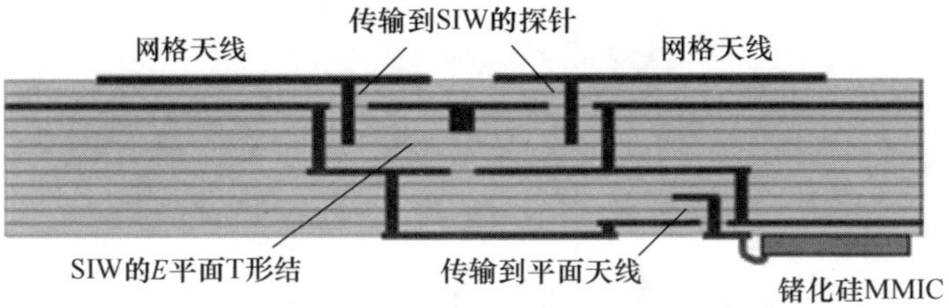

图 56.23　LTCC 传感器的剖面

图 56.24 描绘了传感器的天线侧和具有 MMIC 的背面图片。而 LTCC 基板尺寸为 23mm×23mm，天线整体布局可用大小为 13mm×20mm，由 4 个栅格天线链组成，每个天线连接到 MMIC 的一个通道上。至少两个通道需要高密集度以保证不模糊，两链组成单排，而其他两个是双链以增加整体（处理）信号输出（以降低视角为代价），并在较大的距离上布置单链。天线排中心之间的距离为 3.6mm、2.2mm 和 5.4mm。彩图 56.25 中绘制了单排天线的辐射图，仰角和方

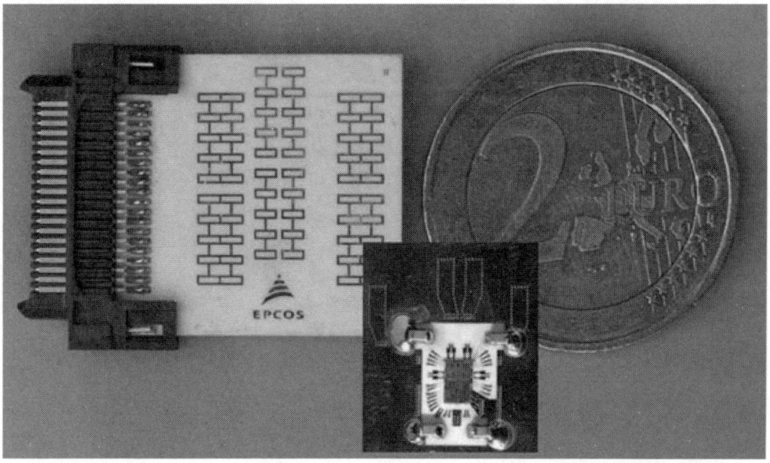

图 56.24　79GHz 的 LTCC 传感器；天线一侧和插在 MMIC 一侧的照片（自有照片）

位角波束宽度分别为15°和60°。双链天线的仰角图与单排天线的相同;双排天线的方位图3dB的波束宽度为40°。

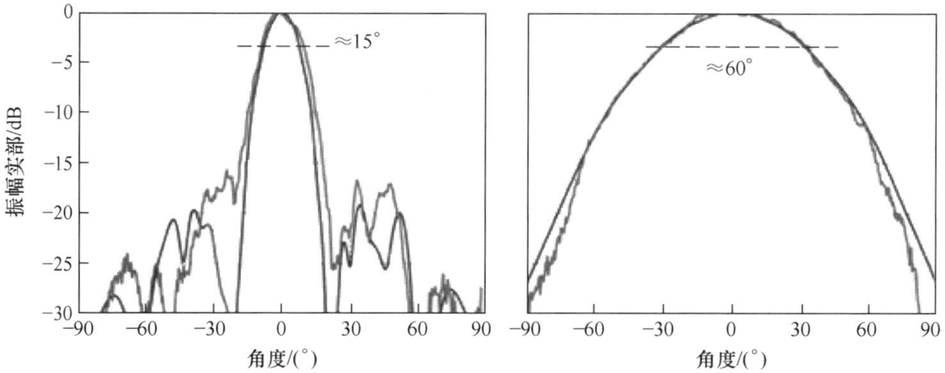

图56.25 仰角(*E*平面)和方位角(*H*平面)的单排网格天线的辐射图
(蓝色线为仿真模拟结果,红色线为实测结果)(彩图见书末)

每个雷达信道都能够发射(FMCW)和接收,所有信道都在接收信道发射的信号。根据Feger等(2009)的研究,将最优加权函数的MIMO原则应用于横向距离成像。根据卷积原理,10个不同的合成天线位置产生了近1倍的天线孔径。对一个目标的响应,在宽边有3dB约为10°的宽度(Bauer et al.,2013)。彩图56.26中展示了在距离上采用FMCW原理计算的两个目标的典型雷达图

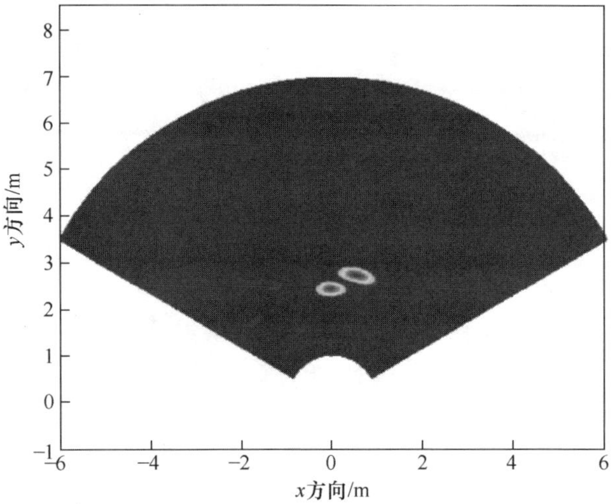

图56.26 对两个目标的近距离图像(彩图见书末)

像。采用此实验传感器,可以覆盖范围达到 20m;采用损耗较小的新 LTCC 材料,并进一步优化后向 MMIC 传输,将进一步提高作用距离。当然,增大天线尺寸也能起到相同的作用。

56.5　结论

在介绍了汽车雷达传感器及其原理架构之后,本章为汽车雷达提供了不同类型的天线指南。虽然在早期的方法中或多或少标准天线配置占主导地位,但随后不同类型的平面天线和阵列天线得到了越来越多的应用。如第二个系统示例所示,有不同的天线类型,具有机械扫描单元的电介质线辐射体和印制、折叠的反射阵列天线相结合以达到最佳性能。目前,“独立”天线的原始功能正被天线单元和阵列的整体布局、发射/接收组态和数字信号处理所取代,这是由数字波束成形和(准)MIMO 概念所证明的。后者允许发射/接收模块和天线单元减少,甚至允许产生比物理孔径大的合成孔径。

信号处理也是一种进一步提高所有雷达相关维度分辨率的手段,这些维度包括距离、横向距离和多普勒频率等。在目前的商业传感器中,实时信号处理仍然局限于基本功能,但很快高分辨率的方法如 MUSIC(Schmidt,1986)、ESPRIT(Roy et al.,1986)或自回归(AR)信号估计(Proakis and Manolakis,1996)将被考虑。在许多研究中,AR 信号估计已被证明在汽车应用中具有良好的鲁棒性,如 Mayer 等(2006)。在与天线构型相关的横向距离内,波束成形引出若干采样值,其中侧向目标分布由 FFT 方法计算。用一种非常简单的方法解释,这样的一系列采样值可以用一种数字滤波器来建模,这样可以在原始序列的任何一侧产生新的人工采样值,通常将样本数增加 2~3 倍。对放大后的序列进行 FFT 变换将提高横向距离分辨率,相当于天线口径增大 2~3 倍。

对于安全方面的应用有更严格的要求,提高对俯仰方向的分辨率也变得越来越重要——是否有任何物体车辆可以从上面或下面通过,或者它是一个相关的障碍?因此,系统——也就是天线构型——需要被扩展,在俯仰向切换或扫描,或者增加一个额外的天线单元来观察更高的仰角。

正如前文所讨论的,汽车传感器的工作频率主要从 24GHz 频率到 76~77GHz 和 77~81GHz 范围,并向较小的传感器发展。基本上,有效的尺寸是由天线决定的。基于此,更高的频率范围也正在首次研究中(Kohler et al.,2013)。频率可能在120GHz~150GHz范围内。对于相同的天线孔径和较低的频率,增益增加;或相同的增益,天线尺寸变小。但是,需要注意的是,天线孔径越小,接收功率也越小。从天线设计的角度来看,结构的简单缩放似乎是可能的;必须考虑增加的损耗和更严格的公差要求。半导体器件的截止频率越高(Pfeiffer,2012),输出功率越低,接收机噪声系数越高。然而,Kohler等(2013)的估计表明,MRR和SRR传感器应该是可行的。高频率的另一个挑战将是相互连接,正在努力将天线单元直接集成在MMIC上,或者提供特定的包装技术,这些技术具有MMIC制造商提供的潜在集成的天线单元,如Wojnowski等(2011)和Hasch等(2012)。

致谢:感谢Bosch和Continental ADC为本章提供了部分材料。结果所示的其他部分由"RoCC项目(项目编号13 N9824)德国联邦教育和研究(BMBF)"和"奥地利BMVIT和奥地利研究促进会(FFG)共用基金项目InRaS战略目标片装FIT-IT芯片系统"等工程项目资助。

交叉参考:

▶第37章　波束扫描漏波天线
▶第27章　格栅天线阵列
▶第18章　微带贴片天线
▶第40章　毫米波天线与阵列
▶第28章　反射阵天线
▶第35章　基片集成波导天线
▶第30章　波导缝隙阵列天线

参考文献

Asano Y, Ohshima S, Harada T, Ogawa M, Nishikawa K (2001) Proposal of millimeter-wave holographic radar with antenna switching. IEEE Inter Microw Symp 2:1111-1114

Bauer F, Menzel W (2011) A 79GHz microstrip grid array antenna using a laminated waveguide feed in LTCC. In: IEEE AP-S/URSI symposium 2011, Spokane, pp 2067-2070

Bauer F, Wang X, Menzel W, Stelzer A (2013) A 79-GHz radar sensor in LTCC technology using grid array antennas. IEEE Trans Microw Theory Tech 61:2514–2521

Bauer F,Menzel W(2013a) A 79-GHz resonant laminated waveguide slotted array antenna using novel shaped slots in LTCC. IEEE Antennas Wirel Propag Lett 12:296–299

Bauer F,Menzel W(2013b) A 79-GHz planar antenna array using ceramic filled cavity resonators in LTCC. IEEE Antennas Wirel Propag Lett 12:910–913

Binzer T,Klar M,Gro? V(2007) Development of 77 GHz radar lens antennas for automotive applications based on given requirements. In: 2nd international ITG conference on antennas(INICA '07 Munich),pp 205–209

Brunner S,Stadler M,Wang X,Bauer F,Aichholzer K(2012) Advanced high frequency LTCC technology for applications beyond 60 GHz. In: Proceedings of the 8th international conference on Ceramic Interconnect and Ceramic Microsystems Technologies,Erfurt,pp 77–81

Camiade M,Domnesque D,Ouarch Z,Sion A(2000) Fully MMIC-based front end for FMCW automotive radar at 77 GHz. In: Proceedings of the 30th European Microwave conference Paris,pp 1–4

Carver KR,Mink JW(1981) Microstrip antenna technology. IEEE Trans Antennas Propag 9:2–24

Conti R, Toth J, Dowling T, Weiss J (1981) The wire grid microstrip antenna. IEEE Trans Antennas Propag 29:157–166

Feger R,Wagner C,Schuster S,Scheiblhofer S,J € ager H,Stelzer A(2009) A 77-GHz FMCW MIMO radar based on a SiGe single-chip transceiver. IEEE Trans Microw Theory Tech 57:1020–1035

Fitzek F,Rasshofer RH,Biebl EM(2010) Metamaterial matching of high-permittivity coatings for 79 GHz radar sensors. In: European Microwave conference,Paris,pp 1401–1404

Frei M,Bauer M,Menzel W,Stelzer M(2011) A 79GHz differentially fed grid array antenna. In: European Microwave conference,Manchester,pp 1320–1323

Gresham I,Jain N,Budka T,Alexanian A,Kinayman N,Ziegner B,Brown S,Staecker P(2001) A compact manufacturable 76-77-GHz radar module for commercial ACC applications. IEEE Trans Microw Theory Tech 49:44–58

Gresham I,Jenkins A,Egri R,Eswarappa C,Kinayman N,Jain N,Anderson R,Kolak F,Wohlert R, Bennett J, Lanteri J-P (2004) Ultra-wideband radar sensors for short-range vehicular applications. IEEE Trans Microw Theory Tech 52:2105–2120

Hasch J, Topak E, Schnabel R, Zwick T, Weigel R, Waldschmidt C (2012) Millimeter-wave technology for automotive radar sensors in the 77GHz frequency band. IEEE Trans Microw Theory Tech 60:845–860

Hirokawa J,Ando M(2000)76 GHz post-wall waveguide fed parallel plate slot arrays for car-radar applications. IEEE Int Symp Antennas Propag 1:98–101

Hymans AJ,Lait J(1960)Analysis of a frequency-modulated continuous-wave ranging system. Proc IEE Part B Electron Commun Eng 107:365–372

James JR,Hall PS,Wood C(1981)Microstrip antenna theory and design. Peregrinus,London Kees N,Schmidhammer E,Detlefsen J(1995)Improvement of angular resolution of a millimeterwave imaging system by transmitter location multiplexing. IEEE Int Microw Symp 2:969–972

Köcrow M,Hasch J,Blöcher,HL,Schmidt L-P(2013)Feasibility of automotive radar at frequencies beyond 100GHz. Int J Microw Wirel Technol 5:49–54

Kraus J(1964)A backward angle-fire array antenna. IEEE Trans Antennas Propag 12:48–50

Massen J,Frei M,Menzel W,M-ler U(2013)A 79GHz SiGe short-range radar sensor for automotive applications. Int J Microw Wirel Technol 5:5–14

Mayer W,Gronau A,Menzel W,Leier H(2006)A compact 24GHz sensor for beam-forming and imaging. In: 9th international conference on control, automation, robotics and vision(ICARV 2006 Singapore),pp 153–158

Md Tan MN, Rahim SKA, Ali MT, Rahman TA(2008)Smart antenna: weight calculation and sidelobe reduction by unequal spacing technique. In: IEEE international RF and microwave conference,Kuala Lumpur,pp 441–445

Manasson V,Sadovnik L,Mino R(1996)MMW scanning antenna. IEEE Aerosp Electron Syst Mag 11:29–33

Meinel HH,Dickmann J(2013)Automotive radar: from its origin to future directions. Microw J 56: 24–40

MenzelW,Pilz D,Al-TikritiM(2002)MM-wave folded reflector antennas with high gain,low loss, and low profile. IEEE Antennas Propag Mag 44:24–29

Millitech Corporation(1994)Crash avoidance FLR sensors. Microw J 37:122–126

Moffet A(1968)Minimum-redundancy linear arrays. IEEE Trans Antennas Propag 16:172–175

Pfeffer C,Feger R,Wagner C,Stelzer A(2013)FMCW MIMO radar system for frequency-division multiple TX-beamforming. IEEE Trans Microw Theory Tech 61:4262–4274

Pfeiffer UR(2012)Silicon CMOS/SiGe transceiver circuits for THz applications. In: IEEE 12th topical meeting on silicon monolithic integrated circuits in RF systems(SiRF),Santa Clara,pp 159–162

Proakis JG, Manolakis DG (1996) Digital signal processing: principles, algorithms, and applications. Prentice-Hall International,Upper Saddle River

Roy R, Paulraj A, Kailath T(1986) ESPRIT-a subspace rotation approach to estimation of parameters of cisoids in noise. IEEE Trans Acoust Speech Signal Process 34:1340–1342

Russell ME, Crain A, Curran A, Campbell RA, Drubin CA, Miccioli WF (1997) Millimeter-wave radar sensor for automotive intelligent cruise control(ICC). IEEE Trans Microw Theory Tech 45: 2444–2453

Sakakibara K, Mizutani A, Kikuma N, Hirayama K (2006) Design of narrow-wall slotted hollow waveguide array for arbitrarily linear polarization in the millimeter-wave band. In: IEEE international symposium on antennas propagation, Albuquerque, 3141–3144

Schmidt R(1986) Multiple emitter location and signal parameter estimation. IEEE Trans Antennas Propag 34:276–280

Shino N, Uchimura H, Miyazato K(2005) 77GHz band antenna array substrate for short range car radar. In: IEEE MTT-S international microwave symposium Long Beach, pp 2095–2098

Stelzer A, Feger R, Jahn M(2010) Highly-integrated multi-channel radar sensors in SiGe technology for automotive frequencies and beyond. In: ICECom conference, Dubrovnik, pp 1–11

The(new) Cadillac Database#Dream Cars on Cadillac Chassis(2013) http://www.cadillacdatabase.org/Dbas_txt/Drm_cycl.htm. Last updated 23 May 2013

Tokoro S, Kuroda K, Kawakubo A, Fujita K, Fujinami H(2003) Electronically scanned millimeterwave radar for pre-crash safety and adaptive cruise control system. In: Proceedings of the IEEE intelligent vehicles symposium Columbus, pp 304–309

Winkler V, Feger R, Maurer L (2008) 79GHz automotive short range radar sensor based on singlechip SiGe-transceivers. In: European Microwave conference, Amsterdam, pp 1616–1619

Wojnowski M, Lachner R, B k J, Wagner C, Starzer F, Sommer G, Pressel K, Weigel R(2011) Embedded wafer level ball grid array(eWLB) technology for millimeter-wave applications. In: IEEE 13th electronics packaging technology conference(EPTC), Singapore, pp 423–429

Woll JD (1995) VORAD collision warning radar. In: IEEE international radar conference, Alexandria, pp 369–372

Xu JF, Hong W, Chen P, Ke W (2009) Design and implementation of low sidelobe substrate integrated waveguide longitudinal slot array antennas. IET Microw Antennas Propag 4:790–797

Zhang B, Zhang YP(2012) Grid array antennas with subarrays and multiple feeds for 60-GHz radios. IEEE Trans Antennas Propag 60:2270–2275

第 57 章
车载卫星天线

Stefan Lindenmeier, Simon Senega

摘要

车辆上的卫星服务的移动接收在很多方面对天线提出了很高的要求。由于远距离传输带来的高路径损失,地面往往只能接收到低电平信号。

本章是关于用于车辆移动接收天线的综述。应用的主要领域是全球定位系统和卫星广播服务。首先是不同服务对天线不同需求的概述。之后,参考天线的优、缺点和相关卫星服务接收讨论了几种基本的天线类型,包括偶极子结构和环形结构。此外,也呈现了更多具体针对不同卫星系统优化的先进天线设计。

在多信号减损的接收场景中,如多路径传播导致的强信号衰减,单个的天线对于卫星接收来说是不够的。本章简单介绍了这种情况的产生机理,讨论了对于减少损耗非常有效的天线分集技术。特别考虑了扫描相位分集,因为它同时具备简单系统设计和高信号质量提高的特点。单天线和扫描分集系统在真实衰减场景中获得的测量值都会呈现。结果表明,与单天线系统相比,天线分集系统

S. Lindenmeier(✉). S. Senega
慕尼黑联邦国防军大学高频技术与移动通信研究所,德国
e-mail: Stefan. linden meier@ unibw. de; Simon. Senega @ unibw. de

可以在不利的接收场景中显著提高接收质量。而且,分集甚至允许天线安装在如汽车仪表盘、单边后视镜等不适合单天线安装的位置,并且具有比装配在顶部的标准天线更好的性能。

关键词

GNSS;卫星无线电;环形天线;偶极子;甲虫轮盘天线;多径衰落;天线分集

57.1　引言

本章是关于车载天线和卫星无线电信号移动接收的分集技术的综述。从总体和细节的角度讨论了对于导航和无线电广播等常用的卫星服务以及车载卫星接收天线设计的特殊需求。就车辆移动卫星广播接收需求,讨论了基本天线类型。解释了如贴片天线、新环形接收天线等一些常见结构,这些结构提高了接收质量,并保障了精益高效的设计,展示了关于导航和卫星无线电服务的应用。更重要的是,展示了通过天线分集优化卫星无线电接收质量的方法。其中包括适当的分集电路和天线结构的讨论,这些电路和天线可能被装配在同之前单天线方案一样狭窄的空间中。在实际场景中,实验显示,严重衰落场景的静音数量减少了一个数量级以上。分集技术使选择新天线装配位置成为可能,对单天线而言,则因这些位置会导致接收质量严重下降而无法选择。通过分集技术,使天线即使装配在不佳的位置,如镜子里或汽车仪表盘,也能成功获得高质量的接收信号。

57.2　汽车用卫星接收天线通用需求

汽车中的卫星无线电接收装置对天线在增益、效率、体积需求、装配条件以及在关键情况下如衰减环境中的可靠接收都提出了很高的要求。一般考虑将载波频率设置在 L 波段和 S 波段。因为这些波段的波长与地面无线电接收装置相比,相对较短,只需要占地面积大约为 5cm×5cm(2 英寸×2 英寸),高度小于 2.5cm(1 英寸)小的天线单元。车载移动卫星接收天线的主要需求如下。

① 低安装体积(典型占地面积:5cm×5cm(2 英寸×2 英寸);典型高度:<2.5cm(1 英寸))。

② 低损耗(典型值为 1.5dB 或者更低),高效率。

③ 功率匹配到 50Ω。

④ 方位向全向特性。

⑤ 辐射方向图仰角按照接收机的视角要求指向卫星位置。

⑥ 容易制备和高重复性。

⑦ 圆偏振和高轴比。

⑧ 足够的带宽(在导航设备中取 1~10MHz 量级,卫星无线电和移动通信中取 10~100MHz)。

⑨ 装载位置要求汽车结构对辐射方向图影响小。

⑩ 天线性能受周边其他服务的天线影响小。

要求满足特定增益值的角度范围因卫星系统不同而相差甚远。在 LEO(Low Earth Orbit,低轨卫星)和 MEO(Medium Earth Orbit,中轨卫星)系统中,相对于轨道半径,卫星距海平面只有很小的高度,这意味着从接收天线的角度,卫星在任意位置都是满足预期的。这种系统的辐射方向图将覆盖整个上半空间。相反,对于地球同步轨道卫星(GEO),从接收天线来看,最可能在对角仰角范围满足预期。HEO 卫星系统运用主动传输卫星,卫星在地平面高仰角方向,这意味着对于这类系统,辐射方向图需要在天顶周围有高增益值。并且,由于地面中继器一般在城市地区提供卫星服务,高楼的阴影将对卫星接收产生影响,因此,需要甚低仰角的信号接收。最常见的是用于 MEO、GEO 和 HEO 类型的卫星设备的例子,接下来的部分将更多的关注导航设备的需求,特别是对卫星数字广播业务(SDARS)各方面的需求。

57.3 导航信号移动接收天线要求

在导航方面,移动卫星设备如 GPS、GLONASS、GALILEO 现在已经是民用和军用领域车辆中典型装置的一部分。这些服务均使用 L 波段,如 GPS 和 Galileo 的中心频率为 1.75GHz、GLONASS 则为 1.65GHz,对于 GPS 而言,其他可能的中心频率为 1.23GHz 和 1.18GHz,对于 Galileo 为 1.19GHz 和 1.28GHz,每一种带宽都小于 10MHz，典型的是 2~5MHz（Hegarty，Chatre 2008）。

由于导航系统的卫星轨道是 MEO，定位设备的接收天线的角度范围从 $\theta=0°$ 天顶处到距地平面高度很低的 $\theta=70°$。在这个角度范围内可以获得连续的增益。通常都以某一轴比来提出需求，存在反射时极化会发生反转，一些情况下，轴比小于 6dB 有助于避免环境中无线电波的一阶反射。问题是对于地平面以上的低仰角，由于水平地平面是很好的导电平面，只有高轴比才可能，电磁波只能是垂直极化。在垂直方向，一阶反射只可能发生在地平面。在这种情况下，我们比较感兴趣的是天线装配到汽车之后，后向栅瓣有多大。所以，低轴比可以帮助避免高楼反射的干涉的唯一条件是有 45°左右的仰角。

为满足这些条件，通常使用面积小于 2.5cm×2.5cm（1 英寸×1 英寸）的价格低廉的贴片天线。目前，其他容易制造并且高效、能覆盖需要区域的天线也同样会被列入考虑范围。

57.4　卫星数字广播系统移动接收天线要求

在过去的几年中，卫星广播系统对于美国的广播接收也有着越来越重要的意义（Davarian，2002）。欧洲也有接着早期工作在 L 波段的 WorldSpace 系统，以及在 S 波段建立新的卫星广播服务（Reding，2007）的计划（Sallam et al.，2008）。

相比于地面系统，卫星广播服务使用卫星传播广播信号达到大面积的接收。通过使用卫星进行卫星广播服务传播，接收区域被拓展到覆盖整个美国大陆以及加拿大的大部分地区。这种系统中使用的频率受可用传播频率和传播天线尺寸（以及监管限制）的限制。美国的 SDARS 系统的工作波段为 2320~2345MHz，带宽为 25MHz（（Briskman and Prevaux，2004；Patsiokas，2001）。欧洲现在还没有商业的 SDARS，2170~2200MHz 的频带现在正用于达到这个目标（Reding，2007），并且被拍卖给了两个买家（Reding，2009）。相比于美国的系统，该系统会用一个 DVB 族的信号编码，并被 ETSI 标准化为 DVB-SH。

卫星广播系统设置一览如图 57.1 所示。广播信号使用所有需要的音频和数据频道以及增补信息在广播中心进行编码。在调制和上变频之后，将广播信号传播到卫星上。卫星把放大和下变频到需求波段的信号在重新放大后再传播（Briskman and Prevaux，2004）。移动（及固定）接收装置之后就可以解码该传播信息。在从卫星发来的直接信号,由于自然或人为原因造成的信号阻塞不能到达的区域,可以使用增补地面发射机。当然,这会导致整个系统成本的增加,所以这种方法只会被单独用在有大量设备用户的地区(如大城市)。

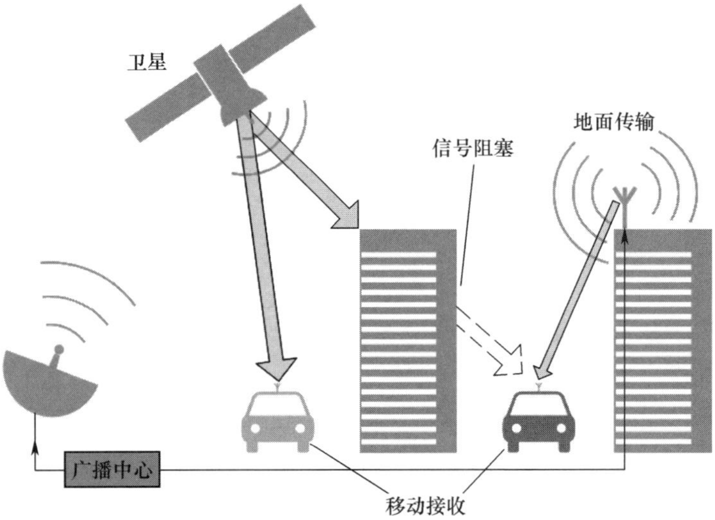

图57.1　SDARS系统概观及信号路径(Senega,2013)

美国SDARS的业务提供商(之前是两个现在是一个)使用不同的卫星星座。一项业务开始使用(并且仍旧使用)两个GEO卫星,同时另一个GEO卫星来补充最初的3个HEO卫星。HEO卫星在地表运行轨迹的平面路径是一条双纽线。美国SDARS的3个HEO卫星和两个GEO地面路径如图57.2所示。GEO卫星一直位于空中的同一位置,因此除非天线从北到南移动很大角度;否则仰角可以看作固定不变。在美国大洲的大部分区域,GEO卫星的仰角在地平面以上30°~45°的范围。即使对于固定的接收器,HEO的仰角随时间变化仍然很大。当卫星在地平线之下时甚至可能出现负值。因此,至少需要3个卫星来保证在任意给定时间都有高的可用性。这种配置的好处是其中一个卫星通常在相对地平面60°~90°的很高仰角范围内可见(图57.2中红点),因此相比于GEO卫星而言,信号阻塞的可能性就变小了。彩图57.3中画出了美国SDARS卫星在位于美国一个重要城市的接收机在24h内的仰角曲线。

卫星到地面的距离显然比地面传播站和接收站之间的距离要大得多。由于传播的空间很广,传输链路自由空间路径损耗给出了在卫星和接收器直视条件

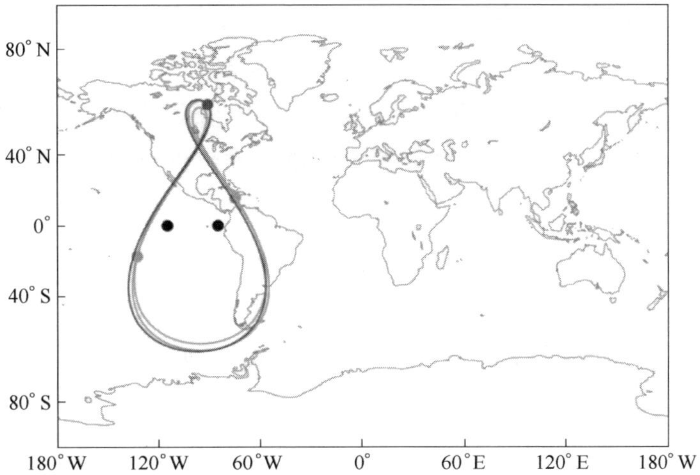

图 57.2　XM 卫星广播（GEO：黑点）和天狼星卫星广播（HEO：蓝色、绿色和红色双细线，GEO 卫星没有描绘）星下点轨迹（Muller，2010）

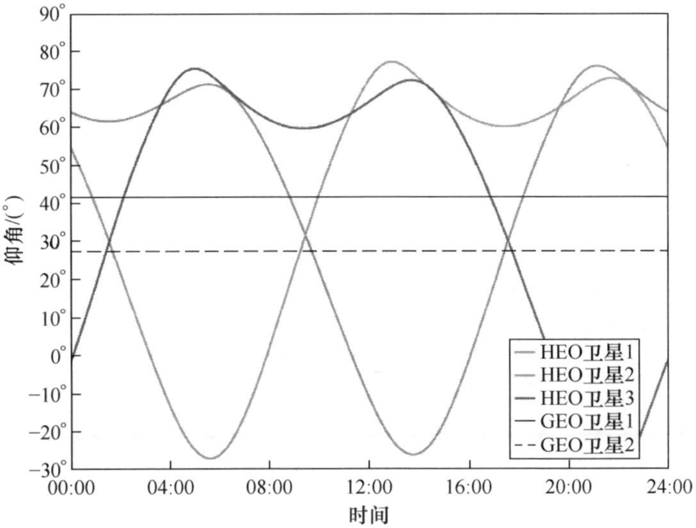

图 57.3　美国纽约上空 GEO 和 HEO 卫星在 24h 的时间段内的相对地平面的仰角（Muller，2010）（彩图见书末）

下非常便利的衰减评估。自由空间路径损耗 a 可由以下式计算，即

$$a = \left(\frac{\lambda_0}{4\pi d}\right)^2 \tag{57.1}$$

式中：λ_0 为自由空间波长；d 为传播和接收器之间的距离。

随着椭圆轨道的位置不同,不仅是仰角的变化,卫星到接收器之间的距离也会发生变化。这意味着变化的路径损耗会导致依赖卫星位置变化的信号电平的变化。由GEO和HEO传来的卫星信号在自由空间的路径损耗可由式(57.1)计算,Briskman和Prevaux(2004)给出了因轨道位置变化而导致的衰减值变化范围为-190~-193dB,见表57.1(忽略由大气和天气等因素造成的更多衰减)。

卫星信号的调制和数字编码包含了很多在更多场景下保证高设备可用性的方法(Briskman and Prevaux,2004)。当然任何纠错或者无效的冗余信息都会由于频率和功率资源的限制,降低信息频道可用的数量或者音频的质量。因此,实现的措施一直都是服务类型、质量和可用性的一种平衡。频率、时间和空间分集以及前向纠错体系都在很多场景下保证了高的音频可用性,但是不能避免所有的信号断供,如在很多多路径衰减的场景。

表57.1　不同轨道位置的SDARS卫星到地球的自由空间路径损失

位置	到地球距离/km	自由空间路径损失/dB
近地点	24469	(-187.55)
HEO 35°仰角	32750	-190.09
远地点	47102	-193.24
GEO	38192	-191.42

接收质量用接收器的信噪比(SNR)来度量。如果信噪比降低到某一值,如5dB,则信号会由于误码率变得几乎不可能被解码。这个关键的信噪比的确切值很大程度上取决于很多参数,包括调制模式、符号位数、前向误码率的方法和参数以及在传输路径和接收器端的噪声和干扰影响等。在设计通信系统时,一个关键的地方是在典型接收场景中的链路裕度设置。链路边界值描述了在接收器和灵敏器限制(准无错编码下的最低信号功率)之间的信号电平的特定余差。从这个角度,自由空间路径损耗需要在卫星最小传输功率确定的情况下来考虑。任意在传播路径中由于阻碍物、天气或者多路径传播产生的衰减都会使剩余信号的功率降低,直到信噪比低于阈值不能被解码。

SDARS信号接收提出了辐射特性上的特殊需求(Haller,2001)。对于由HEO卫星传输的SDARS信号的接收,可以预料的角度范围为天顶方向$\theta=0°$到低仰角方向$\theta=35°$。前些年通过GEO卫星的接收变得越来越重要,所以最近天线设计要求既要满足 HEO 卫星小仰角，也要满足 GEO 卫星中仰角的需要。对于 GEO 卫星，相对仰角范围在北部地区可以达到 $\theta = 70°$ 的低仰角，在南部地区可以达到 $\theta = 45°$ 的低仰角，在小部分接近墨西哥边界的区域甚至 $\theta = 37°$。每一个天线仍然要满足地面信号在低仰角条件下接收的额外需求。与此同时，由无损介质材料板制成的新型环状天线问世。这会带来非常高的效率，进而使信噪比显著提升。

57.5　移动卫星信号接收天线基本结构

本节考虑了可以用于接收卫星信号的基本天线的结构。这些结构都可以实现方位向圆极化波全向接收，其中 HEO 卫星的信号接收是在垂直主瓣方向，GEO 卫星信号接收是在对角主瓣方向。为保证在平面天线罩下的易安装性，研究的所有结构都满足低天线高度这一共性要求。在文献（如 Balanis，2005）中可以找到大量其他结构，如相对于波长来说有大天线高度和大直径的螺旋形天线，通常此类结构在具有狭小装载空间的汽车上集成使用时不予考虑。

57.5.1　交叉偶极子天线

首先，一种非常基本且众所周知的结构由交叉水平偶极子构成（Balanis，2005），被放置在接地平面上方高度为 d 的位置。图 57.4 展示了该结构，其中加粗的黑线代表偶极子，灰色结构表示馈电网络。如果 $d = \lambda/4$，直接沿垂直方向传播的波与接地层反射的波将出现同相叠加，因此，接地层的反射将在垂直方向产生额外的 3dB 增益。从图中可以看到，长度为 $\lambda/2$ 的偶极子获得了正弦电流分布。为了激励垂直于主瓣方向的圆极化波，两个水平的偶极子与馈源之间以 90°的相位差相连。这意味着同一时刻只能有一个偶极子会产生电流分布，如实线所示；在 1/4 时间周期后，另一个偶极子会产生电流分布，如虚线所示。

如果偶极子的分支需要与同一个单端馈源相连，就需要布置由相移器，功率合成器和巴伦组成的复杂网络。图 57.4 展示了一个该网络的例子，其中 4 个分支中的不同相移器产生了围绕相位中心，以 90°步长按圆形方向增加的相位。

这种天线可以被展开为宽带交叉蝶形天线，如图 57.5 所示，因此在宽带应用方面很有优势，宽带性能使其被用于多种卫星服务中。根据相移和匹配电路的不同，对于不同频率，可以同时接收 LHCP 和 RHCP 波。Lindenmeier 等(2001,2002b)的文献中提到，多功能天线结构已经出现在不同的卫星和地面服务中。在卫星服务中，4 条垂直线以及水平单元作为蝶形天线结构，与地面服务中有顶端电容的单极子天线工作在相同的相位。

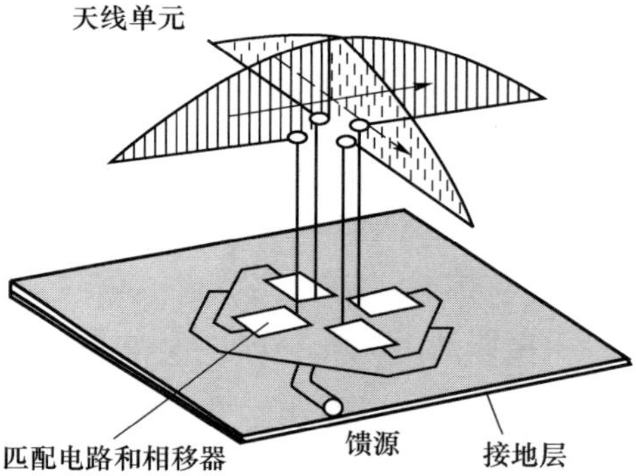

图 57.4　交叉偶极子结构

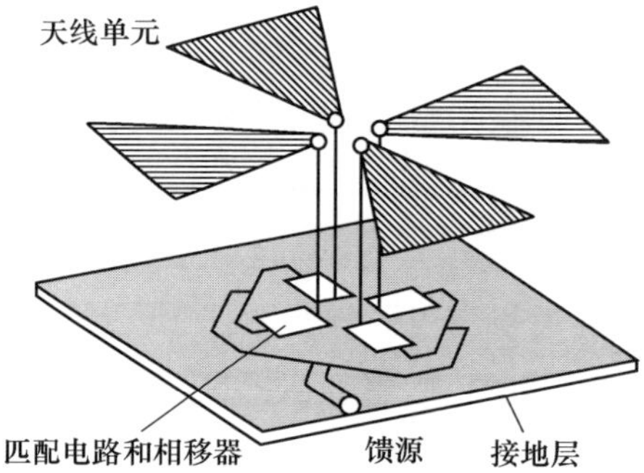

图 57.5　多功能交叉偶极子结构

如果需要在垂直方向获得更大增益，交叉水平偶极子可以被展开为两个天线阵，如图 57.6 所示。当然，接近 3dB 的更高增益也会产生一个更低的波束宽度，使该结构更适合南部地区 GEO 卫星信号的接收。因为结构尺寸大，所以缩短尺寸是重要的需求。如果这个结构只需用于一项服务，则没必要对馈源硬件结构进行加工，因为电路损耗会造成额外的天线效率损失。

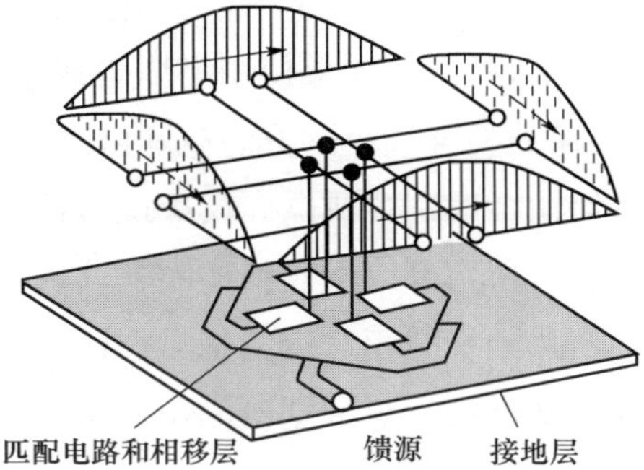

图 57.6　交叉偶极子对

57.5.2　贴片天线

我们熟知的贴片天线上也有非常类似的电流分布。小的尺寸使贴片天线被广泛运用在移动卫星信号接收上,不同文献中有大量的相关介绍,如 Sharma 和 Gupta(1983)、Herscovici 等(2003)、Nasimuddin 等(2007)以及 Pozar 和 Duffy(1997)。贴片天线代表第一谐振模式下,有效长度为半波长的微带波导。这种短微带波导会出现正弦驻波的电流分布,驻波的最大值沿微带线相对的边出现。

圆极化贴片天线大致为正方形,正方形贴片可以被看作两个沿水平正交方向的微带波导。因此,两个水平正交方向可以激励两个相互正交的谐振模式。图 57.7 展示了贴片天线沿贴片相对边的电流分布。两条边中间的电流分布为鞍函数,贴片中心处为最小值。

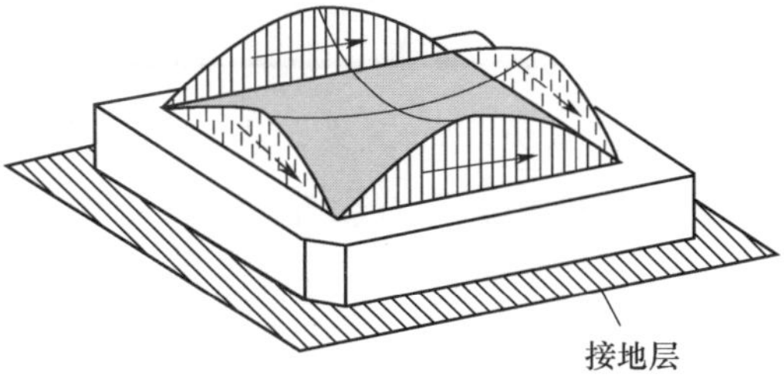

图 57.7　贴片天线

如果两个正交的谐振模式的激励相位差为 90°,贴片边缘处会产生类似于交叉偶极子对的电流分布。相对边的电流分布在垂直方向上可以获得很强的增益,类似于长度为 $\lambda/2$ 的一对偶极子。另外,由于电介质衬底的缩短效应,其边长要短于图 57.6 中 $\lambda/2$ 的偶极子。如果使用高介电常数的陶瓷衬底,那么贴片单元就呈现更小的尺寸,易被整合到小的安装空间内。

谐振模式可以通过切角金属贴片或电介质板或偏长方形的非对称馈源的相互耦合来实现,不需要相移电路,可以很容易地制备,因此贴片天线在 GPS 接收方面得到了广泛应用。贴片天线的相对带宽相当小,可以通过使用附加结构,如堆叠或在贴片中插入缝隙来增加相对带宽(Herscovici et al. ,2003;Nasimuddin et al. ,2007;Pozar and Duffy,1997)。

在接收卫星无线电信号方面,也常常用到贴片天线。尽管金属贴片朝向水平平面,但是衬底在低仰角时有垂直场分量的弱接收,可以用其接收地面中继器的信号。

GEO 天线在垂直方向有相对高的增益,因此贴片天线不能很好地用来接收低仰角 GEO 卫星信号。贴片天线的一个缺点就是电介质材料损耗会降低接收天线的信噪比。

57.5.3 交叉框架天线

为了获得低仰角的辐射方向图,Lindenmeier(2002a)介绍了一种交叉架天线。交叉架天线与交叉偶极子类似,也是通过相移器实现,两个垂直架天线相互交叉,以 90°的相位差激励。

基本原理和电流分布如图 57.8 所示。由于架天线的垂直结构,水平面和低仰角可以接收到可观的垂直极化波的分量。这也可以用来接收 GEO 卫星信号。由于在架天线中插入了串联电容,天线被设置成谐振模式,可以调整辐射方向图以适应特殊需求。图 57.9 展示了该天线及其匹配和相移电路的示例。与交叉偶极子结构类似,匹配和相移电路意味着额外的硬件作用,并且电路也会对天线本身的效率产生不好的影响。但由于可以用于低仰角,该天线已经被成功地用于 SDARS 接收,尤其是 GEO 卫星的接收。

57.5.4 环形天线

下面介绍一种高效的用于卫星信号接收的天线。如果水平环形天线的周长等于波长,那么它就是谐振结构,可以被看作在环形中导波的一个电磁波导。只

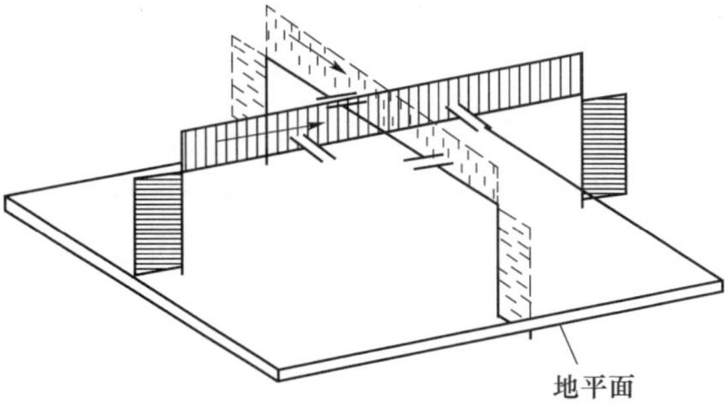

图 57.8　交叉架天线

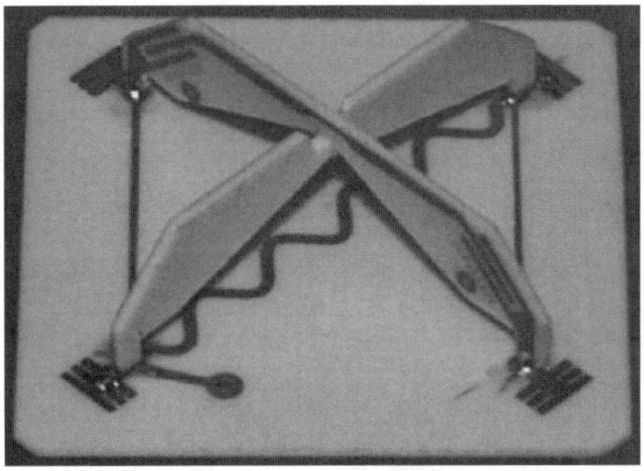

图 57.9　硬件示例

要波被激励为沿一个方向传播，就将产生一个沿交叉环正向移动的电流分布，如图 57.10 所示。该电流分布是相对于天线结构的纯圆形极化。图 57.11 展示了理想条件下左手和右手圆极化（LHCP 和 RHCP）场的辐射方向图。在 LHCP 情况下，可以获得 8dB 的垂直方向增益，RHCP 只能出现-11dB 的增益。

一种为高效率、大角度范围和小尺寸设计的天线称为“甲虫轮盘”天线（Kammerer and Lindenmeier，2011），如图 57.12 和彩图 57.13 所示。它由一个连接到垂直单元的环形天线组成。垂直单元通过电容接地。垂直单元带来两个优势效应：首先，由于容性垂直单元的缩短效应，该结构甚至比图 57.10 中的环状结构还要小；其次，沿垂直单元的电流分布在水平平面上产生一个近似全向的垂直极化场。彩图 57.14 展示了共极化 LHCP 和交叉极化 RHCP 在垂直平面上的辐射方向图。

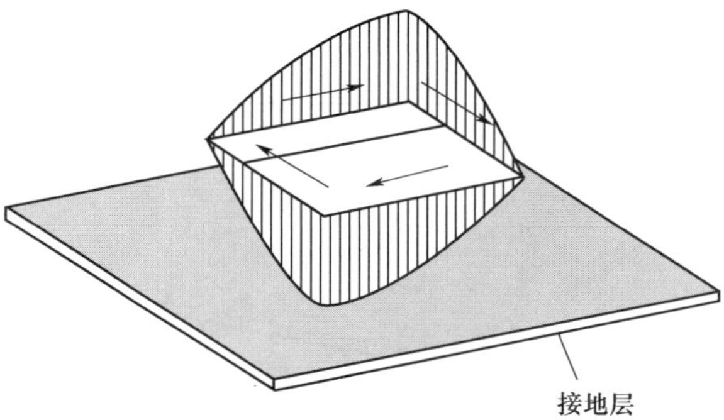

图 57.10　水平环形天线

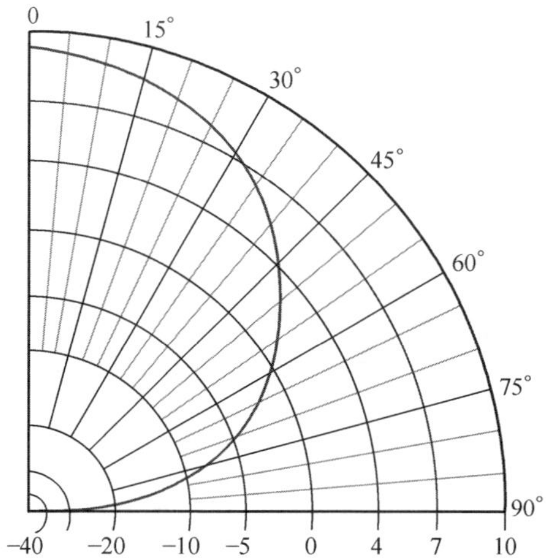

图 57.11　　环形天线辐射方向图(蓝色:LHCP;RHCP 不可见)

由于这些天线结构的制备比较容易,使结构可以在平板上实现,由于可以避免使用电介质,这些结构只有 0.5dB 的损耗,非常高效。这就是为什么即使对于图 57.15、图 57.16 中硬件样品的简单结构,天线特性依然可以实现,并且非常接近理想情况,如彩图 57.17 和彩图 57.18 所示。

如辐射方向图所示,天线提供了一个在方位上有全向性在俯仰面具有超过 90°的宽波束,使 HEO 和 GEO 卫星的 SDARS 服务和导航服务的概念可行。这种天线类型的特殊特性如下。

① 高效率以及只有 0.5dB 的低损耗,天线结构可由平板实现,不需要像贴

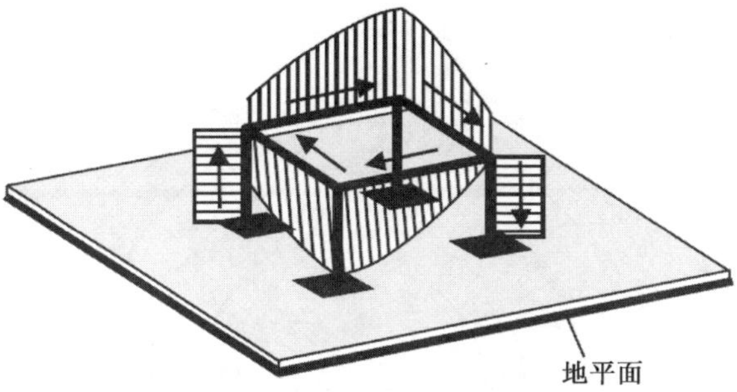

图 57.12　甲虫轮盘天线

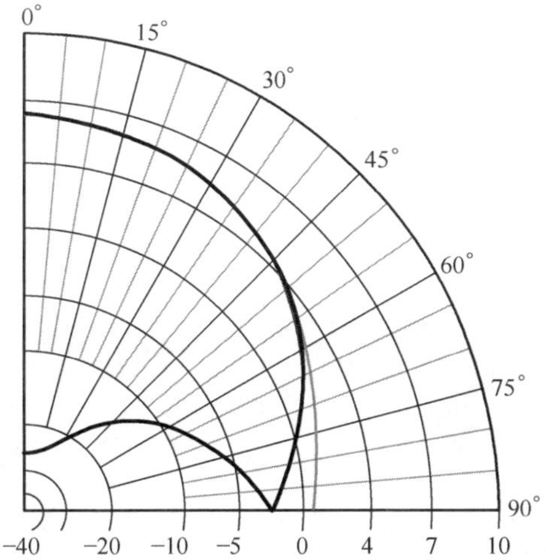

图 57.13　甲虫轮盘天线辐射方向图(蓝色:LHCP;红色:RHCP;绿色:总)(彩图见书末)

片天线一样,让电场通过高电导率的材料。

② 覆盖区域边长小至 13%波长左右。

③ 在天顶方向大于 15dB 的高轴比。

④ 很容易与地面天线结合,可以放置在甲虫轮盘天线的相位中心。

⑤ 宽的带宽使其对 GPS 和 GLONASS 定位服务都可用。

尤其对于需要隐藏的卫星天线,需要将天线安装在汽车表面下,不从周围的金属表面露出。这造成人们对更大仰角辐射方向图关注的增加,对 GEO 卫星信号的接收来说,大仰角是不利的。对于甲虫轮盘天线,Kammerer 和 Lindenmeier

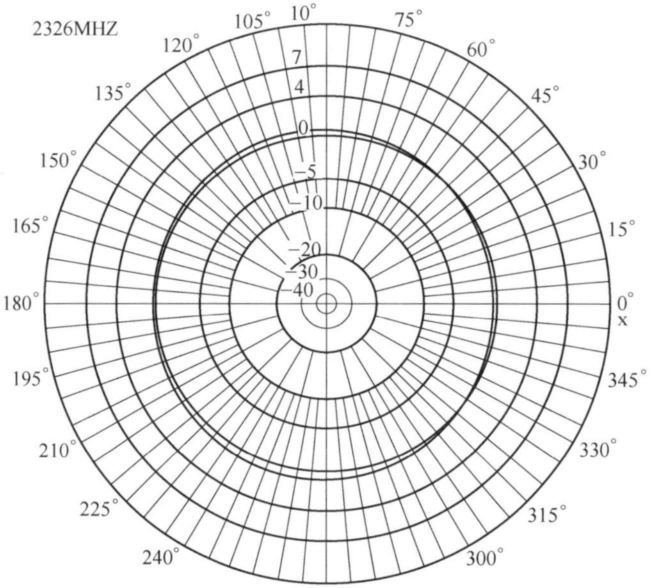

图 57.14　2.3GHz(垂直极化总场)在水平平面的辐射方向图(彩图见书末)

图 57.15　2.3GHz 环状天线的硬件示例(长度和宽度:34mm;高度:10mm)

(2013b、a)描述了一种利用高效率产生即使对于卫星数字音频广播(SDARS)信号甚至兼顾 SDARS 和 GPS 时也足够高的接收品质,且可完全隐藏在 40mm×40mm×10 mm的立方体腔内。很多测试驾驶的真实接收场景证明,甲虫轮盘天线因其高效性以及适应 GEO 和 HEO 卫星信号天线特性,具有很高的接收质量。

图 57.16　2.3GHz 甲虫轮盘天线硬件示例(长度和宽度:16mm;高度:10mm)

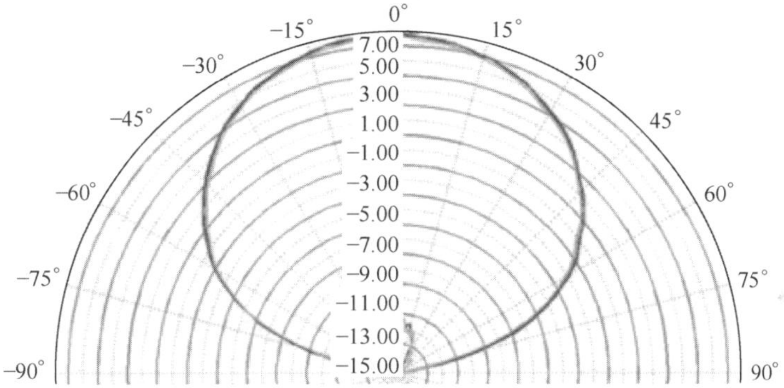

图 57.17　环状天线(LHCP 和 RHCP)辐射方向图测试结果(彩图见书末)

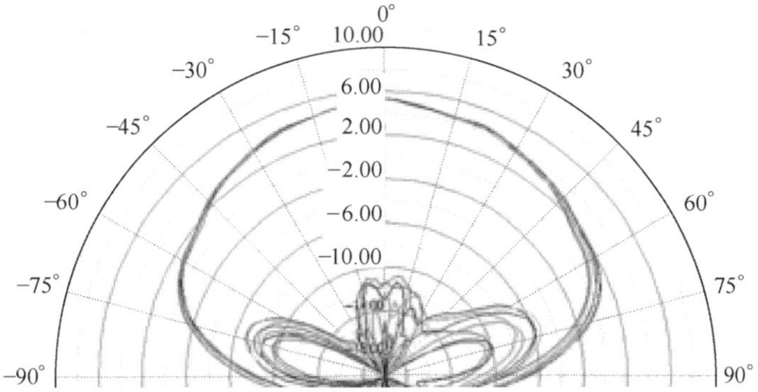

图 57.18　甲虫轮盘天线(LHCP 和 RHCP)辐射方向图测试结果(彩图见书末)

甲虫轮盘天线的环状结构使其便于相互组合,以适应不同载波频率的多种业务(Kammerer and Lindenmeier,2012、2013a)。该设计同样允许其很容易地与地面信号接收天线相结合,如与移动电话天线、AM 天线、FM 天线以及 DAB 广播接收天线结合,它们均可放置在甲虫轮盘天线的中央(Kammerer et al.,2012)。

57.5.5 圆极化均匀场环形天线

下面介绍一个对于 GEO 卫星传输的圆极化信号的接收非常有用的天线结构(Saala et al.,2009、2010;Saala and Lindenmeier,2010)。该结构由垂直极化的单极子和环形结构组合而成,如图 57.19 所示。

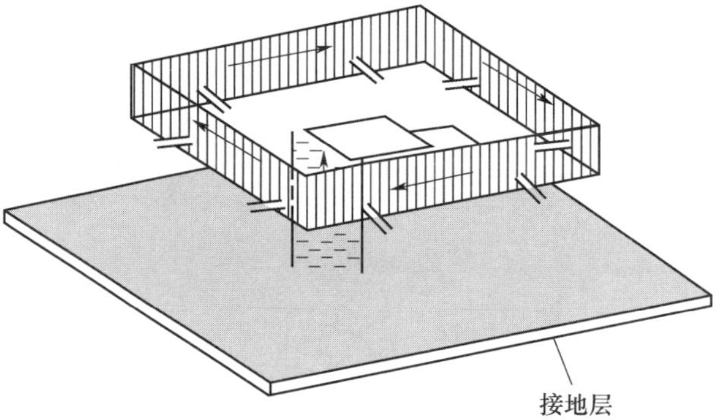

图 57.19 圆极化均值场圆极化天线

与其他所有天线概念相比,该天线的电流分布关于方位角是均匀的。而单极子天线在垂直方向的电流分布必定与方位角无关,通过插入串联电容,环状天线实现了电流的全向分布。

单极子产生具有全向特征、方位向等相位,且有一个水平主波束方向的垂直极化场(θ 方向),如彩图 57.20(a)中蓝线所示。环状天线也同样产生一个具有全向特征、方位向等相位且有一个接近 45°仰角主波束方向的水平极化场(ϕ 方向),如图 57.20(a)中红线所示。

用选定的权重和 90°相位差激励单极子和环状天线,可以获得相控加权的叠加特性。图 57.20(b)以辐射方向图的形式给出了所得圆极化场的特性。完整天线的圆形共极化用红线表示,交叉极化用蓝线表示。可以看出,交叉极化率取决于仰角。根据水平环状天线和垂直单极子天线的能量分布，可以将交叉极化移动到选定的仰角。当垂直方向没有接收可能性时，该天线结构在圆形共极化对角仰角 45°左右达到很高的增益。

因此，这种结构可以被理想地调整，以适应从 GEO 卫星传输而来的接收信号。当需要的仰角范围在 $\theta=65°$ 到 $\theta=70°$ 时，在理想条件下，这两种天线的结合可以达到超过 3dB 的增益。

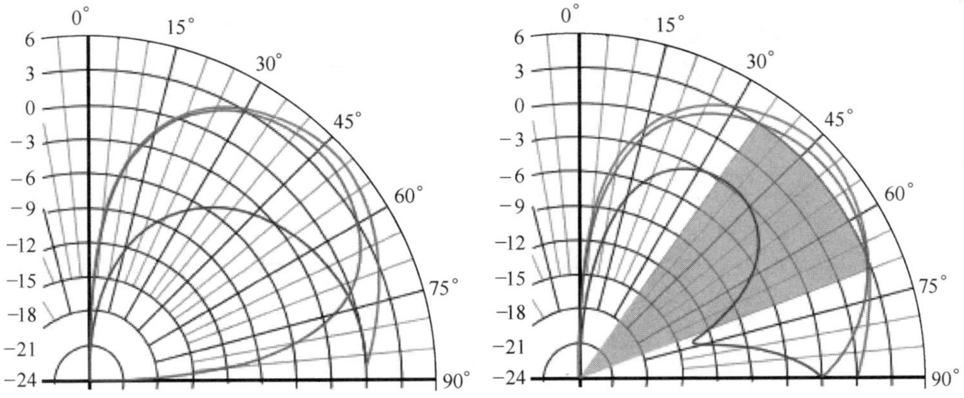

(a)　　　　(b)

图 57.20　圆极化场环状天线的纵剖面辐射方向图

(a)线极化垂直(蓝线)水平(红线)(此处原文为 linear polarization vertical(red),horizontal(blue),疑颜色说明有误,已修改——译注);

(b)圆共极化(红线)、交叉极化(蓝线);总增益(绿线)。(彩图见书末)

在实际硬件结构中，效率取决于电容的质量。对于可以通过空气缝隙技术实现的充气电容器，损耗可以达到小于 0.8dB。图 57.21 展示了圆极化场环状天线的硬件样件。彩图 57.22 展示了一个典型的辐射模式，10dB 带宽达到 28MHz，效率为 1.5dB。

根据对偶原理，上面提到的天线也可以用缝隙结构来实现。与交叉偶极子相对应，在腔的上表面可以有一个交叉的缝隙结构（Balanis，2005）。这种实现对于缝隙型环的环状结构仍然适用。即使对于偶极子和缝隙的结合也是可能的，这在下面的例子中将会提到。

图 57.21　均值场环形天线(长度和宽度:32mm;高度:20mm)

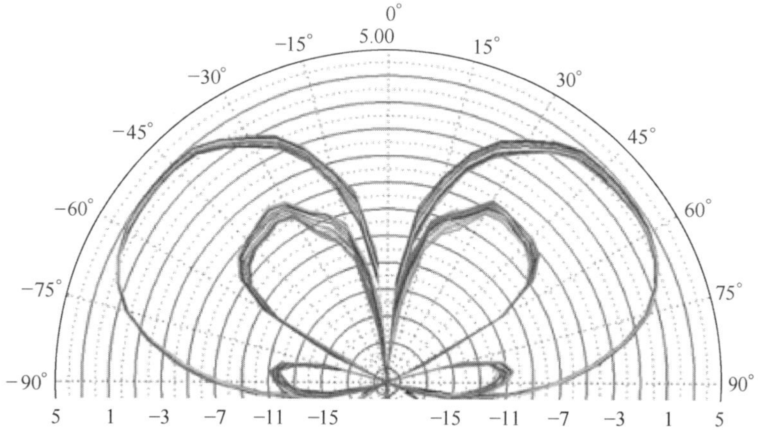

图 57.22　均值场环形天线的增益(dBic)(彩图见书末)

57.5.6　紧凑缝隙偶极子天线

下面部分呈现的是缝隙天线与偶极子天线的组合,以实现圆极化波的移动接收,见 Muller 等(2009)的介绍。这种结构在安装情况下,安装在车顶部狭窄的鳍状雷达天线罩中有明显的优势。

该天线的基本概念如图 57.23 所示,如同在交叉偶极子结构中的那样,两个天线单元产生了两部分相互正交的线极化场,相位差为 90°。普通交叉偶极子结构中(图 57.4),两个偶极子都对这些线极化起作用,这里将通过单极子和缝隙天线实现。偶极子产生与场一致的电流分布,场的极化方向与偶极子方向相同,缝隙天线场的极化方向与天线方向正交。为了在两个正交场的激励下获得需要的相位差,需要通过长度为 $\lambda/4$ 的馈源线给偶极子馈电,达到相位延迟的效果。

图 57.24 中展示了一个在 2.3GHz 用于 SDARS(卫星数字音频广播服务)的天线的硬件样件,高度约为 $\lambda/4$(30mm),长度为 30mm,厚度为 1.5mm。彩图 57.25展示了一个用该结构实现的典型辐射方向图。

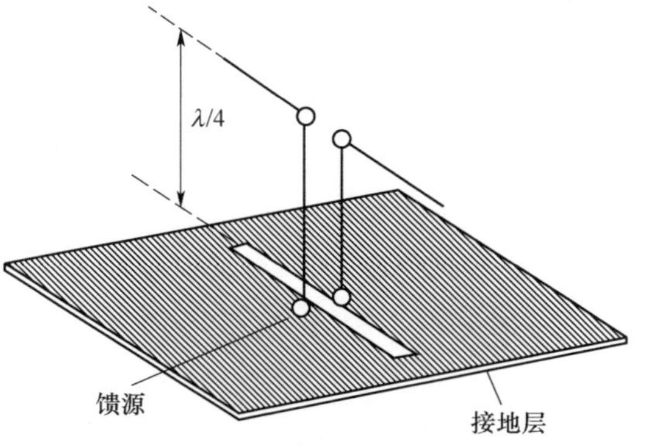

图 57.23　缝隙天线概念

图 57.24　缝隙天线硬件样板

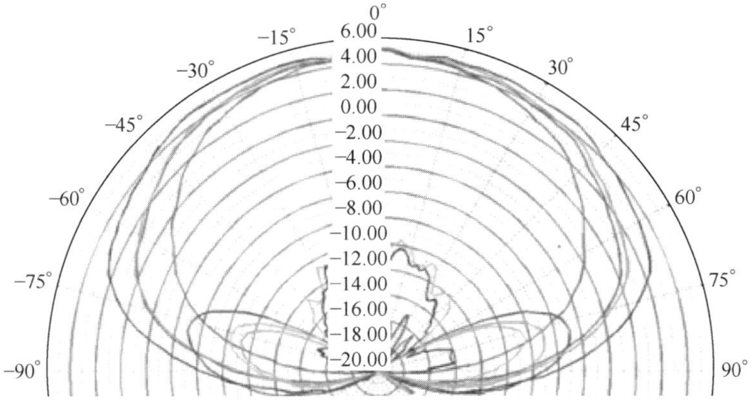

图 57.25 缝隙偶极子天线的测量辐射方向图(彩图见书末)

对于在 SDARS 信号接收上的应用,交叉的环形天线和贴片天线都被广泛使用。尤其是对于 HEO 卫星传输,贴片天线可以很好地满足需求。因此,在这类应用中,贴片天线作为一种最常用的方式,被运用在不同的情形中。为了将 GEO 和 HEO 卫星系统结合,环形天线(如甲虫轮盘天线等)由于其结合的高效性、易制备性,越来越多地被使用。在提供宽带的定位服务时也是如此,定位天线需要提供不止一项服务,如 GPS 和 GLONASS,要由同一个天线覆盖。

57.6 环境和安装、天线组合与多功能结构

接下来将从常见集成技术、多天线和前端部分的常见封装、狭窄的环境集成以耦合效应研究几个方面,来考虑卫星接收天线的环境。在移动应用中,前端模块和天线在狭窄的环境中紧密集成,面临着各种电干扰和电磁干扰的挑战。微波天线的小尺寸和低方向性使得天线与天线信号放大电路或与天线分集与智能天线中的多信号处理电路的整体封装和紧密集成成为可能。图 57.26 展示了一种典型天线的组合,即用于 AM 或 FM 广播以及移动电话的地面天线与用于 SDARS 和 GPS 信号接收的卫星天线共置于同一副屋顶形天线罩下。

耦合效应可以通过在移动电话天线中插入带阻滤波器来预防。如果地面天线可以被放在卫星天线的相位中心,那么振荡模式是互相去耦的。这对于甲虫

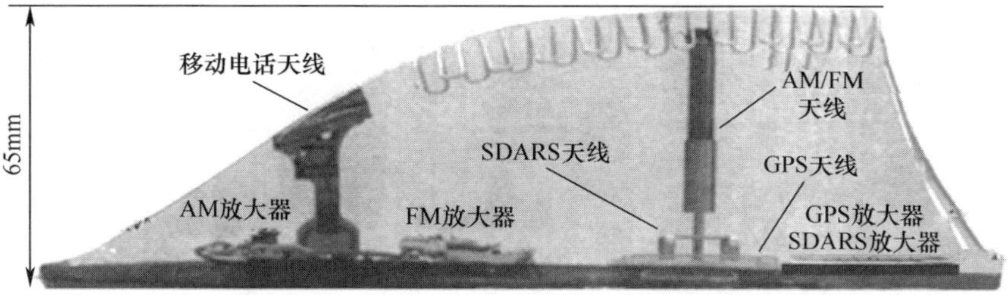

图 57.26　AM 或 FM 广播以及移动电话的地面天线与 SDARS 和 GPS 信号接收的卫星天线在普通雷达天线罩上的组合(Kammerer et al. ,2012)

轮盘环形天线是可能的。如 Kammerer 等(2012)描述的那样,即使对于图 57.26 中的组合,一个用于 SDARS 另一个用于 GPS 的两个甲虫轮盘天线的相位中心正好与大 AM-FM 天线的相位中心重合时,它们的辐射特性将不受影响。

如果卫星天线被整合到塑料件上,没有足够大的接地层存在,只有很小的直径为 7.5 ~ 10cm(3 ~ 4 英寸)的金属板,垂直方向的辐射图上将出现波纹,图 57.27展示了两种不同的例子。虚线是蓝色实线在大接地层下的图像,可以观察到叠加的波纹,波纹的包络主要取决于金属接地层的直径。波纹的数量取决于天线相对于接地层的位置。

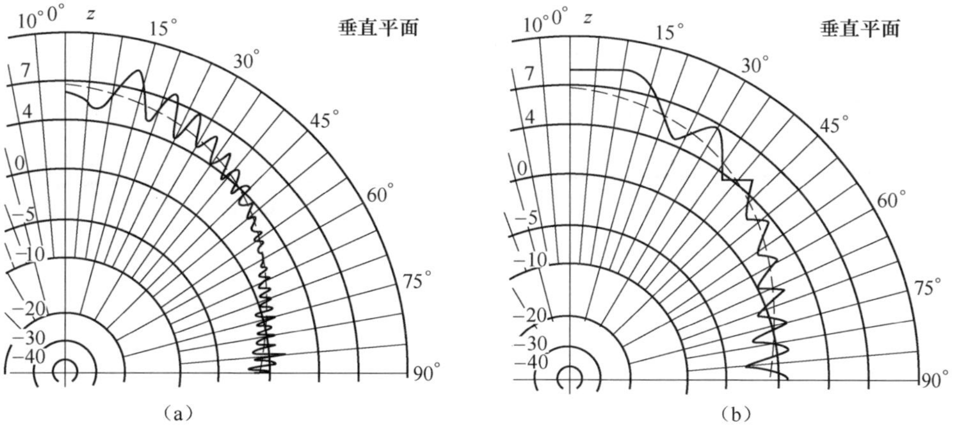

图 57.27　小接地板直径为 85mm、SDARS 卫星天线距地面高度 h 不同时的垂直面辐射方向图

(a) h = 1.5m;(b) h = 0.5m。

图 57.28 中的结果显示了波纹很大的金属接地层,该接地层直径只有 65mm,这导致了在需要的增益处有 3~4dB 的误差。天线增益的要求与大的金属接地层可实现性的要求接近,显然,在小金属接地层的情况下,天线将不能用于 SDARS 卫星信号的接收。

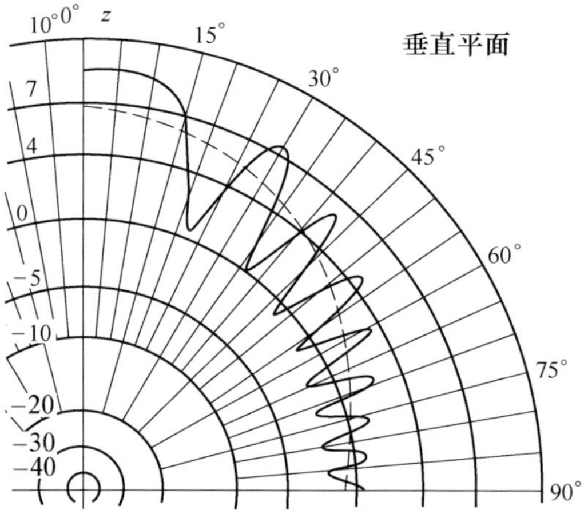

图 57.28　小接地板直径为 65mm、SDARS 卫星天线距地面高度 0.5m 不同时的垂直面辐射方向图

如果卫星天线被整合到安装位置,比如在侧视镜或汽车仪表盘里,就会出现类似的单个天线无法满足特定角度范围内增益需求的情况。彩图 57.29 展示了整合在汽车一个侧视镜的天线辐射方向图。仰角 $\theta=60°$时 0dB 以下的增益是无法容忍的,所以辐射图右侧,所有角度范围的增益都满足要求。由于遮挡和反射效应,增益在辐射方向图左边朝向汽车的位置被进一步缩减。

就特定安装位置而言,为了保持单天线需要的接收质量,天线不能安装在大金属接地层顶部。这种情况下,天线分集能给予很大帮助,其中临界安装位置和环境条件变化问题均可由替代天线通过自适应的方式来解决。57.7 节解释了用于卫星无线电接收的天线分集,这种分集方式可以在临界装配条件和汽车临界环境条件下保证高的接收质量。

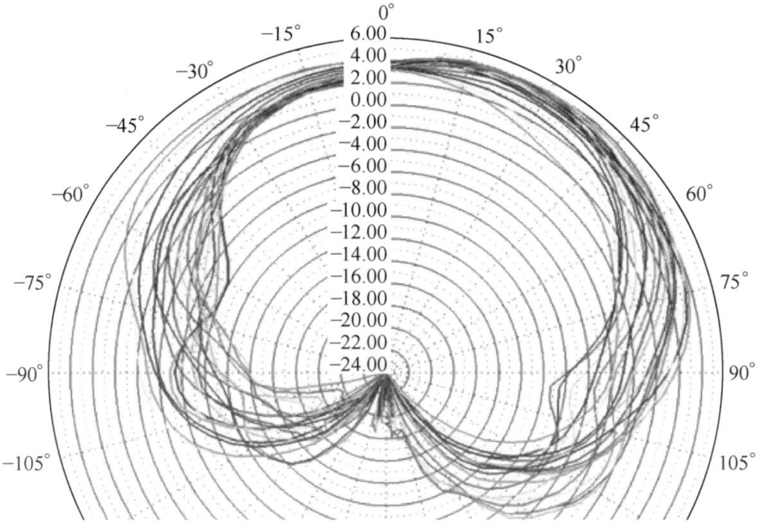

图 57.29　小接地板直径为 65mm、SDARS 卫星天线距地面高度 0.5m 不同时的垂直面辐射方向图(彩图见书末)

57.7　移动卫星接收天线分集

若从卫星发射机到地面站或移动接收器为 LOS 传播路径，基于单天线的卫星广播信号接收通常完美无瑕，但在非 LOS 情形时将严重受损(Parsons et al.,1975)。信号受损的原因在于直接传输路径上及其附近物体对信号的遮挡、反射、折射和散射等造成的综合衰减。这些影响导致接收到的信号是多个不同方向、电平、相位的波的叠加，并导致统计意义下沿驱动路径的深度信号衰落(Parsons et al.,1975;Brennan 1959)。这种场景的示例和信号如彩图 57.30 所示。

强烈信号衰减的概率随 LOS 项的增强而降低，随直接信号衰减的增加而增加。当没有 LOS 信号项时，强衰减的概率会变得很高。从数学角度上看，当分布中包含 LOS 信号项时，衰减场景下的概率分布可以被描述为莱斯分布。无 LOS 情况下，概率分布将会退化为低信号电平概率要高得多的瑞利分布。此时，概率 f_R 关于信号幅度 r 的瑞利分布可以被描述为

$$f_R(r,\Omega)=\frac{2r}{\Omega}\cdot e^{-\frac{r^2}{\Omega}} \tag{57.2}$$

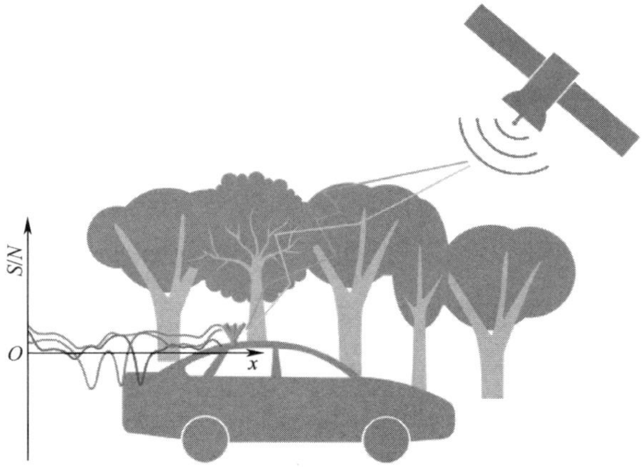

图 57.30　多路径衰减场景的信号接收

(红线和橘黄线:双重分集天线;蓝线:用分集提高信号电平)(彩图见书末)

式中:Ω 为信号的总功率。所得分布与信号功率 Ω 的依赖关系如彩图 57.31 所示。所有概率分布曲线下方包含的面积都为 1。总的信号功率高($\Omega=4$),则概率分布平坦,意味着接收机将接收到幅度显著不同的各种信号。总功率小(如 $\Omega=0.5$),高信号幅度概率将变得非常低,而低信号幅度将比比皆是。若幅度低于 r_{crit}(幅度为不小于 0 的正数)的信号中断,中断概率使用积分分布函数计算:

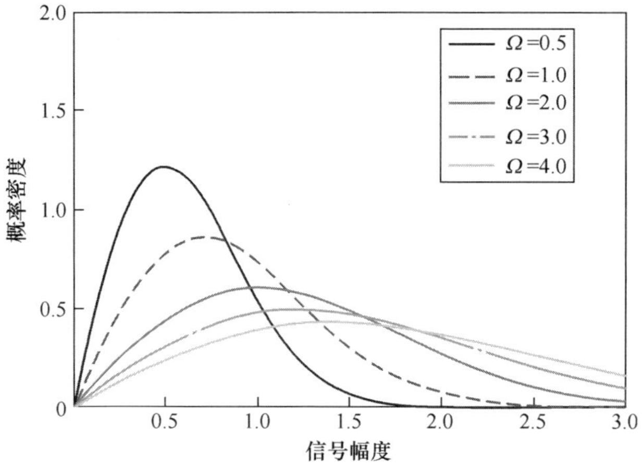

图 57.31　信号幅度的瑞利分布(彩图见书末)

$$P_r \leqslant r_{\text{crit}} = \int_0^{r_{\text{crit}}} f_{\text{R}}(r,\Omega)\,\mathrm{d}f = 1 - \mathrm{e}^{-\frac{r_{\text{crit}}^2}{\Omega}} \tag{57.3}$$

不同 Ω 下 $P_r \leqslant 0.5$ 的结果如表 57.2 所列。

表 57.2　假设为瑞利分布的信号运行中断概率(临界幅度为 $r_{crit} = 0.5$)

Ω	$P_r \leqslant r_{crit}$ /%
0.5	39.4
1	22.1
2	11.7
3	8.0
4	6.1

每个单独的天线都将经历类似的信号电平分布以及因此造成的行驶路径上的强信号衰减。图 57.32 展示了两个与 LOS 电平有关的天线信号电平在瑞利衰减下的示意图,它们都是在美国真实衰减情况下的测试驾驶过程中记录的。

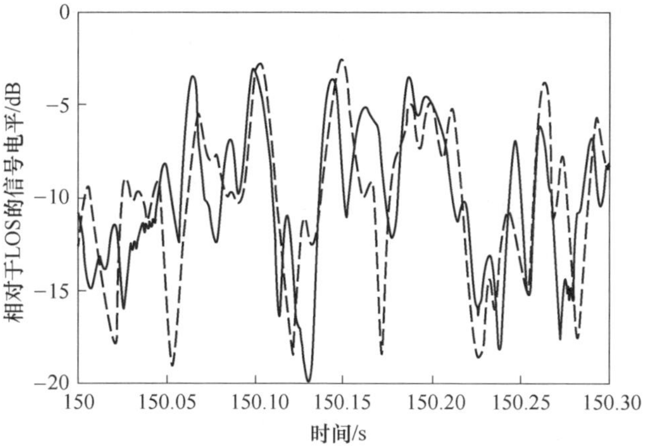

图 57.32　与 LOS 信号电平有关的两个天线信号在瑞利衰减下的信号电平

避免强衰减并提高接收质量可能的方法由天线分集系统给出(Brennan,1959;Parsons et al.,1975)。假设两个天线完全不相关且无感应概率均为 p_m,那么两个天线同时减弱的概率可以用 p_m^2 表示。因此,如果每个单独的天线减弱概率为 0.1,那么 3 个天线的减弱概率就只有 0.001。当然减弱概率会随着天线数的增加而减少,但这样也会增加整个系统的成本和安装体积,所以必须在这些因素之间做出权衡。

天线分集系统的范围从倾斜配电分集到最复杂的最大比例组合分集系统。

所有系统的共同点就是它们的效率会随着相关性较低的天线信号的增加而增加。去相关性可以通过天线相位中心的位错来保证(Parsons et al. ,1975)。在实际应用中,更倾向于使用不同的极化、天线方向图或者其他不必使用多个安装位置的方式来保证去相关。

57.7.1 天线分集基本概念

切换或扫描分集通过切换现有的天线信号来避免强衰减(Barié et al. ,2010; Lindenmeier et al. ,2007;Lindenmeier,2007)。系统框图如图57.33所示。无论是当前所选天线的信号电平低于阈值还是出现电平更高的其他信号均将启动切换。在选择最佳信号的情况下,分集信号可以达到输入信号电平的最大值,如图57.37所示。

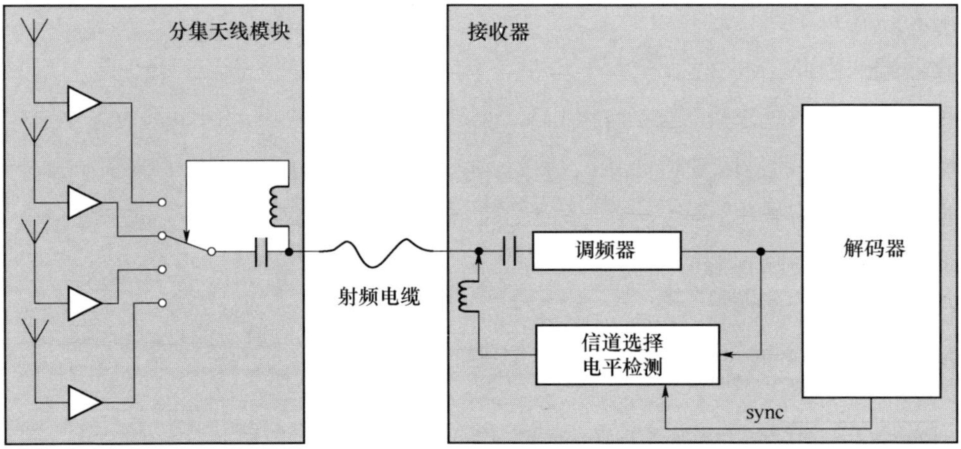

图57.33　切换分集系统

由于卫星广播信号的相位调制和接收天线信号相位的去相关,天线之间将产生相位偏差。在无其他保障措施的情况下将造成误码,以及切换之后的音频减弱。为了避免这些损害,切换需要与定期发送的相位参考符同步(Barié et al. ,2010)。这些会给接收者提供接收信号当前的绝对相位信息,从而保证传输信息的正确解码。

总地来说,切换分集可以通过精益分集系统来实现,如图57.33所示。由于传输路径的频率依赖性,信道选择电平检测电路是必需的。因为没有必要为了得到信息而解码信号,所以简单依靠不需要信号载波相位和频率锁定的本振就已足够。但是由于将切换动作与相位参考符同步的需要,协作接收器必须要传送各自的计时信息。

分集电路在天线面临强衰减时选择到其他天线的能力,可以避免主要是瑞利衰减的不利影响。这就是为什么在没有相位对齐和信号叠加的情况下,仅仅通过天线信号的切换,以及各个时刻最佳天线信号的选择即可获得接收质量的显著提升,可以参考 Lindenmeier 等(2007)、Lindenmeier(2007), Barié 等(2010)的文献。

另一个广为人知的分集概念是相位分集(或等增益分集),这种分集不需要选择天线信号。相反,它们需要在相位对齐之后反复叠加,框图如图 57.34 所示。所有天线路径的相位转换器都需要允许信号的叠加。同时信道选择相位检测必须在每条路径之间单独进行。由于元件的复杂性,它们一般都被放置在接收器端。因此,分离的射频电缆和调频器对每个天线来说都是必要的。对于这种广播接收系统来说,通常有两个天线的限制,其中两个输入天线信号必须有相同的电平(分别是信号和噪声),相位分集系统允许 SNR 达到 3dB 的提升。信号强度不同时信噪比有较低的提高。这种系统的一个缺点是如果组合信号有一个低的信号电平和相似的噪声电平(如强衰减),那么它的信噪比可能比好的输入信号要低。这意味着除非不遗余力地实现这个系统;否则提升是不如切换分集的,图 57.37 将通过信号电平示例来说明这个问题。

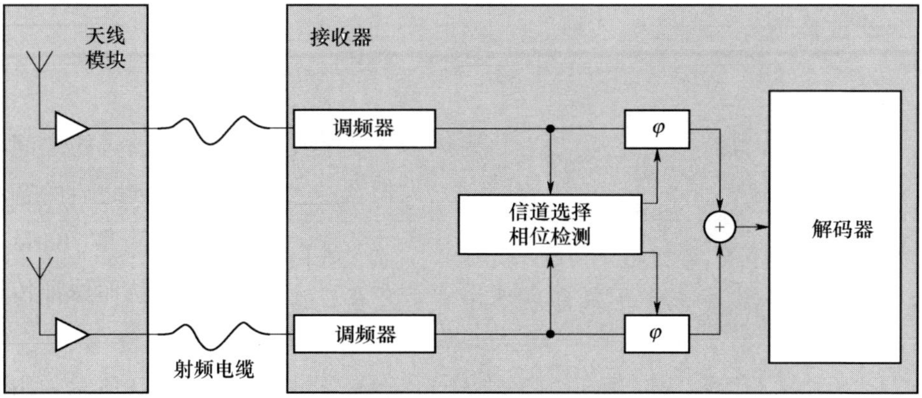

图 57.34　等增益相位分集系统

一个最大比率的相位分集系统在叠加天线信号之前就将它们的相位对齐了。由SNR推导而来的权重因子(连续的)会应用到每个信号上,框图见图57.35。通过使用相位对齐和信号权重,就避免了通过低SNR输入信号组合产生的SNR的负贡献值。这保证了使用给定信号的组合可以达到的最高SNR可能性,并解释了系统的名字。图57.37展示了单个天线的信号电平以及多个分集系统,其中一个是MRC(最大比率结合)系统。理想MRC分集系统可以实现可达到信号电平的最大值。

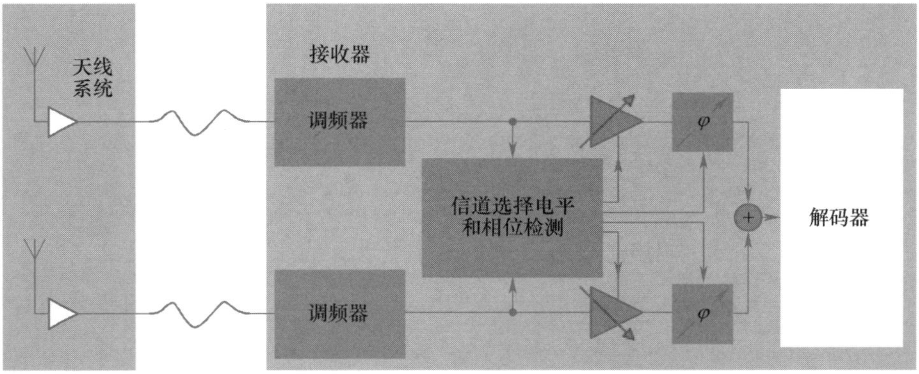

图57.35　最大比率结合分集系统

不过,MRC和其他分集系统在天线临界时刻衰减结果的差异是非常小的。这意味着它在接收质量上的提升效果比其他分集概念高得不多。

另外,这类系统的劣势就是有非常高的复杂性。各信号路径都必须有移相器和可变增益或衰减模块。同样,每个信号复杂的SNR和相位测试也需要独立进行。这会造成这种系统中RF电缆和调频器的分离以及信号处理功率需求的提高。

一个扫描相位分集系统结合了简单切换分集和相位分集系统的优点(Lindenmeier et al.,2008;Barié,2008)。这种结合几乎达到了MRC系统的性能,并且减少了硬件需求,系统框图见图57.36。图57.36展示了移相器、开关以及信号合成器。与MRC系统相反,简单的开关屏蔽了对组合信号信噪比有负贡献的信号。同样地,由于卫星信号的PSK(一般会用QPSK)调制是低阶的,有离散相位步长的相移器也是足够的(Senega et al.,2010)。这些环节导致微弱的性能损失,但从另一方面讲,整个系统的复杂度将有大的降低。天线信号的选择和相位差的计算可以基于信号电平,并且可以通过避免 SNR 和相位测量来进一步减小检测电路的复杂性。

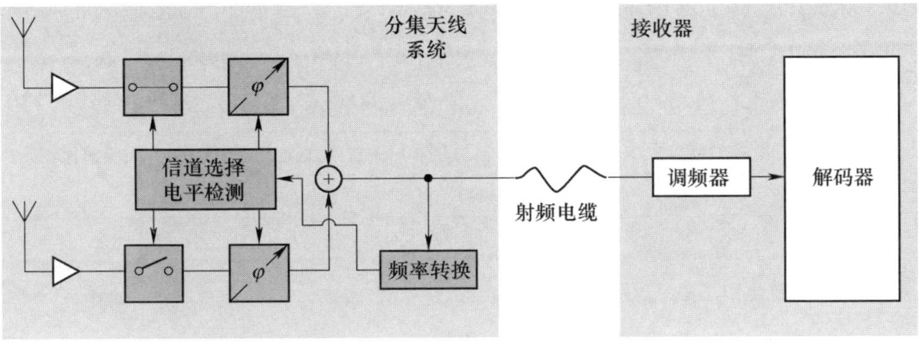

图 57.36　扫描相位分集系统

整体复杂性足够低以至于允许系统本身来实现天线模块(Senega and Lindenmeier, 2012)。只有单个的 RF 电缆用来连接天线分集模块和接收器。分集电路与接收器分别独立运行,不要求进一步的协作。因此,SDARS 接收器的接口表现为单一标准天线。因此,任意接收器可以不需要调整地连接到这样的天线系统,使接收质量相对于单一天线得到显著提升。

两个单一天线和扫描相位分集系统的信号电平如彩图 57.37 所示。扫描相位分集系统的信号电平近似与 MRC 分集系统中的值相同,平均离差小于 0.4dB。

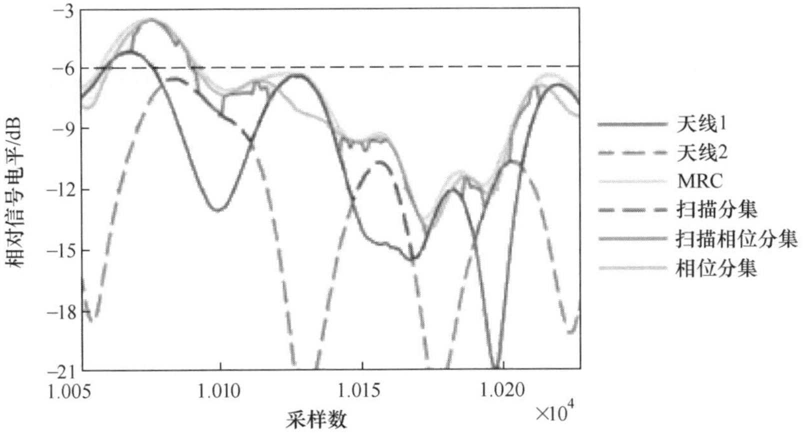

图 57.37　两个单独天线和不同模拟理想分集系统的信号电平(彩图见书末)

57.7.2 分集系统的比较

上面已经讨论的天线分集系统在复杂性上有显著的不同。表57.3对最重要、复杂的且会用在不同天线分集系统中的分支电路做了简短的总结。

表57.3 n个天线时不同分集系统需要分集电路的选择数量(Senega,2013)

分集系统	扫描分集	等增益分集	最大比率结合分集	扫描相位分集
天线	n	n	n	n
射频电缆	1	n	n	1
调频器	1	n	n	1
频率转换器	—	—	—	1
测量参数	电平	相位	电平+相位	电平

考虑到使用现有的分集系统可能达到信号接收的提升,图57.37展示了记录天线信号以及分集系统的模拟信号电平的短暂历程。由于它们都使用了不少于一个天线,所以都避免了强信号衰减。只有当所有天线都同时处于强信号衰减状态,分集信号才会发生强衰减。

扫描分集总是会表现天线中最好的那个电平。除非所有输入天线信号同时衰减;否则强衰减就是可以避免的。由于不相关信号之间的相位差别,在这种系统中,传输参考相位的同步是必需的,对改变的SDARS接收器也是需要的。与扫描分级系统相反,相等的增益分集可以将信号电平提高到3dB,比两个相同电平的输入信号的都高(如在图57.37第10150个采样点附近)。但是由于缺少信号权重,SNR在一个信号电平远小于另一个时,比最好的输入信号要小。在这些情况下,相等的增益分集显示出比简单的转换分集系统更差的输出SNR(如在图57.37中第10125个采样点附近)。

一个理想的MRC系统当然在所有分集系统中展现出最大性能提升,如图57.37中呈现的那样,这是因为它们有在相位对齐的结合之前有权衡天线信号的能力。尽管MRC系统的硬件复杂性要高得多,扫描相位分集系统提升的信号质量可以与MRC分集系统相媲美。记录电平和计算的理想分集系统之间的分析显示,MRC系统和扫描相位系统之间只有一个很小的小于0.4dB的偏差(Lindenmeier et al.,2013)。

对于实际仿真分集系统,图57.37的结果是正确的,该系统随着变化的信号条件有非常不同的时间尺度上的反应。切换和扫描相位分集提供了实时的强衰减响应,等增益和 MRC 分集的相位和 SNR 估计通常需要更多的时间,因此阻止了系统的快速响应。考虑到高速运行需求,这些越来越成为问题。变速和分集效率的调查显示了快速响应时间的重要性((Barié et al. ,2010)。图 57. 38 显示了切换时间段从 137μs~2. 2ms 的有效天线数量。到 275μs 的时间段,有效天线数量几乎是固定的,然而 2. 2ms 分集系统对接收质量的毫无提升作用。调查是在 104. 6km/h(65mph)的速度下完成的,因此在 SDARS 频率处的距离 λ 只需用 4. 4ms 就可以走完。因此,以最高速度行驶距离不大于 λ/8 的反应时间被认为是保证分集系统接收效率的必要条件。

从图 57. 37 的信号电平和图 57. 38 的有效天线数量可以看出,变换信号条件下的快速响应时间是显而易见的。这种现象逻辑上的结果就是天线组合的慢波束控制在衰减场景下将不会产生显著的信号电平的提升。乍一看好像有明显的提升,但在这种情况下,快速变化的相位会阻止响应较慢天线的结合,此时组合天线将表现得像一个单一的天线,并且经历强信号衰减,到目前位置,组合后的增益将远低于 3dB。

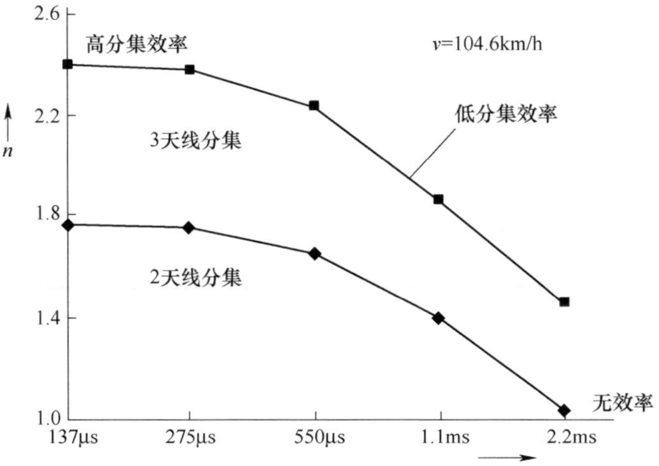

图 57. 38　快速切换系统的分集效率很高

与缓慢的组合相反,扫描相位系统中天线信号的快速选择和叠加将在衰减情况下显著提高组合信号的 SNR。SNR 中的增益可以被看作提高音频可搜索性的额外奖励,另一个可能就是该增益可以被考虑进系统设计中,因为它等效于增加了传输路径的链接边缘。这个增加的链接边缘允许信号中其他纠错冗余度的减少,因此可以传输更多的信息。用户可以通过额外的音频信道或更高的音频质量的形式获益。

57.7.3 用于分集的卫星天线结构

在接下来的紧凑天线的概念中,将考虑到分集结构,其中RF信号处理单元和天线结构将在车辆单独一个位置的普通安装空间内被整合到一起。天线信号的去相关问题必须予以特别关注。在接下来天线的示例中,将会展示有天线信号相位叠加和优化的信噪比,相对于一般单个天线能显著提升接收质量的分集结构。

新的制备技术使3个天线可以整合进一个29mm×29mm×17mm安装空间内,如图57.39所示。这3个天线由水平环状天线、圆极化均值场环状天线和一个垂直极化的单极子结构组成,被印制在一个共用的载体上,它们产生的辐射方向图是互相正交的。

Muller等(2010a)也给出了这样一组三天线结构,这种设计对分集处理器提供了3个高度去相关的接收信号。在天线信号相位对齐和叠加后,3个天线阵列的组合辐射方向图(蓝线)与标准贴片天线(黑色虚线)的比较如彩图57.40所示。根据图57.40可知,在LOS情况下,3个天线共同产生一个总体比普通贴片天线高2~3dB的增益。

图57.39 安装在ESD盖板下的三天线分集装置(29mm×29mm×17mm)

在瑞利衰减场景下,如果主瓣方向不是直接对着卫星的,那么额外的增益将

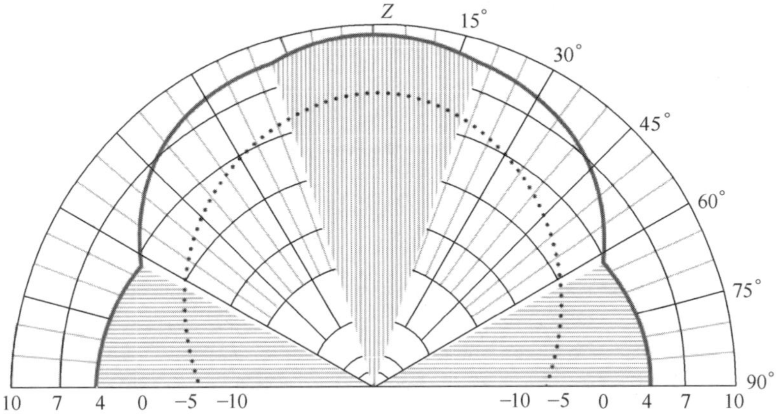

图 57.40　组合的分集天线装置(蓝线)和用于 SDARS 接收的典型单天线(黑色虚线)辐射方向图的比较(彩图见书末)

对提高 SNR 没有帮助。替代天线信号与上述分集电路的特定组合,即使在严重影响接收质量的强衰减场景中,仍旧可以削减衰减。只有当天线信号强烈去耦合时,这才是可能的,所以衰减效应不会发生在所有分集设置的可变天线的所有时间。不同天线的辐射方向图显示出了充分的相互正交,因此,天线互相之间以超过 25dB 的值解耦合。

采用 Muller 等(2010b)给出的天线分集结构也可以取得同样的效果,这种结构只能安装在 29mm×29mm×17mm 的空间内,并且由圆极化均值场环状天线和贴片天线组成。在图 57.41 中,这种天线集合被安装在汽车的仪表盘上。

图 57.41　安装在测试汽车仪表盘 29mm×29mm×17mm 空间内的分集天线功能演示装置

彩图 57.42展示了组合分集天线在 LOS 条件下实测辐射方向图波瓣位置取决于两个天线的相位分布。蓝线绘制的主瓣可以通过两个分集天线的相位差调控至任意方位角。

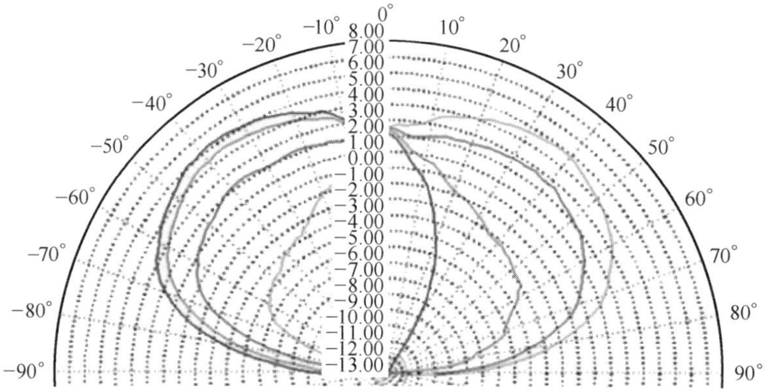

图 57.42　组合的分集天线的测试辐射方向图

(蓝线:可以通过两个分集天线的相位差调整到任意角度的主瓣)(彩图见书末)

57.7.4　衰减场景下扫描相位分集系统的测量

瑞利散射场景下的测试驾驶已经在美国完成,其目的是评估相位扫描分集系统的功能。硬件演示器也为这些测试驾驶创造并且连接到了不同的天线分集集合上,并安装在不同的安装点。同时,分别评估了 HEO 和 GEO 卫星的接收来显示分集接收系统对这两种情况都有利。测试中的两个演示器测试的图像展示在图 57.43 中。

使用分集天线集合用来在汽车顶部接收 GEO 卫星信号的测试结果显示,有两个天线的扫描相位分集系统相对于单个标准贴片天线可以显著提升音频信号的可接收度。记录的音频电平的典型结果如图 57.44 所示。在 430s 的测试中,单个天线 67.1s 的弱音在使用扫描相位分集系统后被减小到只有 5.1s。15min 的更长测试显示,弱音时间只有 10.9s,音频可接收率达到 99.1%(Senega and Lindenmeier,2011)。单个 HEO 天线的测试显示了音频可接收度从单个天线的 86.8%提高到了分集系统的 97.8%(Senega et al.,2009)。

与安装在车顶时对音频可接收度的显著提升不同,分集允许对安装位置的

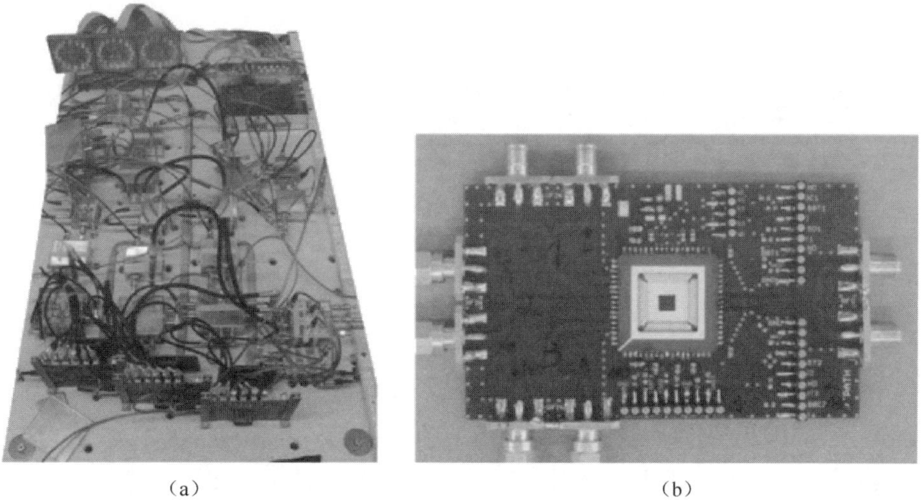

图 57.43　3 个天线信号的扫描相位分集系统演示装置

(a)第一个演示装置板;(b)实际尺寸为 4mm×4mm 的测试板

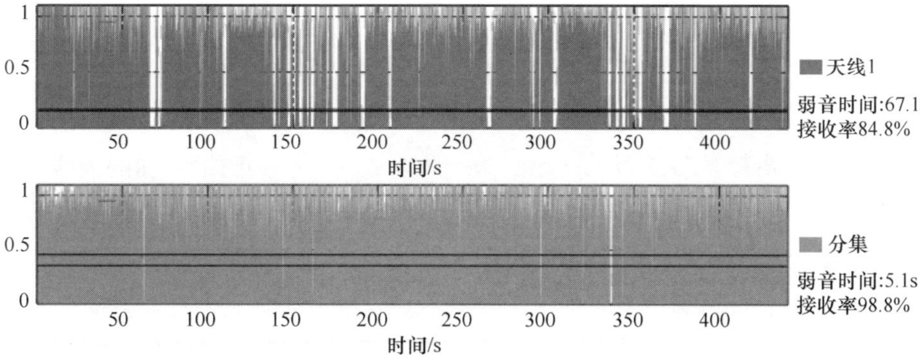

图 57.44　单天线系统(上)与扫描相位天线分集系统(下)

在瑞利衰减场景下的音频信号电平记录的比较

考虑,这在使用单个天线时是不被考虑的。一个这种安装位置的典型应用就是在敞篷车(这种情况下不可能安装在车顶)或者顶部安装空间是有限或者不存在的小汽车。从安装在汽车仪表盘的分集集合的测试驾驶(图 57.41)可以看出,分集比安装在车顶的单一天线性能要好。尽管参考天线被放在了同一个测试汽车的金属顶部,可接收度还是从单个天线的 84% 提高到了 86% (Senega,

Lindenmeier 2012)。

经过调查,在GEO卫星接收方面,安装在汽车单侧后视镜的组合天线甚至也比安装在顶部的参考天线有更好的结果。测试驾驶在笔直的路上,以从东向西和从西向东两个方向进行,考虑到由汽车本身对卫星的遮挡,可接收度由单个天线的96.7%提高到了分集系统的98.7%(Senega et al.,2014)。

57.8 结论

本章结合经典天线的概念介绍了用于HEO、GEO卫星系统的新天线类型,它们具有高效、低安装体积、合适的辐射方向图和易制备性的特点,满足车辆在卫星信号接收方面的需求。尤其是类似于甲虫轮盘天线的环状天线产生了一个易于与地面天线近距离的结合,可以被放置在相位中心。对于卫星数字无线电服务,增益的需求相对较高,分集的概念对于在严酷接收场景下的接收质量有显著的提升。尤其是通过扫描相位分集概念来实现,它易于实现并且有简单的无线电接口,等效于一个普通的单个天线。由3个天线和分集电路组成的完整分集系统可以整合在已经用于单个卫星接收天线和放大器相似的安装体积中。分集系统的使用可以使天线安装在汽车中不太好的位置,对于单个天线来说,这样是不可能达到需要信号质量的。

交叉参考:

▶第32章　分集天线和MIMO无线设计

▶第23章　圆极化天线

▶第17章　环天线

▶第33章　低剖面天线

▶第18章　微带贴片天线

参考文献

Balanis C(2005)Antenna theory: analysis and design,3rd edn. Wiley,Hoboken

Barié D,Senega S,Reiter L,Lindenmeier S(2008)Concept studies of scanning and combined scan/phase antenna diversity systems for SDARS. Frequenz 62 (9-10): 257-261. doi: 10.1515/

FREQ. 2008. 62. 9-10. 257.

Barié D, Reiter L, Lindenmeier S(2010) Fast switched diversity for optimization of S-band SDARS reception. In: Wireless Technology conference(EuWIT), 2010 European, pp 45-48

Brennan D(1959) Linear diversity combining techniques. Proc IRE 47(6):1075-1102

Briskman R, Prevaux R(2004) S-DARS broadcast from inclined, elliptical orbits. Acta Astronaut 54(7):503-518

Davarian F(2002) Sirius satellite radio: radio entertainment in the sky. In: 2002 I. E. aerospace conference, vol 3, pp 1031-1035

ETSI(2010a) Satellite Earth Stations and Systems(SES); Satellite Digital Radio(SDR) systems; part 1: physical layer of the radio interface; sub - part 1: outer physical layer. (ETSI European standard EN 302 550-1-1)

ETSI(2010b) Satellite Earth Stations and Systems(SES); Satellite Digital Radio(SDR) systems; part 1: physical layer of the radio interface; sub-part 2: inner physical layer single carrier modulation. (ETSI European standard EN 302 550-1-2)

ETSI(2010c) Satellite Earth Stations and Systems(SES); Satellite Digital Radio(SDR) systems; part 1: physical layer of the radio interface; sub-part 3: inner physical layer multi carrier modulation. (ETSI European standard EN 302 550-1-3)

Haller N(2001) Mobile antennas for reception of S-DARS. In: Antennas and Propagation Societyinternational symposium, 2001(APSURSI), vol 1, pp 426-429

Hegarty C, Chatre E(2008) Evolution of the global navigation satellite system(GNSS). Proc IEEE 96(12):1902-1917. doi:10. 1109/JPROC. 2008. 2006090

Herscovici N, Sipus Z, Bonefacic D(2003) Circularly polarized single-fed wide-band microstrip patch. IEEE Trans Antennas Propag 51(6):1277-1280. doi:10. 1109/TAP. 2003. 812241

Kammerer J, Lindenmeier S(2011) A compact car antenna with highefficiency for reception of HEO-and GEO-satellite signals. In: Antennas and Propagation Society international sympo-sium, 2011 (APSURSI), pp 1205-1206

Kammerer J, Lindenmeier S(2012) A new compact antenna combination with high efficiency for reception of SDARS-and GPS signals. In: Antennas and Propagation Society international symposium, 2012(APSURSI), pp 1-2

Kammerer J, Lindenmeier S(2013a) Invisible antenna combination embedded in the roof of a car with high efficiency for reception of SDARS-and GPS-signals. In: Antennas and Propagation Society international symposium, 2013(APSURSI), pp 2075-2076

Kammerer J, Lindenmeier S(2013b) Invisible antenna embedded in the roof of a car with high efficiency for reception of satellite digital audio radio services(SDARS). In: Antennas and Propagation(EUCAP), 2013 7th European conference on, pp 1609-1611

Kammerer J, Reiter L, Lindenmeier S(2012) Automotive hexband antenna for AM/FM/GPS/SDARS and AMPS/PCS1900 cell phone in an only 65mmhigh housing. In: Radio and Antenna Days of the Indian Ocean (RADIO 2012). IOP conference series: materials science and engineering, vol 44

Lindenmeier S (2007) Antenna diversity for the improvement of satellite radio reception in fading scenario. Inaugural session. In: International conference on wave propagation in communica-tion, microwave systems and navigation, Chemnitz

Lindenmeier S, Luy J, Russer P(2001) A multifunctional antenna for terrestrial and satellite radio applications. In: 2001 I. E. MTT-S international microwave symposium digest (Cat. No. 01CH37157). IEEE, pp 393-396

Lindenmeier H, Hopf J, Reiter L, Daginnus M, Kronberger R (2002a) A new design principle for a low profile SDARS-antenna including the option for antenna-diversity and multiband application. SAE International, Warrendale

Lindenmeier S, Olbrich G, Luy J, Russer P (2002b) Afive-band antenna for terrestrial and satellite radio services. In: Proceedings of the XXVIIth General Assembly of the International Union of Radio Science, 1109-1112

Lindenmeier S, Reiter L, Barié D, Hopf J(2007) Antenna diversity for improving the BER in mobile digital radio reception especially in areas with dense foliage. In: Antennas, 2007. INICA '07. 2nd international ITG conference on, pp 45-48

Lindenmeier S, Barie D, Reiter L, Hopf J, Senega S(2008) Novel combined scan-phase antenna diversity system for SDARS. In: Antennas and Propagation Society international 2008, pp 1-4

Lindenmeier S, Reiter L, Kammerer J, Senega S(2013) Antenna technology for mobile satellite radio reception. In: Antenna Technology(iWAT), 2013 international workshop on, pp 163-166

Müller D (2010) Kompakte Diversity-Antennen für den mobilen Empfang von Satellitensignalen. Dissertation, Universität der Bundeswehr München, Fakultät für Elektrotechnik und Informationstechnik

Müller D, Hopf J, Lindenmeier S (2009) A cavity-backed thin combined slot-dipole antenna for mobile reception of satellite signals in automotive applications. In: Antennas and Propagation Society international symposium, 2009(APSURSI), pp 1-4

Müller D, Senega S, Lindenmeier S(2010a) Compact 3-antenna diversity set for HEO and GEO satellite systems with terrestrial repeaters. In: Antennas and Propagation Society international symposium, 2010(APSURSI), pp 1-4

Müller D, Senega S, Lindenmeier S(2010b) Novel 2-antenna diversity set for SDARS reception in GEO and HEO satellite systems. In: Wireless Technology Conference(EuWIT), 2010 European, pp 169-172

Nasimuddin, Esselle, Verma (2007) Wideband circularly polarized stacked microstrip antennas. Antennas Wirel Propag Lett 6(11): 21-24. doi: 10.1109/LAWP.2006.890749

Parsons J, Henze M, Ratliff P, Withers M (1975) Diversity techniques for mobile radio reception. Radio Electronic Eng 45(7): 357-367

Patsiokas S(2001) XM satellite radio technology fundamentals. SAE International, Warrendale

Pozar D, Duffy S (1997) A dual-band circularly polarized aperture-coupled stacked microstrip antenna for global positioning satellite. IEEE Trans Antennas Propag 45(11): 1618-1625. doi: 10.1109/8.650073

Reding V(2007) Commission decision of 14 February 2007 on the harmonised use of radio spectrum in the 2 GHz frequency bands for the implementation of systems providing mobile satellite services. Off J Eur Union L 43(C(2007)409): 32-34

Reding V(2009) Commission Decision of 13 May 2009 on the selection of operators of pan-European systems providing mobile satellite services(MSS). Off J Eur Union L 149(C(2009)3746): 65-68

Saala G, Lindenmeier S(2010) Compact circular polarized antenna for mobile reception of radio signals transmitted by geostationary satellites. In: Microwave Conference(EuMC), 2010 European, pp 1465-1468

Saala G, Hopf J, Lindenmeier S (2009) Small satellite car antenna for simultaneous reception of LHCP and RHCP signals. In: European Conference on Antennas and Propagation EuCAP 2009. Pro-ceedings: Estrel Convention Center, Berlin, 23-27 Mar 2009. VDE Verlag, Berlin, pp 2698-2700

Saala G, Müller D, Hopf J, Lindenmeier S(2010) Antenna with optimized pattern for simultaneous reception of terrestrial signals and signals of geostationary satellites. Adv Radio Sci 8: 37-42

Sallam H, Abdel Nabi T, Soumagne J(2008) A GEO satellite system for broadcast audio and multimedia services targeting mobile users in Europe. In: Advanced satellite mobile systems, 2008, vol 4, pp 134-139

Senega S(2013) Mehrdienstfähiges Antennendiversity für den mobilen Satellitenrundfunkempfang. Dissertation, Universität der Bundeswehr München, Fakultät für Elektrotechnik und Informationstechnik

Senega S, Lindenmeier S(2011) A fast switching antenna diversity system for improved mobile reception of digital radio signals of a geostationary satellite. In: Antennas and Propagation (EUCAP), proceedings of the 5th European conference on, pp 262-264

Satellite Antennas on Vehicles 2539

Senega S, Lindenmeier S(2012) Antenna module with integrated scan-phase antenna diversity system for SDARS. In: Antennas and Propagation (EUCAP), 2012 6th European conference on, pp 2807-2810

Senega S, Müller D, Barie D, Reiter L, Hopf J, Lindenmeier S (2009) Investigation on the combination of a scan/phase antenna diversity system with a novel diversity antenna set. In: Antennas and Propagation Society international symposium, 2009 (APSURSI), pp 1-4

Senega S, Müller D, Reiter L, Lindenmeier S(2010) A fast-switching diversity-and beam-forming-circuit for S-band satellite reception in fading scenarios. In: Microwave conference (EuMC), 2010 European, pp 648-651

Senega S, Kammerer J, Lindenmeier S(2014) Scan-phase antenna diversity for digital satellite radio (SDARS) in a single automotive side mirror. In: 2014 8th European Conference on Antennas and Propagation (EuCAP), pp 3255-3259

Sharma P, Gupta K (1983) Analysis and optimized design of single feed circularly polarized microstrip antennas. IEEE Trans Antennas Propag 31(6):949-955. doi:10.1109/TAP.1983.1143162

第 58 章

卫星通信智能天线

Qi Luo, Steven Gao

摘要

智能天线对卫星系统来说非常重要,因为它可以提高信道容量、频谱利用率以及通信系统的覆盖范围。本章结合实例回顾了智能阵列天线设计技术,并介绍了智能天线在卫星地面站和卫星直播系统的应用,在章末给出了引用文献的详细列表。

关键词

智能天线;卫星通信;阵列天线;波束赋形

58.1 引言

智能天线是由微波有源电路、波束形成网络和信号处理单元组成的天线阵

Q. Luo(✉) · S. Gao
肯特大学工程与数字艺术系,英国
e-mail:q. luo@ kent. ac;s. gao@ kent. ac. uk

列。波束形成可以通过控制每个阵列单元或者子阵列的复权来实现。如果使用波达方向(DOA)算法,可以通过计算波束形成矢量,自适应调整智能天线的波束,在期望的方向上形成波束,在不期望的方向形成零陷,从而降低干扰水平,提高系统容量。在一些文献中,智能天线(smart antennas)也称为自适应阵列天线或智能天线(intelligent antennas)(Bachman,1996;Chryssomallis,2000)。

高数据率和无缝覆盖已经成为当今无线通信的趋势。随着无线用户数量的增多,为了使系统效率最大化,避免同信道干扰,智能天线替代了传统的天线系统。特别是在强干扰环境下,使用智能天线的通信系统比使用传统阵列的系统有更好的信噪比,能覆盖更大的区域(Chryssomallis,2000)。智能天线可以增加移动通信网络的整体容量。此外,对于卫星通信(SatCom),使用传统反射面天线的地面站现在也有使用智能天线的趋势。一个智能天线几乎可以同时与多个卫星进行通信,可取代多个笨重的、只能通过机械控制来跟踪卫星的反射面天线。

根据波束控制的方式,智能天线通常可分为波束切换智能天线和自适应波束控制智能天线。如果预先设定天线系统阵列单元的复权值,并且天线系统具有有限数量的固定波束方向图,则该智能天线就称为波束切换智能天线。另外,如果可以自适应调节智能天线每个阵列单元的复权值,并且可以在一定角度范围内连续控制智能天线的成形波束,则该系统称为自适应波束控制智能天线。两种类型的智能天线均可采用模拟波束成形或数字波束成形。多输入多输出(MIMO)天线也是智能天线的一种,它利用空间分集来提高数据吞吐量,并且这样的系统不需要专门的波束成形。图58.1展示了智能天线的分类。由图可知,具有模拟波束形成的自适应波束控制智能天线可以分为无源相控阵和有源相控阵。有源相控阵指的是每一个辐射单元都有自己的发射/接收模块,并且有源电路与无源天线单元集成在一起(Jenshan and Itoh,1994)。本章只讨论波束切换和波束控制智能天线。对MIMO天线感兴趣的读者,可以参考Kalis等的文献查看更多细节。

58.1.1 智能天线关键参数

图58.2描述了智能天线的常见结构。智能天线通常由波束形成网络的天线阵列组成,这个波束形成网络由微波电路构成。将先进信号处理算法应用到

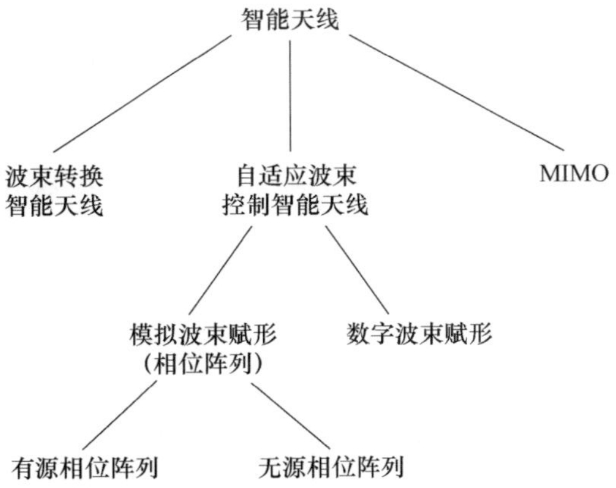

图 58.1　智能天线分类

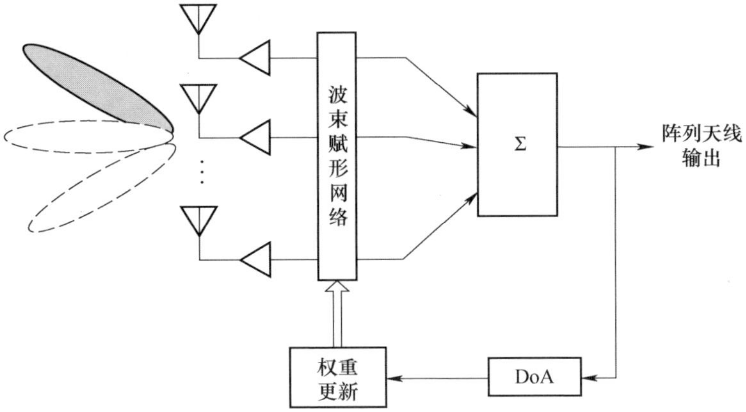

图 58.2　智能天线的一般结构

所有单个天线单元的数字基带信号中,就可以甚至实时地形成阵列的辐射方向图。

阵列天线是智能天线的重要组成部分。它决定了波束控制的性能(如最大波束扫描角)、方向性和天线系统的辐射效率。波束形成网络和微波电路决定了相控阵天线的波束控制或波束切换能力。因此,可以从两个方面描述智能天线的关键参数,即阵列天线和微波电路。因为本章更多关注天线的设计,不能涵盖电路设计方面的参数,所以下面提及的参数仅与阵列天线的性能有关。

天线阵可以是线性阵列或平面阵列,取决于具体应用需求。通常来说,人们倾向于使用平面阵列来进行智能天线设计,这样能更好地利用先进波束形成网络和信号处理算法。图 58.3 展示了 4 种典型平面阵列天线的拓扑结构。

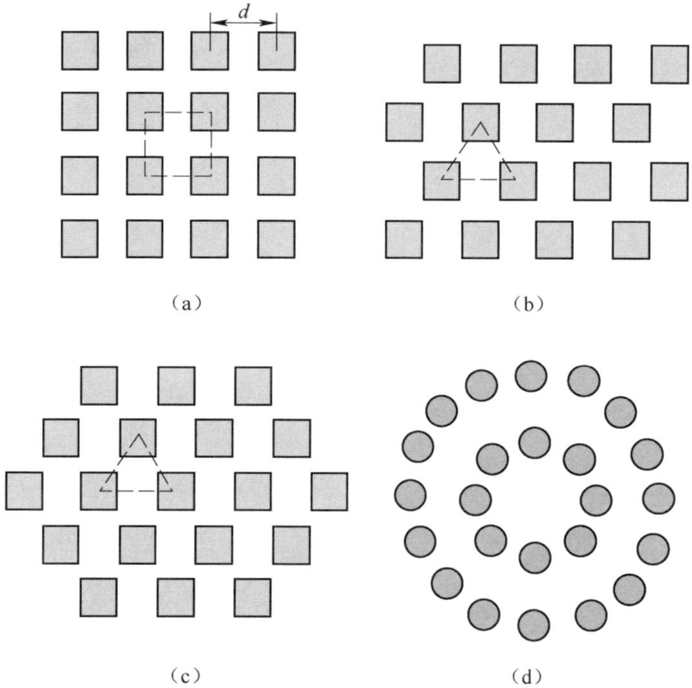

图 58.3　3 种典型平面阵列天线的拓扑结构
(a)矩形晶格;(b)三角晶格;(c)六方晶格;(d)同心圆阵列。

阵列天线的辐射方向图可以表示为阵列因子(AF)与单个辐射单元辐射方向图的乘积,即

$$E_{\text{total}} = E_{\text{single\_antenna}} \cdot \text{AF} \tag{58.1}$$

式中:E_{total} 为阵列的总电场;$E_{\text{single\_antenna}}$ 为单个阵列单元的电场。对于 x 方向上有 M 个单元、y 方向有 N 个单元的二维平面阵列,阵列因子可以表示为(Balanis 2005)

$$\text{AF} = S_{xm} \cdot S_{yn} \tag{58.2}$$

其中

$$S_{xm} = \sum_{n=1}^{M} I_{m1} \mathrm{e}^{\mathrm{j}(m-1)(kd_x \sin\theta\cos\varphi + \beta_x)} \tag{58.3}$$

$$S_{yn} = \sum_{n=1}^{N} I_{1n} e^{j(n-1)(kd_y \sin\theta\cos\varphi + \beta_y)} \tag{58.4}$$

式中：β 为 x 方向或 y 方向的渐进相位；θ、φ 分别为俯仰和方位平面的波束角；k 为传播常数；I 为每个单元的激励系数。为了避免栅瓣，在矩形格子平面阵列中，阵列单元之间的距离（d）需要满足

$$d \leqslant \frac{\lambda_0}{1 + \sin\theta_{\max}} \tag{58.5}$$

式中：$\theta_{\max}$ 为阵列的最大扫描角；λ_0 为感兴趣频率处的自由空间波长。如果采用六边形或三角形格子，按相同的不出现栅瓣的扫描角范围要求，间距 d 可能更大，辐射单元的数量可以减少约 15%（Hansen，2009）。

当每个阵列单元间的距离固定时，阵列天线的方向性（D）由辐射单元的数量决定，即

$$D \leqslant \frac{4\pi A}{\lambda^2} \varepsilon_A \cos\theta \tag{58.6}$$

式中：A 为辐射孔径尺寸；ε_A 为阵列的孔径效率。如果波束在 E 面和 H 面都具有对称方向图，则可以用下式预估以弧度为单位、均匀照射阵列的 3dB 波束宽度（Mailloux，2005），即

$$\theta_{3\mathrm{dB}} = \sqrt{\frac{4\pi\ 0.866^2}{D}} \tag{58.7}$$

阵列天线的波束角由每个阵列单元的复权值决定，而在使用模拟波束形式时该复权值由矢量调制器控制。矢量调制器可以通过可变衰减器实现相移并控制射频信号的幅度。在数字波束形成情况下，每一辐射单元都有一个数模转换器，没有必要使用移相器。

期望的情况是能够在 360°范围实现连续的相位控制，并且幅度连续可控。图 58.4 展示了理想矢量调制器的幅度和相位响应。

但在实际情况下，相位只能离散给出，而且相位量化误差与移相器的位数有关。例如，使用 6 位移相器，64 组相位可以提供 5.625°的相位差。此外，还会存在随机相位和幅度误差。有相位误差和幅度误差，就会造成指向误差、旁瓣水平增加以及方向性下降。当出现相位和幅度误差时，智能天线的方向性和波束指向偏差的方差可由下式估计（Mailloux，2005），即

$$\frac{D}{D_0}=\frac{P}{1+\overline{\delta}^2+\overline{\Phi}^2} \tag{58.8}$$

$$\overline{\Delta}^2=\overline{\Phi}^2\frac{\sum I_i^2x_i^2}{\left(\sum I_ix_i^2\right)^2} \tag{58.9}$$

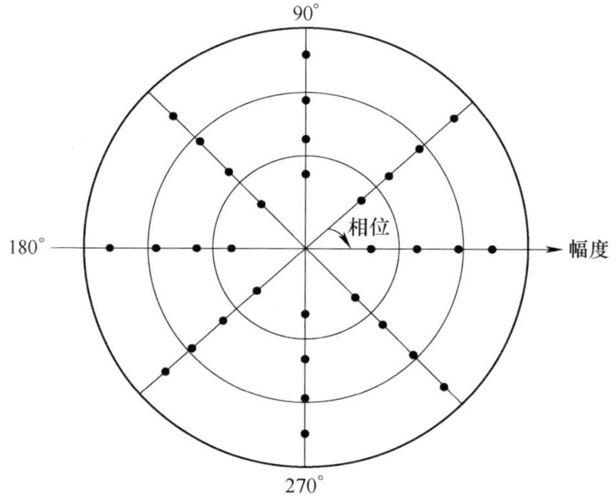

图 58.4　理想矢量调制器的幅度和相位响应图

式中:D 为有误差的阵列方向性;D_0 为无任何相位、幅度误差的阵列方向性;Φ 为相位误差;δ 为幅度误差;$\overline{\Delta}^2$ 为波束指向偏差的方差;I_i 为第 i 个单元激励的幅度;x_i 为由单元间距 d 分割出的单元位置。由于这些误差的存在,模拟波束形成智能天线在装配到通信系统之前需要进行校准。

58.1.2　智能天线设计综述

1. 波束切换智能天线

波束切换智能天线在预定方向形成有限数量的固定波束,可以通过采用多端口波束切换网络或在馈电网络上引入射频开关来切换不同波束。可以通过使用巴特勒矩阵来实现多端口波束切换网络,还可以通过几个带射频交叉结构的分支耦合器级联进行设计。已经有很多使用巴特勒矩阵作为馈电网络的波束切换天线的报道,包括具有线极化(LP)(Han et al. ,2012)或圆极化(CP)(Chao-

Hsiung et al. ,2008; Elhefnawy and Ismail,2009; Changrong et al. ,2011)的一维阵列。在 Elhefnawy 和 Ismail(2009)的文献中设计了具有巴特勒矩阵的平面微带天线阵列,用于室内无线动态环境,工作频率为 2. 4GHz。采用由 4 个顺序旋转的内嵌馈电矩形贴片天线组成的微带天线阵来实现圆极化辐射。

FanFan 等(2012)提出了基于基片集成波导(SIW)的工作在 60GHz 的波束切换智能天线接收子系统。该系统使用了传统的 4 × 4 巴特勒矩阵,使用了 SIW 弯曲结构来提供所需的相位延迟。该设计将前端单元高密度地集成到一个基片上,包括 4 × 4 缝隙阵列天线、巴特勒矩阵、带通滤波器、混频器和本地振荡器(LO)。从文献中看出,4 个波束可实现的最大扫描角可达 45°。另一个集成解决方案见 Patterson 等(2012)发表的文献,该文献验证了集成有巴特勒矩阵和砷化镓(GaAs)低噪声放大器的 60GHz 有源接收波束切换天线阵列。在该设计中,4 × 1 有源阵列的波束由与巴特勒矩阵集成的砷化镓单刀双掷开关控制。天线阵列由 4 个准八木偶极子构成,波束扫描范围可达 40°。有源接收波束切换阵列印制在液晶聚合物(LCP)基片上,测量结果表明,获得了 27. 5dB 的峰值有源增益。

尽管大多数设计只能在一个平面内切换波束,但是 Moulder 等在 2012 年提出了一个基于巴特勒矩阵的改进型平面波束切换网络。这种波束切换阵列天线设计用于 60GHz 的短距离通信,可以在两个维度上切换波束。波束切换阵列由一个 2 × 4 的平面阵列和馈电网络组成,馈电网络包括两个 4 × 4 巴特勒矩阵和 4 个混合耦合器。每个混合耦合器在其两个输出端之间提供 90°的相移,该相移为同一列上的两个天线提供馈电,如图 58. 5 所示。利用该馈电网络就可以得到上半球的 8 个定向波束。

Chia-Chan 等(2010)提出了一种在波束切换网络中引入自适应控制的混合解决方案,其中,8 路巴特勒矩阵用于给一个 1 × 8 的印制贴片阵列馈电。馈电网络采用微带线来实现,整个系统为多层结构。与传统设计不同,在馈电网络中引入了移相器,如图 58. 6 所示。初始时,通过选择巴特勒矩阵的相应端口,将波束阵列切换到一个特定方向,接着可以通过控制移相器对其进行微调,这样就可以控制聚焦波束覆盖更多的扫描角。

具有 RF 开关的波束切换智能天线设计方面新进展包括在馈电网络上采用射频 PIN 开关或射频 MEMS 开关,来提供可达 40°的有限数量的固定波束(Bay-

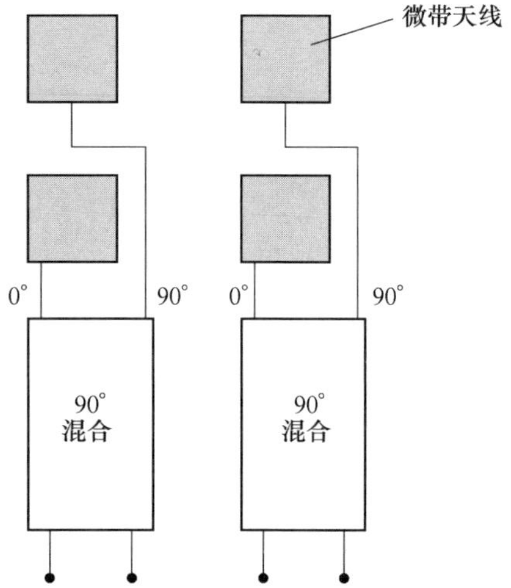

图 58.5　Moulder 等在 2010 年所提出使用 90°混合馈电同一列阵列单元的示意图

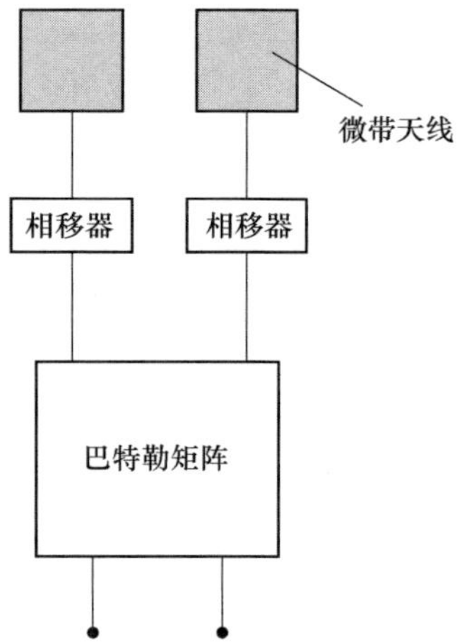

图 58.6　Chia-Chan 等在 2010 年所提出的在巴特勒矩阵中引入移相器的示意图

raktar et al. ,2007;Jun 2011)。然而,这通常会因为引入额外的直流偏置网络而造成馈电网络复杂,在辐射单元数量庞大的情况下限制了其在紧凑系统设计上的应用。

2. 自适应波束控制智能天线

波束切换智能天线的主要缺点是它只提供了有限数量的固定波束。而自适应波束控制天线可以连续地将波束引到所需的方向,并且可以用复杂的信号处理算法控制波束形状以将链路预算最大化。为了自适应地调整波束形状,需要一个自适应波束形成网络,这个网络可以由模拟波束形成(ABF)或数字波束形成(DBF)。ABF 需要采用大量的移相器和衰减器来提供阵列单元的复权值。叠加后的信号需要被下变频到基带信号,经过模数(A/D)转换器后再送给信号处理单元。大多数波束切换智能阵列天线仅通过控制阵列单元的输入相位来控制波束,这些属于模拟波束形成。DBF 在每个阵列单元上使用 A/D 转换器和数字下变频器,而不是使用大量昂贵、高损耗的微波移相器,实现数字化的波束形成。不过 DBF 需要大量的 A/D 转换器,这些转换器高功耗并且需要实时信号处理。为实现自适应波束形成,可以选择使用几种定义完善的算法、如最小均方(LMS)算法,递归最小平方(RLS)算法和常模(CM)算法。这些算法的详情可以参考 Balanis 和 Ioannides 在 2007 年出版的图书。

对于移动卫星应用,要求智能天线在大的角度范围内高效扫描。对于这类系统,关键组件之一就是大波束扫描角阵列天线。大波束扫描角阵列天线的设计充满挑战性,近些年也吸引了很多人的研究热情。该领域的最新进展包括使用缝隙天线(Zhang et al. ,2012)、贴片(Zhou et al. ,2011)和堆叠贴片(Chaloun et al. ,2014)作为阵列单元,通过抑制表面波和减少相邻单元的互耦,实现了宽的波束扫描角范围。目前使用 ABF 作智能天线方面的最新设计(见 2014 年 Chaloun 等的研究),其中提到了具有宽扫描角范围的高集成度 Ka 波段发射/接收反射阵列(Pilz and Menzel 1998)。该反射阵列有 108 个天线单元,可以在上半球 $\pm 60^\circ$ 的范围实现波束扫描。通过引入镀金属通孔来抑制表面波,从而减少相邻单元之间的互耦。由于阵列单元的尺寸很小,只有 5mm × 5mm ($0.5\lambda_{30GHz} \times 0.5\lambda_{30GHz}$),所以可以将 4 个 T/R 组件集成到单片微波集成电路(MMIC)上,如图 58.7 所示。

具有数字波束形成(DBF)的智能天线的新进展包括 Stark 等在 2009 年报道的用于卫星通信的 Ka 波段电控接收天线和发射天线。在该项工作中,智能天线是一个具有 15 层低温共烧陶瓷(LTCC)片与天线单元、校准网络、射频电路和冷却系统组合在一起的高集成度天线。该数字波束形成智能天线架构如图 58.8所示。

由于智能天线是一个复杂的系统,尤其是自适应波束控制智能天线更是如

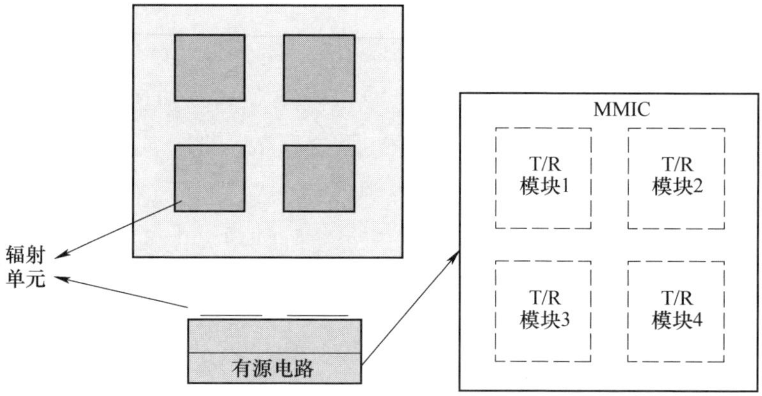

图 58.7　Chaloun 等在 2014 年文献中将 4 个 T/R 组件集成在一个 MMIC 上来控制 4 个天线单元

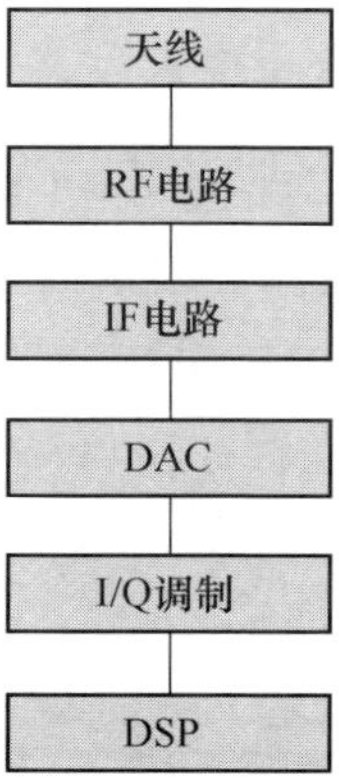

图 58.8　Stark 等在 2009 年文献中所述的具有 DBF 的智能天线架构

此,因此本章不可能涵盖包括射频电路设计在内的每个部件的设计细节。相反,本章将更多地关注阵列天线和与之相对应的馈电网络的设计。对于射频电路的设计,更多的细节读者可以参考 Li(2012)的著作。本章安排如下:“智能天线设计”一节中以实例说明了波束切换阵列天线和自适应波束控制智能天线的设计技术;接下来,在“智能天线在卫星通信上的应用”一节中介绍智能天线在卫星地面站和移动直播卫星系统领域的应用。

58.2　智能天线设计

如“引言”中所介绍,智能天线主要分为两类,即波束切换智能天线和自适应波束控制智能天线。波束切换智能天线有提供固定相移以在预定方向形成成形波束的波束形成网络。在引入射频开关或使用多端口耦合器之后,可以离散地转换波束。因为不必使用移相器或幅度衰减器,这导致了低成本的解决方案。由于馈电网络的复杂性,大多数波束切换智能天线只能在一个方向切换波束。

与波束切换智能天线相比,自适应波束控制智能天线可以在所需方向连续地控制波束,并且可以利用复杂的信号处理算法,按链路预算最大化控制波束形状。每个辐射单元输入相位和幅度的精准控制增加了系统复杂度,因此自适应智能天线的成本更高。

58.2.1　波束切换智能天线

在不要求连续波束控制的情况下,波束切换智能天线提供了低成本、低功率损耗的解决方案。它不需要使用任何移相器,多数情况下使用模拟波束形成。波束切换智能天线有一个为阵列单元提供一套固定相移的波束形成网络,这样就可以在预定方向形成成形波束。因此,波束形成网络是波束切换智能天线中最重要的组件。

1. 理论

图 58.9 显示了波束切换阵列的一般结构。为了实现波束切换馈电网络,通常采用多端口,通过选择相应的射频端口可以实现波束的切换。

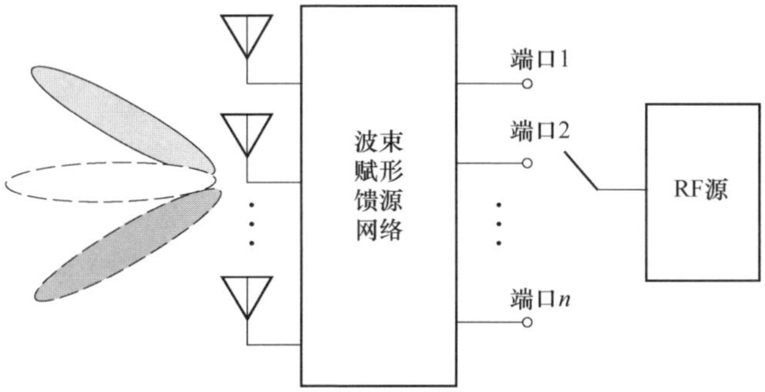

图 58.9　波束形成智能天线的一般结构

实现这样的波束形成馈电网络的技术之一是在馈电网络上引入射频开关。图 58.10 中给出了一个在具有 4 个辐射单元的一维微带贴片传输阵列的馈电网络上引入 RF 开关的例子。

如图 58.10 所示,两个射频开关安装在微带馈电线的输入位置,通过控制射频开关状态,可以由具有两个不同相位延迟的射频信号对贴片馈电。这相当于一个两端口波束形成馈电网络。引入更多的射频开关将增加针对每个辐射单元的不同相位延迟的数量,从而获得更多辐射方向图。最常见和最具性价比的一种射频开关就是射频 PIN 二极管。射频 PIN 二极管具有切换时间短、插入损耗和隔离度合理的特点。射频微机电系统(RF MEMS)具有插入损耗低和工作频率高(如毫米波频率)的良好性能,但是制造成本高且装配复杂。

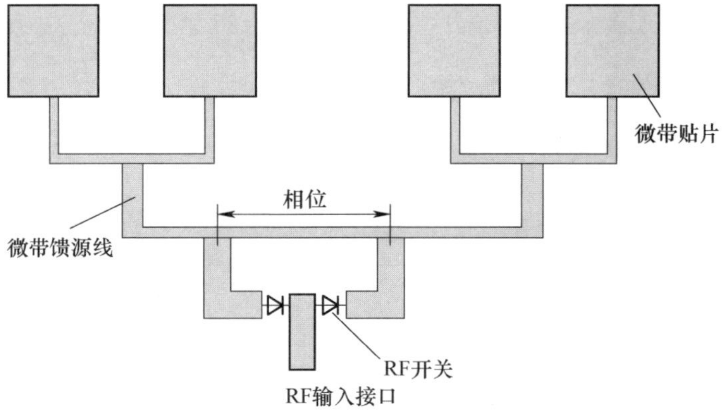

图 58.10　在阵列天线馈电网络中引入 RF 开关的示例

馈电网络中需要有偏置电路来控制射频开关的 ON 和 OFF 状态。偏置电路必须确保在射频端口和直流电源之间高的 RF/DC 隔离度,而由集总元件所引入的插入损耗和阻抗失配都很低。

图 58.11 给出了用于天线应用的偏置电路的电路模型。电容用来隔断直流电源,而电感用来阻断射频信号(RF chock)。对于印制微带天线设计,直流偏压线可以通过窄的微带线实现,它在射频频率具有高的阻抗。为了保证阻抗匹配合适,需要电容在感兴趣的最低微波频率处具有小的电抗,其自谐振频率要远高于感兴趣的最高频率(AVX 公司)。$\lambda/4$ 的微带天线和径向线可以用来提高馈电网络的阻抗匹配。

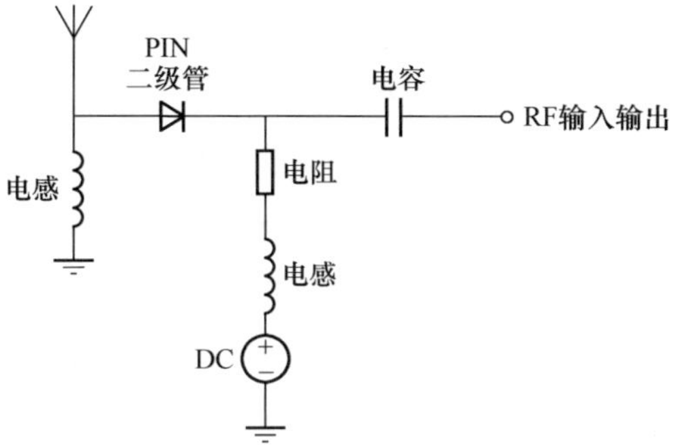

图 58.11　天线应用中用于 FR 开关的偏置电路的电路模型

另一个众所周知的设计波束切换馈电网络的方法就是使用巴特勒矩阵(Butler and Lowe,1961)。巴特勒矩阵有 N 个输入端口和 N 个输出端口,其中:

$$N = 4n,\ n = 1,2,3$$

图 58.12 展示了由分支线耦合器实现的四端口巴特勒矩阵的布局。如图 58.12所示,每个传输线长度为感兴趣频率下的 $\lambda/4$,水平微带线的阻抗为 $0.707Z_0$。

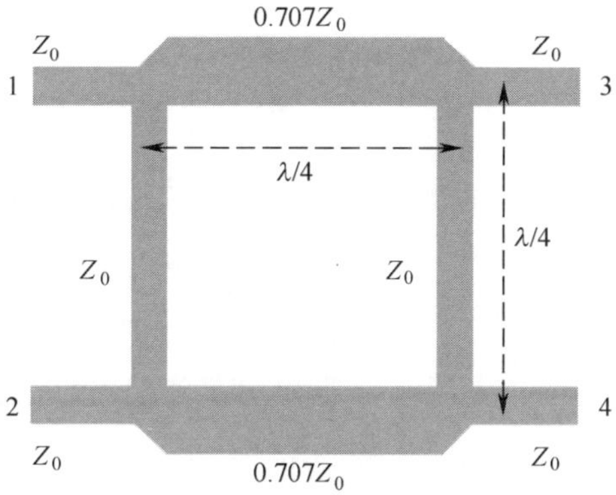

图 58.12　四端口分支线耦合器

对于四端口巴特勒矩阵,散射矩阵可以表示为

$$\begin{bmatrix} \text{Output}_1 \\ \text{Output}_2 \\ \text{Output}_3 \\ \text{Output}_4 \end{bmatrix} = B \cdot \begin{bmatrix} \text{Input}_1 \\ \text{Input}_2 \\ \text{Input}_3 \\ \text{Input}_4 \end{bmatrix} \tag{58.10}$$

其中

$$B=\frac{1}{\sqrt{2}}\times\begin{bmatrix}0&0&1&-j\\0&0&-j&1\\1&-j&0&0\\-j&1&0&0\end{bmatrix} \tag{58.11}$$

假设端口1(图58.12)是具有电压 U_{in} 的输入端口,这意味着

$$\begin{bmatrix}\text{Input}_1\\\text{Input}_2\\\text{Input}_3\\\text{Input}_4\end{bmatrix}=\begin{bmatrix}U_{in}\\0\\0\\0\end{bmatrix} \tag{58.12}$$

解以上方程,可以推导出

$$\text{Output}_1=0$$

$$\text{Output}_2=0$$

$$\text{Output}_3=\frac{U_{in}}{\sqrt{2}}\times\exp(\varphi)$$

$$\text{Output}_4=\frac{U_{in}}{\sqrt{2}}\times\exp\left(\varphi-\frac{\pi}{2}\right) \tag{58.13}$$

这意味着在端口3和端口4处得到90°相位差,而端口2是隔离的。通过将输入从端口1更改到端口2,端口3和端口4的输出相位将同时交换。

2. 设计实例

图58.13展示了使用分支线耦合器和功率分配器形成波束切换阵列馈电网络的原理框图。如图58.12所示,分支线耦合器可以将输入的射频信号分为幅度相同、相位相差90°的信号,然后将微带功率分配器引入分支线耦合器的输出端口,可以在功率分配器的输出端口使用不同长度的微带线来引入真实时延,从而控制每个辐射单元的输入相位。

作为示例,图58.14显示了Han等(2012)在文献中提出的基于分支线耦合器的馈电网络。这种馈电网络是为波束切换阵列而设计的,该阵列由4个工作在5.1~5.3GHz的贴片单元组成。在馈电网络的第一级采用了分支线耦合器,之后引入两条耦合线将功率分成4个输出,其中微带贴片由探针作为馈源馈电。

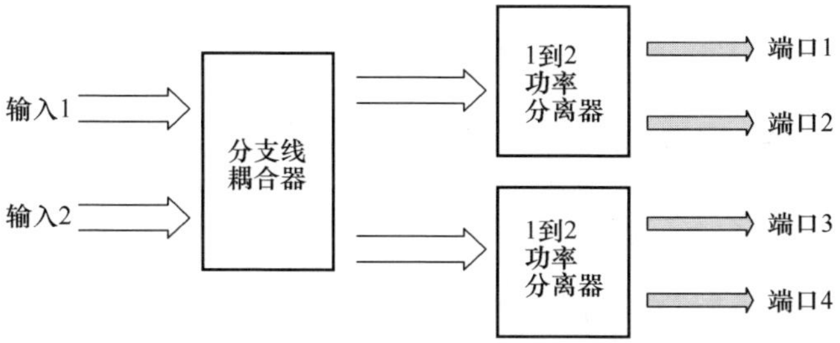

图 58. 13　使用分支线耦合器和功率分离器设计波束切换阵列的馈电网络原理框图

为产生不同的相位延迟,连在功率分配器后的微带线的长度是可变的,这取决于需要的波束切换角。当射频信号从端口 1 或端口 2 输入时,辐射单元由两套不同的相位分布来馈电。每一个辐射单元对应的相位如图 58. 14 所示。因此,通过选择不同的输入端口,可以对这个阵列的波束进行切换。

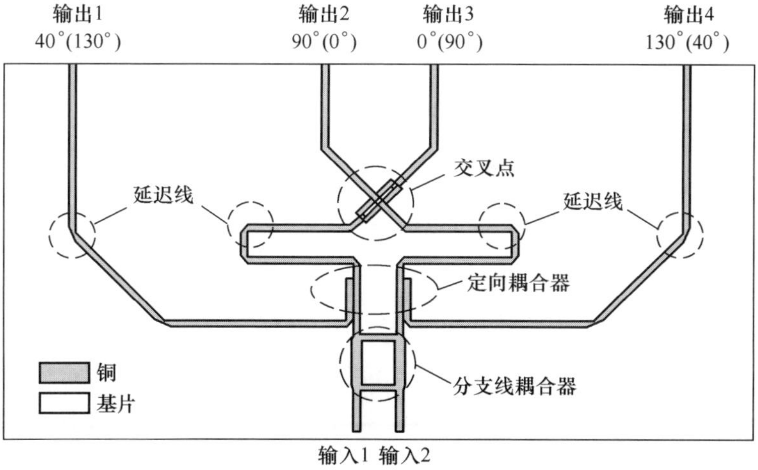

图 58. 14　Han 等(2012)在文献中提出的馈电网络配置

图 58. 15 展示了当选择端口 1 或端口 2 之后,测得的该波束切换阵列的辐射方向图。可以看出,当选择端口 1 作为输入端口,这一线性阵列的波束指向 22. 5°,而如果激励端口 2,波束被切换到-22. 5°。该设计是应用分支线耦合器和功率分配器获得波束切换馈电网络的一个经典例子。在这个例子中,只能在两个不同的角度之间切换波束。可以通过级联更多耦合器来得到更多的波束切换角度,当然输入端口的数量也会相应地增加。

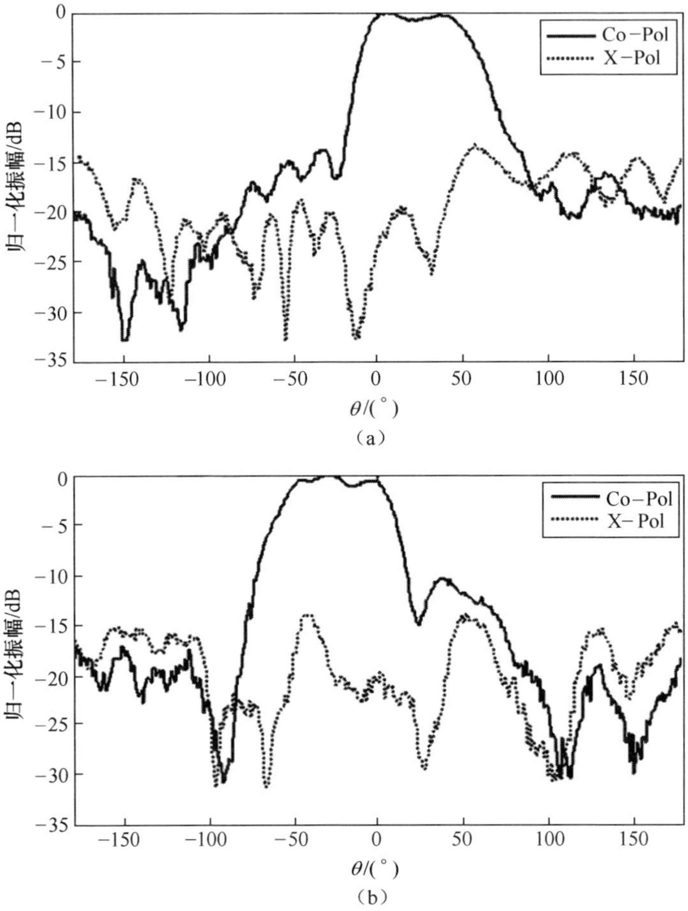

图 58.15 Han 等(2012)在文献中提出的波束切换阵列测试辐射方向图

(a)从端口 1 激励;(b)从端口 2 激励。

除了使用巴特勒矩阵外,另一个设计波束切换阵列的方法是在馈电线上引入射频开关。图 58.16 显示了 Maqsood 等(2014)的文献中报道的在阵列天线馈电线上嵌入 PIN 二极管开关的馈电网络布局。需要直流偏压网络为 PIN 二极管开关提供合适的直流偏压。为了确保直流和射频源的高隔离度,在偏压点处使用 100nH 的电感作为射频阻塞,使用 10μF 的电容作为截断电容。

如图 58.16 所示,馈电网络有 4 个输出状态,这意味着每个辐射单元的相位可以用 4 组不同的相位来调整。因此,阵列波束可以切换到 4 个不同的角度。

该阵列使用了 4 个双波段圆极化层叠环形天线，谐振频率设计为 2.454GHz 和 3.15GHz。图 58.17 显示了在不同射频开关正向偏压下，这个具有 4 组不同相位分布的波束切换阵列所测得的辐射方向图。结果表明，在两个频率下，阵列波束都可以切换到±25°，并且增益适中、旁瓣低。

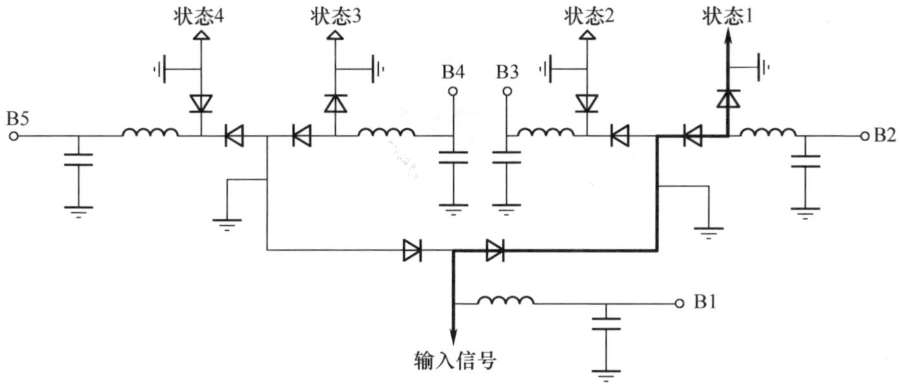

图 58.16　有 PIN 二极管开关的馈电网络配置图

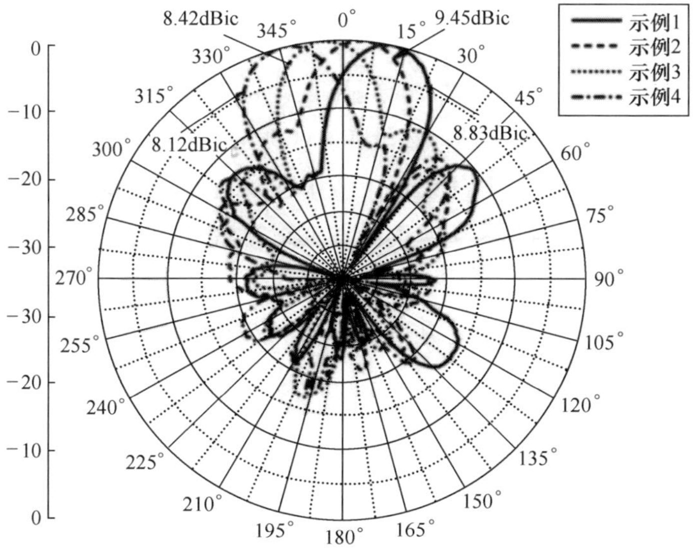

（a）

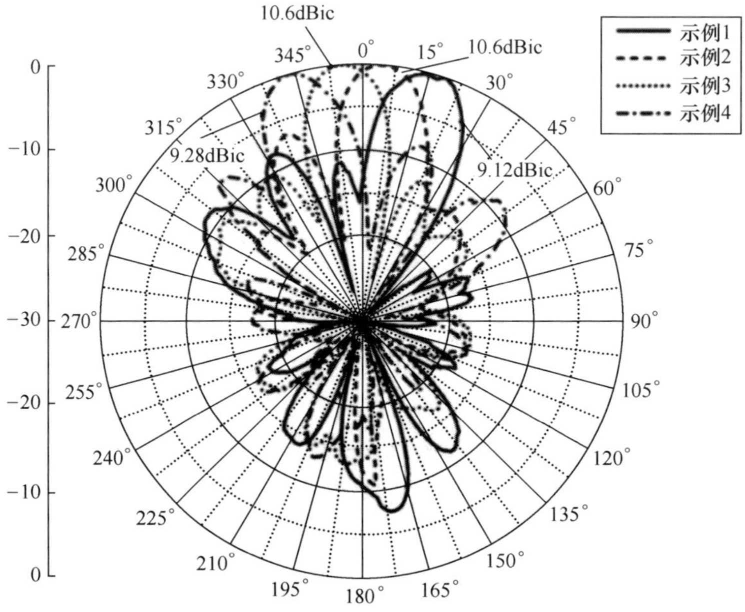

(b)

图 58. 17 Maqsood 等(2014)在文献中提出的双带 CP 阵列测量辐射方向图

(a)2. 454GHz;(b)3. 15GHz。

通过以上两个设计实例可以看出,使用巴特勒矩阵可以通过选择相应的输入端口实现阵列的波束切换。端口数量随天线数量的增加而增加。该阵列是一个多输入多输出系统,也可以用于多波束应用中。采用第二种方法,是在馈电线上引入射频开关,通过控制射频开关的状态来调节阵列的相位分布,而且只需要一个输入端口。但是,需要额外的直流偏压电路来控制射频开关,如果使用大量的射频开关,将增加整个系统的复杂度,并会降低天线系统的效率(由于射频开关的损耗)。

58. 2. 2 波束控制智能天线

1. 理论

自适应波束控制天线能够将波束连续控制到所需方向,并通过复杂的信号处理算法调整波束形状,使得链路预算最大化。这使得它比只能提供有限数量波束的波束切换智能天线更有吸引力。对于诸如移动中卫星通信(动中通)这样的移动卫星应用来说,自适应波束控制智能天线需要在大角度范围内进行高效波束扫描。

可以通过采用幅度及相位均可控的相位阵列来实现自适应智能阵列天线的波束形成。图 58.18 展示了具有模拟波束形成的智能天线的一般结构(Luo et al. ,2014)。

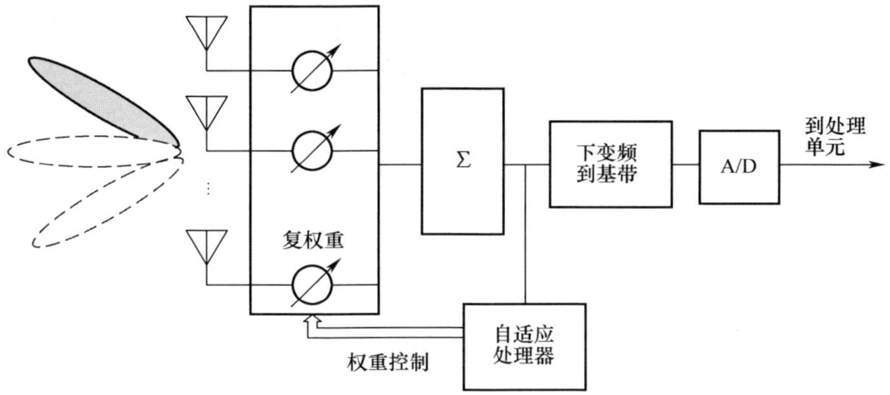

图 58.18　带模拟波束形成的智能天线的一般结构

一个具有大扫描角的二维天线阵列通常要求装配在自适应的智能天线上。当阵列的尺寸很大时,中心区域辐射单元的特性与无限大阵列中的单元相似。于是,可以在阵列尺寸无限大的假设下,用 Floquet 模来分析阵列。采用 Floquet 模,一个有无限多个源的阵列可以表示为 Floquet 模函数的叠加,而不用求解有无限多个激励函数的 Maxwell 方程组。已经证明,使用无限大阵列假设下的结果,可以以很高的精度确定有限阵列的性能(如互耦、有源反射系数等)(Bhattacharyya 2006)。

阵列单元以均匀幅度、线性增长相位激励时,采用 Floquet 模函数,阵列单元的阻抗可以用下式计算(Bhattacharyya,2006),即

$$\frac{Z^{\mathrm{FL}}(k_{x0},k_{y0}) = -\langle \boldsymbol{E},\boldsymbol{I}\rangle}{I_0^2} \tag{58.14}$$

式中, k_{x0} 为 x 方向的相位常数; k_{y0} 为 y 方向的相位常数; I_0 为输入电流; $\boldsymbol{E}$ 为电流源处的电场; $\boldsymbol{I}$ 为电流分布函数; $\langle \boldsymbol{E},\boldsymbol{I}\rangle$ 为单元中电流源的自电抗,由下式

给出,即

$$\langle E,I\rangle = \iint \boldsymbol{E} \times \boldsymbol{I} \mathrm{d}x\mathrm{d}y \tag{58.15}$$

在计算了不同扫描角的阵列单元 Floquet 阻抗后,扫描盲角可以通过定位天线的输入阻抗很大的那个角度(阻抗匹配差)来定义。在扫描盲角,天线阵列不辐射,几乎所有的输入射频能量都被反射回来。

2. 设计示例

最近,Luo 等(2013)提出了一种用于移动中卫星通信的 Ka 波段大扫描角折叠反射阵。结合合适的有源微波电路,该反射阵波束扫描可达半球±60°范围。该折叠反射阵的结构如图 58.19 所示。由图可见,该反射阵由一个平面微带缝隙天线阵列和一个介质极化器组成。在每个辐射单元的后面,其接口允许它将发射/接收单元与相位/幅度控制相结合。

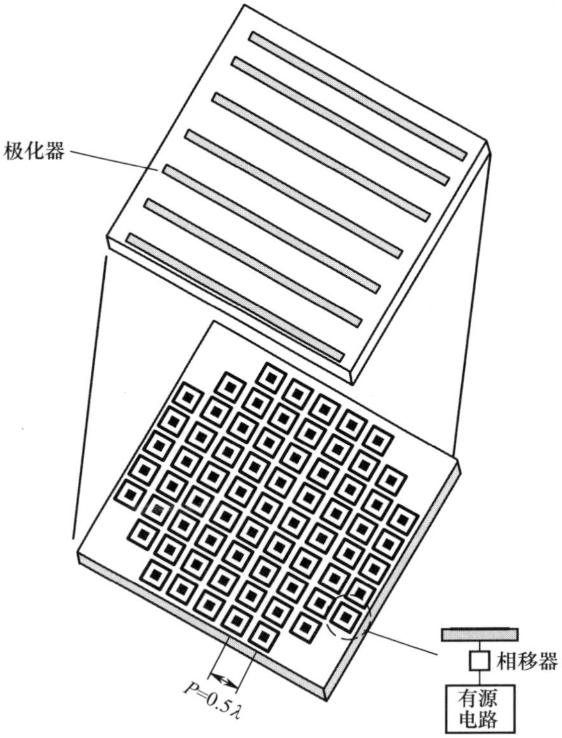

图 58.19 Luo 等(2013)所提出的折叠反射阵列结构

该反射阵列的元胞是基于一个由带状线馈电的双极化方环缝隙天线，如图 58.20(a)所示。双线性极化阵列元胞用于将从缝隙天线再次辐射波的电场旋转 90°，正好满足折叠反射天线的设计要求(Menzel and Kessler，2009)。为了与位于每个辐射单元下面的 MMIC 集成，射频信号需要通过从带状线传输到带屏蔽孔的同轴结构。为了表征阵列单元，建立了无源的阵列原型样件，引入了从带状线到微带线的转换，如图 58.20(b)所示。

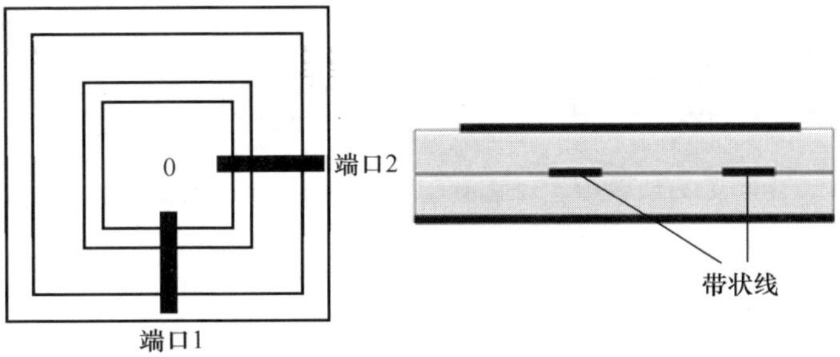

(a)

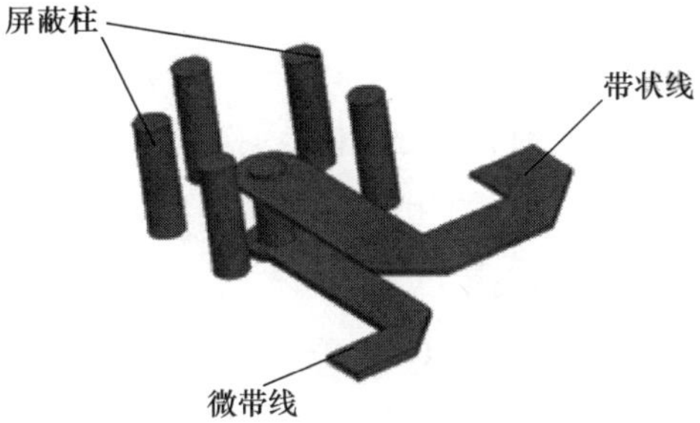

(b)

图 58.20 设计示例(Luo et al.，2013)
(a)反射阵单元俯视图和侧视图；(b)带状线到微带线的转换。

每个元胞间的距离保持在其 30GHz 频率下自由空间波长的一半，以避免波束扫描过程中出现栅瓣。同时，为了确保阵列控制波束到大角度，很重要的是抑制表面波传播，并且在阵列单元的两个输入端口之间以及所有相邻辐射单元的端口之间保持高的隔离度。为了达到这一目的，在辐射缝隙附近引入通孔。图 58.21显示了通孔在辐射单元上的位置、模拟的阵列元胞两个端口间的隔离度以及通过使用 Floquet 模分析的相邻天线单元之间的隔离度。可以看出，天线两个端口之间的隔离度一直大于 20dB，相邻单元之间的最低隔离度也在 19dB

以上。高隔离度保证了阵列可以在没有扫描盲区的情况下扫描到大的扫描角。

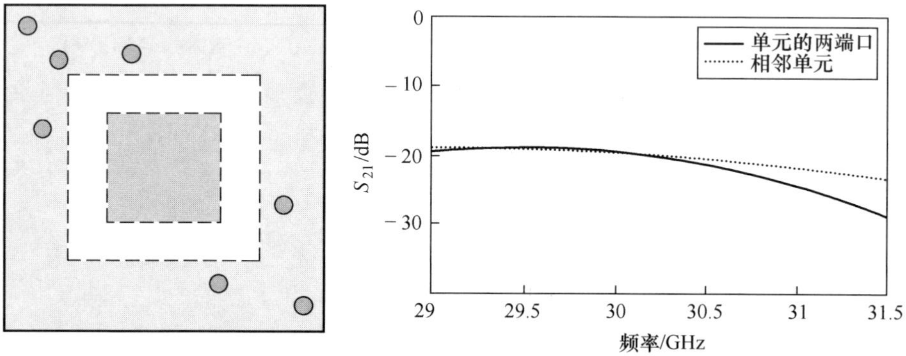

图 58.21　贯穿孔在阵列单元的位置和天线两端口之间的仿真隔离以及无限大阵列相邻两端口之间的最低隔离度

为了将聚焦波束控制到某个角度,每个辐射单元需要的相位用下面的公式计算(Huang,Encinar 2007),即

$$\Phi_R = k_0(d_i - (x_i\cos\varphi_b + y_i\sin\varphi_b)\sin\theta_b)$$

式中:Φ_R 为天线单元 i 的反射系数的相位;k_0 为真空中的相位常数;(x_i, y_i) 为天线单元 i 的坐标;d_i 为从馈源的相位中心到天线元胞之间的距离;(θ_b, φ_b) 为在球面坐标系中期望的波束扫描角。

制备了多个无源验证装置,30GHz 频率下对于具有不同角度固定波束控制的无源反射阵列,所测的辐射方向图如图 58.22 所示。从测试结果可以看出,无源反射阵列验证装置的辐射特性在冻结波束指向可达 60°的不同扫描角范围内,表现出低旁瓣的特点。测得的边射方向最大增益是 21.7dBi,表现出 42%的孔径效率。由于具有对称结构,在 H 平面上所测得的辐射方向图也有类似结果。

要实现有源相控阵,很重要的是将有源微波电路与波束形成网络相结合。通常会在这些应用上使用 MMIC 器件。由于 Ka 波段阵列单元尺寸很小,只有 5mm×5mm,因此需要在一个芯片上集成多个收/发(T/R)模块。本章不可能详细介绍微波电路设计的细节,但读者可以参考 Valenta 等(2012)的文献查看更多信息。

从这个例子中可以看出,对于阵列天线和微波电路设计来说,自适应波束可

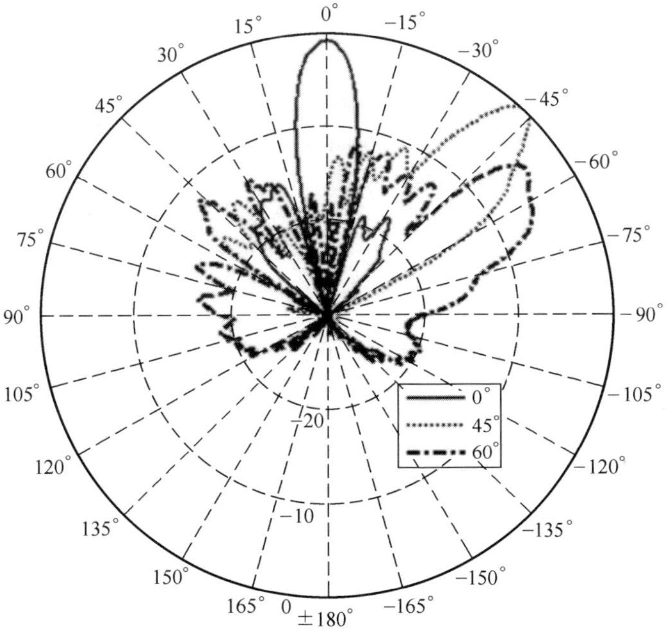

图 58.22　波束指向 E 平面 0°、45°、60°折叠反射阵测量辐射方向图

控智能天线的设计都是很复杂的。由于此类应用通常要使用大量的辐射单元，因此利用 Floquet 模函数分析阵列辐射性能是一种有效的方法。在 58.3 节中将介绍智能天线在卫星通信上的应用，并给出具体的设计实例。

58.3　智能天线在卫星通信上的应用

58.3.1　卫星地面站系统的智能天线

根据卫星运行轨道，卫星可分为地球同步轨道卫星和非地球同步轨道卫星。地球同步轨道卫星位于地球赤道正上方的圆形轨道上，对于地面站静止的观测点，它在天空中一直处于同一位置。在这种情况下，由于卫星位置相对固定，地面站的天线不需要追踪卫星，也就不需要地面站天线的波束转向。对于这类应用，传统的反射面天线可提供确保辐射性能且成本较低的解决方案。对于非地球同步轨道卫星，其如椭圆地球轨道卫星或低地球轨道卫星（LEO），要求地面站天线必须能够跟踪卫星。

因此,卫星地面站应用的天线通常需要满足以下技术要求。

① 高增益、低旁瓣:确保良好的数据连接和不希望的干扰最小。

② 能够跟踪非地球同步轨道卫星并提供宽的角度覆盖。

③ 使用圆极化天线。

表58.1列出了卫星通信中已经定义的一些波段。

表58.2总结了一些非地球同步轨道卫星系统的特征。

表58.1 卫星通信一般波段(Amyotte and Martines Camelo,2012)

波段	上行链路/GHz	下行链路/GHz
L波段	1.62~1.66	1.52~1.56
S波段	约2	约2.2
C波段	5.5~6.5	3.5~4.2
Ku波段	13~14	10.7~11.7
Ka波段	29.5~31.2	19.5~21.2

表58.2 一些非地球静止轨道卫星系统的规格说明书(英国无线电通信局)

星座	Lugos	Skybridge
卫星近似数量	161	64
上行链路波段	29.1GHz	14GHz
下行链路波段	19.3GHz	11GHz
上行链路终端天线增益	32.26dBi	32.2dBi
下行链路终端天线增益	33.69dBi	30.6dBi

国际通信卫星组织已经为卫星地面站制定了许多标准。每个标准都对应于地面站提供的不同类型的服务。表58.3列出部分国际通信卫星标准(IESS)。更多标准细节可在国际通信卫星(Intelsat 2005、2006)标准文件中查找。

表58.3 国际通信卫星地面站标准(Intelsat 2005、2006)

地面站标准	波段	G/T
A	6/4GHz	35dB/K
B	6/4GHz	31.7dB/K
C	14/11GHz 和/或 14/12GHz	37dB/K

（续）

地面站标准	波段	G/T
E-1	6/4GHz	25dB/K
E-2	6/4GHz	29dB/K
K-2	14/11GHz 和/或 14/12GHz	19. 8dB/K
K-3	14/11GHz 和/或 14/12GHz	23. 3dB/K

一般来说，由于反射面天线的高增益、宽工作频带和低成本，它通常会被卫星地面站采用。然而，反射面天线体积庞大，并且只能靠机械运动来跟踪卫星，这导致其不可能与多个卫星同时通信或者无缝切换，除非使用一个以上的反射面，如图 58. 23 所示。

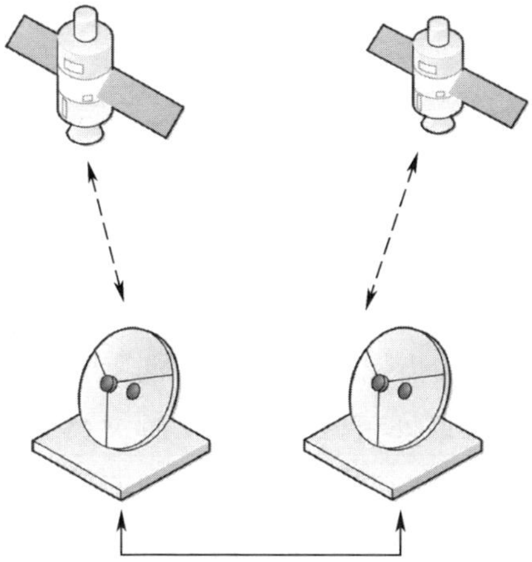

图 58. 23　使用多个反射面天线与多个卫星进行通信

与反射面天线相比，智能天线具有高指向精度的波束电子扫描能力。阵列波束可以以微秒级的时间控制。因此，一个智能天线可以跟踪多个不同卫星并且能够无缝切换。图 58. 24 说明了使用智能天线阵列与多个卫星进行通信的场景。

众所周知，对于平面相控阵，由于有效辐射孔径减小，阵列的增益在仰角较大时下降，不能覆盖整个方位角平面。因此，为了使智能天线能够在整个半球控制波束，可以采用面元阵列和半球阵列（Josefsson，Persson，2006）。使用这种阵列的好处是可以通过选择阵列面元来提高整个覆盖区域中某些部分的天线性

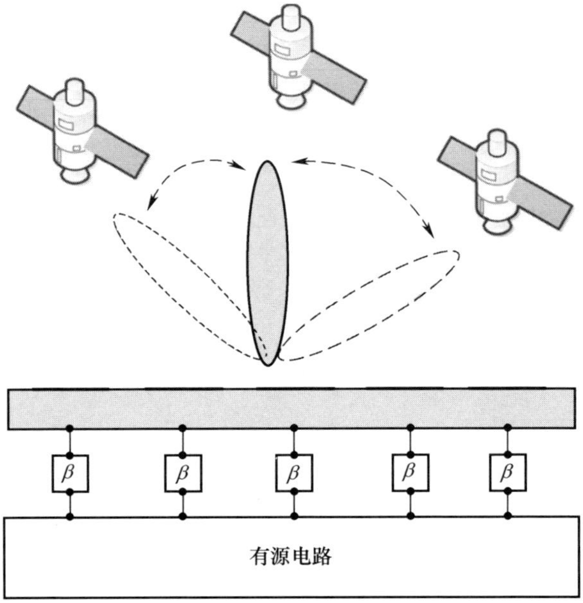

图 58.24　一个智能天线阵列与多个卫星之间通信的示意图

能。无论是半球阵列还是面元阵列,都可以控制源辐射单元的数量,从而根据任务需要,形成不同波束宽度和指向性的阵列。因为更多的辐射单元由于几何构型的原因而被激活,在低仰角处可以获得更窄的波束宽度。图 58.25 展示了计算得到的波束指向在不同仰角下,半球阵列和面元阵列的辐射方向图(Yao et al.,2012)。可以看出,半球阵列和面元阵列都可以在大角度范围内以相似的辐射方向图控制波束。阵列的波束转向控制是利用其物理几何特性实现的。在波束控制过程中,只有少数天线单元发生辐射,其余阵列单元处于未激活状态,从而导致阵列天线的孔径效率较低。

尤其是当辐射单元数量大的情况下,与全电子波束控制智能阵列天线紧密相关的一个重要问题是射频电路的复杂性。除了电路设计的复杂性外,移相器的大量使用、馈电网络的尺寸大小、有效的系统散热都能增加整个天线系统的成本,并且会降低辐射效率。因此,到目前为止,几乎没有可用的商用产品配备了全电子波束控制智能阵列天线。

为了在保持合理的系统效率的情况下降低成本,混合系统提供了一种妥协

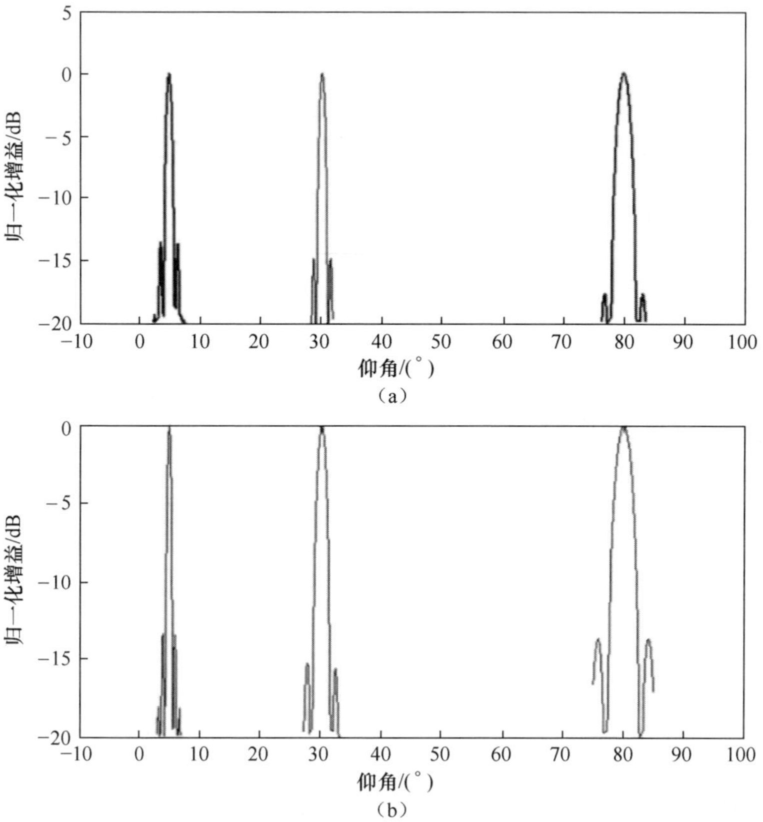

图 58.25　计算的辐射方向图

(a)半球阵列;(b)波束指向在 10°、30°、50°的面阵列。

(半球阵列中总共有 82,177 个辐射单元,面阵列总共有 40,100 个辐射单元(Yao et al.,2012))

的解决方案。图 58.26 中展示了一个 $m \times n$ 微带天线阵的结构。阵列被分为 m 个线性子阵列,在每个子阵列层级实现相移,而不是在每个天线单元内加入移相器。这样,移相器的数量就由 $m \times n$ 个减小到了 m 个。但是,利用这种结构,阵列智能在一个方向进行扫描。通过引入机械控制平台,就可能实现波束在整个半球的扫描。

在不需要快速跟踪的应用中,这种机械波束控制智能天线给出了最经济的解决方案。图 58.27 展示了一种放置在平台上的平面阵列,它既可在方位面转动,也可在俯仰面转动。在这种结构中不需要使用任何移相器,靠相应的电机实

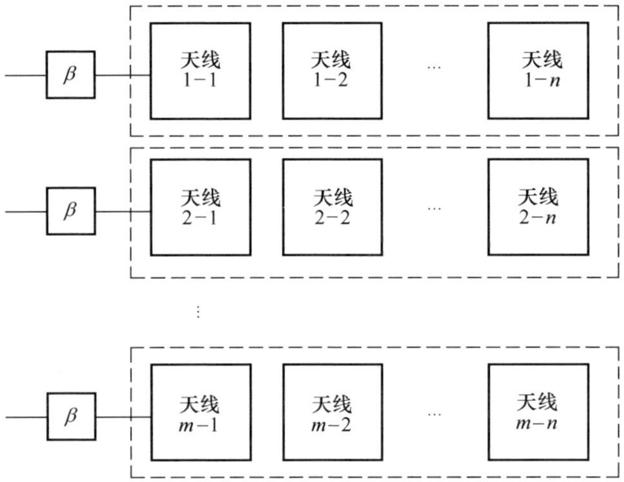

图 58.26　平面阵列减少移相器的示意图

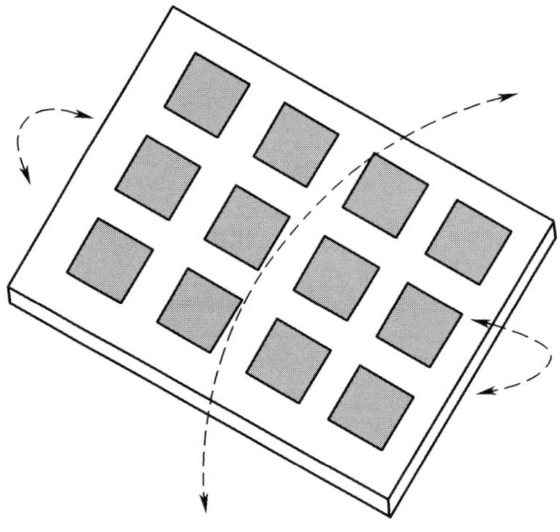

图 58.27　方位和高度方向都可旋转放置在平台上的平面阵列

现对波束的转向控制。

图 58.28 所示为航空移动应用的商用可用终端照片。该阵列是针对 Ka 波段应用而设计的,辐射单元采用双极化(RHCP 和 LHCP)波导喇叭,发射频率为 28.1~30.0GHz,接收频率为 18.3~20.2GHz。天线系统由天线阵列、控制单元和可编程伺服电机组成,伺服电机可实现方位和俯仰的控制。据报道,该天线俯

仰角可达 0°~75°,方位面可以实现 360°的连续覆盖。辐射单元的总数超过 2500 个,考虑雷达天线罩损耗后,天线阵列 EIRP(等效同向辐射功率)为 43.5dBW。

图 58.28　由 Viasat 公司制造的 Ka 波段用于卫星通信的航空移动终端图片(照片使用获得了 Viasat 许可)

58.3.2　移动直播卫星系统的智能天线

国际电信联盟(ITU)在 1979 年和 1989 年授权在卫星对家庭视频节目中使用大功率 Ku 波段,这些服务就是所谓的直播卫星(DBS)服务(Meadows 2008)。DBS 大地理区域的用户提供高功率广播服务,包括电视和无线广播服务(Thorburn 2012)。图 58.29 展示了直播系统的场景,其中一个广播中心将信号上行到卫星,然后卫星再将信号传输给微信天线系统覆盖区域的多个用户。在 ITU 区域 3(亚洲和澳大利亚),分配给 DBS 的波段是 11.7~12.2GHz,ITU 区域 1(欧洲、俄罗斯和非洲)分配的波段是 10.7~12.75GHz,在区域 2(南、北美洲)是 12.2~12.7GHz。

为了确保广播卫星的良好接收,要求 DBS 天线有高于 21dBi 的增益,并且波束在俯仰平面内具有一定的前倾角度(Hirokawa et al.,1995 Watanabe et al.,1996)。对于移动用户,如移动的车辆,要求天线系统能够追踪 DBS 卫星。

为了减小系统复杂度,天线阵列可以设计为在俯仰平面有相对较宽的波束宽度,并以一定的前倾角放置在阵列上(Soon-Ik et al.,2000)。方位面的波束控制可以通过采用机械办法转动阵列来实现(如通过电机),如图 58.30 所示。据报道,对于 12°左右的波束宽度,即使没有波束转向控制,仍然有希望在日本接收到信号(Hirokawa et al.,1995;Watanabe et al.,1996)。

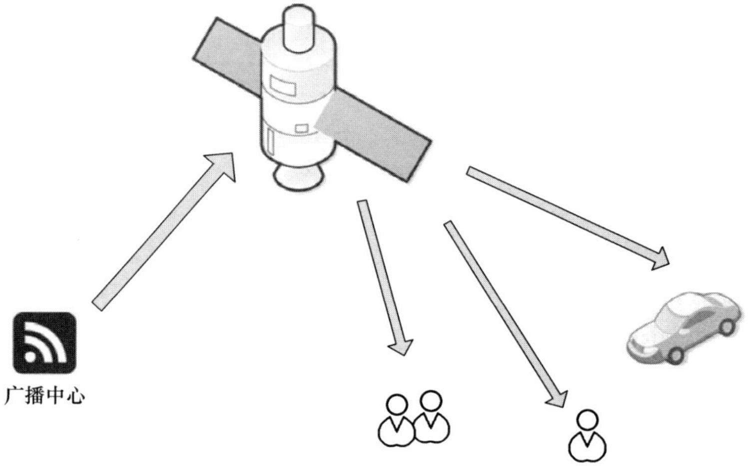

图 58.29 直接广播卫星系统图解

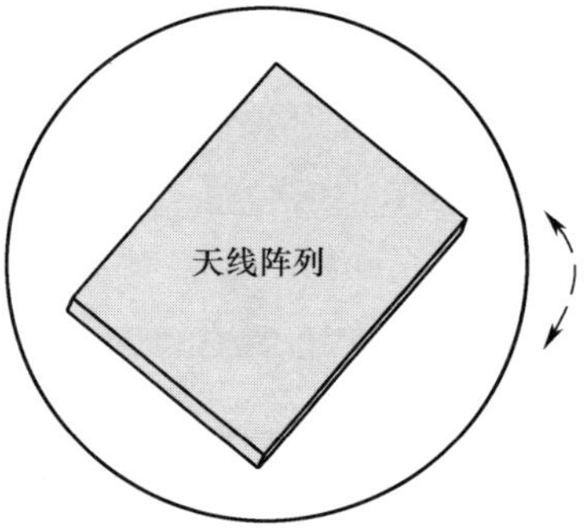

图 58.30 采用旋转基底的平面阵在方位面控制波束

机械转向是一种低成本的解决方案,但它的缺点是跟踪速度低。对于上述系统,跟踪广播卫星大约需要 2s 的时间(Hirokawa et al. ,1995)。根据实时道路测试,中型汽车转弯速度可达 60(°)/s,角加速度可达 85(°)/s(Mousavi et al. ,2009)。因此,需要对卫星进行更精确的跟踪,以便提供更好的服务。在这种情况下,就需要电子波束控制。但是,与地面站智能天线类似,全电子波束控制阵列可能导致复杂、高成本的系统。因此,将电子和机械波束控制结合的混合设计,可以提供一个提高系统性能而成本相对较低的解决方案。

在 Wang 和 Winters(2004)的文献中描述了一种用于移动 DBS 应用的车载

卫星天线。天线的仰角设置为 40°左右，波束可在±15°范围内进行电控。方位面采用了机械转向控制。这样的设计原因有两个：一是俯仰面的追踪精度需要高于方位面；二是整个天线系统的外轮廓比较小，所以非常适合安装在车辆顶部。该天线由脊波导组成，波导上均匀分布十字缝隙，如图 58.31 所示。通过优化十字缝隙的位置和长度，就可以实现圆极化辐射。作为一个波导缝隙阵列，它可以在前向和后向辐射不同的极化波（Gao et al.，2014）。这样，既可得到 LHCP 又可得到 RHCP。

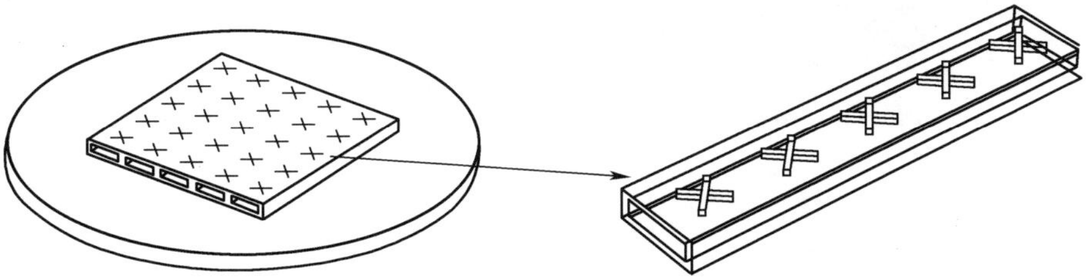

图 58.31　在 Wang 和 Winters（2004）的文献中论述的由波导缝隙阵列组成的 DBS 智能天线的配置

图 58.32 展示了这种 PBS 智能天线在汽车顶部安装的示意图。该智能天线的轮廓高度仅为 76mm。

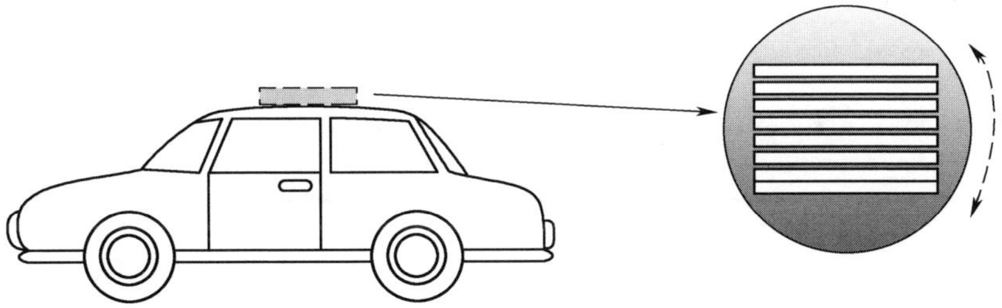

图 58.32　Wang 和 Winter 文章中汽车顶部智能天线安装示意图

近年来，Mousavi 等（2008、2010）提出了一种基于微带印制天线和子阵列技术的智能天线阵列。在方位面和俯仰面都采用了机械转向控制，在俯仰面上该阵列还可以另外再使用波束电子扫描。因此，该智能天线可以提供一个大角度的 DBS 卫星接收。2×2 线极化贴片按顺序旋转位置进行排布，以产生圆极化辐射。有 17 个子阵列用于 RHCP 或 LHCP 工作，对于每种极化，天线阵都以某个倾斜角放置在 5 个连续的面板上,如图 58.33 所示。由于阵列天线使用 PCB 技术制备,所以与基于波导的阵列相比,具有重量更轻、制备复杂度更低的优点。

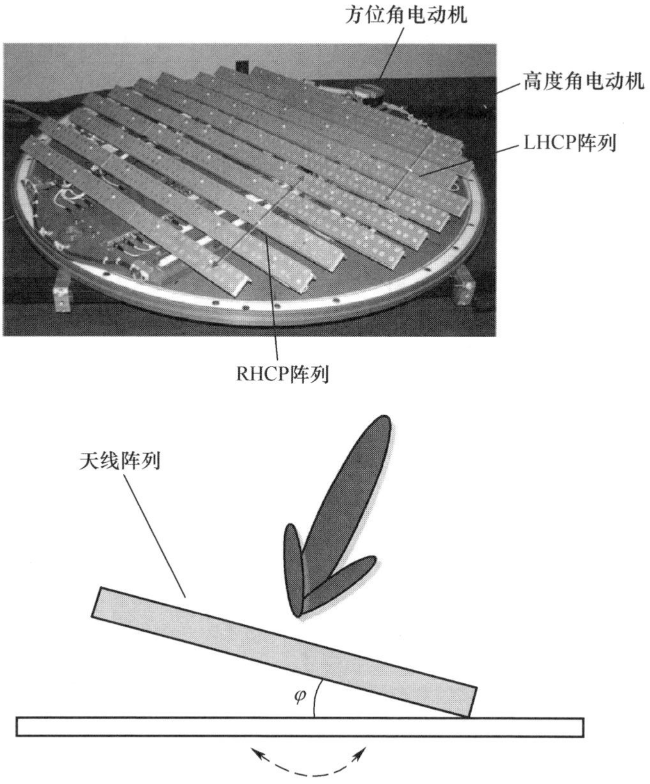

图 58.33　Mousavi 等(2010)提出的用于 DBS 应用的相位阵列天线
(加拿大智能天线与广播系统中心(CIARS)提供)

图 58.34 展示了智能天线系统的系统配置。两个电机可以机械式控制天线阵在方位面和俯仰面的旋转。每个子阵列通过低噪声放大器 LNA 和低损耗电缆连接到电压控制的模拟移相器。移相器通过电压进行控制,电压可以通过波束形成算法进行调整,通过 D/A 转换器(DAC)板实施。无论是 LHCP 还是 RHCP 极化,都采用功率组合器来对移相器的输出进行组合。有人采用新的无模型波束形成算法(Fakharzadeh et al. ,2009)跟踪所需的卫星,并补偿制造误差造成的不精确。根据 Mousavi 等(2010)的报道,使用这些算法,该智能天线可以在任何测试路况下将接收功率水平保持在 90%以上。

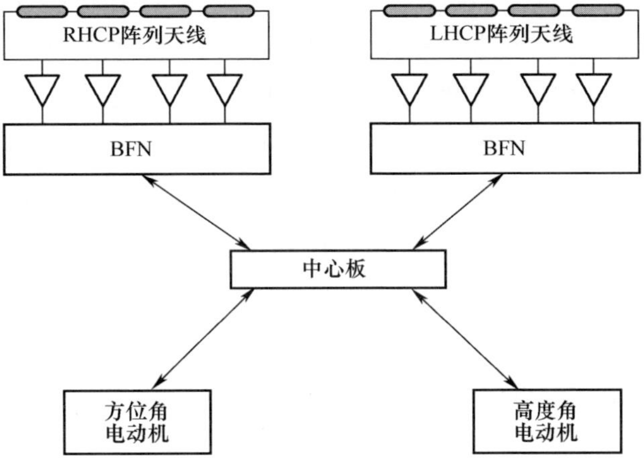

图 58.34　Mousavi 等(2010)提出的智能天线系统配置

58.4　未来方向和待解决的问题

智能天线对于卫星通信非常重要。它们可以提高信道容量,以电子方式跟踪卫星,避免干扰信号。这些超过传统天线的优势引起了研究者广泛的研究兴趣。本章综述了智能天线技术和设计实例,包括波束切换圆极化阵列和大扫描角范围反射阵。波束切换智能阵列提供了一个针对有限数量固定波束的低成本解决方案,而自适应智能阵列可以连续控制波束,但其系统复杂、成本高。本章还介绍了智能天线在卫星地面站和移动直播服务中的应用,讨论了不同的解决方案,并给出了设计实际案例和商业应用。

随着对更多频谱的需求以及满足日益增长的通信容量需求的发展,未来的智能天线设计工作包括设计用于 Q 波段(33~50GHz)、V 波段(50~75GHz)和 W 波段(75~110GHz)卫星通信的全电子扫描智能天线阵列(Acosta 2012)。尽管最近报道了采用了多层结构并且通过低温共烧陶瓷(LTCC)技术制备的 60GHz 天线阵列(Hucheng et al. ,2013;Lei et al. ,2013),但这些所展现的阵列还不能实现波束扫描。这些较高波段面临的挑战有:为了在没有栅瓣和扫描盲区的情况下保持波束扫描能力和使智能天线最大扫描角最大化,阵列单元的最大尺寸需要近似等于感兴趣频率的自由空间半波长。为了使阵列天线按比例缩放,需要在每个阵列单元下面有一个独立的 MMIC。因此,每个辐射单元可以看作一个智能像素点。这也给 MMIC 和波束形成网络带来了挑战,因为 MMIC 尺寸受辐射单元尺寸大小的限制。此外,还需要解决整个系统的集成和散热问题。

最近几年太赫兹天线也吸引了人们广泛的研究兴趣,可以期待工作在太赫兹频率的天线阵列。工作在太赫兹频率的电可控移相器是太赫兹相控阵的关键组件。太赫兹天线移相器的设计,包括使用电驱动太赫兹超材料(Chen et al.,2009 年)和集成门控石墨烯传输线(Pai-Yen et al.,2013)都已经开展了研究。由于太赫兹频率介于微波和光学波段之间,因此需要深入探索在低天线损耗情况下的有效制备技术,特别是在需要很多辐射单元组成高增益阵列天线的情况下。

未来工作的另一个方向是在每个辐射单元下方将氮化镓(GaN)基 MMIC 与高功率放大器(HPA)结合起来,然后放大器的功率可以通过智能天线在空间合成,如图 58.35 所示。与传统砷化镓(GaAs)技术相比,GaN 的材料特性在许多方面都表现出对于毫米波功率放大器应用而言革命性的性能,包括输出功率、功率增加效率(PAE)、工作带宽、信号线性、增益平坦度和噪声等级(OKi et al.,2013)。就 GaN 技术应用于智能天线设计而言,这一概念面临的挑战之一是如何有效地耗散掉所有 HPA 产生的热量。

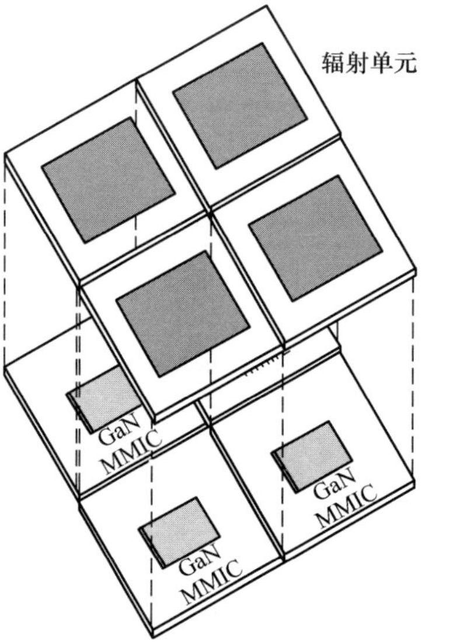

图 58.35 基于 GaN 的 MMIC 的智能像素点概念图

使用新材料,如石墨烯/碳纳米管(Wu et al. ,2014),为未来的天线和天线阵设计带来了新的前景。最近提出了一项关于纳米器件的天线增强光电子显微镜研究(Mauser et al. ,2014),但是迄今为止,使用这些新材料来设计智能天线的研究工作仍然屈指可数。因此,这一新领域期待有更多的研究。

参考文献

Acosta R,Nessel J,Simons R,Zemba M,Morse J,Budinger J(2012) W/V-Band RF propagation experiment design. 8th Ka and broadband communication conference,Ottawa

Amyotte E, Martins Camelo L (2012) Antennas for satellite communications. In: Space antenna handbook. Wiley,Chichester,pp 466-510

AVX-corporation. Introduction to microwave capacitors. Retrieved April 2014

Bachman HL(1996) Intelligent antennas-an emerging technology. Southcon/96. Conference record

Balanis CA(2005) Antenna theory: analysis and design. Wiley,Hoboken

Balanis CA,Ioannides PI(2007) Introduction to Smart Antennas,Morgan & Claypool,USA

Bayraktar O,Topalli K,Unlu M,Civi OA,Demir S,Akin T(2007) Beam Switching Reflectarray using RF MEMS Technology. The Second European Conference on Antennas and Propagation, Edinburgh,UK,pp. 1,6,11-16

Bhattacharyya A(2006) Phased array antennas: floquet analysis, synthesis, BFNs, and active array systems. Wiley-Interscience,Hoboken

Butler J, Lowe R (1961) Beam-forming matrix simplifies design of electronically scanned antennas. Electron Des 9:170-173

Chaloun T,Menzel Wet al (2014) A wide-angle scanning active transmit/receive reflectarray. IET Microwaves Antennas Propag 8(11):811-818

Changrong L,Shaoqiu X et al(2011) Circularly polarized beam-steering antenna array with butler matrix network. IEEE Antennas Wirel Propag Lett 10:1278-1281

Chao-Hsiung T,Chih-Jung C et al(2008) A low-cost 60-GHz switched-beam patch antenna array with butler matrix network. IEEE Antennas Wirel Propag Lett 7:432-435

Chen H-T,Padilla WJ et al(2009) A metamaterial solid-state terahertz phase modulator. Nat Photonics 3(3):148-151

Chia-Chan C,Ruey-Hsuan L et al(2010) Design of a beam switching/steering butler matrix for phased array system. IEEE Trans Antennas Propag 58(2):367-374

Chryssomallis M(2000)Smart antennas. IEEE Antennas Propag Mag 42(3):129-136

Elhefnawy M, Ismail W(2009)A microstrip antenna array for indoor wireless dynamic environments. IEEE Trans Antennas Propag 57(12):3998-4002

Fakharzadeh M, Jamali SH et al(2009)Fast beamforming for mobile satellite receiver phased arrays: theory and experiment. IEEE Trans Antennas Propag 57(6):1645-1654

Fan Fan H, Ke W et al(2012)Low-cost 60-GHz smart antenna receiver subsystem based on substrate integrated waveguide technology. IEEE Trans Microwave Theory Tech 60(4):1156-1165

Gao S, Luo Q et al(2014)Circularly polarized antennas. Chichester, UK

Grant AE, Meadows JH(2008)Communication technology update and fundamentals. Burlington, MA, USA

HanW, Zhijun Z et al(2012)A beam-switching antenna array with shaped radiation patterns. IEEE Antennas Wirel Propag Lett 11:818-821

Hansen RC(2009)Phased array antennas. Wiley, Hoboken

Hirokawa J, Ando M et al(1995)A single-layer slotted leaky waveguide array antenna for mobile reception of direct broadcast from satellite. IEEE Trans Veh Technol 44(4):749-755

Huang J, Encinar JA(2007)Reflectarray antennas. Hoboken

Hucheng S, Yong-Xin G et al(2013)60-GHz circularly polarized U-Slot patch antenna array on LTCC. IEEE Trans Antennas Propag 61(1):430-435

Intelsat(2005)Intelsat Earth Station Standards(IESS)Document IESS-101(Rev. 61)

Intelsat(2006)Intelsat Earth Station Standards(IESS)Document IESS-208(Rev. 6)

Jenshan L, Itoh T(1994)Active integrated antennas. IEEE Trans Microwave Theory Tech 42(12): 2186-2194

Josefsson L, Persson P(2006)The shapes of conformal antennas. In: Conformal array antenna theory and design. Wiley, Hoboken, New Jersey, pp 49-71

Jun OY(2011)A circularly polarized switched-beam antenna array. IEEE Antennas Wirel Propag Lett 10:1325-1328

Kalis A, Kanatas AG, Papadias CB(2014)Parasitic antenna arrays for wireless Mimo Systems. Springer, New York

Lei W, Yong-Xin G et al(2013)Wideband high-gain 60-GHz LTCC L-probe patch antenna array with a soft surface. IEEE Trans Antennas Propag 61(4):1802-1809

Li RC-H(2012)RF circuit design. Wiley, Hoboken

Luo Q, Gao S et al(2013)Antenna array elements for Ka-band satellite communication on the move. Antennas and propagation conference(LAPC),2013 Loughborough,pp 135–139

Luo Q,Gao S et al(2014) Intelligent antenna technology for mobile satellite communications. e &i Elektrotechnik und Informationstechnik 131(6):155–160

Mailloux RJ(2005)Phased array antenna handbook. Artech House,Norwood,MA

Maqsood M,Gao S et al(2014) Low-cost dual-band circularly polarized switched-beam array for global navigation satellite system. IEEE Trans Antennas Propag 62(4):1975–1982

Mauser N, Hartmann N et al (2014) Antenna-enhanced optoelectronic probing of carbon nanotubes. Nano Lett 14(7):3773–3778

Menzel W,Kessler D(2009)A folded reflectarray antenna for 2D scanning. German microwave conference,Munich,German,2009

Moulder WF,Khalil W et al(2010)60-GHz two-dimensionally scanning array employing wideband planar switched beam network. IEEE Antennas Wirel Propag Lett 9:818–821

Mousavi P,Fakharzadeh Met al(2008)A low-cost ultra low profile phased array system for mobile satellite reception using zero-knowledge beamforming algorithm. IEEE Trans Antennas Propag 56 (12):3667–3679

Mousavi P,FakharzadehMet al(2009)A low cost 1K elements phased array antenna. IEEE MTT-S international Microwave symposium digest,Boston,MA

Mousavi P,Fakharzadeh M et al(2010)1K element antenna system for mobile direct broadcasting satellite reception. IEEE Trans Broadcast 56(3):340–349

Oki AK,Wojtowicz M et al(2013)GaN technology for millimeter wave power amplifiers. ECS Trans 50(3):307–311

Pai-Yen C,Argyropoulos C et al(2013)Terahertz antenna phase shifters using integrally-gated graphene transmission-lines. IEEE Trans Antennas Propag 61(4):1528–1537

Patterson CE,Khan WTet al(2012)A 60-GHz active receiving switched-beam antenna array with integrated butler matrix and GaAs amplifiers. IEEE Trans Microwave Theory Tech 60(11):3599–3607

Pilz D,Menzel W(1998)Folded reflectarray antenna. Electron Lett 34(9):832–833

Radiocommunications-Agency-UK [online],study into phased arrays in NGSO earth station antennas,retrieved May 2014

Soon-Ik J,Young-Wan K et al(2000)A new active phased array antenna for mobile direct broadcasting satellite reception. IEEE Trans Broadcast 46(1):34–40

Stark A, Dreher A et al (2009) SANTANA: Advanced electronically steerable antennas at Ka-

Band. Antennas and propagation, 2009. Berlin, German. 3rd European conference on Thorburn MA (2012) System architectures of satellite communication, radar, navigation and remote sensing. In: Space antenna handbook. Wiley, Chichester, pp 76–105

Valenta V, Kaynak M, Liu G, Cagrı Ulusoy A, Purtova T, Trasser A, Schumacher H (2012) From enablingtechnology to applications: reconfigurable SiGe BiCMOS ICs with fully integrated RF MEMS switches for millimetre wave transceivers. ESA microwave technology and techniques workshop

Wang J, Winters JH (2004) An embedded antenna for mobile DBS. Vehicular technology conference, Los Angeles, CA, USA, 2004. VTC2004-Fall. 2004 I. E. 60th

Watanabe T, Ogawa M et al (1996) Mobile antenna system for direct broadcasting satellite. Antennas and Propagation Society international symposium, 1996. AP-S. Digest

Wu J, Shi W et al (2014) Optical properties of gold/multilayer-graphene/carbon nanotube hybrid materials. Carbon 68: 708–717

Yao C, Nuan S et al (2012) Satellite ground stations with electronic beam steering. Satellite telecommunications (ESTEL), 2012 I. E. first Rome conference on

Zhang C, Zhou D et al (2012) Investigation of dual-polarised printed slot antenna for folded reflectarray unit cells at Ka band. Communication systems, networks & digital signal processing Poznan, Poland, 2012 8th international symposium on

Zhou D, Gao S et al (2011) Investigation of mutual coupling reduction for folded refelctarray unit cells using dual-polarized microstrip antennas

第 59 章
WALN/WiFi 接入天线

Hiroyuki Arai

摘要

本章介绍了 WLAN/WiFi 系统接入点处使用的天线。首先介绍了这些系统基于统一标准的波段划分。为了帮助理解 WLAN/WiFi 天线,解释了天线的参数。天线分为室外天线、室内天线、内嵌天线 3 种。本章将进行详细介绍。

关键词

WLAN;WiFi;分集;MIMO;接入点;八木-宇田天线;反射面天线;微带天线;线阵;套筒天线;偶极子天线;单极子天线;L 型天线;倒 F 天线

H. Arai(✉)
国立横滨大学,日本
e-mail:arai@ ynu. ac. jp

59.1 引言

本章介绍 WLAN/WiFi 接入点处所用天线。接下来的部分会总结天线的技术参数,包括频率及天线增益,并且给出天线参数的定义。随后介绍了最近使用的 MIMO(多输入多输出)高速无线终端设备,定义了这些设备的评价因子。WLAN/WiFi 天线部分介绍 WLAN 和 WiFi 系统中所使用的天线,分别为室外天线、室内天线和内嵌天线。

59.2 WLAN/WiFi 天线技术参数

WLAN 特指无线局域网,即由电磁波提供的局域网系统。WLAN 技术规格由 IEEE LAN/MAN 标准委员会制定并维护,即自 1997 年以来的 IEEE 802 协议。WiFi 是一个非营利性组织的名字,即 WiFi 联盟,该组织推广无线局域网产品和设备。本节通过介绍 WLAN 的主要波段、目前正在使用的天线技术规格以及天线参数来给出技术专业名词定义。

59.2.1 波段划分

WLAN 的主要波段有 2.4(2.417~2.497)GHz 和 5(5.15~5.35、5.475~5.725)GHz。对于点对点通信,户外应用也会使用 25(24.77~25.23)GHz 波段。60(59.0~66.0)GHz 的毫米波段的使用提供了高达 7GHz bps 的高速数据传输协议。WiGig(无线千兆比特)就特指此标准。对于工作在 2.45GHz 的 IEEE 802.11b/g 标准的 WLAN 和工作在 5GHz 的 IEEE 802.11a 标准的 WLAN,WLAN 接入点需要多个天线以缓解多径衰落问题。此方案称为分集天线,即利用两个或更多接收天线。为了提高数据传输速率,WLAN 系统也使用 MIMO(多输入多输出)方案。MIMO 流的数量是 4(802.11n),数据传输通道的数量是 8(802.11ac),由发射天线和接收天线数量的乘积 $N_t \cdot N_r$ 得到。

59.2.2　天线参数:带宽、方向性系数、半功率波瓣宽度及等效各向同性辐射功率(EIRP)

WLAN 天线所需的带宽由天线馈电点的电压驻波比(VSWR)决定。电压驻波比由传输线阻抗 Z_o 和天线输入阻抗 Z_i 按下式计算得出,即

$$\text{VSWR} = \frac{1 + |\Gamma|}{1 - |\Gamma|}, \Gamma = \frac{Z_i - Z_o}{Z_i + Z_o} \tag{59.1}$$

式中:Γ 为天线输入端的反射系数; Z_o 通常为 50Ω,与收发器输入或输出阻抗匹配。WLAN 天线 VSWR 的典型值是 VSWR≤2 或 VSWR≤3。以 $1-|\Gamma|^2$ 计算天线辐射功率,当 VSWR=2 时,辐射功率是输入功率的 89%,VSWR=3 时,辐射功率是输入功率的 75%。

天线辐射性能以天线增益来衡量,天线增益分为定向增益和绝对增益。定向增益不考虑天线内部损耗和输入阻抗不匹配所造成的损耗。它决定了天线辐射到空间中的能量的空间分布。绝对增益 G_s 考虑了所有的天线损耗因素,指明在实际操作环境中的传输功率。通过比较标准增益天线和待测天线(AUT)接收端电场强度的大小可以测出绝对增益 G_s 。标准半波长偶极子天线的绝对增益 G_s 是 2.15dBi。

天线方向图由半功率波瓣宽度及前后比(FB)决定。半功率波瓣宽度 H_b 是主瓣两个半功率点之间的角度宽度,如图 59.1 所示。前后比是天线方向图中前后两个方向的方向性系数之比。如图 59.1 所示,“前”面($\theta=0°$)是最大辐射方向,“后”面则是以最大辐射电平角度在 $\theta=120°$(180°−60°)到 $\theta=240$(180°+60°)范围内。

WLAN 天线的辐射电平通常由等效各向同性辐射功率(EIRP)决定。它的值等于要产生与有方向性天线在给定角度相同辐射功率时所需要的无方向性天线的发射功率。为实现这个要求,有方向性天线的输入功率值是低的(低于无方向性天线)。

59.2.3　分集技术和 MIMO

为减少在实际传播环境中的衰落影响,在无线系统中使用分集接收来补偿多径衰落造成的微弱信号接收。天线分集技术分为空间分集、极化分集及方向

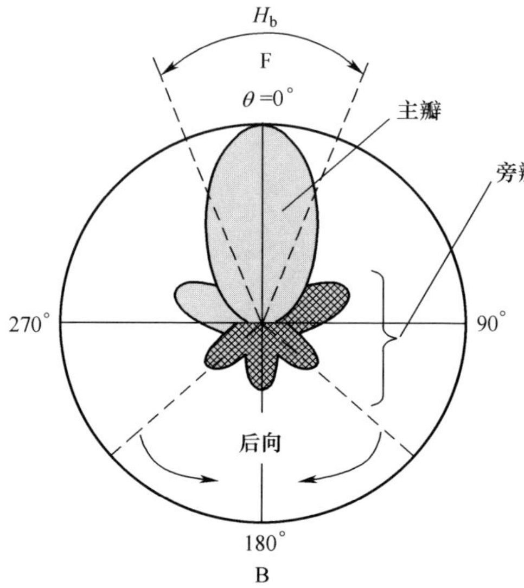

图 59.1　天线方向图参数

图分集。空间分集使用几个来自分离空间的不同天线的独立信号,极化分集通过在同一位置接收普通和交叉极化元件实现。另外,天线方向图分集利用了无重叠天线方向图的天线信号。

分集天线的评估因素是天线不同输出之间的相关系数,当分集天线有两个输出时,检测信号 e_1 和 e_2 包络的相关系数由下式得出,即

$$\rho = \frac{\frac{1}{2}\langle(e_1 - \langle e_1\rangle)^*(e_2 - \langle e_2\rangle)\rangle}{\frac{1}{2}\sqrt{\langle(e_1 - \langle e_1\rangle)^2(e_2 - \langle e_2\rangle)^2\rangle}} \tag{59.2}$$

式中:$\langle x\rangle$ 表示参数 x 的均值;$(y)^*$ 表示差参数 (y) 的复共轭。用 S 参数计算低损耗天线的相关系数(Thaysen and Jakobsen,2006),有

$$\rho = \frac{|S_{11}^* S_{12} + S_{12}^* S_{22}|^2}{(1 - |S_{11}|^2 - |S_{21}|^2)(1 - |S_{12}|^2 - |S_{22}|^2)} \tag{59.3}$$

相关系数也可以用分集天线的复辐射方向图来评估,此举要通过测量所有方位角和高度上的所有角度的方向图,非常耗时间。式(59.3)被应用于评估分集天线。

分集性能由相关系数包络决定,近似为 $\rho_e \cong \rho^2$,较小的 ρ_e 会使分集增益提高,为保证有效天线分集设计,其建议临界值为 $\rho_e = 0.6$(Yamada et al. ,1991)。

MIMO 性能由信道容量决定,近似解由 McNamara 等(2000)提出,有

$$C \cong C_{\mathrm{SNR}} + C_{\mathrm{COR}} = N_r \log_2\left(\frac{\rho}{N_t}\right) + \log_2\{\det \boldsymbol{H}_n \boldsymbol{H}_n^{\mathrm{H}}\} \tag{59.4}$$

式中: N_t 和 N_r 分别为发射天线和接收天线的数量;ρ 为每个接收天线端的平均信噪比(SNR); $\boldsymbol{H}_n$ 为归一化信道矩阵,上标 H 表示共轭转置。上述等式可推得,信道容量包含的元素由信噪比 SNR (C_{SNR}) 和相关系数 (C_{COR}) 决定。信道矩阵定义为 $\det(\boldsymbol{H}_n \boldsymbol{H}_n^{\mathrm{H}})$,由空间相关系数 γ_s 控制,小的 γ_s 能提高信道容量。为满足此要求,在天线接入点设计中要求天线具有高增益且低相关性辐射方向图。2 × 2 MIMO 阵信道容量在 $|\gamma_s| < 0.7$ 时饱和,这也是评估相关系数的典型值(Uchida and Arai,2013)。

59.3　WLAN/WiFi 天线

本节分成室外天线、外部天线及内嵌天线 3 类来介绍实际应用中的 WLAN 天线。只讨论 WLAN/WiFi 终端设备的天线,终端设备不作讨论。

59.3.1　室外天线

WLAN 室外天线是用来进行点对点无线数据通信系统的高增益天线。典型的高增益天线有八木–宇田阵列和抛物面反射面天线。如图 59.2 所示,八木–宇田阵列包括辐射器、反射器及导向器。增加导向器单元数量可以提高其方向增益。2.4GHz 的八木–宇田阵列的增益为 10~19dBi。室外应用的最高增益天线由抛物反射面天线实现,如图 59.3 所示,它由网格反射面及基础馈源构成。网格反射面可减少风带来的压力。在 2.4GHz 和 5GHz 的 WLAN 系统中,天线增益可达 24~30dBi。

在多点 WLAN 应用中,使用了水平面内的扇形方向图及全向方向图。如图 59.4所示,扇形方向图可通过微带(贴片)天线获得,增益范围为 5~10dBi。如图 59.5所示,全向方向图可由套筒天线及线阵获得。套筒天线是一种半波偶极子天线,涉及将不平衡馈电电缆如同轴线转换成平衡馈电天线的巴伦转换器。

线阵由几个半波同轴线组成,同轴线下部器件的内导体连接上部外导体来使边缘的相位可调。套筒天线的增益是2.15dBi,线阵的增益是5~10dBi。

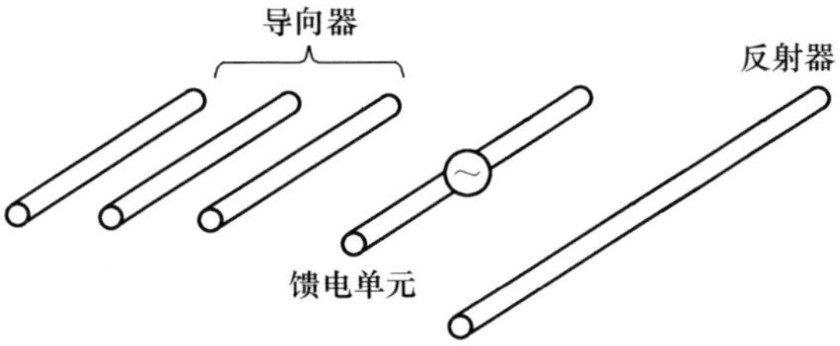

图59.2 八木-宇田阵列

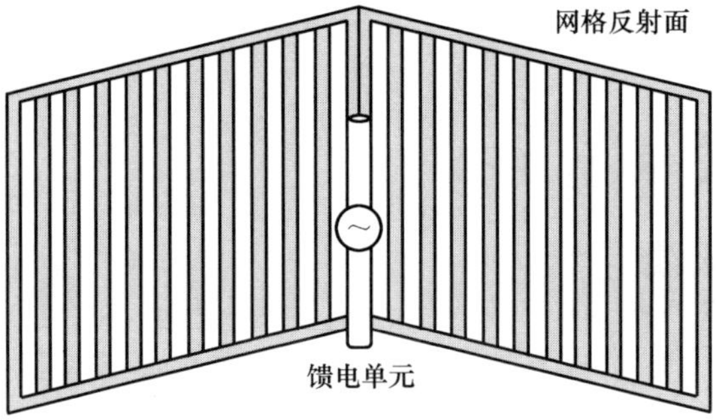

图59.3 栅格反射器天线

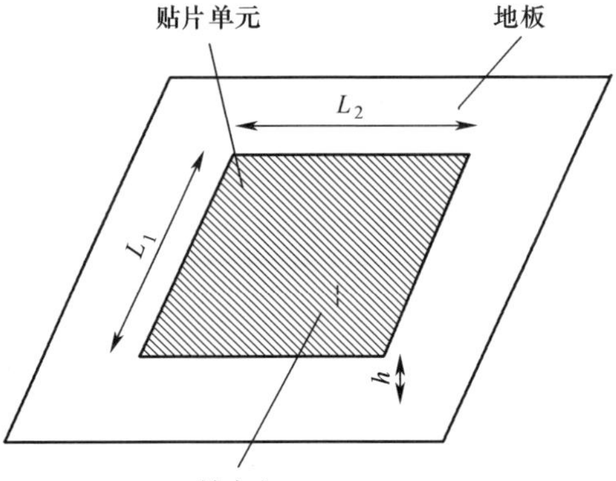

图59.4 微带天线

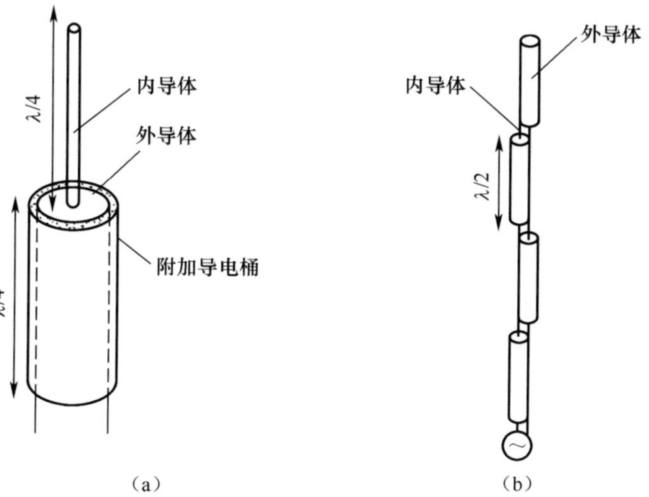

图 59.5　套筒天线及线阵

(a)套筒天线;(b)线阵。

59.3.2　外部天线

本章介绍的外部 WLAN 天线是从接入点伸出来的天线。如图 59.6 所示，外部天线大多数是半波偶极子天线，由导电柱或者介质基片构成。

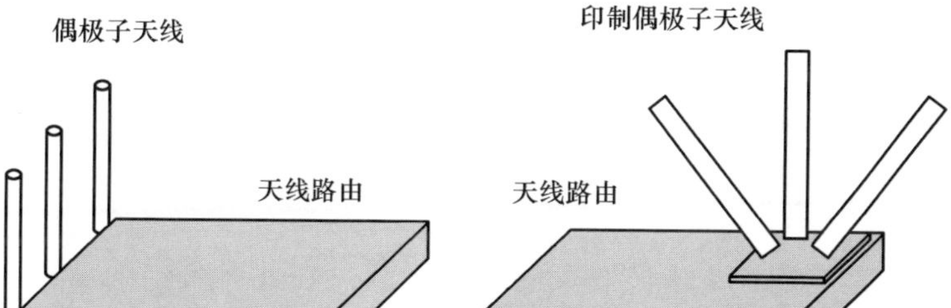

图 59.6　外部天线

双频带印制天线包括腐蚀印制在介质基片上的 2.4GHz 和 5GHz 的偶极子天线，每个天线由细同轴线馈电。这些天线需要平衡馈电，平衡-不平衡转换器放置在馈电点处。外部天线也使用鞭形天线，即在接入点处一有限大接地平面放置的一个 $\lambda/4$ 单极子天线。

2×2的MIMO接入点需要两个外部天线。然而,为分集接收,通常需要额外加一个外部天线。用两个天线来减小接收端的衰落效应,这相当于选择了一组低相关系数的天线。低相关系数天线同样会提高MIMO的信道容量,在WLAN接入点使用3个天线进行分集接收是很有用的。

59.3.3 内嵌天线

为了接入点的小型化及美观,用内嵌天线取代了外部天线。内嵌天线通常使用弯曲单极子天线和倒F天线。

弯曲单极子天线也叫L型天线,如图59.7所示。连接到地板的垂直部分是辐射器件,水平部分叫做非辐射器件。短辐射器件的低剖面L型天线是很难将天线输入阻抗与传输线阻抗匹配的。为了天线的阻抗匹配,另一个将非辐射器件连接到地板的垂直器件采用短截线。这个天线称为倒F天线,在内置天线中应用很广泛。如图59.8所示,MIMO系统中将3个倒F天线连接到内置基片的边缘。

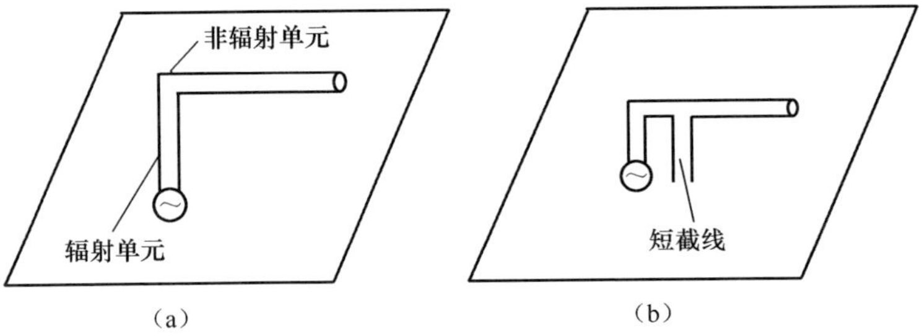

图59.7　弯曲单极子天线

集成天线是应用在毫米波波段的内置天线。在此频带中的波长短,需要移除传输线并将天线集成到设备封装中去。这些天线称为封装天线。工作在60GHz波段上,口径耦合微带线馈电天线被嵌入到低温陶瓷(LTCC)基板上。在LTCC基板里边的空腔是用来改善天线的带宽和增益的(Lamminen et al.,2008)。另一种高效辐射且高效屏蔽电磁噪声的封装天线是由刻在屏蔽球栅阵列封装上的U形槽组成的。在60GHz波段封装天线的测量增益是5.2dBi(Hashimoto et al.,2014)。为在毫米波波段实现系统封装模块,提出了一种放置在多层聚四氟乙烯基片上的多层寄生微带天线阵列。在60GHz波段,此天线辐

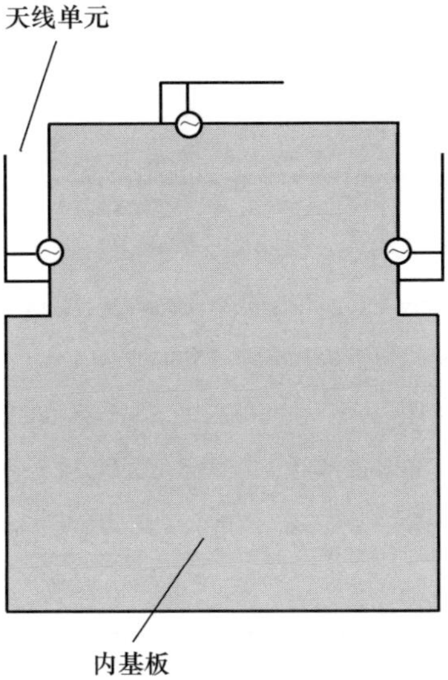

图 59.8　内嵌天线

射效率高于 91%，天线增益为 11.1dBi(Seki2 et al.,2005)。集成 WiGig 天线仍在研发当中，以获得高效率、高增益天线。

59.4　小结

本章介绍了 WLAN/WiFi 系统接入点处所用天线。通过举例解释了 3 种类型的天线。点对点无线通信系统通常使用高增益天线，如八木-宇田阵列和反射面天线，外部接入点天线则多使用偶极子天线。对于内嵌天线，举例介绍了 L 型天线和倒 F 天线。另外，针对无线设备的小型化以及毫米波波段的使用需求，在 WLAN/WiFi 系统中有待进一步开发其他高效率天线。

交叉参考：

►第 32 章　分集天线和 MIMO 天线设计

►第 52 章　移动通信基站天线系统

►第 16 章　线天线

►第 18 章　微带贴片天线

►第 53 章　MIMO 系统与终端天线

▶第 29 章　小天线

参考文献

Hashimoto K et al(2014)Millimeter-wave band slot antenna on shielded BGA package. In: 2014 I. E. antennas and propagation society international symposium, Memphis, pp 1280−1281, July

IEEE802. org. (2015) http://www. ieee802. org/. 15 Jan 2015

Lamminen AEI et al(2008)60-GHz patch antennas and arrays on LTCC with embedded-cavity substrates. IEEE Trans Antennas Propag 56(9):2865−2874

McNamara DP et al(2000)Capacity variation of indoor multiple-input multiple-output channels. Electron Lett 36:2037−2038

Seki T et al(2005)Millimeter-wave high-efficiency multilayer parasitic microstrip antenna array on Teflon substrate. IEEE Trans Microw Theory Tech 53(6):2101−2106

Thaysen J, Jakobsen KB(2006)Envelope correlation in(N,N)MIMO antenna array from scattering parameters. Microw Opt Technol Lett 48(5):832−834

Uchida D, Arai H(2013)Requirement for spatial correlation reduction in 2_ 2 MIMO systems. IEICE Commun Expr 2(4):123−128

Yamada Y et al (1991) Diversity antennas for base and mobile stations in land mobile communication systems. IEICE Trans Comm E74-B(10):3202−3209

附录：缩略语

A

AAS adaptive active antennas 自适应有源天线

ABF analogue beam forming 模拟波束成形

ABS absorbing strip 吸收条带

ABS acrylonitrile butadiene styrene 丙烯腈-丁二烯-苯乙烯

AC alternating current 交流

ACL auxiliary convergent lens 辅助聚焦透镜

A/D analog to digital 模数变换

ADC analog-digital converter 模数转换器

ADG actual diversity gain 实际分集增益

A-EFIE augmented electric field integral equation 增广电场积分方程

AF array factor 阵列因子

A4WP Alliance for Wireless Power 无线电力联盟

AiP antenna-in-package 封装天线

AIS air-insulated substations 空气绝缘变电站

ALTSA antipodallinearly tapered slot antenna 对拓线性渐变缝隙天线

AM additive manufacturing 增材制造

AM amplitude modulation 调幅

AMC artificial magnetic conductor 人工磁导体

AMPS advanced mobile phone system 先进移动电话系统

AMSR advanced microwave scanning radiometer 先进微波扫描辐射计

AoA angle of arrivals 到达角

APAA active phased array antenna 有源相控阵天线

APEX atacama pathfinder experiment 阿塔卡马探路者实验

APM alternating projection method 交替投影法

APS angular power spectrum 角功率谱

AR autoregressive 自回归

AR axial ratio 轴比

ARBW axial ratio bandwidth 轴比带宽

ARQ automatic repeat request 自动重传请求

ASIC application-specific integrated circuit 专用集成电路

ASKAP australian square kilometer array pathfinder 澳大利亚探路者平方公里阵列

ATCA australia telescope compact array

澳大利亚紧凑阵列望远镜

AUT antenna under test 待测天线

AWAS analysis of wire Antennas and scatterers 线天线和散射体分析程序

AWG arbitrary waveform generator 任意波形发生器

AWGN additive white gaussian noise 加性高斯白噪声

AZIM anisotropic zero-index material 各向异性零折射率材料

B

BAN body area network 人体局域网

BAVA balanced antipodal Vivaldi antenna 平衡对拓维瓦尔第天线

BCE beam capture efficiency 波束截获效率

BCNT bundled carbon nanotube 成束碳纳米管

BCP buckled cantilever plate 扣式悬臂板

BCWC body-centric wireless communication 人体中心无线通信

BDF beam deviation factor 波束偏差因子

BER bit error rate 误码率

BFN beam-forming network 波束形成网络

BGA ball grid array 球栅阵列

BHA backfire helical antenna 背射螺旋天线

BMI brain-machine interface 脑机接口

BOR body-of-revolution 旋转体

BRP beam refinement protocol 波束优化协议

BSS broadcasting satellite services 广播卫星业务

BST base station 基站

BTL bell technical laboratories 贝尔技术实验室

BW bandwidth 带宽

C

CA carrier aggregation 载波聚合

CAD computer aided design 计算机辅助设计

CA-RLSA concentric array radial line slot antenna 同心阵列径向线缝隙天线

CARMA combined array for millimeter astronomy 毫米波天文组合阵列

CATR compact antenna test range 紧缩天线测试场地

CBCPW conductor-backed cPW 金属背板共面波导

CBI cosmic background imager 宇宙背景成像仪

CBM condition-based maintenance 视情维护

CCE capacitive coupling element 容性耦合元件

CCVS charge-controlled voltage source 电荷控制电压源

CDMA code division multiple access 码分多址

CEM computational electromagnetics 计算电磁学

CFR crest factor reduction 波峰因数降低

CFRP carbon fiber-reinforced plastic 碳纤维增强塑料

CFZ cone-like Fresnel zone 锥形菲涅尔区

CHIME canadian hydrogen intensity mapping experiment 加拿大氢强度映射实验

CIARS centre for intelligent antenna and radio systems 智能天线与射频系统中心

CLL capacitively loaded loop 电容加载环

CLONALG clonal selection algorithm 克隆选择算法

CM condition monitoring 状态监测

EFIECMP-EFIE calderón multiplicative preconditioned, Calderón 乘法预处理 EFIE

CNT carbon nanotubes 碳纳米管

COP center of projection 投影中心

CP circular polarization, circularly polarized 圆极化

CPU/MPU central/micro processing unit 中央/微处理单元

CS cardinal series 主级数

CSO caltech sub-millimeter observatory 加州理工大学亚毫米波天文台

CTIA cellular telecommunications and internet Association 移动通信与互联网协会

CM common mode 共模

CM constant modulus 恒模

CMA characteristic mode analysis 特征模分析

CM-AES covariance matrix adaptation evolutionary strategy 自适应协方差矩阵进化策略

CMIM conventional mutual impedance method 传统互阻抗法

CMOS complementary metal oxide semiconductor 互补金属氧化物半导体

CMRR common mode rejection ratio 共模抑制比

CNC computer numerical control 计算机数控

CPS coplanar stripline 共面带线

CPW coplanar waveguide 共面波导

CR crossover rate 交叉率

CRLH composite right/left handed 复合左右手

CRLH TL composite right- and left-handed transmission line 复合左右手传输线

CSI channel state information 信道状态信息

CSS chirp spread spectrum Chirp 频谱扩展

CTE coefficient of thermal expansion 热膨胀系数

CSRR complementary split-ring resonator 互补开口环谐振器

CT computed tomography 计算机层析成像

CT/LN constant tangential/linear normal 常切向/线性法向

CVD chemical vapor deposition
化学气相沉积
CVX convex 凸优化
CW continuous-wave 连续波
CWE cylindrical wave expansion
柱面波扩展
CWTSA constant width tapered slot antenna
辐射槽宽恒定的渐变缝隙天线
XPD cross-polarization discrimination
交叉极化鉴别
XPI crosspolar isolation 交叉极化隔离
XLPE crosslinked polyethylene 交联聚乙烯

D

DAC digital to analogue converter
数模转换器
DBF digital beam forming 数字波束成形
DBS direct broadcast satellite 直播卫星
DC direct current 直流(电)
DDC digital down converter 数字下变频
DDM domain decomposition method
区域分解算法
DE differential evolution 差分进化
DEC design rule checking 设计规则检查
DETSA dual exponentially tapered slot antenna
双指数型渐变缝隙天线
DFT discrete Fourier transform
离散傅里叶变换
DG diversity gain 分集增益
DGA dissolved gas analysis 溶解气体分析
DGF dyadic green's function
并矢格林函数
DGS defected ground structure
缺陷地结构
DGTD discontinuous Galerkin time domain
时域间断伽辽金算法
DLA discrete lens array 离散透镜阵列
DLP digital light project 数字光学投影
DM differential mode 差模
DMN decoupling and matching network
解耦匹配网络
DMS defected microstrip structure
缺陷微带结构
DNG double-negative 双负
DOA direction-of-arrival 波达方向
DOD drop-on-demand 按需喷墨
DPS double positive 双正
DR dielectric resonator 介质谐振器
DRA dielectric resonator antenna
介质谐振天线
DS direct sequence 直接序列
DSP digital signal processor
数字信号处理器
D/U desired-to-undesired
期望信号与不期望信号之比

E

EAD egyptian axe dipole 埃及斧偶极子
EBG electromagnetic band gap 电磁带隙
EBM electron beam melting 电子束融化
ECC envelope correction coefficient
包络校正系数
ECR electron cyclotron resonance
电子回旋共振

EDA electronic design automation 电子设计自动化

EDG effective diversity gain 有效分集增益

EDGE enhanced data rate for GSM Evolution 增强型数据速率 GSM 演进技术

EFIE electric field integral equations 电场积分方程

EHF extremely high frequency 极高频

EHT event horizon telescope 事件视界望远镜

EIL edge illumination 边沿照射

EIRP effective isotropic radiated power 等效全向辐射功率

EIS effective isotropic sensitivity 等效全向灵敏度

ELDRs end-loaded dipole resonators 端载偶极子谐振器

EM electromagnetic 电磁

EMC electromagnetic compatibility 电磁兼容性

EMI electromagnetic interference 电磁干扰

EMXT electromagnetic crystal 电磁晶体

EMU electromagnetic unit 电磁单位

ENG epsilon-negative 负介电常数

EOC edge of coverage 覆盖区边缘

EPA equivalence principle algorithm 等效原理算法

EPDM ethylene propylene diene monomer 三元乙丙橡胶

EPR electron paramagnetic resonance 电子顺磁共振

EPR ethylene propylene rubber 乙丙橡胶

ERC European Radio Communications Committee 欧洲无线电通信委员会

ERP effective radiated power 有效辐射功率

ESA electrically small antenna 电小天线

ESA european space agency 欧洲航天局

ESI enhanced serial interface 增强型串行接口

ESPAR electronically steerable passive array radiator 电控无源阵列辐射器

ESPRIT estimation of signal parameters via rotational invariance techniques 基于旋转不变性原理的信号参数估计技术

ESU electrostatic units 静电单位

ET edge taper 边沿锥削

EUT equipment under test 待测设备

WLB embedded wafer-level ball grid arraye 嵌入式晶圆级球栅阵列

EZR epsilon-zero 零介电常数

F

FAC full anechoic chamber 全电波暗室

F/B front-to-backratio 前后比

FCC federal communication commission 联邦通信委员会

F/D focal length-to-aperture diameter ratio 焦径比

FDD frequency division duplexing, Frequency division duplex 频分双工

FDM fused deposition modeling 熔融沉积成型

FDMA frequency division multiple access 频分多址

FDTD finite-difference time-domain 时域有限差分

FE finite element 有限元

FEC forward error correction 前向纠错

FEM finite element method 有限元法

FES functional electrical stimulator 功能性电刺激器

FETD finite element time method method 时域有限元法

FIT finite integration technique 有限积分方法

FF far-field 远场

FF fidelity factor 保真度

FFT fast Fourier transform 快速傅里叶变换

FM frequency modulation 调频

FMCW frequency-modulated constant wave 调频连续波

FoV field of view 视场

FP fabry-Pérot 法布里-珀罗

FPA focal plane array 焦平面阵列

FPGA field programmable gate arrays 现场可编程门阵列

FRA frequency response analysis 频率响应分析

FSA functional small antenna 功能小天线

FSS fixedsatellite services 固定卫星业务

FSS frequency selective surface 频率选择表面

FTBR front-to-back ratio 前后比

FVTD finite volume time domain method 时域有限体积法

FSVs frequency selective volumes 频率选择体结构

FZP fresnel zone plate 菲涅尔区盘

G

GA genetic algorithm 遗传算法

GAA grid antenna array 栅格天线阵列

GaAs gallium arsenide 砷化镓

GAS geostationary atmospheric sounder 地球同步轨道大气探测仪

GBT green bank telescope 绿岸射电望远镜

GCOM global change observation mission 全球环境变化观测任务

GCPW grounded coplanar waveguide 接地共面波导

GD gaussian dipole 高斯偶极子

GeoSTAR geostationary synthetic thinned aperture radiometer 地球同步轨道稀疏合成孔径辐射计

GHz gigahertzes 吉赫兹

GMSK gaussian minimum shift keying 高斯最小频移键控

GNSS global navigation satellite system 全球导航卫星系统

GO geometric optics, geometrical optics 几何光学

GPHA gaussian profile horn antennae

高斯剖面喇叭天线
GPIB general purpose interface bus 通用接口总线
GPOR general paraboloid of revolution 广义旋转抛物面
GPRS general packet radio service 通用分组无线业务
GPS global Positioning System 全球定位系统
GRIN gradient index 渐变折射率
GSG ground-signal-ground 地-信号-地
GSGSG ground-signal-ground-signal-ground 地-信号-地-信号-地
GSM global system for mobile communications 全球移动通信系统
GSNA geosynchronous satellite navigation antennae 静止轨道卫星导航天线
GTD geometrical theory of diffraction 几何绕射理论

H

HBA high-band array 高频段阵列
HBC human-body communications 人体通信
HD high-definition 高清
HDPE high-density polyethylene 高密度聚合物
HDRR hemispherical dielectric ring resonator 半球介质环谐振器
HEB half energy beam 半能量波束
HEBW half energy beamwidth 半能量波束宽度
HetNets heterogeneous networks 异构网
HF high frequency 高频
HFA high frequency asymptotic 高频渐进
HFCT high frequency current transformers 高频电流互感器
HHIS hybrid high-impedance surface 混合高阻抗表面
HIS high impedance surface 高阻抗表面
HLR home location register 归属位置寄存器
HM half-mode 半模
HMFE half Maxwell fish-eye 半麦克斯韦鱼眼
HMSIW half-mode substrate-integrated waveguide 半模基片集成波导
HPA high-power amplifier 高功率放大器
HPBW half-power beamwidth 半功率波束宽度
HSPA high-speed packet access 高速分组接入
HTCC high-temperature co-fired ceramics 高温共烧陶瓷
HWG hansen-woodyard gain 汉森伍德增益

I

IC integrated chip 集成芯片
ICE inductive coupling elements 感性耦合元件
ICP intracranial pressure 颅内压
ICNIRP international commission on non-Ionizing radiation protection 国际非电离

辐射防护委员会

IDFT inverse digital fourier transform 数字傅里叶逆变换

IEC international electrotechnical commission 国际电工委员会

IEM integral equation method 积分方程法

IF intermediate frequency 中频

IFA inverted F-antenna 倒F天线

IID independent and identically distributed 独立同分布

ILA integrated lens antennas 集成透镜天线

ILDC incremental length diffraction coefficients 增量长度绕射系数

IMD implantable device 可植入设备

INC intelligent network communicator 智能通信网络

IR infrared 红外

ISI inter symbol interference 码间干扰

ISM industrial scientific and medical 工业,科学与医疗

ITE information technology equipment 信息技术设备

ITU International Telecommunications Unit 国际电信联盟

IFFT inverse fast Fourier transform 快速傅里叶逆变换

J

JCMT james clerk Maxwell telescope 詹姆斯·克拉克·麦克斯韦尔望远镜

JPL jet propulsion laboratory 喷气推进实验室

K

KCL kirchhoff′s current law 基尔霍夫电流定律

KDI kirchhoff′s diffraction integral 基尔霍夫衍射积分式

KIDs kinetic Inductance detectors 动力学电感检测器

KVL kirchhoff′s voltage law 基尔霍夫电压定律

L

LAN local area network 局域网

LAS largest angular scale 最大角度标度

LCP liquid crystal polymer 液晶聚合物

LDOS local density of states 光子局域态密度

LDS laser direct structuring 激光直接成形

LED light-emitting diode 发光二极管

LEO low earth orbit 近地轨道

LEOS low-earth-orbit satellite 低轨卫星

LF low frequency 低频

LGA land grid array 触点栅格阵列

LH left-handed 左手

LHCP left-hand circular polarization 左旋圆极化

LHM left-handed media 左手介质

LIM low-index material 低折射率材料

LLM layer laminate manufacturing 层压板制造

LM laser melting 激光熔化

LMS least mean square 最小二乘

LMT large milli-meter telescope 大型毫米波望远镜

LNA low noise amplifier 低噪声放大器

LN2 liquid nitrogen 液氮

LO local oscillator 本地振荡器

LOFAR low frequency array 低频阵列

LOM laminate object manufacturing 层压板制品制造

LOS line-of-sight 视距

LP linearly polarized 线极化

LPDA log-periodic dipole array 对数周期偶极子阵列

LPF low pass filter 低通滤波器

LPLA log-periodic loop array 对数周期环形阵列

LPVA log-periodic V array 对数周期 V 形偶极子阵列

RL line-reflect-lineL 线-反射-线

LS laser sintering 激光烧结

LT low temperature 低温

TCC low temperature co-fired ceramicL 低温共烧陶瓷

TE long term evolutionL 长期演化

LT/QN linear tangential/quadratic normal 线性切向/二次法向

TSA linearly tapered slot antennaL 线性锥削槽天线

LUF lowest usable frequency 最低可用频率

UT lens under testL 待测透镜

WA leaky-wave antennaL 漏波天线

LWA1 Long Wavelength Array Station 1 1 号长波阵列站

M

MBA multibeam antenna 多波束天线

ME magneto-electric 磁电

ME multiplexing efficiency 复用效率

MEG mean effective gain 平均有效增益

MEMS micro-electro-mechanical system 微机电系统

e-MERLIN multi-Element Radio Linked Interferometer Network 多元无线电链路干涉仪网络

MFIE magnetic field integral equation 磁场积分方程

MG maximum gain 最大增益

MHz megahertz 兆赫兹

MIC microwave integrated circuit 微波集成电路

MICS medical implant communications service 医疗植入通信服务

MID molded interconnect device 模塑互连器件

MIG metal inert gas 金属惰性气体

MIM metal-insulator-metal 金属-绝缘体-金属

MIMO multiple input and multiple output 多输入多输出

MIR microwaveimpulse radar 微波脉冲雷达

MIRAS microwave imaging radiometer with

aperture synthesis 合成孔径微波成像辐射计

ML maximum likelihood 最大似然

MLFMA multilevel fast multipole algorithm 多层快速多极子算法

MLGFIM multilevel Green's function interpolation method 多级格林函数迭代法

MM/MTM metamateiral 超材料

MMIC monolithic microwave integrated circuit 单片微波集成电路

MMSE minimum mean square error 最小均方误差

mmWave millimeter wave 毫米波

MNA modified nodal analysis 改进的节点分析

MNG mu-negative 负磁导率

MNZ mu-near-zero 近零磁导率

MoM method of moment 矩量法

MPA microstrip patch antenna 微带贴片天线

MPT microwave power transmission 微波能量传输

MR magnetic resonance 磁共振

MRC maximal ratio combining 最大比合并

MRI magnetic resonance imaging 磁共振成像

MRS MR-spectroscopy 磁共振谱

MRTD multi-resolution time domain 时域多分辨法

MS mean square 均方值

MSA microstrip antenna 微带天线

MSC mode-stirred chamber 模式混合暗室

MSCDA modified self-complementary dipole array 改进型自互补偶极子阵列

MSE mean square error 均方误差

MT mobile terminal 移动终端

MIMOMU-MIMO multiuser MIMO 多用户 MIMO

MUSIC multiple signal classification 多重信号分类

MW microwave 微波

MZR mu-zero 零磁导率

N

NASA national aeronautic and space administration(美国)航空航天局

NB narrowband 窄带

NC no compensation 无补偿

NEC numerical electromagnetic code 数值电磁代码

NF near-field 近场

NF noise figure 噪声系数

NFC near-field communication 近场通信

NFE number of function evaluations 评估次数

NF-FF near-field-far-field 近场-远场

NFRP near-field resonant parasitic 近场谐振寄生

NGD negative-group-delay 负群时延

NIC negative impedance converter 负阻抗变换器

NII negative impedance inverter 负阻抗逆变器

NME natural mode expansion 固定模式扩展
NMOS n Metal oxide semiconductor N 型金属氧化物半导体
NMR nuclear magnetic resonance 核磁共振
NNs neural networks 神经网络
NRI-TL negative refractive-index transmission-line 负折射率传输线
NSA normalized site attenuation 归一化场地衰减
NSDP numerical steepest descent path method 数值最速下降路径方法
NU nonuniform 非均匀

O

OATS open-area test site 开阔测试场
OCS open-circuit stable 开路稳定
OFDM orthogonal frequency-division multiplexing 正交频分复用
OLTC on-load tap changers 有载分接开关
Omega/sq ohms per square 欧姆每平方
OMT orthomode transducer 正交模耦合器
OTA over-the-air 空中下载

P

PA power amplifier 功率放大器
PAA phased array antenna 相控阵天线
PAE power-added efficiency 功率附加效率
PAF phased array feeds 相控阵馈源
PBG photonic band gap materials 光子带隙材料
PC photonic crystal 光子晶体
PC polycarbonate 聚碳酸酯
PCA photoconductive antenna 光电导天线
PCB printed circuit board 印制电路板
PCIe peripheral component interconnect express 高速外部组件互连
PCS personal communications service 个人通信服务
PCSA physically constrainedsmall antenna 有限尺寸小天线
PD partial discharge 局部放电
PDC personal digital cellular 个人数字蜂窝
PDMS polydimethylsiloxane 聚二甲基硅氧烷
PDN power distributed networks 供电网络
PE polyethylene 聚乙烯
PEC perfectly electric conductor 理想电导体
PEEC partial element equivalent circuit 部分元等效电路
PEEK polyetheretherketone 聚醚酮醚
PER packet error ratio 误包率
PET piezoelectric transducer 压电转换器
PEX parallel excitation 并联激励
PEXMUX parallel excitation multiplexing component 并联激励复用组件
PH plane hyperbolic 双曲面
PHAT phase transform 相位变换
HEMT pseudomorphic high-electron-

mobility transistorp 赝晶高电子迁移率晶体管

PIAA　power inversion adaptive Array 功率倒置自适应阵列

PIB　propagation-invariant beam 传播不变波束

PIFA　planar inverted-F antenna 平面倒 F 天线

PIFA　printed inverted F antenna 印刷倒 F 天线

PIM　passive inter-modulation 无源互调

PLA　polylactic acid 聚乳酸

PMA　power matters alliance 电力事务联盟

PMC　perfectly magnetic conductor 理想磁导体

PML　perfectly matched layer 完美匹配层

PMMA　polymethylmethacrylate 聚甲基丙烯酸甲脂

PMMW　passive millimeter-wave 毫米波无源

PO　physical optics 物理光学

PoC　proof-of-concept 概念验证

POM　polyoxymethylene 聚甲醛

PPSF　polyphenylsulfone 聚苯砜

PR　positive real 正实

PRI　positive-refractive-index 正折射率

PRPD　phase-resolved partial discharge 局部放电相位分布

PRS　partially reflective surface 部分反射面

PSA　physicallysmall antenna 小形体天线

PSD　power spectrum density 功率谱密度

PSO　particle swarm optimization 粒子群优化

PSS　phase-shifting surface 相移表面

PTD　physical theory of diffraction 物理衍射理论

PTE　power transfer efficiency 功率传输效率

PTFE　polytetrafluoroethylene 聚四氟乙烯

PTSA　parabolic tapered slot antenna 抛物线渐变缝隙天线

Q

QMC　quadrature mixer correction 正交混频器校正

Q　quality factor 品质因数

QoS　quality of service 服务质量

QC-laser　quantum cascade laser 量子级联激光

QSC　quasi-self-complementary 准自互补

QUIET　Q/U imaging experiment Q / U 成像实验

R

RA　reconfigurable antenna 可重构天线

RAM　radio-absorbing material 射频吸波材料

RC　reverberation chamber 混响室

RCM　reliability-centered maintenance 以可靠性为中心的维护

RCS　radar cross-section 雷达散射截面

RDL　redistribution layer 再分配层

RDMS　reconfigurabledefected microstrip structure 可重构缺陷微带结构

RE radiation efficiency 辐射效率

RET remote electrical tilt 远程电子倾斜

REV rotating element electric field vector 旋转单元电场矢量

RF radio frequency 射频

RFID radio frequency identification 射频识别

RF-MEMS radio frequency micro electromechanical system 射频微机电系统

RH right-handed 右手

RHCP right-hand circular polarization 右旋圆极化

RIS reactive impedance surface 纯电抗表面

RLBW return loss bandwidth 回波损耗带宽

RLS recursive least squares 递归最小二乘

RLSA radial line slot antenna 径向线缝隙天线

RLW reduced lateral wave 横向波抑制

RMIM receiving mutual impedance method 接收互阻抗方法

rms root mean square 均方根

RP rapid prototyping 快速原型

RPD ray path difference 射线路径差

RRH remote radio head 射频拉远头

RSSI received signal strength indication 接收信号强度指示

RSW reduced surface wave 表面波抑制

RT room-temperature 室温

RTLS real time location system 实时定位系统

RW rectangular waveguide 矩形波导

Rx receiving 接收

S

SA small antenna 小天线

SAC semi-anechoic chamber 半微波暗室

SAEP shorted annular elliptical patch 短路环形椭圆贴片

SAR shorted annular ring 短路环

SAR specific absorption rate 比吸收率

SBR shoot and bounce ray 弹跳射线法

SCOT smoothed coherence transform 平滑相干变换

SCS short-circuit stable 短路稳定

SCS self-complementary structure 自互补结构

SD spatial diversity 空间分集

SD standard deviation 标准差

SDARS satellite digital audio radio services 卫星数字音频广播业务

SDM spatial division multiplexing 空分复用

SDM spectral domain method 谱域法

SDMA space division multiple access 空分多址

SDS spatial difference smoothing 空间差分平滑

SE shielding effectiveness 屏蔽效能

SEFD system equivalent flux density 系统等效磁通密度

SEM scanning electron micrograph
扫描电子显微镜

SERS surface-enhanced Raman scattering
表面增强拉曼散射

SETD spectral element time domain
时域普元法

SG signal-ground 信号接地

SGU signal generation unit 信号产生单元

S/I signal/interference 信干比

SIC substrate integrated circuit
基片集成电路

SIIG substrate integratedimage guide
基片集成镜像波导

SIM subscriber identity module
用户识别模组

SINR signal-to-interference-plus-noise ratio 信干噪比

SINRD substrate integratednonradiative dielectric 基片集成非辐射介质

SiP system-in-package 封装系统

SISO single-input single-out
单输入单输出

SIW substrate integrated waveguide
基片集成波导

SKA square kilometer array 平方公里阵

SL stereolithography 立体光刻

SLA square loop antenna 方环天线

SLC side lobe canceller 副瓣对消器

SLM selective laser melting
选择性激光熔化

SLS sector level sweep 扇区电平扫描

SLS selective laser sintering
选择性激光烧结

SMAP soil moisture active passive
土壤湿度主被动(探测任务)

SMI sample matrix inversion
采样矩阵求逆

SMOS soil moisture and ocean Salinity
土壤湿度和海洋盐度(探测任务)

SMP shape memory polymer
形状记忆聚合物

SMRS sinusoidally modulated reactance surface 正弦调制容抗表面

SMS short message service 短消息服务

SMT surface-mount technologies
表面贴装技术

SNG single negative 单负

SNIR signal-to-noise-and-interference ratio 信干噪比

SNOM scanning near-field optical microscope
近场扫描光学显微镜

SNR signal-to-noise ratio 信噪比

SoB system-on-board 板上系统

SoC system-on-chip 片上系统

SOL short-open-load 短路-开路-负载

SOLT short-open-load-thru
短路-开路-负载-直通

SOP system on packaging 封装系统

SOTM satellite-on-the-move 移动卫星

SPDT single-pole double-throw 单刀双掷

SPICE Simulation Program with Integrated-Circuit Emphasis 电路模拟程序

SPMT single-pole multi-throw
单刀多掷开关

SPP surface plasmon polariton 表面等离子体激元

SPS solar power satellite 太阳能发电卫星(空间太阳能电站)

SPST single pole single throw 单刀单掷开关

SPT south Pole Telescope 南极望远镜

SRR split-ring resonator 开口环谐振器

SRT sardinia Radio Telescope 撒丁岛射电望远镜

SSC stator slot couplers 定子槽耦合器

SSP shorted slotted patch 短路开槽贴片

STFFT short-time fast Fourier transformation 短时快速傅里叶变换

STFT short-time Fourier transform 短时傅里叶变换

SU-MIMO/MU-MIMO single-user and multiuser multiple-input multiple-output 单用户及多用户多输入多输出

SVM support vector machine 支持矢量机

SVSWR site voltage standing wave ratio 场地电压驻波比

SWR standing wave ratio 驻波比

T

TCDk thermal coefficient of dielectric constant 介电常数热系数

TCM theory of characteristic modes 特征模理论

3D three-dimensional 三维

TDD time division duplexing 时分双工

TD-EFIE time-domain electric field integral equations 时域电场积分方程

TDMA time division multiple access 时分多址

TDOA time differences of arrival 到达时间差

TDR time-domain reflectivity 时域反射

TE total efficiency 总效率

TE transverse electric 横电

TEM transverse electromagnetic 横电磁

TF time-frequency 时频

THz terahertz 太赫兹

TIS total isotropic sensitivity 总全向灵敏度

TL transmission line 传输线

TM transverse magnetic 横磁

TMA tower-mounted amplifier 塔式放大器

TO transformation optics 变换光学

TPs transmission poles 传输极点

TSA tapered slot antenna 锥削槽天线

TT&C telemetry, tracking and control 遥测,跟踪与控制

T/R transmit/receive 收/发

TRL trough reflect line 直通-反射-传输线

TRP total radiated power 总辐射功率

TTD true-time delays 实时延迟

Tx transmission 发射

TZs transmission zeros 传输零点

U

UAT uniform asymptotic diffraction

均匀渐近衍射

UAV unmanned aerial vehicle 无人飞行器

UHD ultrahigh definition 超高清

UHF ultra high frequency 超高频

ULA uniform linear array 均匀线阵

ULSI ultralarge-scale integration 超大规模集成

USB universal mobile telecommunication systemsx 通用移动通信系统

USB universal serial bus 通用串行总线

UTD uniform Theory of Diffraction 一致性绕射理论

UWB ultra-wideband 超宽带

V

VCO voltage-controlled oscillator 压控振荡器

VHF very high frequency 甚高频

VLBA very long baseline array 甚长基线阵列

VLBI very-long-baseline interferometry 甚长基线干涉计

VLF very low frequency 甚低频

VNA vector network analyzer 矢量网络分析仪

VOI volume of interest 感兴趣区域

VSWR voltage standing wave ratio 电压驻波比

W

WAAS wide area augmentation system 广域增强系统

WDO wind-driven optimization 风驱动优化

WiMAX worldwide interoperability for microwave access 全球微波互联接入

WiPoT Wireless Power Transfer Consortium for Practical Application 无线电力传输应用协会

WISP wireless identification and sensing platform 无线识别和感知平台

WLAN wirelesslocal area network 无线局域网

WPC wireless power consortium 无线电力联盟

WPT wireless power transfer 无线能量传输

WRC world radio conference 世界无线电大会

WSN wirelesssensor network 无线传感器网络

Y

YM - BPM yee - mesh - based beam - propagation method 基于 Yee 网格的光束传播方法

Z

ZIM zero-index material 零折射率材料

ZOR zeroth-order resonator 零阶谐振器

ZTT zirconium Tin Titanate 钛酸锆锡

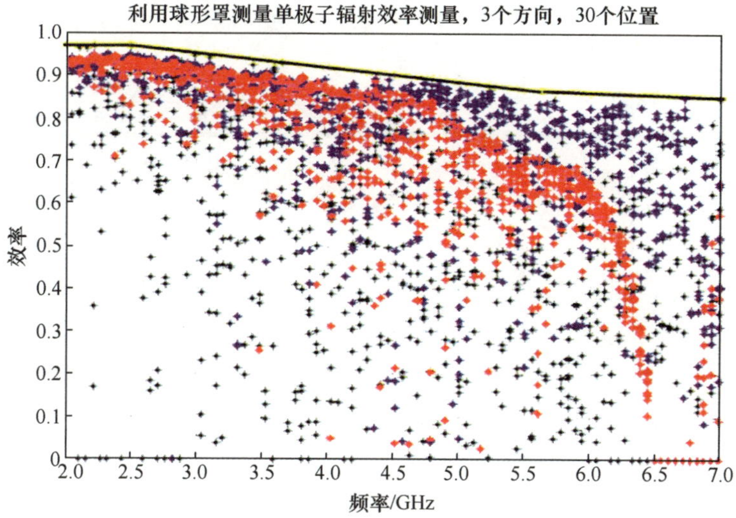

图 49.10　在罩内利用原始 S_{11} 数据测量 3 种不同方向(利用颜色区分)AUT 效率示例(Huang et al. ,2010、2011)

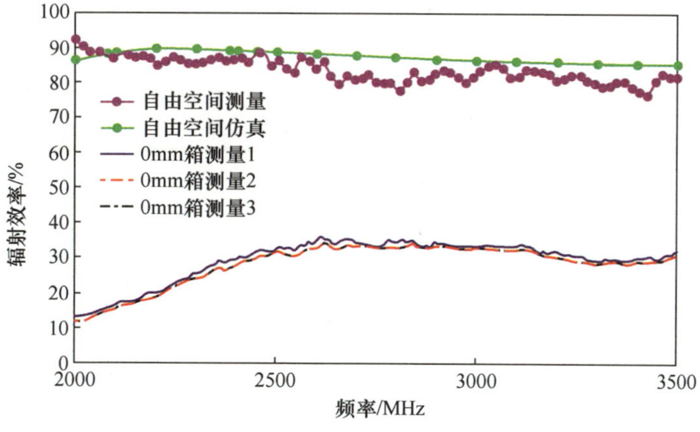

图 49.12　铜印花天线在自由空间和物体上辐射效率的测量(Boyes et al. ,2013)

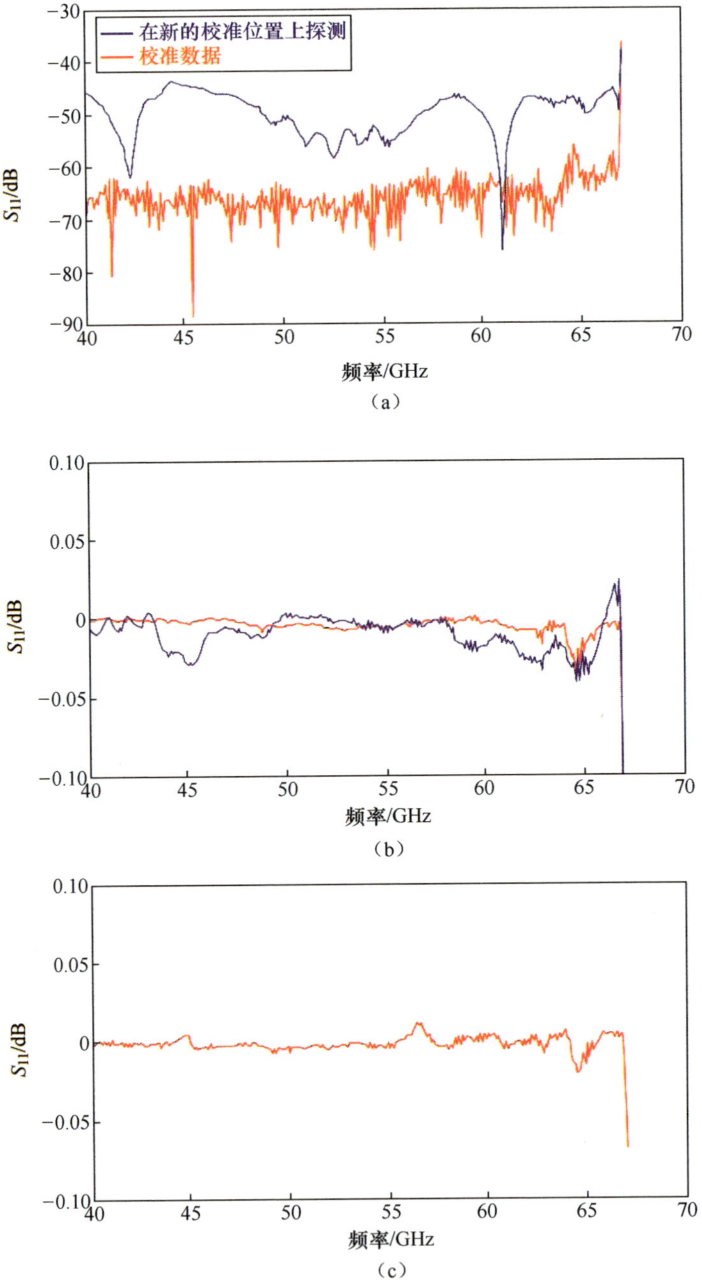

图 50.12 采用 ISS:101-190 基片,通过将探针头放在不同位置以达到短路、开路和负载标准,来进行 ACP 65 AW GSG 200μm 的校准精度检查(Nice 大学测量设备)
(a)负载;(b)短路;(c)开路。

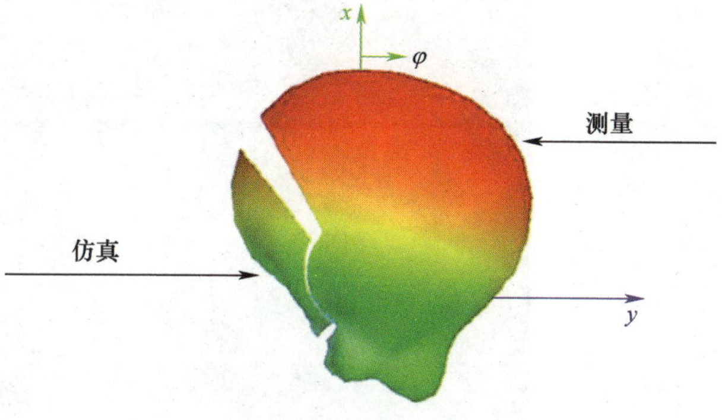

图 50.22 混合方法的示意图(从 Titz et al. ,(2012c)的设备中获得测量的三维模式计算探针提供的 AUT 总效率)

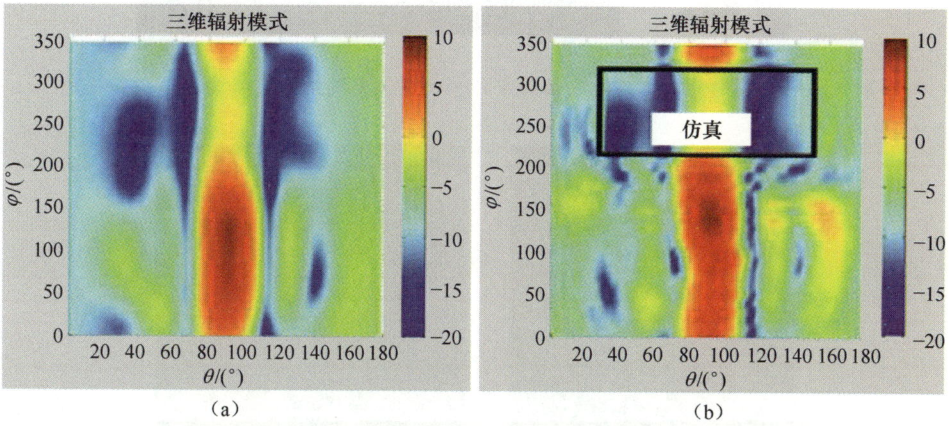

图 50.23 用于计算端射 LTCC 总效率的混合方法图示

(通过 Titz et al. ,(2012c)的设备中设置获得的测量的三维图案在 60GHz 处的天线阵列)

(a)模拟三维场(占总效率的 69.9%);(b)混合测量和模拟的三维场(占总效率的 69%)。

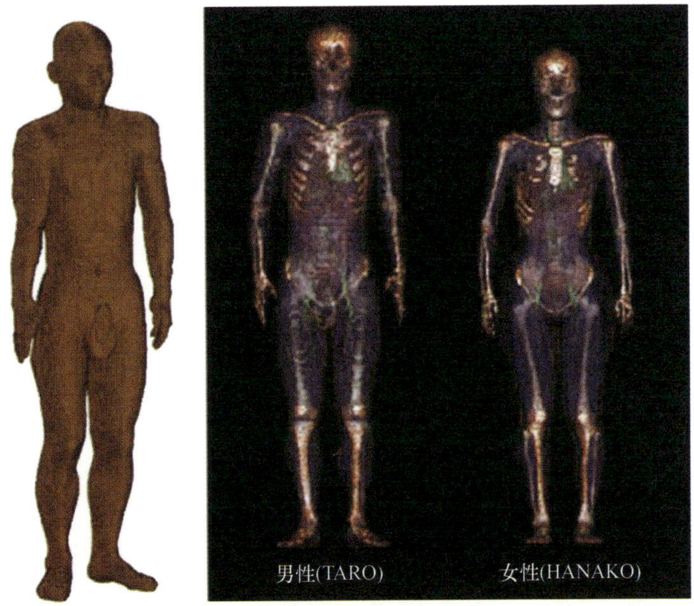

图 51.5 真实的人体数字化模型(NICT 网站人体模型)

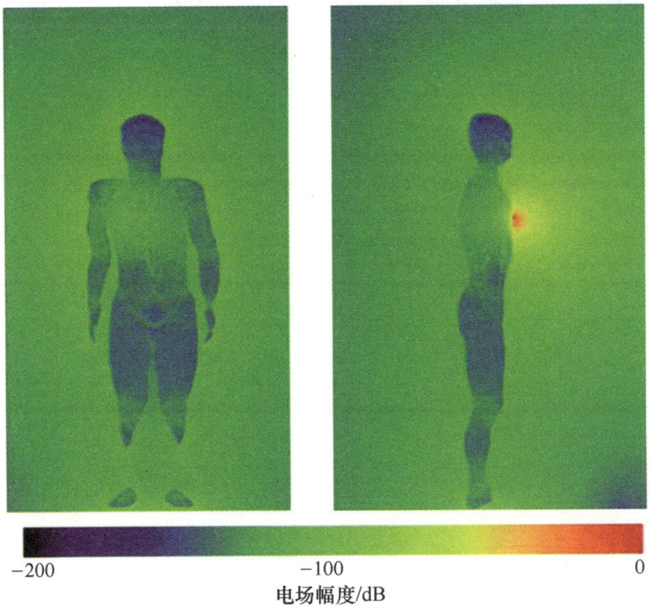

图 51.12 高分辨率人体 10MHz 下的电场分布

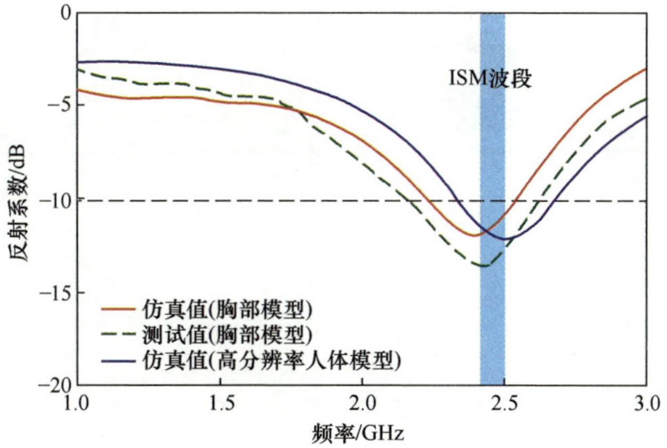

图 51.13 反射系数的测试和仿真结果

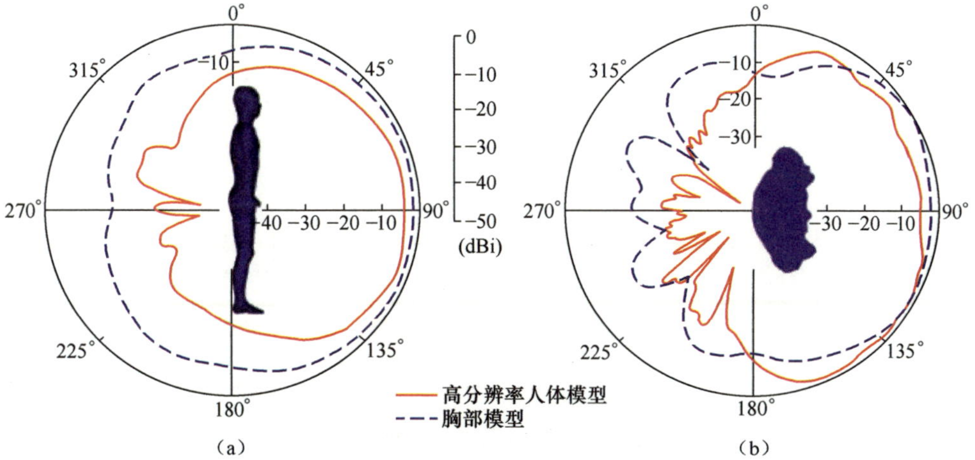

图 51.14 辐射方向图

(a) yz 面；(b) xy 面。

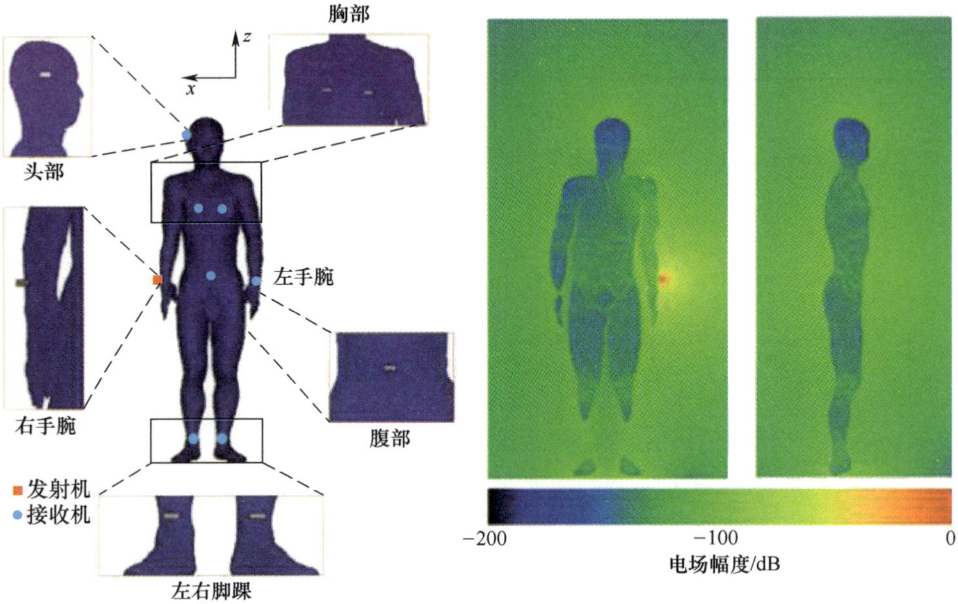

（a）　　　　　　　　　　　　　　（b）

图 51.16　仿真结果

(a)发射机和 7 个接收机的位置;(b)10MHz 电场分布。

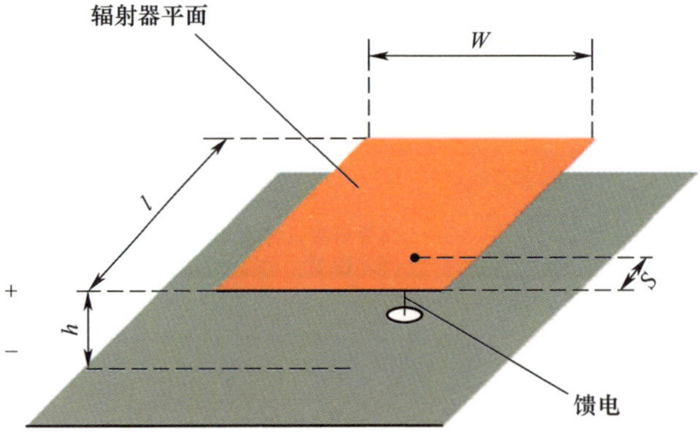

图 52.10　贴片天线的基本结构

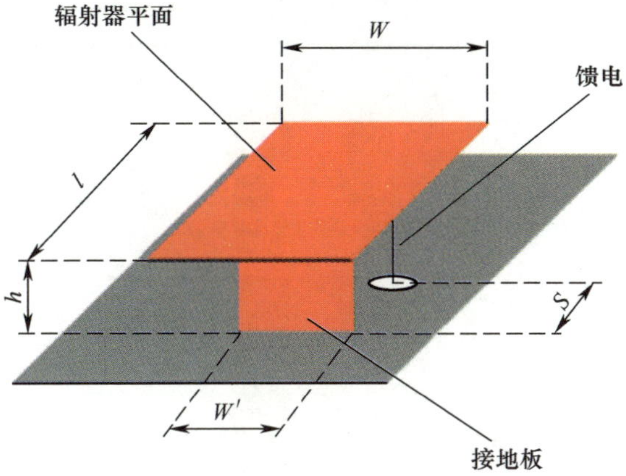

图 52.11　平面倒 F 天线(PIFA)的基本结构

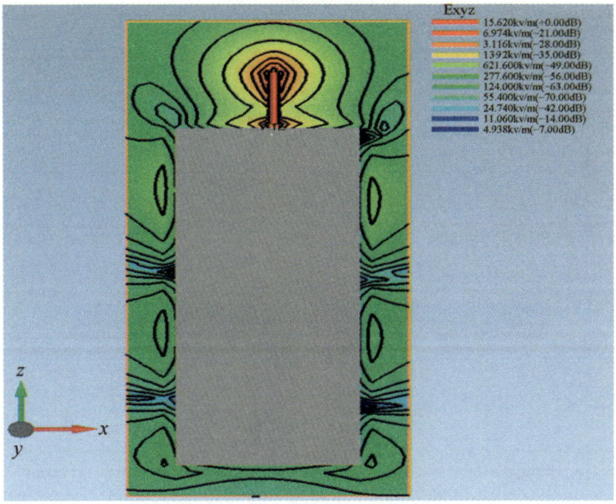

图 52.15　小型基站顶部的单极天线:设备附近的电场分布

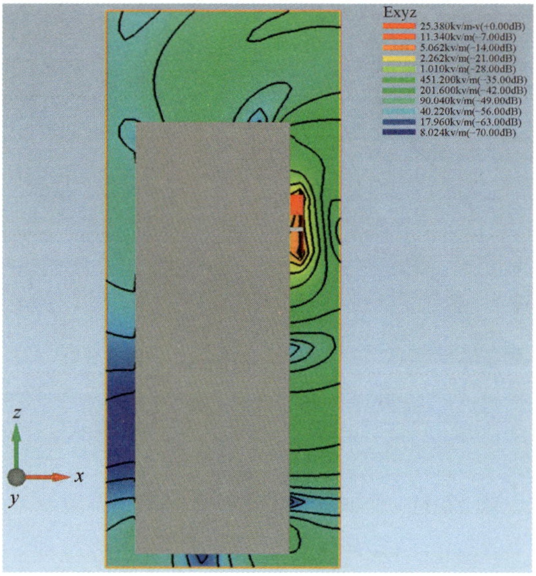

图 52.17　小基站上的 PIFA 天线:设备上的电场分布

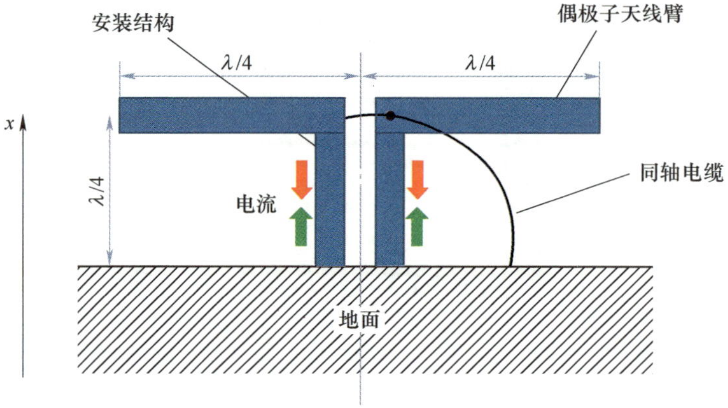

图 52.19　扇形阵列的天线单元

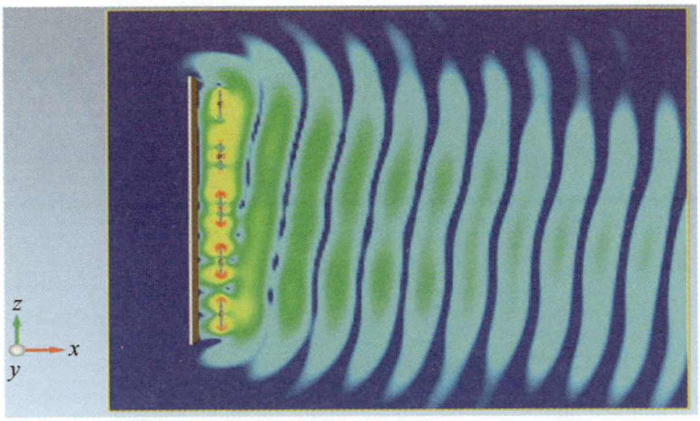

图 52.23　实施了相移的扇区阵列：天线前方的电场分布

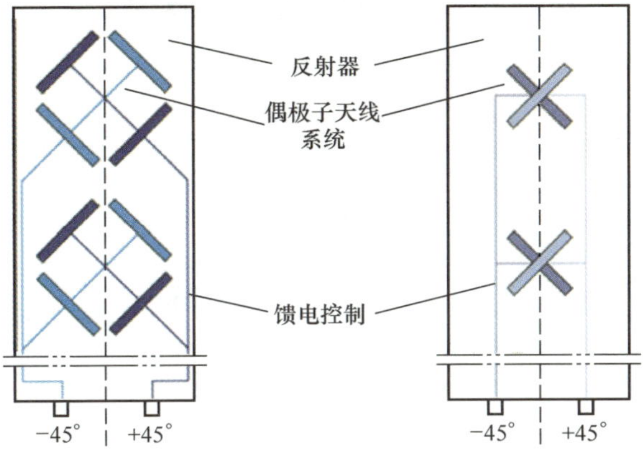

图 52.25　65°HPBW(左)和 90°HPBW(右)的双极化偶极子结构的原理结构

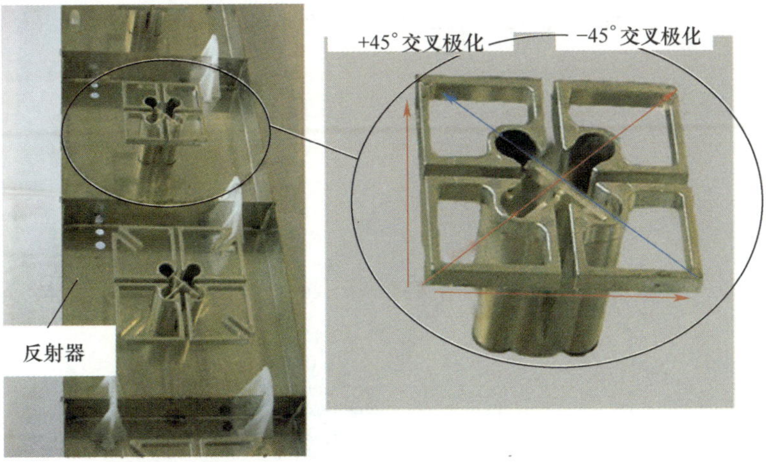

图 52.26　分集传输的偶极子扇区天线的实现范例

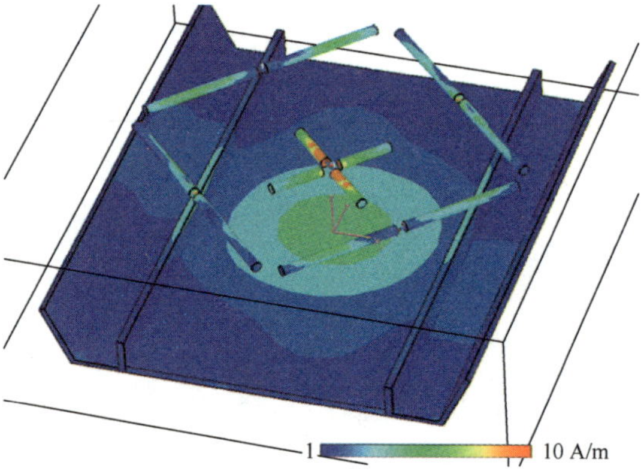

图 52.29　双极化偶极子组成的双频带天线

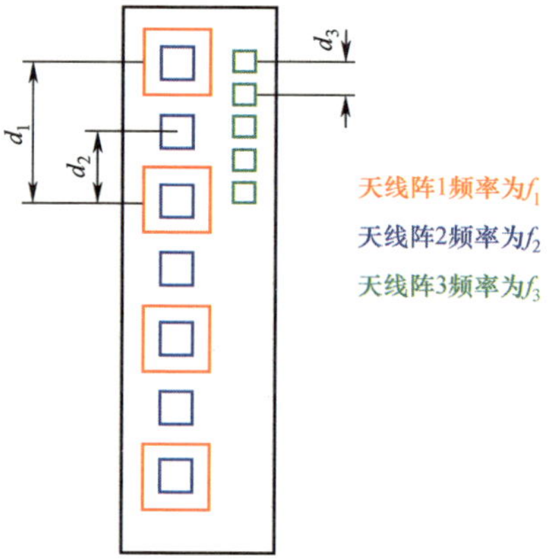

图 52.31　多波段扇区阵列、用于优化阵列距离的单元结构

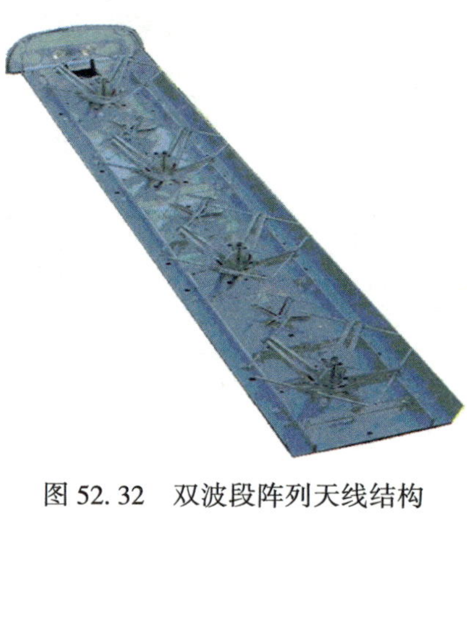

图 52.32　双波段阵列天线结构

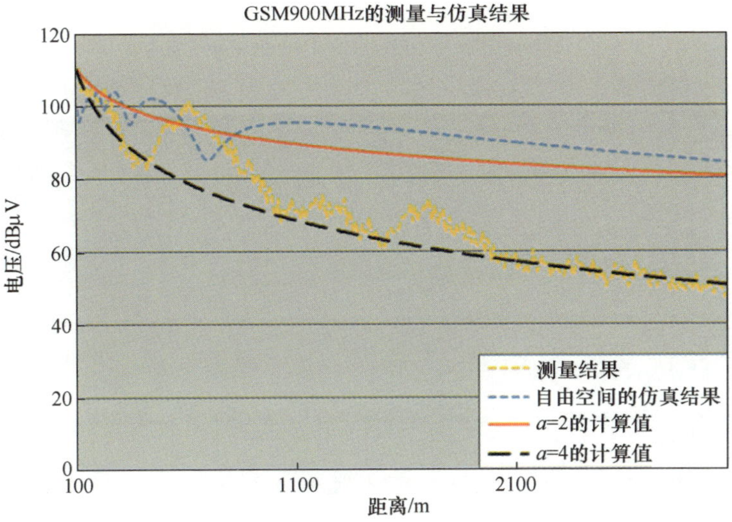

图 52.36　不同模型的测量和模拟信号值

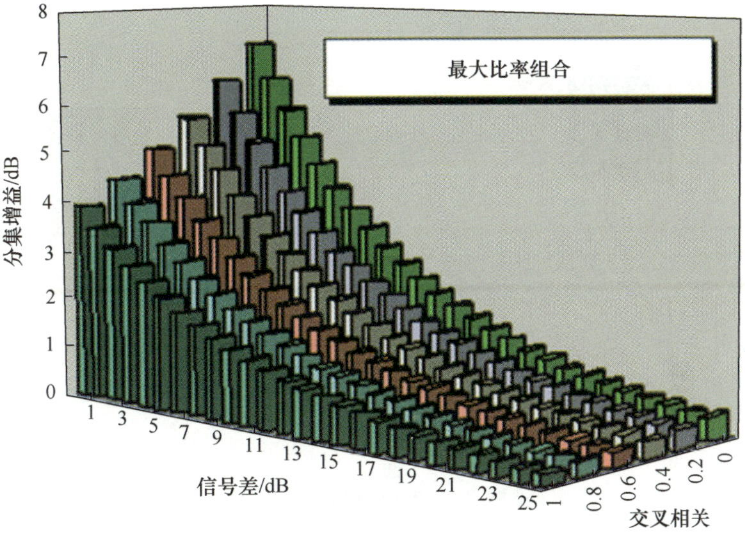

图 52.41　典型 GSM 系统的分集增益对相关性和电平差的依赖性

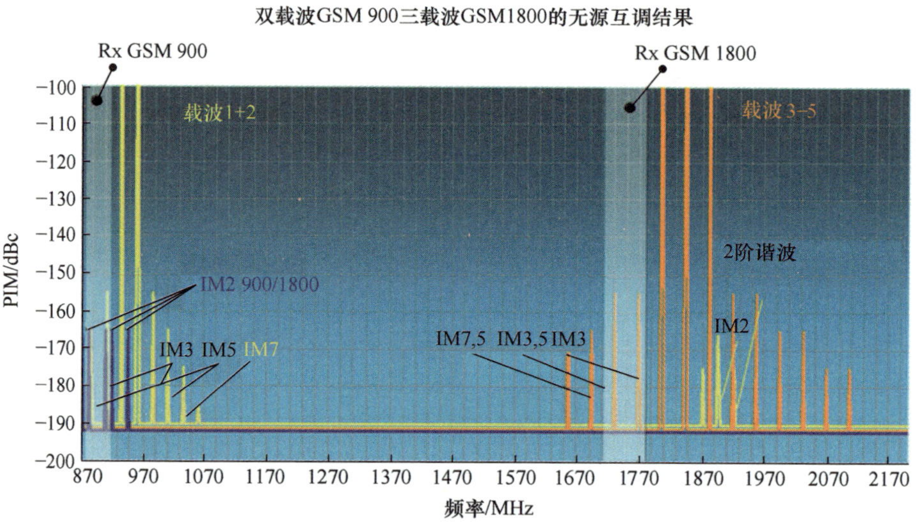

图 52.47　900MHz 和 1800MHz 波段双频设备的互调结果

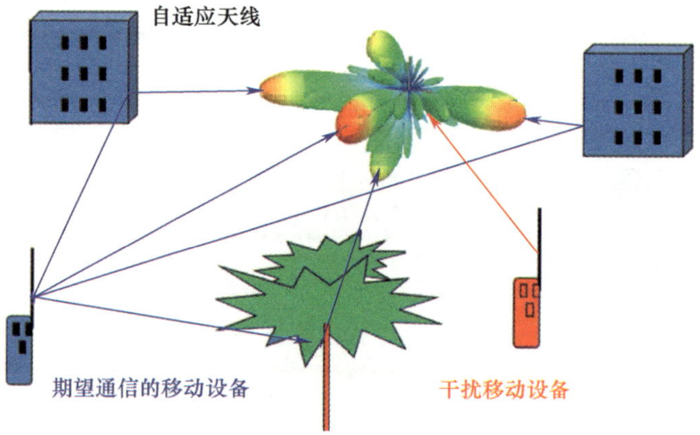

图 52.64　有干扰的自适应天线

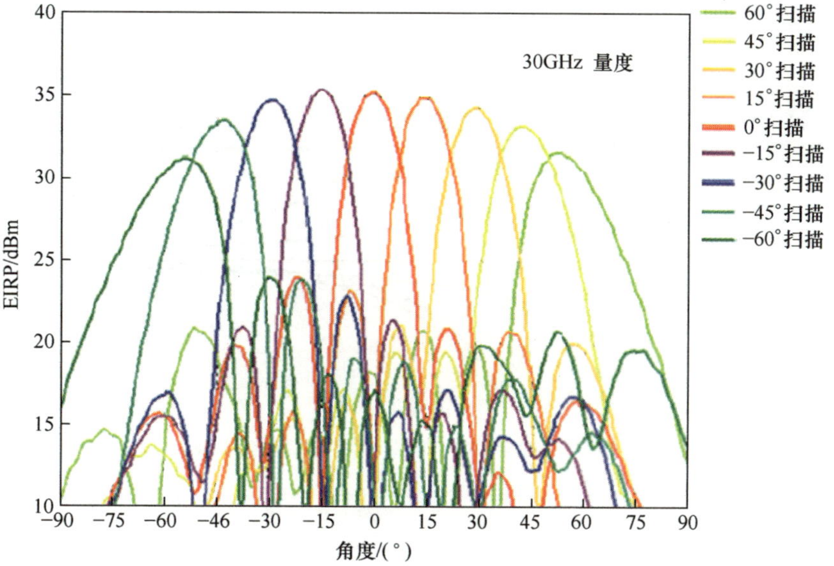

图 52. 71　30GHz 的 DBF 阵列的测量天线波束

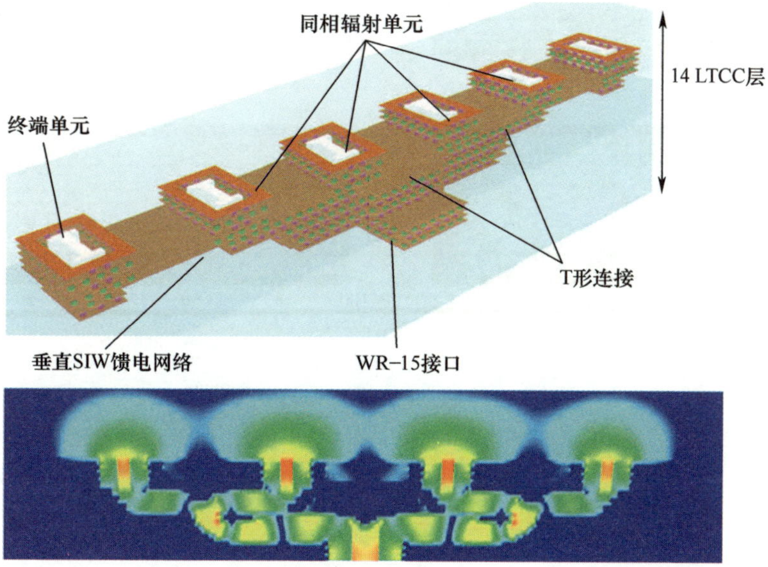

图 52. 73　60GHz 前端的微带集成波导设计——一列的仿真模型和垂直剖面中的电场

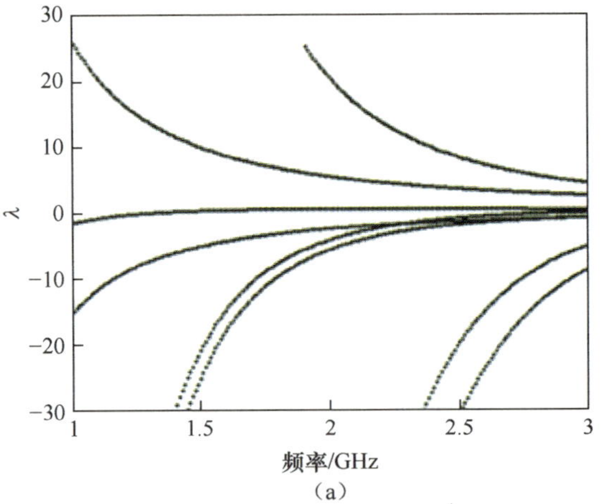

(a)

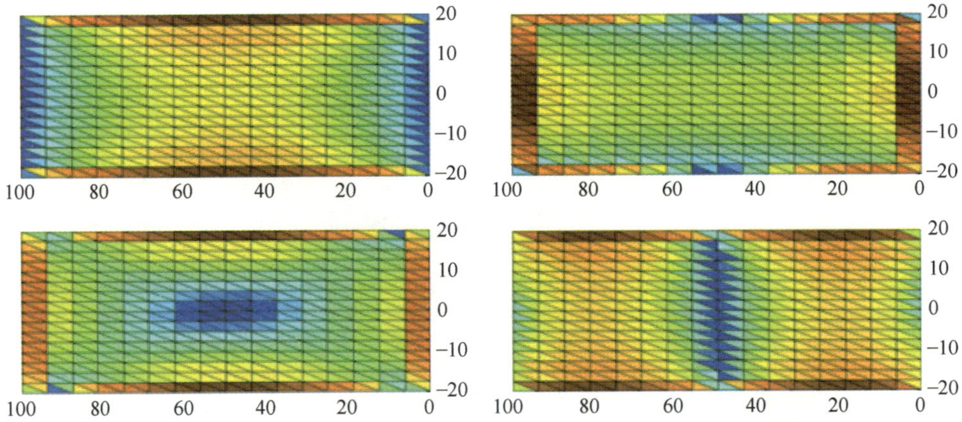

(b)

图 53.14　4 种正交模式及其电流分布

(a)100mm×40mm 共地的特征值随频率的变化;(b)共地的特性电流分布

(共地材料是完美的导电体(PEC))。

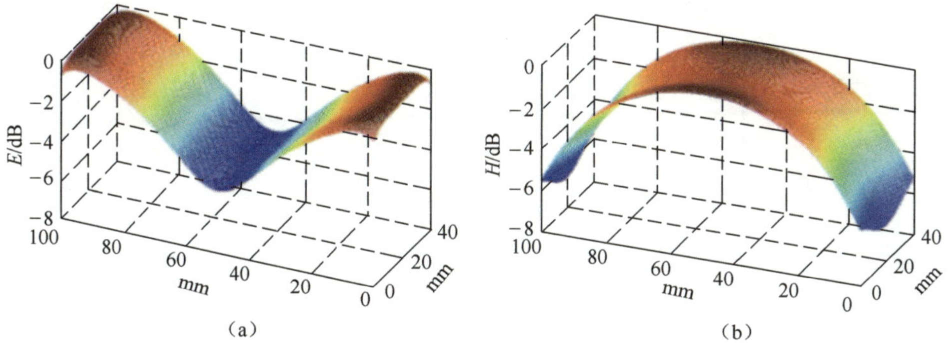

图 53.17　1GHz 下，高于共地平面 5mm 处单谐板模的归一化特征电场和磁场 （Li et al.，2012a）

（a）总电场归一化幅度；（b）共地的第一模式的总磁场归一化幅度（共地尺寸为 100mm×40mm）。

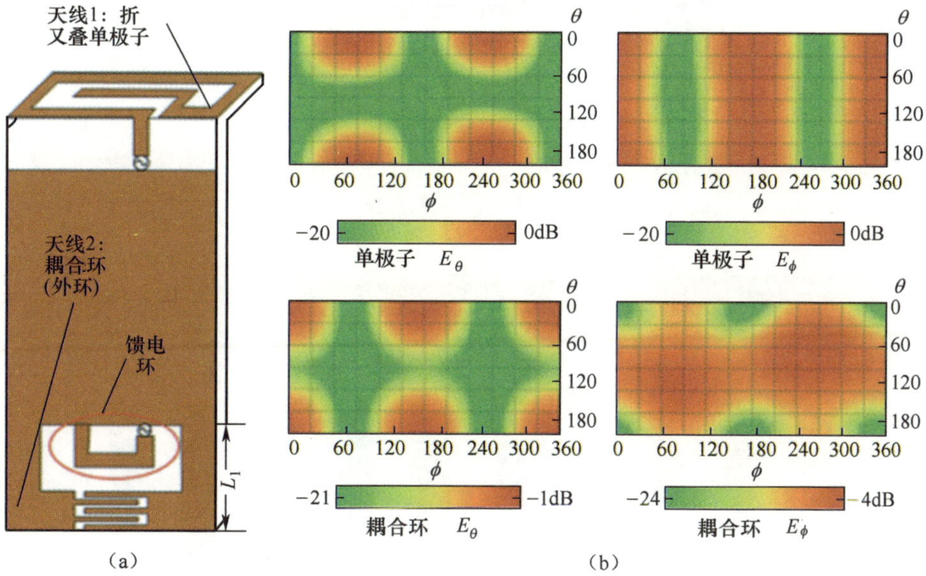

图 53.19　采用单极子和耦合环设计的正交双天线（Li et al.，2012b）

（a）天线结构；（b）远场方向图。

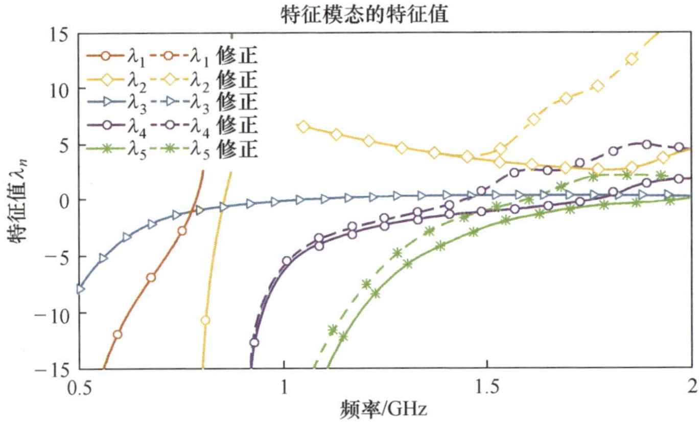

（a）

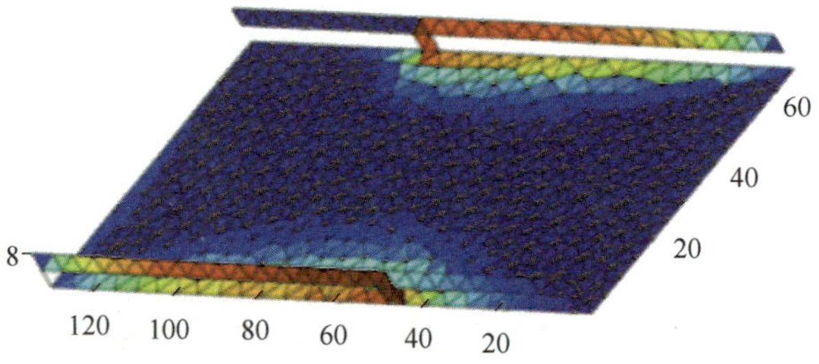

（b）

图 53.23　本征值修正及共地平面(Miers et al.,2013)

(a)具有 22mm 旋转对称偏置的短路针的修正共地平面的前 5 个本征值(通过缩短电容式条带的短终端 10mm 形成适应模式);(b)具有 22mm 旋转对称偏置短路针的 T 形条带加载结构。

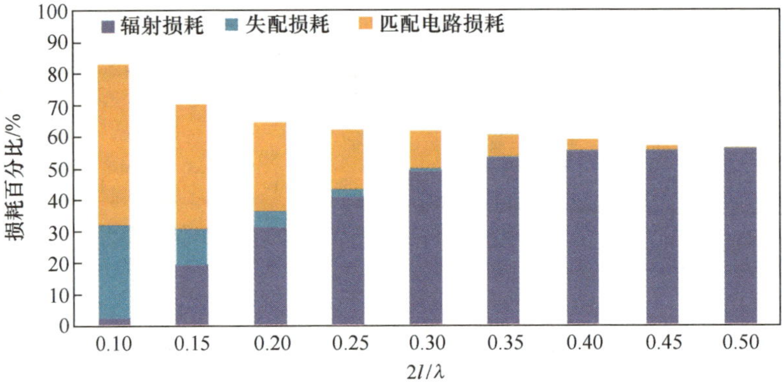

图 54.25　考虑天线和阻抗匹配电路的欧姆损耗时偶极子–偶极子模型天线尺寸函数的损耗百分比

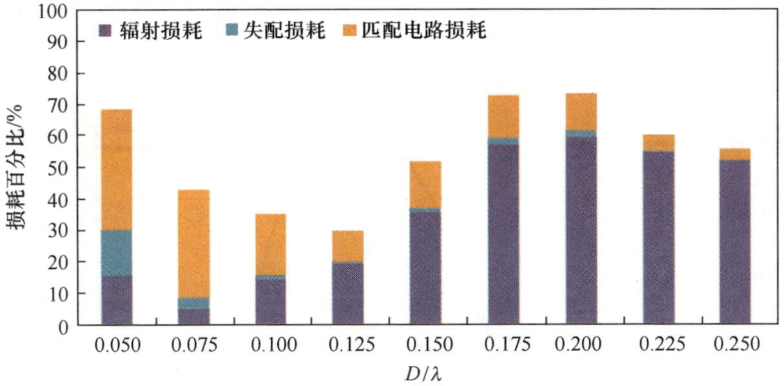

图 54.26　考虑天线和阻抗匹配电路欧姆损耗时的环形-环形模型天线尺寸函数的损耗百分比

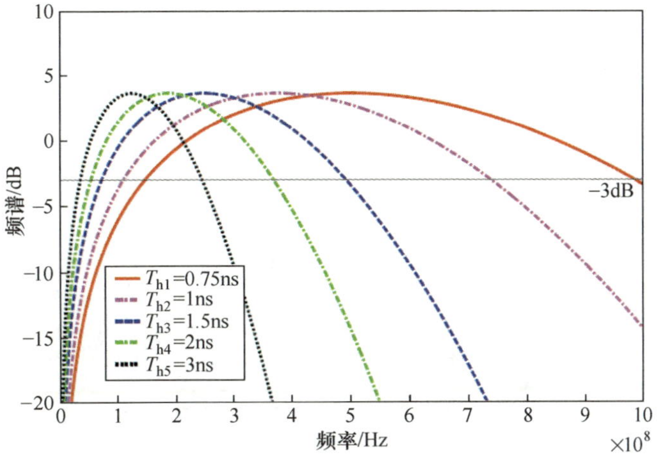

图 55.9　不同 T_h 对高斯脉冲频谱的影响(Albarracín-Sánchez,2014)

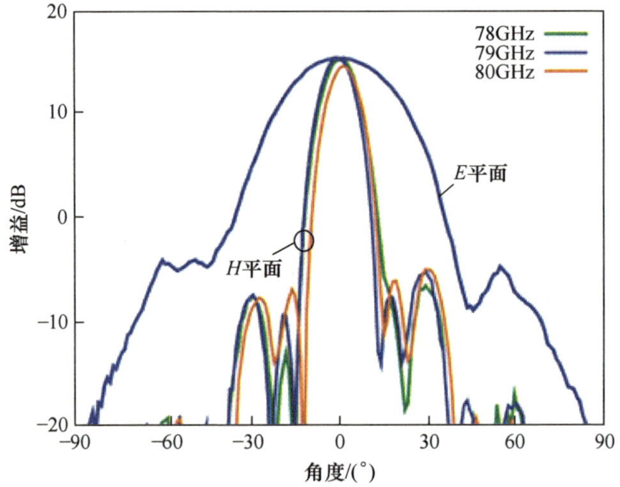

图 56.12　图 56.11 中阵列测量 *E* 平面和 *H* 平面的辐射方向图

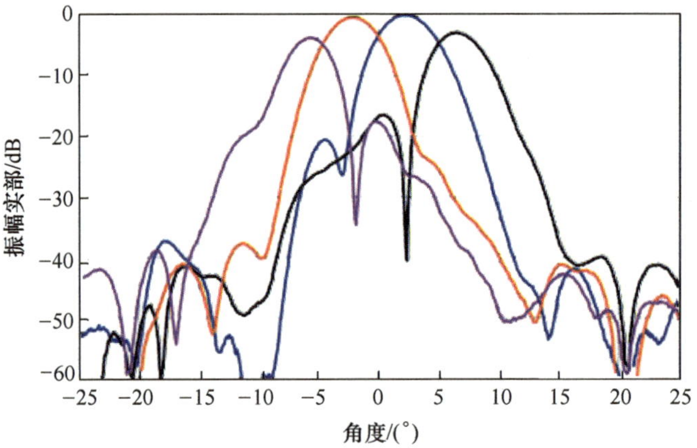

图 56.18　四波束 LRR3 雷达(图 56.17)的方位向辐射方向图

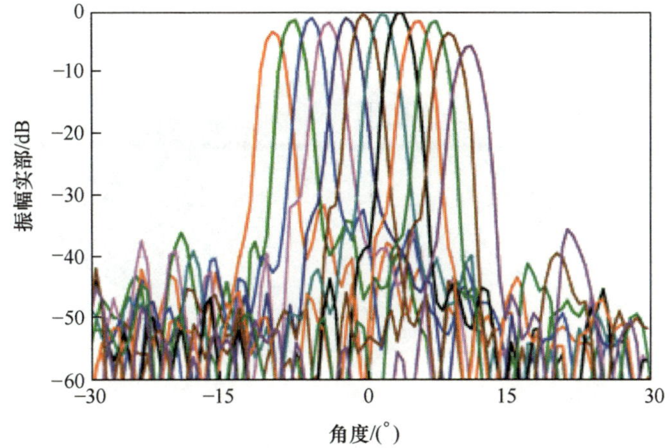

图 56.22　Continental 公司 ARS 300 传感器的双向方位辐射图

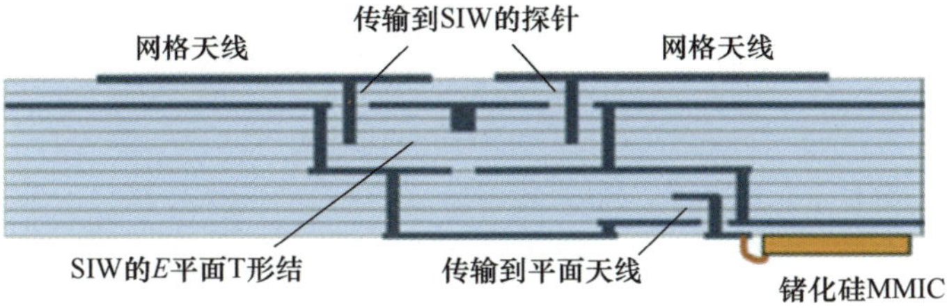

图 56.23　LTCC 传感器的剖面

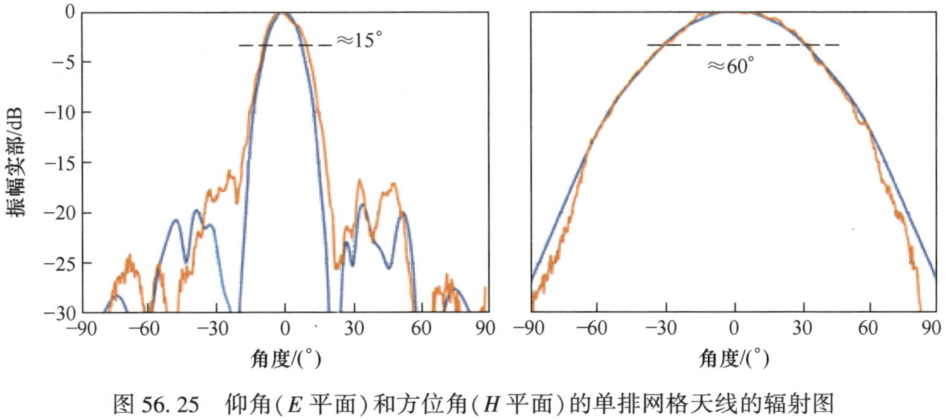

图 56.25　仰角（E 平面）和方位角（H 平面）的单排网格天线的辐射图

（蓝色线为仿真模拟结果，红色线为实测结果）

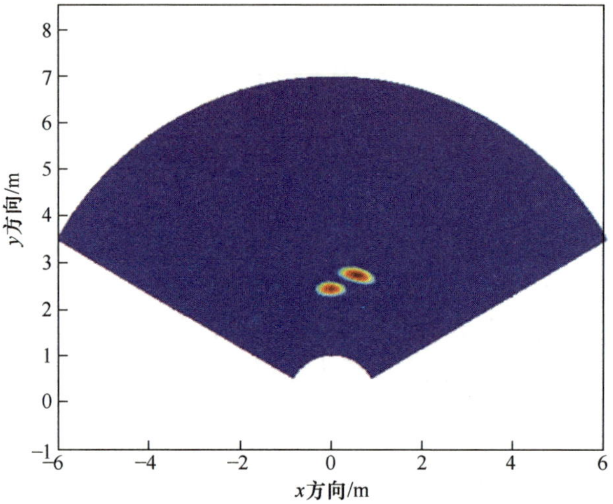

图 56.26　对两个目标的近距离图像

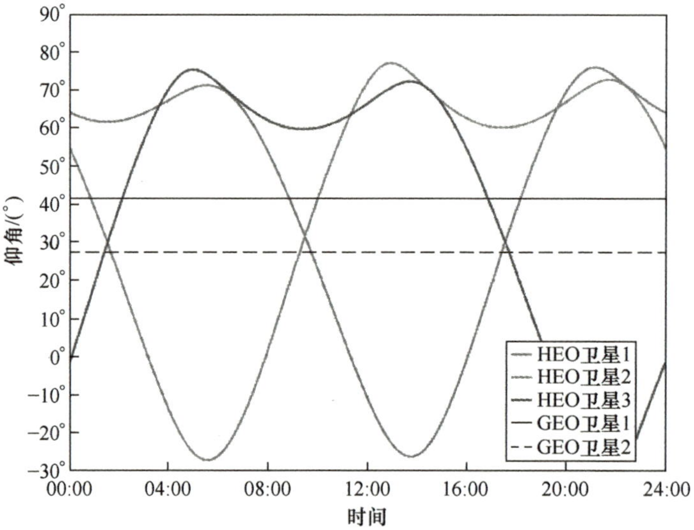

图 57.3　美国纽约上空 GEO 和 HEO 卫星在 24h 的时间段内的相对地平面的仰角(Muller,2010)

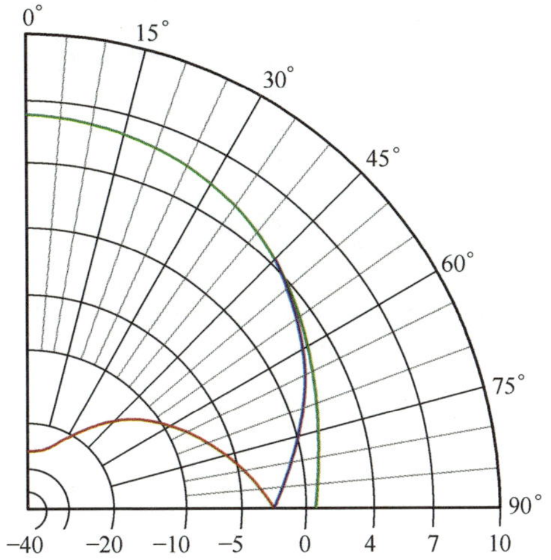

图 57.13　甲虫轮盘天线辐射方向图(蓝色:LHCP;红色:RHCP;绿色:总)

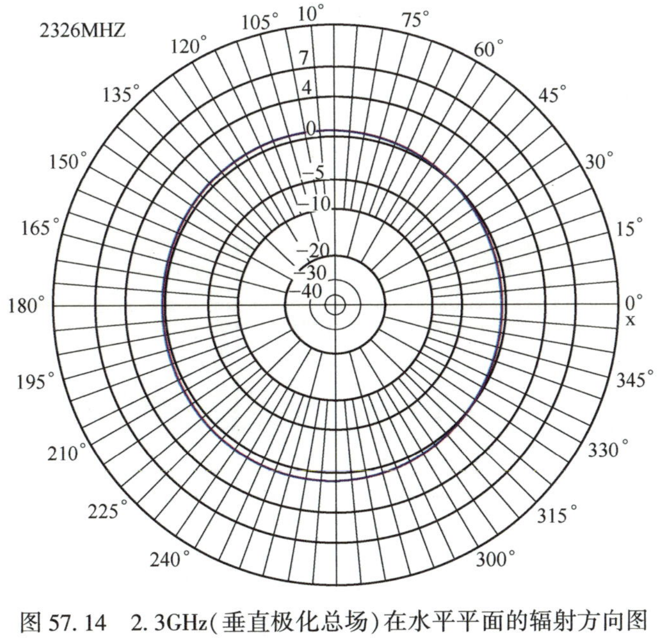

图 57.14　2.3GHz(垂直极化总场)在水平平面的辐射方向图

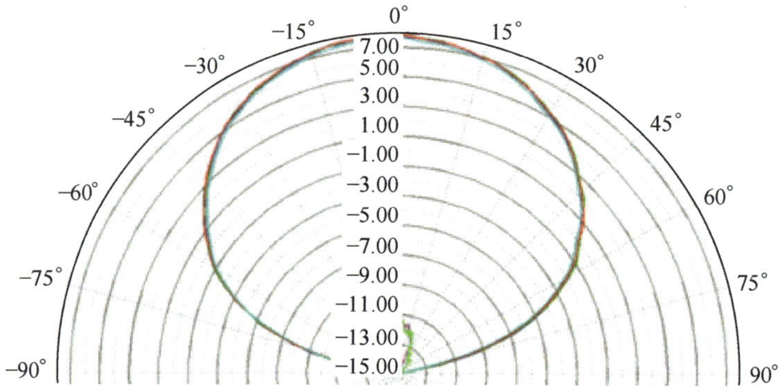

图 57.17　环状天线(LHCP 和 RHCP)辐射方向图测试结果

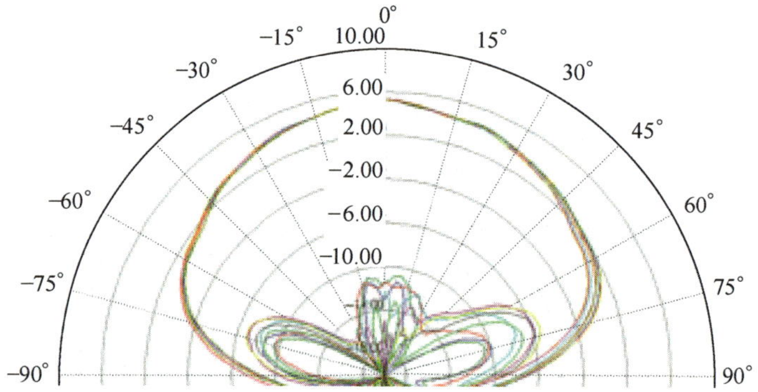

图 57.18　甲虫轮盘天线(LHCP 和 RHCP)辐射方向图测试结果

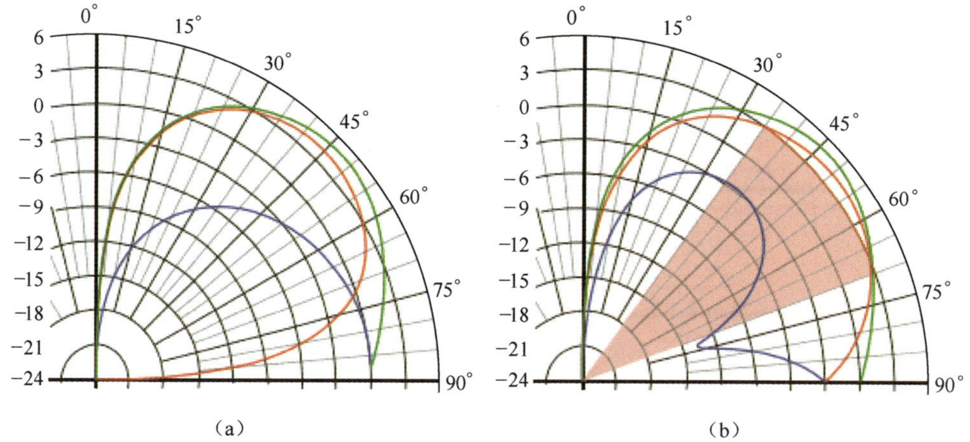

图 57.20　圆极化场环状天线的纵剖面辐射方向图

(a)线极化垂直(蓝线)水平(红线)(此处原文为 linear polarization vertical(red),horizontal(blue),疑颜色说明有误,已修改——译注);

(b)圆共极化(红线)、交叉极化(蓝线);总增益(绿线)。

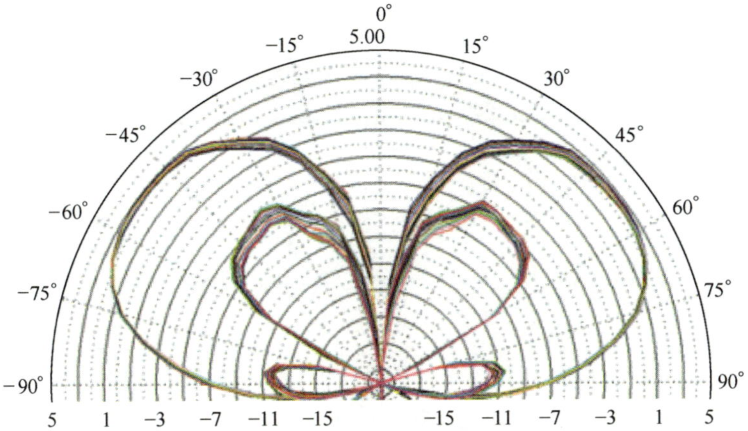

图 57.22　均值场环形天线的增益(dBic)

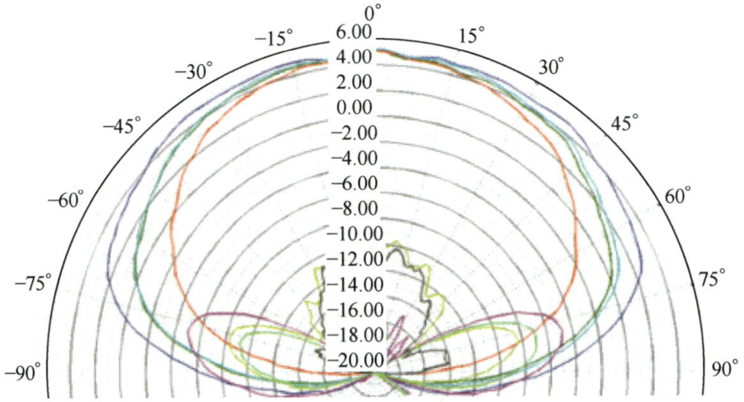

图 57.25　缝隙偶极子天线的测量辐射方向图

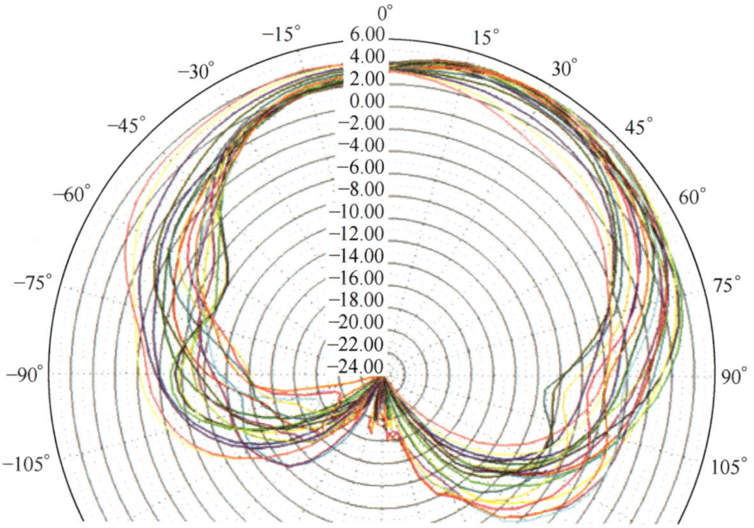

图 57.29 小接地板直径为 65mm、SDARS 卫星天线距地面高度 0.5m 不同时的垂直面辐射方向图

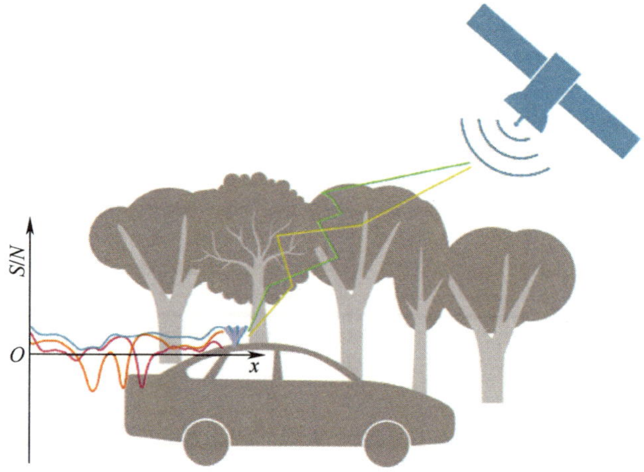

图 57.30 多路径衰减场景的信号接收
（红线和橘黄线：双重分集天线；蓝线：用分集提高信号电平）

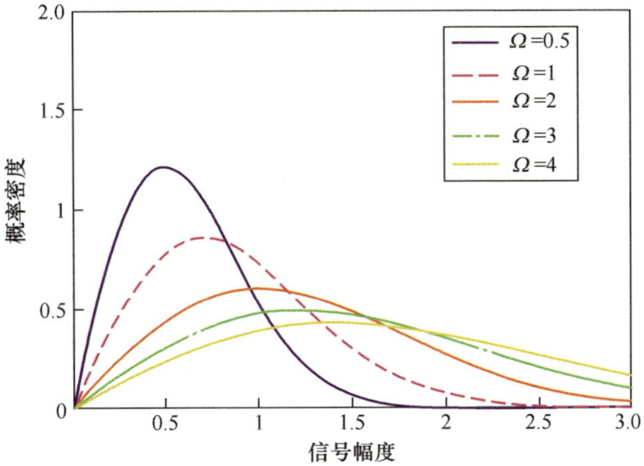

图 57. 31　信号幅度的瑞利分布

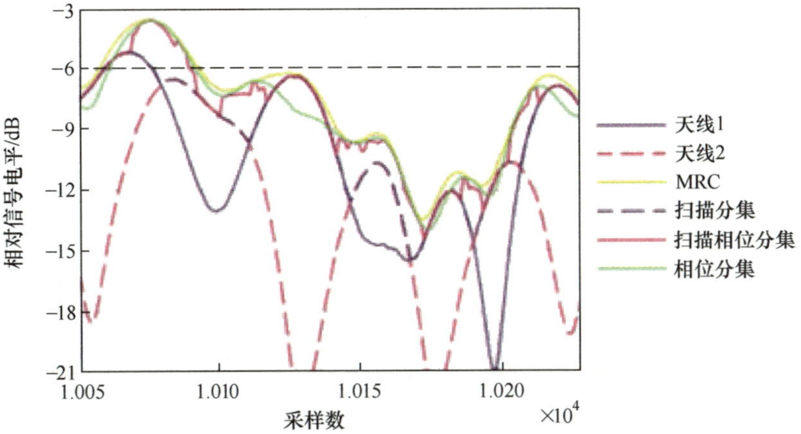

图 57. 37　两个单独天线和不同模拟理想分集系统的信号电平

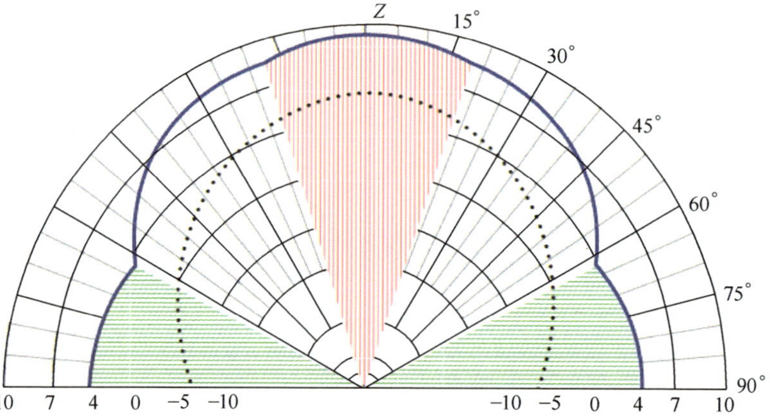

图 57.40　组合的分集天线装置(蓝线)和用于 SDARS 接收的典型单天线(黑色虚线)辐射方向图的比较

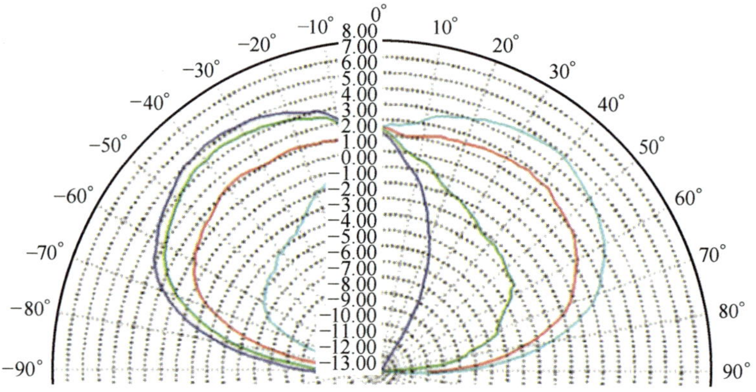

图 57.42　组合的分集天线的测试辐射方向图
(蓝线:可以通过两个分集天线的相位差调整到任意角度的主瓣)